内蒙古植物志

（第三版）

第五卷

赵一之　赵利清　曹　瑞　主编

内蒙古人民出版社

2020·呼和浩特

图书在版编目（CIP）数据

内蒙古植物志：全6卷/赵一之，赵利清，曹瑞主编．—3版．—呼和浩特：内蒙古人民出版社，2020.1

ISBN 978-7-204-14546-1

Ⅰ．①内… Ⅱ．①赵… ②赵… ③曹… Ⅲ．①植物志－内蒙古 Ⅳ．①Q948.522.6

中国版本图书馆CIP数据核字（2017）第006496号

内蒙古植物志：全6卷

NEIMENGGU ZHIWUZHI: QUAN6 JUAN

丛书策划 吉日木图 郭 刚
策划编辑 田建群 刘智聪
主　　编 赵一之 赵利清 曹 瑞
责任编辑 董丽娟 贾大明 马燕茹
责任监印 王丽燕
封面设计 南 丁
版式设计 朝克泰 南 丁
出版发行 内蒙古人民出版社
地　　址 呼和浩特市新城区中山东路8号波士名人国际B座5楼
网　　址 http://www.impph.cn
印　　刷 北京雅昌艺术印刷有限公司
开　　本 889mm×1194mm 1/16
印　　张 29
字　　数 750千
版　　次 2020年1月第1版
印　　次 2020年1月第1次印刷
印　　数 1—2000册
书　　号 ISBN 978-7-204-14546-1
定　　价 880.00元（全6卷）

图书营销部联系电话：（0471）3946267 3946269
如发现印装质量问题，请与我社联系。联系电话：（0471）3946120 3946124

FLORA INTRAMONGOLICA

EDITIO TERTIA

Tomus 5

Redactore Principali:Zhao Yi-Zhi Zhao Li-Qing Cao Rui

TYPIS INTRAMONGOLICAE POPULARIS

2020·HUHHOT

《内蒙古植物志》（第三版）编辑委员会

《内蒙古植物志》（第三版）专家委员会

《内蒙古植物志》（第一版）编辑委员会

《内蒙古植物志》（第二版）编辑委员会

说明

本书是在内蒙古大学和内蒙古人民出版社的主持下，由国家出版基金资助完成的。在研究过程中，得到国家自然科学基金项目“中国锦鸡儿属植物分子系统学研究”（项目号：30260010）、“蒙古高原维管植物多样性编目”（项目号：31670532)、“黄土丘陵沟壑区沟谷植被特性与沟谷稳定性关系研究”（项目号：30960067）、“脓疮草复合体的物种生物学研究”（项目号：39460007）、“绵刺属的系统位置研究”（项目号：39860008）等的资助。

全书共分六卷，第一卷包括序言、内蒙古植物区系研究历史、内蒙古植物区系概述、蕨类植物、裸子植物和被子植物的金粟兰科至马齿苋科，第二卷包括石竹科至蔷薇科，第三卷包括豆科至山茱萸科，第四卷包括鹿蹄草科至葫芦科，第五卷包括桔梗科至菊科，第六卷包括香蒲科至兰科。

本卷记载了内蒙古自治区被子植物的桔梗科至菊科，计 2 科、93 属、385 种，另有 3 栽培属、4 栽培种。内容有科、属、种的各级检索表及科、属特征；每个种有中文名、别名、拉丁文名、蒙古文名、主要文献引证、特征记述、生活型、水分生态类群、生境、重要种的群落成员型及其群落学作用、产地（参考内蒙古植物分区图）、分布、区系地理分布类型、经济用途、彩色照片和黑白线条图等。在卷末附有植物的蒙古文名、中文名、拉丁文名对照名录及中文名索引和拉丁文名索引。

本卷由内蒙古大学赵一之、赵利清、曹瑞修订、主编，内蒙古师范大学哈斯巴根、乌吉斯古楞编写蒙古文名。

书中彩色照片除署名者外，其他均为赵利清在野外实地拍摄，黑白线条图主要引自第一、二版《内蒙古植物志》。此外还引用了《中国高等植物图鉴》《中国高等植物》《东北草本植物志》及 *Flora of China* 等有关植物志书和文献中的图片。

本书如有不妥之处，敬请读者指正。

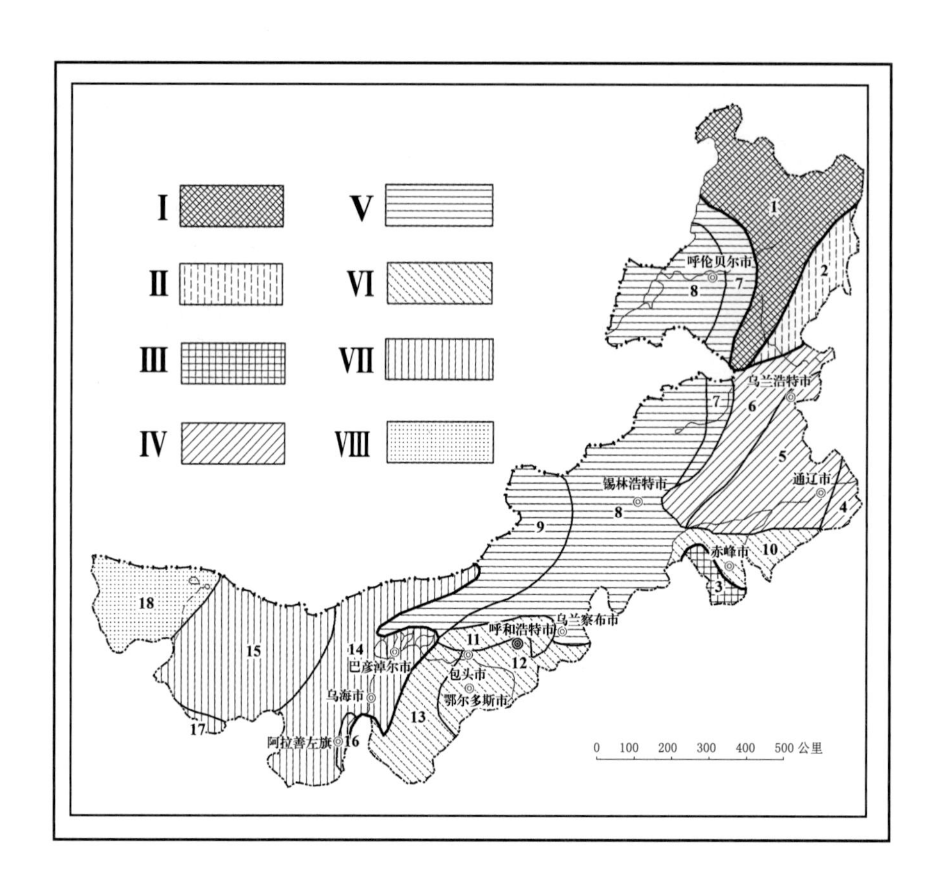

内蒙古植物分区图

Ⅰ. 兴安北部省
1. 兴安北部州
Ⅱ. 岭东省
2. 岭东州
Ⅲ. 燕山北部省
3. 燕山北部州
Ⅳ. 科尔沁省
4. 辽河平原州
5. 科尔沁州
6. 兴安南部州
Ⅴ. 蒙古高原东部省
7. 岭西州
8. 呼锡高原州
9. 乌兰察布州
Ⅵ. 黄土丘陵省
10. 赤峰丘陵州
11. 阴山州
12. 阴南丘陵州
13. 鄂尔多斯州
Ⅶ. 阿拉善省
14. 东阿拉善州
15. 西阿拉善州
16. 贺兰山州
17. 龙首山州
Ⅷ. 中央戈壁省
18. 额济纳州

目　录

123. 桔梗科 Campanulaceae

一年生或多年生草本，稀半灌木或木本。植株含汁液或乳汁。单叶，互生、对生或轮生，无托叶。花序为二歧或单歧的聚伞花序，有时单生，总状或圆锥状；花两性，辐射对称或两侧对称；花萼上位至下位，萼裂片 3 ～ 10，通常 5；花冠上位至下位，通常钟状或筒状，有时唇形，通常 5 裂，有时裂至基部；雄蕊与花冠裂片同数，离生或合生。雌蕊 1：子房下位，稀上位或半下位，通常 2、3、5 室，中轴胎座，胚珠多数；花柱 1；柱头与子房室同数。果多为蒴果，顶端瓣裂、侧面孔裂或纵缝开裂，有时周裂或不开裂，果皮干燥或变肉质而为浆果；种子小，胚直，胚乳丰富。

内蒙古有 5 属、29 种。

分属检索表

1a. 花冠辐射对称，雄蕊离生。

  2a. 蒴果于顶端整齐瓣裂。

    3a. 直立草本；叶缘具锯齿；柱头裂片狭，条形……………………………**1. 桔梗属 Platycodon**

    3b. 通常为缠绕性草本；叶全缘或具不明显的锯齿；柱头裂片宽，卵形或矩圆形……………………………………………………………………………………………**2. 党参属 Codonopsis**

  2b. 蒴果于侧面开裂。

    4a. 花柱基部无圆筒状花盘……………………………………………**3. 风铃草属 Campanula**

    4b. 花柱基部有圆筒状花盘……………………………………………**4. 沙参属 Adenophora**

1b. 花冠两侧对称，雄蕊合生……………………………………………………**5. 半边莲属 Lobelia**

1. 桔梗属 Platycodon A. DC.

属的特征同种。

单种属。

1. 桔梗（铃铛花）

Platycodon grandiflorus (Jacq.) A. DC. in Monogr. Camp. 125. 1830; Fl. Intramongol. ed. 2, 4:435. t.171. f.1-3. 1992.——*Campanula grandiflora* Jacg. in Hort. Bot. Vindob. 3:4. 1776.

多年生草本，高 40 ～ 50cm。全株带苍白色，含白色乳汁。根粗壮，长倒圆锥形，表皮黄褐色。茎直立，单一或分枝。叶 3 枚轮生，有时对生或互生，卵形或卵状披针形，长 2.5 ～ 4cm，宽 2 ～ 3cm，先端锐尖，基部宽楔形，边缘有尖锯齿，上面绿色，无毛，下面灰蓝绿色，沿脉被短糙毛，无柄或近无柄。花 1 至数朵生于茎及分枝顶端；花萼筒钟状，无毛，裂片 5，三角形至狭三角形，长 3 ～ 6mm；花冠蓝紫色，宽钟状，直径约 3.5cm，长约 3cm，无毛，5 浅裂，

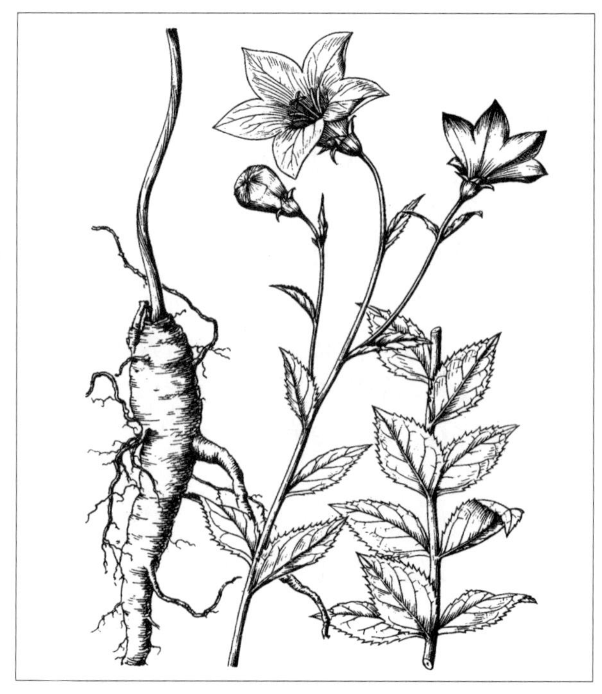

裂片宽三角形，先端尖，开展。雄蕊 5，与花冠裂片互生，长约 1.5cm；花药条形，长 8 ～ 10mm，黄色；花丝短，基部加宽，里面被短柔毛。花柱较雄蕊长；柱头 5 裂，裂片条形，反卷，被短毛。蒴果倒卵形，成熟时顶端 5 瓣裂；种子卵形，扁平，有 3 棱，长约 2mm，宽约 1mm，黑褐色，有光泽。花期 7 ～ 9 月，果期 8 ～ 10 月。

中生草本。生于森林带和草原带的山地林缘草甸、沟谷草甸。产兴安北部及岭西和岭东（额尔古纳市、牙克石市、鄂伦春自治旗、鄂温克族自治旗、扎兰屯市、阿荣旗）、兴安南部（扎赉特旗、科尔沁右翼前旗、科尔沁右翼中旗、扎鲁特旗、阿鲁科尔沁旗、巴林左旗、巴林右旗、西乌珠穆沁旗迪彦林场）、辽河平原（科尔沁左翼后旗）、燕山北部（喀喇沁旗、宁城县、敖汉旗），内蒙古其他地方有栽培。分布于我国黑龙江、吉林、辽宁、河北、河南、山东、山西、陕西南部、甘肃东南部、安徽、江苏、浙江、江西、湖北、湖南、广东、广西、贵州、云南、四川，日本、朝鲜、俄罗斯（远东地区）。为东亚分布种。

根入药（药材名：桔梗），能祛痰、利咽、排脓，主治痰多咳嗽、咽喉肿痛、肺脓肿、咳吐脓血。也入蒙药（蒙药名：呼入登查干），效用相同。

2. 党参属 Codonopsis Wall.

多年生草本。植株含乳汁。根粗壮，长圆柱形。茎直立或缠绕。叶互生、对生或 4 叶轮生，具柄。花单个顶生或于短枝上腋生；萼筒与子房合生，呈半球形，有 5 裂片，似叶状；花较大，淡黄绿色、紫色、白色或蓝色，钟形或宽筒形，5 浅裂。雄蕊 5，离生；花丝中部以下加宽。子房下位或半下位，3 ～ 5 室，胚珠多数；柱头 3 ～ 5 裂，裂片宽，卵形或矩圆形。蒴果上部萼片间室背开裂；种子长椭圆形，有时具翅。

内蒙古有 2 种。

分种检索表

1a. 叶互生或对生，萼裂片矩圆状披针形或三角状披针形，种子无翅……………………**1. 党参 C. pilosula**

1b. 叶 3 ～ 4 枚束生于侧枝的顶端，呈近轮生状；萼裂片卵状三角形；种子具翅……**2. 羊乳 C. lanceolata**

1. 党参

Codonopsis pilosula (Franch.) Nannf. in Act. Hort. Gothob. 5:29. 1930; Fl. Intramongol. ed. 2, 4:438. t.172. f.1-3. 1992.——*Campanumoea pilosula* Franch. in Nouv. Arch. Mus. Hist. Nat., Ser. 2, 6:72. 1883.

多年生草质缠绕藤本，长 100 ～ 200cm。全株有臭气，含白色乳汁。根锥状圆柱形，长约 30cm，外皮黄褐色至灰棕色。茎细长而多分枝，光滑无毛。叶互生或对生，卵形或狭卵形，长 1 ～ 6.5cm，宽 0.5 ～ 4cm，先端钝或尖，基部圆形或浅心形，边缘有波状钝齿或全缘，上面绿色，下面粉绿色，两面有密或疏的短柔毛，有时近无毛，叶柄长 0.5 ～ 3cm。花 1 ～ 3 朵生于分枝顶端，具细花梗；花萼无毛，裂片 5，偶见 4，矩圆状披针形或三角状披针形，长为宽的 2 ～ 3 倍，长 1 ～ 2cm，宽 4 ～ 6mm，全缘；花冠淡黄绿色，有污紫色斑点，宽钟形，长、宽 2 ～ 2.5cm，无毛，先端 5 浅裂，裂片正三角形。雄蕊 5，花丝中下部略加宽。子房半下位，3 室，胚珠多数；花柱短；柱头 3。蒴果圆锥形，花萼宿存，3 瓣裂；种子矩圆形，长约 1mm，宽约 0.5mm，棕褐色，有光泽。花期 7 ～ 8 月，果期 8 ～ 9 月。

中生藤本。生于阔叶林带和草原带的山地林缘、灌丛。产辽河平原（大青沟）、赤峰丘陵（红山区、松山区）、燕山北部（喀喇沁旗、宁城县、敖汉旗）、阴山（大青山、乌拉山），内蒙古亦有栽培。分布于我国黑龙江、吉林、辽宁、河北、河南西部、山西、陕西南部、宁夏、甘肃东部、青海东部、四川、湖北、湖南北部、西藏东部、云南东北部，朝鲜、俄罗斯（远东地区）。为东亚分布种。

根入药（药材名：党参），能补脾、益气、生津，主治脾虚、食少便溏、四肢无力、心悸、气短、口干、自汗、脱肛、子宫脱垂。也入蒙药（蒙药名：寸敖日浩代），能消炎散肿、祛黄水，主治风湿性关节炎、神经痛、黄水病。

2. 羊乳（四叶参、奶参、轮叶党参、白蟒肉）

Codonopsis lanceolata (Sieb. et Zucc.) Trautv. in Trudy Imp. St.-Petersb. Bot. Sada 6:46. 1879; Fl. Intramongol. ed. 2, 4:438. t.173. f.1-2. 1992. ——*Campanumoet lanceolata* Sieb. et Zucc. in Fl. Jap. 1:174. 1841.

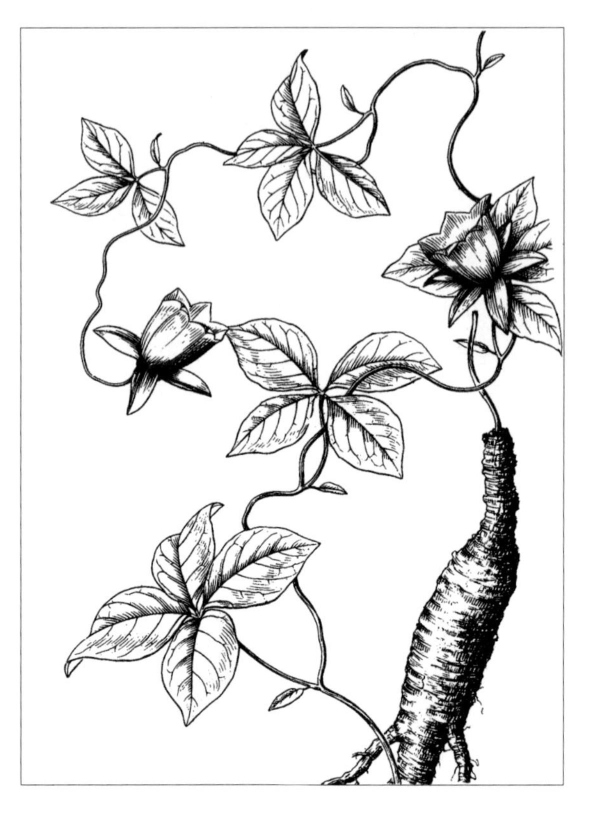

多年生草质缠绕藤本。有白色乳汁和特殊的臭气。根粗壮，肥大，圆锥形或近纺锤形，具横纹，淡黄褐色，有少数侧根。茎细长，有多数短分枝，无毛。在主茎上的叶互生，较小，菱状狭卵形，长达 2.4cm，宽达 5mm，无毛；在分枝顶端的叶 3 ～ 4 枚近轮生，有短柄，叶片菱状卵形或狭卵形，大小多变化，长 3 ～ 8cm，宽 1.5 ～ 4.5cm，先端锐尖，基部宽楔形，全缘或具不明显的锯齿，上面绿色，下面灰绿色，无毛。花通常单生于分枝顶端，无毛，具短梗；萼筒长约 5mm，裂片 5，卵状三角形，长 1.3 ～ 1.6cm，宽 4 ～ 7mm，绿色；花冠黄绿色，里面带紫色斑点或紫色，宽钟状，长 2 ～ 3cm，直径 2 ～ 2.5cm，5 浅裂，裂片先端反卷；雄蕊 5，长约 1cm；子房半下位，柱头 3 裂。蒴果宿存花萼，扁圆锥形，上部 3 瓣裂；种子具膜质翅。花期 7 ～ 8 月，果期 9 ～ 10 月。

中生藤本。生于阔叶林带的沟谷林中。产辽河平原（大青沟）。分布于我国黑龙江、吉林、辽宁、河北、河南西部、山东、山西东部、安徽东南部、江苏南部、浙江、福建、江西、湖北、湖南、广东、广西东北部、贵州西部，日本、朝鲜、俄罗斯（远东地区）。为东亚分布种。

根入药（药材名：四叶参），能补虚通乳、排脓解毒，主治病后体虚、乳汁不足、乳腺炎、肺脓肿、痈疖疮疡。

3. 风铃草属 Campanula L.

多年生或一、二年生草本。茎直立。单叶，互生，有时簇生于茎基部；茎生叶有短柄或无柄，有时半抱茎，基生叶具长柄；叶全缘或有锯齿。花生于茎顶或上部叶腋，单一，总状、圆锥状或簇生；萼管与子房合生，萼裂片 5，裂片间常有向后反折的附属体；花冠钟状或管状钟形，稀漏斗状或辐射状，5 浅裂至 5 中裂。雄蕊 5，离生，有时彼此紧贴；花丝基部常加宽。子房下位，3 ～ 5 室，胚珠多数；柱头 3 或 5 裂，裂片较细。蒴果在侧面开裂；种子极小。

内蒙古有 3 种。

分种检索表

1a. 花萼裂片间有一个卵形而反折的附属物，其缘有睫毛；花冠大，钟状，长约 4cm，直径约 2.5cm，下垂，白色而有紫黑色斑点……………………………………………………………**1. 紫斑风铃草 C. punctata**

1b. 花萼裂片间无附属物；花冠小，长不超过 2.5cm。

2a. 花无梗或近无梗，多数簇生于茎顶或数个簇生于上部叶腋；花冠筒状钟形，直立，不下垂；茎生叶卵状三角形……………………………………………………………………**2. 聚花风铃草 C. glomerata**

2b. 花具梗，单生或排列成疏散的总状花序，绝不簇生；花冠钟形，多少下垂或外倾；茎生叶条形或条状披针形……………………………………………………………………**3. 兴安风铃草 C. rotundifolia**

1. 紫斑风铃草（山小菜、灯笼花）

Campanula punctata Lam. in Encycl. 1:586. 1785; Fl. Intramongol. ed. 2, 4:439. t.174. f.1-2. 1992.

多年生草本，高 20 ～ 50cm。茎直立，不分枝或在中部以上分枝，被柔毛。基生叶卵形，基部心形，具长柄；茎生叶卵形或卵状披针形，长 4 ～ 5cm，宽 1.5 ～ 2.5cm，先端渐尖，基部圆形或楔形，边缘有不规则的浅锯齿；叶两面被柔毛，下面沿脉较密，有叶片下延的翼状柄或无柄。花单个，顶生或腋生，下垂，具长花梗，梗上被柔毛；花萼被柔毛，萼筒长约 4mm，

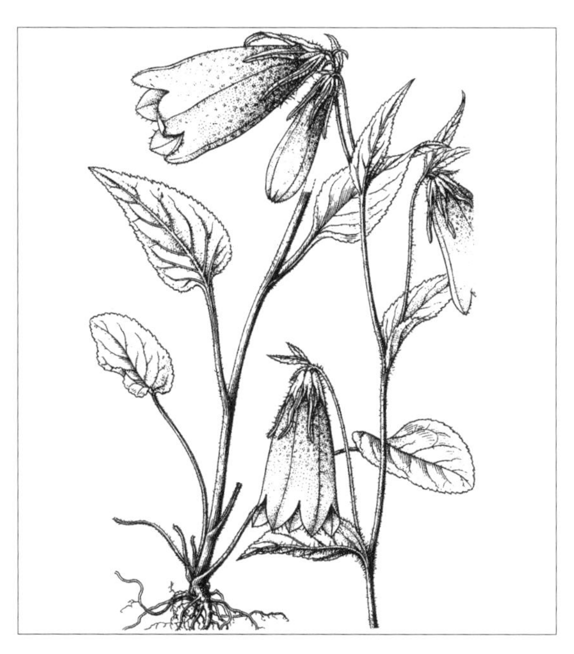

萼裂片直立，披针状狭三角形，长 1.5 ～ 2cm，基部宽约 5mm，顶端尖，有睫毛，在裂片之间具向后反折的卵形附属体；花冠白色，有多数紫黑色斑点，钟状，长约 4cm，直径约 2.5cm，外面有很少的柔毛，里面较多，5 浅裂，裂片卵状三角形；雄蕊 5，长约 1.2cm，花药狭条形，花丝有柔毛；子房下位，花柱长约 2.5cm，无毛，柱头 3 裂，条形。蒴果半球状倒锥形，自基部 3 瓣裂；种子灰褐色，矩圆形，稍扁，长约 1mm。花期 6 ～ 8 月，果期 7 ～ 9 月。

中生草本。生于森林带和森林草原带的山地林间草甸、林缘、灌丛。产兴安北部及岭西和岭东（额尔古纳市、根河市、牙克石市、鄂伦春自

治旗）、兴安南部（巴林右旗、克什克腾旗、锡林浩特市）、辽河平原（大青沟）、赤峰丘陵（红山区、翁牛特旗）、燕山北部（喀喇沁旗、宁城县）。分布于我国黑龙江北部、吉林东部和南部、辽宁、河北北部、河南西部、山西、陕西南部、甘肃东南部、四川中部和东部、湖北西北部，日本、朝鲜、俄罗斯（远东地区）。为东亚分布种。

花大而美，可供观赏。全草入药，能清热解毒、止痛，主治咽喉炎、头痛。

2. 聚花风铃草

Campanula glomerata L., Sp. Pl. 1:235. 1753; Fl. Pl. Herb. Chin. Bor.-Orient. 9:333. 2004.——*C. cephalotes* Nakai in Bull. Nat. Sci. Mus. Tokyo 31:111. 1952.——*C. glomerata* L. subsp. *cephalotes* (Nakai) D. Y. Hong in Fl. Reip. Pop. Sin. 73(2):82. 1983; Fl. Intramongol. ed. 2, 4:445. t.175. f.2. 1992.——*C. glomerata* L. subsp. *daqingshanica* D. Y. Hong et Y. Z. Zhao in Fl. Reip. Pop. Sin. 73(2):84,184. 1983; Fl. Intramongol. ed. 2, 4:442. t.175. f.1. 1992.

多年生草本。根状茎粗壮或较细长，斜生或横走。茎直立，高 20 ～ 125cm，单一或很少分枝，具纵条棱，被疏柔毛，有时近无毛。基生叶和下部茎生叶长椭圆形或卵状披针形，长 5 ～ 15cm，宽 1 ～ 7cm，先端渐尖或锐尖，基部浅心形、圆形或近圆形，具长柄；上部茎生叶越向茎顶叶片越来越短而宽，呈卵状三角形，长 3 ～ 4cm，宽 1 ～ 1.5cm，先端渐尖，基部半抱茎，无柄；叶上面深绿色，下面浅绿色，两面被柔毛，下面毛较密。花无梗或近无梗，常于茎顶或叶腋簇生；萼裂片 5，钻状三角形，长约 8mm，绿色，外面被疏柔毛，边缘具睫毛；花冠筒状钟形，蓝紫色，稀白色，长达 2.5cm，直径约 1cm，外面无毛或近无毛，5 中裂至花冠的 1/3 处，裂片披针状卵形。雄蕊 5，离生，长约 1cm；花药黄色，条形，长约 6mm；花丝基部加宽，被柔毛。子房下位；花柱长约 2cm，不超出花冠，被短毛；柱头 3 裂，条形，反卷。蒴果倒卵状圆锥形，3 室，自基部 3 瓣裂；种子矩圆形，扁，长 1 ～ 1.5mm。花期 7 ～ 8 月，果期 9 月。

中生草本。生于森林带和森林草原带的山地草甸、林间草甸、林缘。产兴安北部及岭西和岭东（额尔古纳市、根河市、鄂伦春

自治旗、陈巴尔虎旗、鄂温克族自治旗、新巴尔虎左旗、东乌珠穆沁旗宝格达山）、兴安南部（科尔沁右翼前旗）、燕山北部（喀喇沁旗、兴和县苏木山）、阴山（大青山、蛮汗山）。分布于我国黑龙江、吉林、辽宁、新疆北部，日本、朝鲜、蒙古国东部和北部、俄罗斯（西伯利亚地区、远东地区），中亚，欧洲。为古北极分布种。

3. 兴安风铃草

Campanula rotundifolia L., Sp. Pl. 1:163. 1753; Fl. Intramongol. ed. 2, 4:445. t.176. f.4. 1992.

多年生草本。直根粗壮，顶端具多数根状茎，细长。茎多数，丛生，高 20 ～ 60cm，上部分枝或否，纤细，粗 1 ～ 2mm，无毛或下部被短毛。基生叶早枯，心状圆形，具长柄；茎生叶条形、条状披针形，长可达 7cm，宽 1 ～ 2mm，两面无毛，大部分全缘，稀具疏齿。花多数，集成稀疏的圆锥花序，多少下垂或外倾；萼筒倒圆锥状，萼裂片条形或条状钻形，长 4 ～ 8mm，全缘，初期贴向花冠，后期开展；花冠淡蓝色或淡紫色，钟状，长 12 ～ 16mm，无毛，5 浅裂；花柱与花冠近等长或稍短。蒴果倒圆锥形，基部孔裂；种子多数。花果期 7 ～ 8 月。

中生草本。生于森林带的山地林缘草甸。产兴安北部（根河市）。分布于蒙古国西北部（科布多地区）、俄罗斯（西伯利亚地区），欧洲。为欧洲—西伯利亚分布种。

4. 沙参属 Adenophora Fisch.

多年生草本。植株含白色乳汁。根肥大，肉质，倒圆锥形或圆柱形。茎直立，单一或自根部抽出数条。基生叶近圆形、心形或宽卵形，具长柄，早落；茎生叶互生、对生或轮生，叶形变化很大。花序通常总状或圆锥状；花萼钟状，与子房贴合，萼裂片5，全缘或有齿；花冠5浅裂，钟状、筒状钟形或坛状，紫色或蓝色。雄蕊5，离生；花丝下部加宽，呈片状，密被白色柔毛，镊合状排列，紧紧包围花盘，花丝上部丝状；花药条形。花盘筒状或环状，围于花柱基部。子房下位，3室，胚珠多数；花柱细长，幼嫩时被短柔毛，老时无毛；柱头3裂。蒴果自基部瓣裂或孔裂；种子卵形，扁平，有1条棱或翅状棱。

内蒙古有22种。

分种检索表

1a. 柱头2裂；植株具粗壮根状茎；萼片全缘；花盘长管状，长约4mm………………**1. 二裂沙参 A. biloba**

1b. 柱头3裂，植株具肥大肉质粗根。

2a. 花柱短于花冠或近等长或稍伸出；花冠口部不收缢，呈钟状或漏斗状；花盘短筒状或环状；雄蕊远短于花冠。

3a. 茎生叶轮生或有一部分对生和互生；植株如被毛，则为长柔毛或硬毛。

4a. 萼裂片披针形，全缘；花冠钟状，长约15～20mm。

5a. 茎生叶完全轮生；花序分枝部分轮生；花盘短筒状，长约2mm；花柱与花冠近等长……………………………………………………………………**2. 展枝沙参 A. divaricata**

5b. 茎生叶部分轮生，部分对生和互生；花序分枝全部互生（仅大青山沙参花序分枝全部轮生）。

6a. 花柱稍长于花冠或近等长；花盘环状或短筒状，长0.5～1.5mm。

7a. 茎生叶大部分轮生，少部分对生或互生，菱状倒卵形或狭倒卵形…………………………………………………**3a. 长白沙参 A. pereskiifolia** var. **pereskiifolia**

7b. 茎生叶大部分互生，少部分对生或近轮生。

8a. 叶狭倒卵形，长4～10cm，宽2～3.5cm；花柱与花冠近等长或稍伸出……………………………………**3b. 兴安沙参 A. pereskiifolia** var. **alternifolia**

8b. 叶条形或披针状条形，长达15cm，宽3～16mm；花柱长于花冠……………………………………………**3c. 狭叶长白沙参 A. pereskiifolia** var. **angustifolia**

6b. 花柱稍短于花冠；花盘短筒状，长1.2～2mm。

9a. 花序分枝全部互生。

10a. 茎生叶大部分轮生或近轮生，少部分对生或互生。

11a. 叶狭披针形或披针形，宽5～13mm，具锯齿……………………………………………**4a. 北方沙参 A. borealis** var. **borealis**

11b. 叶条形或狭条形，宽2～5mm，全缘或疏具锯齿……………………………………………**4b. 狭叶北方沙参 A. borealis** var. **linearifolia**

10b. 茎生叶大部分互生，少部分对生或近轮生，倒卵形或倒卵状披针形或披针形……………………………**4c. 山沙参 A. borealis** var. **oreophila**

9b. 花序分枝全部轮生；叶多数轮生，仅下部少对生或互生，具短柄………………

…………………………………………………………………**5. 大青山沙参 A. daqingshanica**

4b. 萼裂片条状钻形，有齿或个别裂片全缘；花冠管状钟形，长 18 ～ 25mm；花柱稍短于花冠；叶具短柄或无柄；花盘短筒状，长 1 ～ 1.5mm。

12a. 茎生叶大部分轮生，少部分对生或互生。

13a. 叶卵形至披针形……………………………**6a. 雾灵沙参 A. wulingshanica** var. **wulingshanica**

13b. 叶条形或条状披针形…………………**6b. 狭叶雾灵沙参 A. wulingshanica** var. **angustifolia**

12b. 茎生叶大部分互生，少部分对生或近轮生……**6c. 互叶雾灵沙参 A. wulingshanica** var. **alterna**

3b. 茎生叶完全互生；植株如被毛，则为短糙毛。

14a. 萼裂片全缘。

15a. 叶全部具柄。

16a. 叶片基部全部心形，萼筒倒三角状圆锥形………………………**7. 荠苨 A. trachelioides**

16b. 叶片基部截形、圆形或宽楔形，或仅茎下部的叶基部浅心形；萼筒倒卵形或倒卵状圆锥形……………………………………………………………**8. 薄叶荠苨 A. remotiflora**

15b. 叶完全无柄。

17a. 花萼裂片较大，长 3mm 以上；花冠长 15 ～ 28mm；花柱内藏或稍伸出。

18a. 花柱多数稍伸出花冠，少近等长。

19a. 花萼直立；花盘筒状；花冠钟状；总状花序，通常不分枝。

20a. 茎生叶一型，狭披针形至狭卵状披针形，边缘具锯齿……………………………………………………**9a. 石沙参 A. polyantha** var. **polyantha**

20b. 茎生叶二型，下部叶菱形，边缘锐裂，上部叶狭披针形，边缘具锐尖齿……………………………**9b. 菱叶石沙参 A. polyantha** var. **rhombica**

19b. 花萼反折；花盘坛状；花冠管状钟形；圆锥花序，多分枝…………………………………………………………………………**10. 库伦沙参 A. kulunensis**

18b. 花柱稍短于花冠。

21a. 叶狭条形或条形，全缘或极少有疏齿…………………………………………………………**11a. 狭叶沙参 A. gmelinii** var. **gmelinii**

21b. 叶缘明显具锐尖齿或不规则锯齿。

22a. 叶多为条形至狭披针形，边缘具长而向内弯曲的锐尖齿…………………………………………**11b. 柳叶沙参 A. gmelinii** var. **coronopifolia**

22b. 叶多为倒披针形至倒卵状披针形，质厚，中上部边缘具不规则锯齿，下部全缘……………………**11c. 厚叶沙参 A. gmelinii** var. **pachyphylla**

17b. 花萼裂片短小，长 2 ～ 2.5mm；花冠小，长 12 ～ 14mm；花柱明显伸出花冠外………………………………………………………………………**12. 小花沙参 A. micrantha**

14b. 萼裂片具齿或多少有齿。

23a. 花柱稍伸出花冠或近等长。

24a. 萼裂片条状钻形，长 4 ～ 7mm，边缘具 1 ～ 2 对狭长齿或短齿，少为疣状齿。

25a. 茎生叶至少在下部的明显有柄，向上逐渐无柄，叶片一型。

26a. 叶卵形、菱状卵形或狭卵形，先端锐尖，基部截形至楔形……………………………………**13a. 多歧沙参 A. wawreana** var. **wawreana**

26b. 叶披针形或长椭圆状披针形，先端渐尖或尾状渐尖，基部楔形……………………………………………………………………**13b. 阴山沙参 A. wawreana** var. **lanceifolia**

25b. 茎生叶全部无柄或在上部的有柄；叶片二型，下部叶条形，全缘，上部叶狭披针形、披针形至椭圆形，边缘具不规则锯齿或稀疏锯齿………**14. 二型叶沙参 A. biformifolia**

24b. 萼裂片钻形或钻状披针形，长2～4mm，多有1对疣状小齿，个别裂片全缘…………………………………………………………………………………**15. 宁夏沙参 A. ningxianica**

23b. 花柱稍短于花冠。

27a. 花萼裂片窄，条状披针形至狭钻形，彼此绝不重叠。

28a. 茎丛生，多分枝，扫帚状；萼裂片条状披针形，边缘具1对小齿；花盘短筒状，长1～1.5mm；叶狭条形至针形，通常全缘，或有疏齿；花冠小，长7～11mm…………………………………………………………………………**16. 扫帚沙参 A. stenophylla**

28b. 茎单一，不分枝，非扫帚状；萼裂片狭三角状钻形或狭钻形，边缘多有1～2对小齿，个别裂片全缘；花盘筒状，长1.6～2.8mm；叶卵形、狭卵形至条状披针形或倒披针形，边缘具锯齿；花冠大，长20～34mm……………………………………**17. 狭长花沙参 A. elata**

27b. 花萼裂片宽，卵状三角形，边缘多具1～3对锐尖齿，个别裂片全缘，下部彼此常重叠；花盘环状，长约1mm；叶卵状披针形至条状披针形，边缘具锯齿；花冠长15～18mm………………………………………………………………………………**18. 锯齿沙参 A. tricuspidata**

2b. 花柱强烈伸出花冠，通常为花冠的2倍；花冠口部收缢成坛状或坛状钟形；花盘长筒状、筒状或短筒状；雄蕊与花冠近等长或稍伸出。

29a. 叶完全轮生；花序分枝轮生；萼裂片丝状钻形，长1.2～2mm；花盘短筒状，长约2mm。

30a. 叶倒卵形、倒披针形至条状披针形或条形，叶缘中上部具锯齿……………………………………………………………………**19a. 轮叶沙参 A. tetraphylla** var. **tetraphylla**

30b. 叶狭条形，全缘…………………………**19b. 全缘轮叶沙参 A. tetraphylla** var. **integrifolia**

29b. 叶完全互生，花序分枝互生。

31a. 花盘圆筒状，长约3mm；萼裂片丝状钻形或近丝形，3～5mm。

32a. 茎生叶全部无柄。

33a. 叶披针状条形或条形，边缘全缘或极少具疏齿……………………………………………………………………**20a. 紫沙参 A. paniculata** var. **paniculata**

33b. 叶菱状狭卵形或菱状披针形，边缘具不规则锯齿……………………………………………………………………**20b. 齿叶紫沙参 A. paniculata** var. **dentata**

32b. 下部茎生叶明显有柄；叶片菱状狭卵形，边缘具不规则锯齿……………………………………………………………………**20c. 有柄紫沙参 A. paniculata** var. **petiolata**

31b. 花盘长筒状，长约5mm以上；萼裂片钻形或钻状三角形。

34a. 花柱强烈伸出花冠，超出花冠0.5～1倍；花冠小，筒状坛形，长10～13mm，宽5～8mm；萼裂片钻形，长1.5～2.5mm。

35a. 叶全缘，条形…………………………**21a. 长柱沙参 A. stenanthina** var. **stenanthina**

35b. 叶边缘具齿。

36a. 叶边缘具深刻而尖锐的皱波状齿，叶片卵形至披针形……………………………………………………………………**21b. 皱叶沙参 A. stenanthina** var. **crispata**

36b. 叶边缘无皱状齿。

37a. 叶边缘具锯齿，叶片条形至披针形……………………**21c. 丘沙参 A. stenanthina** var. **collina**

37b. 叶边缘具疏浅齿，叶片狭披针形至条状披针形……………………………………………………
……………………………………………**21d. 锡林沙参 A. stenanthina** var. **angustilanceifolia**

34b. 花柱明显伸出花冠，超出花冠 1/4 ～ 1/3；花冠较大，钟状坛形，长 15 ～ 17mm，宽 8 ～ 10mm；萼裂片钻状三角形，长 3 ～ 4mm；花盘被毛；叶狭披针形或披针形，全缘或具疏齿……………………
……………………………………………………………………………………**22. 草原沙参 A. pratensis**

1. 二裂沙参

Adenophora biloba Y. Z. Zhao in Ann. Bot. Fenn. 41(5):381. 2004.

多年生草本。根状茎粗壮，具多数枯叶柄和须根，黑褐色。茎直立，高约 20cm，分枝，被倒向短硬毛。叶互生，披针形或倒披针形，长 2 ～ 3cm，宽 3 ～ 8mm，边缘具疏齿，先端锐尖，基部楔形，两面被短硬毛，无柄。总状花序具 2 ～ 4 花，下垂；萼片 5，披针形，长 7 ～ 9mm，宽 1.5 ～ 2mm，全缘，外面被短硬毛，里边无毛；花冠 5 浅裂，蓝紫色，钟形，长 20 ～ 25mm，外面无毛。雄蕊 5，长约 14mm；花药黄色，长约 5mm；花丝下部加宽，边缘被白色长柔毛。花盘长管状，长约 4mm，无毛。花柱内藏，短于花冠，无毛；柱头 2 裂，外弯，无毛。果未见。花期 7 月。

中生草本。生于草原带的山坡。产阴山（察哈尔右翼中旗黄花沟）。为大青山分布种。

Flora of China(19:544. 2011.) 将本种并入狭叶沙参 *A. gmelinii*，似觉不妥。本种柱头 2 裂，植株具横走粗壮根状茎，花盘筒形，长约 4mm；而狭叶沙参 *A. gmelinii* 柱头 3 裂，植株具垂直、肥大、肉质粗根，花盘短筒形，长约 2mm。二者明显不同。

2. 展枝沙参

Adenophora divaricata Franch. et Sav. in Enum. Pl. Jap. 2:423. 1879; Fl. Intramongol. ed. 2, 4:448. t.177. f.1-3. 1992.

多年生草本，高约 50cm。茎直立，单一，无毛或有疏柔毛，上部花序分枝。基生叶早枯；茎生叶 3 ～ 4 枚轮生，菱状卵形或狭卵形，长 4 ～ 7cm，宽 2 ～ 4cm，先端锐尖至渐尖，基部楔形，边缘有锯齿，两面近无毛或被疏柔毛，无柄。圆锥花序塔形，花序分枝部分轮生或全部轮生，常开展，无毛；花下垂；花萼无毛，裂片 5，披针形，长 3 ～ 6mm，全缘；花冠蓝紫色，钟状，长达 1.5cm，5 浅裂；雄蕊 5；花盘短筒状，长约 2mm，宽约 1mm；花柱与花冠近等长。花期 8 ～ 9 月，果期 9 ～ 10 月。

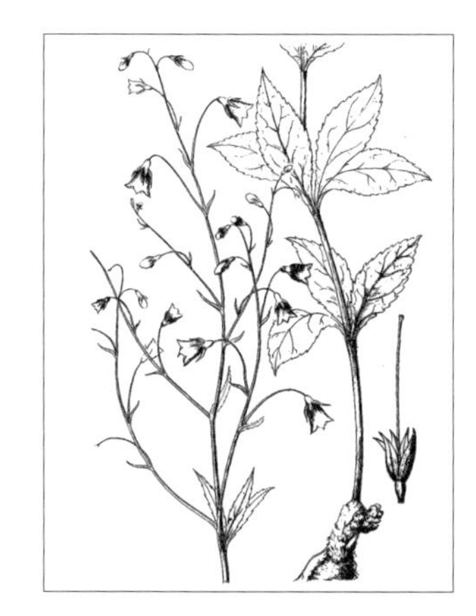

中生草本。生于森林带的山地草甸、林缘。产兴安北部及岭西

和岭东（根河市、牙克石市、鄂伦春自治旗、扎兰屯市）、兴安南部（科尔沁右翼前旗、阿鲁科尔沁旗、克什克腾旗）、赤峰丘陵（奈曼旗青龙山、翁牛特旗）、燕山北部（喀喇沁旗、宁城县、敖汉旗）。分布于我国黑龙江北部、吉林中部和东部、辽宁、河北北部、山西东北部、山东东南部，日本、朝鲜、俄罗斯（远东地区）。为东亚北部分布种。

3. 长白沙参

Adenophora pereskiifolia (Fisch. ex Schult.) Fisch. ex G. Don in Hort. Brit. 75. 1830; Fl. Intramongol. ed. 2, 4:448. t.178. f.1-3. 1992.——*Campanula pereskiifolia* Fisch. ex Schult. in Syst. Veg. 5:116. 1819.

3a. 长白沙参

Adenophora pereskiifolia (Fisch. ex Schult.) Fisch. ex G. Don var. **pereskiifolia**

多年生草本，高 70 ～ 100cm。茎直立，单一，被柔毛。叶大部分 3 ～ 5 枚轮生，少部分对生或互生，菱状倒卵形或狭倒卵形，长 3 ～ 7cm，宽 1.5 ～ 3.5cm，边缘具疏锯齿或牙齿，先端锐尖，基部楔形，上面绿色，下面淡绿色，近无毛或被稀疏短柔毛，沿脉毛较密。圆锥花序，分枝互生；花萼无毛，裂片 5，披针形，长 4 ～ 5mm，宽 1.5 ～ 2mm，全缘；花冠蓝紫色，宽钟状，长约 1.5cm，5 浅裂。雄蕊 5，长约 8mm；花药条形，长约 3.5mm，黄色；花丝下部加宽，边缘密生柔毛。花盘环状至短筒状，长 0.5 ～ 1.5mm；花柱略长于花冠或近等长。花期 7 ～ 8 月，果期 8 ～ 9 月。

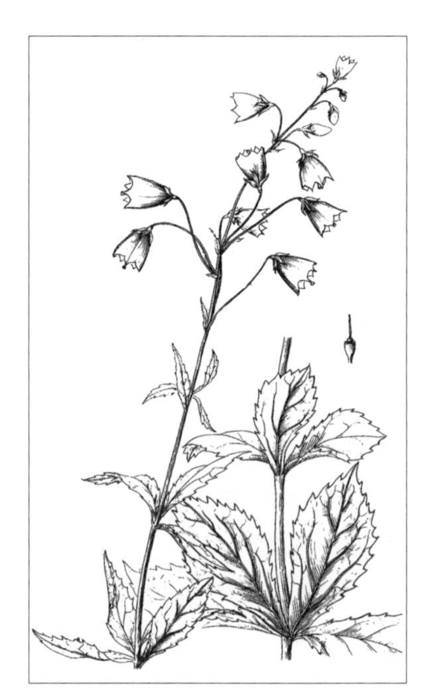

中生草本。生于森林带的林间草甸、林缘。产兴安北部及岭西和岭东（额尔古纳市、根河市、牙克石市、鄂伦春自治旗、阿尔山市、东乌珠穆沁旗宝格达山）、兴安南部（阿鲁科尔沁旗、巴林右旗、克什克腾旗）。分布于我国黑龙江、吉林、辽宁，日本、朝鲜、蒙古国东部和东北部（蒙古—达乌里地区、大兴安岭）、俄罗斯（达乌里地区、远东地区）。为东蒙古—东亚北部（满洲—日本）分布种。

3b. 兴安沙参（长叶沙参）

Adenophora pereskiifolia (Fisch. ex Schult.) Fisch. ex G. Don var. **alternifolia** P. Y. Fu ex Y. Z. Zhao in Act. Sci. Nat. Univ. Intramongol. 11(1):57. 1980; Fl. Intramongol. ed. 2, 4:448. t.178. f.4. 1992.

本变种与正种的区别是：茎生叶多数为互生，少对生或近轮生，狭倒卵形，长 4 ～ 10cm，宽 2 ～ 3.5cm。

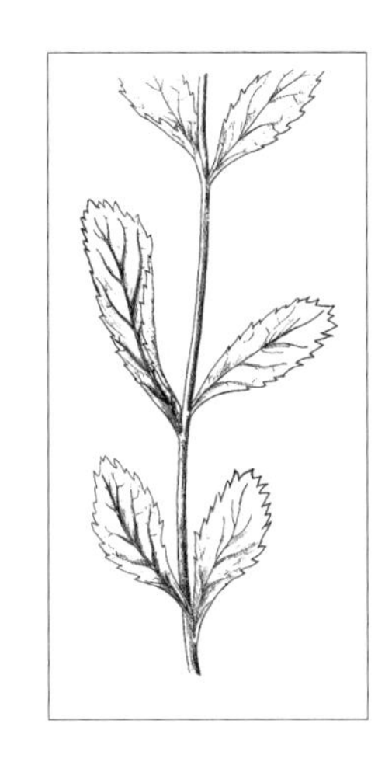

中生草本。生于森林带的沟谷草甸、林下。产兴安北部及岭西和岭东(额尔古纳市、根河市、牙克石市、鄂伦春自治旗、阿尔山市）。分布于我国黑龙江。为大、小兴安岭分布变种。

3c. 狭叶长白沙参

Adenophora pereskiifolia (Fisch. ex Schult.) Fisch. ex G. Don var. **angustifolia** Y. Z. Zhao in Fl. Intramongol. ed. 2, 4:451,864. 1992.

本变种与正种的区别是：茎生叶多数互生，少对生或近轮生，条形或披针状条形，长达 15cm，宽 3 ～ 16mm；花柱明显长于花冠。

中生草本。生于森林带的林下、林缘草甸。产兴安北部及岭西和岭东（额尔古纳市、根河市、牙克石市、鄂伦春自治旗、阿尔山市、扎赉特旗）。为大兴安岭分布变种。

4. 北方沙参

Adenophora borealis D. Y. Hong et Y. Z. Zhao in Fl. Reip. Pop. Sin. 73(2):129,187. t.21. f.3-5. 1983; Fl. Intramongol. ed. 2, 4:451. t.179. f.1-5. 1992.

4a. 北方沙参

Adenophora borealis D. Y. Hong et Y. Z. Zhao var. **borealis**

多年生草本。根胡萝卜状，根状茎短。茎单生，极少 2 个同生于一条根状茎上，直立，高 30 ～ 70cm，不分枝，通常无毛或疏生柔毛。茎生叶大部分轮生或近轮生，少部分互生或对生，狭披针形或披针形，长 3 ～ 5cm，宽 5 ～ 13mm，先端渐尖，基部狭楔形，边缘具锯齿，两面无毛或疏生白色细硬毛，无叶柄。花序圆锥状，花序分

枝短而互生；花梗长不足 1cm；花萼无毛，萼筒倒卵状圆锥形，萼裂片披针形，长 3 ～ 4.5mm，宽 1 ～ 1.5mm；花冠蓝色、紫色或蓝紫色，钟状，长 1.5 ～ 2cm；花盘短筒状，长 1.2 ～ 2mm；花柱稍短于花冠。果未见。花期 8 ～ 9 月。

中生草本。生于森林草原带和草原带的林缘、沟谷草甸。产兴安南部（阿鲁科尔沁旗、巴林左旗、巴林右旗、克什克腾旗、西乌珠穆沁旗）、燕山北部（喀喇沁旗、敖汉旗）、锡林郭勒（锡林浩特市、正蓝旗、太仆寺旗）、阴山（大青山、蛮汗山）。分布于我国辽宁中西部、河北北部。为华北北部分布种。

4b. 狭叶北方沙参

Adenophora borealis D. Y. Hong et Y. Z. Zhao var. **linearifolia** Y. Z. Zhao in Class. Fl. Ecol. Geogr. Distr. Vasc. Pl. Inn. Mongol. 500. 2012.

本变种与正种的区别是：叶条形或狭条形，宽 2 ～ 5mm，全缘或疏具锯齿。

中生草本。生于草原带的山顶草甸。产阴山（蛮汗山保安林场）。分布于我国河北北部。为华北北部分布变种。

4c. 山沙参

Adenophora borealis D. Y. Hong et Y. Z. Zhao var. **oreophila** Y. Z. Zhao in Act. Sci. Nat. Univ. Intramongol. 11(1):57. 1980; Fl. Intramongol. ed. 2, 4:453. t.179. f.6. 1992.

本变种与正种的区别是：茎生叶多数互生，少对生或近轮生，叶片多为倒卵形、倒卵状披针形或披针形，长 1.5 ～ 6cm，宽 0.7 ～ 2cm。

中生草本。生于森林带和森林草原带的林缘、山顶草甸。产兴安南部（巴林右旗、克什克腾旗、西乌珠穆沁旗迪彦林场、锡林浩特市）、燕山北部（喀喇沁旗、多伦县）、阴山（大青山、蛮汗山）。为华北北部分布变种。

5. 大青山沙参

Adenophora daqingshanica Y. Z. Zhao et L. Q. Zhao in Class. Fl. Ecol. Geogr. Distr. Vasc. Pl. Inn. Mongol. 500. 2012; Key High. Pl. Daqing Mount. Inn. Mongol. 133. 2005. nom. nud.

多年生草本。根胡萝卜状。茎单生，直立，高约 100cm，下部疏被柔毛。中部以上的茎生叶 5 枚轮生，下部的互生或对生，具短柄；叶片矩圆状倒披针形，长 3.5 ～ 6cm，宽 1 ～ 2cm，先端渐尖，基部渐狭，边缘具内弯细长齿，两面疏被柔毛。花序分枝轮生；花梗长约 5mm；花萼 5，披针形，长 4 ～ 6mm，宽约 1mm，全缘，无毛；花冠蓝紫色，钟形，长 15 ～ 23mm，5 浅裂。雄蕊 5，长约 12mm；花药黄色，条形，长约 5mm；花丝下部扩大，呈片状，长约 4mm，边缘密被白色柔毛，上部丝状，长约 3mm。花盘短筒状，长约 2mm，无毛；花柱比花萼稍短，柱头 3 浅裂。果未见。花期 8 月。

中生草本。生于草原带的山地沟谷草甸。产阴山（大青山）。为大青山分布种。

本种与北方沙参 *A. borealis* D. Y. Hong et Y. Z. Zhao 相近，但花序分枝轮生，茎生叶在中部以上轮生，仅在下部互生或对生，具短柄，故明显不同。

6. 雾灵沙参

Adenophora wulingshanica D. Y. Hong in Fl. Reip. Pop. Sin. 73(2):130,187. t.21. f.1-2. 1983; Fl. Intramongol. ed. 2, 4:453. t.180. f.1-3. 1992.

6a. 雾灵沙参

Adenophora wulingshanica D. Y. Hong var. **wulingshanica**

多年生草本，高 50 ～ 120cm。茎直立，单一或两条，不分枝，无毛或疏被硬毛。叶大部分 3 ～ 5 枚轮生，少部分对生或互生，卵形、矩圆状披针形或披针形，长 3 ～ 10cm，宽 0.4 ～ 4cm，边缘具疏锯齿或牙齿，先端锐尖或渐尖，基部楔形，无毛或两面脉上或边缘被疏硬毛，具短柄或无柄。圆锥花序，分枝互生或有时近于轮生；花梗长达 1cm；花萼无毛，裂片条状钻形，长 5 ～ 10mm，宽约 1mm，边缘具 1 ～ 2 对小齿；花冠蓝紫色，管状钟形，长 18 ～ 25mm，5 浅裂；花盘短筒状，长 1 ～ 1.5mm，无毛；花柱稍短于花冠。蒴果矩圆状，长约 10mm，直径 4 ～ 5mm；种子橙黄色，椭圆状，长约 1.5mm。花期 8 ～ 9 月。

中生草本。生于阔叶林带的沟谷灌丛、林缘草甸及林下。产燕山北部（喀喇沁旗旺业甸林场、宁城县）。分布于我国河北（雾灵山）。为华北分布种。

6b. 狭叶雾灵沙参

Adenophora wulingshanica D. Y. Hong var. **angustifolia** Y. Z. Zhao in Class. Fl. Ecol. Geogr. Distr. Vasc. Pl. Inn. Mongol. 501. 2012.

本变种与正种的区别是：叶条形或条状披针形。

中生草本。生于阔叶林带的林下。产燕山北部（喀喇沁旗旺业甸林场）。为华北北部分布变种。

6c. 互叶雾灵沙参

Adenophora wulingshanica D. Y. Hong var. **alterna** Y. Z. Zhao in Fl. Intramongol. ed. 2, 4:453. t.180. f.4. 1992.

本变种与正种的区别是：茎生叶多数互生，少对生或近轮生。

中生草本。生于阔叶林带的林缘草甸及林下。产兴安南部（克什克腾旗）、燕山北部（喀喇沁旗旺业甸林场）。为华北北部分布变种。

7. 荠苨（杏叶菜）

Adenophora trachelioides Maxim. in Mem. Acad. Imp. Sci. St.-Petersb. 9(Prim. Fl. Amur.):186. 1859; Fl. Intramongol. ed. 2, 4:453. t.181. f.1-2. 1992.

多年生草本，高 70 ～ 100cm。茎直立，稍呈“之”字形弯曲，下部粗达 7mm，无毛。叶互生，心状卵形或三角状卵形，长 1 ～ 12cm，宽 2.5 ～ 7.5cm，下部叶的基部心形，上部叶的基部浅心形或近截形，边缘有不整齐牙齿，两面疏生短毛或近无毛；具长柄，柄长 1.4 ～ 4.5cm。圆锥花序分枝近平展，无毛；花萼无毛，萼筒倒三角状圆锥形，裂片 5，厚，灰蓝绿色，矩圆状披针形，长 7 ～ 8.5mm，宽约 2mm，果期长 9 ～ 12mm；花冠蓝色，钟状，长约 2.2cm，无毛，5 浅裂；雄蕊 5，花丝下部变宽，密生白色柔毛；花盘短圆筒状，长约 2mm；花柱与花冠近等长。花期 7 ～ 8 月，果期 9 ～ 10 月。

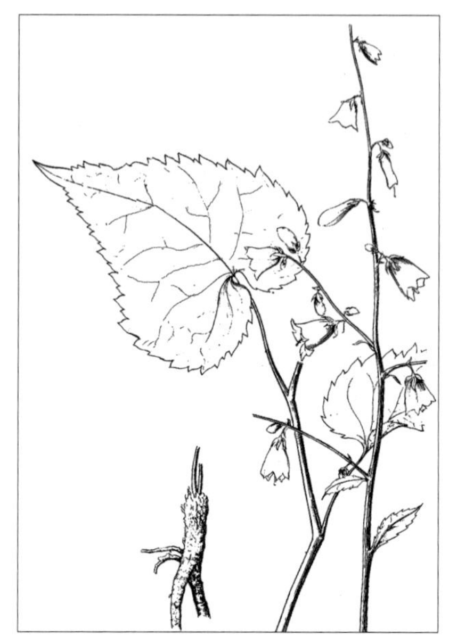

中生草本。生于森林带的林缘、林间草甸。产兴安北部（牙克石市）、兴安南部（科尔沁左翼中旗、阿鲁科尔沁旗）、辽河平原（大青沟）、赤峰丘陵（奈曼旗青龙山、翁牛特旗）、燕山北部（喀喇沁旗、敖汉旗大黑山）。分布于我国辽宁西部、河北北部、山东西部、安徽东南部、江苏南部、浙江北部，朝鲜。为东亚分布种。

8. 薄叶荠苨

Adenophora remotiflora (Sieb. et Zucc.) Miq. in Ann. Mus. Bot. Lugd.-Bat. 2:193. 1866; Fl. Intramongol. ed. 2, 4:454. t.182. f.1-2. 1992.——*Campanula remotiflora* Sieb. et Zucc. in Abh. Math. -Phys. Cl. Konigl. Bayer. Akad. Wiss. 4:180. 1846.

多年生草本，高 60 ～ 120cm。茎单生，直立，常多少“之”字形曲折，无毛。茎生叶互生，多为卵形至卵状披针形，少为卵圆形，基部多为截形、圆形至宽楔形，仅在茎下部的叶为浅心形，先端多为渐尖，质地薄，膜质，边缘具不整齐的牙齿，两面疏生毛或近无毛；具长柄，长 2 ～ 5cm。聚伞花序常为单花，少具几朵，整个花序呈假总状或狭圆锥状；花萼筒倒卵形或倒卵状圆锥形，裂片 5，矩圆状披针形，长 6 ～ 13mm，无毛；花冠钟状，蓝色，长 2 ～ 3cm，5 浅裂，无毛；雄蕊花丝下部加宽，密被白色柔毛；花盘圆筒状，长 2.5 ～ 3mm；花柱与花冠近等长。花期 7 ～ 8 月，果期 9 月。

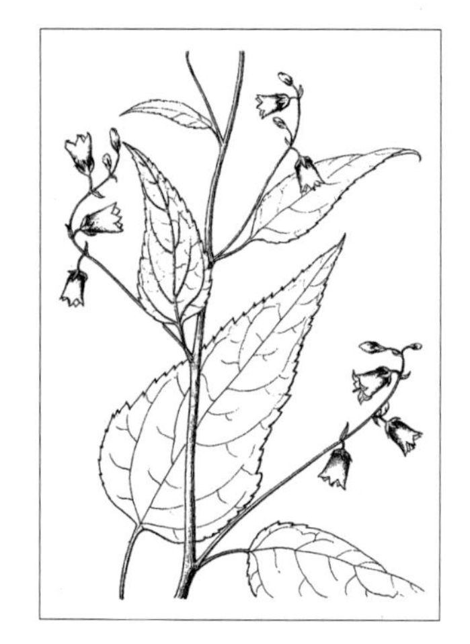

中生草本。生于阔叶林带的林缘、林下、林间草甸。产辽河平

原（大青沟）、燕山北部（敖汉旗大黑山）。分布于我国黑龙江、吉林、辽宁，日本、朝鲜、俄罗斯（远东地区）。为东亚北部（满洲—日本）分布种。

根入药，能清热、解毒、化痰，主治燥咳、喉痛、消渴、疔疮肿毒。

9. 石沙参（糙萼沙参）

Adenophora polyantha Nakai in Bot. Mag. Tokyo 23:188. 1909; Fl. Intramongol. ed. 2, 4:454. t.181. f.3-4. 1992.——*A. polyantha* Nakai var. *scabricalyx* Kitag. in Rep. First. Sci. Exped. Manch. 4(2):112. 1935.

9a. 石沙参

Adenophora polyantha Nakai var. **polyantha**

多年生草本，高 20 ～ 50cm。茎直立，通常数条从根状茎抽出，密被短硬毛。基生叶早落；茎生叶互生，狭披针形至狭卵状披针形，长 1.5 ～ 3.5cm，宽 3 ～ 8mm，边缘有锯齿，两面被短毛，无柄。花序通常不分枝，总状，常有短毛；花常偏于一侧；花萼裂片 5，狭三角状披针形，长 3 ～ 5mm，外面粗糙，常被疏短毛；花冠深蓝紫色或浅蓝紫色，钟状，长 1.5 ～ 2cm，5 浅裂，外面无毛。雄蕊 5，长约 1cm；花药黄色，条形，长约 4.5mm；花丝下部加宽，被白色柔毛。花盘短圆筒状，长约 2.5mm，顶部有疏毛；花柱稍伸出花冠或与之近等长。蒴果卵状椭圆形，长约 8mm，直径约 5mm；种子黄棕色，卵状椭圆形，稍扁，有 1 条带狭翅的棱，长约 1.2mm。花期 7 ～ 8 月，果期 9 月。

旱中生草本。生于草原带的山坡草地、石质山坡。产兴安南部（克什克腾旗）、燕山北部（喀喇沁旗、宁城县、敖汉旗）、乌兰察布（达尔罕茂明安联合旗吉穆斯泰山、固阳县色尔腾山）、阴山（大青山、乌拉山）。分布于我国辽宁南部、河北、河南、山东中西部、山西、陕西中部和南部、宁夏南部、甘肃东南部、安徽、江苏，朝鲜西北部。为华北—华东分布种。

9b. 菱叶石沙参

Adenophora polyantha Nakai var. **rhombica** Y. Z. Zhao in Fl. Intramongol. ed. 2, 4:459,847. 1992.

本变种与正种的区别是：茎生叶二型，下部叶菱形，边缘锐裂，上部叶狭披针形，边缘具锐尖齿。

旱中生草本。生于阔叶林带的石质山坡。产岭东（扎兰屯市）。为大兴安岭东麓分布变种。

10. 库伦沙参（坛盘沙参）

Adenophora kulunensis Y. Z. Zhao in Act. Phytotax. Sin 44(5):615. 2006.——*A. urceolata* Y. Z. Zhao in Ann. Bot. Fenn. 39(4):335. 2002. later homonym.

多年生草本。茎直立，高 40 ～ 60cm，单一，密被短硬毛。叶互生，披针形或倒披针形，长 20 ～ 35mm，宽 6 ～ 13mm，边缘具不整齐的牙齿，先端锐尖，基部楔形，两面被短硬毛，无柄。圆锥花序分枝，分枝互生；萼片 5，矩圆状披针形，长 3 ～ 4mm，全缘，无毛；花冠蓝紫色，管状钟形，长约 18mm，直径约 5mm，5 浅裂，外面无毛。雄蕊 5，长约 14mm；花药黄色，条形，长约 3mm；花丝下部加宽，披针形，边缘被白色长柔毛。花盘坛形，长约 2.5mm，无毛，先端收缩；花柱与花冠近等长，柱头 3 浅裂。蒴果倒圆锥状，长约 4mm，直径约 2.5mm，基部孔裂。花果期 8 月。

旱中生草本。生于草原带的山坡。产科尔沁（库伦旗）。为科尔沁分布种。

11. 狭叶沙参

Adenophora gmelinii (Beihler) Fisch. in Mem. Soc. Imp. Nat. Mosc. 6:167. 1823; Fl. Intramongol. ed. 2, 4:459. t.183. f.1-3. 1992.——*Campanula gmelinii* Beihler in Pl. Nov. Herb. Spreng. 14. 1807.

11a. 狭叶沙参

Adenophora gmelinii (Beihler) Fisch. var. **gmelinii**

多年生草本。茎直立，高 40 ～ 60cm，单一或自基部抽出数条，无毛或被短硬毛。茎生叶互生，集中于中部，狭条形或条形，长 2 ～ 12cm，宽 1 ～ 5mm，全缘或极少有疏齿，两面无毛或被短硬毛，无柄。花序总状或单生，通常 1 ～ 10 朵，下垂；花萼裂片 5，多为披针形或狭三角状披针形，长 4 ～ 6mm，宽 1.5 ～ 2mm，全缘，无毛或有短毛；花冠蓝紫色，宽钟状，长 1.5 ～ 2.8cm，外面无毛；花丝下部加宽，密被白色柔毛；花盘短筒状，长 2 ～ 3mm，被疏毛或无毛；花柱内

藏，短于花冠。蒴果椭圆状，长 8 ～ 13mm，直径 4 ～ 7mm；种子椭圆形，黄棕色，有 1 条翅状棱，长约 1.8mm。花期 7 ～ 8 月，果期 9 月。

旱中生草本。生于森林带和森林草原带的山地林缘、山地草原及草甸草原。产兴安北部及岭西和岭东（额尔古纳市、牙克石市、鄂伦春自治旗）、呼伦贝尔（陈巴尔虎旗、鄂温克族自治旗、新巴尔虎左旗、海拉尔区、满洲里市）、兴安南部及科尔沁（扎赉特旗、科尔沁右翼前旗、科尔沁右翼中旗、突泉县、扎鲁特旗、阿鲁科尔沁旗、巴林右旗、克什克腾旗）、赤峰丘陵（翁牛特旗）、燕山北部（喀喇沁旗、宁城县、敖汉旗、兴和县苏木山）、锡林郭勒（西乌珠穆沁旗、锡林浩特市）、阴山（大青山、乌拉山）、阴南丘陵（准格尔旗）。分布于我国黑龙江西南部和西北部、吉林西部、辽宁中部、河北、山东、山西，蒙古国东部、俄罗斯（达乌里地区、远东地区）。为东蒙古—东亚北部（华北—满洲）分布种。

11b. 柳叶沙参

Adenophora gmelinii (Beihler) Fisch. var. **coronopifolia** (Fisch.) Y. Z. Zhao in Act. Sci. Nat. Univ. Intramongol. 11(1):59. 1980; Fl. Intramongol. ed. 2, 4:459. t.183. f.4. 1992.——*A. coronopifolia* Fisch. in Mem. Soc. Imp. Nat. Mosc. 6:167. 1823.

本变种与正种的区别是：叶多为条形至狭披针形，边缘具长而略向内弯的锐尖齿。

中生草本。生于森林带和森林草原带的山地林缘、沟谷草甸。产兴安北部及岭西和岭东（额尔古纳市、鄂伦春自治旗、鄂温克族自治旗、阿荣旗）、兴安南部及科尔沁（科尔沁右翼前旗、科尔沁右翼中旗、阿鲁科尔沁旗、巴林左旗、巴林右旗、克什克腾旗）、赤峰丘陵（翁牛特旗）、锡林郭勒（锡林浩特市、太仆寺旗）、阴山（大青山、乌拉山）。分布于我国黑龙江、吉林、辽宁、河北、山西，蒙古国东部、俄罗斯（东西伯利亚地区、达乌里地区、远东地区）。为东蒙古—东亚北部（华北—满洲）分布变种。

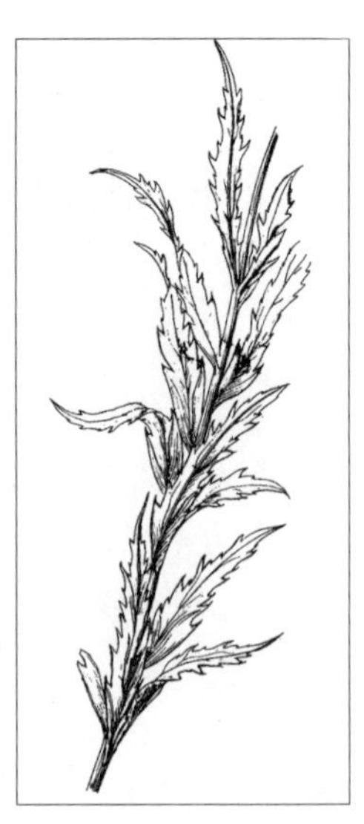

11c. 厚叶沙参

Adenophora gmelinii (Beihler) Fisch. var. **pachyphylla** (Kitag.) Y. Z. Zhao in Act. Sci. Nat. Univ. Intramongol. 11(1):59. 1980; Fl. Intramongol. ed. 2, 4:459. t.183. f.5. 1992.——*A. pachyphylla* Kitag. Rep. First. Sci. Exped. Manch. 2:297. 1938.

本变种与正种的区别是：叶多为倒披针形至倒卵状披针形，质厚，中上部边缘具不规则锯齿，下部全缘。

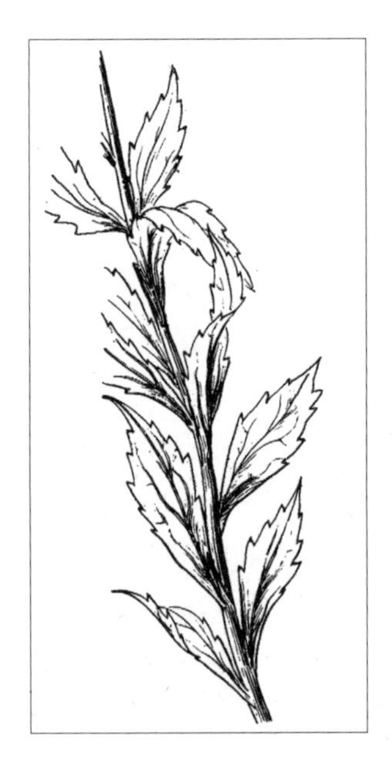

中生草本。生于阔叶林带的山地林缘、沟谷草甸。产兴安南部（阿鲁科尔沁旗、巴林左旗、克什克腾旗）、燕山北部（兴和县苏木山）、阴山（大青山、蛮汗山保安林场、乌拉山）。分布于我国东北。为华北—满洲分布种。

12. 小花沙参

Adenophora micrantha D. Y. Hong in Fl. Reip. Pop. Sin. 73(2):110,185. t.17. f.1-4. 1983; Fl. Intramongol. ed. 2, 4:461. t.176. f.1-3. 1992.——*A. suolunensis* P. F. Tu et X. F. Zhao in Act. Bot. Boreal.-Occident. Sin. 18(4):616. f.1. 1998.

多年生草本。茎数条丛生，直立，常不分枝，高 30 ～ 40cm，密被倒生短硬毛。茎生叶互生，条形、宽条形至长椭圆形，长 1.5 ～ 5.5cm，宽 2 ～ 10cm，边缘具锯齿或多少具皱波状尖锯齿，两面疏被糙毛或近无毛，无柄。总状花序，有花 1 至数朵；花梗长约 1cm；花萼倒三角状圆锥形，无毛，长 1.5 ～ 2mm，裂片狭三角状钻形，全缘，长 2 ～ 2.5mm，宽约 1mm；花冠狭钟状，蓝色，长 12 ～ 14mm，裂片卵状三角形；雄蕊远短于花冠；花盘粗筒状，长 2.5 ～ 3mm，顶端疏被毛；花柱明显伸出花冠，长约 14mm。蒴果卵球形，长约 4mm，直径约 3.5mm；种子长约 1.6mm，有 1 条翅状棱。花期 7 ～ 8 月，果期 8 ～ 9 月。

旱中生草本。生于森林草原带的石质山坡。产兴安南部（扎赉特旗、科尔沁右翼前旗索伦镇、科尔沁右翼中旗、扎鲁特旗、阿鲁科尔沁旗、巴林左旗）。为大兴安岭南部山地分布种。

13. 多歧沙参（瓦氏沙参）

Adenophora wawreana Zahlbr. in Ann. K. K. Naturhist. Hofmus. 10(Notiz.):56. 1895; Fl. Intramongol. ed. 2, 4:461. t.184. f.1-2. 1992.

13a. 多歧沙参

Adenophora wawreana Zahlbr. var. **wawreana**

多年生草本。茎直立，高 50 ～ 100cm，被向下的短硬毛或近无毛。茎生叶互生，卵形、

菱状卵形或狭卵形，长 2 ～ 5cm，宽 1 ～ 3.5cm，先端锐尖，基部截形至楔形，边缘有不整齐锯齿，两面被短硬毛或近无毛，有时密被短硬毛；叶具柄，柄长达 2.5cm，有时茎上部叶柄较短或近无柄。圆锥花序大，多分枝，花多数；花萼无毛，裂片 5，条状钻形，长 4 ～ 7mm，平展或稍反卷，常具 1 ～ 2 对狭长齿，少为疣状齿；花冠蓝紫色或浅蓝紫色，钟状，长 1.2 ～ 1.4cm，5 浅裂，无毛。雄蕊 5，长约 8mm；花药黄色，条形；花丝下部加宽，边缘密被柔毛。花盘短筒状，长约 1.5mm；花柱伸出或与花冠近等长。花期 7 ～ 9 月，果期 9 ～ 10 月。

旱中生草本。生于森林带和森林草原带的山地林缘、沟谷草甸、山坡草地。产兴安北部及岭西和岭东（大兴安岭）、兴安南部及科尔沁（扎赉特旗、科尔沁右翼前旗、科尔沁右翼中旗、扎鲁特旗、阿鲁科尔沁旗、巴林左旗、巴林右旗、克什克腾旗、西乌珠穆沁旗迪彦林场）、辽河平原（科尔沁左翼后旗）、赤峰丘陵（翁牛特旗）、燕山北部（喀喇沁旗、宁城县、敖汉旗）、阴山（大青山、蛮汗山、乌拉山）、阴南丘陵（准格尔旗阿贵庙）、鄂尔多斯（伊金霍洛旗）。分布于我国辽宁西南部、河北、河南西部、山西。为华北—兴安分布种。

13b. 阴山沙参

Adenophora wawreana Zahlbr. var. **lanceifolia** Y. Z. Zhao in Act. Sci. Nat. Univ. Intramongol. 11(1):59. 1980; Fl. Intramongol. ed. 2, 4:464. t.184. f.3. 1992.

本变种与正种的区别是：叶披针形或长椭圆状披针形，先端渐尖或尾状渐尖，基部楔形。

中生草本。生于阔叶林下。产兴安南部（克什克腾旗黄岗梁）、辽河平原（大青沟）、阴山（大青山、乌拉山、狼山）。分布于我国河北北部。为华北北部分布种。

14. 二型叶沙参

Adenophora biformifolia Y. Z. Zhao in Act. Sci. Nat. Univ. Intramongol. 11(1):57. f.1. 1980; Fl. Intramongol. ed. 2, 4:464. t.184. f.4., t.185. f.1-4. 1992.

多年生草本。全株光滑无毛或被短硬毛。茎直立，单一，高 50 ～ 100cm。茎生叶互生，全部无柄或仅上部叶具柄。叶片二型：上部叶为狭披针形、披针形至椭圆形，长 4 ～ 9(～ 12)cm，宽 4 ～ 12(～ 30)mm，边缘具不规则锯齿或稀疏锯齿；下部叶条形，长 6 ～ 15cm，宽 2 ～ 8mm，全缘。圆锥花序大，多分枝；萼裂片 5，条状披针形或条状钻形，长 4 ～ 6mm，平展或稍反曲，具 1 ～ 2 对狭长齿或短齿；花冠蓝紫色，钟状，长约 1.5cm，5 浅裂。雄蕊 5，长约 1cm；花药黄色，条形；花丝下部加宽，边缘密被柔毛。花盘短筒状，长约 2mm，顶部被柔毛；花柱伸出或与花冠近等长。蒴果卵形。花期 9 月，果期 10 月。

中生草本。生于森林带和森林草原带的山地灌丛、沟谷草甸、林下水沟边。产兴安南部及科尔沁（阿鲁科尔沁旗、巴林左旗、巴林右旗、克什克腾旗黄岗梁、西乌珠穆沁旗迪彦林场）、辽河平原（大青沟）、赤峰丘陵（红山区）、燕山北部（敖汉旗）、阴山（大青山）、阴南丘陵（准格尔旗阿贵庙）。分布于我国辽宁、河北北部。为华北分布种。

Flora of China（19:545. 2011.）将本种并入多歧沙参 *A. wawreana*，似觉不妥。因为本种茎生叶甚为特殊，其茎上部叶边缘有锯齿且较宽，茎下部叶全缘且较窄，是沙参属植物中非常特殊、绝无仅有的类群。虽然叶的大小形状及具柄与否变化较大，但茎上、下分为两种不同的叶形（边缘有无锯齿），却是一个很稳定的性状。

15. 宁夏沙参

Adenophora ningxianica D. Y. Hong ex S. Ge et D. Y. Hong in Novon 9:46. 1999; Fl. China 19:548. 2011.——*A. ningxiaensis* D. Y. Hong in Fl. Reip. Pop. Sin. 73(2):114. t.17. f.9-11. 1983. nom. subnudum; Fl. Intramongol. ed. 2, 4:464. t.186. f.1-2. 1992.

多年生草本，高 13 ～ 30cm。茎自根状茎上生出数条，丛生，不分枝，无毛或被短硬毛。基生叶心形或倒卵形，早枯；茎生叶互生，常披针形，长 6 ～ 25mm，宽 2 ～ 5mm，两面无毛或

近无毛，边缘具锯齿，无柄。花序无分枝，顶生或腋生，数朵花集成假总状花序；花梗纤细；花萼无毛，萼筒倒卵形，裂片钻形或钻状披针形，长 2 ～ 4mm，宽约 1mm，边缘常有 1 对疣状小齿，个别裂片全缘；花冠钟状，蓝色或蓝紫色，长约 1.4cm，浅裂片卵状三角形；花盘短筒状，

长约 2mm，无毛；花柱长约 1.5cm，稍长于花冠。蒴果长椭圆状，长约 8mm，直径约 3mm；种子黄色，椭圆状，稍扁，有 1 条翅状棱，长约 2mm。花期 7 ～ 8 月，果期 9 月。

旱中生草本。生于荒漠带的山地阴坡岩石缝处。产东阿拉善（桌子山）、贺兰山。分布于我国甘肃（兰州市兴隆山）。为东阿拉善山地分布种。

16. 扫帚沙参（细叶沙参、蒙古沙参）

Adenophora stenophylla Hemsl. in J. Linn. Soc. Bot. 26:10. 1889; Fl. Intramongol. ed. 2, 4:464. t.187. f.1-4. 1992.

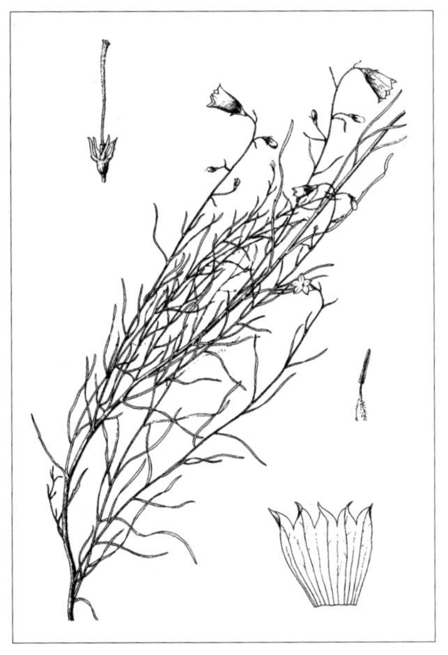

多年生草本，高30～50cm。茎丛生，常多分枝，呈扫帚状，近无毛或被短毛。茎生叶狭条形至针形，长1.5～4cm，宽0.5～1mm，极少宽约2mm，通常全缘或有疏齿，两面无毛，无柄。圆锥花序；萼裂片条状披针形，绿色，长2～3mm，边缘通常具1对小齿，个别裂片全缘，无毛；花冠蓝紫色，筒状钟形，长7～11mm，5浅裂，裂片宽卵状三角形，无毛；雄蕊长约5mm；花盘短筒状，长1～1.5mm，无毛；花柱内藏，稍短于花冠。蒴果椭圆状，直径约2mm。花期7～8月，果期9月。

中生草本。生于森林草原带的山坡草地。产兴安北部（额尔古纳市）、呼伦贝尔（满洲里市）、兴安南部及科尔沁（扎赉特旗、科尔沁右翼前旗、科尔沁右翼中旗、乌兰浩特市、科尔沁左翼中旗、阿鲁科尔沁旗）。分布于我国黑龙江西南部、吉林西部、辽宁。为满洲分布种。

17. 狭长花沙参（沙参）

Adenophora elata Nannf. in Act. Hort. Gothob. 5:16. t.5. f.a. 1930; Fl. Intramongol. ed. 2, 4:467. 1992.

多年生草本，高20～100cm。茎直立，单一，不分枝，无毛。茎生叶互生，偶有近对生的，叶片卵形、狭卵形至条状披针形或倒披针形，长2～8cm，宽0.5～2.5cm，基部楔状，顶端急尖或渐尖，边缘具锯齿，两面无毛，无柄。花常数朵集成假总状花序或单花顶生；花梗长不足1cm；花萼无毛，萼筒长卵状或倒卵状圆锥形，裂片狭三角状钻形至狭钻形，长5～10mm，宽约1mm，边缘有1～2对小齿，但也有个别裂片全缘的；花冠狭钟状或筒状钟形，紫蓝色，长2～3.4cm，裂片近三角形，长6～10mm；花盘筒状，长1.6～2.8mm，无毛；花柱比花冠短。蒴果椭圆状，长12mm，直径6mm；种子黄棕色，椭圆形，长约1.5mm，有1条带狭翅的棱。花期7～8月，果期9月。

中生草本。生于草原带的山坡草地。产阴山（卓资县大青山）。分布于我国河北西部、山西（五台山）。为华北分布种。

本种未见标本，仅据《中国植物志》记载而录。

18. 锯齿沙参

Adenophora tricuspidata (Fisch. ex Schult.) A. DC. in Monogr. Camp. 355. 1830; Fl. Intramongol. ed. 2, 4:467. t.186. f.3-5. 1992.——*Campanula tricuspidata* Fisch. ex Sehult. in Syst. Veg 5:158. 1819.

多年生草本，高30～60cm。茎直立，单一，无毛或近无毛。茎生叶互生，卵状披针形、

披针形至条状披针形，长2～12cm，宽3～18mm，先端锐尖至渐尖，基部楔形或圆形，边缘有锯齿，两面无毛，无柄。圆锥花序，有花多数；萼裂片5，卵状三角形，蓝绿色，长约5mm，宽约3mm，下部宽而边缘互相覆盖，先端长渐尖或渐尖，边缘有锯齿，无毛；花冠蓝紫色，宽钟状，长1.5～1.8cm，5浅裂，裂片卵状三角形，无毛。雄蕊5，长约7mm；花药黄色，条形，长约3mm；花丝下部加宽，边缘密生白色柔毛。花盘极短，环状，长约1mm，无毛；花柱内藏，比花冠短。蒴果近球形。花期7～8月，果期9月。

中生草本。生于森林带和森林草原带的山地草甸、湿草地、林缘草甸。产兴安北部及岭西和岭东（额尔古纳市、根河市、牙克石市、鄂温克族自治旗、鄂伦春自治旗、莫力达瓦达斡尔族自治旗、阿尔山市、扎兰屯市）、兴安南部（科尔沁右翼前旗、突泉县、扎鲁特旗、阿鲁科尔沁旗、巴林右旗、克什克腾旗、东乌珠穆沁旗、西乌珠穆沁旗）、赤峰丘陵（翁牛特旗）、燕山北部（喀喇沁旗、宁城县）。分布于我国黑龙江北部、河北北部，蒙古国东部和北部、俄罗斯（东西伯利亚地区、远东地区）。为东西伯利亚—满洲分布种。

19. 轮叶沙参（南沙参）

Adenophora tetraphylla (Thunb.) Fisch. in Mem. Soc. Imp. Nat. Mosc. 6:169. 1823; Fl. Intramongol. ed. 2, 4:468. t.188. f.1-8. 1992.——*Campanula tetraphylla* Thunb. in Syst Veg. ed 14, 211. 1784.

19a. 轮叶沙参

Adenophora tetraphylla (Thunb.) Fisch. var. **tetraphylla**

多年生草本，高 50 ～ 90cm。茎直立，单一，不分枝，无毛或近无毛。茎生叶 4 ～ 5 枚轮生，倒卵形、椭圆状倒卵形、狭倒卵形、倒披针形、披针形、条状披针形或条形，长 2.5 ～ 7cm，宽 0.3 ～ 2cm，先端渐尖或锐尖，基部楔形，叶缘中上部具锯齿，下部全缘，两面近无毛或被疏短柔毛，无柄或近无柄。圆锥花序，长达 20cm，分枝轮生；花下垂；花梗长 3 ～ 5mm；小苞片细条形，长 1 ～ 5mm；萼裂片 5，丝状钻形，长 1.2 ～ 2mm，全缘；花冠蓝色，口部微缢缩成坛状，长 6 ～ 9mm，5 浅裂。雄蕊 5，常稍伸出；花丝下部加宽，边缘有密柔毛。花盘短筒状，长约 2mm。花柱明显伸出，长达 1.5cm，被短毛；柱头 3 裂。蒴果倒卵球形，长约 5mm。花期 7 ～ 8 月，果期 9 月。

中生草本。生于森林带和森林草原带的山地林缘、河滩草甸、固定沙丘间草甸。产兴安北部及岭西和岭东（额尔古纳市、牙克石市、鄂伦春自治旗、阿荣旗、陈巴尔虎旗、海拉尔区）、兴安南部（扎赉特旗、科尔沁右翼前旗、科尔沁右翼中旗、阿鲁科尔沁旗、巴林右旗、东乌珠穆沁旗、西乌珠穆沁旗、锡林浩特市）、辽河平原（科尔沁左翼后旗）、赤峰丘陵（翁牛特旗）、燕山北部（喀喇沁旗、宁城县、敖汉旗）。分布于我国黑龙江、吉林、辽宁、河北北部、山东东北部、山西西南部、安徽南部、江苏南部、浙江、福建、江西、广东北部、广西、贵州、云南东南部、四川北部和南部，日本、朝鲜、俄罗斯（东西伯利亚地区、达乌里地区、远东地区）、越南。为东亚分布种。

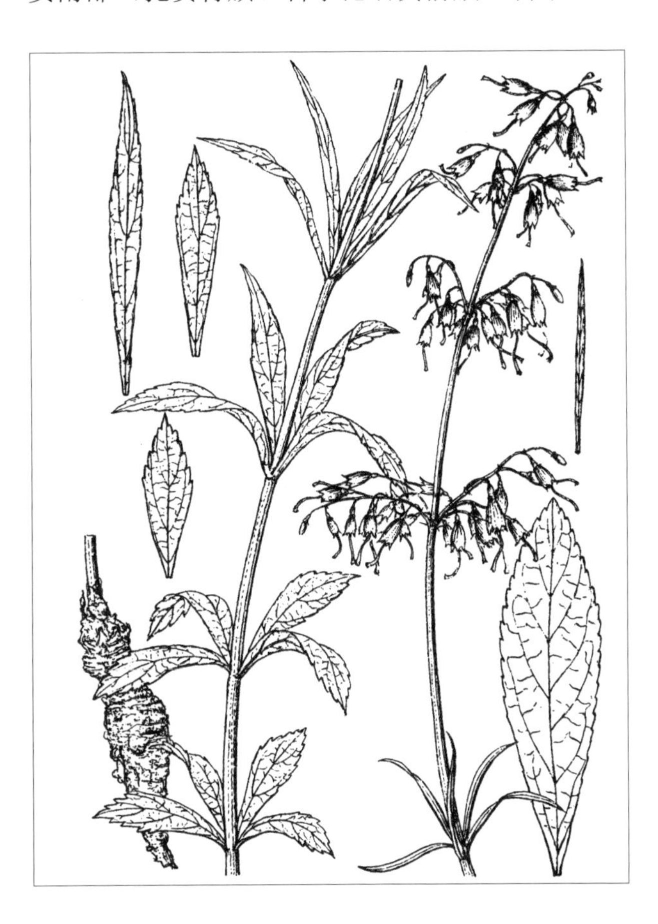

根入药（药材名：南沙参），能润肺、化痰、止咳，主治咳嗽痰黏、口燥咽干。也入蒙药（蒙药名：鲁都特道日基），能消炎散肿、祛黄水，主治风湿性关节炎、神经痛、黄水病。

沙参属植物中根肥大与本种类似者，均可做“南沙参”药用。

19b. 全缘轮叶沙参

Adenophora tetraphylla (Thunb.) Fisch. var. **integrifolia** Y. Z. Zhao in Fl. Intramongol. ed. 2, 4:468,847. 1992.

本变种与正种的区别在于：叶狭条形，长 5 ～ 15cm，宽 2 ～ 4mm，全缘。

中生草本。生于森林带的山地林缘。产兴安北部（鄂伦春自治旗托扎敏乡）。为大兴安岭分布变种。

20. 紫沙参

Adenophora paniculata Nannf. in Act. Hort. Gothob. 5:19. t.7-9. 1930; Fl. Intramongol. ed. 2, 4:468. t.189. f.1-3. 1992.

20a. 紫沙参

Adenophora paniculata Nannf. var. **paniculata**

多年生草本。茎直立，高 60 ～ 120cm，粗壮，直径达 8mm，绿色或紫色，不分枝，无毛或近无毛。基生叶心形，边缘有不规则锯齿；茎生叶互生，条形或披针状条形，长 5 ～ 15cm，宽 0.3 ～ 1cm，全缘或极少具疏齿，两面疏生短毛或近无毛，无柄。圆锥花序顶生，长 20 ～ 40cm，多分枝，无毛或近无毛；花梗纤细，长 0.6 ～ 2cm，常弯曲；花萼无毛，裂片 5，丝状钻形或近丝形，长 3 ～ 5mm；花冠口部收缢，筒状坛形，蓝紫色、淡蓝紫色或白色，长 1 ～ 1.3cm，无毛，5 浅裂；雄蕊多少露出花冠，花丝基部加宽，密被柔毛；花盘圆筒状，长约 3mm，无毛或被毛；花柱明显伸出花冠，长 2 ～ 2.4cm。蒴果卵形至卵状矩圆形，长 7 ～ 9mm，直径 3 ～ 5mm；种子椭圆形，棕黄色，长约 1mm。花期 7 ～ 9 月，果期 9 月。

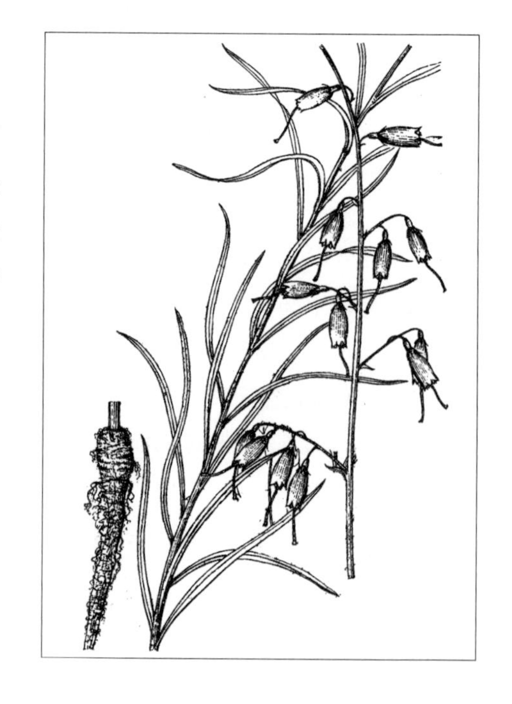

中生草本。生于阔叶林带和草原带的山地林缘、灌丛、沟谷草甸。产兴安南部（科尔沁右翼中旗、阿鲁科尔沁旗、巴林右旗、锡林浩特市）、燕山北部（喀喇沁旗、宁城县、敖汉旗、兴和县苏木山）、阴山（大青山、蛮汗山保安林场、乌拉山）、龙首山。分布于我国辽宁西部、河北、河南西部、山东中西部、山西、陕西、宁夏南部、湖北西部。为华北—兴安南部分布种。

20b. 齿叶紫沙参

Adenophora paniculata Nannf. var. **dentata** Y. Z. Zhao in Act. Sci. Nat. Univ. Intramongol. 11(1):58. 1980; Fl. Intramongol. ed. 2, 4:470. t.189. f.4. 1992.

本变种与正种的区别是：叶菱状狭卵形或菱状披针形，边缘具不规则的锯齿。

中生草本。生于阔叶林带和草原带的山地林缘、沟谷草甸。产兴安南部（锡林浩特市）、燕山北部（喀喇沁旗）、阴山（大青山）。分布于我国华北。为华北分布变种。

20c. 有柄紫沙参

Adenophora paniculata Nannf. var. **petiolata** Y. Z. Zhao in Act. Sci. Nat. Univ. Intramongol. 11(1):58. 1980; Fl. Intramongol. ed. 2, 4:470. t.189. f.5. 1992.

本变种与正种的区别是：下部叶有柄；叶片菱状狭卵形，边缘具不规则的锯齿。

中生草本。生于阔叶林带和草原带的山地林缘、沟谷草甸。产兴安南部（巴林右旗）、燕山北部（兴和县苏木山）、阴山（大青山、蛮汗山）。为华北北部分布变种。

21. 长柱沙参

Adenophora stenanthina (Ledeb.) Kitag. in Lineam. Fl. Mansh. 418. 1939; Fl. Intramongol. ed. 2, 4:470. t.190. f.1-2. 1992.——*Campanula stenanthina* Ledeb. in Mem. Acad. Imp. Sci. St.-Petersb. 5:525. 1814.

21a. 长柱沙参

Adenophora stenanthina (Ledeb.) Kitag. var. **stenanthina**

多年生草本。茎直立，有时数条丛生，高 30 ～ 80cm，密生极短糙毛。基生叶早落；茎生

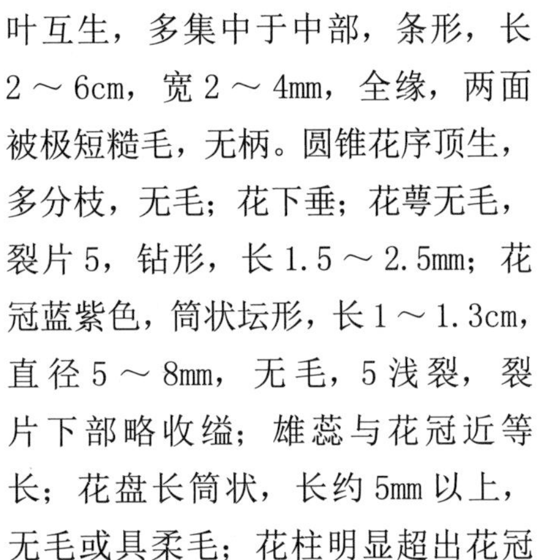

叶互生，多集中于中部，条形，长2～6cm，宽2～4mm，全缘，两面被极短糙毛，无柄。圆锥花序顶生，多分枝，无毛；花下垂；花萼无毛，裂片5，钻形，长1.5～2.5mm；花冠蓝紫色，筒状坛形，长1～1.3cm，直径5～8mm，无毛，5浅裂，裂片下部略收缢；雄蕊与花冠近等长；花盘长筒状，长约5mm以上，无毛或具柔毛；花柱明显超出花冠0.5～1倍，长1.5～2cm，柱头3裂。花期7～9月，果期7～10月。

旱中生草本。生于森林草原带和草原带的山地草甸草原、沟谷草甸、灌丛、石质丘陵、草原及沙丘。产岭西及呼伦贝尔（额尔古纳市、陈巴尔虎旗、海拉尔区、鄂温克族自治旗、新巴尔虎左旗、新巴尔虎右旗）、兴安南部及科尔沁（科尔沁右翼前旗、科尔沁右翼中旗、阿鲁科尔沁旗、巴林右旗、克什克腾旗）、燕山北部（敖汉旗、兴和县苏木山）、锡林郭勒（东乌珠穆沁旗、西乌珠穆沁旗、锡林浩特市、阿巴嘎旗、正蓝旗）、乌兰察布（达尔罕茂明安联合旗、乌拉特中旗）、阴山（大青山）、阴南丘陵（清水河县、准格尔旗）、龙首山。分布于我国黑龙江北部、吉林西部、辽宁东北部和西南部、河北西北部、山西北部、陕西西北部、宁夏南部、甘肃、青海，蒙古国东部和北部、俄罗斯（东西伯利亚地区南部、远东地区）。为华北—满洲—东蒙古分布种。

21b. 皱叶沙参

Adenophora stenanthina (Ledeb.) Kitag. var. **crispata** (Korsh.) Y. Z. Zhao in Act. Sci. Nat. Univ.

Intramongol. 11(1):59. 1980; Fl. Intramongol. ed. 2, 4:472. t.190. f.3-4. 1992.——*A. marsupiiflora* f. *crispata* Korsh. in Mem Acad. Imp. Sci. St.-Petersb. Ser. 7, 42(2):32. 1894.

本变种与正种的区别是：叶披针形至卵形，长 1.2 ～ 4cm，宽 5 ～ 15mm，边缘具深刻而尖锐的皱波状齿。

旱中生草本。生于森林草原带和草原带的山坡草地、沟谷、撂荒地。产呼伦贝尔（满洲里市、海拉尔区、新巴尔虎左旗）、兴安南部（阿鲁科尔沁旗、巴林右旗、克什克腾旗）、赤峰丘陵（翁

牛特旗）、锡林郭勒（东乌珠穆沁旗、西乌珠穆沁旗、锡林浩特市、苏尼特左旗、正蓝旗、镶黄旗）、乌兰察布（四子王旗南部）、阴山（大青山、蛮汗山）、阴南丘陵（准格尔旗）、龙首山。分布于我国东北、河北北部、山西、陕西、宁夏，蒙古国东部和北部、俄罗斯（达乌里地区）。为华北—满洲—东蒙古分布变种。

21c. 丘沙参

Adenophora stenanthina (Ledeb.) Kitag. var. **collina** (Kitag.) Y. Z. Zhao in Act. Sci. Nat. Univ. Intramongol. 11(1):59. 1980; Fl. Intramongol. ed. 2, 4:472. t.190. f.5. 1992.——*A. collina* Kitag. in Rep. Inst. Sci. Res. Manch. 4:98. 1940.

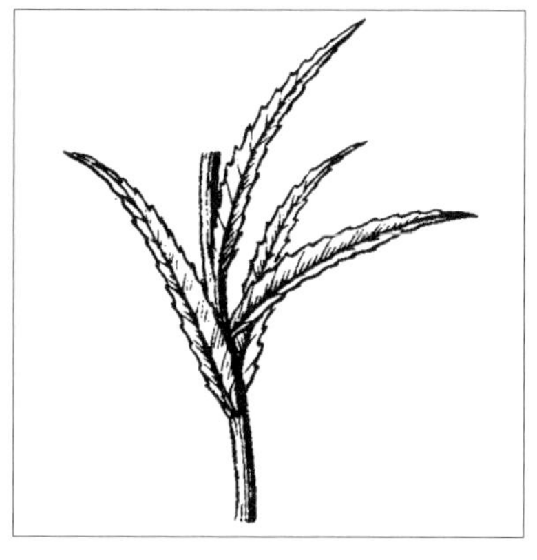

本变种与正种的区别是：叶条形至披针形，长 1.5 ～ 2.5cm，宽 2 ～ 8mm，边缘具锯齿。

旱中生草本。生于森林草原带和草原带的山坡。产兴安南部（阿鲁科尔沁旗、巴林右旗、克什克腾旗）、赤峰丘陵（翁牛特旗）、锡林郭勒（察哈尔右翼后旗土牧尔台镇）、阴山（蛮汗山）。为华北北部分布变种。

21d. 锡林沙参

Adenophora stenanthina (Ledeb.) Kitag. var. **angustilanceifolia** Y. Z. Zhao in Act. Sci. Nat. Univ. Intramongol. 11(1):58. 1980; Fl. Intramongol. ed. 2, 4:472. t.190. f.6. 1992.

本变种与正种的区别是：叶狭披针形或条状披针形，长 5 ～ 7cm，宽 5 ～ 10mm，边缘具疏浅齿。

旱中生草本。生于森林草原带和草原带的山地草原、沙丘间草地。产兴安南部（科尔沁右翼前旗）、锡林郭勒（锡林浩特市、西乌珠穆沁旗、正蓝旗、镶黄旗）。为兴安南部—锡林郭勒分布变种。

22. 草原沙参

Adenophora pratensis Y. Z. Zhao in Fl. Intramongol. ed. 2, 4:472,847. t.191. f.1-3. 1992.

多年生草本，高 50 ～ 70cm。茎直立，单一，密被极短糙毛或近无毛。基生叶早落；茎生叶互生，狭披针形或披针形，长 5 ～ 11cm，宽 5 ～ 15mm，先端渐尖或锐尖，基部渐狭，全缘或具疏齿，两面被极短糙毛或近无毛至无毛，无柄。圆锥花序，分枝，无毛；花下垂；花萼无毛，裂片 5，钻状三角形，长 3 ～ 4mm；花冠蓝紫色，钟状坛形，长 15 ～ 17mm，直径 8 ～ 10mm，无毛，5 浅裂，裂片下部略收缢；雄蕊与花冠近等长；花盘长筒状，长约 5mm，被柔毛；花柱超出花冠 1/4 ～ 1/3，长约 20mm，柱头 3 裂。花期 7 ～ 8 月。

中生草本。生于森林草原带和草原带的潮湿草甸、河滩草甸。产锡林郭勒（东乌珠穆沁旗、西乌珠穆沁旗、正蓝旗、镶黄旗）。为锡林郭勒分布种。

本种与 *A. stenanthina* (Ledeb.) Kitag. 相近，但又因花柱较短，长约为花冠的 1.25 倍；花冠较大，钟状坛形，长约 16mm，直径 8 ～ 10mm；花萼裂片较长，钻状三角形，长 3 ～ 4mm；花盘全部有毛，而与之明显不同。本种又与 *A. stenanthina* subsp. *sylvatica* Hong 不同，后者花冠筒状钟形，口部几不收缩；茎、叶密被倒生短毛；叶形多样，边缘常具刺状齿或呈皱波状；生于海拔 2500 ～ 4000m 的山地针叶林下或灌丛中。

5. 半边莲属 Lobelia L.

多年生草本或半灌木。植株含白色乳汁。叶互生。花单生或为总状、穗状、圆锥状花序；萼 5 裂；花冠两侧对称，二唇形，上唇 2 裂，下唇 3 裂；雄蕊 5，花药及花丝上部合生，花丝基部分离，其中有 2 枚花药或全部顶端具束毛；子房下位，2 室，胚珠多数，生于中轴胎座上。蒴果顶裂为 2 果瓣。

内蒙古有 1 种。

1. 山梗菜

Lobelia sessilifolia Lamb. in Trans. Linn. Soc. 6:260. t.6. f.2. 1811; Fl. Intramongol. ed. 2, 4:474. t.192. f.1-2. 1992.

多年生草本，高 40 ～ 100cm。根状茎长约 3cm，生多数须根。茎直立，通常单一，无毛。叶互生，集生于茎的中部，披针形至条状披针形，长 2 ～ 5cm，宽 5 ～ 10mm，先端渐尖，基部圆形，边缘具内向弯曲的小齿，两面无毛，无柄。总状花序顶生；苞叶叶状，狭披针形，比花短；花近偏于花序一侧；花梗长约 5mm；花萼无毛，裂片 5，带紫色，狭三角状披针形，长约 5mm，基部宽约 1.5mm，全缘；花冠蓝紫色，长约 2.5cm，外面无毛，里面被白色柔毛，近二唇形，上唇 2 裂近基部，裂片条形，下唇 3 浅裂，裂片狭卵形。雄蕊 5，围绕花柱合生，只基部分离；合生花药长约 4mm，灰蓝紫色，略向下弯曲，背面及两侧各有 1 行白色柔毛，下面 2 花药顶端具髯毛。花柱暗紫色，略伸出花药；柱头 2 裂，黄褐色。蒴果 2 瓣裂。花期 7 ～ 9 月，果期 9 月。

陈宝瑞 / 摄

中生草本。生于森林带的山坡湿草地。产兴安北部及岭东（牙克石市、鄂伦春自治旗、莫力达瓦达斡尔族自治旗、扎兰屯市）、辽河平原（大青沟）。分布于我国黑龙江、吉林东部、辽宁北部、河北北部、山东东北部、浙江西北部、福建北部、台湾、广西东北部、云南西北部、四川中南部，日本、朝鲜、俄罗斯（东西伯利亚地区、远东地区）。为东西伯利亚—东亚分布种。

全草入药，能宣肺化痰、清热解毒、利尿消肿，主治支气管炎、肝硬化腹水、水肿，外用治毒蛇咬伤、蜂螫、痈肿疔疮。

124. 菊科 Compositae

草本或灌木，稀乔木。有些种类含乳汁。叶互生、对生或轮生，全缘、有齿或分裂；无托叶或具假托叶。花两性或单性，稀单性异株；少数或多数聚集成头状花序，为 1 至数层总苞片组成的总苞所包围，头状花序单生或数个至多数排列成穗状、总状、聚伞状、伞房状或圆锥状，花序托平或凸起，有窝孔或无窝孔，具托片、托毛或无；萼片不发育而变为鳞片状、冠状、刺毛状或毛状的冠毛，冠于瘦果的顶端或不存在；花冠辐射对称而为管状，或两侧对称而为舌状，二唇形；在头状花序中有同型的小花，全部为管状花或舌状花，或有异型小花，即外围为舌状花，中央为管状花；雄蕊 4 ～ 5，花药合生而环绕着花柱，基部钝或有尾；花柱顶 2 裂，子房下位，1 室，具 1 胚珠。果为瘦果。

内蒙古有 88 属、356 种，另有 3 栽培属、4 栽培种。

分亚科、分族检索表

1a. 头状花序全部为同型的管状花，或具异型的小花，中央的花非舌状；植株无乳汁（**1. 管状花亚科 Carduoideae**）。

2a. 花药的基部钝或微尖。

3a. 头状花序盘状，有同型的管状花；花柱分枝丝状或半圆柱形，上端有棒槌状或扁而钝的附片；叶通常对生或轮生……**1. 泽兰族 Eupatorieae**

3b. 头状花序辐射状，边缘通常有舌状花，或盘状而无舌状花；花柱分枝上端非棒槌状，或稍扁而钝。

4a. 花柱分枝通常一面平一面凸形，上端有尖或三角形附片，有时上端钝；叶互生……**2. 紫菀族 Astereae**

4b. 花柱分枝通常截形，无或有尖或三角形附片，有时分枝钻形。

5a. 冠毛不存在，或鳞片状、芒状、冠状。

6a. 头状花序辐射状，总苞片叶质，叶通常对生……**4. 向日葵族 Heliantheae**

6b. 头状花序盘状或辐射状，总苞片全部或边缘干膜质，叶互生……**5. 春黄菊族 Anthemideae**

5b. 冠毛通常毛状……**6. 千里光族 Senecioneae**

2b. 花药基部锐尖，箭形或尾状。

7a. 花柱上端无被毛的节。

8a. 头状花序盘状或辐射状而边缘有舌状花；管状花浅裂，不呈二唇形…**3. 旋覆花族 Inuleae**

8b. 头状花序盘状或辐射状；花冠不规则深裂，或呈二唇形……**9. 帚菊木族 Mutisieae**

7b. 花柱上端有稍被毛的节。

9a. 每头状花序仅含 1 小花，再密集成球状复头状花序……**7. 蓝刺头族 Echinopsideae**

9b. 头状花序含多数花，不密集成复头状花序……**8. 菜蓟族 Cynareae**

1b. 头状花序大部分为同型的舌状花，极少为同型的管状花；植株含乳汁（**2. 舌状花亚科 Cichorioideae**）……**10. 菊苣族 Cichorieae**

分属检索表

1a. 头状花序仅具管状花或兼有舌状花，植物体无乳汁（**1. 管状花亚科 Carduoideae**）。

2a. 头状花序仅具管状花，管状花有时二唇形。

3a. 叶对生。

4a. 冠毛多数，糙毛状……………………………………………………………………**1. 泽兰属 Eupatorium**

4b. 冠毛 2 ～ 4，刺芒状…………………………………………………………………**27. 鬼针草属 Bidens**

3b. 叶互生或基生。

5a. 总苞片通常 1 层或 2 层，等长。

6a. 灌木；雌雄异株，管状花二唇形，冠毛糙毛状；叶全缘，具三出脉……**74. 蚂蚱腿子属 Myripnois**

6b. 草本。

7a. 花带红色；基生叶叶片幼时伞状，下垂；子叶 1 枚……………**50. 兔儿伞属 Syneilesis**

7b. 花白色或黄色，基生叶不为伞状，子叶 2 枚。

8a. 花白色，圆锥花序……………………………………………………**51. 蟹甲草属 Parasenecio**

8b. 花黄色，伞房花序……………………………………………………………**54. 千里光属 Senecio**

5b. 总苞片多层，通常外层较短，向内渐长。

9a. 头状花序含 1 小花，再聚集成球状复头状花序……………………………**56. 蓝刺头属 Echinops**

9b. 不为复头状花序。

10a. 总苞片具刺，叶缘无刺或有刺。

11a. 叶缘无刺，总苞片具直刺或倒钩刺。

12a. 总苞片具倒钩刺。

13a. 雌头状花序含 1 ～ 2 花；总苞片完全愈合，具倒钩刺；瘦果无冠毛。

14a. 雄头状花序总苞片分离，1 ～ 2 层；雌头状花序含 2 花；总苞片外面具钩状刺；叶互生………………………………**23. 苍耳属 Xanthium**

14b. 雄头状花序总苞片合生；雌头状花序总苞片具 1 列钩状刺或疣，内 1 花；叶对生或互生…………………………**24. 豚草属 Ambrosia**

13b. 头状花序含多花；总苞片不愈合，条形或披针形，先端具钩刺；瘦果具冠毛……………………………………………………………………**62. 牛蒡属 Arctium**

12b. 总苞片具直刺；头状花序下垂；叶卵形、卵状矩圆形或三角形，下面密被灰白色毡毛……………………………………………………………**70. 山牛蒡属 Synurus**

11b. 叶缘和总苞片均具刺。

15a. 叶片沿茎下延成宽或窄翅。

16a. 植株高大；叶草质，下面浅绿色，被皱缩长柔毛；头状花序小，花丝有毛……………………………………………………………………**67. 飞廉属 Carduus**

16b. 植株较低矮；叶革质或草质，下面灰白色，密被毡毛；头状花序大，花丝无毛……………………………………………………………………**65. 蝟菊属 Olgaea**

15b. 叶片不沿茎下延成翅。

17a. 植株无茎或近无茎，或具短的花茎；头状花序数个集生于莲座状叶丛中。

18a. 花红紫色或白色，冠毛羽毛状……………………**66. 蓟属 Cirsium**

18b. 花黄色或白色，冠毛糙毛状。

19a. 外层总苞片全缘，花黄色；瘦果无毛…………………………………………………………**64. 黄缨菊属 Xanthopappus**

19b. 外层总苞片边缘具刺齿，花白色；瘦果密被绢质长毛…………

………………………………………………………………………………**58. 革苞菊属 Tugarinovia**

17b. 植株具发达的茎。

20a. 头状花序为具刺的苞叶所包围。

21a. 花白色，瘦果具冠毛………………………………………**57. 苍术属 Atractylodes**

21b. 花橘红色，瘦果无冠毛。栽培…………………………………**72. 红花属 Carthamus**

20b. 头状花序不为具刺的苞叶所包围……………………………………………**66. 蓟属 Cirsium**

10b. 总苞片无刺，叶缘无刺。

22a. 总苞片草质或革质，不为干膜质。

23a. 瘦果无冠毛，花序梗和瘦果有具柄的腺毛，花白色……………………**22. 和尚菜属 Adenocaulon**

23b. 瘦果具冠毛。

24a. 叶基生；头状花序单生，具同型花和异型花；春型的雌花与管状两性花为二唇形…

……………………………………………………………………**75. 大丁草属 Leibnitzia**

24b. 具茎生叶和基生叶。

25a. 头状花序异型，缘花雌性或无性。

26a. 雌花丝状……………………………………………………**16. 花花柴属 Karelinia**

26b. 雌花不为丝状。

27a. 总苞片紫褐色，密被褐色贴伏短毛，先端渐尖或锐尖，不具附属物…

……………………………………………………**69. 伪泥胡菜属 Serratula**

27b. 总苞片具附属物，附属物边缘具缘毛状锯齿或具刺尖或膜质…………

……………………………………………………**73. 矢车菊属 Centaurea**

25b. 头状花序同型，全部小花两性。

28a. 冠毛多层。

29a. 冠毛糙毛状，根颈部无白色团状绵毛……………**68. 麻花头属 Klasea**

29b. 冠毛羽状、短羽状或锯齿状，根颈部有极厚的白色团状绵毛…………

……………………………………………………………**59. 苓菊属 Jurinea**

28b. 冠毛 1 ～ 2 层，内层冠毛羽毛状。

30a. 外层冠毛糙毛状，易脱落；总苞片先端无附属物，稀具膜质或栉点状附属物……………………………………………**60. 风毛菊属 Saussurea**

30b. 外层冠毛鳞片状，宿存；总苞片先端具鸡头状附属物……………………

……………………………………………………**61. 泥胡菜属 Hemisteptia**

22b. 总苞片干膜质或边缘膜质。

31a. 瘦果具冠毛，毛状或羽毛状。

32a. 总苞片具大型干膜质全缘或撕裂的附片。

33a. 头状花序大，直径 3 ～ 6cm；冠毛宿存……………………**71. 漏芦属 Rhaponticum**

33b. 头状花序小，直径 1 ～ 1.5cm；冠毛脱落………………**63. 顶羽菊属 Acroptilon**

32b. 总苞片全部或边缘干膜质，无明显的附片。

34a. 头状花序呈伞房状密集或较疏散排列，外围通常有开展的星状苞叶群……………

……………………………………………………………**18. 火绒草属 Leontopodium**

34b. 头状花序呈伞房状疏松排列，外围无开展的苞叶群。

35a. 两性花不结实，其花柱不分枝或 2 浅裂。

36a. 冠毛基部结合；雌雄异株，有同型小花…………………………**17. 蝶须属 Antennaria**

36b. 冠毛基部分离；雌雄异株或同株，各有多数同型或异型小花……**19. 香青属 Anaphalis**

35b. 两性花全部或大部结实，其花柱分枝………………………………**20. 鼠麹草属 Gnaphalium**

31b. 瘦果无冠毛或有冠状冠毛。

37a. 头状花序全部小花两性，管状。

38a. 瘦果顶端无冠状冠毛。

39a. 头状花序在茎枝顶端单生或排列成伞房状。

40a. 小半灌木……………………………………………………**39. 女蒿属 Hippolytia**

40b. 一年生草本。

41a. 头状花序大，单生，通常下垂；总苞直径 8 ～ 20mm…………………………………………………………………**40. 百花蒿属 Stilpnolepis**

41b. 头状花序小，单生或 2 ～ 5 朵排列成伞房状；总苞直径 (3 ～)5 ～ 6(～ 10)mm……………………**41. 紊蒿属 Elachanthemum**

39b. 头状花序在茎上排列成总状或圆锥状，稀单生。

42a. 半灌木，头状花序单生…………………………**34. 短舌菊属 Brachanthemum**

42b. 多年生草本或半灌木，头状花序在茎上排列成总状或圆锥状…………………………………………………………………**46. 绢蒿属 Seriphidium**

38b. 瘦果顶端有冠状冠毛。

43a. 一年生草本；瘦果圆柱形，背面凸起，无肋，腹面有 3 ～ 5 条纵肋……………………………………………………………………**36. 母菊属 Matricaria**

43b. 多年生、二年生草本或小半灌木；瘦果三棱状圆柱形，有 5 ～ 6 条纵肋……………………………………………………………………**42. 小甘菊属 Cancrinia**

37b. 头状花序边花雌性，或部分雌性、部分两性；花冠管状或细管状。

44a. 头状花序在茎上排列成伞房状。

45a. 瘦果有 5 ～ 10 条纵肋，顶端有冠状冠毛……………………**38. 菊蒿属 Tanacetum**

45b. 瘦果有 2 ～ 6 条脉纹或钝棱，顶端无冠状冠毛。

46a. 全部花结实；瘦果矩圆形或倒卵球形，有 4 ～ 6 条肋纹，顶端平整…………………………………………………………………**43. 亚菊属 Ajania**

46b. 中央两性花不结实；瘦果压扁，倒卵形，腹面有 2 条纹，顶端不平整…………………………………………………………………**44. 线叶菊属 Filifolium**

44b. 头状花序在茎上排列成穗状、总状或圆锥状。

47a. 边花雌性，结实，中央花两性，结实或不结实；瘦果满布于花序托之上……………………………………………………………………**45. 蒿属 Artemisia**

47b. 边花雌性，结实，中央花两性，着生于花托下部的结实，着生于花托顶部的不结实；瘦果 1 圈，排列在花序托下部或基部……………………**47. 栉叶蒿属 Neopallasia**

2b. 头状花序有管状花和舌状花。

48a. 冠毛毛状或膜片状。

49a. 舌状花舌片通常较管部为长，显著。

50a. 舌状花和管状花全为黄色。

51a. 总苞片 1 ～ 2 层，等长。

52a. 叶具叶鞘，头状花序排列成总状或伞房状……………………………**55. 橐吾属 Ligularia**

52b. 叶无叶鞘。

53a. 花药基部具明显的尾；叶不分裂，具细锯齿……………………………**53. 合耳菊属 Synotis**

53b. 花药基部无明显的尾。

54a. 基生叶花期宿存；叶不分裂，全缘或具疏齿；总苞无外层小苞片……………………………………………………………………………**52. 狗舌草属 Tephroseris**

54b. 基生叶花期枯萎；叶羽状分裂，从浅裂至深裂；总苞有外层小苞片……………………………………………………………………………**54. 千里光属 Senecio**

51b. 总苞片 2 至多层。

55a. 总苞片 2 ～ 3 层，花序托半球形……………………………**49. 多榔菊属 Doronicum**

55b. 总苞片多层，花序托平或凸起。

56a. 头状花序排列成总状或圆锥状，花药无尾，花柱分枝顶端有披针状附片……………………………………………………………………………**2. 一枝黄花属 Solidago**

56b. 头状花序排列成伞房状，花药具尾，花柱分枝顶端钝圆或截形……………………………………………………………………………**21. 旋覆花属 Inula**

50b. 舌状花与管状花不同色或同色而为橙黄色或橙红色。

57a. 总苞片外层叶状，一、二年生草本……………………………**4. 翠菊属 Callistephus**

57b. 总苞片外层不为叶状。

58a. 舌状花 2 轮或较多，总苞片狭条形……………………………**14. 飞蓬属 Erigeron**

58b. 舌状花通常 1 轮，总苞片较宽。

59a. 总苞片 1 层……………………………**52. 狗舌草属 Tephroseris**

59b. 总苞片数层。

60a. 管状花左右对称，1 裂片较长；舌状花冠毛毛状或膜片状……………………………………………………………………………**5. 狗娃花属 Heteropappus**

60b. 管状花辐射对称，5 裂片等长；冠毛糙毛状。

61a. 舌状花白色。

62a. 叶卵状心形，瘦果无毛或近无毛……………**6. 东风菜属 Doellingeria**

62b. 叶条状披针形；瘦果初时密被短毛，后变无毛……………………………………………………**7. 女菀属 Turczaninovia**

61b. 舌状花蓝色、紫色或红色，稀白色。

63a. 垫状小草本，叶禾叶状……………………………**11. 莎菀属 Arctogeron**

63b. 直立草本，叶非禾叶状。

64a. 一年生草本，叶和总苞片肉质或稍肉质……………………………………………………**12. 碱菀属 Tripolium**

64b. 多年生草本或半灌木，叶和总苞片不为肉质。

65a. 半灌木；多分枝，呈丛状；叶较小……………………………………………………**9. 紫菀木属 Asterothamnus**

65b. 多年生草本，茎单一或上部有分枝，叶通常较大。

66a. 冠毛 1～2 层，近等长或外层冠毛短毛状或膜片状；边缘小花结实…**8. 紫菀属 Aster**

66b. 冠毛 2～3 层，不等长；边缘小花不结实…………………………**10. 乳菀属 Galatella**

49b. 舌状花舌片甚短小。

67a. 总苞片 1～2 层；叶基生，茎生叶鳞片状；头状花序单生枝端………**48. 款冬属 Tussilago**

67b. 总苞片 2～3 层，茎生叶非鳞片状，头状花序少数或多数在茎上排列成圆锥状或伞房状。

68a. 冠毛通常 2 层，雌花舌状或细管状。

69a. 一年生草本，舌状花花冠较冠毛短……………………**13. 短星菊属 Brachyactis**

69b. 一、二年生或多年生草本，舌状花花冠较冠毛长…………**14. 飞蓬属 Erigeron**

68b. 冠毛 1 层；雌花细管状或丝状，有时具直立的小舌片…………**15. 白酒草属 Conyza**

48b. 冠毛不为毛状，常为冠状、鳞片状、刺芒状或缺。

70a. 叶对生。

71a. 冠毛 2～4，刺芒状…………………………………………………………**27. 鬼针草属 Bidens**

71b. 冠毛不为刺芒状或缺。

72a. 冠毛不存在。

73a. 瘦果不压扁，外层总苞片被腺毛，雌花花冠舌状……**25. 稀莶属 Sigesbeckia**

73b. 瘦果背腹压扁，外层总苞片无腺毛，雌花花冠退化成短筒状或无花冠…………………………………………………………………………**26. 假苍耳属 Iva**

72b. 冠毛膜片状，雌花无冠毛或冠毛呈短毛状；总苞片不被腺毛……………………………………………………………………………………**28. 牛膝菊属 Galinsoga**

70b. 叶互生或基生。

74a. 总苞片全部或边缘干膜质。

75a. 花序托具托片。

76a. 头状花序较大，单生枝端………………………………**30. 春黄菊属 Anthemis**

76b. 头状花序较小，在枝端排列成伞房状…………………………**31. 蓍属 Achillea**

75b. 花序托无托片，有托毛或无。

77a. 瘦果有翅肋。栽培………………………………………………**32. 茼蒿属 Glebionis**

77b. 全部瘦果无翅肋。

78a. 瘦果无冠状冠毛，或在瘦果顶端延伸成钝形冠齿。

79a. 果肋在瘦果顶端延伸成钝形冠齿………**33. 小滨菊属 Leucanthemella**

79b. 果肋在瘦果顶端不延伸成冠齿。

80a. 半灌木；总苞半球形或杯状；舌状花黄色，舌片短………………………………………………………**34. 短舌菊属 Brachanthemum**

80b. 多年生草本；总苞浅碟状；舌状花白色、粉红色、紫色或黄色，舌片长，稀为短………………………**35. 菊属 Chrysanthemum**

78b. 瘦果有冠状冠毛，具 3 条粗肋，背面顶端有 2 个大腺体…………………………………………………………**37. 三肋果属 Tripleurospermum**

74b. 总苞片不为干膜质。

81a. 较低草本；舌状花淡蓝色、淡紫色或白色；冠毛极短，长不足 1mm……**3. 马兰属 Kalimeris**

81b. 高大草本；舌状花黄色；冠毛膜片状，早落。栽培……………………………**29. 向日葵属 Helianthus**

1b. 头状花序全为舌状花，极少为管状；植物体含乳汁（**2. 舌状花亚科 Cichorioideae**）。

82a. 头状花序全为舌状花。

83a. 冠毛羽毛状。

84a. 总苞片 1 层……………………………………………………………**77. 婆罗门参属 Tragopogon**

84b. 总苞片多层。

85a. 植株被钩状硬毛，一、二年生或稀多年生草本…………………**79. 毛连菜属 Picris**

85b. 植株无钩状硬毛，多年生草本。

86a. 花序托具膜质托片，叶非禾叶状……………………**76. 猫儿菊属 Hypochaeris**

86b. 花序托无托片，叶常为禾叶状或较宽……………………**78. 鸦葱属 Scorzonera**

83b. 冠毛粗糙或光滑，非羽毛状。

87a. 叶基生；头状花序单生于花葶上；瘦果具长或短的喙，至少在上部有刺状凸起………………………………………………………………………………**80. 蒲公英属 Taraxacum**

87b. 具茎生叶；头状花序不为单生；瘦果无喙或有喙，不具小瘤状或小刺状凸起。

88a. 瘦果二型：在外者棕色或灰色，有多数纵肋，基部截形，顶端三角形变窄，有不明显而易脱落的喙；在内者黄色，有少数纵肋，三角状圆柱形……………………………………………………………………**81.假小喙菊属 Paramicrorhynchus**

88b. 瘦果同型。

89a. 冠毛由极细的柔毛组成，头状花序具极多（一般超过 80 朵）的小花………………………………………………………………………**82. 苦苣菜属 Sonchus**

89b. 冠毛由较粗的直毛或粗毛组成，头状花序具较少的小花。

90a. 瘦果极扁或较扁。

91a. 瘦果顶端无喙，总苞片 2 ～ 3 层。

92a. 冠毛异型，外层 1 圈极短………………**83. 岩参属 Cicerbita**

92b. 冠毛同型，内、外层一样长………**84. 福王草属 Prenanthes**

91b. 瘦果顶端有喙，总苞片 3 ～ 5 层，冠毛同型……………………………………………………………………………**85. 莴苣属 Lactuca**

90b. 瘦果微扁或近圆柱形。

93a. 总苞片 2 ～ 3 层，外层极短，内层较长。

94a. 瘦果有不等形的纵肋，上端狭窄且通常无明显的喙。

95a. 茎不分枝，直立；基生叶全缘或具微齿；头状花序在茎顶排成总状或狭圆锥状……**86. 小苦苣菜属 Sonchella**

95b. 茎有分枝，开展；基生叶羽状分裂；头状花序在茎顶排成聚伞圆锥状………………**87. 黄鹌菜属 Youngia**

94b. 瘦果有等形的纵肋，上端狭窄且有或长或短的喙。

96a. 瘦果圆柱形或纺锤形，有 10 ～ 20 条纵肋……………………………………………**88. 还阳参属 Crepis**

96b. 瘦果纺锤形或披针形，背腹稍扁，有 10 条纵肋………………………………………………**89. 苦荬菜属 Ixeris**

93b. 总苞片 3 ～ 4 层，覆瓦状排列，由外向内逐渐增长…………………………………………………………**90. 山柳菊属 Hieracium**

82b. 头状花序全部为细管状的两性花，叶基生……………………**91. 管花蒲公英属 Neo-taraxacum**

1. 管状花亚科 Carduoideae

（1）泽兰族 Eupatorieae Cass.

1. 泽兰属 Eupatorium L.

多年生草本。叶对生或轮生，边缘有锯齿或分裂。头状花序小，盘状，多数在茎顶排列成密集的伞房状，有多数同型小花，两性，结实；总苞圆筒形或钟形；总苞片 2 ～ 3 层，覆瓦状排列；花序托平坦，有小凹点；小花花冠管状，顶端 5 齿裂；花药基部钝；花柱分枝伸长，丝状或半圆柱形，先端钝或稍尖。瘦果圆柱形，通常有 5 棱；冠毛糙毛状。

内蒙古有 1 种。

1. 林泽兰（白鼓钉、尖佩兰、佩兰、毛泽兰）

Eupatorium lindleyanum DC. in Prodr. 5:180. 1836; Fl. Intramongol. ed. 2, 4:484. t.193. f.1-5. 1992.

植株高 30 ～ 60cm。根状茎短，簇生多数须根。茎直立，通常单一，有时分枝，具纵沟棱，密被或疏被皱曲的柔毛。叶对生，无柄或近无柄；茎下部叶较小，花期凋落；中部叶与上部叶条状披针形、披针形至卵状披针形，长 3 ～ 8cm，宽 1 ～ 2cm，先端钝或尖，基部楔形或宽楔形，边缘有不规则的疏锯齿，上面常被短糙硬毛，下面被长柔毛和腺点，具羽状脉，或侧脉延长为 3 主脉，脉在下面者隆起，有时中部叶及上部叶 3 全裂或 3 深裂为 3 小叶状，而呈 6 叶轮状排列，中裂片较大，侧裂片较小。头状花序总苞钟状，长 5 ～ 6mm，宽 2 ～ 3mm。总苞片 10 ～ 12，无毛，淡绿色或带紫色，边缘膜质；外层者较小，卵状披针形或长椭圆形；内层者矩圆状披针形，先端钝或尖。每花序具 5 小花。花冠管状，淡紫色，有时白色，长约 4mm。瘦果长约 2mm，黑色或暗褐色，有腺点；冠毛 1 层，白色，长约 4mm。花果期 7 ～ 9 月。

中生草本。生于森林带和草原带的河滩草甸、沟谷。产兴安北部（牙克石市）、兴安南部及科尔沁（科尔沁右翼前旗、科尔沁右翼中旗、突泉县、扎赉特旗、扎鲁特旗、阿鲁科尔沁旗、巴林左旗、巴林右旗、翁牛特旗）、辽河平原（科尔沁左翼后旗）、燕山北部（喀喇沁旗、敖汉旗）。分布于我国除宁夏、青海、西藏、新疆外的各省区，日本、朝鲜、俄罗斯（远东地区）。为东亚分布种。

全草入药，能解表退热，治感冒、疟疾。

（2）紫菀族 Astereae Cass.

分属检索表

1a. 头状花序外围的舌状花与中央的管状花均为黄色……………………………………**2. 一枝黄花属 Solidago**

1b. 头状花序外围的舌状花不为黄色，中央的管状花黄色，或头状花序无舌状花。

　2a. 半灌木；叶条形或矩圆形，全缘；头状花序单生枝顶或 3 ～ 5 排列成疏伞房花序…………………………………………………………………………………………**9. 紫菀木属 Asterothamnus**

　2b. 草本。

　　3a. 头状花序有显著开展的舌状雌花。

　　　4a. 舌状花白色。

　　　　5a. 叶心形，瘦果无毛或近无毛………………………………………**6. 东风菜属 Doellingeria**

　　　　5b. 叶条状披针形；瘦果初密被短柔毛，后渐脱落无毛……………**7. 女菀属 Turczaninovia**

　　　4b. 舌状花蓝色、紫色或红色。

　　　　6a. 垫状小草本，叶禾叶状………………………………………………**11. 莎菀属 Arctogeron**

　　　　6b. 直立草本，叶非禾叶状。

　　　　　7a. 舌状花的舌片通常较长而宽。

　　　　　　8a. 一、二年生草本。

　　　　　　　9a. 叶卵形或菱状卵形、匙形至圆形草质，边缘有锯齿；头状花序大；总苞片草质，绿色………………………………………………**4. 翠菊属 Callistephus**

　　　　　　　9b. 叶条形或矩圆形或披针形，稍肉质，全缘；头状花序小；总苞片肉质，常红紫色……………………………………………………**12. 碱菀属 Tripolium**

　　　　　　8b. 多年生草本或二年生草本。

　　　　　　　10a. 冠毛甚短，长不超过 1mm…………………………………**3. 马兰属 Kalimeris**

　　　　　　　10b. 冠毛较长，长超过 1mm。

　　　　　　　　11a. 总苞片 2 ～ 3 层，小花全部结实。

　　　　　　　　　12a. 管状花有 5 裂片，其中 1 裂片较长…**5. 狗娃花属 Heteropappus**

　　　　　　　　　12b. 管状花 5 裂片等长……………………………………**8. 紫菀属 Aster**

　　　　　　　　11b. 总苞片多层，舌状花不结实……………………………**10. 乳菀属 Galatella**

　　　　　7b. 舌状花的舌片短小。

　　　　　　13a. 茎多分枝；头状花序极多数，舌状花的花冠较冠毛短，边缘雌花一型…………………………………………………………………**13. 短星菊属 Brachyactis**

　　　　　　13b. 茎单生或少分枝；头状花序单生或较少数，舌状花的花冠较冠毛长，边缘雌花二型………………………………………………………**14. 飞蓬属 Erigeron**

　　3b. 头状花序无显著开展的舌状雌花；雌花细管状或丝状，有直立的小舌片…………………………………………………………………………………………**15. 白酒草属 Conyza**

2. 一枝黄花属 Solidago L.

多年生草本。叶互生。头状花序多数，在茎顶排列成总状、圆锥状或伞房状，有异型小花，辐射状，外围有 1 层雌花，结实，中央有多数两性花，结实；总苞矩圆形或钟形；总苞片多层；花序托凸起，有小窝孔；雌花花冠舌状，黄色，两性花花冠管状，黄色，上端 5 齿裂；花药基部钝；花柱分枝披针形。瘦果圆柱形，有 8 ～ 12 条肋；冠毛 1 ～ 2 层，糙毛状，等长。

内蒙古有 1 种。

1. 兴安一枝黄花

Solidago dahurica (Kitag.) Kitag. ex Juzepczuk in Fl. U.R.S.S. 25:42. 1959; Fl. China 20-21:633. 2011.——*S. virgaurea* L. var. *dahurica* Kitag. in Rep. Inst. Sci. Res. Manch. 1:297. t.3. f.2. 1937; Fl. Intramongol. ed. 2, 4:485. t.194. f.1-7. 1992.

植株高 30 ～ 100cm。根状茎粗壮，褐色。茎直立，单一，通常有红紫色纵条棱，下部光滑或近无毛，上部疏被短柔毛。基生叶与茎下部叶宽椭圆状披针形、椭圆状披针形、矩圆形或卵形，长 5 ～ 14cm，宽 2 ～ 5cm，先端渐尖或锐尖，有时钝，基部楔形，并下延成有翅的长柄，叶柄长约 5 ～ 15cm，边缘有锯齿，有时近全缘，两面叶脉及边缘疏被短硬毛；中部及上部叶渐小，椭圆状披针形、矩圆状披针形、宽披针形或披针形，先端渐尖，基部楔形，边缘有锯齿或全缘，具短柄或近无柄。头状花序排列成总状或圆锥状，具细梗，密被短毛；总苞钟状，长 6 ～ 8mm，直径约 5mm。总苞片 4 ～ 6 层，中肋明显，边缘膜质，有缘毛；外层者卵形，长 2 ～ 3mm；内层者矩圆状披针形，长 5 ～ 6mm，先端锐尖或钝。舌状花长约 1cm；管状花长 3.5 ～ 6mm。瘦果长约 2mm，中部

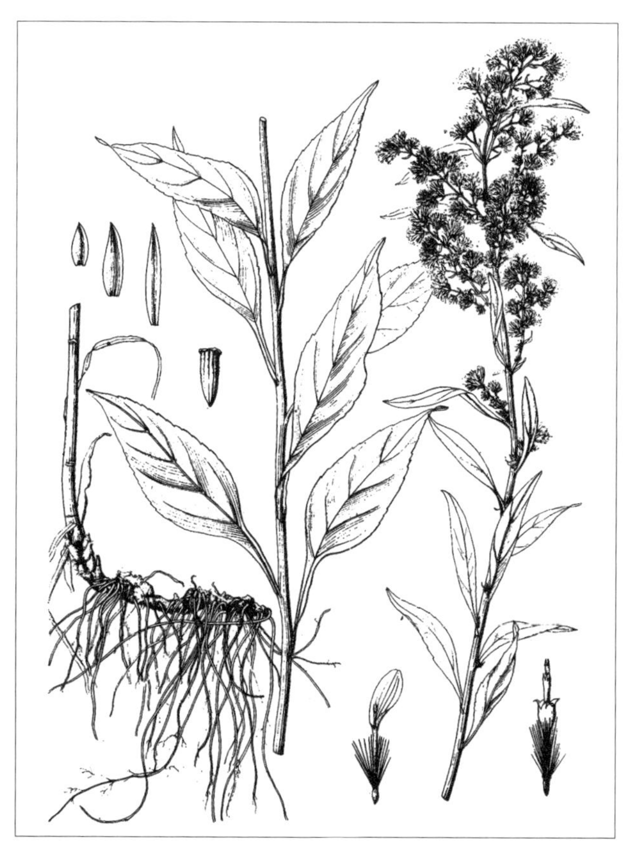

以上或仅顶端疏被微毛，有时无毛；冠毛白色，长约 4mm。花果期 7 ～ 9 月。

中生杂类草。生于森林带和草原带的山地林缘、草甸、灌丛、路旁。产兴安北部（大兴安岭）、兴安南部（科尔沁右翼前旗、克什克腾旗、东乌珠穆沁旗）、燕山北部（宁城县）、阴山（蛮汗山）。分布于我国黑龙江、吉林、辽宁、河北、山西、新疆北部，蒙古国北部和西部、俄罗斯（西伯利亚地区），中亚。为东古北极分布种。

全草或根入药，能疏风清热、解毒消肿，主治风热感冒、咽喉肿痛、扁桃体炎、毒蛇咬伤、痈疖肿毒、跌打损伤。又可做蜜源植物。

3. 马兰属 Kalimeris Cass.

多年生草本。叶互生，有锯齿，有时羽状分裂。头状花序多数，在茎顶排列成疏伞房状，有异型小花，辐射状，外围有 1 ～ 2 层雌花，结实，中央有多数两性花，结实；总苞半球形；总苞片 2 ～ 3 层，等长或外层者短；花序托凸起，有小窝孔；雌花花冠舌状，淡蓝色、淡紫色或白色，两性花花冠管状，上端 5 齿裂；花药基部钝；花柱分枝披针形。瘦果倒卵形或矩圆形，扁平，具边肋；冠毛长 0.25 ～ 1mm，糙毛状或膜片状，上端分离，基部联合而呈冠状。

内蒙古有 4 种。

分种检索表

1a. 头状花序直径 1 ～ 2cm；叶条状披针形、条状倒披针形或披针形，全缘，密被细短硬毛…………………………………………………………**1. 全叶马兰 K. integrifolia**

1b. 头状花序直径 2 ～ 4cm；叶非上述情况，叶缘通常有疏锯齿、缺刻状牙齿或羽状深裂，常有短硬毛。

  2a. 总苞片 2 层；叶质厚，全缘或有疏锯齿……………………**2. 山马兰 K. lautureana**

  2b. 总苞片 3 层，叶质薄。

    3a. 总苞片草质，外层者披针形，内层者长椭圆形，被微毛；叶有缺刻状牙齿，或有或浅或深的裂片…………………………………………………………**3. 裂叶马兰 K. incisa**

    3b. 总苞片革质，外层者椭圆形，内层者宽椭圆形或倒卵状椭圆形，被短柔毛或无毛；叶羽状深裂或有缺刻状锯齿……………………………………**4. 北方马兰 K. mongolica**

1. 全叶马兰（野粉团花、全叶鸡儿肠）

Kalimeris integrifolia Turcz. ex DC. in Prodr. 5:259. 1836; Fl. Intramongol. ed. 2, 4:488. t.195. f.1-6. 1992.

植株高 30 ～ 70cm。茎直立，单一或帚状分枝，具纵沟棱，被向上的短硬毛。叶灰绿色；基生叶与茎下部叶花期凋落；茎中部叶密生，条状披针形、条状倒披针形或披针形，长 1.5 ～ 5cm，宽 3 ～ 6mm，先端尖或钝，基部渐狭，全缘，常反卷，两面密被细的短硬毛，无叶柄；上部叶渐小，条形，先端尖。头状花序直径 1 ～ 2cm；总苞直径

7～8mm；总苞片3层，披针形，绿色，周边褐色或红紫色，先端尖或钝，背部有短硬毛及腺点，边缘膜质，有缘毛，外层者较短，长约3mm，内层者长4～5mm；舌状花1层，舌片淡紫色，长6～11mm，宽1～2mm；管状花长约3mm，有毛。瘦果倒卵形，长约2mm，淡褐色，扁平而有浅色边肋，或一面有肋而呈三棱形，上部有微毛及腺点；冠毛长0.3～0.5mm，不等长，褐色，易脱落。花果期8～9月。

中生草本。生于森林带和草原带的山地林缘、草甸草原、河岸、沙质草地、固定沙丘、路边。产兴安北部及岭东和岭西（额尔古纳市、根河市、牙克石市、扎兰屯市）、兴安南部及科尔沁（科尔沁右翼前旗、科尔沁右翼中旗、扎鲁特旗、阿鲁科尔沁旗、巴林右旗）、辽河平原（科尔沁左翼后旗）、赤峰丘陵（红山区、翁牛特旗）、燕山北部（喀喇沁旗、宁城县、敖汉旗）、阴山（大青山）。分布于我国黑龙江西南部、吉林、辽宁、河北、河南、山东东北部、山西、安徽北部、江苏西北部、浙江西南部、福建西北部、江西东北部、湖北、湖南北部、四川西南部、陕西南部、宁夏南部、甘肃东南部，日本、朝鲜、俄罗斯（东西伯利亚地区）。为东西伯利亚—东亚分布种。

2. 山马兰（山野粉团花、山鸡儿肠）

Kalimeris lautureana (Debx.) Kitam. in Act. Phytotax. Geobot. 6(1):22. 1937;Fl. Intramongol. ed. 2, 4:489. t.195. f.7-10. 1992.——*Boltonia lautureana* Debx. in Act. Soc. Linn. Bord. 31:215. 1876.

植株高 40 ～ 80cm。茎直立，单一或上部分枝，具纵沟棱，上部疏被向上的短硬毛，下部近无毛。基生叶与茎下部叶花期凋落；茎中部叶质厚，披针形、倒披针形或条状披针形，长 3 ～ 5cm，宽 4 ～ 10mm，先端渐尖或钝，基部渐狭，全缘或有疏锯齿，常被稀疏的糙硬毛，上面绿色，密被腺点，下面淡绿色，沿叶脉被短硬毛或微毛，无叶柄；上部叶渐小，条状披针形。头状花序直径 2 ～ 3cm；总苞直径 10 ～ 12mm；总苞片 2 层，近革质，卵形至倒披针状矩圆形，先端钝，边缘膜质，并具流苏状睫毛，外层者与内层者不等长，长 4 ～ 5mm，宽约 2mm；舌状花 1 层，舌片淡紫色，长约 15mm；管状花长 3 ～ 4mm，有微毛及腺点。瘦果倒卵形，长 2 ～ 3mm，无毛或有毛；冠毛长 0.5 ～ 1mm，不等长，褐色，易脱落。花果期 7 ～ 9 月。

中生草本。生于阔叶林带的杂木林、灌木林、山坡。产兴安北部（根河市）、辽河平原（大青沟）、燕山北部（喀喇沁旗、宁城县、敖汉旗）。分布于我国黑龙江、吉林北部、辽宁、河北、河南西部、山东东北部、山西东部、陕西东部，日本、朝鲜、俄罗斯（远东地区）。为东亚北部分布种。

3. 裂叶马兰（北鸡儿肠）

Kalimeris incisa (Fisch.) DC. in Prodr. 5:258. 1836; Fl. Intramongol. ed. 2, 4:489. t.196. f.6-9. 1992.——*Aster incisus* Fisch. in Mem. Soc. Imp. Nat. Mosc. 3:76. 105. t.32. f.1-6. 1812.

植株高 30 ～ 100cm。根状茎长而匍匐。茎直立，单一或上部分枝，具纵沟棱，上部被向上的短硬毛，下部无毛。叶质薄；下部叶与中部叶披针形、矩圆状披针形、椭圆状披针形至宽椭圆形，长 2 ～ 10cm，宽 4 ～ 25(～ 40)mm，先端锐尖，基部渐狭，边缘有疏的缺刻状牙齿乃至或浅或深的裂片，裂片条形或披针形，上面有光泽，边缘有糙硬毛，下面沿叶脉疏生糙硬毛，无叶柄；上部叶渐小，条状披针形，全缘，两端渐尖。头状花序直径 2 ～ 3cm；总苞直径 12 ～ 14mm。总苞片 3 层，草质，边缘膜质，并具流苏状睫毛，背面被微毛；外层者披针形，长 4 ～ 5mm，先端尖；内层者长椭圆形，长约 6mm，先端稍钝。舌状花 1 层，舌片淡蓝紫色，长约 18mm；管状花长约 4mm，有微毛。瘦果倒卵形，长 3mm，有毛；冠毛长 0.5 ～ 1mm，不等长，带褐色，易脱落。花果期 8 ～ 9 月。

中生草本。生于阔叶林带的河岸、林内、灌丛、山地草甸。产兴安北部及岭西（额尔古纳市、鄂温克族自治旗）、辽河平原（大青沟）、燕山北部（喀喇沁旗、宁城县、敖汉旗）。分布于我国黑龙江东南部、吉林、辽宁，日本、朝鲜、俄罗斯（东西伯利亚地区、远东地区）。为东西伯利亚—东亚北部分布种。

4. 北方马兰（蒙古马兰、蒙古鸡儿肠）

Kalimeris mongolica (Franch.) Kitam. in Act. Phytotax. Geobot. 6(1):21. 1937; Fl. Intramongol. ed. 2, 4:491. t.196. f.1-5. 1992.——*Aster mongolicus* Franch. in Nouv. Arch. Mus. Hist. Nat., Ser. 2, 6:41. 1883.

植株高 30 ～ 60cm。茎直立，单一或上部分枝，小枝直伸或弯曲而开展，具纵沟棱，茎上部及枝疏被向上伏贴的短硬毛，茎下部无毛或近无毛。叶质薄；下部叶和中部叶倒披针形、披针形或椭圆状披针形，长 3 ～ 7cm，宽 4 ～ 20mm，先端尖或钝，基部渐狭，边缘具疏齿牙或缺刻状锯齿至羽状深裂，裂片 2 ～ 4 对，披针形、条状披针形或矩圆形，全缘，上面粗糙，边缘常反卷，并有糙硬毛，下面沿叶脉疏生糙硬毛，无叶柄；上部叶渐小，条形或条状披针形，全缘。头状花序直径 3 ～ 4cm；总苞直径 10 ～ 15mm。总苞片 3 层，革质，边缘膜质，并具流苏状睫毛，背面被短柔毛或无毛；外层者椭圆形，长约 5mm，先端钝尖；内层者宽椭圆形或倒卵状椭圆形，长 6 ～ 7mm，先端钝或尖。舌状花 1 层，舌片淡蓝紫色，长 1.5 ～ 2cm；管状花长约 6mm。瘦果倒卵形，长约 3mm，淡褐色，有毛及腺点；冠毛长 0.5 ～ 1mm，不等长，褐色，易脱落。花果期 7 ～ 9 月。

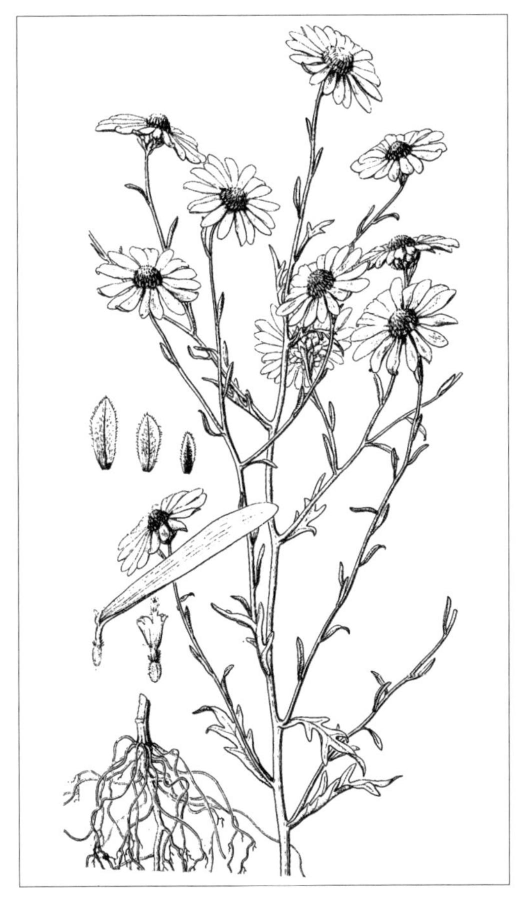

中生草本。生于森林带的河岸、路旁。产兴安北部及岭西（额尔古纳市、牙克石市、鄂温克族自治旗）、兴安南部及科尔沁（阿鲁科尔沁旗、巴林右旗、克什克腾旗）、燕山北部（喀喇沁旗、宁城县、敖汉旗）。分布于我国吉林东北部、辽宁、河北、河南西部、山东西部、山西、陕西南部、甘肃东南部、四川西北部。为华北—满洲分布种。

全草及根入药，能清热解毒、散瘀止血，主治感冒发热、咳嗽、咽痛、痈疖肿毒、外伤出血。

4. 翠菊属 Callistephus Cass.

属的特征同种。

单种属。

1. 翠菊（江西腊、六月菊）

Callistephus chinensis (L.) Nees in Gen. Spec. Aster. 222. 1832; Fl. Intramongol. ed. 2, 4:491. t.197. f.1-4. 1992.——*Aster chinensis* L., Sp. Pl. 2:877. 1753.

一、二年生草本，高 30 ～ 60cm。茎直立，粗壮，绿色或紫红色，具纵条棱，疏被白色长硬毛，上部常有分枝。基生叶与茎下部叶通常在花期凋落；茎中部叶卵形、菱状卵形、匙形至圆形，长 3 ～ 6cm，宽 2 ～ 4cm，先端渐尖、锐尖或稍钝，基部宽楔形、楔形或近截形，边缘有不规则的粗大锯齿，两面及叶缘疏被糙硬毛，叶柄长 2 ～ 4cm，有窄翅；上部叶渐小，菱状倒披针形或条形。头状花序单生于枝顶，直径 5 ～ 7cm；总苞半球形，直径 2 ～ 4cm。总苞片 3 层：外层者绿色，倒披针形或椭圆状披针形，长 1 ～ 2.5cm，先端钝尖，边缘有白色长硬毛；中层者淡红色，匙形，较短，先端钝圆，具小齿；内层者矩圆形，短。舌状花雌性，紫色、蓝色、红色或白色，长 2 ～ 3.5cm；管状花两性，长 7 ～ 10mm，上端 5 齿裂；花药基部圆钝；花柱分枝三角形，具乳头状毛。瘦果倒卵形，长 3 ～ 4mm，褐色或淡褐色，先端截形，基部渐狭，密被短柔毛；冠毛 2 层，长 4 ～ 5mm，外层者短，膜质冠状，易脱落，内层者较长，羽毛状。花期 7 ～ 9 月。

中生草本。生于草原带的山坡、林缘、灌丛。产兴安南部（科尔沁右翼前旗、巴林右旗、克什克腾旗、西乌珠穆沁旗）、燕山北部（宁城县、兴和县苏木山）、锡林郭勒（多伦县）、阴山（大青山、蛮汗山），内蒙古的城市庭院中有栽培。分布在我国吉林东北部、辽宁、河北北部、山东东北部、山西北部、四川西南部、云南北部，日本、朝鲜。为东亚分布种。

花较大、美丽，可栽培供观赏。

5. 狗娃花属 Heteropappus Less.

一、二年生或多年生草本。叶通常全缘。头状花序多数，在茎顶排列成伞房状花序，有异型小花，辐射状，外围通常有1层雌花，中央有多数两性花，结实；总苞半球形；总苞片2～3层，稀4层；花序托稍凸起或平，有小窝孔。雌花花冠舌状，蓝紫色或淡红色，稀白色；两性花花冠管状，黄色，上端有5裂片，其中1裂片较长。花药基部钝；花柱分枝扁平，顶端有三角形附片。瘦果倒卵形或矩圆状倒卵形，多少扁平，有1～2纵条纹，有毛；冠毛毛状或膜片状。

内蒙古有3种。

分种检索表

1a. 多年生草本；全株被弯曲短硬毛；头状花序较小，直径2～3cm；总苞片草质，边缘膜质……………………………………………………………………………………………………**1. 阿尔泰狗娃花 H. altaicus**

1b. 一、二年生草本；全株被直或弯曲的硬毛；头状花序较大，直径3～5cm；外层总苞片全部草质，内层的边缘膜质。

  2a. 舌状花冠毛为白色膜片状冠环……………………………………………………**2. 狗娃花 H. hispidus**

  2b. 舌状花冠毛为淡红褐色糙毛状……………………………………………**3. 砂狗娃花 H. meyendorffii**

1. 阿尔泰狗娃花（阿尔泰紫菀）

Heteropappus altaicus (Willd.) Novopokr. in Sched. Herb. Fl. Ross. 8:193. 1922; Fl. Intramongol. ed. 2, 4:494. t.198. f.1-4. 1992.——*Aster altaicus* Willd. in Enum. Pl. 2:881. 1809.——*H. altaicus* (Willd.) Novopokr. var. *millefolius* (Vant.) Wang in Clav. Pl. Chin. Bor.-Orient. 377. 1959; Fl. Intramongol. ed. 2, 4:495. 1992.

多年生草本，高(5～)20～40cm。全株被弯曲短硬毛和腺点。根多分歧，黄色或黄褐色。茎多由基部分枝，斜升，也有茎单一而不分枝或由上部分枝者，茎和枝均具纵条棱。叶疏生或密生，条形、条状矩圆形、披针形、倒披针形或近匙形，长(0.5～)2～5cm，宽(1～)2～4mm，先端钝或锐尖，基部渐狭，全缘，无叶柄；上部叶渐小。头状花序直径(1～)2～3(～3.5)cm，单生于枝顶或排成伞房状；总苞片草质，边缘膜质，条形或条状披针形，先端渐尖，外层者长3～5mm，内层者长5～6mm；舌状花淡蓝紫色，长(5～)10～15mm，宽1～2mm；管状花长约6mm。瘦果矩圆状倒卵形，长2～3mm，被绢毛；冠毛污白色或红褐色，为不等长的糙毛状，长达4mm。花果期7～10月。

中旱生草本。生于干草原与草甸草原带，也生于山地、丘陵坡地、沙质地、路旁、村舍附近，是重要的草原伴生植物，在放牧较重的退化草原中，其种群显著增长，成为草原退化演替的标志种。产内蒙古各地。分布于我国黑龙江、吉林、辽宁、河北、河南西部、

山东、山西、陕西东南部、甘肃、青海、四川、西藏东部和西部、湖北西北部、新疆中部和北部，蒙古国、俄罗斯（西伯利亚地区），中亚。为东古北极分布种。

全草及根入药。全草能清热降火、排脓，主治传染性热病、肝胆火旺、疱疹疮疖；根能润肺止咳，主治肺虚咳嗽、咯血。花又入蒙药（蒙药名：宝日－拉伯），能清热解毒、消炎，主治血瘀病、瘟病、流感、麻疹不透。

为中等饲用植物。开花前，山羊、绵羊和骆驼喜食；干枯后，各种家畜均采食。

本种在内蒙古分布较普遍，随着地理及生态条件的改变，其植株高度、叶的大小，以至于头状花序的大小、舌状花舌片的长度等有很大变异。例如在本区西部荒漠地带的干旱气候条件下，看到有的植株甚矮小，高仅 5 ～ 10cm；茎下部稍显木质化；叶较小，长 5 ～ 15mm，宽 1 ～ 2mm；头状花序亦较小，直径约 1cm；舌状花的舌片长仅 5 ～ 6mm。这些形态变异属于本种在干旱气候条件下所形成的旱生类型。

2. 狗娃花

Heteropappus hispidus (Thunb.) Less. in Syn. Gen. Comp. 189. 1832; Fl. Intramongol. ed. 2, 4:495. t.198. f.5-8. 1992.——*Aster hispidus* Thunb. in Nov. Act. Reg. Sco. Sci. Upsal. 4:39. 1783; Fl. China 20-21:590. 2011.

一、二年生草本，高 30 ～ 60cm。茎直立，上部有分枝，具纵条棱，多少被弯曲的短硬毛和腺点。基生叶倒披针形，长 4 ～ 10cm，宽 1 ～ 1.5cm，先端钝，基部渐狭，边缘有疏锯齿，

两面疏生短硬毛，花期即枯死；茎生叶倒披针形至条形，长3～5cm，宽3～6mm，先端钝尖或渐尖，基部渐狭，全缘而稍反卷，两面疏被细硬毛或无毛，边缘有伏硬毛，无叶柄；上部叶较小，条形。头状花序直径3～5cm；总苞片2层，草质，内层者边缘膜质，条状披针形，或内层者为菱状披针形，长6～8mm，两者近等长，先端渐尖，背部及边缘疏生伏硬毛；舌状花约30朵，白色或淡红色，长12～20mm，宽2～4mm；管状花长5～7mm。瘦果倒卵形，长2.5～3mm，有细边肋，密被贴伏硬毛。舌状花的冠毛甚短，白色膜片状或部分红褐色，糙毛状；管状花的冠毛糙毛状，与花冠近等长，先为白色，后变为红褐色。花期6～10月。

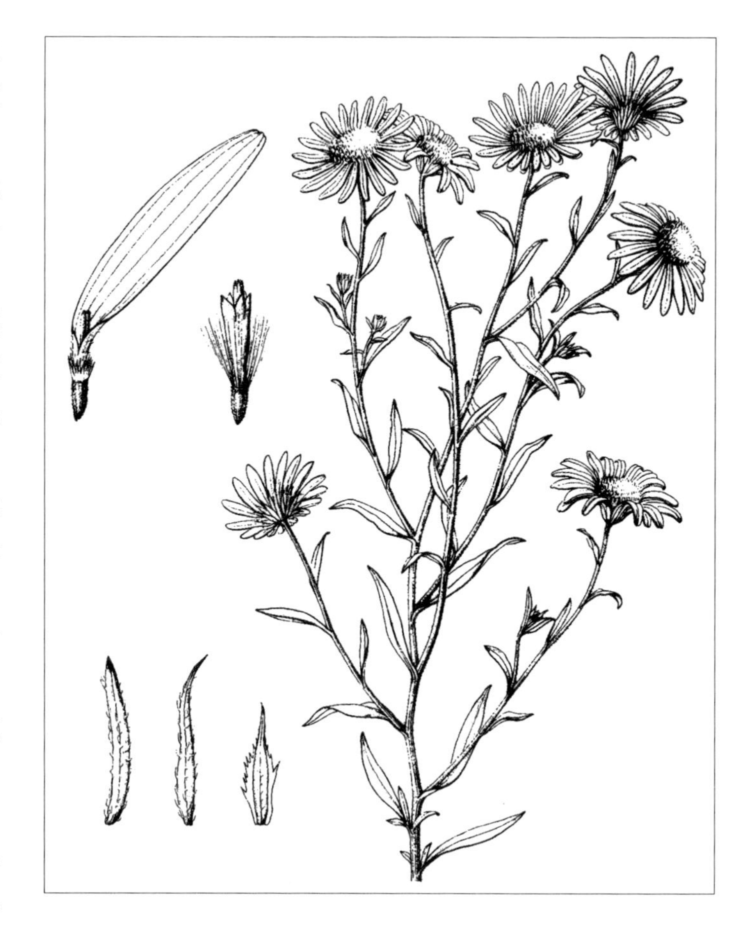

中生草本。生于森林带和草原带的山地草甸、河岸草甸、林下。产呼伦贝尔（陈巴尔虎旗、海拉尔区、新巴尔虎右旗）、兴安南部及科尔沁（科尔沁右翼前旗、阿鲁科尔沁旗、巴林左旗、巴林右旗、克什克腾旗）、燕山北部（喀喇沁旗、宁城县、敖汉旗）、锡林郭勒（苏尼特左旗）。分布于我国吉林、辽宁、河北、河南西部、山东、山西西北部、安徽北部、浙江、福建、台湾、江西西北部、湖北、湖南西部、宁夏南部、甘肃东部、四川东部，日本、朝鲜、蒙古国、俄罗斯（西伯利亚地区、远东地区）。为东古北极分布种。

根入药，能解毒消肿，主治疮肿、蛇咬伤。

3. 砂狗娃花（毛枝狗娃花）

Heteropappus meyendorffii (Reg. et Maack) Kom. et Klob.-Alis. in Key Pl. Far E. Reg. U.S.S.R. 2:1010. 1932; Fl. Intramongol. ed. 2, 4:497. t.199. f.5-7. 1992.——*Galatella meyendorffii* Reg. et Maack in Mem. Acad. Imp. Sci. St.-Petersb. Ser. 7, 4(4):81. t.5. f.2. 1861.——*H. tataricus* auct. non (Lindl.) Tamamsch.: Fl. Intramongol. ed. 2, 4:497. t.199. f.1-4. 1992.

一年生草本，高30～50cm。茎直立，粗壮，具纵条纹，灰绿色，密被开展的粗长毛，通常自中部分枝。基生叶及下部叶花期枯萎，卵状披针形或倒卵状矩圆形，长5～6cm，宽2.5～3.5cm，先端钝或锐尖，基部渐狭成柄，全缘，具3脉；中部茎生叶狭矩圆形，长6～8cm，宽1～2cm，先端钝或锐尖，基部渐狭，无柄，上部边缘有粗齿或全缘，两面被伏短硬毛；上部叶渐小，条状披针形至披针形，全缘，1脉。头状花序直径3～5cm，基部具苞叶；总苞半球形；总苞片2～3层，草质，条状披针形，长7～8mm，先端渐尖，背部被开展的粗长毛和腺点，内层者下部边缘膜质；舌状花蓝紫色，长15～25mm，舌片先端3裂或全缘；管状花长约5mm，疏生短硬毛。瘦果仅在管状花的能育，倒卵形，长2.2～3mm，被短硬毛；冠毛糙毛状，淡红褐色，不等长。花果期7～9月。

中生草本。生于草原带的林缘、河岸、沙质草地、沙丘、山坡草地。产岭西及呼伦贝尔（额尔古纳市、海拉尔区、新巴尔虎左旗）、兴安南部及科尔沁（科尔沁右翼前旗、科尔沁右翼中旗、扎鲁特旗、阿鲁科尔沁旗、巴林右旗、克什克腾旗、敖汉旗）、锡林郭勒（西乌珠穆沁旗、锡林浩特市、苏尼特左旗、正蓝旗、正镶白旗、镶黄旗、商都县、化德县、兴和县）、阴山（大青山、蛮汗山）、鄂尔多斯（乌审旗）。分布于我国黑龙江、吉林东部、河北西北部、山西、陕西北部、甘肃西南部，日本、朝鲜、俄罗斯（远东地区）。为东亚北部分布种。

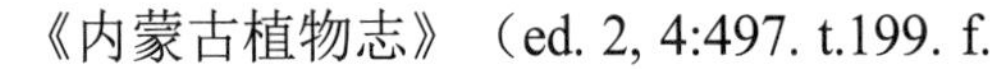

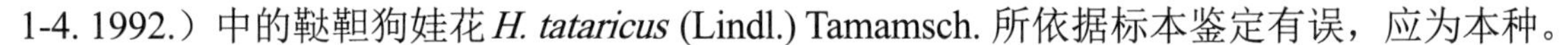

《内蒙古植物志》（ed. 2, 4:497. t.199. f. 1-4. 1992.）中的鞑靼狗娃花 *H. tataricus* (Lindl.) Tamamsch. 所依据标本鉴定有误，应为本种。

6. 东风菜属 **Doellingeria** Nees

属的特征同种。

单种属。

1. 东风菜

Doellingeria scaber (Thunb.) Nees in Gen. Spec. Aster. 183. 1833; Fl. Intramongol. ed. 2, 4:499. t.200. f.1-8. 1992.——*Aster scaber* Thunb. in Syst. Veg. ed. 14, 763. 1784.

多年生草本，高50～100cm。根状茎短，肥厚，具多数细根。茎直立，坚硬，粗壮，有纵条棱，稍带紫褐色，无毛，上部有分枝。基生叶与茎下部叶心形，长7～15cm，宽6～15cm，先端锐尖，基部心形或浅心形，急狭成为长10～15cm而带翅的叶柄，边缘有具小尖头的牙齿或重牙齿，上面绿色，下面淡绿色，两面疏生糙硬毛；中部以上的叶渐小，卵形或披针形，基部楔形而形成具宽翅的短柄。头状花序多数，在茎顶排列成圆锥伞房状，直径18～24mm，花

序梗长 1 ～ 3cm，疏生糙硬毛；总苞半球形；总苞片 2 ～ 3 层，矩圆形，钝尖，边缘膜质，有缘毛，外层者较短，长约 3mm，内层者较长，长 4 ～ 5mm；舌状花雌性，白色，约 10 朵，舌片条状矩圆形，长 10 ～ 15mm，宽约 3mm，先端钝；管状花两性，黄色，长 5 ～ 6mm，上部膨大，5 齿裂，裂片反卷。瘦果圆柱形或椭圆形，长约 4mm，有 5 条厚肋，无毛或近无毛；冠毛 2 层，糙毛状，污黄白色，长约 4mm。花果期 7 ～ 9 月。

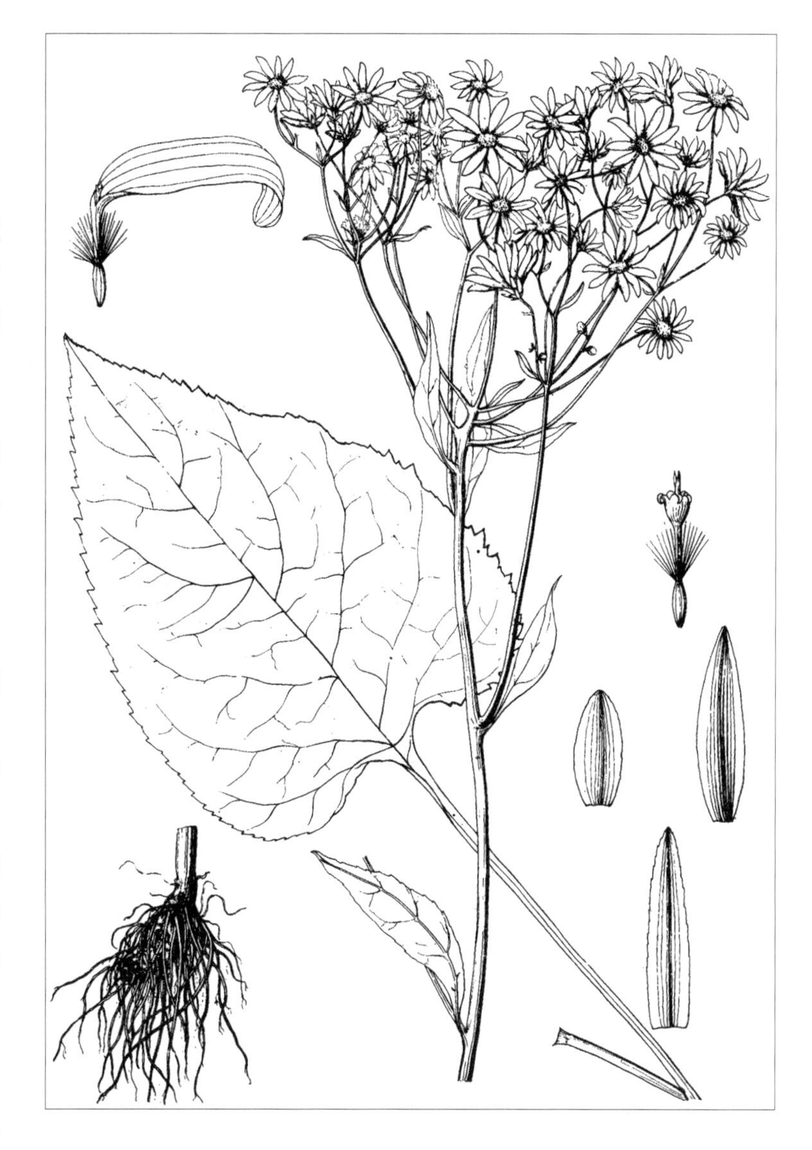

中生草本。生于森林带和森林草原带的阔叶林中、林缘、灌丛，也进入草原带的山地。产兴安北部及岭西和岭东（额尔古纳市、根河市、牙克石市、鄂伦春自治旗）、辽河平原（科尔沁左翼后旗）、兴安南部及科尔沁（扎赉特旗、科尔沁右翼前旗、阿鲁科尔沁旗、克什克腾旗）、燕山北部（喀喇沁旗、宁城县、敖汉旗、兴和县苏木山）、阴山（大青山、蛮汗山）。分布于我国辽宁、河北、河南、山东、山西北部和东部、陕西南部、甘肃东南部、湖北、湖南西部和南部、贵州西南部、安徽东部、浙江、福建北部、江西北部，日本、朝鲜、俄罗斯（远东地区）。为东亚分布种。

根及全草入药，能清热解毒、祛风止痛，主治感冒头痛、咽喉肿痛、目赤肿痛、毒蛇咬伤、跌打损伤。

7. 女菀属 **Turczaninovia** DC.

属的特征同种。

单种属。

1. 女菀

Turczaninovia fastigiata (Fisch.) DC. in Prodr. 5:258. 1836; Fl. Intramongol. ed. 2, 4:502. t.201. f.1-5. 1992.——*Aster fastigiata* Fisch. in Mem. Soc. Imp. Nat. Mosc. 3:74. 1812.

多年生草本，高 30 ～ 60cm。茎直立，具纵条棱，下部平滑，上部有分枝；枝直立或开展，密被短硬毛。下部叶条状披针形、披针形或倒披针形，长 3 ～ 12cm，宽 3 ～ 10mm，先端锐尖，基部渐狭成柄，全缘，上面边缘有糙硬毛，稍反卷，两面密被短硬毛及腺点，花后枯萎凋落；中部及上部叶逐渐变小，条状披针形至条形，最上端叶长仅 2 ～ 3mm。头状花序多数，在茎顶排列成复伞房状，直径 5 ～ 9mm；总苞筒状钟形或宽钟形，长 3 ～ 4mm。总苞片 3 ～ 4 层：外层者矩圆形，长 1 ～ 1.5mm，先端钝，密被柔毛；内层者倒披针形，长 2.5 ～ 3mm，先端尖，也密被柔毛。舌状花雌性，白色，舌片狭矩圆形，先端有 2 ～ 3 齿，长 4 ～ 5mm；管状花两性，白色或黄色，长 3 ～ 4mm，上端 5 裂。瘦果卵形或矩圆形，长 1mm，淡褐色，稍扁，边缘有细肋，两面无肋，初有短柔毛，后无毛；冠毛 1 层，糙毛状，污白色或带淡红色，长约 3mm。花期 7 ～ 9 月。

旱中生草本。生于草原带和森林草原带的山坡、荒地。产兴安北部和岭东（鄂伦春自治旗、扎兰屯市）、兴安南部及科尔沁（扎赉特旗、科尔沁右翼前旗、科尔沁右翼中旗、扎鲁特旗、阿鲁科尔沁旗、敖汉旗）、辽河平原（科尔沁左翼后旗）、赤峰丘陵（元宝山区、翁牛特旗）。分布于我国辽宁、河北中西部、河南西部、山东东北部、山西中部、陕西西南部、安徽北部、江苏西北部、浙江西北部、福建西北部、湖北、湖南西北部、四川东部，日本、朝鲜、俄罗斯（东西伯利亚地区、远东地区）。为东西伯利亚—东亚分布种。

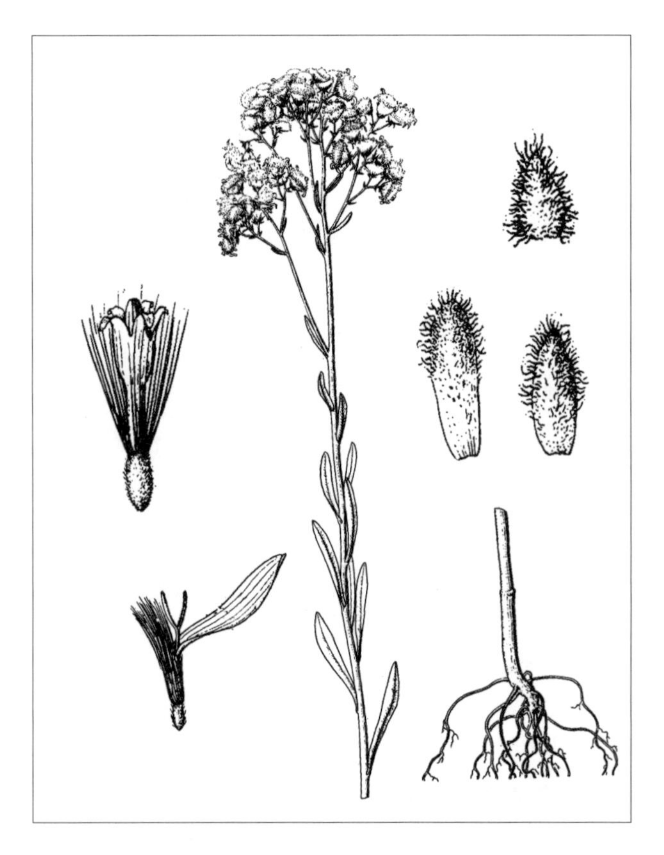

8. 紫菀属 Aster L.

多年生草本。茎分枝或不分枝。叶全缘或有齿。头状花序单生或在茎顶排列成伞房状或圆锥状，有异型小花，辐射状，外围有 1 ～ 2 层雌花，结实，中央有多数两性花，结实；总苞钟状或半球形；总苞片 2 ～ 5 层，有时 4 层，通常外层者较短，草质或边缘膜质；花序托平或稍凸起，具小窝孔。雌花花冠舌状，蓝色、蓝紫色或白色，舌片先端有 2 ～ 3 齿；两性花花冠管状，黄色，上端有 5 相等的裂片。花药基部钝，顶端披针形；花柱分枝扁平，披针形或三角形。瘦果倒卵形，多少扁平，具边肋，两面有肋或无肋，被柔毛或腺点，稀无毛；冠毛糙毛状，多数或少数，1 ～ 2 层，等长或不等长。

内蒙古有 5 种。

分种检索表

1a. 茎不分枝，头状花序单生茎顶……………………………………………………**1. 高山紫菀 A. alpinus**

1b. 茎分枝或单一；头状花序多数或少数，在茎顶排列成伞房状。

  2a. 头状花序较大，直径 2.5 ～ 4cm。

    3a. 植株高达 100cm；基生叶大型，椭圆形或矩圆状匙形，基部下延成长柄…**2. 紫菀 A. tataricus**

    3b. 植株高 25 ～ 80cm；基生叶小型，无明显长柄或无柄。

      4a. 中部叶矩圆状披针形或披针形，基部抱茎，具羽状叶脉；总苞片条状披针形，先端渐尖；瘦果具 7 ～ 10 条纵脉……………………………………………**3. 西伯利亚紫菀 A. sibiricus**

      4b. 中部叶长椭圆状披针形，基部不抱茎，具离基三出叶脉；总苞片矩圆形，先端圆形或钝头；瘦果具 2 条肋……………………………………………………**4. 圆苞紫菀 A. maackii**

  2b. 头状花序较小，直径 1.5 ～ 2cm；中部叶长椭圆状披针形、矩圆状披针形至狭披针形，基部不抱茎，具离基三出叶脉；总苞片条状矩圆形，先端锐尖或钝……………………**5. 三脉紫菀 A. ageratoides**

1. 高山紫菀（高岭紫菀）

Aster alpinus L., Sp. Pl. 2:872. 1753; Fl. Intramongol. ed. 2, 4:504. t.202. f.5-8. 1992.——*A. alpinus* L. var. *fallax* (Tamamsch.) Ling in Fl. Reip. Pop. Sin. 74:205. 1985；Fl. Intramongol. ed. 2, 4:504. 1992.——*A. fallax* Tamamsch. in Fl. U.R.S.S. 25:109. t.8. f.2. 1959.

多年生草本，植株高 10 ～ 35cm。有丛生的茎和莲座状叶丛。茎直立，单一，不分枝，具纵条棱，被疏或密的伏柔毛。基生叶匙状矩圆形或条状矩圆形，长 1 ～ 10cm，宽 4 ～ 10mm，先端圆形

或稍尖，基部渐狭成具翅的细叶柄，叶柄有时长可达10cm，全缘，两面多少被伏柔毛；中部叶及上部叶渐变狭小，无叶柄。头状花序单生于茎顶，直径3～3.5cm；总苞半球形，直径15～20mm；总苞片2～3层，披针形或条形，近等长，长7～9mm，先端钝或稍尖，具狭或较宽的膜质边缘，背部被疏或密的伏柔毛；舌状花紫色、蓝色或淡红色，长12～18mm，舌片宽约2mm，花柱分枝披针形；管状花长约5mm。瘦果长约3mm，密被绢毛，在周边杂有较短的硬毛；冠毛白色，长5～6mm。花果期7～8月。

中生草本。生于森林带和草原带的山地草原、林下，喜碎石土壤。产兴安北部及岭西和岭东（额尔古纳市、根河市、牙克石市、鄂伦春自治旗）、兴安南部及科尔沁（科尔沁右翼前旗、扎鲁特旗、阿鲁科尔沁旗、巴林左旗、巴林右旗、克什克腾旗）、赤峰丘陵（红山区、翁牛特旗）、燕山北部（喀喇沁旗、宁城县、敖汉旗、兴和县苏木山）、阴山（大青山、蛮汗山）。分布于我国吉林东部、河北北部、山西北部、陕西、新疆，亚洲北部，欧洲。为古北极分布种。

2. 紫菀（青菀）

Aster tataricus L. f. in Suppl. Pl. 373. 1782; Fl. Intramongol. ed. 2, 4:504. t.203. f.1-6. 1992.

多年生草本，植株高达100cm。根状茎短，簇生多数细根，外皮褐色。茎直立，粗壮，单一，常带紫红色，具纵沟棱，疏生硬毛，基部被深褐色纤维状残叶柄。基生叶大型，花期枯萎凋落，椭圆状或矩圆状匙形，长20～30cm，宽3～8cm，先端钝尖，基部渐狭，延长成具翅的叶柄，边缘有具小凸尖的牙齿，两面疏生短硬毛；下部叶及中部叶椭圆状匙形、长椭圆形或披针形至倒披针形，长10～20cm，宽（1～）5～7cm，先端锐尖，常带有小尖头，中部以下渐窄成一狭长的基部或短柄，边缘有锯齿或近全缘，两面有短硬毛，中脉粗壮，侧脉6～10对；上部叶狭小，披针形或条状披针形至条形，两端尖，无柄，全缘，两面被短硬毛。头状花序直径2.5～3.5cm，多数在茎顶排列成复伞房状，总花梗细长，密被硬毛；总苞半球形，直径10～25mm；总苞片3层，外层者较短（长3～5mm），内层者较长（长6～9mm），

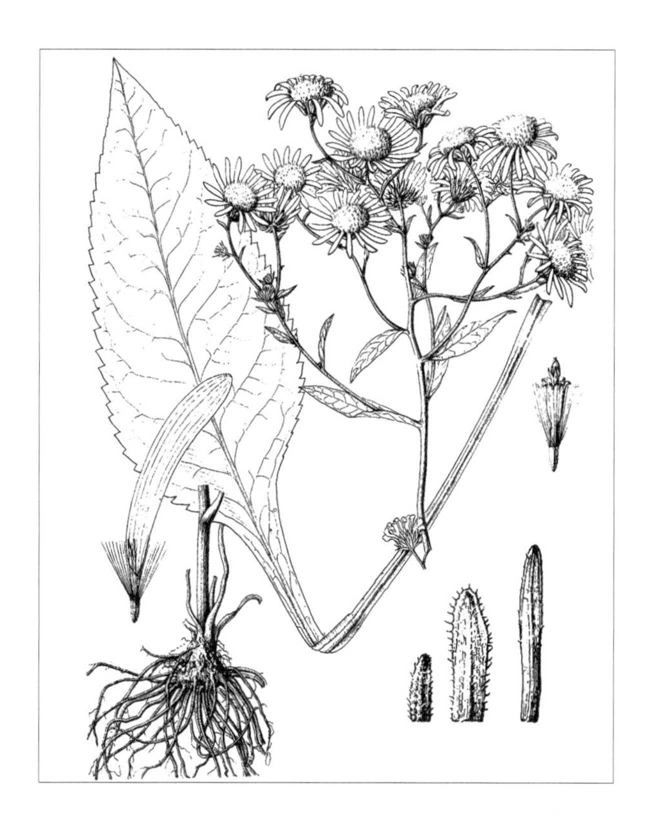

全部矩圆状披针形，先端圆形或尖，背部草质，边缘膜质，绿色或紫红色，有短柔毛及短硬毛；舌状花蓝紫色，长 15 ～ 18mm；管状花长约 6mm。瘦果长 2.5 ～ 3mm，紫褐色，两面各有 1 脉，少 3 脉，有毛；冠毛污白色或带红色，与管状花等长。花果期 7 ～ 9 月。

中生草本。生于森林带和草原带的山地林下、灌丛、沟边。产兴安北部及岭西和岭东（额尔古纳市、牙克石市、鄂伦春自治旗、鄂温克族自治旗、新巴尔虎左旗、海拉尔区）、兴安南部（科尔沁右翼前旗、科尔沁右翼中旗、扎鲁特旗、阿鲁科尔沁旗、巴林左旗、巴林右旗、克什克腾旗、西乌珠穆沁旗、锡林浩特市）、辽河平原（科尔沁左翼后旗）、燕山北部（喀喇沁旗、宁城县、敖汉旗、兴和县苏木山）、阴山（大青山、蛮汗山）、阴南丘陵（清水河县、准格尔旗）、鄂尔多斯（达拉特旗、伊金霍洛旗、乌审旗）。分布于我国黑龙江、吉林东部、辽宁、河北、河南西部、山东中西部、山西、陕西、宁夏南部、甘肃东南部，日本、朝鲜、蒙古国东部（大兴安岭）、俄罗斯（东西伯利亚地区、远东地区）。为东西伯利亚—东亚北部分布种。

根及根状茎入药（药材名：紫菀），能润肺下气、化痰止咳，主治风寒咳嗽气喘、肺虚久咳、痰中带血。花入蒙药（蒙药名：敖纯 - 其其格），能清热、解毒、消炎、排脓，主治瘟病、流感、头痛、麻疹不透、疔疮。

3. 西伯利亚紫菀（黑水紫菀、鲜卑紫菀）

Aster sibiricus L., Sp. Pl. 2:872. 1753; Fl. Intramongol. ed. 2, 4:506. t.202. f.1-4. 1992.

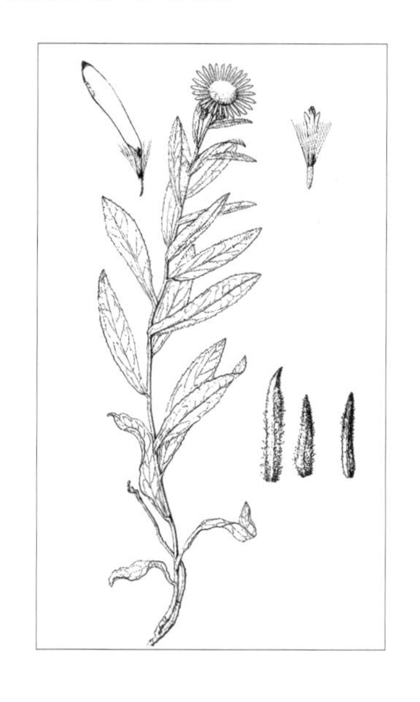

多年生草本，植株高 25 ～ 40cm。根状茎长，有多数细根，暗褐色。茎多少弯曲，带紫红色，具纵条棱，密被曲柔毛，有时上部分枝。最下部叶小，鳞片状，花后凋落；下部叶倒披针形，先端钝，有小刺尖头，基部渐狭，花后亦多枯萎；中部叶矩圆状披针形或披针形，长 6 ～ 8cm，宽 1.2 ～ 1.7cm，先端锐尖或渐尖，有小刺尖头，基部抱茎，边缘有具小刺尖的锯齿，上面疏被短柔毛，下面疏被曲柔毛，中脉凸起；上部叶渐变狭小，条状披针形。头状花序直径约 3cm，单生或 2 ～ 5 个在茎顶排列成密伞房状；总苞半球形，直径 7 ～ 10mm；总苞片 3 层，长达 10mm，近等长，有时外层者稍短，条状披针形，先端渐尖，背部草质，具 1 中脉，密被柔毛，上部及周边呈紫红色；舌状花蓝紫色，长 1.5cm；管状花长约 7mm。瘦果长约 2mm，具 7 ～ 10 条纵脉，有毛；冠毛带红色，与管状花近等长，长 6 ～ 7mm。

中生草本。生于森林带的河岸沙质地、山坡砾石地。产兴安北部及岭东（鄂伦春自治旗）。分布于我国黑龙江（呼玛县），日本、朝鲜、俄罗斯（西伯利亚地区、远东地区），欧洲、北美洲西北部。为泛北极分布种。

4. 圆苞紫菀（麻氏紫菀）

Aster maackii Regel in Mem. Acad. Imp. Sci. St.-Petersb. Ser. 7, 4(4):81. t.4. f.6-8. 1861; Fl. Intramongol. ed. 2, 4:507. t.204. f.8-14. 1992.

多年生草本，植株高 40 ～ 80cm。茎直立，单一，紫红色，具纵条棱，疏被短硬毛，下部毛常脱落，基部有褐色纤维状残叶柄。基生叶与茎下部叶花期枯萎凋落；中部叶长椭圆状披针形，长 4 ～ 10cm，宽 0.7 ～ 1.5cm，先端锐尖或渐尖，基部渐狭，几无柄，边缘有具小尖头而疏的浅锯齿，两面被短硬毛，有离基三出脉；上部叶渐变狭小，披针形，全缘。头状花序较大，直径 3 ～ 4cm，2 个或数个在茎顶排列成疏伞房状，有时单生，总花梗较细长，密被短硬毛；总苞半球形，直径 1 ～ 2cm。总苞片 3 层：外层者较短（长约 4mm）；内层者较长（长约 9mm），矩圆形，上部草质，下部革质，先端圆形或钝头，边缘膜质，上端呈红紫色或紫堇色，其边缘常有小撕裂片。舌状花 20 余朵，紫红色，长达 2cm，舌片宽 2 ～ 2.5mm；管状花长约 6mm，有微毛。瘦果长约 2mm，具两条肋，密被短毛；冠毛白色或基部稍红色，与管状花等长。花果期 8 ～ 9 月。

湿中生草本。生于森林带的湿润草甸、沼泽草甸。产兴安北部（大兴安岭）、辽河平原（大青沟）、燕山北部（宁

城县）。分布于我国黑龙江、吉林、辽宁、河北北部，朝鲜、俄罗斯（远东地区）。为满洲分布种。

5. 三脉紫菀（三脉叶马兰、马兰、鸡儿肠）

Aster ageratoides Turcz. in Bull. Soc. Imp. Nat. Mosc. 7:154. 1837; Fl. Intramongol. ed. 2, 4:507. t.204. f.1-7. 1992.

多年生草本，植株高 40 ～ 60cm。根状茎横走，有多数褐色细根。茎直立，单一，常带红褐色，具纵条棱，被伏短硬毛或柔毛，有时无毛，上部稍分枝。基生叶与茎下部叶卵形，基部急狭成长柄，花期枯萎凋落；中部叶纸质，长椭圆状披针形、矩圆状披针形至狭披针形，长 5 ～ 10cm，宽

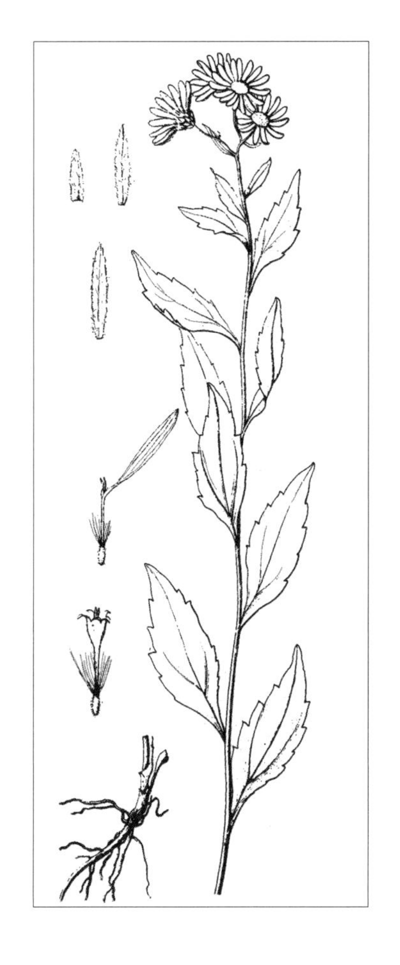

5 ～ 30mm，先端渐尖，基部楔形，边缘有 3 ～ 7 对或浅或深的具小刺尖的锯齿，上面绿色，粗糙，下面淡绿色，两面被短硬毛和腺点，有离基三出脉，侧脉 3 ～ 4 对；上部叶渐小，披针形，具浅齿或全缘。头状花序直径 1.5 ～ 2cm，在茎顶排列成伞房状或圆锥伞房状；总苞钟状至半球形，直径 4 ～ 10mm。总苞片 3 层：外层者较短（长约 3mm）；内层者较长（长约 5mm），条状矩圆形，先端尖或钝，上部草质，绿色或紫褐色，下部多少革质，具中脉 1 条，有缘毛。舌状花紫色、淡红色或白色，长约 1cm；管状花长 5 ～ 6mm。瘦果长 2 ～ 2.5mm，有微毛；冠毛淡红褐色或污白色，与管状花近等长或稍短。花果期 8 ～ 9 月。

中旱生草本。生于森林草原带的山地林缘、山地草原、丘陵。产兴安南部（阿鲁科尔沁旗、巴林右旗、林西县、克什克腾旗）、辽河平原（科尔沁左翼后旗）、燕山北部（宁城县、敖汉旗、兴和县苏木山）、阴山（大青山、蛮汗山）、贺兰山。分布于我国除西藏、新疆外的各省区，日本、朝鲜、俄罗斯（远东地区）、印度北部。为东亚分布种。

全草入药，能清热解毒、止咳祛痰、利尿、止血，主治风热感冒、扁桃体炎、支气管炎、痈疖肿毒、外伤出血。

9. 紫菀木属 **Asterothamnus** Novopokr.

半灌木。多分枝。叶小，全缘。头状花序单生于枝顶或 3 ～ 5 排列成疏伞房状，有异型小花，有的只有舌状花而无管状花，或仅有管状花而无舌状花；总苞倒卵形或半球形；总苞片 3 ～ 4 层，革质，边缘膜质，中脉明显而呈褐色或红色；花序托多少扁平，具小窝孔，其周围有不整齐具齿的膜片；舌状花雌性，结实，淡紫色或淡红色或白色；管状花两性，通常黄色，上端有 5 裂片；花药基部钝；花柱分枝附片三角形。瘦果具 3 棱，被伏毛，具边肋 2，另在背棱有 1 不明显的肋；冠毛糙毛状，1 ～ 2 层，锈褐色或污白色至红黄色。

内蒙古有 3 种。

分种检索表

1a. 叶片较宽，宽 2 ～ 4mm，矩圆形、矩圆状披针形、矩圆状倒披针形或条形。

  2a. 叶较短小，矩圆状倒披针形，长 6 ～ 15mm；植株低矮，高 20 ～ 25cm……**1. 紫菀木 A. alyssoides**

  2b. 叶较长，矩圆形或矩圆状披针形，长 10 ～ 12mm；植株较高，高 30 ～ 40cm……………………………………………………………………………………………**2. 软叶紫菀木 A. molliusculus**

1b. 叶片较窄，宽 1.5 ～ 2mm，长 12 ～ 15mm，近条形或矩圆状条形……**3. 中亚紫菀木 A. centrali-asiaticus**

1. 紫菀木（庭荠紫菀木）

Asterothamnus alyssoides (Turcz.) Novopokr. in Bot. Mater. Gerb. Bot. Inst. Kom. Akad. Nauk S.S.S.R. 13:336. 1950; Fl. Intramongol. ed. 2, 4:509. 1992.——*Aster alyssoides* Turcz. in Bull. Soc. Imp. Nat. Mosc. 5:198. 1832.

半灌木，植株高 20 ～ 25cm。由基部多分枝；老枝灰褐色，木质化；小枝灰色，密被蛛丝状短绵毛。叶近直立或开展，矩圆状倒披针形或条形，长 6 ～ 15mm，宽 2 ～ 4mm，先端锐尖或钝，

基部渐狭，边缘反卷，两面密被蛛丝状绵毛，灰绿色，有时上面毛稀疏或近无毛；下部叶稍较宽大，上部叶渐变窄小。头状花序直径约 1.5cm，在枝顶单生或少数排列成疏伞房状，总花梗较短而细；总苞倒卵形或半球形，直径约 7mm；总苞片外层者卵状披针形，长 2 ～ 3mm，内层者矩圆形或椭圆形，长约 7mm，先端尖，有时钝，上端通常紫红色，背部密被蛛丝状绵毛；舌状花淡紫色，约 6 朵，长 8 ～ 15mm；管状花约 12 朵，长约 7mm，上部淡紫色。瘦果矩圆状倒披针形，长约 3mm；冠毛白色或淡黄色，与管状花冠等长。花果期 7 ～ 9 月。

强旱生半灌木。生于荒漠草原带的砂质坡地。产乌兰察布（苏尼特左旗西北部）。蒙古国东南部有分布。为东戈壁分布种。

《内蒙古植物志》（ed. 2, 4:511. 1992.）中的图版 205 图 6 ～ 10 不是本种，而是软叶紫菀木 *A. molliusculus*。

2. 软叶紫菀木

Asterothamnus molliusculus Novopokr. in Bot. Mater. Gerb. Bot. Inst. Kom. Akad. Nauk S.S.S.R. 13:342. 1950; Fl. Intramongol. ed. 2, 4:509. t.205. f.6-10. 1992.

半灌木，植株高 30 ～ 40cm。茎直立或斜升，下部木质化，外皮黄褐色；冬芽密被灰白色短茸毛，后多少脱毛。当年生小枝细长，常开展，斜升或稍弯，密被灰白色蛛丝状短蜷毛或绵毛。叶质较软，矩圆状披针形或矩圆形，长 10 ～ 12（～ 20)mm，宽约 3mm，先端钝或稍尖，具软骨质小尖头，基部渐狭，无柄，边缘反卷，具 1 条明显的中脉，上面被短柔毛，下面密被灰白色蛛丝状绵毛。头状花序通常 1 ～ 3 个在枝顶排列成疏伞房状，总花梗较短；总苞宽倒卵形，

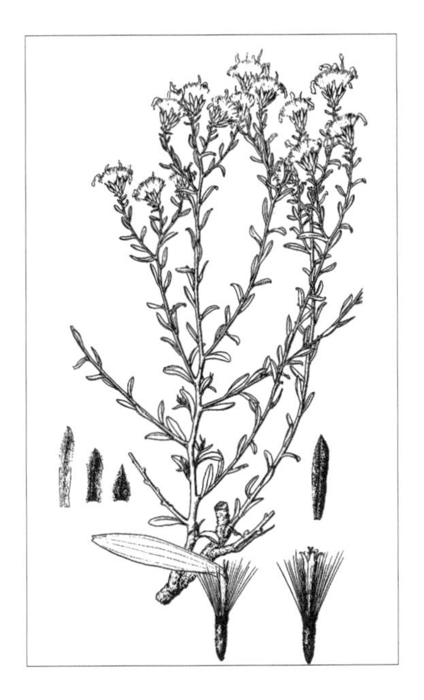

长、宽约 8mm；总苞片外层较短，披针形，内层矩圆形，先端渐尖或稍钝，具白色宽膜质边缘，具 1 条绿色的中脉，背部密被灰白色绵毛；舌状花淡紫色，约 6 朵，舌片开展，矩圆形，长约 10mm；管状花约 12 朵，长约 5mm。瘦果矩圆形，长约 3.5mm，疏被白色长伏毛；冠毛白色，与管状花冠等长。花期 8 月。

强旱生半灌木。生于荒漠草原带的砾石质地。产乌兰察布（苏尼特左旗和二连浩特市的赛汉塔拉戈壁、四子王旗脑木更苏木大红山）。蒙古国东南部（东戈壁地区）有分布。为东戈壁分布种。

3. 中亚紫菀木

Asterothamnus centrali-asiaticus Novopokr. in Bot. Mater. Gerb. Bot. Inst. Akad. Nauk S.S.S.R. 13:338. 1950; Fl. Intramongol. ed. 2, 4:510. t.205. f.1-5. 1992.

半灌木，植株高 20 ～ 40cm。茎下部多分枝；老枝木质化，灰黄色，腋芽卵圆形，小，被

短绵毛；小枝细长，灰绿色，被蛛丝状短绵毛，后变光滑无毛。叶近直立或稍开展，矩圆状条形或近条形，长 (8 ～)12 ～ 15mm，宽 1.5 ～ 2mm，先端锐尖，基部渐狭，边缘反卷，两面密被蛛丝状绵毛，呈灰绿色，后渐脱落；上部叶渐变窄小。头状花序直径约 1cm，在枝顶排列成疏伞房状，总花梗细长；总苞宽倒卵形，直径 5 ～ 7mm。总苞片外层者卵形或卵状披针形，长 1.5 ～ 2mm，先端锐尖；内层者矩圆形，长约 5mm，先端稍尖或钝，上端通常紫红色，背部被密或疏的蛛丝状短绵毛。舌状花淡蓝紫色，7 ～ 10 朵，长 10 ～ 13mm；管状花 11 ～ 12(～ 16) 朵，长约 5mm。瘦果倒披针形，长约 3.5mm；冠毛白色，与管状花冠等长。花果期 8 ～ 9 月。

超旱生半灌木。生于荒漠草原带的砾石质地、戈壁覆沙地、石质残丘浅洼沙地、沟谷沙地。产乌兰察布（四子王旗江岸苏木、达尔罕茂明安联合旗、乌拉特中旗）、鄂尔多斯（达拉特旗、鄂托克旗）、东阿拉善（乌拉特后旗、磴口县、杭锦旗、鄂托克旗西部、阿拉善左旗）、西阿拉善（阿拉善右旗）、额济纳。分布于我国宁夏西部、甘肃（河西走廊）、青海（柴达木盆地）、新疆东部（星星峡），蒙古国南部和西部。为戈壁—蒙古分布种。

枝叶为骆驼的优等饲料。

10. 乳菀属 Galatella Cass.

多年生草本。叶全缘。头状花序在茎顶排列成伞房状，稀单生，有异型小花，辐射状，外围有1层无性花，不结实，中央有多数两性花，结实；总苞倒圆锥形或近半球形；总苞片多层，草质，绿色，通常边缘膜质；花序托稍凸起，具不整齐小窝孔。无性花花冠舌状，粉红色或蓝紫色，两性花花冠管状，黄色，有时红紫色，上端有5披针形裂片；花药基部钝，顶端附片宽披针形；花柱分枝附片披针形或三角形。瘦果矩圆形，扁平，无明显的肋，被伏毛；冠毛糙毛状，2～3层，白色或红紫色。

内蒙古有1种。

1. 兴安乳菀（乳菀）

Galatella dahurica DC. in Prodr. 5:256. 1836; Fl. Intramongol. ed. 2, 4:512. t.201. f.6-9. 1992.

多年生草本，植株高30～60cm。全株密被乳头状短毛和细糙硬毛。茎较坚硬，具纵条棱，绿色或带紫红色。茎中部叶条状披针形或条形，长4～8cm，宽2～6mm，先端长渐尖，

基部渐狭，无柄，两面或仅上面有腺点，有明显的3脉；上部叶渐狭小。头状花序直径约2.5cm；总苞近半球形，长3.5～6mm，宽8～12mm。总苞片3～4层：外层者较短，绿色，披针形，渐尖；内层者较长，黄绿色，矩圆形或矩圆状披针形，钝或长尖，背部具3～5脉，多少被短柔毛及缘毛。舌状花淡紫红色，长15～17mm；管状花长6～8mm。瘦果长3.5～4mm，基部狭，密被长柔毛；冠毛与管状花冠等长或稍短，长6～8mm，淡黄褐色。花果期7～9月。

中生草本。生于森林带和森林草原带的山坡、沙质草地、灌丛、林下、林缘。产兴安北部及岭西和岭东（额

尔古纳市、根河市、牙克石市、鄂伦春自治旗、鄂温克族自治旗、海拉尔区、扎兰屯市）、兴安南部及科尔沁（科尔沁右翼前旗、阿鲁科尔沁旗、巴林右旗、克什克腾旗、东乌珠穆沁旗、西乌珠穆沁旗）、赤峰丘陵（翁牛特旗）、燕山北部（敖汉旗）。分布于我国黑龙江、吉林东北部和南部、辽宁东北部和西部，蒙古国东部和北部及西部、俄罗斯（东西伯利亚地区、远东地区）。为东西伯利亚—满洲分布种。

11. 莎菀属 Arctogeron DC.

属的特征同种。

单种属。

1. 莎菀（禾矮翁）

Arctogeron gramineum (L.) DC. in Prodr. 5:261. 1836; Fl. Intramongol. ed. 2, 4:512. t.203. f.7-10. 1992.——*Erigeron gramineus* L., Sp. Pl. 2:864. 1753.

多年生垫状草本，高 5 ～ 10cm。根粗壮，垂直，扭曲，伸长或短缩，黑褐色。茎自根颈处分枝，密集，外被多数厚残叶鞘。叶全部基生，在分枝顶端呈簇生状，狭条形，长 (0.5 ～)3 ～ 7cm，

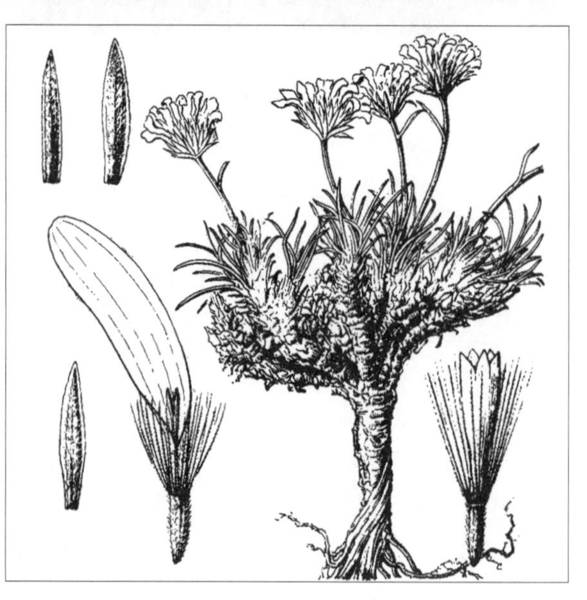

宽 0.3 ～ 0.5mm，先端尖而硬，基部稍扩展，边缘有睫毛，两面无毛或疏被蛛丝状短柔毛。花葶 2 ～ 6 个，长 3 ～ 10cm，密被长柔毛；头状花序单生于花葶顶端，直径约 1.5cm；总苞半球形。总苞片 3 层，长 5 ～ 7mm，宽约 1mm；外层者较短；内层者较长，条状披针形，先端长渐尖，背部具 3 脉，沿中脉有龙骨状凸起，多少被短柔毛。舌状花雌性，淡紫色，先端有齿，长约 10mm；管状花两性，长约 5mm，上端 5 齿裂，花柱分枝稍肥大。瘦果矩圆形，长约 3mm，两面无肋，密被银白色绢毛；冠毛糙毛状，多层，近等长，白色，与管状花冠等长或稍长。

花果期5～6月。

垫状旱生草本。生于草原带的石质山坡、丘陵坡地。产岭东（阿荣旗）、岭西及呼伦贝尔（满洲里市、陈巴尔虎旗、新巴尔虎左旗、新巴尔虎右旗）、兴安南部及科尔沁（扎赉特旗、科尔沁右翼前旗、乌兰浩特市、扎鲁特旗、阿鲁科尔沁旗、翁牛特旗、巴林右旗、克什克腾旗）、锡林郭勒（西乌珠穆沁旗、锡林浩特市、阿巴嘎旗、苏尼特左旗）。分布于我国黑龙江西部、河北西北部，蒙古国东部和北部及西部、俄罗斯（西伯利亚地区）、哈萨克斯坦。为哈萨克斯坦—蒙古分布种。

12. 碱菀属 **Tripolium** Nees

属的特征同种。

单种属。

1. 碱菀（金盏菜、铁杆蒿、灯笼花）

Tripolium pannonicum (Jacq.) Dobr. in Fl. U.R.S.R. 11:63. 1962; Fl. China 20-21:559. 2011.——*T. vulgare* Nees in Gen. Spec. Aster. 152. 1833; Fl. Intramongol. ed. 2, 4:513. t.206. f.7-10. 1992.——*Aster pannonicus* Jacq. in Hort. Bot. Vindob. 1:3. 1770.

一年生草本，高10～60cm。全体光滑。茎直立，具纵条棱，下部带红紫色，单一或上部分枝，也有从基部分枝者。叶多少肉质；最下部叶矩圆形或披针形，有柄，花后凋落或存在；

中部叶条形或条状披针形，长(1～)2～5cm，宽2～8mm，先端锐尖或钝，基部渐狭，无柄，边缘全缘或有具毛的微齿；上部叶渐变狭小，条形或条状披针形。头状花序直径2～2.5cm；总苞倒卵形，长5～7mm，宽约8mm。总苞片2～3层，肉质：外层者卵状披针形，长2.5～3mm，先端钝，边缘红紫色，有微毛；内层者矩圆状披针形，长约6mm，圆头，带红紫色，具3脉，有缘毛。舌状花雌性，蓝紫色，长10～15mm，宽1～2mm；管状花两性，长约6mm；花药顶端无附片，基部钝；花柱分枝宽厚或伸长。瘦果狭矩圆形，长约2mm，有厚边肋，两面各有1细肋，无毛或被疏毛；冠毛多层，白色或浅红色，微粗糙，花期比管状花短，长约5mm，果期长达15mm。花期8～9月。

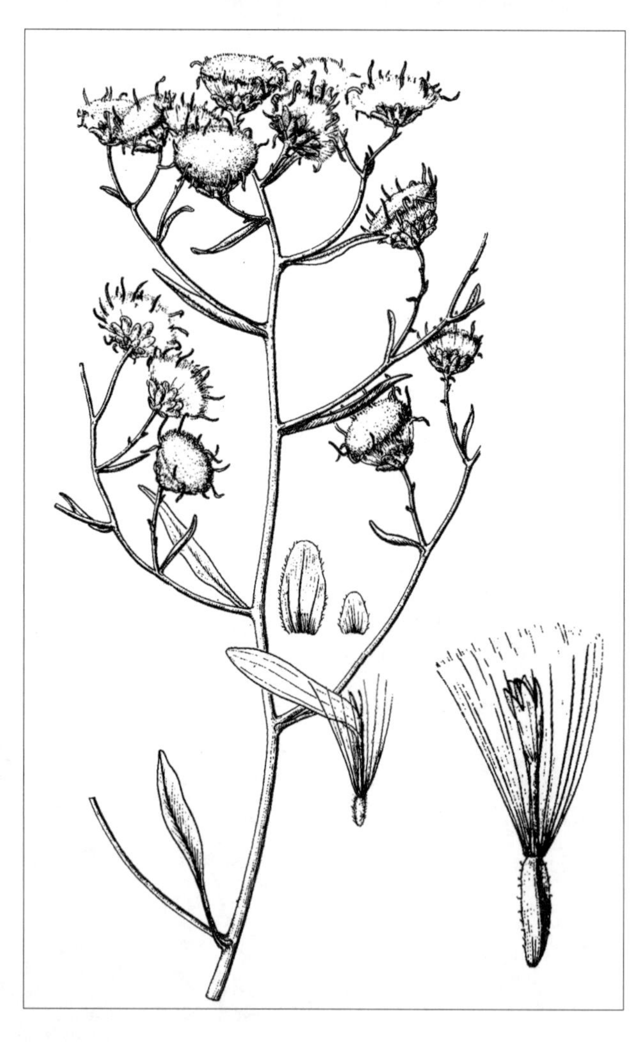

耐盐中生草本。生于草原带的湖边、沼泽、盐碱地。产呼伦贝尔（海拉尔区、新巴尔虎左旗、新巴尔虎右旗）、兴安南部及科尔沁（科尔沁右翼中旗、阿鲁科尔沁旗、敖汉旗、克什克腾旗）、辽河平原（科尔沁左翼后旗）、赤峰丘陵（红山区、松山区、翁牛特旗）、锡林郭勒（苏尼特左旗）、鄂尔多斯（乌审旗）、东阿拉善（阿拉善左旗）。分布于我国吉林南部、辽宁北部、河北、河南西部、山东、山西中部、陕西北部、宁夏西北部、甘肃（河西走廊）、安徽北部、江苏东部、浙江北部、福建、新疆北部和中部，日本、朝鲜、蒙古国东部和南部及西部、伊朗、俄罗斯（西伯利亚地区、远东地区），中亚、北非，欧洲、北美洲。为泛北极分布种。

13. 短星菊属 Brachyactis Ledeb.

一年生草本。叶全缘。头状花序多数排列成具叶的圆锥状，有异型小花，辐射状，外围有数层雌花，结实，中央有多数两性花，结实；总苞倒卵形或半球形；总苞片 2 ～ 3 层，边缘膜质；花序托平，或有小窝孔。雌花花冠短舌状或斜管状，舌片小，淡红紫色；花柱伸长，花柱分枝丝状。两性花花冠管状，黄色，上端 5 齿裂；花柱分枝披针形。花药基部钝。瘦果矩圆形，无明显肋，有 2 ～ 4 纵细脉，密被长硬毛；冠毛 2 层，白色或淡红色，糙毛状。

内蒙古有 1 种。

1. 短星菊

Brachyactis ciliata (Ledeb.) Ledeb. in Fl. Ross. 2(2,6):495. 1845; Fl. Intramongol. ed. 2, 4:513. t.206. f.1-6. 1992.——*Erigeron ciliatus* Ledeb. in Icon. Pl. 1:24. 1829.

一年生草本，植株高 10 ～ 50cm。茎红紫色，具纵条棱，疏被弯曲柔毛。叶稍肉质，条状披针形或条形，长 1.5 ～ 5cm，宽 3 ～ 5mm，先端锐尖，基部无柄，半抱茎，边缘有软骨质缘毛，粗糙，两面无毛，有时上面疏被短毛。头状花序直径 1 ～ 2cm；总苞长 6 ～ 7mm；总苞片 3 层，条状倒披针形，外层者稍短，内层者较长，先端锐尖，背部无毛，边缘有睫毛；舌状花连同花柱长约 4.5mm，管部狭长，舌片矩圆形，长约 1.5mm；管状花长约 4mm。瘦果褐色，长

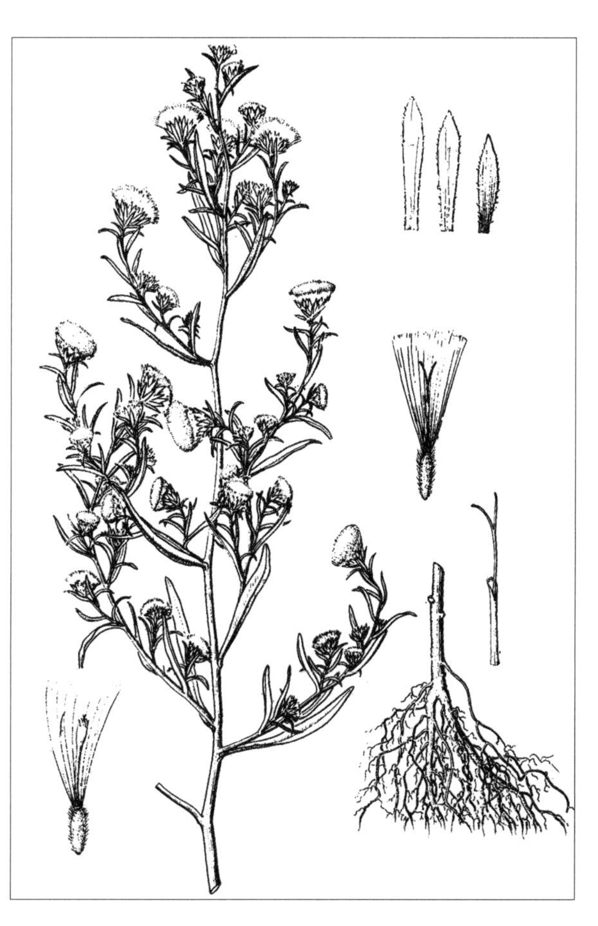

2 ～ 2.2mm，宽约 0.5mm，顶端截形，基部渐狭；冠毛长约 6mm。花果期 8 ～ 9 月。

耐盐中生草本。生于森林草原带、典型草原带和荒漠带的盐碱湿地、水泡子边、砂质地、山坡石缝阴湿处。产内蒙古各地。分布于我国黑龙江、吉林东部、辽宁、河北北部、河南西部和北部、山东、山西、陕西西南部、宁夏北部、甘肃东南部、新疆北部，日本、朝鲜、蒙古国东部和东北部及西部、俄罗斯（西伯利亚地区），中亚。为东古北极分布种。

14. 飞蓬属 Erigeron L.

一、二年生或多年生草本。叶全缘或有齿裂。头状花序单生或排列成圆锥状或伞房状，有异型小花，辐射状或近盘状，外围有 2 至数层雌花，结实，中央有多数两性花，结实；总苞半球形、钟形或圆锥形；总苞片 2 ～ 3 层，不等长；花序托稍凸起，或有小窝孔；雌花花冠舌状，白色或紫色等，有时雌花二型，除外围为舌状花冠外，内层小花为细管状；两性花花冠管状，黄色，上端 4 ～ 5 齿裂；花药基部钝；花柱分枝在雌花中为丝状，在两性花中为披针形。瘦果披针形或矩圆状披针形，扁平，有边肋；冠毛 2 层，刚毛状。

内蒙古有 4 种。

分种检索表

1a. 头状花序单生茎顶，直径约 3cm；小花二型，雌花舌状，两性花管状…………**1. 棉苞飞蓬 E. eriocalyx**

1b. 头状花序少数或多数在茎顶排列成伞房状或圆锥状，直径 10 ～ 20mm；小花三型，雌花舌状或细管状，两性花管状。

  2a. 总苞片背部被短腺毛；基生叶与茎下部叶两面无毛，但边缘有毛。

    3a. 基生叶和茎下部叶全缘；茎和总苞常为紫色，稀绿色……………………**2. 长茎飞蓬 E. politus**

    3b. 基生叶和茎下部叶具小锯齿，茎和总苞常为绿色………………**3. 堪察加飞蓬 E. kamtschaticus**

  2b. 总苞片背部密被硬毛，全部叶两面被硬毛…………………………………………………**4. 飞蓬 E. acris**

1. 棉苞飞蓬

Erigeron eriocalyx (Ledeb.) Vierh. in Beih. Bot. Centralbl., Abt. 2. 19:521. 1906; Fl. Intramongol. ed. 2, 4:515. t.207. f.12-16. 1992.——*E. alpinus* var. *eriocalyx* Ledeb. in Fl. Alt. 4:91. 1833.

多年生草本，高达 25cm。根状茎短。茎直立，单一，具纵条棱，绿色或红紫色，疏被开展的长柔毛，在上部混生短柔毛。基生叶呈莲座状，倒披针形，长 1 ～ 8cm，宽 3 ～ 11mm，先端

钝或尖，基部渐狭成长柄，全缘，两面疏被长柔毛，边缘有缘毛；茎生叶 4 ～ 10，长 0.8 ～ 7.5cm，宽 1 ～ 10mm，茎下部叶与基生叶相似，上部叶披针形，先端尖，无柄。头状花序直径约 3cm，单生于茎顶；总苞半球形。总苞片多层，条状披针形，长 5 ～ 9mm，宽 0.6 ～ 1mm；外层者稍短，草质；内层者较长，先端长渐尖，边缘膜质，带紫色，密被长柔毛。舌状花长 7 ～ 10mm，管部长约 3mm，有微毛，舌片宽约 0.5mm，淡紫色或白色；管状花圆柱状，长 3 ～ 5mm，顶端具 5 齿，管的上部有微毛。瘦果披针形，长 2.5 ～ 2.7mm，密被短硬毛；冠毛 2 层，污白色，外层者甚短，内层者与管状花近等长。花果期 7 ～ 8 月。

中生草本。生于荒漠带的高山灌丛或草甸。产贺兰山。分布于我国新疆北部，蒙古国、俄罗斯（西伯利亚地区），欧洲。为欧洲—西伯利亚分布种。

2. 长茎飞蓬（紫苞飞蓬）

Erigeron politus Fr. in Summa Veg. Scand. 3: 184.1845. ——*E. elongatus* Ledeb. in Fl. Alt. 4:91. 1833; Fl. Intramongol. ed. 2, 4:517. 1992.

多年生草本，高 10 ～ 50cm。茎直立，带紫色或少有绿色，疏被微毛，中上部分枝。叶质较硬，全缘；基生叶与茎下部叶矩圆形或倒披针形，长 1 ～ 10cm，宽 1 ～ 10mm，先端锐尖或钝，基部下延成柄，全缘，两面无毛，边缘常有硬毛，花后凋萎；中部与上部叶矩圆形或披针形，长 0.3 ～ 7cm，宽 0.7 ～ 8mm，先端锐尖或渐尖，无柄。头状花序直径 1 ～ 2cm，通常少数在茎顶排列成伞房式或伞房状圆锥花序，花序梗细长；总苞半球形。总苞片 3 层，条状披针形，长 4.5 ～ 9mm；外层者短；内层者较长，先端尖，紫色，有时绿色，背部有腺毛，有时混生硬毛。雌花二型：外层舌状小花，长 6 ～ 8mm，舌片长 0.3 ～ 0.5mm，先端钝，淡紫色；内层细管状小花，长 2.5 ～ 4.9mm，无色。两性的管状小花长 3.5 ～ 5mm，顶端裂片暗紫色。三者花冠管部上端均疏被微毛。瘦果矩圆状披针形，长 1.8 ～ 2.5mm，密被短伏毛；冠毛 2 层，白色，外层者甚短，内层者长达 7mm。花果期 6 ～ 9 月。

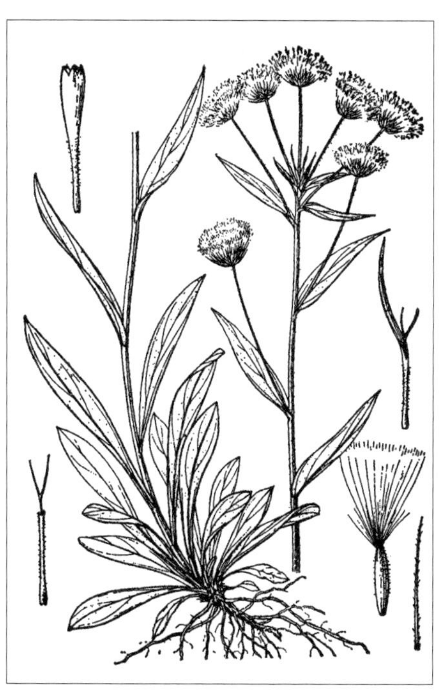

中生草本。生于森林带的林缘、草甸。产兴安北部（额尔古纳市、阿尔山市）、贺兰山。分布于我国黑龙江北部、吉林东部、河北西北部、山西北部、宁夏、甘肃东部、四川中北部、西藏东部、新疆北部和东北部，朝鲜、蒙古国北部和西部及南部、俄罗斯（西伯利亚地区），中亚，欧洲。为古北极分布种。

3. 堪察加飞蓬

Erigeron kamtschaticus DC. in Prodr. 5:290. 1836; Fl. Intramongol. ed. 2, 4:517. t.207. f.7-11. 1992.

二年生草本，高 40 ～ 100cm。茎直立，单一，较粗壮，常带紫红色，具纵条棱，疏被多细胞长毛或近无毛，中上部分枝。基生叶与茎下部叶倒披针形，长 2 ～ 10cm，宽 3 ～ 10mm，先端锐尖，基部渐狭，边缘常有不规则小锯齿，两面及边缘疏被硬毛，有柄；中部及上部叶密生，披针形，长 2 ～ 6cm，宽 2 ～ 6mm，先端锐尖，全缘，两面有短柔毛，或叶面混生及边缘疏生多

细胞长毛，无柄。头状花序直径约 8 ～ 10mm，多数在茎顶排列成圆锥状。总苞片 3 层，条状披针形，长 5 ～ 6mm；外层者较短；内层者较长，先端长渐尖，边缘膜质，背部密或疏被短腺毛，有时混生长硬毛。雌花二型：外层舌状小花，长 5 ～ 6mm，舌片宽 0.25mm，淡紫色；内层细管状小花，长 2 ～ 3mm，无色。两性的管状小花长 3.5 ～ 4.5mm。三者花冠管部上端均被微毛。瘦果矩圆状披针形，长 1.5 ～ 2mm，密被短伏毛；冠毛 2 层，污白色，外层者甚短，内层者较长，长 5 ～ 6mm。花果期 7 ～ 9 月。

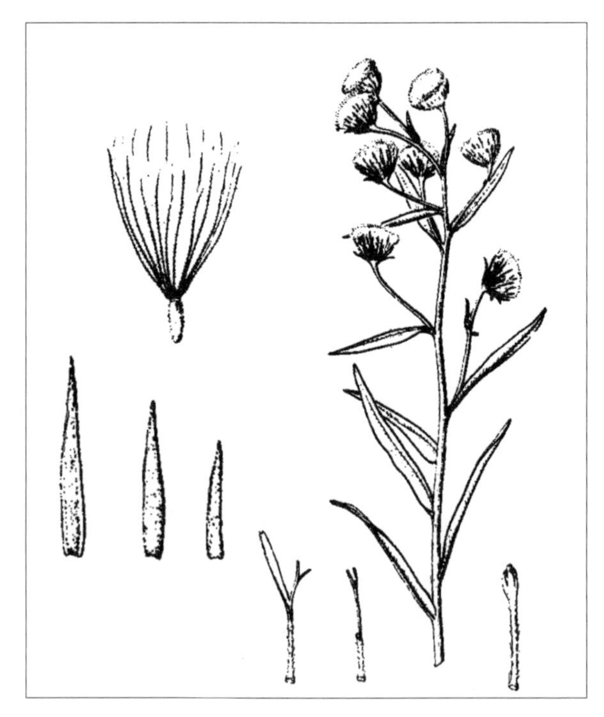

中生草本。生于森林草原带和草原带的山地林缘草甸。产岭西（额尔古纳市）、呼伦贝尔（新巴尔虎右旗）、兴安南部（科尔沁右翼前旗、阿鲁科尔沁旗、巴林右旗）。分布于我国黑龙江、吉林东部、河北、河南西部和北部、山西西北部、陕西南部（秦岭）、宁夏南部、甘肃（祁连山东部）、新疆中部，蒙古国、俄罗斯（西伯利亚地区、堪察加地区）。为东古北极分布种。

4. 飞蓬（北飞蓬）

Erigeron acris L., Sp. Pl. 2:863. 1753; Fl. Intramongol. ed. 2, 4:518. t.207. f.1-6. 1992.

二年生草本，高 10 ～ 60cm。茎直立，单一，具纵条棱，绿色或带紫色，密被伏柔毛并混生硬毛。叶绿色，两面被硬毛；基生叶与茎下部叶倒披针形，长 1.5 ～ 10cm，宽 3 ～ 17mm，先端钝或稍尖并具小尖头，基部渐狭成具翅的长叶柄，全缘或具少数小尖齿；中部叶及上部叶披针形或条状矩圆形，长 0.4 ～ 8cm，宽 2 ～ 8mm，先端尖，全缘或有齿。头状花序直径 1.1 ～ 1.7cm，多数在茎顶密集排列成伞房状或圆锥状；总苞半球形。总苞片 3 层，条状披针形，长 5 ～ 7mm；外层者短；内层者较长，先端长渐尖，边缘膜质，背部密被硬毛。雌花二型：外层小花舌状，长 5 ～ 7mm，舌片宽约 0.25mm，淡红紫色；内层小花细管状，长约 3.5mm，无色。两性的管状小花，长约 5mm。瘦果矩圆状披针形，长 1.5 ～ 1.8mm，密被短伏毛；冠毛 2 层，污白色或淡红褐色，外层者甚短，内层者较长，长 3.5 ～ 8mm。花果期 7 ～ 9 月。

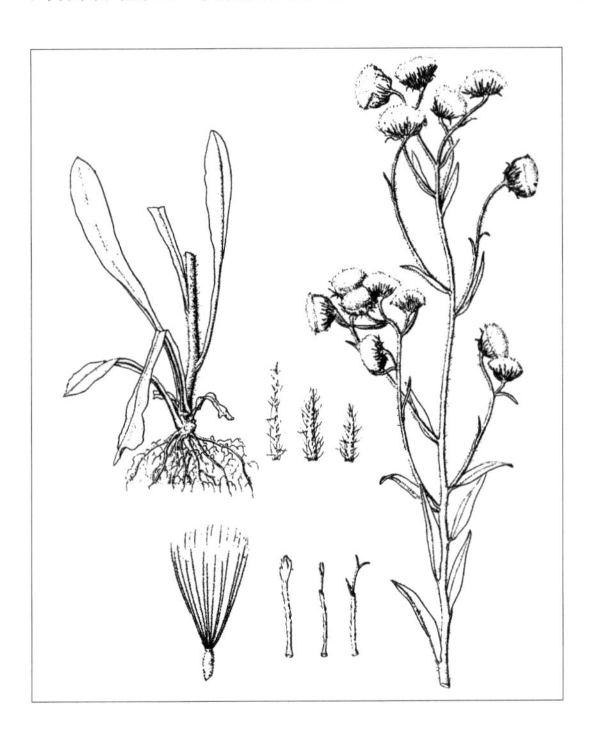

中生草本。生于森林带和草原带的山地林缘、低地草甸、河岸沙质地、田边。产兴安北部及岭西（额尔古纳市、牙克石市、鄂温克族自治旗）、呼伦贝尔（新巴尔虎左旗、新巴尔虎右旗、海拉尔区）、兴安南部（扎赉特旗、科尔沁右翼前旗、阿鲁科尔沁旗、巴林左旗、巴林右旗、克什克腾旗）、燕山北部（喀喇沁旗、兴和县苏木山）、阴山（大青山、蛮汗山、乌拉山）、贺兰山。分布于我国黑龙江、吉林、辽宁东北部、河北北部、河南西部和北部、山东西部、山西中部、陕西南部、宁夏北部、甘肃东南部、青海东部和南部、四川、西藏东北部、新疆，日本、蒙古国北部和西部、俄罗斯（西伯利亚地区），中亚，欧洲、北美洲。为泛北极分布种。

15. 白酒草属 Conyza Less.

一、二年生或多年生草本。叶全缘或有锯齿，有时羽状分裂。头状花序在茎顶排列成伞房状或圆锥状，稀单生，有异型小花，盘状，外围通常有2至多层雌花，结实，中央有少数两性花，结实；总苞钟状；总苞片2～3层，边缘膜质；花序托半球形，有小窝孔。雌花花冠细管状或丝状，有时有直立的小舌片；两性花花冠管状，黄色，上端5齿裂。瘦果极小，扁或稍扁，有2～5棱，有毛；冠毛1层，糙毛状。

内蒙古有1种。

1. 小蓬草（小飞蓬、加拿大飞蓬、小白酒草）

Conyza canadensis (L.) Cronq. in Bull. Torr. Bot. Club 70:632. 1943; Fl. Intramongol. ed. 2, 4:518. t.208. f.1-9. 1992.——*Erigeron canadensis* L., Sp. Pl. 2:863. 1753.

一年生草本，高50～100cm。根圆锥形。茎直立，具纵条棱，淡绿色，疏被硬毛，上部多分枝。叶条状披针形或矩圆状条形，长3～10cm，宽1～10mm，先端渐尖，基部渐狭，全缘或具微锯齿，两面及边缘疏被硬毛，无明显叶柄。头状花序直径3～8mm，有短梗，在茎顶密集成长形的圆锥状或伞房式圆锥状；总苞片条状披针形，长约4mm，外层者短，内层者较长，先端渐尖，背部近无毛或疏生硬毛；舌状花直立，长约2.5mm，舌片条形，先端不裂，淡紫色；管状花长约2.5mm。瘦果矩圆形，长1.25～1.5mm，有短伏毛；冠毛污白色，长与花冠近相等。花果期6～9月。

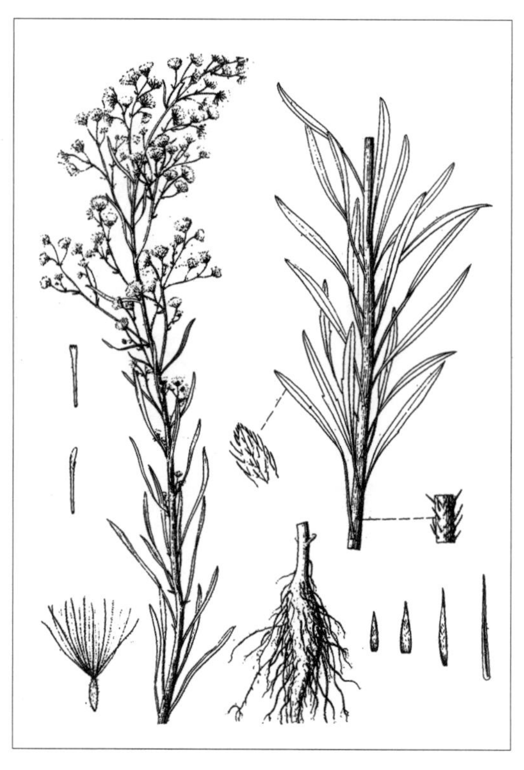

中生杂草。生于田野、路边、村舍附近。外来入侵种。原产北美洲，为北美种。现内蒙古和我国其他省区及世界其他地区均有。

全草入药，能清热利湿、散瘀消肿，主治肠炎、痢疾，外用治牛皮癣、跌打损伤、疮疖肿毒。

（3）旋覆花族 Inuleae Cass.

分属检索表

1a. 头状花序盘状，雌花花冠细管状或丝状。

  2a. 总苞矩圆形或短圆柱形，总苞片厚纸质……………………………………………**16. 花花柴属 Karelinia**

  2b. 总苞卵形、半球形、倒卵形或钟形，总苞片干膜质或膜质。

    3a. 头状花序伞房状紧密或疏散排列，外围通常有开展的星状苞叶群…**18. 火绒草属 Leontopodium**

    3b. 头状花序伞房状疏松排列，外围无开展的苞叶群。

      4a. 两性花不结实，其花柱不分枝或浅裂。

        5a. 冠毛基部结合；雌雄异株，有同型小花…………………………**17. 蝶须属 Antennaria**

        5b. 冠毛基部分离；近雌雄异株或同株，各有多数同型或异型小花…**19. 香青属 Anaphalis**

      4b. 两性花全部结实，其花柱分枝…………………………………………**20. 鼠麴草属 Gnaphalium**

1b. 头状花序辐射状或盘状，雌花花冠舌状或管状。

  6a. 头状花序辐射状，雌花花冠舌状，小花有冠毛………………………………………**21. 旋覆花属 Inula**

  6b. 头状花序盘状，雌花花冠管状，小花无冠毛………………………………**22. 和尚菜属 Adenocaulon**

16. 花花柴属 Karelinia Less.

属的特征同种。

单种属。

1. 花花柴（胖姑娘）

Karelinia caspia (Pall.) Less. in Linn. 9:187. 1834; Fl. Intramongol. ed. 2, 4:520. t.209. f.1-4. 1992.——*Serratula caspia* Pall. in Reise Russ. Reich. 2:743. 1773.

多年生草本，高 50 ～ 100cm。茎直立，粗壮，中空，多分枝；小枝有沟或多角形，密被糙硬毛；老枝无毛，有疣状凸起。叶质厚，近肉质，卵形、矩圆状卵形、矩圆形或长椭圆形，长

1.5～6cm，宽0.5～2.5cm，先端钝或圆形，基部等宽或稍狭，有圆形或戟形小耳，抱茎，全缘或具不规则的短齿，两面被糙硬毛或无毛。头状花序长13～15mm，宽0.8～2.0cm，约3～7个在茎顶排列成伞房式聚伞状；总苞长10～13mm。总苞片5～6层：外层者卵圆形，先端圆形，较内层者短；内层者条状披针形，先端稍尖，较外层者长3～4倍，背部被短毡状毛，边缘有缘毛。花序托平，有托毛，有异型小花，紫红色或黄色。雌花花冠丝状，长3～9mm，顶端有3～4细齿；花柱分枝狭长。两性花花冠细管状，长9～10mm，上端有5裂片；花药顶端钝，基部有小尖头；花柱分枝短，顶端尖。瘦果圆柱形，具4～5棱，长约1.5mm，深褐色，无毛；冠毛1或多层，长7～9mm。花果期7～10月。

耐盐肉质旱中生草本。常聚生于盐生荒漠，并成为那里的优势植物，如梭梭荒漠、柽柳盐生灌丛荒漠、荒漠化盐生草甸等盐化低地或覆沙的盐化低地较为多见，也散生于荒漠区的灌溉农田中。产东阿拉善（杭锦旗、阿拉善左旗）、西阿拉善（阿拉善右旗）、额济纳。分布于我国宁夏北部、甘肃（河西走廊）、青海、新疆，蒙古国南部、伊朗、土耳其，中亚，欧洲。为古地中海分布种。

17. 蝶须属 Antennaria Gaertn.

多年生草本。被绵毛。常有匍匐枝。叶大部基生，密集成莲座状；茎生叶互生，全缘。头状花序在茎顶排列成伞房状，有同型小花，雌雄异株，雌株的花小，结实，雄株的小花两性，不结实（亦称雄花）；总苞倒卵形或钟形；总苞片多层，覆瓦状排列，干膜质；花序托凸起或稍平，有窝孔，无托片。雌花花冠丝状，顶端截形或有细齿；花柱分枝扁，顶端钝或截形。雄花花冠管状，上部钟状，有5裂片；花药基部箭头形，有尾状耳部；花柱不裂或浅裂，顶端钝或截形。瘦果小，矩圆形，稍扁，有棱，无毛或有短毛；冠毛1层，基部多少结合，雌花的冠毛上端纤细，雄花的冠毛短而上端棒槌状，皱曲。

内蒙古有1种。

1. 蝶须（兴安蝶须）

Antennaria dioica (L.) Gaertn. in Fruct. Sem. Pl. 2:410. 1791; Fl. Intramongol. ed. 2, 4:523. t.210. f.1-6. 1992.——*Gnaphalium dioicum* L., Sp. Pl. 2:850. 1753.

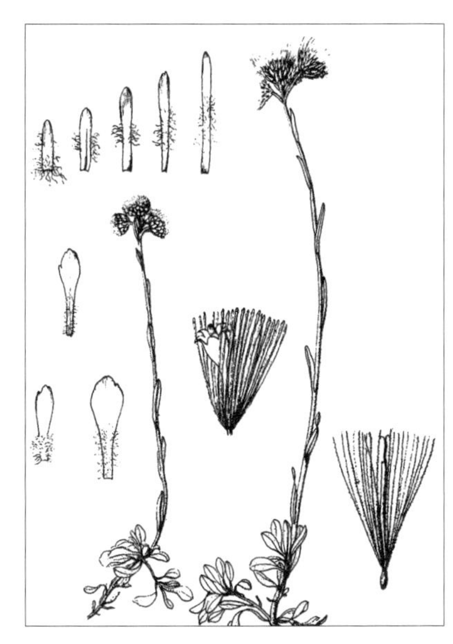

多年生草本，高 5 ～ 25cm。全体被白色绵毛。匍匐枝平卧或斜升，花枝直立，不分枝。基生叶匙形，长 1 ～ 2cm，宽 3 ～ 8mm，先端圆形，有小尖头，基部渐狭成柄状，上面绿色，被绵毛，有时近无毛，下面密被绵毛；中部叶条状矩圆形，长 10 ～ 15mm，宽 2 ～ 4mm，稍尖；上部叶披针状条形，渐尖。雌株头状花序直径 8 ～ 10mm；总苞片约 5 层，披针形或条状披针形，内层者较外层者长 2 ～ 3 倍，白色或红色。雄株头状花序直径约 7mm；总苞片 3 层，外层者卵形，内层者倒卵形，内、外层几等长，白色或红色。雌花花冠白色或红色，长 6 ～ 7mm，雄花花冠白色，长 3 ～ 5mm。瘦果长约 1mm；冠毛白色，雌花冠毛长约 8.5mm，雄花冠毛长约 4mm。花果期 5 ～ 8 月。

耐寒中生草本。生于高寒山地的林间草甸，也见于明亮针叶林下。产兴安北部（大兴安岭）。分布于我国黑龙江、甘肃、新疆北部和西部，日本、蒙古国北部和西北部、俄罗斯（西伯利亚地区）、哈萨克斯坦，欧洲、北美洲。为泛北极分布种。

全草可供药用，治创伤、咳嗽，并可做缓和剂。

18. 火绒草属 **Leontopodium** R. Br.

多年生草本，簇生或丛生，有时呈垫状。被绵毛。叶全缘；苞叶数个，围绕花序开展，形成星状苞叶群，或少数直立，不排成明显的苞叶群。头状花序少数或多数，排列成密集或较疏散的伞房状，各有多数同型或异型小花，或雌雄同株，即中央的小花雄性、外围的小花雌性，或雌雄异株，即全部头状花序仅有雄性或雌性小花；总苞半球状或钟状；总苞片数层，覆瓦状排列或近等长，边缘膜质；花序托无毛，无托片。雄花（即不育的两性花）花冠管状，上部漏斗状，有 5 个裂片；花药基部有尾状小耳。花柱 2 浅裂，顶端截形。雌花花冠丝状或细管状，顶端有 3 ～ 4 个齿；花柱有细长分枝。瘦果矩圆形或椭圆形，稍扁；冠毛细或上部较粗厚，常有细齿。

内蒙古有 5 种。

分种检索表

1a. 植株低矮，高 2 ～ 10cm；头状花序单生或 3 个密集；苞叶少数，直立，不开展成星状苞叶群……………………………………………………………………………………………**1. 矮火绒草 L. nanum**

1b. 植株较高，高 10 ～ 45cm；头状花序 3 至多数密集；苞叶少数或多数，形成开展的星状苞叶群，或雌株的散生而不形成明显的苞叶群。

2a. 茎生叶条形或舌状条形，两面被白色长柔毛或绵毛，上面的不久脱落…………………………………………………………………………………………**2. 长叶火绒草 L. junpeianum**

2b. 茎生叶披针形、条状披针形或条形，两面被宿存的灰白色蛛丝状绵毛、长柔毛或绢毛。

3a. 苞叶卵形或卵状披针形，近基部较宽，下面稍绿色……………**3. 团球火绒草 L. conglobatum**

3b. 苞叶矩圆形、长椭圆形、条状披针形或条形，近基部不加宽，下面非绿色。

4a. 植株被白色绵毛或黏结的绢毛；苞叶组成稀疏的不整齐的苞叶群，总苞片上端褐色………………………………………………………………………………**4. 绢茸火绒草 L. smithianum**

4b. 植株被灰白色长柔毛或白色近绢状毛，雄株有明显的苞叶群，雌株常有散生的苞叶；总苞片上端无色或浅褐色………………………………………**5. 火绒草 L. leontopodioides**

1. 矮火绒草

Leontopodium nanum (Hook. f. et Thoms. ex C. B. Clarke) Hand.-Mazz. in Beih. Bot. Centralbl., Abt. 2. 44:111. 1927; Fl. Intramongol. ed. 2, 4:524. t.211. f.1-5. 1992.——*Antennaria nana* Hook. f. et Thoms. ex C. B. Clarke in Comp. Ind. 100. 1876.

多年生矮小草本，高 2 ～ 10cm。垫状丛生或有根状茎分枝，被密集或疏散的褐色鳞片状枯

叶鞘，有顶生的莲座状叶丛。无花茎或花茎短，直立，细弱或粗壮，被白色绵毛。基生叶为枯叶鞘所包围；茎生叶匙形或条状匙形，长 7 ～ 25mm，宽 2 ～ 6mm，先端圆形或钝，基部渐狭成短窄的鞘部，两面被长柔毛状密绵毛。苞叶少数，与花序等长，稀较短或较长，直立，不开展成星状苞叶群；头状花序直径 6 ～ 13mm，单生或 3 个密集；总苞长 4 ～ 5.5mm，被灰白色绵毛；总苞片 4 ～ 5 层，披针形，先端尖或稍钝，周边深褐色或褐色；小花异型，但通常雌雄异株；花冠长 4 ～ 6mm，雄花花冠狭漏斗状，雌花花冠细丝状。瘦果椭圆形，长约 1mm，多少有微毛或无毛；冠毛亮白色，长 8 ～ 10mm，远较花冠和总苞片为长。花果期 5 ～ 7 月。

耐寒的中生矮小草本。生于荒漠带的高山或亚高山灌丛或草甸。产贺兰山、龙首山。分布于我国陕西东南部、宁夏西北部和南部、甘肃（东部和祁连山）、青海、四川西部、西藏、新疆西南部，印度（北部）、尼泊尔、巴基斯坦、哈萨克斯坦，克什米尔地区。为亚洲中部高山分布种。

2. 长叶火绒草（兔耳子草）

Leontopodium junpeianum Kitam. in Act. Phytotax. Geobot. 4:102. 1935; Fl. China 20-21:787. 2011.——*L. longifolium* Y. Ling in Act. Phytotax. Sin. 10(2):177. 1965; Fl. Intramongol. ed. 2, 4:525. 1992.

多年生草本，高 10 ～ 45cm。根状茎，分枝短，有顶生的莲座状叶丛；分枝长，有叶鞘和多数近丛生的花茎。花茎直立或斜升，细弱或粗壮，被白色疏柔毛或密绵毛。基生叶或莲座状叶狭匙形，先端锐尖或钝，基部渐狭，靠近基部又扩大成紫红色的长鞘；中部叶直立，条形、宽条形或舌状条形，长 2 ～ 10cm，宽 2 ～ 10mm，先端锐尖或近圆形，有小尖头，基部等宽或稍

狭窄，两面被密或疏的白色长柔毛或绵毛，上面不久脱毛或无毛。苞叶多数，卵状披针形或条状披针形，上面或两面被白色长柔毛状绵毛，较花序长 1.5 ～ 3 倍，开展成直径约 2 ～ 6cm 的苞叶群；头状花序直径 6 ～ 9mm，3 至 10 余个密集；总苞长约 5mm，被长柔毛；总苞片约 3 层，椭圆状披针形，先端尖或啮蚀状，无毛，褐色；小花雌雄异株，少有异型花；花冠长约 4mm，雄花花冠管状漏斗状，雌花花冠丝状管状。瘦果椭圆形，长约 1mm，被短粗毛或无毛；冠毛白色，较花冠稍长。花果期 7 ～ 9 月。

旱中生草本。生于森林带和草原带的山地灌丛、山地草甸。产兴安北部（额尔古纳市、牙克石市）、兴安南部（科尔沁右翼前旗、阿鲁科尔沁旗、巴林右旗、克什克腾旗）、燕山北部（喀喇沁旗、宁城县）、锡林郭勒（东乌珠穆沁旗、西乌珠穆沁旗、正蓝旗、太仆寺旗）、阴山（大青山、蛮汗山）、阴南丘陵（准格尔旗）、鄂尔多斯（伊金霍洛旗、乌审旗）。分布于我国河北北部和西北部、河南西部和北部、山西中部、陕西南部、甘肃东部、青海、四川西北部、

西藏东北部。为华北—横断山脉分布种。

全草入蒙药（蒙药名：查干－阿荣），能清肺、止咳化痰，主治肺热咳嗽、支气管炎。

3. 团球火绒草（剪花火绒草）

Leontopodium conglobatum (Turcz.) Hand.-Mazz. in Act. Hort. Gothob. 1:114. 1924; Fl. Intramongol. ed. 2, 4:525. t.211. f.6-9. 1992.——*L. sibiricum* Cass. var. *conglobatum* Turcz. in Bull. Soc. Imp. Nat. Mosc. 20:9. 1847.

多年生草本，高 15 ～ 30cm。根状茎分枝粗短，有单生的或 2 ～ 3 簇生或与少数莲座状叶丛簇生的茎。花茎直立或稍弯曲，多少粗壮，被灰白色或白色蛛丝状绵毛。基生叶或莲座状叶狭倒披针状条形，先端稍尖，基部渐狭成长柄状；中部叶稍直立或开展，披针形或披针状条形，长 2 ～ 7cm，宽 3 ～ 10mm，先端尖，稍钝或圆形，有小尖头，基部急狭，有短窄的鞘；上部叶较小，无柄，两面被疏或较密的灰白色蛛丝状绵毛。苞叶多数，卵形或卵状披针形，两面被白色厚绵毛，或下面被较薄的蛛丝状绵毛，较花序长 2 ～ 3 倍，开展成直径约 4 ～ 7cm 的苞叶群；头状花序直径 6 ～ 8mm，5 ～ 30 个密集成团球状伞房状；总苞长约 5mm，被白色绵毛；总苞片约 3 层，矩圆状披针形，先端尖，撕裂，无毛，浅或深褐色；小花异型，或中央的头状花序雄性，外围的雌性；花冠长约 4mm，雄花花冠上部漏斗形，雌花花冠丝状。瘦果椭圆形，长约 1mm，有乳头状毛；冠毛白色，基部稍黄色，较花冠稍长。花期 6 ～ 8 月。

旱中生草本。生于森林带和草原带的沙地灌丛、山地灌丛，在石质丘陵阳坡也有散生。产兴安北部及岭东和岭西（额尔古纳市、牙克石市、根河市、鄂伦春自治旗、扎兰屯市）、兴安南部（科尔沁右翼前旗、科尔沁右翼中旗、突泉县、扎鲁特旗、阿鲁科尔沁旗、巴林右旗、克什克腾旗）、燕山北部（喀喇沁旗、宁城县）、阴山（大青山、蛮汗山）。分布于我国黑龙江西北部，蒙古国东部和北部、俄罗斯（西伯利亚地区）。为西伯利亚—蒙古—华北山地分布种。

4. 绢茸火绒草

Leontopodium smithianum Hand.-Mazz. in Act. Hort. Gothob. 1:115. 1924; Fl. Intramongol. ed. 2, 4:527. 1992.

多年生草本，植株高 10 ～ 30cm。根状茎短，粗壮，有少数簇生的花茎和不育茎。茎直立或稍弯曲，被灰白色或上部被白色绵毛或常黏结的绢状毛。全部有等距而密生或上部疏生的叶；下部叶在花期枯萎宿存；中部和上部叶多少开展或直立，条状披针形，长 2 ～ 5.5cm，宽 4 ～ 8mm，先端稍尖或钝，有小尖头，基部渐狭，无柄，边缘平展，上面被灰白色柔毛，下面有白色密绵毛或黏结的绢状毛。苞叶 3 ～ 10，长椭圆形或条状披针形，较花序稍长或较长（2 ～ 3 倍），边缘常反卷，两面被白色或灰白色厚绵毛，排列成稀疏的不整齐的苞叶群，或有长花序梗成几个分苞叶群；头状花序直径 6 ～ 9mm，常 3 ～ 25 个密集，或有花序梗而成伞房状；总苞半球形，长 4 ～ 6mm，被白色密绵毛；总苞片 3 ～ 4 层，披针形，先端浅或深褐色，尖或稍撕裂；小花异型，有少数雄花，或通常雌雄异株；花冠长 3 ～ 4mm，雄花花冠管状漏斗状，雌花花冠丝状。瘦果矩圆形，长约 1mm，有乳头状短毛；冠毛白色，较花冠稍长，雄花冠毛上端粗厚，有细锯齿。花果期 7 ～ 10 月。

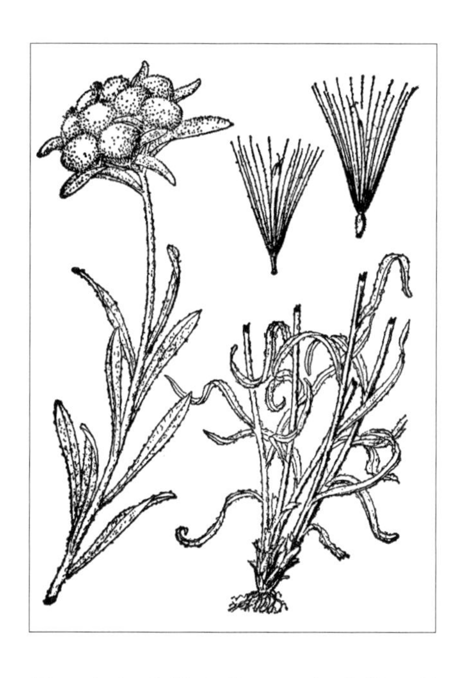

中旱生草本。生于森林带和草原带的山地草原、山地灌丛。产兴安北部及岭东和岭西（额尔古纳市、牙克石市、鄂伦春自治旗、海拉尔区）、兴安南部（巴林右旗、克什克腾旗）、燕山北部（宁城县、兴和县苏木山）、锡林郭勒（东乌珠穆沁旗、西乌珠穆沁旗、锡林浩特市）、阴山（大青山）、贺兰山。分布于我国河北、河南西部、山西中部和北部、陕西南部、宁夏、甘肃东部、青海东部。为华北—兴安分布种。

5. 火绒草（火绒蒿、老头草、老头艾、薄雪草）

Leontopodium leontopodioides (Willd.) Beauv. in Bull. Soc. Bot. Gen. 1:371,374. f.3. 1909; Fl. Intramongol. ed. 2, 4:527. t.211. f.10-13. 1992.——*Filago leontopodioides* Willd. in Phytographia 12. 1794.

多年生草本，植株高 10 ～ 40cm。根状茎粗壮，为枯萎的短叶鞘所包裹，有多数簇生的花茎和根出条。茎直立或稍弯曲，较细，不分枝，被灰白色长柔毛或白色近绢状毛。下部叶较密，

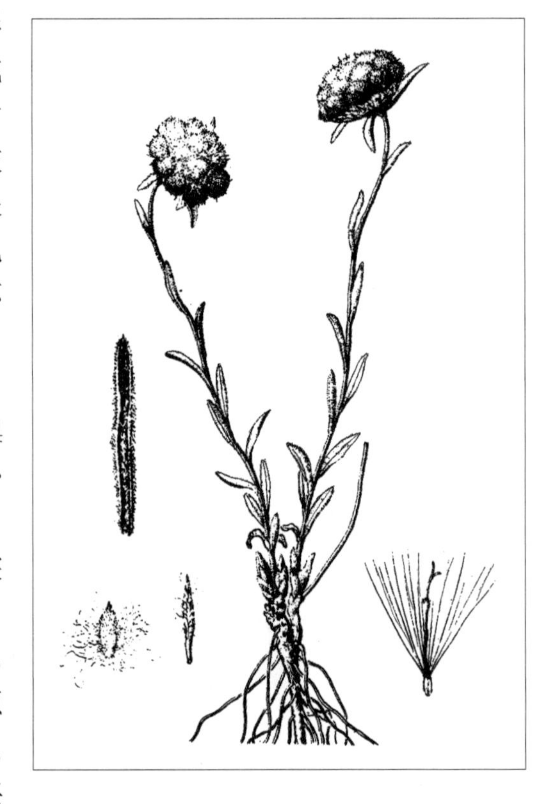

在花期枯萎宿存；中部和上部叶较疏，多直立，条形或条状披针形，长 1 ～ 3cm，宽 2 ～ 4mm，先端尖或稍尖，有小尖头，基部稍狭，无鞘，无柄，边缘有时反卷或呈波状，上面绿色，被柔毛，下面被白色或灰白色密绵毛。苞叶少数，矩圆形或条形，与花序等长或较长（1.5 ～ 2 倍），两面或下面被白色或灰白色厚绵毛，雄株多少开展成苞叶群，雌株苞叶散生，不排列成苞叶群；头状花序直径 7 ～ 10mm，3 ～ 7 个密集，稀 1 个或较多，或有较长的花序梗而排列成伞房状；总苞半球形，长 4 ～ 6mm，被白色绵毛；总苞片约 4 层，披针形，先端无色或浅褐色；小花雌雄异株，少同株；雄花花冠狭漏斗状，长约 3.5mm，雌花花冠丝状，长 4.5 ～ 5mm。瘦果矩圆形，长约 1mm，有乳头状突起或微毛；冠毛白色，基部稍黄色，长 4 ～ 6mm，雄花冠毛上端不粗厚，有毛状齿。花果期 7 ～ 10 月。

旱生草本。多散生于典型草原、山地草原、草原沙质地。产兴安北部及岭东（额尔古纳市、牙克石市、扎兰屯市）、呼伦贝尔（海拉尔区、满洲里市）、兴安南部（扎赉特旗、科尔沁右翼前旗、科尔沁右翼中旗、突泉县、乌兰浩特市、扎鲁特旗、阿鲁科尔沁旗、巴林右旗、克什克腾旗）、辽河平原（科尔沁左翼后旗）、赤峰丘陵（红山区、翁牛特旗）、燕山北部（喀喇沁旗、宁城县、敖汉旗、兴和县苏木山）、锡林郭勒（镶黄旗）、乌兰察布（达尔罕茂明安联合旗南部、固阳县）、阴山（大青山、蛮汗山）、阴南丘陵（准格尔旗）、贺兰山、龙首山。分布于我国黑龙江西南部、吉林、辽宁、河北、河南西部、山东中西部、山西、陕西南部、宁夏、甘肃东部、青海、江苏东北部、新疆中部和北部，日本、朝鲜、蒙古国东部和北部、俄罗斯（西伯利亚地区）。为东古北极分布种。

地上部分入药，能清热凉血、利尿，主治急、慢性肾炎，尿道炎。全草也入蒙药（蒙药名：查干 - 阿荣），功能、主治同长叶火绒草。

19. 香青属 Anaphalis DC.

多年生草本。被绵毛或腺毛。叶全缘。头状花序常多数排列成伞房状或复伞房状，近雌雄异株或同株，各有多数同型或异型的花，即外围有多层雌花而中央有少数两性不育花，或中央有多层雄花而外围有少数雌花或无雌花，仅雌花结实；总苞钟状或半球状；总苞片多层，覆瓦状排列，下部常褐色，上部干膜质，常白色，具1脉；花序托有小窝孔，无托片。雄花花冠管状，上部钟状，有5裂片；花药基部箭头形，有细长尾；花柱2浅裂。雌花花冠细丝状，基部稍膨大，上端有2～4细齿；花柱分枝长。瘦果矩圆形；冠毛1层，白色，分离。

内蒙古有2种。

分种检索表

1a. 总苞钟状，较小，长约6mm，宽5～7mm；叶两面密被白色或灰白色绵毛，无头状具柄腺毛…………………………………………………………………………………………………**1. 乳白香青 A. lactea**

1b. 总苞宽钟状，较大，长8～9(～11)mm，宽8～10mm；叶两面疏被蛛丝状毛和腺毛…………………………………………………………………………………………………**2. 铃铃香青 A. hancockii**

1. 乳白香青

Anaphalis lactea Maxim. in Bull. Acad. Imp. Sci. St.-Petersb. 27:479. 1882; Fl. Intramongol. ed. 2, 4:528. t.215. f.5-9. 1992.

多年生草本，高10～30cm。根状茎粗壮，灌木状，上端有枯叶残片，有顶生的莲座状叶丛或花茎。茎直立，不分枝，被白色或灰白色绵毛。莲座状叶披针形或匙状矩圆形，长6～13cm，宽0.5～2cm，下部渐狭成具翅而基部鞘状的长柄；茎下部叶常较莲座状叶稍小；中部及上部叶直立，长椭圆形、条状披针形或条形，长2～9cm，宽3～10mm，先端渐尖，有长尖头，基部稍狭，沿茎下延成狭翅；全部叶密被白色或灰白色绵毛，具离基三出脉或1脉。头状花序多数，在茎顶端排列成复伞房状，花序梗长2～4mm；总苞钟状，长约6mm，稀5mm或7mm，宽5～7mm。总苞片4～5层：外层者卵圆形，长约3mm，浅褐色或深褐色，被蛛丝状毛；内层者卵状矩圆形，长约6mm，乳白色，顶端圆形；最内层狭矩圆形，具长爪。花序托有缝状短毛；雌株头状花序

有多层雌花，中央有 2 ～ 3 个雄花，雄株头状花序全部有雄花；花冠长 3 ～ 4mm。瘦果圆柱形，长约 1mm；冠毛较花冠稍长。花果期 8 ～ 9 月。

中生草本。生于荒漠带的山坡草地、砾石质地、山沟、路旁。产龙首山。分布于我国甘肃、青海、四川北部。为唐古特分布种。

2. 铃铃香青（铃铃香）

Anaphalis hancockii Maxim. in Bull. Acad. Imp. Sci. St.-Petersb. 27:479. 1882; Fl. Intramongol. ed. 2, 4:529. t.209. f.5-10. 1992.

多年生草本，高 20 ～ 35cm。根状茎细长，匍匐枝有膜质鳞片状叶和顶生的莲座状叶丛。茎从膝曲的基部直立，被蛛丝状毛及腺毛，上部被蛛丝状绵毛。莲座状叶与茎下部叶匙状或条状矩圆形，长 2 ～ 10cm，宽 5 ～ 15mm，先端圆形或锐尖，基部渐狭成具翅的柄或无柄；中部叶及上部叶条形或条状披针形，直立贴茎或稍开展，先端尖，有时具枯焦状小尖头；全部叶质薄，两面被蛛丝状毛及腺毛，边缘被灰白色蛛丝状长毛，离基三出脉。头状花序 9 ～ 15 个在茎顶密集成复伞房状；总苞宽钟状，长 8 ～ 9(～ 11)mm，宽 8 ～ 10mm。总苞片 4 ～ 5 层：外层者卵形，长 5 ～ 6mm，下部红褐色或黑褐色；内层者矩圆状披针形，长 8 ～ 10mm，上部白色；最内层者条形，有爪。花序托有缝状毛；雌株头状花序有多层雌花，中央有 1 ～ 6 个雄花，雄株头状花序全部为雄花；花冠长 4 ～ 5mm。瘦果长约 1.5mm，密被乳头状突起；冠毛较花冠稍长。花果期 6 ～ 9 月。

中生草本。生于森林草原带的山地草甸。产兴安南部（克什克腾旗黄岗梁）、燕山北部（兴和县苏木山）。分布于我国河北西北部、河南西部、山西、陕西南部、宁夏中部和南部、甘肃东部、青海东部、四川北部、西藏东部。为华北—横断山脉分布种。

全草入药，能清热解毒、杀虫，主治子宫炎、阴道滴虫。

20. 鼠麴草属 Gnaphalium L.

一年生、稀多年生草本。茎被白色绵毛或丛卷毛。叶互生，全缘。头状花序小，通常在茎顶或枝端排列成聚伞状或圆锥状伞房状，稀成球状，顶生或腋生，盘状，外围雌花多数，中央两性花少数，全部结实；总苞钟状或卵形；总苞片 2 ～ 4 层，覆瓦状排列，干膜质，黄色或黄褐色，背部被绵毛；花序托平，无毛或有小窝孔。花冠黄色或淡黄色；雌花花冠丝状，顶端 3 ～ 4

齿裂；两性花花冠管状，上端稍扩大，5 浅裂。花药基部箭形，有尾部；两性花花柱分枝圆柱形。瘦果纺锤形或椭圆形；冠毛 1 层，白色或污白色，易脱落。

内蒙古有 1 种。

1. 贝加尔鼠麹草（湿生鼠麹草）

Gnaphalium uliginosum L., Sp. Pl. 2:856. 1753; Fl. China 20-21:791. 2011.——*G. baicalense* Kirp. et Kupr. in Not. Syst. Herb. Inst. Bot. Acad. Sci. U.R.S.S. 20:300. 1960; Fl. Intramongol. ed. 2, 4:530. t.212. f.5-8. 1992.——*G. tranzschelii* Kirp. in Not. Syst. Herb. Inst. Bot. Acad. Sci. U.R.S.S. 25:384. 1959; Fl. Intramongol. ed. 2, 4:530. t.212. f.1-4. 1992.

一年生草本，植株高 15 ～ 25cm。茎单生或簇生，直立，基部多少木质化，分枝与主茎成锐角直升或斜升，密被丛卷毛。基生叶小，花期凋萎；中部叶和上部叶矩圆状条形或条状披针形，长 2 ～ 3.5cm，宽 2 ～ 5mm，先端锐尖，有小尖头，稀钝头，中部向下渐狭，无叶柄，两面密被灰白色丛卷毛。头状花序直径 4.5 ～ 5mm，有短梗，在茎和枝顶密集成团伞状或成球状；总苞近杯状，长 2.5 ～ 3mm，宽约 4.5mm。总苞片 2 ～ 3 层：外层者卵形，较短，黄褐色，

先端钝，被蛛丝状绵毛；内层者矩圆形或披针形，较长，先端尖，淡黄色或麦秆黄色，无毛。头状花序有极多的雌花，雌花花冠丝状，长 2 ～ 2.5mm，上部有腺点，顶端有不明显的 3 细齿；两性花少数，约与雌花等长或稍短，花冠细管状，顶端变褐色。瘦果纺锤形，长约 0.7mm，有多数乳头状突起或光滑；冠毛白色，长约 2mm。花果期 7 ～ 10 月。

湿中生草本。生于森林带和森林草原带的山地草甸、河滩草甸、沟谷草甸。产兴安北部及岭西和呼伦贝尔（牙克石市、海拉尔区）、兴安南部（巴林右旗、克什克腾旗、东乌珠穆沁旗）、赤峰丘陵（红山区）、燕山北部（喀喇沁旗、宁城县）。分布于我国黑龙江、吉林、辽宁、河北北部、新疆，日本、朝鲜、蒙古国北部和西南部、俄罗斯（贝加尔地区）、哈萨克斯坦，欧洲、北美洲。为泛北极分布种。

全草入蒙药（蒙药名：干达巴达拉），能化痰、止咳、解毒、化痞，主治痞症、胃瘀痛、支气管炎。

21. 旋覆花属 Inula L.

多年生、稀一或二年生草本。叶互生。头状花序多数或少数排列成伞房状或圆锥伞房状，有时单生，有异型小花，辐射状，外围有1至多层雌花，结实，中央有多数两性花；总苞半球形、倒卵形或宽钟状；总苞片多层，覆瓦状排列；花序托平或稍凸起，有小窝孔，无托片。雌花花冠舌状，黄色，稀白色，顶端有3齿；两性花花冠黄色，上部狭漏斗状，有5裂片；花药顶端圆或稍尖，基部戟形，有渐尖的尾部；花柱分枝稍扁，顶端钝圆或截形。瘦果近圆柱形，有4～5棱或更多的纵肋或细沟，有毛或无毛；冠毛1～2层，有多数近等长而微糙的细毛。

内蒙古有5种。

分种检索表

1a. 茎稍分枝或不分枝；叶较宽而长，草质或稍革质；头状花序直径1.5～5cm；总苞半球形。

2a. 叶稍革质，硬；叶脉明显而稍凸起，通常无毛；总苞常为密集的苞叶包围；瘦果无毛……………………………………………………………………………………**1. 柳叶旋覆花 I. salicina**

2b. 叶非革质，软；叶脉不凸起或下面中脉凸起，通常被毛；总苞不为密集的苞叶包围；瘦果有毛。

3a. 叶条状披针形，基部无耳，边缘常反卷；头状花序直径1.5～2.5cm……………………………………………………………………………………**2. 线叶旋覆花 I. linariifolia**

3b. 叶长椭圆形、长圆状披针形、披针形、卵形或矩圆状卵形，基部有耳，半抱茎，边缘不反卷；头状花序直径2.5～5cm。

4a. 叶长椭圆形或披针形，基部较宽，心形或有耳；总苞直径1.5～2.2cm……………………………………………………………………………………**3. 欧亚旋覆花 I. britannica**

4b. 叶基部狭窄，有圆形小耳；总苞直径1.3～1.7cm。

5a. 叶长椭圆形或披针形……………………………………**4a. 旋覆花 I. japonica** var. **japonica**

5b. 叶卵形或矩圆状卵形…………………………………**4b. 卵叶旋覆花 I. japonica** var. **ovata**

1b. 茎多分枝；叶极小，稍肉质，披针形或矩圆状条形，长3～9mm，宽1～6mm；头状花序直径1～1.5cm；总苞倒卵形……………………………………………………………………**5. 蓼子朴 I. salsoloides**

1. 柳叶旋覆花（歌仙草、单茎旋覆花）

Inula salicina L., Sp. Pl. 2:882. 1753; Fl. Intramongol. ed. 2, 4:533. t.213. f.1-5. 1992.

多年生草本，高30～40cm。根状茎细长。茎直立，有纵沟棱，下部有疏或密的短硬毛，

不分枝或上部分枝。全体有较多的叶；下部叶矩圆状匙形，花期常凋落；中部叶稍直立，椭圆形或矩圆状披针形，长3～6cm，宽0.8～2cm，先端锐尖，有小尖头，基部心形，或有圆形小耳，半抱茎，边缘疏生有小尖头的细齿，稍革质，两面无毛或仅下面中脉有糙硬毛，有时两面有糙硬毛与腺点，边缘具密糙硬毛，侧脉5～6对，网脉明显而稍凸起；上部叶较小。头状花序直径2.5～4cm，单生于茎或枝端，外围有多数披针形苞叶；总苞半球形，直径1.2～1.5(～2)cm。总苞片4～5层，长10～12mm；外层一栉稍短，披针形或卵状披针形，先端钝或尖，上部草质，边缘紫红色，下部革质，背部密被短毛，常有缘毛；内层者条状披针形，渐尖，上部背面密被短毛。舌状花长13～15mm，舌片条形；管状花长7～9mm。瘦果长1.5～2mm，具细沟棱，无毛；冠毛1层，白色或下部稍红色，约与管状花冠等长。花果期7～10月。

中生草本。生于森林带和森林草原带的山地草甸、低湿地草甸。产兴安北部及岭西（额尔古纳市、牙克石市、陈巴尔虎旗、鄂温克族自治旗）、呼伦贝尔（满洲里市、新巴尔虎右旗）、兴安南部及科尔沁（科尔沁右翼中旗、克什克腾旗、东乌珠穆沁旗）、辽河平原（科尔沁左翼后旗）。分布于我国黑龙江东部、吉林中部和北部、辽宁北部、山东东北部、山西南部、河南西部，日本、朝鲜、蒙古国东部、俄罗斯（西伯利亚地区、远东地区），欧洲。为古北极分布种。

2. 线叶旋覆花（窄叶旋覆花）

Inula linariifolia Turcz. in Bull. Soc. Imp. Nat. Mosc. 10(7):154. 1837; Fl. Intramongol. ed. 2, 4:533. t.213. f.6-9. 1992.

多年生草本，高25～50cm。茎直立，单生或2～3个簇生，具纵沟棱，被短柔毛，上部常被长毛，并有腺毛，黄绿色，有时带红色，上部有分枝。基生叶和下部叶条状披针形，有时椭圆状披针形，长可达15cm，宽(5～)7～10mm，先端渐尖，下部渐狭成长柄，边缘常反卷，有不明显的小锯齿，质较厚，上面无毛，下面有腺，被蛛丝状短柔毛或长伏毛；中部叶与上部叶条状披针形至条形，渐狭小，渐无柄。头状花序直径1.5～2.5cm，在枝端单生或3～5个排列成伞房状，花序梗长0.5～3cm；总苞半球形，长5～7mm。总苞片4层，多少等长或外层者较短；外层者披针形，先端尖，上部草质，被腺点和短柔毛，下部单质；内层者条形，除中脉外干膜质，有缘毛。舌状花长7～12mm，舌片矩圆状条形；管状花长3.5～4mm。瘦果长1.0～1.2mm，具细沟，被微毛；冠毛1层，白色，与管状花冠等长。花果期7～10月。

中生草本。生于阔叶林带和森林草原带的林缘草甸、沟谷草甸。

产岭东（扎兰屯市）、兴安南部（扎赉特旗、科尔沁右翼前旗、阿鲁科尔沁旗、巴林右旗）、辽河平原（科尔沁左翼后旗）、赤峰丘陵（翁牛特旗）。分布于我国黑龙江西南部、吉林、辽宁、河北北部、河南西部、山东东北部、山西南部、陕西东南部、宁夏西部、安徽东部、湖北、江苏南部、浙江，日本、朝鲜、蒙古国北部和西部、俄罗斯（远东地区）。为蒙古—东亚分布种。

花入蒙药（蒙药名：布斯里格－阿扎斯儿卷），功能、主治同欧亚旋覆花。

3. 欧亚旋覆花（旋覆花、大花旋覆花、金沸草）

Inula britannica L., Sp. Pl. 2:882. 1753; Fl. Intramongol. ed. 2, 4:535. t.214. f.1-5. 1992.——*I. britannica* L. var. *sublanata* Kom. in Fl. Mansh. 3:626. 1907; Fl. Intramongol. ed. 2, 4:536. 1992.

多年生草本，高 20 ～ 70cm。根状茎短，横走或斜生。茎直立，单生或 2 ～ 3 个簇生，具纵沟棱，被长柔毛，上部有分枝，稀不分枝。基生叶和下部叶在花期常枯萎，长椭圆形或披针形，长 3 ～ 11cm，宽 1 ～ 2.5cm，下部渐狭成短柄或长柄；中部叶长椭圆形，长 5 ～ 11cm，宽 0.6 ～ 2.5cm，先端锐尖或渐尖，基部宽大，无柄，心形或有耳，半抱茎，边缘有具小尖头的疏浅齿或近全缘，上面无毛或被疏伏毛，下面密被伏柔毛和腺点，中脉与侧脉被较密的长柔毛；上部叶渐小。头状花序 1 ～ 5 个生于茎顶或枝端，直径 2.5 ～ 5cm，花序梗长 1 ～ 4cm；苞叶条状披针形；总苞半球形，直径 1.5 ～ 2.2cm。总苞片 4 ～ 5 层：外层者条状披针形，长约 8mm，先端长渐尖，基部稍宽，草质，被长柔毛、腺点和缘毛；内层者条形，长达 1cm，除中脉外干膜质。舌状花黄色，舌片条形，长 10 ～ 20mm；管状花长约 5mm。瘦果长 1 ～ 1.2mm，有浅沟，被短毛；冠毛 1 层，白色，与管状花冠等长。花果期 7 ～ 10 月。

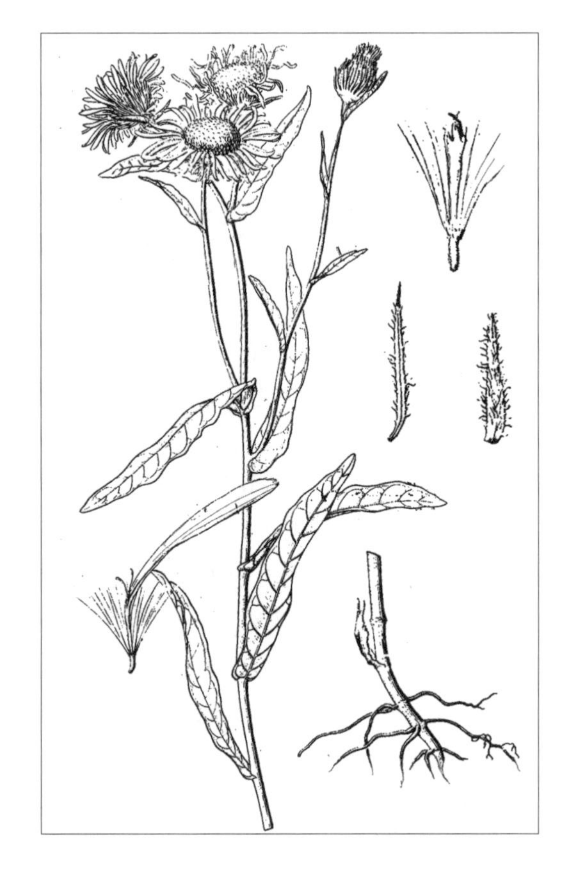

中生草本。生于森林草原带和草原带的草甸、农田、地埂、路边。产兴安北部及岭西（额尔古纳市、牙克石市）、呼伦贝尔（鄂温克族自治旗、新巴尔虎左旗、新巴尔虎右旗、海拉尔区、满洲里市）、兴安南部及科尔沁（科尔沁右翼前旗、科尔沁右翼中旗、阿鲁科尔沁旗、巴林右旗、克什克腾旗）、辽河平原（科尔沁左翼后旗）、赤峰丘陵（红山区）、燕山北部（喀喇沁旗、宁城县、敖汉旗）、锡林郭勒（东乌珠穆沁旗、锡林浩特市、苏尼特左旗）、阴山（大青山）、阴南平原（呼和浩特市）、阴南丘陵（准格尔旗马栅镇）、鄂尔多斯、东阿拉善、西阿拉善（阿拉善右旗）。分布于我国黑龙江、吉林、辽宁、河北、河南北部、山东、山西、江苏北部、湖南、广东北部、广西东北部、新疆中部和北部，日本、朝鲜、蒙古国东部和北部及南部、俄罗斯（西伯利亚地区、远东地区），欧洲。为古北极分布种。

花序入药（药材名：旋覆花），能降气、化痰、行水，主治咳喘痰多、噫气、呕吐、胸膈痞闷、水肿。也入蒙药（蒙药名：阿扎斯儿卷），能散瘀、止痛，主治跌打损伤、湿热疮疡。

4. 旋覆花

Inula japonica Thunb. in Nov. Act. Reg. Soc. Sci. Upsal. 4:39. 1783; Fl. Jap. 318. 1784; High. Pl. China 11:292. f.425. 2005.——*I. britannica* L. var. *japonica* (Thunb.) Franch. et Sav. in Enum. Pl. Jap. 2:401. 1879; Fl. Intramongol. ed. 2, 4:535. 1992.——*I. britannica* L. var. *chinensis* (Rupr.) Regel. in Tent. Fl. Ussur. 84. 1861; Fl. Intramongol. ed. 2, 4:536. 1992.

4a. 旋覆花

Inula japonica Thunb. var. **japonica**

多年生草本。根状茎短，横走或斜生，有多少粗壮的须根。茎单生，有时 2 ～ 3 个簇生，直立，高 30 ～ 70cm，有时基部具不定根，基部直径 3 ～ 10mm，有细沟，被长伏毛，或下部有时脱毛，上部有上升或开展的分枝。全部有叶，节间长 2 ～ 4cm；基部叶常较小，在花期枯萎；中部叶长圆形、长椭圆状披针形或披针形，长 4 ～ 13cm，宽 1.5 ～ 3.5cm，稀可达 4cm，基部多少狭窄，常有圆形半抱茎的小耳，无柄，顶端稍尖或渐尖，边缘有小尖头状疏齿或全缘，上面有疏毛或近无毛，下面有疏伏毛和腺点，中脉和侧脉有较密的长毛；上部叶渐狭小，线状披针形。头状花序直径 3 ～ 4cm，多数或少数排列成疏散的伞房花序，花序梗细长；总苞半球形，直径 13 ～ 17mm，长 7 ～ 8mm。总苞片约 5 层，线状披针形，近等长，但最

外层常叶质而较长；外层基部革质，上部叶质，背面有伏毛或近无毛，有缘毛；内层除绿色中脉外干膜质，渐尖，有腺点和缘毛。舌状花黄色，较总苞长 2 ～ 2.5 倍；舌片线形，长 10 ～ 13mm；管状花花冠长约 5mm，有三角披针形裂片。瘦果长 1 ～ 1.2mm，圆柱形，有 10 条沟，顶端截形，被疏短毛；冠毛 1 层，白色，有 20 余个微糙毛，与管状花近等长。花期 6 ～ 10 月，果期 9 ～ 11 月。

中生草本。生于森林草原带和草原带的草甸、农田、地埂、路边。产兴安北部（额尔古纳市、牙克石市）、呼伦贝尔（海拉尔区、新巴尔虎右旗）、兴安南部及科尔沁（扎鲁特旗、阿鲁科尔沁旗、巴林右旗、克什克腾旗）、赤峰丘陵（红山区）、燕山北部（喀喇沁旗、宁城县、敖汉旗）。分布于我国黑龙江、吉林、辽宁、河北、河南北部、山东、山西、陕西东南部、宁夏南部、青海东部、四川、安徽东部、江苏南部、浙江、福建北部、湖南西北部、广东、广西西北部，日本、朝鲜、蒙古国东部和北部、俄罗斯（西伯利亚地区）。为东古北极分布种。

4b. 卵叶旋覆花

Inula japonica Thunb. var. **ovata** C.Y. Li in Fl. Liaoning 2:1158. 1992.

本变种与正种的区别是：叶卵形或矩圆状卵形。

多年生中生草本。生于森林草原带和草原带的山坡、河岸。产科尔沁（翁牛特旗）。分布于我国吉林、辽宁。为满洲分布变种。

5. 蓼子朴（沙旋覆花、绞蛆爬、秃女子草、黄喇嘛）

Inula salsoloides (Turcz.) Ostenf. in S. Tibet 6(3):39. 1922; Fl. Intramongol. ed. 2, 4:536. t.214. f.6-9. 1992.——*Conyza salsoloides* Turcz. in Bull. Soc. Imp. Nat. Mosc. 5:197. 1832.

多年生草本，高 15 ～ 45cm。根状茎横走，木质化，具膜质鳞片状叶。茎直立、斜升或平卧，圆柱形，基部稍木质，有纵条棱，由基部向上多分枝。枝细，常弯曲，被糙硬毛，混生长柔毛和腺点。叶披针形或矩圆状条形，长 3 ～ 9mm，宽 1 ～ 6mm，先端钝或稍尖，基部心形或有小耳，半抱茎，全缘，边缘平展或稍反卷，稍肉质，上面无毛，下面被长柔毛和腺点，有

时两面均被或疏或密的长柔毛和腺点。头状花序直径1～1.5cm，单生于枝端；总苞倒卵形，长8～9mm。总苞片4～5层，外层者渐小，披针形、长卵形或矩圆状披针形，先端渐尖；内层者较长，条形或狭条形，先端锐尖或渐尖；全部干膜质，基部稍革质，黄绿色，背部无毛或被长柔毛和腺点，上部或全部有缘毛和腺点。舌状花长11～13mm，舌片浅黄色，椭圆状条形；管状花长6～8mm。瘦果长约1.5mm，具多数细沟，被腺体；冠毛白色，约与花冠等长。花果期6～9月。

旱生草本。生于荒漠草原带和草原带的沙地、砂砾质冲积土上，也进入荒漠带。除兴安北部及岭东和岭西外，产内蒙古其他各地。分布于我国吉林西部、辽宁西南部、河北西北部、山西中部、陕西北部、宁夏、甘肃中部、青海、新疆，蒙古国南部、俄罗斯。为戈壁—蒙古分布种。

本种可做固沙植物。花及全草入药，能清热解毒、利尿，主治疮痈肿毒、黄水疮、湿疹、外感发热、浮肿、小便不利。兽医用做除虫剂。

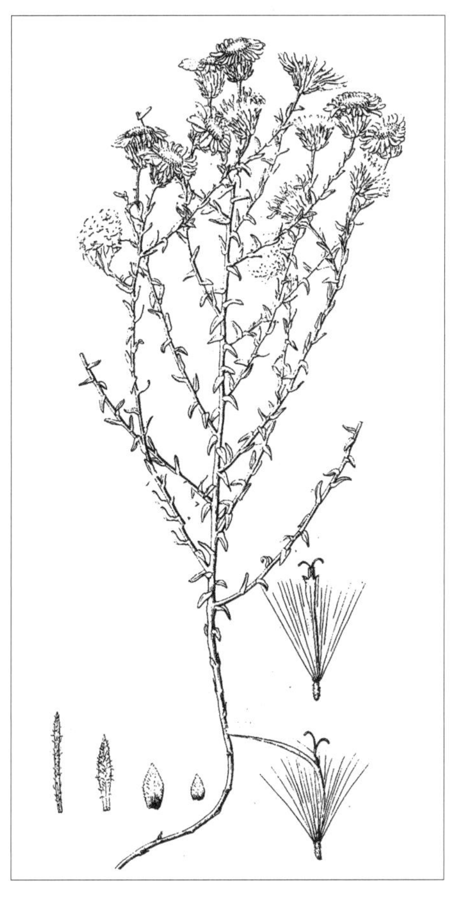

22. 和尚菜属 Adenocaulon Hook.

一年生或多年生草本。叶互生，全缘或有锯齿，有长叶柄。头状花序小，在茎和枝端排列成圆锥状，有多数异性小花，盘状，外围有1层雌花，结实，中央有数列两性花，不结实。总苞钟状或半球形；总苞片1层，少数，等长，草质；花序托扁平或隆起，无托片。花冠全部管状；雌花花冠顶端4～5齿裂，花柱分枝宽扁，顶端圆形；两性花花冠顶端有4～5齿，花柱不裂，花药基部全缘或具2齿，先端具锐尖的小附片。瘦果矩圆状棍棒形，被具柄的腺毛；无冠毛。

内蒙古有1种。

1. 和尚菜（腺梗菜）

Adenocaulon himalaicum Edgew. in Trans. Linn. Soc. London. 20:64. 1846; Fl. Intramongol. ed. 2, 4:538. t.215. f.1-4. 1992.

多年生草本，高30～80cm。根状茎匍匐，由节上生出多数纤维根，暗褐色。茎直立，有分枝，被蛛丝状绵毛，上部有具柄腺毛。基生叶或有时茎下部叶花期凋落；茎下部叶肾形或圆肾形至三角状心形，长4～8cm，宽4～12cm，先端锐尖或钝，基部心形或浅心形，边缘波状浅裂或有不等形的波状大牙齿，齿端有小凸尖，上面绿色，沿脉被尘状柔毛，下面灰白色，密被蛛丝状毛，基出三脉，叶柄长5～13cm，有狭或较宽的翅，翅全缘或有不规则的钝齿；中部叶三角状心形，较大；向上的叶渐小，最上部叶披针形或条状披针形，长约1cm，全缘，无柄。头状花序排列成圆锥状，花序梗短，果期伸长，密被白色绵毛及头状具柄腺毛；总苞半球形，直径2.5～5mm；总苞片5～7，宽卵形，长2～3.5mm，先端钝，果期向外反曲；雌花白色，长约1.5mm，檐部比管部长；两性花淡白色，长约2mm，檐部短于管部。瘦果棍棒状，长6～8mm，上半部被多数头状具柄的腺毛。花果期7～8月。

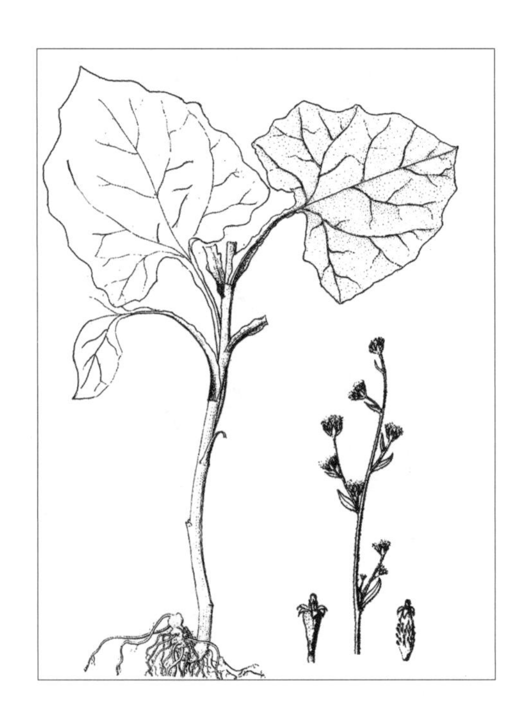

湿中生草本。生于阔叶林带的山谷、河岸、水沟边、林下阴湿地。产燕山北部（宁城县）。分布于我国黑龙江、吉林、辽宁、河北北部、河南西部和北部、山西、安徽、浙江、福建、江西东北部、湖北西部、湖南西北部、甘肃东南部、青海东部、四川中部、西藏南部和东南部、云南西北部、贵州北部，日本、朝鲜、俄罗斯（远东地区）、印度、尼泊尔。为东亚分布种。

（4）向日葵族 Heliantheae Cass.

分属检索表

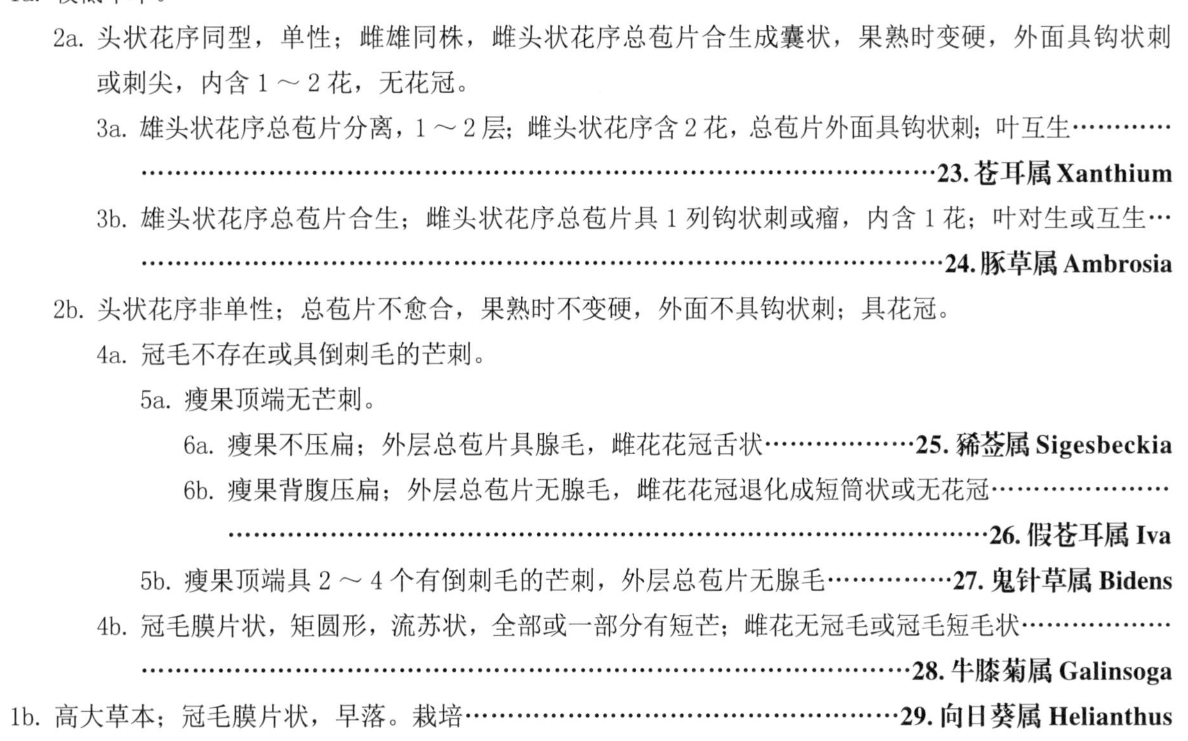

1a. 较低草本。

2a. 头状花序同型，单性；雌雄同株，雌头状花序总苞片合生成囊状，果熟时变硬，外面具钩状刺或刺尖，内含 1 ～ 2 花，无花冠。

3a. 雄头状花序总苞片分离，1 ～ 2 层；雌头状花序含 2 花，总苞片外面具钩状刺；叶互生……………………………………………………………………………………………………**23. 苍耳属 Xanthium**

3b. 雄头状花序总苞片合生；雌头状花序总苞片具 1 列钩状刺或瘤，内含 1 花；叶对生或互生……………………………………………………………………………………………………**24. 豚草属 Ambrosia**

2b. 头状花序非单性；总苞片不愈合，果熟时不变硬，外面不具钩状刺；具花冠。

4a. 冠毛不存在或具倒刺毛的芒刺。

5a. 瘦果顶端无芒刺。

6a. 瘦果不压扁；外层总苞片具腺毛，雌花花冠舌状………………**25. 豨莶属 Sigesbeckia**

6b. 瘦果背腹压扁；外层总苞片无腺毛，雌花花冠退化成短筒状或无花冠……………………………………………………………………………………………**26. 假苍耳属 Iva**

5b. 瘦果顶端具 2 ～ 4 个有倒刺毛的芒刺，外层总苞片无腺毛……………**27. 鬼针草属 Bidens**

4b. 冠毛膜片状，矩圆形，流苏状，全部或一部分有短芒；雌花无冠毛或冠毛短毛状……………………………………………………………………………………………………**28. 牛膝菊属 Galinsoga**

1b. 高大草本；冠毛膜片状，早落。栽培…………………………………………………**29. 向日葵属 Helianthus**

23. 苍耳属 Xanthium L.

一年生草本。茎分枝。叶互生，不分裂或多少分裂，有柄。头状花序单性，雌雄同株。雄头状花序在茎枝上端密集，球形，具多数不结实的两性花；总苞半球形；总苞片 1 ～ 2 层，革质；花序托柱状，托片披针形，包围管状花；花冠管部上端具 5 裂片；花药离生，花丝结合成管状；花柱上部棍棒状。雌头状花序生于叶腋，卵形，各有 2 结实的小花；总苞片 2 层，外层者小，分离；内层者结合成囊状，在果实成熟时变硬，上端具 1 ～ 2 个硬喙，外面具钩状刺；2 室，各具 1 小花；雌花无花冠；柱头分枝条形，伸出总苞的喙外。瘦果 2，长椭圆形，藏于总苞内；无冠毛。

内蒙古有 3 种。

分种检索表

1a. 叶三角状卵形或心形，不分裂或 3 ～ 5 不明显浅裂，叶腋无刺。

2a. 成熟的具瘦果的总苞连同喙部长 12 ～ 15mm，外面总苞刺长 1 ～ 2mm，基部微增粗或不增粗。

3a. 茎较高，不分枝或少分枝；成熟的具瘦果的总苞较大，基部不缩小，总苞外面疏生具钩状的刺……………………………………………………………………**1a. 苍耳 X. strumarium var. strumarium**

3b. 茎较矮小，通常由基部分枝；成熟的具瘦果的总苞较小，基部缩小，上端常具 1 个较长的喙，还有 1 个较短的侧生的喙，总苞外面有极疏的刺或无刺……………………………………………………………………**1b. 近无刺苍耳 X. strumarium var. subinerme**

2b. 成熟的具瘦果的总苞连同喙部长 18 ～ 20mm，外面总苞刺长 2 ～ 5.5mm，基部增粗……………………………………………………………………………………**2. 蒙古苍耳 X. mongolicum**

1b. 叶披针形或椭圆状披针形，全缘或羽状分裂，叶腋具 3 枚黄刺…………………**3. 刺苍耳 X. spinosum**

1. 苍耳

Xanthium strumarium L., Sp. Pl. 2:987. 1753; Fl. China 20-21:876. 2011.——*X. sibiricum* Patrin ex Widder in Repert. Spec. Nov. Regni Veg. Beih. 20:32. 1923; Fl. Intramongol. ed. 2, 4:540. t.216. f.1-8. 1992.

1a. 苍耳

Xanthium strumarium L. var. **strumarium**

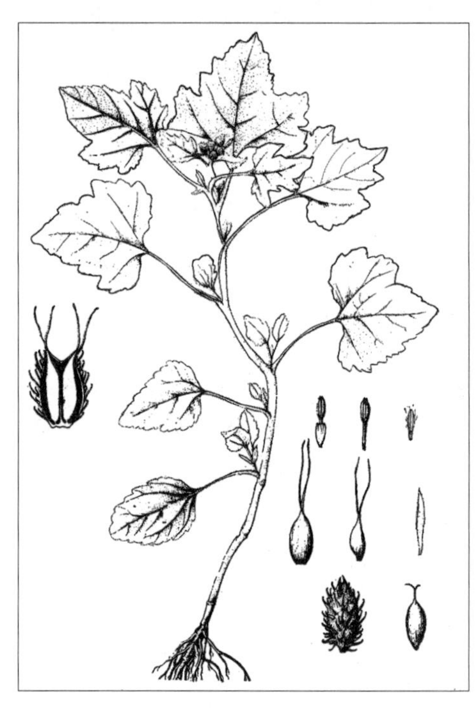

植株高 20 ～ 60cm。茎直立，粗壮，下部圆柱形，上部有纵沟棱，被白色硬伏毛，不分枝或少分枝。叶三角状卵形或心形，长 4 ～ 9cm，宽 3 ～ 9cm，先端锐尖或钝，基部近心形或截形，与叶柄连接处呈楔形，不分裂或有 3 ～ 5 不明显浅裂，边缘有缺刻及不规则的粗锯齿，具三基出脉，上面绿色，下面苍绿色，两面均被硬伏毛及腺点，叶柄长 3 ～ 11cm。雄头状花序直径 4 ～ 6mm，近无梗；总苞片矩圆状披针形，长 1 ～ 1.5mm，被短柔毛；雄花花冠钟状。雌头状花序椭圆形；外层总苞片披针形，长约 3mm，被短柔毛，内层总苞片宽卵形或椭圆形；成熟的具瘦果的总苞变坚硬，绿色、淡黄绿色或带红褐色，连同喙部长 12 ～ 15mm，宽 4 ～ 7mm，外面疏生具钩状的刺，刺长 1 ～ 2mm，基部微增粗或不增粗，被短柔毛，常有腺点，或全部无毛；喙坚硬，锥形，长 1.5 ～ 2.5mm，上端略弯曲，不等长。瘦果长约 1cm，灰黑色。花期 7 ～ 8 月，果期 9 ～ 10 月。

中生田间杂草。生于田野、路边，可形成密集的小片群聚。产内蒙古各地。遍布我国各地，日本、朝鲜、蒙古国东部和东南部及西南部、俄罗斯（西伯利亚地区、远东地区）、印度、伊朗，中亚，欧洲、北美洲、南美洲广布。为世界分布种。

种子可榨油，可掺桐油制油漆，又可做油墨、肥皂、油毡的原料，还可制硬化油及润滑油。带总苞的果实入药（药材名：苍耳子），能散风祛湿、通鼻窍、止痛、止痒，主治风寒头痛、鼻窦炎、风湿痹痛、皮肤湿疹、瘙痒。

本种带总苞的果实常贴附畜体，可降低羊毛的品质。

1b. 近无刺苍耳

Xanthium strumarium L. var. **subinerme** Winkl. in Sched. ex Widder in Repert. Spec. Nov. Regni Veg. Beih. 20:36. 1923.——*X. sibiricum* Patrin ex Widder var. *subinerme* (Winkl.) Widder in Repert. Spec. Nov. Regni Veg. Beih. 20:36. 1923; Fl. Intramongol. ed. 2, 4:542. 1992.

本变种与正种的区别在于：茎较矮小，通常由基部分枝；成熟的具瘦果的总苞较小，基部缩小，上端常具 1 个较长的喙，还有 1 个较短的侧生的喙，总苞外面有极疏的刺或几无刺。

中生杂草。生于空旷的山坡、田野、路边。产鄂尔多斯（毛乌素沙地）。分布于我国吉林、河北、山西、陕西、四川、西藏、云南。为华北—横断山脉分布变种。

2. 蒙古苍耳

Xanthium mongolicum Kitag. in Rep. First Sci. Exped. Manch. Sect. 4, 4:97. 1936; Fl. Intramongol. ed. 2, 4:542. t.216. f.9. 1992.

植株高可达 100cm。根粗壮，具多数纤维状根。茎直立，坚硬，圆柱形，有纵沟棱，被硬伏毛及腺点。叶三角状卵形或心形，长 5 ～ 9cm，宽 4 ～ 8cm，先端钝或尖，基部心形，与叶柄连接处呈楔形，3 ～ 5 浅裂，边缘有缺刻及不规则的粗锯齿，具三基出脉，上面绿色，下面苍绿色，两面密被硬伏毛及腺点，叶柄长 4 ～ 9cm。成熟的具瘦果的总苞变坚硬，椭圆形，绿色或黄褐色，连同喙长 18 ～ 20mm，宽 8 ～ 10mm，外面具较疏的总苞刺，刺长 2 ～ 5.5mm（通常约 5mm），直立，向上渐尖，顶端具细倒钩，基部增粗，中部以下被柔毛，常有腺点，上端无毛。瘦果长约 13mm，灰黑色。花期 7 ～ 8 月，果期 8 ～ 9 月。

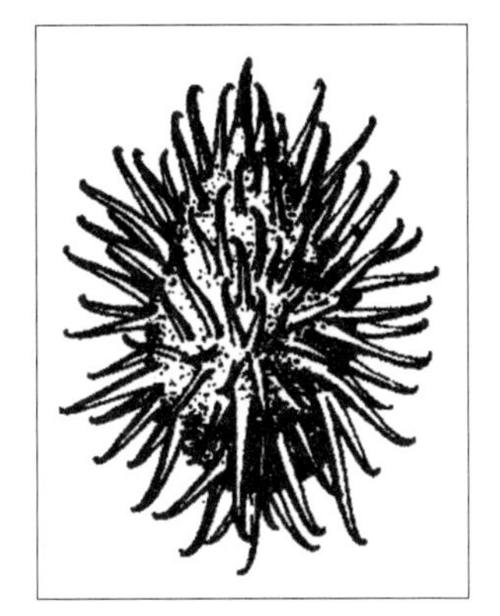

中生杂草。生于草原带的山地及丘陵的砾石质坡地、沙地、田野。产呼伦贝尔（新巴尔虎左旗、新巴尔虎右旗、陈巴尔虎旗、海拉尔区、鄂温克族自治旗）、兴安南部及科尔沁（扎鲁特旗、翁牛特旗）、辽河平原（科尔沁左翼后旗）。分布于我国黑龙江北部、吉林西部、辽宁北部、河北、山东西部、湖北东部、甘肃。为华北—满洲分布种。

用途同苍耳。

3. 刺苍耳

Xanthium spinosum L., Sp. Pl. 2:987. 1753; Fl. Pl. Herb. Chin. Bor.-Orient. 9:132. t.43. f.1-6. 2004; Fl. China 20-21:876. 2011.

一年生草本，高 30 ～ 120cm。茎直立，不分枝或从基部多分枝，被短糙伏毛或微柔毛。叶披针形或椭圆状披针形，长 2.5 ～ 6cm，宽 0.5 ～ 2.5cm，先端渐狭，全缘或部分叶具深齿或羽状的裂片，上面灰绿色，被稀疏的短糙伏毛，沿脉较密，后期常脱落，下面灰白色，通常沿中

脉和侧脉明显被有粗糙伏毛外，还密被白色的绢毛，具短叶柄；叶腋具有 3 深裂的黄色刺，长 1 ～ 2cm。雄头状花序顶生，雌头状花序腋生。瘦果大多数单生或稀少簇生在叶腋，圆筒状，长约 1cm 或稍长，无喙或具有短喙，被微毛，具有细的钩状的刺。

中生杂草。生于田野、路边，为外来入侵种。原产南美洲，为南美种。现内蒙古、我国其他省区及世界其他地区均有逸生。

24. 豚草属 Ambrosia L.

一年或多年生草本。植株全部有腺。茎直立。叶互生或对生，全缘或浅裂，或一至三回羽状细裂。头状花序小，单性，雌雄同株。雄头状花序无花序梗或有短花序梗，在枝端密集成无叶的穗状或总状花序；雌头状花序无花序梗，在上部叶腋单生或密集成团伞状。雄头状花序有多数不育的两性花；总苞宽半球状或碟状，总苞片 5 ～ 12，基部结合；花序托稍平，托片丝状或几无托片；不育花花冠整齐，有短管部，上部钟状，上端 5 裂；花药近分离，基部钝，近全缘，上端有披针形且尖端内曲的附片；花柱不裂，顶端膨大呈画笔状。雌头状花序有 1 个无被能育的雌花；总苞有结合的总苞片，闭合，倒卵形或近球形，背面在顶部以下有一层 4 ～ 8 个瘤或刺，顶端紧缩成围裹花柱的嘴部；花冠不存在；花柱 2 深裂，上端从总苞的嘴部外露。瘦果倒卵形，无毛，藏于坚硬的总苞中。

内蒙古有 1 种。

1. 三裂叶豚草

Ambrosia trifida L., Sp. Pl. 2:987. 1753; Fl. China 20-21:877. 2011.

一年生粗壮草本，高 50 ～ 120cm，有时可达 170cm。有分枝，被短糙毛，有时近无毛。叶对生，有时互生，下部叶 3 ～ 5 裂，上部叶 3 裂或有时不裂，裂片卵状披针形或披针形，顶端急尖或渐尖，边缘有锐锯齿，有三基出脉，粗糙，上面深绿色，背面灰绿色，两面被短糙伏毛；叶柄长 2 ～ 3.5cm，被短糙毛，基部膨大，边缘有窄翅，被长缘毛。雄头状花序多数，圆形，直径约 5mm，有长 2 ～ 3mm 的细花序梗，下垂，在枝端密集成总状花序；总苞浅碟形，绿色；总苞片结合，外面有 3 肋，边缘有圆齿，被疏短糙毛；花托无托片，具白色长柔毛；每个头状花序有 20 ～ 25 朵不育的小花，小花黄色，长 1 ～ 2mm；花冠钟形，上端 5 裂，外面有 5 紫色条纹；花药离生，卵圆形；花柱不分裂，顶端膨大成画笔状。雌头状花序在雄头状花序下面上部的叶状苞叶的腋部聚作团伞状，具 1 个无被能育的雌花；总苞倒卵形，长 6 ～ 8mm，宽 4 ～ 5mm，顶端具圆锥状短嘴，嘴部以下有 5 ～ 7 肋，每肋顶端有瘤或尖刺，无毛；花柱 2 深裂，丝状，上伸出总苞的嘴部之外。瘦果倒卵形，无毛，藏于坚硬的总苞中。花期 8 月，果期 9 ～ 10 月。

中生杂草。生于田野、路旁、河边湿地，外来种，恶性杂草。原产北美洲，为北美分布种。内蒙古赤峰市红山区及黑龙江、吉林、辽宁、河北、山东、江西、浙江、湖南、四川等地有逸生。

25. 豨莶属 **Sigesbeckia** L.

一年生草本。茎直立，具二歧状分枝，多少被腺毛。叶对生，边缘有锯齿。头状花序小，排列成疏散的圆锥状，有异型小花，外围有 1 ～ 2 层雌花，中央有多数两性花，全部结实或有时两性花不结实；总苞钟状或半球形。总苞片 2 层，背面被腺毛；外层者通常 5 片，草质，开展；内层者膜质，半包瘦果。花序托小，有膜质半包瘦果的托片。雌花花冠舌状，舌片先端 3 齿裂，两性花花冠管状，顶端 5 裂；花柱分枝短，稍扁，先端尖；花药基部箭形，结合。无冠毛。瘦果倒卵形或矩圆形，具 4 棱，黑褐色，弯曲，无毛。

内蒙古有 1 种。

1. 腺梗豨莶（毛豨莶、豨莶）

Sigesbeckia pubescens（Makino）Makino in J. Jap. Bot. 1(7):24. 1917; Fl. Intramongol. ed. 2, 4:543. t.217. f.1-5. 1992.——*S. orientalis* L. f. *pubescens* Makino in Bot. Mag. Tokyo 18:100. 1904.

一年生草本，高 60 ～ 80cm。茎粗壮，具纵沟棱，被白色长柔毛。基部叶卵状披针形，花期枯萎；中部叶宽卵形、卵形或菱状卵形，长 3.5 ～ 12cm，宽 4 ～ 10cm，先端渐尖，基部宽楔形，边缘有不规则的粗齿，上面深绿色，被细硬毛，下面淡绿色，密被短柔毛，沿脉有长柔毛，基出三脉，有具狭翅的叶柄；上部叶渐小，披针形或卵状披针形。头状花序直径 15 ～ 18mm，花序梗长 3 ～ 5mm，密被紫褐色头状具柄腺毛与长柔毛；总苞宽钟状。总苞片密被紫褐色头状具柄腺毛；外层者条状匙形，长 7 ～ 12mm；内层者卵状矩圆形，长约 3.5mm。舌状花花冠长约 3.5mm，先端 3 齿裂；管状花长 2 ～ 2.5mm。瘦果倒卵形，长 2.5 ～ 3.5mm。花果期 8 ～ 9 月。

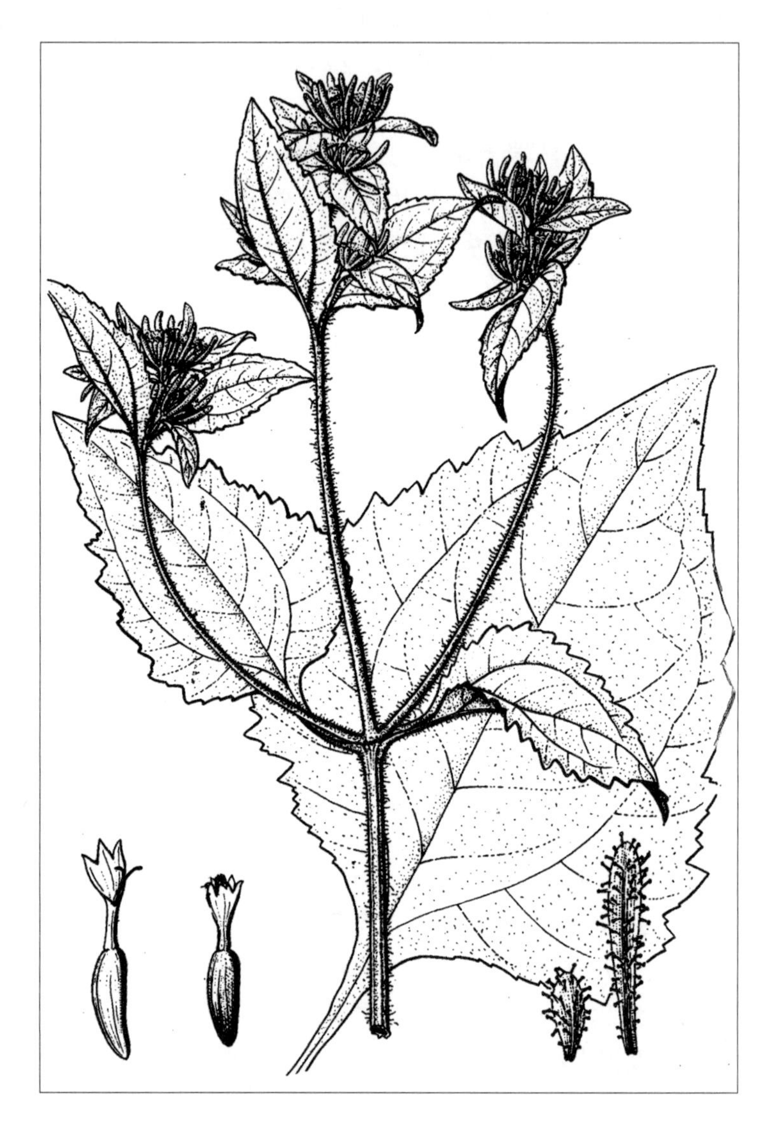

中生草本。生于阔叶林带的林间、灌丛、田间、路旁。产辽河平原（大青沟）、燕山北部（喀喇沁旗、敖汉旗）。分布于我国吉林、辽宁、河北、河南西部、山东、山西、陕西南部、甘肃东南部、青海东部、四川西部、西藏东南部、云南、安徽北部、江苏、浙江、福建、台湾、江西、湖北、湖南、广东、广西北部、海南、贵州，日本、朝鲜、印度。为东亚分布种。

全草入药（药材名：豨莶草），能祛风湿、利筋骨、降血压，主治四肢麻痹、筋骨疼痛、腰膝无力、高血压病、半身不遂、疔疮肿毒。

26. 假苍耳属 Iva L.

一年生、多年生草本或半灌木。叶对生，有时上部叶互生。头状花序小，多数，排列成总状或圆锥状；总苞片 1 ～ 3 层，覆瓦状排列，有时内层较短。花异型；边花少数，雌性，花冠退化成短筒状或无花冠；中央花多数，雄性，花药基部钝，花柱不分枝。花序托小，托片膜质，线形或线状匙形。瘦果腹背压扁，倒卵形，无毛或有腺；无冠毛。

内蒙古有 1 种。

1. 假苍耳

Iva xanthiifolia Nutt. in Gen. North. Amer. Pl. 2:185. 1818; Fl. Liaoning. 2:495. t.214. f.8-9. 1992.

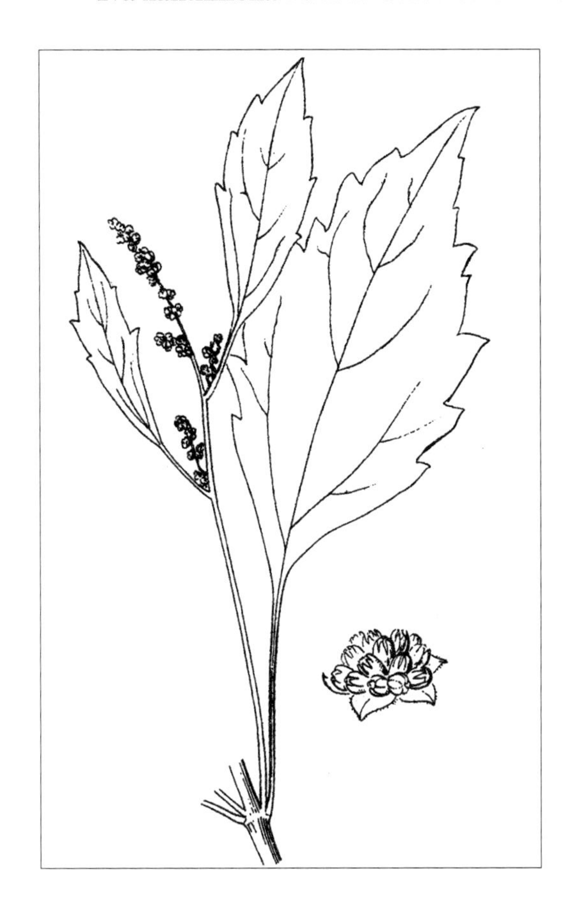

一年生草本，高达 200cm。茎直立，有分枝，下部无毛或有毛。叶对生，茎上部叶互生；叶片广卵形、卵形、长圆形或近圆形，长 5 ～ 20cm，宽 2.5 ～ 15cm，基部楔形，先端渐尖或长尾状尖，边缘具缺刻状牙齿，表面被糙毛，背面密被柔毛，沿脉尤多，基出三脉；有长柄，疏被柔毛。头状花序多数，近无梗，排列成穗状或圆锥状，花序轴被黏毛；总苞陀螺状，外被长黏毛或近无毛，长 1.5 ～ 3mm。总苞片 2 层：外层 5，广卵形，长约 2.5mm，宽约 2mm，先端突尖；内层 5，膜质，较外层小，每片包 1 朵雌花，随子房长大，最后包于瘦果。雌花花冠退化成短筒，长约 0.2mm，花柱分枝长，结实；雄花多数，花药基部钝，花柱退化，先端 2 浅裂，不结实。瘦果黑褐色，倒卵形，长约 2.5mm，宽约 1.5mm，基部狭楔形，先端截形，腹面平，背面凸起；无冠毛。花果期 7 ～ 9 月。

中生杂草。生于田野、路旁，外来种，恶性杂草。原产北美洲，为北美分布种。现我国内蒙古赤峰市红山区、辽宁，欧洲有逸生。

27. 鬼针草属 Bidens L.

一年生或多年生草本。叶对生，有时茎上部叶互生。头状花序单生茎顶或枝端，或多数排列成伞房状圆锥花序，有异型或同型小花，外围有 1 层无性花，稀雌花，部分不结实，中央有多数两性花，或头状花序全部为两性花，结实；总苞钟状或近半球形；总苞片通常 1 ～ 2 层，外层者草质，内层者通常膜质，具透明或黄色的边缘；花序托平或凸，托片狭，干膜质。无性花或雌花花冠舌状，舌片黄色或白色，全缘或有齿；两性花花冠管状，冠檐壶状，4 ～ 5 裂。花药基部钝或近箭形，花柱分枝顶端三角形。瘦果扁平或具 4 棱，顶端有芒刺 2 ～ 4，有倒刺毛。

内蒙古有 8 种。

分种检索表

1a. 瘦果倒卵形、楔形或倒卵状楔形，顶端截形（**1. 宽果组** Sect. **Bidens**）。

2a. 瘦果具 4 棱，顶端有芒刺 4；盘花花冠 5 齿裂；叶不分裂，无柄；头状花序宽大于高，外层总苞片 5 ～ 8，具舌状花……………………………………………………………**1. 柳叶鬼针草 B. cernua**

2b. 瘦果扁平，顶端有芒刺 2；盘花花冠 3 ～ 4 裂；叶明显具柄；无舌状花。

3a. 叶不分裂。

4a. 头状花序宽与高近相等，外层总苞片 5 ～ 8；瘦果长 5 ～ 8mm………**2. 矮狼杷草 B. repens**

4b. 头状花序宽大于高，瘦果长 2 ～ 4mm。

5a. 外层总苞片 9 ～ 14，与头状花序高近等长或长不超过 2 倍；叶披针形，边缘具锯齿……………………………………………………………………**3. 兴安鬼针草 B. radiata**

5b. 外层总苞片 5 ～ 8，长为头状花序高的 2 ～ 4 倍；叶条状矩圆形，近全缘或具疏齿……………………………………………………………………**4. 锡林鬼针草 B. xilinensis**

3b. 至少茎中部叶羽状分裂。

6a. 头状花序宽与高近相等，外层总苞片 5 ～ 9；瘦果长 6 ～ 11mm……**5. 狼杷草 B. tripartita**

6b. 头状花序宽大于高，外层总苞片 8 ～ 10；瘦果长约 4mm……………………………………………………………………**6. 羽叶鬼针草 B. maximowicziana**

1b. 瘦果条形，先端渐狭（**2. 裸果组** Sect. **Psilocarpaea** DC.）。

7a. 瘦果顶端有芒刺 2；盘花花冠 4 裂，无舌状花；羽状分裂叶的小裂片狭条形……………………………………………………………………**7. 小花鬼针草 B. parviflora**

7b. 瘦果顶端有芒刺 3 ～ 4；盘花花冠 5 裂，舌状花 1 ～ 3；羽状分裂叶的小裂片三角形或菱状披针形……………………………………………………………………**8. 鬼针草 B. bipinnata**

1. 柳叶鬼针草

Bidens cernua L., Sp. Pl. 2:832. 1753; Fl. Intramongol. ed. 2, 4:548. t.218. f.3-5. 1992.

一年生草本，高 20 ～ 60cm。茎直立，近圆柱形，麦秆色或带红色，无毛或嫩枝上有疏毛，中上部分枝。叶对生，稀轮生，不分裂，披针形或条状披针形，长 5 ～ 18cm，宽 5 ～ 35mm，先端长渐尖，基部渐狭，半抱茎，边缘有疏锐锯齿，两面无毛，稍粗糙，无柄。头状花序单生于茎顶或枝端，直径 1 ～ 2.5cm，长 6 ～ 12mm，开花时下垂，花序梗较长；总苞盘状。总苞片 2 层：外层者 5 ～ 8 片，条状披针形，长 1.5 ～ 2cm，叶状，被疏短毛；内层者膜质，椭圆形或倒卵形，长 6 ～ 8mm，先端锐尖或钝，背部有黑褐色纵条纹，具黄色薄膜质边缘，无毛。托片条状披针形，约与瘦果等长，膜质，先端带黄色，背部有数条褐色纵条纹；舌状花无性，舌片黄色，卵状椭圆形，长 8 ～ 12mm，宽 3 ～ 5mm，顶端锐尖或有 2 ～ 3

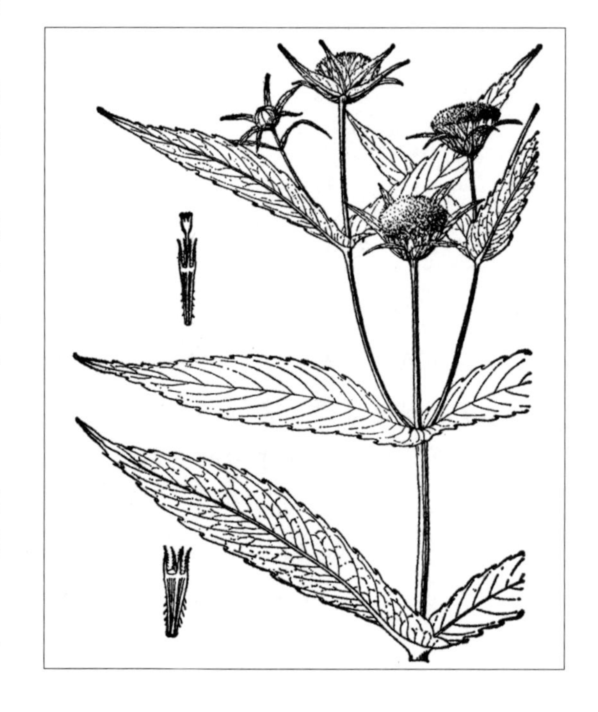

小齿；管状花长约 3mm，顶端 5 齿裂。瘦果狭楔形，长 5 ～ 6.5mm，具 4 棱，棱上有倒刺毛，顶端有芒刺 4，长 2 ～ 3mm，有倒刺毛。花果期 8 ～ 9 月。

湿生草本。生于阔叶林带和草原带的山地草甸、沼泽边、浅水中。产辽河平原（大青沟）、兴安南部（克什克腾旗）、锡林郭勒（锡林浩特市、苏尼特左旗）、乌兰察布（达尔罕茂明安联合旗南部）、阴山（大青山的九峰山）、阴南丘陵（准格尔旗）、鄂尔多斯（达拉特旗、伊金霍洛旗）。分布于我国黑龙江、吉林、辽宁北部、河北北部、山西、陕西北部、四川西北部、西藏南部和东南部、云南西北部、新疆，亚洲、欧洲、北美洲广布。为泛北极分布种。

2. 矮狼杷草

Bidens repens D. Don in Prodr. Fl. Nepal. 180. 1825.——*B. tripartita* L. var. *repens* (D. Don) Sherff in Bot. Gaz. 81:45. 1926; Fl. Intramongol. ed. 2, 4:549. 1992.

一年生草本，高 20 ～ 50cm。茎直立或斜升，圆柱状或具钝棱而稍呈四方形，无毛或疏被短硬毛，绿色或带紫色，上部有分枝或自基部分枝。叶对生；下部叶较小，不分裂，常于花期枯萎；中部叶长椭圆状披针形，长 4 ～ 13cm，不分裂，两面无毛或下面有极稀的短硬毛，有具窄翅的叶柄；上部叶较小，不分裂，披针形。头状花序直径 1 ～ 3cm，单生，花序梗较长；总苞盘状。外层总苞片 5 ～ 8，狭披针形或匙状倒披针形，长 1 ～ 3cm，先端钝，全缘或有粗锯齿，有缘毛，叶状；内层者长椭圆形或卵状披针形，长 6 ～ 9mm，膜质，背部有褐色或黑灰色纵条纹，具透明而淡黄色的边缘。托片条状披针形，长 6 ～ 9mm，约与瘦果等长，背部有褐色条纹，边缘透明；无舌状花；管状花长 4 ～ 5mm，顶端 4 裂。瘦果扁，倒卵状楔形，长 5 ～ 8mm，宽 2 ～ 3mm，边缘有倒刺毛，顶端有芒刺 2，稀 3 ～ 4，长 2 ～ 4mm，两侧有倒刺毛。花果期 9 ～ 10 月。

湿生草本。生于草原带的河滩草甸。产锡林郭勒（锡林浩特市白音锡勒牧场）。分布于我国河北、陕西、四川、云南、新疆，日本、朝鲜、菲律宾、印度尼西亚、印度、尼泊尔。为东亚分布种。

3. 兴安鬼针草

Bidens radiata Thuill. in Fl. Env. Paris ed. 2, 432. 1799; Fl. Pl. Herb. Chin. Bor.-Orient. 9:109. t.36. f.1-6. 2004.

一年生草本，高 15 ～ 90(～ 200)cm。茎直立，具条棱，有时呈紫色，无毛，中部以上分枝。叶对生，有时茎上部叶互生；下部叶有时 3 全裂，裂片下延成柄，花期枯萎；中部叶有柄，

柄长 1 ～ 3cm，叶片披针形或长圆状披针形，长 4 ～ 10cm，宽 0.5 ～ 2cm，基部下延至柄成狭翼，有时基部有 1 对小裂片，先端长渐尖，边缘具锐齿或钩状锯齿；上部叶渐无柄，叶片狭披针形，全缘或边缘疏具锐锯齿。头状花序直径 1 ～ 3cm，花序梗长，花期直立；总苞半球形。总苞片 2 层：外层叶状，线状披针形，长 8 ～ 20cm，边缘具短睫毛；内层披针形，紫褐色或黄褐色，边缘膜质，黄色。边花无或 1 ～ 5，不明显，中央花多数，两性；花冠管状钟形，黄色，先端 3(～ 4) 浅裂；花药基部钝，耳状，先端附属物三角形；花柱分枝先端披针形，被乳头状毛；花序托托片狭长圆形。瘦果倒卵形或楔形，长 2 ～ 4mm，扁平，被不明显小疣，具 1 条中肋，先端截形，芒刺 2(～ 3)。花果期 6 ～ 9 月。

湿生草本。生于森林草原带和草原带的沼泽地、林缘、林下、河岸湿地。产岭西及呼伦贝尔（额尔古纳市、海拉

尔区、新巴尔虎右旗）。分布于我国黑龙江（塔河县）、吉林、新疆（阿勒泰地区），日本、朝鲜、蒙古国、俄罗斯，欧洲。为古北极分布种。

4. 锡林鬼针草

Bidens xilinensis Y. Z. Zhao et L. Q. Zhao in Class. Fl. Ecol. Geogr. Distr. Vasc. Pl. Inn. Mongol. 525. t.7. 2012.

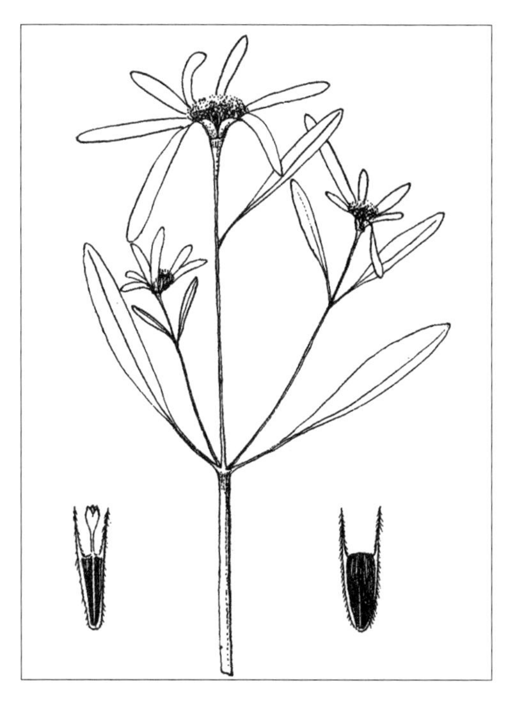

一年生草本。茎直立，高 10 ～ 15cm，近无毛或上部被稀疏短柔毛。叶对生，条状矩圆形，长 20 ～ 30mm，宽 6 ～ 13mm，先端钝，基部渐狭，全缘或具疏齿，两面无毛，叶柄长 1 ～ 2cm。头状花序生于茎顶或枝端，直径约 6mm。外层总苞片 5 ～ 8，矩圆状条形，长 15 ～ 25mm，先端钝，全缘；内层总苞片披针形，长约 5mm，膜质，绿褐色，具黄色边缘。无舌状花，盘花多数；花冠筒状，4 齿裂。瘦果楔形，长 3.5 ～ 4mm，扁平，具明显中肋，边缘具倒刺毛，顶端具 2 枚长 2 ～ 2.5mm 的芒刺，芒刺具倒生刺毛。花果期 8 ～ 9 月。

湿生草本。生于草原带的河边草甸。产锡林郭勒（锡林浩特市白音锡勒牧场）。为锡林郭勒分布种。

本种与兴安鬼针草 *Bidens radiata* Thuill. 相近，但外层总苞片 5 ～ 8，比头状花序高 2 ～ 4 倍；叶条状矩圆形，全缘或具疏齿。易于区别。

5. 狼杷草（鬼针、小鬼叉）

Bidens tripartita L., Sp. Pl. 2:831. 1753; Fl. Intramongol. ed. 2, 4:549. t.218. f.6-8. 1992.

一年生草本，高 20 ～ 150cm。茎直立或斜升，圆柱状或具钝棱而稍呈四方形，无毛或疏被短硬毛，绿色或带紫色，上部有分枝或自基部分枝。叶对生；下部叶较小，不分裂，常于花期枯萎。中部叶长 4 ～ 13cm，通常 3 ～ 5 深裂；侧裂片披针形至狭披针形，长 3 ～ 7cm，宽 8 ～ 12mm，顶生裂片较大，椭圆形或长椭圆状披针形，长 5 ～ 11cm，宽 1.1 ～ 3cm，两端渐尖，两者裂片均具不整齐疏锯齿，两面无毛或下面有极稀的短硬毛，有具窄翅的叶柄；中部叶极少有不分裂者，为长椭圆状披针形，或近基部浅裂成 1 对小裂片。上部叶较小，3 深裂或不分裂，披针形。头状花序直径 1 ～ 3cm，单生，花序梗较长；总苞盘状。外层总苞片 5 ～ 9，狭披针形或匙状倒披针形，长 1 ～ 3cm，先端钝，

全缘或有粗锯齿，有缘毛，叶状；内层者长椭圆形或卵状披针形，长 6 ～ 9mm，膜质，背部有褐色或黑灰色纵条纹，具透明而淡黄色的边缘。托片条状披针形，长 6 ～ 9mm，约与瘦果等长，背部有褐色条纹，边缘透明；无舌状花；管状花长 4 ～ 5mm，顶端 4 裂。瘦果扁，倒卵状楔形，长 6 ～ 11mm，宽 2 ～ 3mm，边缘有倒刺毛，顶端有芒刺 2，稀 3 ～ 4，长 2 ～ 4mm，两侧有倒刺毛。花果期 9 ～ 10 月。

湿中生杂草。生于路边、低湿滩地。产内蒙古各地。分布于我国各地，广布于亚洲、欧洲，北非。为古北极分布种。

全草入药，能清热解毒、养阴益肺、收敛止血，主治感冒、扁桃体炎、咽喉炎、肺结核、气管炎、肠炎痢疾、丹毒、癣疮、闭经等。

6. 羽叶鬼针草

Bidens maximowicziana Oett. in Trudy Bot. Sada Imp. Yur'evsk. Univ. 6:219. 1906; Fl. Intramongol. ed. 2, 4:549. t.218. f.1-2. 1992.

一年生草本，高 30 ～ 80cm。茎直立，略具 4 棱或近圆柱形，无毛或上部被疏短柔毛。中

部叶片长 5 ～ 13cm，羽状全裂；侧生裂片（1 ～）2 ～ 3 对，疏离，条形或条状披针形，先端渐尖，边缘有内弯的粗锯齿，顶裂片较大，披针形，两面无毛或被疏糙硬毛；叶柄长 1.5 ～ 3cm，具极窄的翅，基部边缘有疏粗缘毛。头状花序直径 1 ～ 2cm，单生茎顶和枝端；总苞盘状。外层总苞片 8 ～ 10，条状披针形，叶状，长 1.5 ～ 3cm，先端渐尖，边缘具疏齿及缘毛；内层者披针形或卵形，长约 7mm，膜质，先端短渐尖，背部有褐色纵条纹，边缘黄色。托片条形，长约 6mm，背部有褐色条纹，边缘透明；无舌状花；管状花长约 3mm，顶端 4 裂。瘦果扁，倒卵形至楔形，长约 4mm，宽 1.5 ～ 2mm，边缘浅波状，具瘤状小突起，具倒刺毛，顶端有芒刺 2，长 2.5 ～ 3mm，有倒刺毛。花果期 7 ～ 8 月。

中生杂草。生于森林带和草原带的河滩湿地、路边。产兴安北部（大兴安岭）、呼伦贝尔（海拉尔区、陈巴尔虎旗、新

巴尔虎左旗）、兴安南部（科尔沁右翼前旗、科尔沁右翼中旗、巴林右旗）、锡林郭勒（东乌珠穆沁旗、苏尼特左旗）。分布于我国黑龙江、吉林东部、辽宁东北部，日本、朝鲜、俄罗斯（西伯利亚地区、远东地区）。为西伯利亚—东亚北部分布种。

7. 小花鬼针草（一包针）

Bidens parviflora Willd. in Enum. Pl. 2:840. 1809; Fl. Intramongol. ed. 2, 4:553. t.219. f.1-4. 1992.

一年生草本，高 20 ～ 70cm。茎直立，通常暗紫色或红紫色，下部圆柱形，中上部钝四方形，具纵条纹，无毛或被稀疏皱曲长柔毛。叶对生，二至三回羽状全裂；小裂片具 1 ～ 2 个粗齿或再作第三回羽裂，最终裂片条形或条状披针形，宽 2 ～ 4mm，先端锐尖，全缘或有粗齿，边缘反卷，上面被短柔毛，下面沿叶脉疏被粗毛。上部叶互生，一至二回羽状分裂；具细柄，柄长 2 ～ 3cm。头状花序单生茎顶和枝端，具长梗，开花时直径 1.5 ～ 2.5mm，长 7 ～ 10mm；总苞筒状，基部被短柔毛。外层总苞片 4 ～ 5，草质，条状披针形，长约 5mm，果期可伸长 8 ～ 15mm，先端渐尖；内层者常仅 1 枚，托片状。托片长椭圆状披针形，膜质，有狭而透明的边缘，果期长 10 ～ 12mm；无舌状花；管状花 6 ～ 12，花冠长约 4mm，4 裂。瘦果条形，稍具 4 棱，长 13 ～ 15mm，宽约 1mm，两端渐狭，黑灰色，有短刚毛，顶端有芒刺 2，长 3 ～ 3.5mm，有倒刺毛。花果期 7 ～ 9 月。

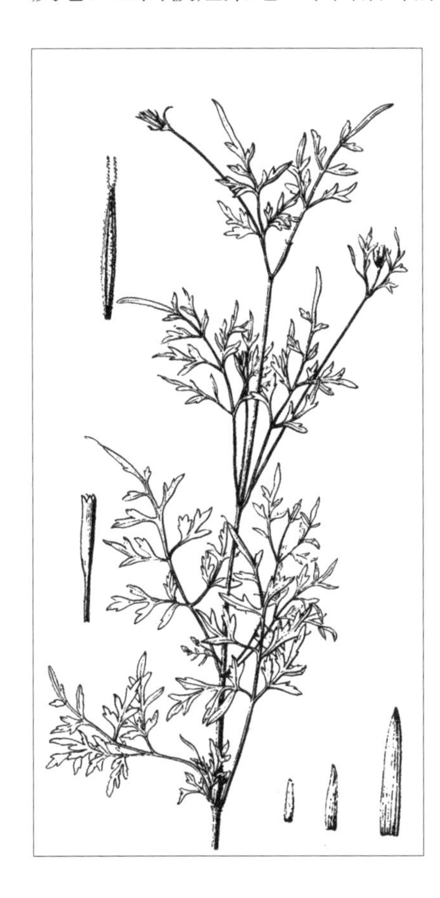

中生杂草。生于田野、路边、沟渠边。产内蒙古各地。分布于我国黑龙江、吉林、辽宁、河北西北部、山东、山西、江苏北部、安徽北部、河南西部、陕西南部、甘肃东南部、宁夏、青海东部、四川西南部，日本、朝鲜、蒙古国东北部和南部、俄罗斯（西伯利亚地区）。为东古北极分布种。

全草入药，功能、主治同鬼针草。

8. 鬼针草（婆婆针、刺针草）

Bidens bipinnata L., Sp. Pl. 2:832. 1753; Fl. Intramongol. ed. 2, 4:551. t.219. f.5-10. 1992.

一年生草本，高 20 ～ 50cm。茎直立，下部略具 4 棱，无毛或疏被短柔毛。叶对生，二回羽状深裂；小裂片三角形或菱状披针形，具 1 ～ 2 对缺刻或深裂片，顶生裂片较狭，先端渐尖或锐尖，边缘具稀疏不规则的锯齿或钝齿，两面均疏被短粗毛，具长叶柄。头状花序直径 5 ～ 9mm，花序梗长 1 ～ 5cm，果期延长达 10cm；总苞杯状，基部有粗长柔毛。外层总苞片 5 ～ 7，条形，长 3 ～ 5mm，草质，先端钝或尖，有微硬毛；内层者膜质，椭圆形，长

3.5～4mm，花后伸长为狭披针形，果期长6～8mm，背部有褐色纵条纹，边缘黄色，疏被短毛。托片狭披针形，长4～12mm，先端钝；舌状花通常1～3，舌片椭圆形或倒卵状披针形，长4～5mm，宽2.5～3.2mm，先端全缘或具2～3浅齿，具数条深褐色脉纹；管状花长约4.5mm，顶端5齿裂。瘦果条形，略扁，具3～4棱，长12～18mm，宽约1mm，具瘤状突起及小刚毛，顶端有芒刺3～4，刺长2～5mm，有倒刺毛。花果期8～10月。

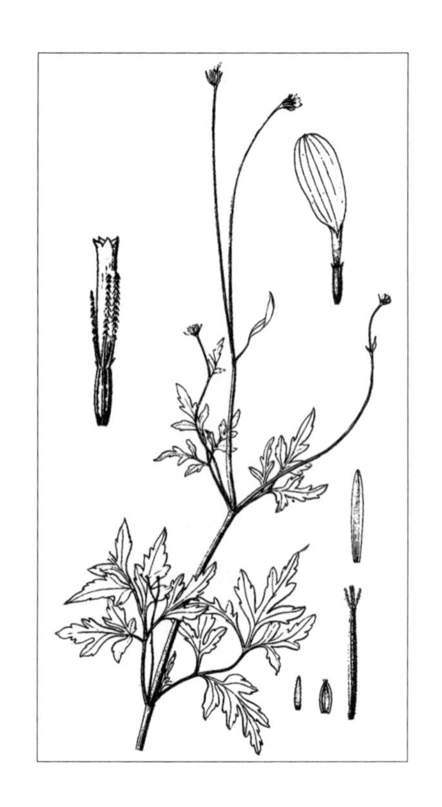

中生杂草。生于草原带的田野、路边。产辽河平原（大青沟）、赤峰丘陵（红山区）、阴南平原（呼和浩特市）。分布于我国吉林东北部、辽宁、河北西北部、河南西部、山东、山西、安徽北部、江苏、浙江、福建、台湾、江西、湖南南部、广东、广西、陕西南部、甘肃东南部、青海东部、四川西南部、云南，广布于亚洲、欧洲、北美洲、南美洲。为泛北极分布种。

全草入药，能祛风湿、清热解毒、止泻，主治风湿性关节炎、扭伤、肠炎腹泻、咽喉肿痛、虫蛇咬伤。

28. 牛膝菊属 **Galinsoga** Ruiz et Pav.

一年生草本。叶对生。头状花序小，多数在茎枝顶端排列成疏伞房状，有长梗，具异型小花，辐射状，外围有1层雌花，4～5个，中央有多数两性花，全部结实；总苞宽钟状或半球形；总苞片1～2层，约5枚，膜质，或外层较短而薄，草质；花序托圆锥状或伸长，有托片。雌花花冠舌状，白色，全缘或2～3齿裂；两性花花冠管状，黄色，檐部稍扩大或狭钟状，顶端具5齿。花药基部箭形，有小耳；两性花花柱分枝尖。瘦果倒卵圆状三角形，有棱，通常背腹压扁；冠毛膜片状，矩圆形，流苏状，雌花无冠毛或冠毛短毛状。

内蒙古有1种。

1. 牛膝菊（辣子草）

Galinsoga quadriradiata Ruiz ex Pavon in Syst. Veg. Fl. Peruv. Chil. 1:198. 1798.——*G. parviflora* auct. non Cav.:Fl. Intramongol. ed. 2, 4:553. t.220. f.1-4. 1992.

一年生草本，高达30cm。茎纤细，不分枝或自基部分枝，枝斜升，具纵条棱，疏被柔毛和腺毛。叶卵形至披针形，长1～3cm，宽0.5～1.5cm，先端渐尖或钝，基部圆形、宽楔形或楔形，边缘有波状浅锯齿或近全缘，掌状三出脉或不明显五出脉，两面疏被伏贴的柔毛，沿叶脉及叶柄上的毛较密，叶柄长3～10mm。花序梗密被开展的长柔毛和具柄的腺毛；头状花序

直径 3 ～ 4mm；总苞半球形。总苞片 1 ～ 2 层，约 5 枚，果熟时脱落，通常被具柄的腺毛：外层者卵形，长约 1mm，顶端稍尖；内层者宽卵形，长约 3mm，顶端钝圆，绿色，近膜质。舌状花花冠白色，顶端 3 齿裂，管部外面密被短柔毛，冠毛毛状；管状花花冠长约 1mm，下部密被短柔毛，冠毛膜片状，白色，披针形。托片倒披针形，先端 3 裂或不裂。瘦果长 1 ～ 1.5mm，具 3 棱，或中央的瘦果具 4 ～ 5 棱，黑褐色，被微毛。花果期 7 ～ 9 月。

中生杂草。外来入侵种。原产南美洲，为南美种。岭东（扎兰屯市）、赤峰丘陵（红山区、松山区）、阴南平原（呼和浩特市）等地有逸生。我国其他省区及世界各地均有之。

全草入药，能止血、消炎，可治外伤出血、扁桃体炎、急性黄疸型肝炎。

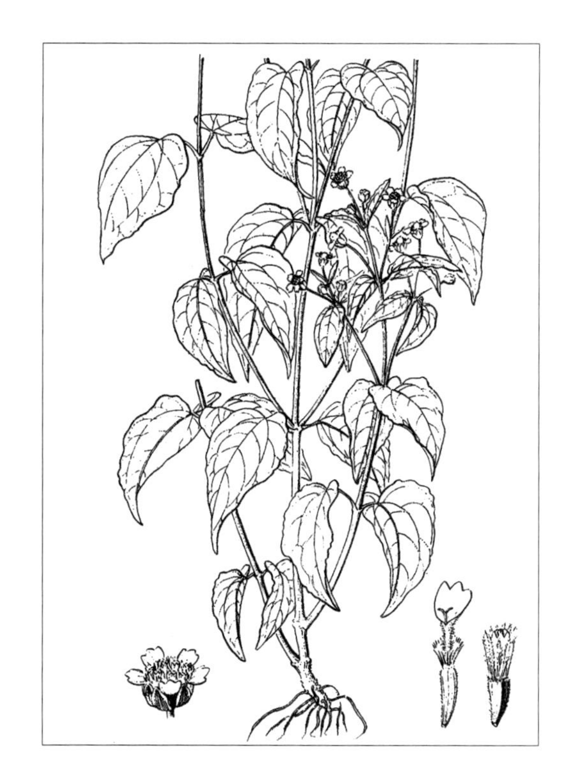

29. 向日葵属 Helianthus L.

草本。叶互生或下部叶对生，有柄。头状花序大或较大，单生或排列成伞房状，有异型小花，外围有 1 层无性的舌状花，中央有多数结实的两性花；总苞盘形或半球形；总苞片 2 至多层，草质或膜质；花序托平或稍凸起，托片折叠，包围两性花；舌状花的舌片黄色，开展；管状花的管部短，上部钟状，上端黄色、紫色或褐色，有 5 裂片。瘦果矩圆形或倒卵形，稍扁或具 4 厚棱；冠毛膜片状，具 2 芒，有时附有 2 ～ 4 枚较短的芒刺，脱落。

内蒙古有 2 栽培种。

分种检索表

1a. 一年生草本；无块状地下茎；头状花序较大，直径 10 ～ 30cm；管状花棕色或紫色……………………………………………………………………………………………………**1. 向日葵 H. annuus**

1b. 多年生草本；有块状地下茎；头状花序较小，直径 2 ～ 9cm；管状花黄色………**2. 菊芋 H. tuberosus**

1. 向日葵（葵花、朝阳花、望日莲）

Helianthus annuus L., Sp. Pl. 2:904. 1753; Fl. Intramongol. ed. 2, 4:545. 1992.

一年生高大草本，高 100 ～ 300cm。茎直立，粗壮，被长硬毛，髓部发达，不分枝或有时上部分枝。叶互生，心状宽卵形或宽卵形，长 10 ～ 30cm，或更长，先端锐尖或渐尖，基部心形或截形，边缘有粗锯齿，两面被短硬毛，有三基出脉，具长柄。头状花序直径 10 ～ 30cm，常下倾；总苞片多层，叶质，卵形或卵状披针形，先端尾状渐尖，被长硬毛；花序托托片半膜质；舌状花的舌片矩圆状卵形或矩圆形；管状花棕色或紫色，裂片披针形，结实。瘦果长 10 ～ 15mm，有细肋，灰色或黑色，常被白色短柔毛；冠毛膜片状，早落。花期 7 ～ 9 月，果期 8 ～ 10 月。

中生草本。原产北美，为北美种。内蒙古及我国其他地区和世界其他地区多有栽培。

瘦果可食用，味香可口；种子含油量高，可榨油，为重要的油料作物；花序托、果壳及茎杆可做工业原料，制作人造丝及纸浆等。此外，向日葵的根、茎髓入药，能清热利尿，主治小便涩痛、尿路结石、乳糜尿、白带。

本区采用的品种有 2 种类型：食油兼用型——三道眉、九莲灯，油用型——北葵 15 号。

2. 菊芋（洋姜、鬼子姜、洋地梨儿）

Helianthus tuberosus L., Sp. Pl. 2:905. 1753; Fl. Intramongol. ed. 2, 4:546. 1992.

多年生高大草本，高可达 300cm。有块状的地下茎及纤维状根。茎直立，被短硬毛或刚毛，上部有分枝。基部叶对生；下部叶卵形或卵状椭圆形，长 10 ～ 15cm，宽 3 ～ 9cm，先端渐尖或锐尖，基部宽楔形或圆形，有时微心形，边缘有粗锯齿，具离基三出脉，上面被短硬毛，下面叶脉上有短硬毛；上部叶互生，叶长椭圆形至宽披针形，先端渐尖，基部宽楔形；上部叶及下部叶均有具狭翅的叶柄。头状花序直径 2 ～ 9cm，少数或多数，单生于枝端；苞叶 1 ～ 2，条状披针形；总苞片多层，披针形，开展，长 14 ～ 18mm，宽 2 ～ 3mm，先端长渐尖，背面及边缘被硬毛；托片矩圆形，长约 8mm，上端不等 3 浅裂，有长毛，边缘膜质，背部有细肋；舌状花通常 12 ～ 20，舌片椭圆形，长 1.5 ～ 3cm；管状花长约 8mm。瘦果楔形，有毛，上端有 2 ～ 4 个有毛的锥状扁芒。花果期 8 ～ 10 月。

中生草本。原产北美，为北美种。内蒙古及我国其他地区和世界其他地区多有栽培。

块茎可制酱菜或咸菜，供食用；块茎含有丰富的淀粉，又可制菊糖及酒精。菊糖在医药上为治疗糖尿病的良药。块茎及茎叶入药，能清热凉血、接骨，主治热病、跌打骨伤；此外，还可做饲料。

（5）春黄菊族 Anthemideae Cass.

分属检索表

1a. 花序托有托片；边缘雌花花冠舌状，中央两性花花冠管状。

2a. 头状花序大，单生于枝端……………………………………………………**30. 春黄菊属 Anthemis**

2b. 头状花序小，在枝端排列成伞房状……………………………………………**31. 蓍属 Achillea**

1b. 花序托无托片，有托毛或无。

3a. 头状花序较大；边花舌状，盘花管状。

4a. 瘦果具翅肋。栽培……………………………………………………………**32. 茼蒿属 Glebionis**

4b. 瘦果无翅肋。

5a. 瘦果无冠状冠毛，或在瘦果顶端延伸成钝形冠齿。

6a. 果肋在瘦果顶端延伸成钝形冠齿………………………………**33. 小滨菊属 Leucanthemella**

6b. 果肋在瘦果顶端不延伸成冠齿。

7a. 半灌木；总苞半球形或杯状；舌状花黄色，舌片短或缺…………………………………………………………………………………………**34. 短舌菊属 Brachanthemum**

7b. 多年生草本；总苞浅碟状；舌状花白色、粉红色或黄色，舌片长，稀较短…………………………………………………………………………………………**35. 菊属 Chrysanthemum**

5b. 瘦果有冠状冠毛，具 3 条粗肋，背面顶端有 2 个大腺体…**37. 三肋果属 Tripleurospermum**

3b. 头状花序小，全部为管状花。

8a. 头状花序全部小花两性，管状。

9a. 瘦果顶端无冠状冠毛。

10a. 头状花序在茎枝顶端单生或排列成伞房状。

11a. 小半灌木…………………………………………………………**39. 女蒿属 Hippolytia**

11b. 一年生草本。

12a. 头状花序大，通常下垂，总苞直径 8 ～ 20㎜………**40. 百花蒿属 Stilpnolepis**

12b. 头状花序小，总苞直径（3 ～）5 ～ 6（～ 10）㎜…**41. 紊蒿属 Elachanthemum**

10b. 头状花序在茎上排列成总状或圆锥状…………………………**46. 绢蒿属 Seriphidium**

9b. 瘦果顶端有冠状冠毛。

13a. 一年生草本；瘦果圆柱形，稍背腹压扁，背面凸起，无肋，腹面有 3 ～ 5 条细肋……………………………………………………………………………………**36. 母菊属 Matricaria**

13b. 多年生、二年生草本或小半灌木；瘦果三棱状圆柱形，具 5 ～ 6 条纵肋…………………………………………………………………………………………**42. 小甘菊属 Cancrinia**

8b. 头状花序边花雌性，或部分雌性、部分两性，管状或细管状。

14a. 头状花序在茎枝顶端排列成伞房状。

15a. 瘦果有 5 ～ 10 条纵肋，顶端有冠状冠毛…………………………**38. 菊蒿属 Tanacetum**

15b. 瘦果有 2 ～ 6 条脉纹或钝棱，顶端无冠状冠毛。

16a. 全部小花结实；瘦果矩圆形或倒卵球形，有 4 ～ 6 条纵肋或条纹，顶端平整………………………………………………………………………………………**43. 亚菊属 Ajania**

16b. 中央两性花不结实；瘦果压扁，倒卵形，腹面有 2 条脉纹，顶端不平整……………………………………………………………………………………………**44. 线叶菊属 Filifolium**

14b. 头状花序在茎上排列成穗状、总状或圆锥状。

17a. 边花雌性，结实，中央花两性，结实或不结实；瘦果满布在花序托之上……**45. 蒿属 Artemisia**

17b. 边花雌性，结实，中央花两性，外围的结实，内侧的不结实；瘦果 1 圈，排列在花序托下部或基部………………………………………………………………………**47. 栉叶蒿属 Neopallasia**

30. 春黄菊属 Anthemis L.

一年生或多年生草本。植株有强烈的气味。叶互生，一至二回羽状分裂。头状花序单生于枝端，梗细长，具多数异型小花，外围有 1 层常为雌性的花，中央有多数两性花，结实；总苞片 3 层，覆瓦状排列，边缘干膜质；花序托圆锥形，具托片；雌花花冠舌状，白色或黄色，舌片先端有 2 ～ 3 齿；两性花管状，黄色，上端有 5 齿，管部稍扁，有时基部稍膨大；花药基部钝；花柱分枝顶端截形，画笔状。瘦果圆锥形或倒圆锥形，有角棱，或有 4 ～ 5(～ 8) 条纵肋；冠毛短或缺。

内蒙古有 1 种。

1. 臭春黄菊

Anthemis cotula L., Sp. Pl. 2:894. 1753; Fl. Intramongol. ed. 2, 4:559. t.221. f.1-5. 1992.

一年生草本，高 10 ～ 30cm。茎直立，疏被伏贴或开展的柔毛或近无毛，上部呈伞房状分枝。叶卵形或卵状矩圆形，长 1 ～ 2cm，宽 0.5 ～ 1cm，不规则二回羽状全裂，裂片狭条形，两侧具 1 ～ 3 小裂片，有时全缘，小裂片狭条形，长 1 ～ 2mm，宽约 0.5mm，先端渐尖，具软骨质小尖头，两面疏生长柔毛或短柔毛及腺点。头状花序直径 1 ～ 2cm，花序梗长 6 ～ 12cm；总苞半球形，长 3 ～ 4mm，直径 5 ～ 7mm；总苞片 3 层，边缘干膜质，淡褐色，背部疏被长柔毛及腺点，外层者披针形或近矩圆形，先端稍尖，内层者矩圆形，先端钝或尖；花序托圆锥形，上部具条状钻形的托片，比管状花短或与之等长；舌状花花冠白色，舌片矩圆状椭圆形，长 5 ～ 10mm；管状花长 2.5 ～ 3mm，檐部及狭管部的基部稍膨大。瘦果陀螺形，长约 1.5mm，黄白色，有钝瘤；无冠毛。花果期 6 ～ 7 月。

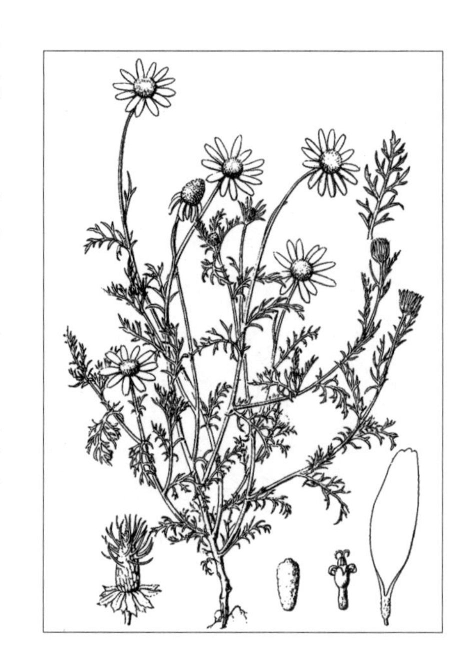

中生杂草。生于田边、路旁。外来入侵种，原产欧洲，

为欧洲种。岭东和岭西（额尔古纳市、扎兰屯市）、阴南平原（呼和浩特市）有逸生。我国东北地区亦有逸生，也有栽培。

31. 蓍属 Achillea L.

多年生草本。叶羽状分裂或不分裂。头状花序小，在茎顶或枝端排列成伞房状，有多数异型小花，通常外围有1层雌花，中央有多数两性花，均结实；总苞矩圆形、卵形、圆柱形、倒楔形或半球形；总苞片3层，覆瓦状排列；花序托扁平、凸起或圆锥形，有托片；雌花花冠舌状，白色、粉红色、红色或黄色，有时变形或缺，两性花花冠管状，先端5齿裂。瘦果压扁，矩圆形、楔形、倒卵形或倒披针形，边缘具翅或无翅，顶端截形，缺冠。

内蒙古有5种。

分种检索表

1a. 叶不分裂，披针形或条状披针形，边缘有上弯的重细锯齿；舌状花白色………**1. 齿叶蓍 A. acuminata**

1b. 叶羽状分裂。

2a. 叶二至三回羽状分裂。

3a. 叶主轴宽1.5～2mm，小裂片披针形，宽0.3～0.5mm；舌片白色、粉红色或淡紫红色…………………………………………………………………………………………**2. 蓍 A. millefolium**

3b. 叶主轴宽0.5～1mm，小裂片条形或披针形，宽0.1～0.3mm；舌片粉红色，稀白色…………………………………………………………………………………………**3. 亚洲蓍 A. asiatica**

2b. 叶一回羽状浅裂至全裂。

4a. 舌状花舌片短小，长0.7～1.5mm，稍超出总苞；叶羽状深裂至全裂…………………………………………………………………………………………**4. 短瓣蓍 A. ptarmicoides**

4b. 舌状花舌片较大，长1.2～2mm，明显超出总苞；叶羽状浅裂至深裂……**5. 高山蓍 A. alpina**

1. 齿叶蓍（单叶蓍）

Achillea acuminata (Ledeb.) Sch. Bip. in Flora 38:15. 1855; Fl. Intramongol. ed. 2, 4:560. 1992.——*Ptarmica acuminata* Ledeb. in Fl. Ross. 2:529. 1845.

多年生草本，高30～90cm。茎单生或数个，直立，具纵沟棱，下部无毛或疏被短柔毛，上部密被短柔毛，上部有分枝或不分枝。基生叶和下部叶花期凋落；中部叶披针形或条状披针形，长4～7cm，宽3～7mm，先端渐尖，基部稍狭，无柄，边缘有向上弯曲的小重锯齿，齿端有软骨质小尖头，两面被短柔毛或长柔毛，或无毛而仅下面沿叶脉被短柔毛；上部叶渐小。头状花序较多数，在茎顶排列成疏伞房状；总苞半球形，长3～4.5mm；总苞片3层，黄绿色，卵形至矩圆形，先端钝或尖，具隆起的中肋，边缘和顶端膜质，褐色，具篦齿状小齿，被较密的长柔毛；托片与总苞片近似；舌状花10～23，白色，舌片卵圆形，长约4mm，宽约3mm，顶端有3个圆齿；管状花长2～3mm，白色。瘦果宽倒披针形，长约2.5mm。花果期6～9月。

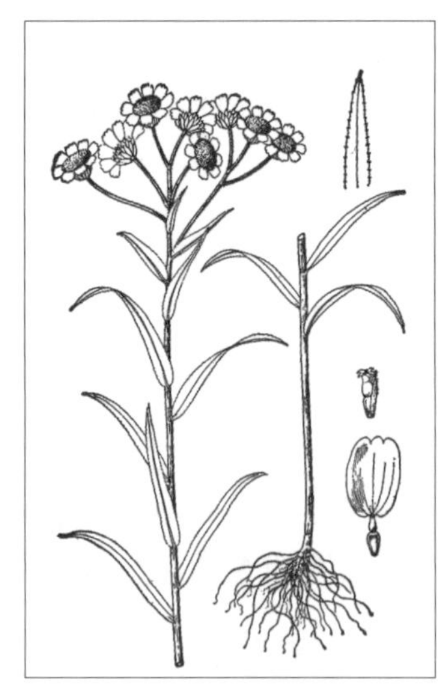

中生草本。生于森林带和草原带的低湿草甸，是常见的伴生植物。产兴安北部和岭西（额尔古纳市、根河市、大兴安岭、鄂温克族自治旗）、兴安南部（科尔沁右翼前旗）、锡林郭勒（东乌珠穆沁旗）、阴山（蛮汗山）。分布于我国黑龙江、吉林东部、河北西北部、河南西北部、山西北部、陕西（秦岭）、宁夏南部、甘肃东部、青海东部和西北部，日本、朝鲜、蒙古国北部（肯特地区）、俄罗斯（西伯利亚地区、远东地区）。为西伯利亚—东亚北部分布种。

2. 蓍（千叶蓍）

Achillea millefolium L., Sp. Pl. 2:899. 1753; Fl. Intramongol. ed. 2, 4:560. 1992.

多年生草本，高40～60cm。根状茎匍匐，须根多数。茎直立，具细纵棱，常被白色长柔毛，上部分枝或不分枝。叶片披针形、矩圆状披针形或近条形，长4～7cm，宽1～1.5cm，二至三回羽状全裂；叶轴宽1.5～2mm；裂片多数，间隔1.5～7mm，小裂片披针形至条形，长0.5～1.5mm，宽0.3～0.5mm，先端具软骨质短尖，上面密被腺点，稍被毛，下面被较密的长柔毛；叶无柄。茎下部和不育枝的叶长可达20cm，宽1～2.5cm。头状

花序多数，在茎顶密集排列成复伞房状；总苞矩圆形或近卵形，长约 4mm，宽约 3mm；总苞片 3 层，椭圆形至矩圆形，背部中间绿色，中脉凸起，边缘膜质，棕色或淡黄色；托片矩圆状椭圆形，膜质，上部被短柔毛，背面散生黄色腺点；舌状花 5 ～ 7，白色、粉红色或淡紫红色，舌片近圆形，长 1.5 ～ 3mm，宽 2 ～ 2.5mm，顶端具 2 ～ 3 齿；管状花黄色，长 2.2 ～ 3mm，外面具腺点。瘦果矩圆形，长约 2mm，淡绿色，具白色纵肋；无冠状冠毛。花果期 7 ～ 9 月。

中生草本。生于森林带的铁路沿线。产兴安北部（额尔古纳市、牙克石市）。分布于我国黑龙江、吉林东北部、陕西、宁夏、甘肃东部、新疆中部和北部，蒙古国北部和西部、俄罗斯（西伯利亚地区）、伊朗，欧洲、北美洲。为泛北极分布种。

3. 亚洲蓍

Achillea asiatica Serg. in Sist. Zametki Mater. Gerb. Krylova Tomsk. Gosud. Univ. Kuybysheva 1:6. 1946; Fl. Intramongol. ed. 2, 4:560. 1992.

多年生草本，高 15 ～ 50cm。根状茎细，横走，褐色。茎单生或数个，直立或斜升，具纵沟棱，被或疏或密的皱曲长柔毛，中上部常有分枝。叶绿色或灰绿色，矩圆形、宽条形或条状披针形。下部叶长 7 ～ 20cm，宽 0.5 ～ 2cm，二至三回羽状全裂；叶轴宽 0.5 ～ 0.75(～ 1)mm；小裂片条形或披针形，长 0.5 ～ 1mm，宽 0.1 ～ 0.3(～ 0.5)mm，先端有软骨质小尖，两面疏被长柔毛，有蜂窝状小腺点；叶具柄或近无柄。中部叶及上部叶较短，无柄。头状花序多数，在茎顶密集排列成复伞房状；总苞杯状，长 3 ～ 4mm，宽 2.5 ～ 3mm；总苞片 3 层，黄绿色，卵形或矩圆形，先端钝，有中肋，边缘和顶端膜质，褐色，疏被长柔毛；舌状花粉红色，稀白色，舌片宽椭圆形或近圆形，长约 2mm，宽 1.5 ～ 2(～ 2.5)mm，顶端有 3 个圆齿；管状花长约 2mm，淡粉红色。瘦果楔状矩圆形，长约 2mm。花果期 7 ～ 9 月。

中生草本。生于森林带和草原带的河滩、沟谷草甸、山地草甸，为伴生植物。产兴安

北部及岭东和岭西（额尔古纳市、大兴安岭、海拉尔区、鄂温克族自治旗、新巴尔虎左旗、陈巴尔虎旗、扎兰屯市）、兴安南部（科尔沁右翼前旗、阿鲁科尔沁旗、巴林左旗、巴林右旗、克什克腾旗）、燕山北部（喀喇沁旗、宁城县、敖汉旗）、锡林郭勒（东乌珠穆沁旗、西乌珠穆沁旗、锡林浩特市）、阴山（大青山）。分布于我国黑龙江、吉林东部、辽宁、河北西北部、新疆北部和中部，蒙古国东部和北部及西部、俄罗斯（西伯利亚地区、远东地区）、哈萨克斯坦。为东古北极分布种。

全草入蒙药（蒙药名：阿资亚 - 图勒格其 - 额布斯），功能、主治同高山蓍。

4. 短瓣蓍

Achillea ptarmicoides Maxim. in Mem. Acad. Imp. Sci. St.-Petersb. Div. Sav. 9:154. 1859; Fl. Intramongol. ed. 2, 4:561. t.222. f.1-4. 1992.

多年生草本，高 30 ～ 70cm。根状茎短。茎直立，具纵沟棱，疏被伏贴的长柔毛或短柔毛，上部有分枝。叶绿色。下部叶花期凋落。中部叶及上部叶条状披针形，长 1 ～ 6cm，宽 2 ～ 10mm，无柄，羽状深裂或羽状全裂；裂片条形，先端锐尖，有不等长的缺刻状锯齿，裂片和齿端有软骨质小尖头，两面疏生长柔毛，有蜂窝状小腺点。头状花序多数，在茎顶密集排列成复伞房状；总苞钟状，长 4 ～ 6mm，宽 3 ～ 5mm；总苞片 3 层，宽披针形，先端钝，有中肋，边缘和顶端膜质，褐色，疏被长柔毛；舌状花 8，白色，舌片卵圆形，长 0.7 ～ 1.5mm，宽 0.7 ～ 1.6mm，顶端有 3 个圆齿；管状花长约 2mm，有腺点。瘦果矩圆形或倒披针形，长 2.3 ～ 2.6mm。花果期 7 ～ 9 月。

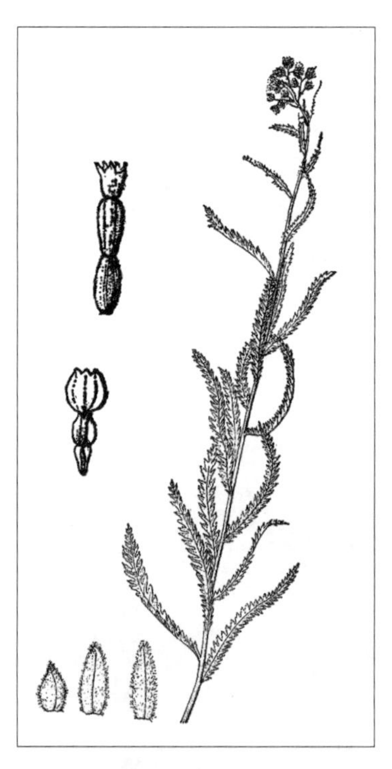

中生草本。生于森林带和草原带的山地草甸、灌丛，为伴生植物。产兴安北部和岭西（额尔古纳市、牙克石市、鄂温克族自治旗、新巴尔虎左旗、陈巴尔虎旗、海拉尔区）、兴安南部和科尔沁（科尔沁右翼前旗、阿鲁科尔沁旗、巴林左旗、巴林右旗、克什克腾旗）、辽河平原（科尔沁左翼后旗）、燕山北部（喀喇沁旗、宁城县、敖汉旗、兴和县苏木山）、锡林郭勒（东乌珠穆沁旗、锡林浩特市、苏尼特左旗、正蓝旗）、阴山（大青山、蛮汗山、乌拉山）。分布于我国黑龙江、吉林、辽宁、河北北部，日本、朝鲜、蒙古国东部和西部、俄罗斯（西伯利亚地区、远东地区）。为东古北极分布种。

5. 高山蓍（蓍、蚰蜒草、锯齿草、羽衣草）

Achillea alpina L., Sp. Pl. 2:899. 1753; Fl. Intramongol. ed. 2, 4:562. t.222. f.5-8. 1992.

多年生草本，高 30 ～ 70cm。根状茎短。茎直立，具纵沟棱，疏被贴生长柔毛，上部有分枝。下部叶花期凋落。中部叶条状披针形，长 3 ～ 9cm，宽 5 ～ 10mm，羽状浅裂或羽状深裂，无柄；

裂片条形或条状披针形，先端锐尖，有不等长的缺刻状锯齿，裂片和齿端有软骨质小尖头，两面疏生长柔毛，有腺点或无腺点。头状花序多数，密集成伞房状；总苞钟状，长 4 ～ 5mm；总苞片 3 层，宽披针形，先端钝，具中肋，边缘膜质，褐色，疏被长柔毛；托片与总苞片相似；舌状花 7 ～ 8，白色，舌片卵圆形，长 1.2 ～ 2mm，宽约 2mm，顶端有 3 小齿；管状花白色，长 2 ～ 2.5mm。瘦果宽倒披针形，长约 3mm。花果期 7 ～ 9 月。

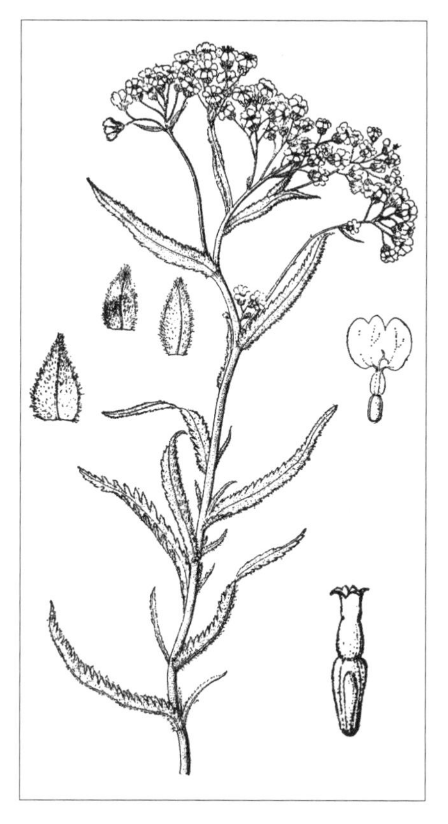

中生草本。生于森林带和森林草原带的山地林缘、灌丛、沟谷草甸，是常见的伴生种。产兴安北部及岭西（额尔古纳市、根河市、牙克石市、鄂温克族自治旗）、兴安南部（扎赉特旗、科尔沁右翼前旗、扎鲁特旗、巴林右旗、克什克腾旗、东乌珠穆沁旗、西乌珠穆沁旗）、辽河平原（大青沟）、燕山北部（喀喇沁旗、宁城县）。分布于我国黑龙江、吉林东部、辽宁、河北、山西、陕西南部、宁夏南部、甘肃东部、青海东部、四川西南部、云南西北部，蒙古国东部和北部及西部、俄罗斯（西伯利亚地区、远东地区）、尼泊尔。为东古北极分布种。

全草入药，能清热解毒、祛风止痛，主治风湿疼痛、跌打损伤、肠炎、痢疾、痈疮肿毒、毒蛇咬伤。又入蒙药（蒙药名：图勒格其 - 额布斯），能消肿、止痛，主治内痈、关节肿胀、疖疮肿毒。

32. 茼蒿属 Glebionis Cass.

一年生草本。叶互生，羽状分裂。头状花序在枝端单生或排列成伞房状、辐射状，具多数异型小花，外围有 1 层雌花，结实，中央有多数两性花，常结实；总苞半球形；总苞片 3 ～ 5 层，覆瓦状，边缘为褐色，干膜质；花序托凸，半球形，无毛；雌花花冠舌状，顶端 3 齿裂，两性花花冠管状，顶端 5 齿裂。舌状花所结的瘦果具 2 或 3 个翅，有 2 ～ 6 条纵肋；管状花所结的瘦果有 6 ～ 12 条纵肋，通常在腹面仅有 1 ～ 2 条较为明显，无冠毛。

内蒙古有 1 栽培种。

1. 蒿子杆

Glebionis carinata (Schousb.) Tzvel. in Bot. Zhurn. 84(7):117. 1999; Fl. China 20-21:772. 2011.——*Chrysanthemum carinatum* Schousb. in Iagttag. Vextr. Marokko 198. 1800; Fl. Intramongol. ed. 2, 4:562. 1992.

一年生草本，高 30 ～ 70cm。植株光滑无毛或近无毛。茎直立，具纵条棱，不分枝或中上部有分枝。基生叶花期枯萎。中下部叶倒卵形或长椭圆形，长 4 ～ 8cm，二回羽状分裂，

一回深裂或几全裂；叶轴有狭翅；侧裂片 3 ～ 8 对，二回为深裂或浅裂，小裂片披针形、斜三角形或条形，长 2 ～ 5mm，宽 1 ～ 4mm。上部叶渐小，羽状深裂或全裂。头状花序 3 ～ 8 生于茎枝顶端，有长花序梗，并不形成明显伞房状，或无分枝而头状花序单生茎顶；总苞宽杯状，直径 1 ～ 2.5cm。总苞片 4 层，无毛；外层总苞片狭卵形，先端尖，边缘狭膜质；中层与内层的矩圆形，先端淡黄色，宽膜质。 花序托半球形；花黄色；舌状花 1 层，舌片长 13 ～ 25mm，宽 4 ～ 6mm，先端 3 齿裂；管状花极多数，长约 4mm。舌状花瘦果有 3 条宽翅肋，腹面的 1 条翅肋延伸于瘦果顶端，并超出于花冠基部，呈喙状

或芒尖状；管状花瘦果两侧压扁，有 2 条凸起的肋，间肋明显。花果期 7 ～ 9 月。

中生草本。原产北非摩洛哥，为北非种。内蒙古及我国北方其他地区及世界各地广为栽培。

嫩茎叶可食用；亦入药，能和脾胃、利二便、清痰饮。

33. 小滨菊属 **Leucanthemella** Tzvel.

多年生草本。叶互生，不分裂或羽状分裂。头状花序单生于枝端，或 2 ～ 8 在茎顶排列成伞房状、辐射状，具多数异型小花，外围有 1 层雌花，不结实，中央有多数两性花，结实；总苞半球形；总苞片 2 ～ 3 层，覆瓦状，边缘为褐色或暗褐色干膜质；花序托凸，近半球形，无毛；雌花花冠舌状，白色，两性花花冠管状，顶端具 5 齿；花药先端具矩圆状卵形附片；花柱分枝顶端截形。瘦果圆柱形，具 8 ～ 12 条纵肋，顶端有小钝齿。

内蒙古有 1 种。

1. 小滨菊（线叶菊）

Leucanthemella linearis (Matsum.) Tzvel. in Fl. U.R.S.S. 26:139. 1961; Fl. Intramongol. ed. 2, 4:564. 1992.——*Chrysanthemum lineare* Matsum. in Bot. Mag. Tokyo 13:83. 1899.

多年生草本，植株高 10 ～ 40cm。根状茎细长，横走。茎多数，疏散丛生，稀单生，具纵沟棱，被蛛丝状柔毛或无毛，不分枝或有分枝。基生叶或茎下部叶花期枯萎。中部叶长 5 ～ 8cm，自中部以下羽状分裂；顶生裂片条形，侧裂片 1 ～ 2(～ 3) 对，条形或狭条形，先端锐尖。上部叶较小，条形，全缘，上面及边缘粗涩，有皮刺状凸起，无腺点，下面有腺点。头状花序单生于茎顶或枝端，直径 2 ～ 4cm，通常 2 ～ 8 个排列成疏松的伞房状，梗长，被短柔毛；总苞长 4 ～ 10mm，宽 10 ～ 15mm，被短柔毛或无毛。外层总苞片条形或披针状条形，先端钝；内层者长椭圆形，先端圆形。舌状花冠的舌片长 10 ～ 15mm，宽达 5mm，先端钝，管状花冠黄色，长 2 ～ 3mm。瘦果长 2 ～ 3mm，有 8 ～ 10 条纵肋，果顶具 8 ～ 12 个长约 0.3mm 的钝齿。花果期 8 ～ 9 月。

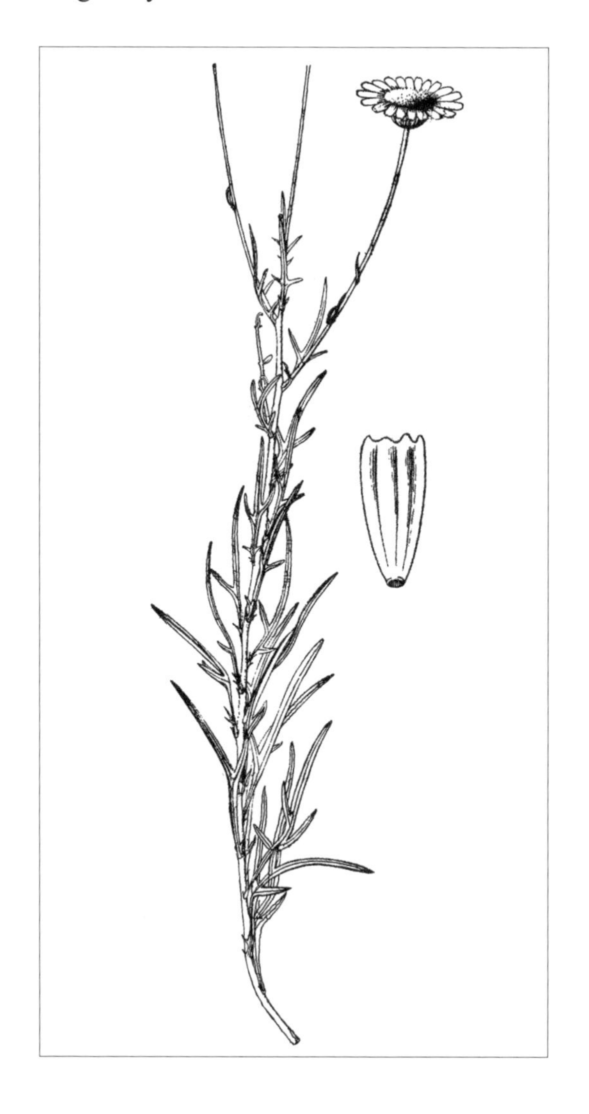

中生草本。生于森林带的河滩草甸。产兴安北部（额尔古纳市、大兴安岭）、兴安南部（克什克腾旗）、赤峰丘陵（翁牛特旗）。分布于我国黑龙江、吉林北部，日本、朝鲜、俄罗斯（远东地区）。为东亚北部（满洲—日本）分布种。

34. 短舌菊属 Brachanthemum DC.

半灌木。叶羽状或掌状全裂。头状花序单生于枝端或多数排列成伞房式圆锥状，有多数异型小花，外围有 1 层（1 ～ 15 枚）雌花，稀缺乏，中央有多数两性花；总苞半球形或杯状；总苞片 4 ～ 5 层，覆瓦状排列，边缘宽膜质，撕裂；花序托凸起或扁平，无毛或有短毛；雌花花冠舌状，黄色或白色，舌片短，长 1.2 ～ 8mm，两性花花冠管状，先端 5 齿裂；花药基部钝，顶端具披针形或卵状披针形的附片；花柱分枝细，顶端截形。瘦果圆柱状，具 5 ～ 7 纵肋，无毛。

内蒙古有 3 种。

分种检索表

1a. 叶一回羽状全裂，植株高 10 ～ 40（～ 80）cm。

2a. 枝与叶常对生；叶被星状毛；总苞直径 6 ～ 8mm，具舌状花…………**1. 星毛短舌菊 B. pulvinatum**

2b. 枝与叶互生；叶被短柔毛；总苞直径 4 ～ 6mm，无舌状花………………**2. 戈壁短舌菊 B. gobicum**

1b. 叶二回掌式羽状全裂，被短柔毛；植株高 5 ～ 20cm；具舌状花…………**3. 蒙古短舌菊 B. mongolicum**

1. 星毛短舌菊

Brachanthemum pulvinatum (Hand.-Mazz.) C. Shih in Bull. Bot. Lab. N. E. Forest. Inst. Harbin 6:1. 1980; Fl. Intramongol. ed. 2, 4:565. t.223. f.1-4. 1992.——*Chrysanthemum pulvinatum* Hand.-Mazz. in Act. Hort. Gothob. 12:263. 1938.

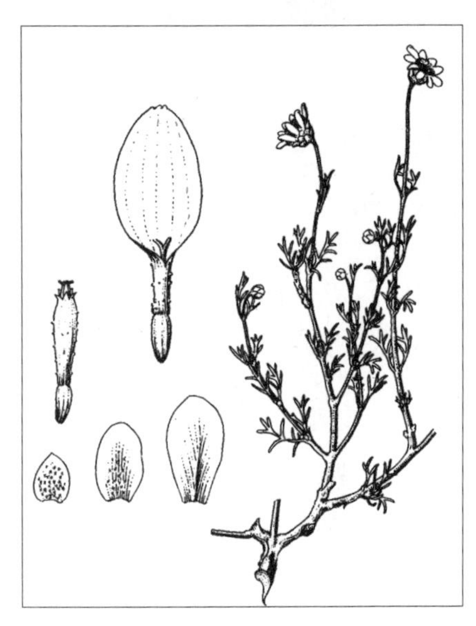

半灌木，高 10 ～ 30cm。茎自基部多分枝，开展，呈垫状株丛。树皮灰棕色，通常呈不规则条状剥裂。小枝圆柱状或近四棱形，灰棕褐色，密被星状毛，后脱落。叶灰绿色，密被星状毛，羽状或近掌状 3 ～ 5 深裂；裂片狭条形或丝状条形，长 3 ～ 10mm，宽约 1mm，先端钝。头状花序单生枝端，半球形，直径 6 ～ 8mm；梗细，长 1.5 ～ 4cm；总苞片卵圆形，先端圆形，边缘宽膜质，褐色，外层者被星状毛，内层者无毛；舌状花冠黄色，舌片椭圆形，长 3 ～ 4mm，宽约 2mm，先端钝或截形，有的具 2 ～ 3 小齿，稀被腺点。瘦果圆柱状，无毛。花期 8 月。

超旱生半灌木。生于荒漠带的山前砾石质坡地、洪积扇、干河滩、戈壁覆沙地上的草原化荒漠群落中，可形成星毛短舌菊荒漠群落。产贺兰山、东阿拉善（阿拉善左旗、鄂托克旗、乌海市）、西阿拉善（阿拉善右旗）。分布于我国宁夏西部、甘肃（河西走廊）、青海（柴达木盆地）。为南阿拉善—柴达木分布种。

2. 戈壁短舌菊

Brachanthemum gobicum Krasch. in Trudy Bot. Inst. Akad. Nauk S.S.S.R., Ser. 1, Fl. Sist. Vyssh. Rast. 1:177. 1933; Fl. Intramongol. ed. 2, 4:565. t.223. f.5-7. 1992.

灌木，高 40 ～ 80cm。茎自基部多分枝，开展。老枝外皮灰黄色，通常呈不规则条状剥裂；

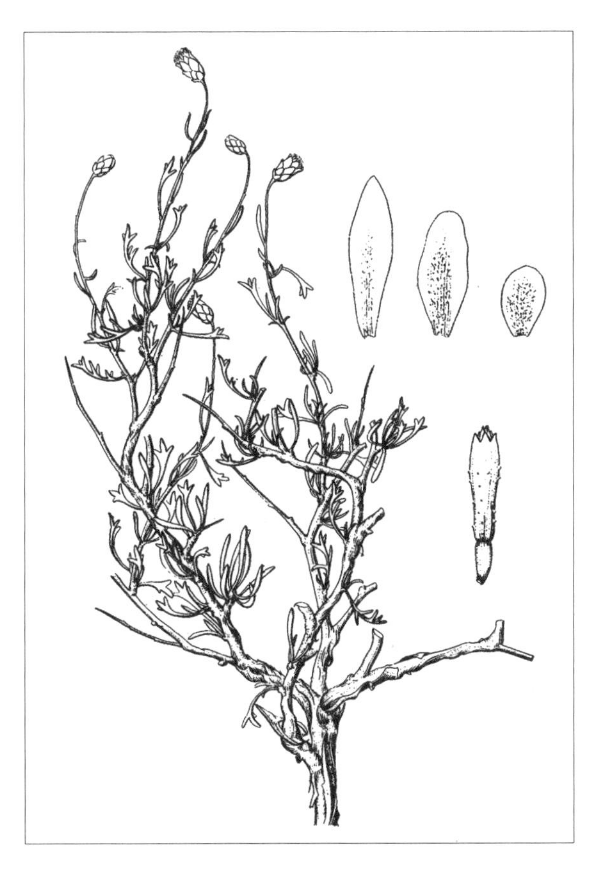

小枝白黄色或棕色，下部无毛，上部被或疏或密的短柔毛和腺体。叶灰绿色，稍肉质；枝下部叶长 1 ～ 2cm，羽状 3 ～ 5 深裂，裂片条形或倒披针状条形，先端钝，两面密被短柔毛和腺点；上部叶狭条形，全缘。头状花序单生于枝端，矩圆形，长 8 ～ 10mm，宽 4 ～ 6mm。总苞片外层者较小，卵圆形；内层者披针形；两者先端钝圆，边缘膜质，背部凸起，密被短柔毛和腺点。无舌状花，管状花约 16 朵；花冠长约 3mm，下部淡绿色，疏被柔毛和腺体，上部黄色。瘦果略具 3 棱，长约 2mm，无毛。花果期 8 ～ 9 月。

超旱生半灌木。生于典型荒漠带和草原化荒漠带的砾石质戈壁、覆沙岗地，可形成戈壁短舌菊荒漠群落。产东阿拉善（乌拉特后旗、阿拉善左旗北部）。分布于蒙古国南部。为东阿拉善北部戈壁荒漠分布种。

为中等饲用植物，骆驼喜食其嫩枝，羊乐食或不喜食。

3. 蒙古短舌菊

Brachanthemum mongolicum Krasch. in Bot. Mater. Gerb. Bot. Inst. Kom. Akad. Nauk S.S.S.R. 11:196. 1949; Fl. Reip. Pop. Sin. 76(1):26. 1983.

小半灌木，高 5 ～ 20cm。根粗壮，木质，直伸。根颈上部发出多数坚硬木质化的枝条。老枝灰色，扭曲，枝皮撕裂；幼枝被贴伏单毛或叉状分枝毛。叶灰绿色或绿色，全形偏斜椭圆形、半圆形，长达 6mm，宽达 5mm，掌式羽状 3 ～ 5 全裂，裂片条状钻形，宽约 0.4mm；最上部叶常全缘不裂；全部叶被贴伏短柔毛；叶腋有被毛的腋芽。头状花序单生或 3 ～ 4 个头状花序排成不规则的伞房花序；总苞倒圆锥形或钟形，直径 4 ～ 6mm。总苞片 4 层，外层卵形，长约 2.5mm，中层椭圆形，长约 6mm，内层倒披针形，长约 5mm；中、外层外面被稀毛，内层无毛；全部苞片边缘浅褐色膜质。舌状花约 8 朵，舌片长约 2mm，顶端 2 微齿裂。瘦果长约 2.8mm。花果期 9 月。

超旱生矮小半灌木。生于荒漠带的砾石质戈壁。产额济纳西部。分布于我国新疆东北部，蒙古国西部（准噶尔戈壁）。为西戈壁荒漠分布种。

35. 菊属 Chrysanthemum L.

——*Dendranthema* (DC.) Des Moul.

多年生草本。叶不分裂或一至二回掌状或羽状分裂。头状花序单生茎顶，或少数或较多在茎枝顶端排列成伞房状或复伞房状，有多数异型小花，通常外围有 1 层（栽培种例外）雌花，舌状，中央有多数两性花，管状；总苞浅碟状，稀钟状；总苞片 4 ～ 5 层，边缘膜质或中、外层苞片边缘羽状分裂；花序托凸起，半球形或圆锥形，无毛；舌状花黄色、白色或粉红色，舌片长或短；管状花黄色，顶端 5 齿裂；花药顶端具附片，基部钝；花柱分枝条形，顶端截形。瘦果近圆柱形而向下部变窄，具 5 ～ 8 条纵肋；无冠状冠毛。

内蒙古有 9 种。

分种检索表

1a. 总苞片不裂，边缘膜质。

　2a. 舌状花黄色；头状花序多数，在茎枝顶端排列成复伞房状。

　　3a. 叶一回羽状浅裂至深裂……………………………………………………**1. 野菊 C. indicum**

　　3b. 叶第一回羽状深裂，第二回羽状浅裂至半裂…………………………**2. 甘菊 C. lavandulifolium**

　2b. 舌状花白色、粉红色或紫红色。

4a. 叶 3 ～ 9 掌状或掌式羽状浅裂、半裂或深裂。

5a. 叶肾形、半圆形、近圆形或宽卵形，基部心形或截形……………………… **3. 小红菊 C. chanetii**

5b. 叶椭圆形、长椭圆形或卵形至圆形，基部楔形或宽楔形…………… **4. 楔叶菊 C. naktongense**

4a. 叶第一回羽状深裂至全裂，第二回羽状浅裂至半裂。

6a. 头状花序大，直径 2 ～ 5cm；总苞直径 6 ～ 25mm；叶大型，长 2 ～ 5cm。

7a. 头状花序 2 ～ 5，在茎枝顶端排列成疏伞房状；茎疏被短柔毛。

8a. 叶第一回半裂或深裂，第二回浅裂，小裂片三角形或斜三角形，宽 2 ～ 3mm；舌片先端全缘或微凹…………………………………………………… **5. 紫花野菊 C. zawadskii**

8b. 叶第一回羽状全裂，第二回半裂或深裂，小裂片条形，宽 1 ～ 2mm；舌先端有 3 个微钝齿…………………………………………………… **6. 细叶菊 C. maximowiczii**

7b. 头状花序单生茎顶，稀 2 ～ 3；叶第一回和第二回均为羽状全裂；茎密被柔毛……………………………………………………………………………… **7. 小山菊 C. oreastrum**

6b. 头状花序小，直径 8 ～ 10mm；总苞直径 5 ～ 7mm；叶小型，长 5 ～ 10mm……………………………………………………………………………… **8. 桌子山菊 C. zhuozishanense**

1b. 外层总苞片羽状浅裂或半裂，无膜质边缘，裂片先端具芒尖；中下部茎生叶二回羽状或掌式羽状分裂，第一回深裂，第二回浅裂至半裂…………………………………… **9. 蒙菊 C. mongolicum**

1. 野菊

Chrysanthemum indicum L., Sp. Pl. 2:889. 1753; Fl. China 20-21:671. 2011.——*Dendranthema indicum* (L.) Des Moul. in Act. Soc. Linn. Bord. 20:561. 1855; High. Pl. China 11:343. 2005.

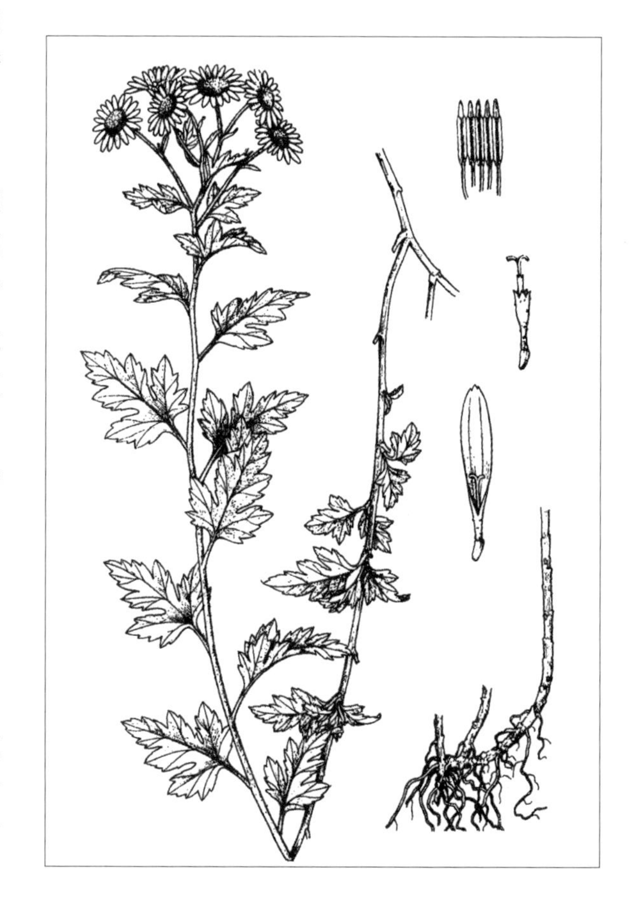

多年生草本，高 30 ～ 100cm。根状茎匍匐。茎直立，中部以上分枝，初被柔毛，后渐脱落。叶互生；基生叶及茎下部叶花期凋落；中部叶有柄，基部有耳。叶片卵形或广卵形，长 3 ～ 5(～ 8)cm，宽 3 ～ 4(～ 6)cm，基部截形、微心形或广楔形，羽状浅裂至深裂；侧裂片 1 ～ 2 对，长圆形，边缘具锐尖缺刻状牙齿，表面绿色、无毛，背面疏被短柔毛。头状花序直径 2 ～ 2.5(～ 3)cm，少数，排列成复伞房状；总苞半球形。总苞片 4 层，覆瓦状排列，背部中肋绿色，边缘白色或褐色宽膜质，先端钝或圆；外层倒卵状长圆形，长 2.5 ～ 3mm，宽 1 ～ 2mm；中层长圆形、椭圆形或广椭圆形，稍呈龙骨状，长 6.5 ～ 9mm，宽 3 ～ 4mm；内层较小，卵形、倒披针形或长圆形，长 4 ～ 7mm，宽 2 ～ 3mm。边花 1 层，雌性；花冠舌状，黄色，舌片长 1 ～ 1.5cm，先端 2 ～ 3 齿裂。中央花多数，两性；花冠管状钟形，长约 3.5mm，黄色，先端 5 裂；花序托半球形。瘦果长圆状倒

卵形，长约 1.5mm，宽约 0.5mm，深褐色；无冠毛。花果期 9 ～ 10 月。

中生草本。生于山坡草地、灌丛。产辽河平原（大青沟）、阴山（大青山）。分布于我国吉林南部、辽宁、河北、河南西部、山东东北部、江苏南部、安徽、福建、台湾、江西、湖北、湖南、广东、广西东北部、云南北部、贵州、四川东半部、陕西（秦岭）、甘肃东南部，日本、朝鲜、印度、不丹、尼泊尔、越南。为东亚分布种。

2. 甘菊（岩香菊、少花野菊）

Chrysanthemum lavandulifolium (Fisch. ex Trautv.) Makino in Bot. Mag. Tokyo 23:20. 1909; Fl. China 20-21:673. 2011.——*Pyrethrum lavandulifolium* Fisch. ex Trautv. in Trudy Imp. St.-Petersb. Bot. Sada 1:181. 1872.——*Dendranthema lavandulifolium* (Fisch. ex Trautv.) Kitam. in Act. Phytotax. Geobot. 29:167. 1978; Fl. Intramongol. ed. 2, 4:568. t.224. f.1-4. 1992.

多年生草本，高 20 ～ 80cm。有横走的短或长的匍匐枝。茎直立，单一或少数簇生，挺直或稍呈“之”字形屈曲，具纵沟与棱，绿色或带紫褐色，疏或密被白色分叉短柔毛，多分枝。叶宽卵形至三角形，长 1 ～ 5cm，宽 0.5 ～ 4cm，一至二回羽状深裂；侧裂片 1 ～ 2 对，狭卵形或矩圆形；二回裂片菱状卵形或卵形，全缘或具缺刻状锯齿，小裂片先端锐尖或稍钝，上面绿色，粗糙，被微毛，下面淡绿色，疏或密被白色柔毛，并密被腺点；叶具短柄，有狭翅，基部具羽

裂状托叶。头状花序小，直径 8 ～ 15mm，多数在茎枝顶端排列成复伞房状；总苞长约 4mm，直径 4 ～ 8mm，无毛或疏被微毛。外层总苞片条状披针形或卵形，先端钝或圆，边缘膜质，背部绿色；内层者狭椭圆形，先端钝圆，边缘宽膜质，带褐色。舌状花冠鲜黄色，舌片长椭圆形，长 4 ～ 6mm，下部狭管疏被腺点；管状花冠长约 3mm，有腺点。瘦果倒卵形；无冠毛。花果期 8 ～ 10 月。

中生草本。生于森林草原带和草原带的石质山坡、山地草甸。产辽河平原（科尔沁左翼后旗）、赤峰丘陵（红山区）、燕山北部（喀喇沁旗、宁城县、敖汉旗）、阴山（大青山）、阴南丘陵（准格尔旗阿贵庙）。分布于我国吉林东部、辽宁、河北、河南西部、山东中西部、山西、陕西、宁夏、甘肃东部、青海东部、四川、安徽南部、江苏南部、浙江、湖北西部、湖南北部、江西北部、云南西北部和中部、贵州西北部和西南部，日本、朝鲜、俄罗斯（远东地区）、印度。为东亚分布种。

3. 小红菊（山野菊）

Chrysanthemum chanetii H. Lev. in Repert. Spec. Nov. Regni Veg. 9:450. 1911; Fl. China 20-21:671. 2011.——*Dendranthema chanetii* (H. Lev.) C. Shih in Bull. Bot. Lab. N.-E. Forest. Inst. Harbin 6:3. 1980; Fl. Intramongol. ed. 2, 4:573. 1992.

多年生草本，高 10 ～ 60cm。具匍匐的根状茎。茎单生或数个，直立或基部弯曲，中部以上多分枝，呈伞房状，稀不分枝，茎与枝疏被皱曲柔毛，少近无毛。基生叶及茎中、下部叶肾形、

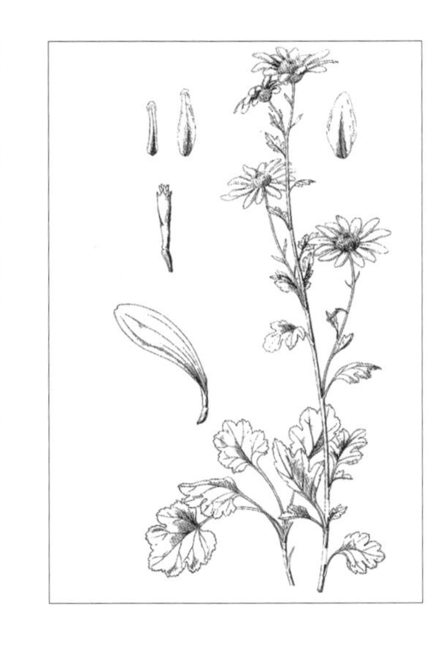

宽卵形、半圆形或近圆形，长 1 ～ 5cm，宽略等于长，通常 3 ～ 5 掌状或掌式羽状浅裂或半裂，少深裂；侧裂片椭圆形至宽卵形，宽 0.3 ～ 2cm，顶裂片较大或与侧裂片相等，全部裂片边缘有不整齐钝齿、尖齿或芒状尖齿；叶上面绿色，下面灰绿色，疏被或密被柔毛以至无毛，并密被腺点，基部近心形或截形，有长 1 ～ 5cm 具窄翅的叶柄。上部叶卵形或近圆形，接近花序下部的叶为椭圆形、长椭圆形至条形，羽裂、齿裂或不分裂。头状花序直径 2 ～ 4cm，少数（约 2 个）至多数（约 15 个）在茎枝顶端排列成疏松的伞房状，极少有单生于茎顶的；总苞碟形，长 3 ～ 4mm，直径 6 ～ 10mm。总苞片 4 ～ 5 层：外层者条形，仅先端膜质或呈圆形扩大而膜质，边缘缝状撕裂，外面疏被长柔毛；中、内层者渐短，宽倒披针形、

三角状卵形至条状长椭圆形；全部总苞片边缘白色或褐色膜质。舌状花白色、粉红色或红紫色，舌片长 0.8 ～ 2.0cm，宽 2 ～ 3mm，先端 2 ～ 3 齿裂；管状花长 1.8 ～ 2.4mm。瘦果长约 2mm，顶端斜截，下部渐狭，具 4 ～ 6 条脉棱。花果期 7 ～ 9 月。

中生草本。生于森林草原带和草原带的山坡、林缘、沟谷。产岭东（扎兰屯市）、兴安南部（扎赉特旗、科尔沁右翼前旗、科尔沁右翼中旗、乌兰浩特市、突泉县、阿鲁科尔沁旗、巴林右旗、克什克腾旗）、赤峰丘陵（红山区、松山区、翁牛特旗）、燕山北部（喀喇沁旗、宁城县、敖汉旗、兴和县苏木山）、阴山（大青山、蛮汗山、乌拉山）、贺兰山。分布于我国黑龙江、吉林东部、辽宁、河北、河南西北部、山东东北部、山西、陕西中部、宁夏西北部和南部、甘肃东部、青海东部、四川北部、湖北西部，朝鲜、俄罗斯（远东地区）。为东亚分布种。

4. 楔叶菊

Chrysanthemum naktongense Nakai in Bot. Mag. Tokyo 23:186. 1909; Fl. China 20-21:672. 2011.——*Dendranthema naktongense* (Nakai) Tzvel. in Fl. U.R.S.S. 26:375. 1961; Fl. Intramongol. ed. 2, 4:574. t.225. f.5-7. 1992.

多年生草本，高 15 ～ 50cm。具匍匐的根状茎。茎直立，不分枝或有分枝，茎与枝疏被皱曲柔毛。茎中部叶长椭圆形、椭圆形或卵形至圆形，长 1 ～ 5cm，宽 1 ～ 2cm，掌式羽状或羽状 3 ～ 9 浅裂、半裂或深裂；裂片椭圆形或卵形，或不分裂而在边缘有缺刻状锯齿，裂片及齿端具小尖头；两面疏被皱曲柔毛或无毛，密被腺点；叶片基部楔形或宽楔形，有具窄翅的长柄，柄基有或无假托叶；叶腋常簇生较小的叶。基生叶和茎下部叶与中部叶同形而较小；茎上部叶倒卵形、倒披针形或长倒披针形，3 ～ 5 裂或不裂，具短柄或无柄。头状花序较大，直径 2.5 ～ 5cm，2 ～ 9 个在茎枝顶端排列成疏松伞房状，极少单生；总苞碟状，长 4 ～ 6mm，直径 10 ～ 15mm。总苞片 5 层：外层者条形或条状披针形，先端圆形，扩大而膜质；中

内层者椭圆形或长椭圆形，边缘及先端白色或褐色膜质；外层与中层者外面疏被柔毛或近无毛。舌状花白色、粉红色或淡红紫色，舌片长 1 ～ 2.5cm，宽 3 ～ 5mm，先端全缘或具 2 齿；管状花长 2 ～ 3mm。花期 7 ～ 8 月。

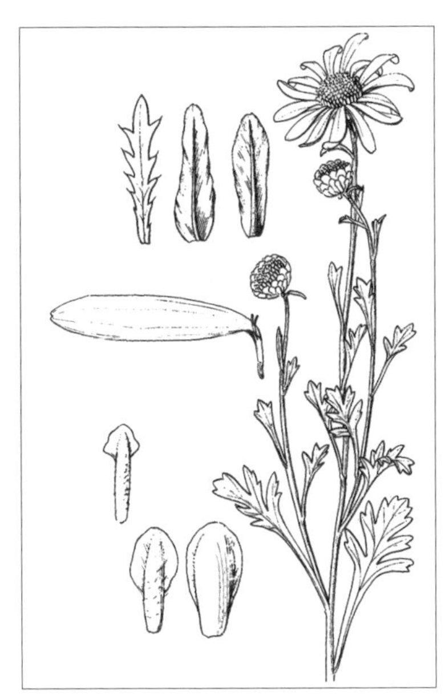

中生草本。生于森林草原带和草原带的山坡、林缘、沟谷。产岭西（额尔古纳市、鄂温克族自治旗、新巴尔虎左旗）、兴安南部（科尔沁右翼前旗、扎鲁特旗、阿鲁科尔沁旗、巴林左旗、巴林右旗、克什克腾旗）、锡林郭勒（东乌珠穆沁旗、西乌珠穆沁旗、镶黄旗）、燕山北部（敖汉旗、兴和县苏木山）、阴山（大青山、蛮汗山、乌拉山）。分布于我国黑龙江、吉林东部、辽宁、河北、山东，日本、朝鲜、俄罗斯（远东地区）。为东亚北部分布种。

5. 紫花野菊（山菊）

Chrysanthemum zawadskii Herb. in Addit. Fl. Galic. 44. t.1. 1831; Fl. China 20-21:674. 2011.——*Dendranthema zawadskii* (Herb.) Tzvel. in Fl. U.R.S.S. 26:376. 1961; Fl. Intramongol. ed. 2, 4:571. t.224. f.5-9. 1992.

多年生草本，高 10 ～ 30cm。具地下匍匐根状茎。茎直立，不分枝或上部分枝，具纵棱，紫红色，疏被短柔毛。基生叶花期枯萎。中下部叶叶柄长 1 ～ 3cm，具狭翅，基部稍扩大，微抱茎；叶片卵形、宽卵形或近菱形，长 1.5 ～ 4cm，宽 1 ～ 3(～ 4)cm；二回羽状分裂：一回为半裂或深裂，侧裂片 1 ～ 3 对，二回为浅裂，小裂片三角形或斜三角形，宽 2 ～ 3mm，先端尖；两面有腺点，疏被短柔毛或无毛。上部叶渐小，长椭圆形至条形，羽状深裂或不裂。头状花序 2 ～ 5 个在茎枝顶端排列成疏伞房状，极少单生，直径 3 ～ 5cm；总苞浅碟状，直径 10 ～ 20mm；总苞片 4 层，外层的条形或条状披针形，中、内层的椭圆形或长椭圆形，全部苞片边缘具白色或褐色膜质，仅外层的外面疏被短柔毛；舌状花粉红色、紫红色或白色，舌片长 1 ～ 2.5cm，先端全缘或微凹；管状花长 2.5 ～ 3mm。瘦果矩圆形，长约

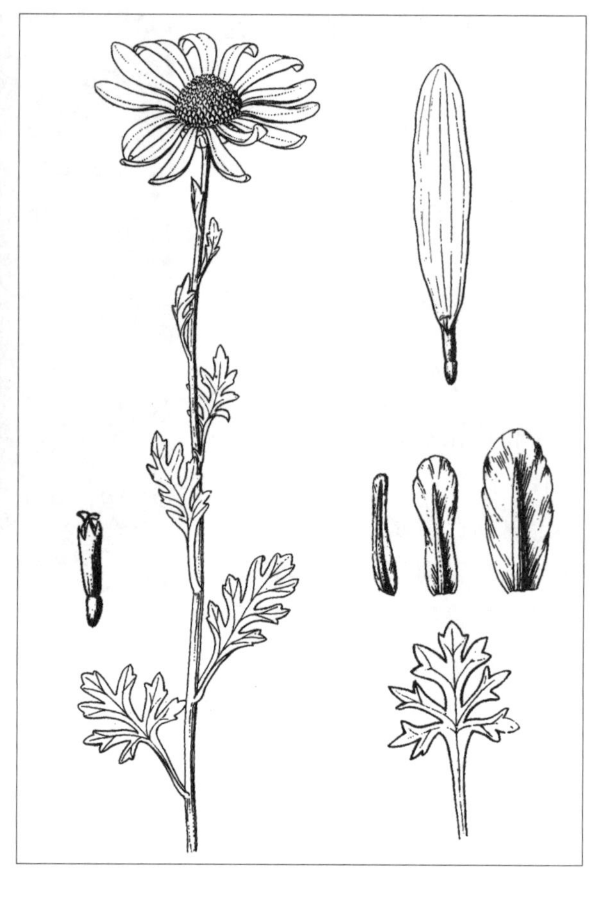

2mm，黑褐色。花果期7～9月。

中生草本。生于森林带和森林草原带的山地林缘、林下、山顶。产兴安北部及岭东和岭西（额尔古纳市、根河市、牙克石市、鄂温克族自治旗、阿荣旗）、呼伦贝尔（新巴尔虎右旗）、兴安南部（阿鲁科尔沁旗、克什克腾旗）、赤峰丘陵（松山区、翁牛特旗）、燕山北部（喀喇沁旗）、锡林郭勒（东乌珠穆沁旗、西乌珠穆沁旗、锡林浩特市、太仆寺旗）。分布于我国黑龙江、吉林、辽宁东部、河北、山东、山西、陕西、宁夏西北部、甘肃东部、安徽南部、湖北、浙江西北部，朝鲜、蒙古国东部和北部、俄罗斯（西伯利亚地区、远东地区）。为东古北极分布种。

6. 细叶菊

Chrysanthemum maximowiczii Kom. in Izv. Imp. Bot. Sada Petra Velikago. 16:179. 1916; Fl. China 20-21:675. 2011.——*Dendranthema maximowiczii* (Kom.) Tzvel. in Fl. U.R.S.S. 26:379. 1961; Fl. Intramongol. ed. 2, 4:571. t.226. f.1-5. 1992.

二年生草本，高15～30cm。有地下匍匐根状茎。茎直立，单生，中上部有少数分枝，疏被短柔毛。基生叶花期枯萎。中下部叶卵形或宽卵形，长1.5～2.5cm，宽2.5～3cm；二回羽状分裂：一回为全裂，侧裂片常2对，二回为半裂或深裂，小裂片条形，宽1～2mm，先端渐尖，两面无毛；叶柄长1～1.5cm。上部叶渐小，羽状分裂。头状花序2～4个在茎枝顶端排列成疏伞房状，极少单生；总苞浅碟形，直径8～15mm。总苞片4层，外层的条形，长3.5～5mm，外面疏被微毛；中、内层的长椭圆形至倒披针形，长7～8mm；全部苞片边缘具浅褐色或白色膜质。舌状花白色或粉红色，舌片长8～1.5mm，先端具3微钝齿；管状花长约2.5mm。瘦果倒卵形，长约2mm，黑褐色。花果期7～9月。

中生草本。生于森林草原带的山地灌丛。产岭西和呼伦贝尔（额尔古纳市、陈巴尔虎旗、鄂温克族自治旗、满洲里市）、兴安南部（扎鲁特旗、阿鲁科尔沁旗、巴林右旗、东乌珠穆沁旗、锡林浩特市）。分布于我国东北地区，朝鲜、俄罗斯（远东地区）。为满洲分布种。

7. 小山菊

Chrysanthemum oreastrum Hance in J. Bot. 16:108. 1878; Fl. China 20-21:672. 2011.——*Dendranthema oreastrum* (Hance) Y. Ling in Bull. Bot. Lab. N.-E. Forest. Inst. Harbin 6:4. 1980; High. Pl. China 11:346. f. 517. 2005.

多年生草本，高3～45cm。有地下匍匐根状茎。茎直立，单生，不分枝，极少有1～2个短分枝的，被稠密的长或短柔毛，但下部毛变稀疏至无毛。基生叶及中部茎叶菱形、扇形或近肾形，长0.5～2.5cm，宽0.5～3cm，二回掌状或掌式羽状分裂，一、二回全部全裂；上部叶

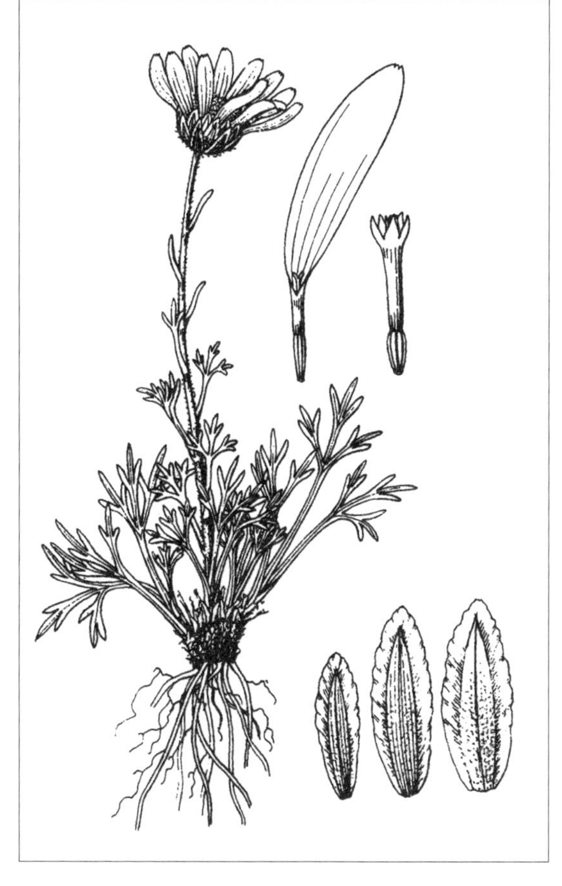

与茎中部叶同形，但较小；最上部及接近花序下部的叶羽裂或3裂，末回裂片线形或宽线形，宽0.5～2mm；全部叶有柄；叶下面被稠密或较多的蓬松的长柔毛至稀毛而几无毛。头状花序直径2～4cm，单生茎顶，极少茎生2～3个头状花序的；总苞浅碟状，直径1.5～2.5cm。总苞片

4层，外层线形、长椭圆形或卵形，长5～9mm；中、内层长卵形、倒披针形，长6～8mm；中、外层外面被稀疏的长柔毛；全部苞片边缘棕褐色或黑褐色宽膜质。舌状花白色、粉红色，舌片顶端3齿或微凹。瘦果长约2mm。花果期6～8月。

中生草本。生于草原带的山地草甸。产呼伦贝尔（新巴尔虎右旗）、锡林郭勒（正蓝旗）。分布于我国吉林东部、河北西北部、山西北部，俄罗斯（远东地区）。为华北—满洲分布种。

8. 桌子山菊

Chrysanthemum zhuozishanense L. Q. Zhao et J. Yang in Novon 23(2): 255. f.1. 2014.

多年生草本，高15～25cm。植株密被柔毛，花期渐脱落。有时具横走的匍匐枝。茎直立，单一或数条簇生，上部分枝。基生叶花期枯萎；中下部叶叶柄长约5mm，基部具托叶，托叶常3裂；叶片扇形或近圆形，长0.5～1.1cm，宽0.5～1cm，一至二回掌式羽状分裂，两面密被腺

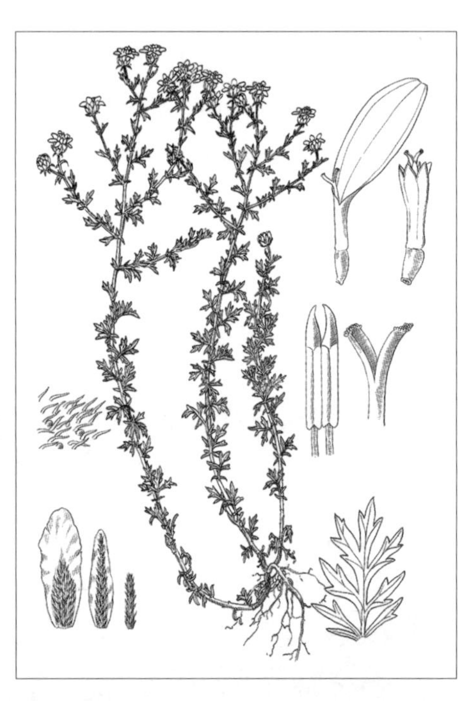

点，小裂片先端锐尖。头状花序直径8～10mm，单生或数个在茎枝顶端排列成复伞房状；总苞长约4mm，直径5～7mm，被柔毛。外层总苞片条形，绿色，顶端钝，膜质；内层者矩圆形，边缘宽膜质，带褐色。舌状花白色，舌片椭圆形，长4～5mm；管状花长约2.5mm；花药基部微尖；花柱分枝先端截形，具乳突状突起。花果期8～10月。

旱中生草本。生于草原化荒漠带的山地石缝。产东阿拉善（桌子山）。为东阿拉善山地分布种。

9. 蒙菊

Chrysanthemum mongolicum Y. Ling in Contr. Inst. Bot. Nat. Acad. Peiping. 3:463. 1935; Fl. China 20-21:676. 2011.——*Dendranthema mongolicum* (Y. Ling) Tzvel. in Fl. U.R.S.S. 26:378. 1961; Fl. Intramongol. ed. 2, 4:568. t.225. f.1-4. 1992.

多年生草本，高25～30cm。根状茎横走。茎单生或数个簇生，直立，具纵沟棱，多少被伏贴的简单或分叉毛，不分枝或作伞房状分枝或自基部分枝。叶形多变化。茎下部叶宽卵形或卵形，长2～3cm，宽1～2cm，羽状或少有掌状深裂或浅裂；侧裂片长楔形，顶端3浅裂或偏斜不等大2裂，顶裂片矩圆形，羽状浅裂或作尖浅齿状。茎中上部叶变小，卵形至矩圆形，羽

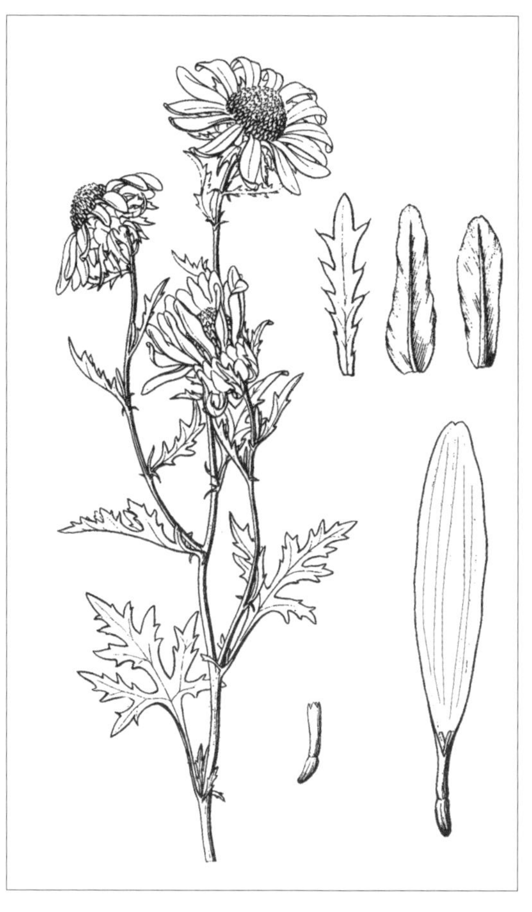

状浅裂或深裂，或下部 1 对羽片较大，边缘细尖牙齿状；最上部叶矩圆形，边缘有芒齿，或为羽状深裂或浅裂；下部及中上部叶基部楔形渐狭而成具宽翅的叶柄，叶柄基部变宽大，尖齿状羽裂；全部叶上面深绿色，密被腺点，无毛或近无毛，下面淡绿色，疏或密被长伏毛及腺点，中脉明显。头状花序单生茎顶或枝端，直径约 4.5cm；总苞长 4 ～ 7mm，直径 10 ～ 18mm。总苞片外层者矩圆形或披针形，绿色，草质，背面疏被柔毛和腺点，尖齿状羽状浅裂或具细尖齿；中层和内层者披针形或卵状披针形至椭圆形，先端钝，膜质，带紫褐色。舌状花冠白色或粉红色，舌片长 12 ～ 25mm，宽 3 ～ 5mm；管状花冠黄色，长 2.5 ～ 3mm。瘦果倒卵形，长 1.5 ～ 2.3mm，有 5 ～ 6 条纵肋；无冠毛。花果期 8 ～ 9 月。

旱中生草本。生于草原带海拔 1500 ～ 2000m 的石质或砾石质山坡。产阴山（乌拉山）。为乌拉山分布种。

经查，我国山西、蒙古国、俄罗斯（西伯利亚地区、远东地区）均无该种的分布。

36. 母菊属 Matricaria L.

一年生草本。植株常有强烈气味。叶互生，一至二回羽状全裂。头状花序单生于枝端，具长或短梗，有多数异型或同型小花，辐射状或盘状，外围有1层雌花，结实，中央有多数两性花；总苞半球形；总苞片数层；花序托圆锥形。雌花花冠舌状，白色，有时缺；两性花花冠管状，黄色或淡绿色，顶端4～5齿裂。花药基部钝，顶端具尖三角形附片；花柱分枝顶端截形，有乳头状突起。瘦果圆柱形，稍背腹压扁；顶端斜截形，背部凸起，腹面有3～5纵细肋；冠毛冠状或缺。

内蒙古有1种。

1. 同花母菊

Matricaria matricarioides (Less.) Porter ex Britton in Mem. Torrey Bot. Club. 5:341. 1894; Fl. Intramongol. ed. 2, 4:574. t.227. f.1-3. 1992.——*Artemisia matricarioides* Less. in Linn. 6:210. 1831.

一年生草本，高5～10cm。茎单一，直立，有分枝，无毛，有时被短柔毛。茎生叶长椭

圆形，长1～2cm，宽3～5mm，二回羽状全裂；小裂片条形，宽约0.5mm，先端锐尖，两面无毛或疏被柔毛；基部扩大而稍抱茎。上部叶渐变小。头状花序小，具短梗；总苞长约3mm，直径4～7mm；总苞片3层，椭圆形，先端钝圆，边缘宽膜质，外层者较短，中层和内层者近等长；舌状花缺；管状花冠长约1.5mm，黄绿色，先端具4齿。瘦果矩圆形，长约1.5mm，褐色，腹面具3纵肋；冠毛呈短冠状。花果期7～9月。

中生草本。生于森林带的山坡路旁。产兴安北部（牙克石市）、兴安南部（巴林左旗）。分布于我国吉林西部、辽宁东部，日本、朝鲜、不丹，亚洲北部和西部，欧洲、北美洲。为泛北极分布种。

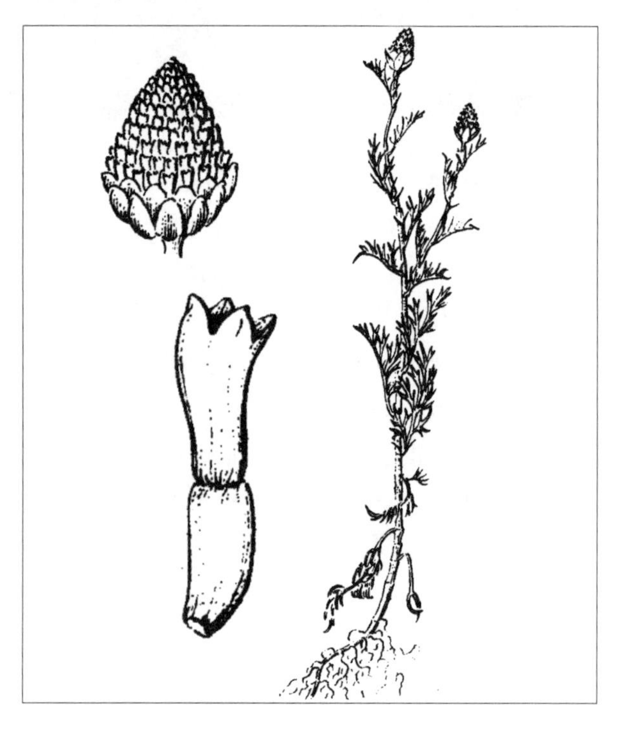

37. 三肋果属 Tripleurospermum Sch.-Bip.

一、二年生或多年生草本。叶二至三回羽状全裂。头状花序少数或多数在茎枝顶端排列成伞房状，或单生，有多数异型或同型小花，辐射状或盘状，外围有1层雌花，舌状，白色，中央有多数两性花，管状，黄色，5裂；花柱分枝顶端截形，画笔状；花药基部钝，顶端有卵状三角形或矩圆形的附片；花序托圆锥形或半球形。瘦果圆筒状三角形，顶端截形，基部收窄，背面扁，顶端有2个红色大腺体，两侧和腹面有3条纵肋；冠状冠毛膜质，短，近全缘或较长而浅裂。

内蒙古有1种。

1. 三肋果（幼母菊）

Tripleurospermum limosum (Maxim.) Pobed. in Bot. Mater. Gerb. Bot. Inst. Kom. Akad. Nauk S.S.S.R. 21:352. 1961; Fl. Intramongol. ed. 2, 4:575. 1992.——*Chamaemelum limosum* (Maxim.) in Mem. Acad. Imp. Sci. St.-Petersb. Div. Sav. 9:156. 1859.

一、二年生草本，高10～30cm。茎直立，不分枝或自基部分枝，具条纹，无毛。基生叶花期枯萎；茎下部叶和中部叶轮廓倒披针状矩圆形或矩圆形，长5.5～9.5cm，宽2.5～3cm，三回羽状全裂，裂片狭条形，宽约0.5mm，两面无毛；上部叶渐小。头状花序少数或多数单生于茎枝顶端，直径1～1.5cm，花序梗顶端膨大并疏被柔毛；总苞半球形；总苞片2～3层，近等长，外层的宽披针形，内层的矩圆形，先端圆形，边缘白色或稍带褐色，膜质；花序托卵状圆锥形；舌状花白色，舌片长约4mm，宽1.5～2mm；管状花黄色，长约2mm，先端5裂，裂片顶端有红色腺点。瘦果褐色，长约2.5mm，有3条淡白色宽肋，具皱纹，背面顶部有2个红色大腺体；冠状冠毛长约0.5mm，有3齿。花果期7～8月。

中生草本。生于森林草原带的路旁、河岸沙地。产嫩江西部平原（扎赉特旗）。分布于我国黑龙江、吉林北部、辽宁中北部和东部、河北东部，日本、朝鲜、俄罗斯（远东地区）。为东亚北部（满洲—日本）分布种。

38. 菊蒿属 Tanacetum L.

多年生草本。叶互生，羽状分裂。头状花序少数或多数在茎顶或枝端排列成伞房状，具多数异型或同型小花，外围有 1 层雌性的舌状花或管状花，中央有多数两性的管状花；总苞钟状；总苞片 3 ～ 5 层，多少具膜质边缘；花序托凸，稀扁平，无毛；舌状花有或无；管状花冠黄色，2 ～ 5 齿裂；花药基部钝，顶端具披针状卵形的附片；花柱分枝顶端截形。瘦果三棱状圆柱形，基部狭窄，具 5 ～ 10 条纵肋，顶端截形；冠毛冠状，长 0.1 ～ 0.7mm，边缘齿裂、浅裂或分裂几达基部。

内蒙古有 1 种。

1. 菊蒿（艾菊）

Tanacetum vulgare L., Sp. Pl. 2:844. 1753; Fl. Intramongol. ed. 2, 4:577. t.226. f.6-8. 1992.

多年生草本，植株高 30 ～ 60cm。茎直立，具纵沟棱，疏被短柔毛，上部常有分枝。叶椭圆形或椭圆状卵形，长达 20cm，宽达 10cm，二回羽状深裂或全裂；裂片卵形至条状披针形，先端钝或尖，边缘有锯齿或再次羽状浅裂，稀深裂，小裂片卵形、三角形，先端锐尖，边缘有不规则小锯齿或全缘，两面无毛或疏被单毛或叉状分枝的毛，具腺点，羽轴有栉齿状裂片；下部叶有长柄，柄基扩大，上部的叶无柄。头状花序多数在茎顶或枝端排列成复伞房状；总苞长 4 ～ 6mm，直径 5 ～ 8mm；总苞片草质，无毛或有疏柔毛，边缘狭膜质，外层者卵状披针形，内层者矩圆状披针形；全部小花管状，外围雌花较中央两性花短小，中央两性花长 1.5 ～ 2.4mm。瘦果长 1.2 ～ 2mm；冠毛冠状，长 0.1 ～ 0.4mm，顶端齿裂。花果期 7 ～ 9 月。

中生草本。生于森林带的山地草甸、河滩草甸、路边，是常见的伴生植物。产兴安北部（额尔古纳市、牙克石市）。分布于我国黑龙江西北部、新疆北部，日本、朝鲜、蒙古国东部和北部及西部、俄罗斯，中亚，欧洲、北美洲。为泛北极分布种。

39. 女蒿属 Hippolytia Poljak.

小半灌木或多年生草本。叶互生，羽状分裂或 3 裂。头状花序少数在茎顶排列成伞房状、束状伞房状或团伞状，具多数同型小花，两性；总苞钟状或楔钟状；总苞片 3 ～ 5 层，覆瓦状或镊合状；小花花冠管状，顶端 5 齿裂；花药基部钝，顶端具披针状卵形附片；花柱分枝顶端截形。瘦果圆柱形，基部狭窄，或纺锤形，具 4 ～ 7 条纵肋；无冠毛，但顶端沿果缘有环边。

内蒙古有 2 种。

分种检索表

1a. 叶楔形或匙形，3 深裂或 3 浅裂；总苞片边缘白色膜质……………………………………**1. 女蒿 H. trifida**

1b. 叶矩圆状倒卵形，羽状分裂；外层总苞片边缘浅褐色膜质……………**2. 贺兰山女蒿 H. alashanensis**

1. 女蒿（三裂艾菊）

Hippolytia trifida (Turcz.) Poljak. in Bot. Mater. Gerb. Bot. Inst. Kom. Akad. Nauk S.S.S.R. 18:289. 1957; Fl. Intramongol. ed. 2, 4:577. t.228. f.1-3. 1992.——*Artemisia trifida* Turcz. in Bull. Soc. Imp. Nat. Mosc. 5:196. 1832.

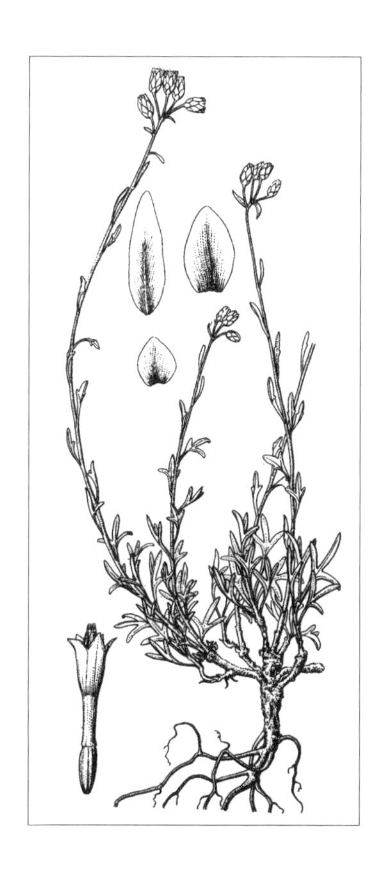

小半灌木，高 5 ～ 25cm。根粗壮，木质，暗褐色。茎短缩，扭曲。树皮黑褐色，呈不规则条状剥裂或劈裂。老枝灰色或褐色，木质，枝皮干裂，由老枝上生出多数短缩的营养枝和细长的生殖枝；生殖枝细长，常弯曲，斜升，略具纵棱，灰棕色或灰褐色；全部枝密被银白色短绢毛。叶灰绿色，楔形或匙形，长 0.5 ～ 3.5cm，3 深裂或 3 浅裂，叶中部以下长渐狭；裂片短条形或矩圆状条形，先端钝，全缘，有时裂片中上部具 1 ～ 2 小裂片或齿，又呈 2 或 3 深裂或浅裂状；叶两面密被白色短绢毛，有腺点，下面主脉明显而隆起；最上部叶条状倒披针形，全缘。头状花序钟状或狭钟状，长 5 ～ 7mm，宽 3 ～ 5mm；具短梗，梗长 2 ～ 15mm，4 ～ 8 个在茎顶排列成紧缩的伞房状；总苞片疏被长柔毛与腺点，先端钝圆，边缘宽膜质，外层者卵圆形，内层者矩圆形；管状花冠黄色，长 3 ～ 3.5mm。瘦果近圆柱形，长 1.5 ～ 3mm，黄褐色，无毛。花果期 7 ～ 9 月。

强旱生小半灌木。生于砂壤质棕钙土上，为荒漠草原的建群种及小针茅草原的优势种。产锡林郭勒（东乌珠穆沁旗、西乌珠穆沁旗、苏尼特左旗、镶黄旗）、乌兰察布（四子王旗、达尔罕茂明安联合旗、白云鄂博矿区、固阳县、乌拉特前旗）、鄂尔多斯（鄂托克旗）。分布于蒙古国东部和南部。为戈壁—蒙古分布种。

为中等饲用植物，羊和骆驼喜食。

2. 贺兰山女蒿

Hippolytia alashanensis (Ling) C. Shih in Act. Phytotax. Sin. 17(4):63. 1979; Fl. Intramongol. ed. 2, 4:578. t.228. f.4-6. 1992.——*Tanacetum alashanense* Ling in Contr. Inst. Bot. Nat. Acad. Peiping 2:502. 1935.——*H. kaschgaria* (Krasch.) Poljak. subsp. *alashanense* (Ling) Z. Y. Chu et C. Z. Liang in Fl. Helan Mount. 543. 2011.——*H. kaschgaria* auct. non (Krasch.) Poljak.: Flora of China 20-21:754. 2011.

小半灌木，高约 30cm。茎较粗壮，多分枝。树皮灰褐色，具不规则纵裂纹。当年枝棕褐色或灰褐色，略具纵棱，密被贴伏的短柔毛，后脱落。叶矩圆状倒卵形，长 1.5 ～ 2.5cm，宽 4 ～ 10mm，羽状深裂或浅裂；顶裂片矩圆形或楔状矩圆形，先端钝或具 3 牙齿；侧裂片 2 ～ 3 对，矩圆形或倒卵状矩圆形，先端钝或尖，全缘或具 1 ～ 2 小牙齿；叶基部渐狭，楔形，柄长 5 ～ 10mm；上面绿色，被腺点和疏短柔毛，下面灰白色，密被贴伏的短柔毛，主脉明显而隆起；上部叶小，倒披针形或楔形，全缘或 3 浅裂。头状花序钟状，长 3.5 ～ 4.5mm，宽约 2.5mm；具梗，梗长 4 ～ 15mm，4 ～ 8 个在枝端排列成伞房状。总苞片 4 层：外层者卵形或卵圆形，先端钝，背部被短柔毛，边缘浅褐色，膜质；内层者倒卵状矩圆形，边缘宽膜质。管状花 18 ～ 24，花冠长约 2mm，外面有腺点。瘦果矩圆形，扁三棱状，长 1 ～ 1.5mm，近无毛。花果期 7 ～ 10 月。

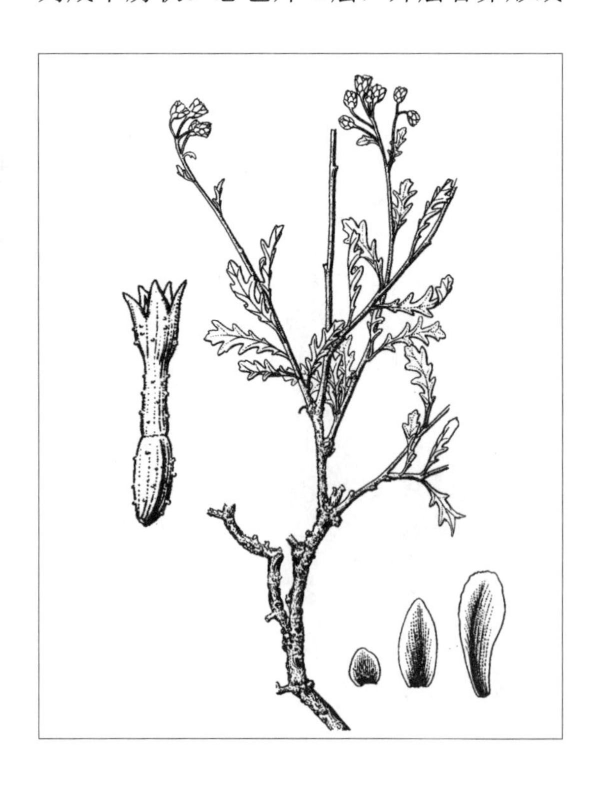

强旱生小半灌木。散生于荒漠带的山地向阳石质山坡的石缝间。产贺兰山。分布于我国宁夏西北部、甘肃中部。为东阿拉善山地分布种。

40. 百花蒿属 Stilpnolepis Krasch.

属的特征同种。

单种属。

1. 百花蒿

Stilpnolepis centiflora (Maxim.) Krasch. in Bot. Mater. Gerb. Bot. Inst. Kom. Akad. Nauk S.S.S.R. 9:209. f.2. 1946; Fl. Intramongol. ed. 2, 4:578. t.229. f.1-3. 1992.——*Artemisia centiflora* Maxim. in Bull. Acad. Imp. Sci. St.-Petersb. 26:493. 1880.

一年生草本，高 50 ～ 80cm。植株有强烈的臭味。根粗壮，褐色。茎粗壮，下部直径 5 ～ 8mm，淡褐色，具纵沟棱，被“丁”字毛，多分枝。叶稍肉质，狭条形，长 3 ～ 10cm，宽 2 ～ 4mm，

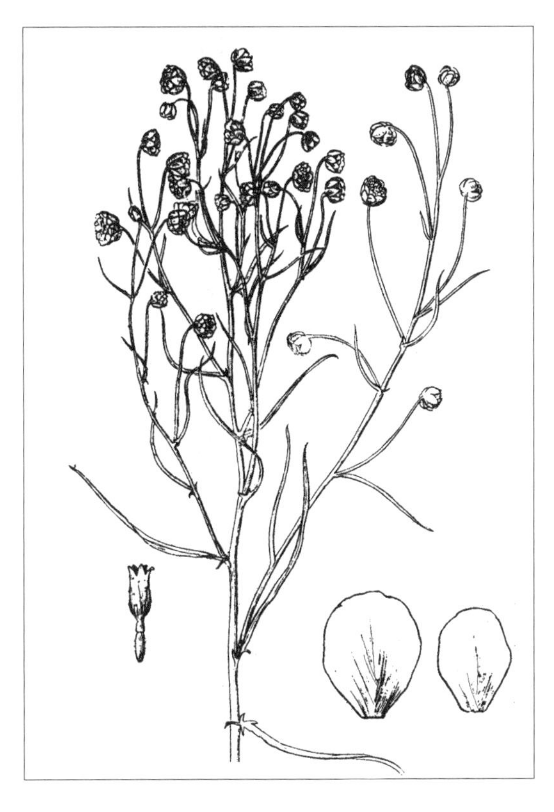

先端渐尖，具 3 脉，两面被“丁”字毛或近无毛，下部或基部边缘有 2 ～ 3 对稀疏的托叶状的羽状小裂片。头状花序半球形，直径 8 ～ 20mm，梗长 1.5 ～ 3cm，下垂，单生于枝端，多数排列成疏散的复伞房状；总苞片 4 ～ 5 层，宽倒卵形，长达 7mm，宽约 5mm，内、外层近等长或外层稍短于内层，先端圆形，淡黄色，具光泽，全部膜质或边缘宽膜质，

疏被长柔毛；花极多数（100 余朵），全部为结实的两性花；花冠高脚杯状，长约 4mm，淡黄色，有棕色或褐色腺体，顶端 5 裂，裂片长三角形，外卷；雄蕊花药顶端的附片为卵形，先端钝尖；花柱分枝长，斜展，顶端截形；花序托半球形，裸露。瘦果长棒状，长 5 ～ 6mm，肋纹不明显，密被棕褐色腺体。

强旱生草本。生于荒漠带的流动沙丘的丘间低地。产东阿拉善（杭锦旗、鄂托克旗、鄂托克前旗、阿拉善左旗）、西阿拉善（阿拉善右旗）。分布于我国陕西（榆林市）、宁夏（灵武市、中卫市）、甘肃（高台县）。为南阿拉善分布种。

41. 紊蒿属 **Elachanthemum** Ling et Y. R. Ling

一年生草本。从基部多分枝形成球状株丛。茎疏被短柔毛。叶无柄；羽状全裂，裂片条形或条状丝形；茎上部叶 3 ～ 5 裂或不分裂，叶两面疏被短柔毛。头状花序半球形或近球形，单生或 2 ～ 5 个生于分枝顶端；总苞杯状球形；总苞片 3 ～ 4 层；小花多数，60 ～ 100 朵，全为两性；花冠管状钟形，淡黄色，常有腺体；雄蕊花药顶端的附片为三角状卵形，先端钝尖；花柱分枝条形，顶端近截形。瘦果斜倒卵形。

内蒙古有 2 种。

分种检索表

1a. 头状花序单生分枝顶端，小花 60 ～ 100……………………………………………**1. 紊蒿 E. intricatum**

1b. 头状花序 2 ～ 5 个簇生于茎枝顶端，小花 40 ～ 60………………………**2. 多头紊蒿 E. polycephalum**

1. 紊蒿

Elachanthemum intricatum (Franch.) Ling et Y. R. Ling in Act. Phytotax. Sin. 16(1):63. f.1. 1978; Fl. Intramongol. ed. 2, 4:581. t.230. f.1-4. 1992.——*Artemisia intricata* Franch. in Pl. David. 1:170. 1884.——*E. intricatum* (Franch.) Ling et Y. R. Ling var. *macrocephalum* H. C. Fu in Fl. Intramongol. 6:101,326. 1982; Fl. Intramongol. ed. 2, 4:581. 1992.

一年生草本，高 15 ～ 35cm。从基部多分枝形成球状株丛。茎具纵条纹，淡红色或黄褐

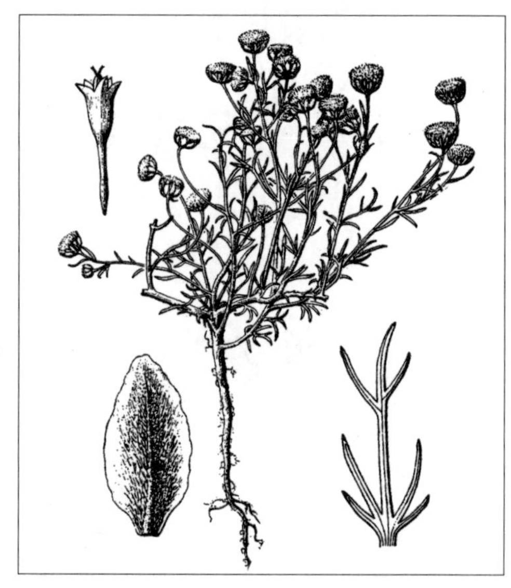

色，疏被短柔毛。枝细，斜升或平卧。叶无柄；羽状全裂；茎下部叶与中部叶长1～3cm，裂片7，其中4裂片对生于叶基部而呈托叶状，3裂片位于叶片先端，裂片条形或条状丝形，长2～5mm；茎上部叶3～5裂或不分裂，叶两面疏被短柔毛。头状花序半球形或近球形，直径（3～）5～6（～10）mm；有长梗，多数，单生于分枝顶端；总苞杯状球形；总苞片3～4层，内、外层近等长或外层稍短于内层，卵形或宽卵形，先端尖，中肋绿色，边缘宽膜质，背部疏被柔毛；小花多数，60～100，全为两性；花冠管状钟形，长2～3mm，淡黄色，常有腺体，顶端5裂，裂片三角形，外卷；雄蕊花药顶端的附片为三角状卵形，先端钝尖；花柱分枝条形，顶端近截形；花序托近圆锥形，裸露。瘦果斜倒卵形，成熟时有15～20条纵沟纹。花果期9～10月。

中生草本。生于荒漠草原，也进入草原化荒漠地带，为夏雨型一年生草本层片的主要成分之一。产乌兰察布（苏尼特左旗北部、达尔罕茂明安联合旗、白云鄂博矿区、乌拉特前旗、乌拉特中旗）、阴山（大青山、乌拉山）、鄂尔多斯（伊金霍洛旗、乌审旗、杭锦旗、鄂托克旗）、东阿拉善（阿拉善左旗）。分布于我国宁夏北部、甘肃（河西走廊）、青海东部、新疆（伊吾县），蒙古国东部和南部及西部。为戈壁—蒙古分布种。

2. 多头紊蒿

Elachanthemum polycephalum Zong Y. Zhu et C. Z. Liang in Bull. Bot. Res. Harbin 23(2):149. 2003.

一年生草本，高20～30cm。主根直伸，上部有数条侧根，稍木质化。茎自基部分枝，淡红色或褐色，密被绵毛。基生叶不规则二至三回羽状全裂，先端常3～5裂；上部叶羽状全裂，基部具1～2对裂片，先端3～5裂片，裂片狭线形；全部叶幼时两面被长柔毛，后脱落。头状花序同型，半球形，直径3～5mm；无梗或具极短的梗（1～3mm），2～5个在茎枝顶部簇生成球形；总苞杯状，半球形；总苞片2～3层，内、外层近相等或外层稍短，干膜质或具宽膜质边缘，具1条明显绿色或褐色中肋，疏被柔毛或无毛；小花多数，通常40～60，全为两性花；花冠管形，长2～3mm，黄色，具腺点，顶端5裂，裂片短三角形，花后期反折；雄蕊5，花期明显伸出花冠，花药附属物三角状卵形，顶端钝尖；花柱2，分枝，条形，柱头具多数短锐尖凸起。瘦果成熟时斜倒卵形，外果皮具15～20条纵条纹，下部具果脐，果实透明；种子白色。花果期8～9月。

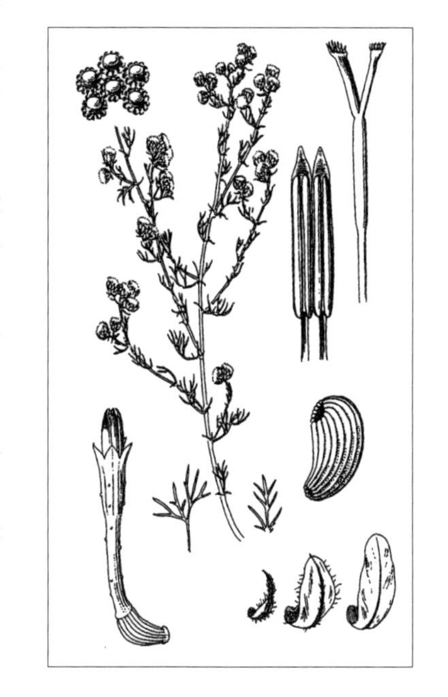

中生草本。生于戈壁荒漠。产额济纳（公婆泉）。为额济纳分布种。

42. 小甘菊属 Cancrinia Kar. et Kir.

半灌木或多年生或二年生草本。叶近基生，羽状分裂，紧凑。头状花序盘状，多数在茎顶或枝端排列成疏或密的伞房状或伞房圆锥状，或单生；具多数同型小花，两性，结实；总苞片3～4层，覆瓦状，外层者较短；花序托凸起，无毛或有毛；小花花冠管状，基部具短而宽的管部，檐部呈钟状，5齿裂。瘦果三棱状圆柱形，具5～6纵肋，顶端具膜质小冠。

内蒙古有3种。

分种检索表

1a. 二年生或多年生草本，被白色绵毛；头状花序单生茎顶。

2a. 瘦果无毛；花序托明显凸起，锥状球形；叶一至二回羽状深裂，裂片2～5深裂或浅裂；二年生草本……………………………………………………………………………………**1. 小甘菊 C. discoidea**

2b. 瘦果疏生长柔毛；花序托平或稍凸起；叶羽状全裂，裂片全缘或浅裂；多年生草本………………………………………………………………………………………………**2. 毛果小甘菊 C. lasiocarpa**

1b. 小半灌木，被灰白色短柔毛和褐色腺点；头状花序2～5个在枝端排列成伞房状；叶羽状深裂，裂片全缘或有1～2个小齿………………………………………………………………**3. 灌木小甘菊 C. maximowiczii**

1. 小甘菊（金纽扣）

Cancrinia discoidea (Ledeb.) Poljak. ex Tzvel. in Fl. U.R.S.S. 26:313. 1961; Fl. China 20-21:751. 2011; Fl. Intramongol. ed. 2, 4:583. t.231. f.3. 1992.——*Pyrethrum discoideum* Ledeb. in Icon. Pl. t.153. 1830.

多年生或二年生草本，高5～15cm。茎纤细，直立或斜升，被灰白色绵毛，由基部多分枝。

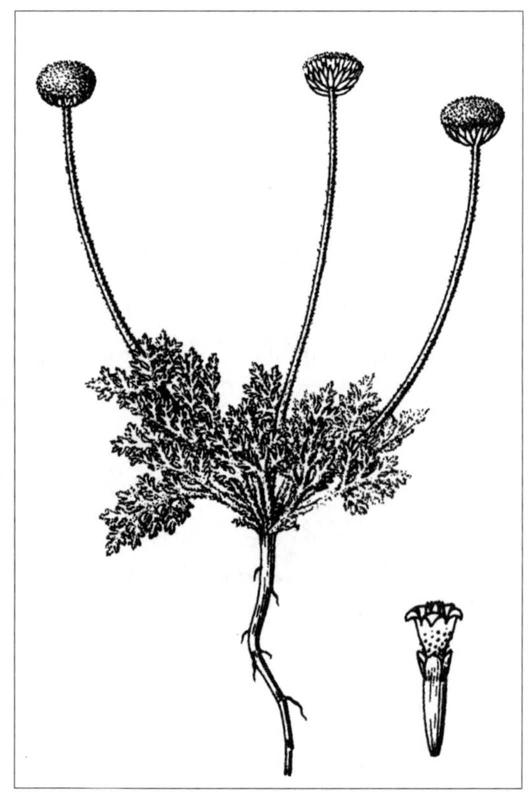

叶肉质，灰白色，密被绵毛至近无毛，矩圆形或卵形，长 3 ～ 4cm，宽 1 ～ 1.5cm，一至二回羽状深裂；侧裂片 2 ～ 5 对，每个裂片又有 2 ～ 5 个浅裂或深裂片，稀全缘，小裂片卵形或宽条形，钝或短渐尖；叶柄长，基部扩大。头状花序单生于长 4 ～ 16cm 的梗上，直径 7 ～ 12mm；总苞半球形，长 2 ～ 4mm，草质，疏被绵毛。外层总苞片少数，条状披针形，先端尖，边缘窄膜质，长约 3.5mm；内层者条状矩圆形，先端钝，边缘宽膜质。花序托锥状球形；管状花花冠黄色，长 1.2 ～ 1.8mm。瘦果灰白色，长 1.8 ～ 2.2mm，无毛，具 5 条纵棱；顶端具长约 0.5mm 的膜质小冠，5 浅裂。花果期 6 ～ 8 月。

旱生草本。生于荒漠带的石质残丘坡地、丘前冲积覆沙地，为戈壁荒漠的偶见伴生种。产东阿拉善（乌拉特后旗、阿拉善左旗）、西阿拉善（阿拉善右旗）。分布于我国甘肃（河西走廊）、新疆北部和东北部，蒙古国西部和南部、俄罗斯（西伯利亚地区）、哈萨克斯坦。为戈壁分布种。

2. 毛果小甘菊

Cancrinia lasiocarpa C. Winkl. in Trudy Imp. St.-Petersb. Bot. Sada 12:30. 1892; High. Pl. China 11:363. 2005.

多年生草本，高 5 ～ 15cm。具细木质根。茎由基部分枝，密被白色绵毛。叶披针状卵形至矩圆形，长 7 ～ 15mm，宽 5 ～ 8mm，羽状全裂，裂片全缘或浅裂；叶柄被绵毛，灰绿色。头状花序单生茎顶，梗长 4 ～ 10cm；总苞直径 8 ～ 15mm，被绵毛。总苞片约 3 层，革质；外层条状披针形，先端尖；内层条状矩圆形，边缘宽膜质，先端边缘撕裂状。花冠黄色，檐部 5 齿裂，具腺点；花序托平或稍凸起。瘦果长约 2mm，表面疏生长柔毛，具 5 纵肋；冠毛膜片状，5 裂。花果期 6 ～ 9 月。

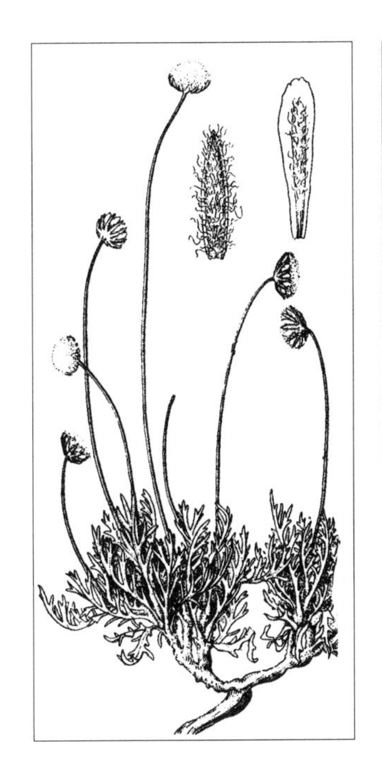

旱生草本。生于荒漠带海拔 1500 ～ 2000m 的干山坡。产东阿拉善、西阿拉善。分布于我国宁夏西部、甘肃（河西走廊）。为南阿拉善分布种。

《内蒙古植物志》第二版第四

卷中图版 231 图 1 ～ 2 不是小甘菊 *C. discoidea*，而是本种。

3. 灌木小甘菊

Cancrinia maximowiczii C. Winkl. in Trudy Imp. St.-Petersb. Bot. Sada 12:29. 1892; Fl. Intramongol. ed. 2, 4:583. t.227. f.4-5. 1992.

小半灌木，高 30 ～ 50cm。老枝灰黄色，木质化；小枝细长，帚状，淡褐色，具纵条棱，密被灰白色短柔毛和褐色的腺点。叶矩圆形或椭圆形，长 1.5 ～ 2.5cm，宽 5 ～ 12mm，羽状深裂；侧裂片 2 ～ 5 对，长 1.5mm，宽 0.5 ～ 1mm，呈镰形弯曲，先端渐尖，具 1 ～ 2 个小齿或全缘，

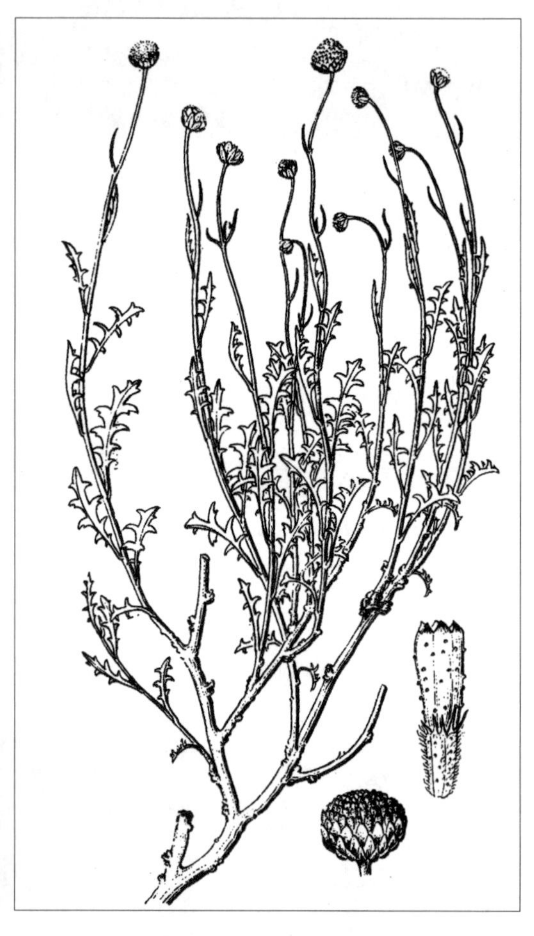

边缘常反卷，上面绿色，疏被短柔毛，下面灰白色，被毡毛，两面有褐色腺点，具短叶柄；最上部叶条形，全缘或具齿。头状花序具长梗，2 ～ 5 个在枝端排列成伞房状；总苞半球形，直径 5 ～ 10mm。总苞片 3 层，被疏柔毛和褐色腺点；外层者卵状三角形或矩圆状卵形，先端钝或尖，边缘狭膜质，褐色；内层者矩圆状倒卵形，先端钝圆，边缘宽膜质，淡褐色。管状花花冠宽筒状，长约 2mm，有棕色腺点。瘦果长约 1.5mm，具 5 条纵肋，被短柔毛和腺点，顶端有不等长由膜片组成的小冠。花果期 7 ～ 8 月。

旱生小半灌木。生于荒漠带的砾石质山坡。产龙首山。分布于我国甘肃（河西走廊）、青海（柴达木盆地）、新疆（天山）。为戈壁（河西走廊—柴达木盆地）分布种。

43. 亚菊属 **Ajania** Poljak.

多年生草本或半灌木。叶互生，通常羽状分裂。头状花序少数或多数（2 ～ 60）在茎顶排列成伞房状，稀单生；有少数或多数同型小花，外围有 1 层雌花，中央有多数两性花，均结实；总苞钟状；总苞片 3 ～ 4 层，覆瓦状排列，草质或硬草质，边缘膜质；花序托凸起，无毛，稀有毛，有小窝孔；雌花花冠管状，顶端 2 ～ 4 齿裂，两性花花冠管状，顶端 5 齿裂；花药基部钝，顶端具宽披针形的附片；花柱分枝条形。瘦果矩圆形或倒卵球形，基部收窄，具 4 ～ 6 肋纹，无毛。

内蒙古有 6 种。

分种检索表

1a. 头状花序单生茎顶，叶 3 深裂或 3 全裂…………………………………………**1. 内蒙亚菊 A. alabasica**

1b. 头状花序少数或多数在枝端排列成伞房状。

  2a. 总苞片麦秆黄色，有光泽，边缘白色膜质；小半灌木。

    3a. 叶的小裂片狭条形或条状矩圆形，两面密被灰白色短柔毛。

      4a. 茎下部叶和中部叶长 10 ～ 15mm，二回羽状全裂，无叶柄或具短柄；外层总苞片椭圆状披针形…………………………………………**2. 蓍状亚菊 A. achilleoides**

      4b. 茎下部叶和中部叶长 10 ～ 30mm，二回掌状或掌式羽状 3 ～ 5 全裂，明显具叶柄；外层总苞片披针形或卵形…………………………………………**3. 灌木亚菊 A. fruticulosa**

    3b. 叶的小裂片丝状条形，两面绿色或淡绿色，无毛或近无毛…………**4. 丝裂亚菊 A. nematoloba**

  2b. 总苞片非麦秆黄色，无光泽，边缘褐色膜质；多年生草本。

    5a. 叶二回羽状全裂，狭条形，上面无毛或近无毛，下面密被贴伏的长柔毛；头状花序直径 2.5 ～ 3mm；植株高 30 ～ 45cm；茎单一…………………………**5. 细裂亚菊 A. przewalskii**

    5b. 叶二回掌状或近掌状 3 ～ 5 全裂，小裂片椭圆形，两面密被灰白色短柔毛；头状花序直径 6 ～ 10mm；植株高 10 ～ 30cm；茎丛生………………………………**6. 铺散亚菊 A. khartensis**

1. 内蒙亚菊

Ajania alabasica H. C. Fu in Fl. Intramongol. 6:325. t.34. 1982; Fl. Intramongol. ed. 2, 4:585. t.232. f.1-6. 1992.

小半灌木，高 15 ～ 30cm。根木质，粗壮，扭曲，直径 5 ～ 10mm。老枝褐色或灰褐色，

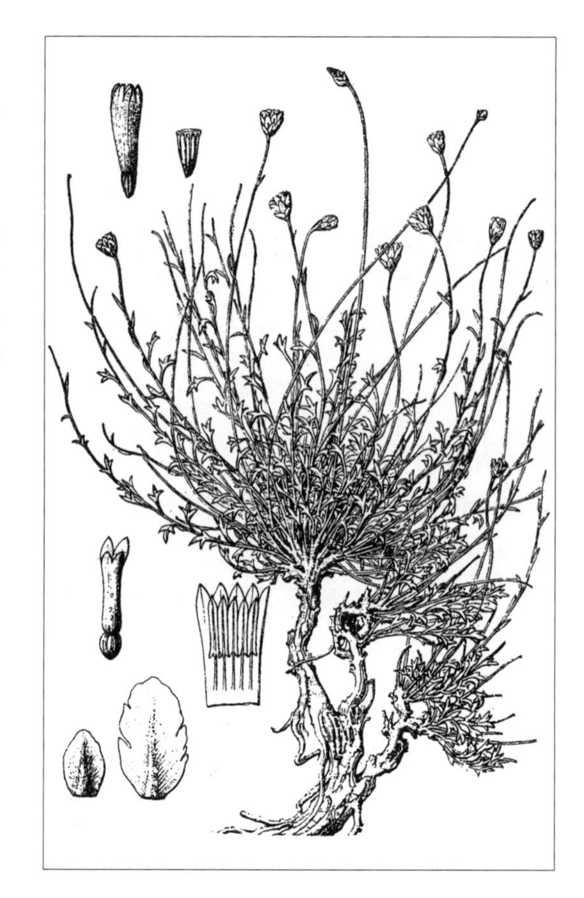

木质，枝皮纵裂，由老枝上发出多数短缩的不育枝和细长的花枝，全部花枝与不育枝密被白色绢毛，后脱落无毛。下部叶与中部叶匙形或扇形，长 0.5 ～ 1.5cm，宽 2 ～ 15mm，3 深裂或 3 全裂，有时二回掌式羽状全裂；一回侧裂片 1 对，顶裂片与侧裂片全缘，或有 1 对小裂片，或仅 1 侧有 1 小裂片，裂片及小裂片条形、矩圆状条形、披针形或长卵形，宽 1 ～ 1.5mm，先端锐尖或钝；叶柄长 2 ～ 4mm。上部叶 3 裂或不分裂。全部叶灰白色，两面密被绢毛。头状花序单生于枝端；总苞钟状，长约 6mm，直径 6 ～ 7mm；总苞片 4 ～ 5 层，外层者菱状卵形，长约 2mm，中层和内层者宽椭圆形，长 4 ～ 5mm，中层和外层者外面密被或疏被绢毛，全部总苞片边缘褐色宽膜质。边缘雌花 5，花冠细管状，长约 2.5mm，顶端 4 齿裂；两性花冠管状，长约 3mm；全部花冠黄色，外面有腺点。瘦果楔形，长约 1mm，淡褐色。花果期 7 ～ 10 月。

强旱生小半灌木。生于草原化荒漠带的山地石质山坡。产东阿拉善（桌子山）。为桌子山分布种。

2. 蓍状亚菊（蓍状艾菊）

Ajania achilleoides (Turcz.) Poljak. ex Grub. in Nov. Sist. Vyssh. Rast. 9:926. 1972; Fl. Intramongol. ed. 2, 4:589. t.234. f.1-4. 1992.——*Artemisia achilleoides* Turcz. in Bull. Soc. Imp. Nat. Mosc. 5:195. 1832.——*Ajania parviflora* auct. non (Grun.) Ling: Fl. Intramongol. ed. 2, 4:589. t.233. f.1-4. 1992.

小半灌木，高 15 ～ 25cm。根粗壮，木质，多弯曲。茎由基部多分枝，直立或倾斜，细长，基部木质，灰绿色或绿色，下部带黄褐色，具纵条棱，密被灰色贴伏的短柔毛或分叉短毛。叶灰绿色，基生叶花期枯萎脱落。茎下部叶及中部叶长 10 ～ 15mm，宽 5 ～ 10mm，二回羽状全裂；

小裂片狭条形或条状矩圆形，长 2 ～ 5mm，宽 0.5 ～ 1mm，先端钝或尖；叶无柄或具短柄，基部常有狭条形假托叶。茎上部叶羽状全裂或不分裂。全部叶两面被绢状短柔毛及腺点。头状花序 3 ～ 6 个在枝端排列成伞房状；花梗纤细，长达 15mm；苞叶狭条形；总苞钟状，长 3 ～ 4mm，直径 3 ～ 4mm；总苞片 3 ～ 4 层，外层者卵形，中、内层者卵形或矩圆状倒卵形，外层和中层者被微柔毛，内层者光滑无毛，全部总苞片中肋淡绿色，边缘膜质，麦秆黄色。边缘雌花 6 ～ 8，花冠细管状，长约 2mm；两性花花冠管状，长 2 ～ 2.5mm，外面有腺点。瘦果矩圆形，长约 1mm，褐色。花果期 8 ～ 9 月。

强旱生小半灌木。生于草原化荒漠带和荒漠化草原带的砂质壤土上、低山碎石间或石质坡地、石质残丘，可形成较大面积的蓍状亚菊荒漠群落，亦为常见的伴生种或优势种。产乌兰察布（苏尼特左旗北部、四子王旗北部、达尔罕茂明安联合旗北部、乌拉特中旗北部）、东阿拉善（乌拉特后旗、鄂托克旗西部、阿拉善左旗）、贺兰山、龙首山。分布于蒙古国西部和南部。为戈壁—蒙古分布种。

为优等饲用植物。绵羊、山羊和骆驼终年喜食；春季与秋季，马、牛喜食或乐食。

《内蒙古植物志》（ed. 2, 4:589. t.233. f.1-4. 1992.）中的束散亚菊 *Ajania parviflora* 所依据的标本鉴定有误，应为本种。因为束散亚菊 *Ajania parviflora* 的总苞片硬草质，先端锐尖至渐尖，叶明显具长柄；而本种的总苞片草质，先端钝圆，叶无柄或近无柄。束散亚菊 *Ajania parviflora* 只分布于我国华北地区，为小五台山—五台山分布种。

3. 灌木亚菊（灌木艾菊）

Ajania fruticulosa (Ledeb.) Poljak. in Bot. Mater. Gerb. Bot. Inst. Kom. Akad. Nauk S.S.S.R. 17:428. 1955; Fl. Intramongol. ed. 2, 4:590. t.234. f.5-9. 1992.——*Tanacetum fruticulosum* Ledeb. in Icon. Pl. 1:10. 1829.

小半灌木，高 10 ～ 40cm。根粗长，木质，上部发出多数或少数直立或倾斜的花枝和当年不育枝。花枝细长，灰绿色或绿色，基部木质，常发褐色、黄褐色至红色，具条棱，密被灰色贴伏的短柔毛或分叉短毛，上部多少作伞房状分枝。叶灰绿色，基生叶花期枯萎脱落。茎下部叶及中部叶长 1 ～ 3cm，宽 1 ～ 2cm，二回掌状或掌式羽状 3 ～ 5 全裂；小裂片狭条形或条状矩圆形，长 3 ～ 10mm，宽 0.5 ～ 1(～ 1.5)mm，先端钝或尖；叶明显具柄，基部常有狭条形假托叶。茎上部叶 3 ～ 5 全裂或不分裂。全部叶两面被短柔毛或分叉短毛以及腺点。头状花序 3 ～ 25 个在枝端排列成伞房状；花梗纤细，长达 20mm；苞叶狭条形；总苞钟状或宽钟形，长 4 ～ 5mm，直径 3 ～ 4.5mm。总苞片 4 层：外层者披针形或卵形，疏被柔毛；中层和内层者矩圆状倒卵形，光滑无毛。全部总苞片中肋淡绿色，边缘膜质，淡褐色。边缘雌花 8，花冠细管状，通常稍扁，长 1.8 ～ 2mm；两性花花冠管状，长 2 ～ 3mm；全部花冠黄色，外面有腺点。瘦果矩圆形，长 1.2 ～ 1.5mm，褐色。花果期 8 ～ 9 月。

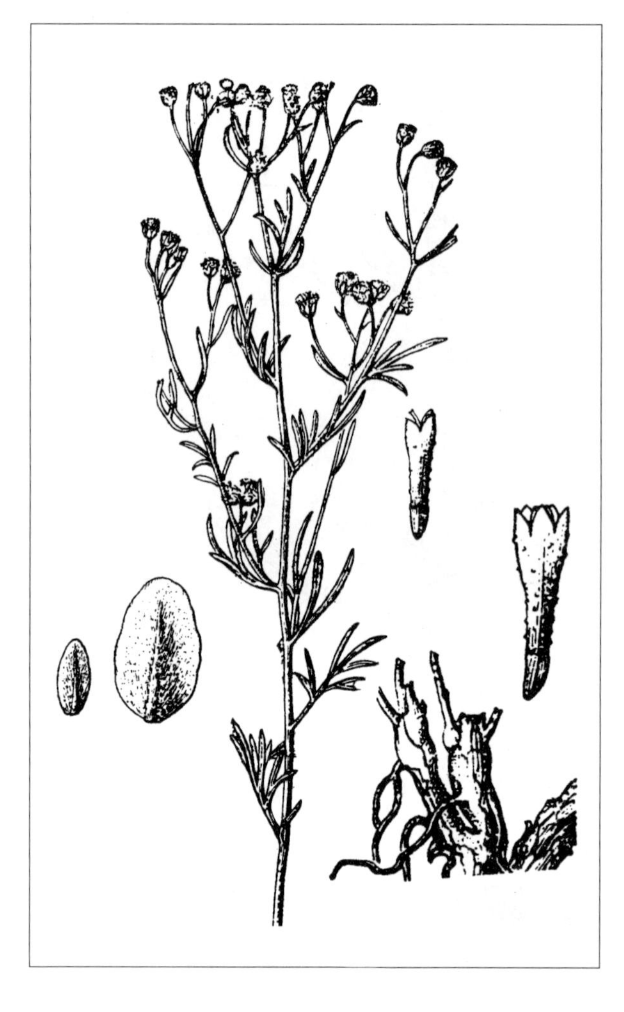

强旱生小半灌木。生于草原化荒漠带和荒漠化草原带的低山及丘陵石质坡地，为常见伴生种。产乌兰察布（苏尼特左旗北部、达尔罕茂明安联合旗北部、乌拉特中旗北部）、鄂尔多斯（鄂托克旗、乌审旗）、东阿拉善（乌海市、阿拉善左旗）、贺兰山、龙首山、额济纳。分布于我国陕西西北部、甘肃、青海、西藏西北部、新疆，蒙古国西部和南部，中亚。为戈壁—蒙古分布种。

为优等饲用植物，绵羊、山羊和骆驼终年喜食；春季与秋季，马、牛喜食或乐食。

4. 丝裂亚菊

Ajania nematoloba (Hand.-Mazz.) Y. Ling et C. Shih in Bull. Bot. Lab. N. -E. Forest. Inst. Harbin 6:16. 1980; Fl. Intramongol. ed. 2, 4:590. t.235. f.1-2. 1992.——*Chrysanthemum nematolobum* Hand.-Mazz. in Act. Hort. Gothob. 12:271. 1938.

小半灌木，高 20 ～ 30cm。一年生枝细长，淡紫色或淡绿色，具纵条棱；老枝极短缩；茎、枝无毛或近无毛。中、下部叶宽卵形、楔形或扁圆形，长 1 ～ 2cm，宽 1 ～ 2.5cm，二回三出（稀五出）掌状或掌式羽状分裂，一至二回全部全裂；上部叶 3 ～ 5 全裂，或全部叶羽状全裂，小裂片丝状条形，宽 0.2 ～ 0.3mm，两面绿色或淡绿色，无毛或近无毛。头状花序小，多数在枝端排列成疏松的伞房状；花梗细，长 0.5 ～ 2cm；总苞钟状，直径 2.5 ～ 3mm；总苞片 4 层，外层者卵形，中、内层者宽倒卵形，全部总苞片麦秆黄色，

有光泽，无毛，边缘膜质；边缘雌花5，花冠细管状，两性花花冠管状，长约2mm。瘦果长约1mm。花果期9～10月。

强旱生小半灌木。生于荒漠带的砾石质坡地。产额济纳。分布于我国甘肃（河西走廊）、青海东部。为河西走廊分布种。

《中国高等植物》（11:360. 2005.）中的文字记载——分布于内蒙古东北部及分布图557中额尔古纳市的图斑是错误的，应为额济纳旗。

5. 细裂亚菊（阿拉善亚菊）

Ajania przewalskii Poljak. in Bot. Mater. Gerb. Bot. Inst. Kom. Akad. Nauk S.S.S.R. 17:422. 1955; Fl. Intramongol. ed. 2, 4:591. t.235. f.3-5. 1992.

多年生草本，高30～45cm。茎直立，单一，麦秆黄色，部分为紫褐色，具纵沟棱，被柔毛。叶上面绿色，无毛或近无毛，下面密被贴伏的长柔毛，长2～3cm，宽1～2.8cm，二回羽状全裂，无柄；一回侧裂片1～2对，小裂片长2～6mm，宽0.5～1mm，狭条状披针形，先端钝尖。头状花序在枝端排列成伞房状、宽钟状，长4～5mm，直径2.5～3mm；总苞片疏被柔毛或近无毛，外层者卵形，先端尖，内层者倒卵形或倒披针形，边缘褐色宽膜质；边缘雌花4～7(～12)，中央两性花56～60。瘦果矩圆形，长约0.8mm，深褐色。花果期8月。

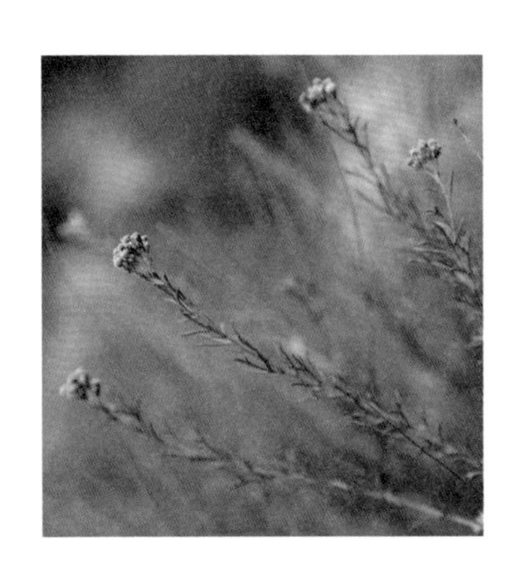

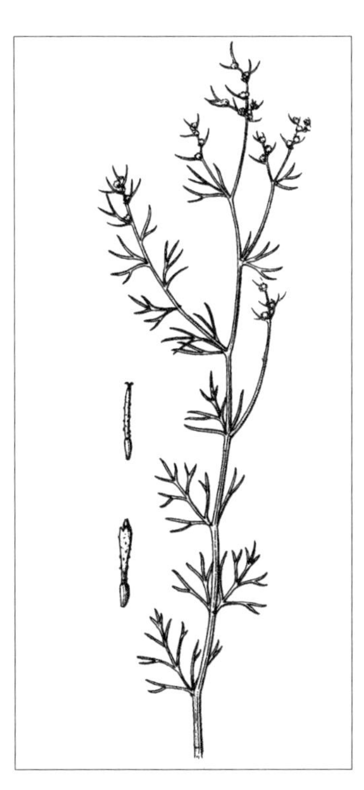

旱生草本。生于荒漠带的石质山坡。产贺兰山、额济纳（马鬃山）。分布于我国甘肃、青海东部、四川西北部。为南阿拉善山地—唐古特分布种。

6. 铺散亚菊

Ajania khartensis (Dunn) C. Shih in Act. Phytotax. Sin. 17(2):115. 1979; Fl. Intramongol. ed. 2, 4:591. t.233. f.5-8. 1992.——*Tanacetum khartense* Dunn in Bull. Misc. Inform. Kew 1922:150. 1922.

多年生草本，高10～30cm。全体密被灰白色绢毛。由基部发出单一不分枝或分枝的花枝

或不育枝，枝细，常弯曲，密被灰色绢毛。叶沿枝密集排列，扇形或半圆形，长 4 ～ 6mm，宽 5 ～ 7mm，二回掌状或近掌状 3 ～ 5 全裂；小裂片椭圆形，先端锐尖，两面密被灰白色短柔毛；叶基部渐狭成短柄，柄基常有 1 对短的条形假托叶。头状花序少数，在枝端排列成复伞房状；总苞钟状，直径 6 ～ 10mm。总苞片 4 层，外层者卵形或卵状披针形，长约 2mm；内层者矩圆形，长约 4mm；全部总苞片边缘棕褐色膜质，背部密被绢质长柔毛。边缘雌花约 7 朵，花冠细管状，长约 2.5mm；中央两性花 40 余朵，花冠管状，长 2 ～ 2.5mm；全部花冠黄色。花果期 8 ～ 9 月。

旱生草本。生于荒漠化草原带和草原化荒漠带的砾石质山坡或山麓，是常见的伴生种。产东阿拉善（乌拉特后旗、桌子山、鄂托克旗西部）、贺兰山。分布于我国宁夏西北部、甘肃西南部、青海、四川西部、云南西北部、西藏，印度北部。为华北西部—横断山脉—喜马拉雅分布种。

44. 线叶菊属 **Filifolium** Kitam.

属的特征同种。

单种属。

1. 线叶菊

Filifolium sibiricum (L.) Kitam. in Act. Phytotax. Geobot. 9:157. 1940; Fl. Intramongol. ed. 2, 4:593. t.231. f.5-8. 1992.——*Tanacetum sibiricum* L., Sp. Pl. 2:1844. 1753.

多年生草本，高 15 ～ 60cm。主根粗壮，斜生，暗褐色。茎单生或丛生，直立，具纵沟棱，无毛，基部密被褐色纤维鞘，不分枝或上部有分枝。叶深绿色，无毛；基生叶倒卵形或矩圆状椭圆形，长达 20cm，宽 3 ～ 6cm，有长柄；茎生叶较小，无柄；全部叶二至三回羽状全裂，裂片条形或丝状，长达 4cm，宽约 1mm。头状花序多数，在枝端或茎顶排列成复伞房状，梗长 0.5 ～ 1cm；总苞球形或半球形，直径 4 ～ 5mm；总苞片 3 层，顶端圆形，边缘宽膜质，背部厚硬，外层者卵圆形，中层与内层者宽椭圆形；花序托凸起，圆锥形，无毛。有多数异型小花：外围有 1 层雌花，结实，管状，顶端 2 ～ 4 裂；中央有多数两性花，不结实，花冠管状，长 1.8 ～ 2.4mm，黄色，先端 5(～ 4) 齿裂。瘦果倒卵形，压扁，长 1.8 ～ 2.5mm，宽 1.5 ～ 2mm，淡褐色，无毛，腹面具 2 条纹；无冠毛。花果期 7 ～ 9 月。

耐寒中旱生草本。在森林草原地带，线叶菊是分布广的优势群系，见于低山丘陵坡地的上部和顶部；在典型草原地带，则分布于海拔较高的山地及丘陵上部，是山地草原的重要建群种。它分布地的海拔从黑龙江流域往南逐渐升高，分布南界可达太行山的南部。产兴安北部、岭西、岭东、呼伦贝尔、兴安南部、科尔沁、辽河平原、赤峰丘陵、燕山北部、锡林郭勒（东乌珠穆沁旗、西乌珠穆沁旗、锡林浩特市、镶黄旗、太仆寺旗）、乌兰察布（达尔罕茂明安联合旗吉穆斯泰山、白云鄂博矿区、固阳县）、阴山（大青山、蛮汗山）、阴南丘陵（准格尔旗阿贵庙）。分布于我国黑龙江、吉林、辽宁、河北、山西，日本、朝鲜、蒙古国东部和北部、俄罗斯（东西伯利亚地区、远东地区）。为蒙古—东亚北部分布种。

45. 蒿属 Artemisia L.

草本，少数为半灌木或小灌木。植株常有浓烈的气味。茎通常直立，单生或丛生，有分枝。叶互生，叶片羽状分裂或不分裂，具柄或无，通常有假托叶。头状花序具异型小花，雌花位于外围，结实，两性花位于中央，结实或不结实，多数在茎上排列成圆锥状、总状或穗状；总苞卵形、球形、半球形或矩圆形等；总苞片数层，覆瓦状排列，边缘通常为膜质，外面被毛或无毛；花序托凸起，有托毛或无；雌花花冠狭圆锥状或狭管状，檐部 2 ～ 3(～ 4) 齿裂；两性花花冠管状，檐部 5 齿裂；花药基部圆钝或短尖，先端具长三角形附片；花柱条形，伸出花冠外或极短，顶端 2 叉开或不叉开，柱头有睫毛或无。瘦果小，常有纵纹；无冠毛。

内蒙古有 73 种。

分种检索表

1a. 中央小花为两性花，结实；开花时花柱与花冠近等长，先端 2 叉开，子房明显（**1. 蒿亚属** Subgen. **Artemisia**）。

2a. 花序托具托毛（**1. 莳萝蒿组** Sect. **Absinthium** DC.）。

3a. 一、二年生草本。

4a. 头状花序半球形或近球形，直径 4 ～ 6mm……………………………**1. 大籽蒿 A. sieversiana**

4b. 头状花序椭圆状倒圆锥形、半球形、宽卵形或近球形，直径 1.5 ～ 3(～ 4)mm。

5a. 中部叶一至二回羽状全裂，小裂片狭条形，长 4 ～ 15mm；头状花序直径 2 ～ 4mm；总苞片背部密或疏被毛或近无毛。

6a. 头状花序椭圆状倒圆锥形，直径 (2 ～)3(～ 4)mm；总苞片背部密被蛛丝状绵毛或近无毛……………………………………………………………**2. 矮滨蒿 A. nakai**

6b. 头状花序半球形或宽卵形，直径 2 ～ 3(～ 4)mm；总苞片背部疏被白色短柔毛或近无毛………………………………………………………………**3. 碱蒿 A. anethifolia**

5b. 中部叶二至三回羽状全裂，小裂片丝状条形或毛发状，长 2 ～ 4mm；头状花序近球形，直径 1.5 ～ 2mm；总苞片背部密被蛛丝状短柔毛………………**4. 莳萝蒿 A. anethoides**

3b. 多年生草本或半灌木状草本。

7a. 叶匙形、长椭圆状倒披针形或披针形，全缘或先端具 3 ～ 5 浅圆裂齿；头状花序在茎上排列成总状或狭窄的圆锥状…………………………………………**5. 白山蒿 A. lagocephala**

7b. 叶非上述情况，头状花序在茎上排列成各种类型的圆锥状。

8a. 头状花序大，直径 4 ～ 7(～ 9)mm。

9a. 中部叶长 3 ～ 5cm，二回羽状全裂，两面密被淡黄色或灰白色绢毛……………………………………………………………………………**6. 绢毛蒿 A. sericea**

9b. 中部叶长 0.5 ～ 0.8cm，一至二回羽状全裂，两面密被银白色绢质短柔毛……………………………………………………………………**7. 银叶蒿 A. argyrophylla**

8b. 头状花序小，直径 2 ～ 4mm。

10a. 多年生草本或半灌木状草本。

11a. 中部叶近圆形，长 0.5 ～ 1cm，宽 0.8 ～ 1.5cm，二回羽状全裂或二回三出全裂，小裂片长 6 ～ 12mm，宽 1 ～ 1.5mm，先端钝或锐尖……………………………………………**8. 阿尔泰香叶蒿 A. rutifolia** var. **altaica**

11b. 中部叶矩圆形或倒卵状矩圆形，长与宽 0.5 ～ 0.7cm，一至二回羽状全裂，小裂片长 2 ～ 3mm，宽 0.5 ～ 1.5mm，先端锐尖。

12a. 植株较高；头状花序在茎上排列成总状或总状圆锥花序，花冠檐部黄色……………………………………………………………………………**9a. 冷蒿 A. frigida** var. **frigida**

12b. 植株矮小；头状花序在茎上排列成穗状，花冠檐部紫色………………………………………………………………………………**9b. 紫花冷蒿 A. frigida** var. **atropurpurea**

10b. 半灌木；中部叶卵圆形或近圆形，长 1 ～ 1.5cm，二回羽状全裂，侧裂片 2 ～ 3 对；小裂片长 1 ～ 3mm，宽 0.5 ～ 1.5mm，先端钝………………………………………**10. 内蒙古旱蒿 A. xerophytica**

2b. 花序托无托毛。

13a. 头状花序通常球形或半球形，稀为其他形状；叶的小裂片狭条形，宽在 1.5mm 以下，或为栉齿状（**2. 艾蒿组** Sect. **Abrotanum** Bess.）。

14a. 叶羽状深裂或全裂，小裂片栉齿状、锯齿状或为短小的裂齿。

15a. 多年生草本或半灌木状草本；茎少数或多数，稀单一。

16a. 茎通常高 15cm 以上，头状花序在茎上排列成圆锥状、总状或穗状。

17a. 茎中部叶一至二回羽状分裂。

18a. 多年生草本，植株低矮，高 15 ～ 70cm；叶的小裂片为尖齿状的栉齿；头状花序直径 3 ～ 4mm………………………………**11. 宽叶蒿 A. latifolia**

18b. 半灌木状草本，植株高大，高 60 ～ 120cm；头状花序直径 4 ～ 6mm。

19a. 下部茎生叶叶柄长 6 ～ 16cm，小裂片不规则，披针形或长三角形……………………………………**12. 东亚栉齿蒿 A. maximovicziana**

19b. 下部及中部茎生叶叶柄长 1.5 ～ 3cm，小裂片披针形或线状披针形……………………………………………**13. 栉齿蒿 A. medioxima**

17b. 茎中部叶二至三回羽状分裂。

20a. 头状花序大，半球形或近球形，直径 4 ～ 8mm。

21a. 半灌木状草本，头状花序在茎上排列成狭窄或稍开展的圆锥状。

22a. 中部叶近无柄，二至三回羽状分裂，小裂片细小，短条形或短披针状条形，或稍呈镰刀状弯曲；头状花序近无梗…………………………………………**14. 亚洲大花蒿 A. macrantha**

22b. 中部叶具长 1 ～ 2cm 的柄，二至三回栉齿状羽状全裂，小裂片椭圆形或长卵形；头状花序有长梗，梗长 6 ～ 15mm…………………………………………**15. 阿克塞蒿 A. aksaiensis**

21b. 多年生草本；头状花序在茎上排列成总状或穗状，稀为极狭窄的圆锥状………………………………………**16. 褐苞蒿 A. phaeolepis**

20b. 头状花序小，近球形，直径 2 ～ 4mm。

23a. 茎分枝多而长；茎中部叶二至三回栉齿状羽状分裂；总苞片背部被短柔毛，或初时被短柔毛，后脱落无毛；头状花序边缘雌花 8 ～ 15。

24a. 茎中部叶有侧裂片 3 ～ 5 对，下面被毛或否。

25a. 茎下部叶和中部叶长卵形、三角状卵形或长椭圆状卵形，长 2 ～ 10cm，宽 3 ～ 8cm，下面被短柔毛或脱落无毛。

26a. 叶两面密被灰白色或淡灰黄色短柔毛……………………………………………17b. **密毛白莲蒿 A. gmelinii** var. **messerschmidiana**

26b. 叶两面无毛或下面密被灰白色短柔毛。

27a. 叶上面绿色，初时疏被短柔毛，后渐脱落，下面初时被灰白色短柔毛，后毛脱落……………………………………………………………**17a. 白莲蒿 A. gmelinii** var. **gmelinii**

27b. 叶上面初时密被灰白色短柔毛，后无毛，下面密被灰白色短柔毛…………………**17c. 灰莲蒿 A. gmelinii** var. **incana**

25b. 茎下部叶和中部叶卵形、三角状卵形，长 2 ～ 4cm，宽 1 ～ 2cm，下面密被蛛丝状柔毛……………………**18. 细裂叶蒿 A. stechmanniana**

24b. 茎中部叶有侧裂片 6 ～ 8 对，下面被短柔毛……**19. 裂叶蒿 A. tanacetifolia**

23b. 茎不分枝或有短分枝；中部叶二回栉齿状羽状全裂；总苞片背部无毛或近无毛，头状花序边缘雌花 6 ～ 8…………………………**20. 绿栉齿叶蒿 A. freyniana**

16b. 茎高 5 ～ 15cm，头状花序在茎上排列成穗状花序式的狭圆锥头…**21. 矮丛蒿 A. caespitosa**

15b. 一、二年生草本，茎通常单一。

28a. 头状花序直径 3 ～ 5mm，在茎上排列成密集而狭窄的圆锥状；花紫红色………………………………………………………………………………………**22. 臭蒿 A. hedinii**

28b. 头状花序直径 1.5 ～ 2.5mm，在茎上排列成开展而呈金字塔形的圆锥状；花黄色……………………………………………………………………………………**23. 黄花蒿 A. annua**

14b. 叶羽状全裂，小裂片狭条形、丝状条形、狭条状棒形、狭披针形或条状披针形。

29a. 多年生草本或为半灌木或小灌木状草本。

30a. 中部叶一至二回羽状全裂，小裂片丝状条形、狭条形、狭条状棒形、狭条状披针形，两面疏被短柔毛或蛛丝状柔毛，或下面密被灰白色茸毛。

31a. 茎多分枝；中部叶长 2 ～ 4cm，二回羽状全裂，上面绿色，疏被短柔毛或无毛，下面密被灰白色短茸毛；总苞片背部密被灰白色短茸毛…**24. 山蒿 A. brachyloba**

31b. 茎不分枝或仅花序分枝；中部叶长 0.8 ～ 2.5cm，一至二回羽状全裂，两面疏被短柔毛或初时疏被蛛丝状毛，后脱落；总苞片背部疏被短柔毛。

32a. 中部叶的小裂片丝状条形，先端急尖………………**25. 丝裂蒿 A. adamsii**

32b. 中部叶的小裂片狭条状棒形或狭条形，先端钝或稍膨大……………………………………………………………………**26. 米蒿 A. dalai-lamae**

30b. 中部叶二至三回羽状全裂，小裂片狭条形，两面密被银白色或浅灰黄色绢质茸毛…………………………………………………………………………**27. 银蒿 A. austriaca**

29b. 一年生草本。

33a. 茎不分枝或分枝，但不开展；中部叶一至二回羽状全裂，侧裂片 (2 ～)3 ～ 4 对；头状花序在分枝或茎上每 2 ～ 10 个密集成簇，并排列成短穗状，而在茎上再排列成稍开展或狭窄的圆锥状……………………………………**28. 黑蒿 A. palustris**

33b. 茎分枝，开展；中部叶二至三回羽状全裂，侧裂片 4 ～ 5 对；头状花序在分枝上每 2 ～ 5 个密集成簇，并排列成短穗状，而在茎上再排列成稍开展、疏松的圆锥状……………………………………………………………………**29. 黄金蒿 A. aurata**

13b. 头状花序椭圆形、矩圆形、卵形、宽卵形、长卵形或近球形等；叶的小裂片为宽裂片型，宽通常在

2mm 以上，或叶不分裂（**3. 艾组** Sect. **Artemisia**）。

34a. 叶上面密布白色腺点及小凹点。

35a. 茎中部叶全缘或中部以上边缘具 2 ～ 3 枚裂齿，基部楔形，渐狭成柄；头状花序直径 3 ～ 4mm，在茎上排列成狭窄的圆锥状；总苞片背部被蛛丝状毛，外、中层总苞片深褐色……………………………………………………………………………………………**30. 宽叶山蒿 A. stolonifera**

35b. 茎中部叶一至二回羽状分裂；头状花序直径 1.5 ～ 3mm，在茎上排列成狭窄或开展的圆锥状；总苞片背部被毛或否，外、中层总苞片非深褐色。

36a. 茎中部叶一至二回羽状深裂或半裂。

37a. 茎中部叶一至二回羽状半裂……………………………………**31a. 艾 A. argyi** var. **argyi**

37b. 茎中部叶一至二回羽状深裂……………………………………**31b. 野艾 A. argyi** var. **gracilis**

36b. 茎中部叶一至二回羽状全裂或至少第一回全裂。

38a. 中部叶长 5 ～ 10cm，宽 3 ～ 8cm，小裂片披针形或条状披针形，宽 2mm 以上。

39a. 茎、枝被灰白色蛛丝状短柔毛；中部叶一至二回羽状全裂，上面初时疏被蛛丝状柔毛，后稀疏或近无毛；总苞片背部密被蛛丝状毛……**32. 野艾蒿 A. codonocephala**

39b. 茎、枝初时被灰白色蛛丝状短柔毛，后无毛；中部叶一至二回羽状全裂，上面近无毛；总苞片背部初时疏被蛛丝状毛，后无毛……**33. 南艾蒿 A. verlotorum**

38b. 中部叶稍小，长和宽 4cm 以下，小裂片狭条形或条状，宽通常在 2mm 以下。

40a. 叶上面疏被短柔毛，下面密布厚茸毛，小裂片先端钝尖；总苞片背部密被蛛丝状茸毛……………………………………………………**34. 狭裂白蒿 A. kanashiroi**

40b. 叶上面初时被短柔毛，后近无毛，下面密被蛛丝状毛，小裂片先端锐尖；总苞片背部初时被短柔毛，后无毛……………………………………**35. 矮蒿 A. lancea**

34b. 叶上面无白色腺点，或少有稀疏的腺点，但无明显的小凹点。

41a. 叶两面光滑无毛；上部叶 3 全裂，中部叶和下部叶不规则一至二回羽状深裂，小裂片狭条形，宽 0.5 ～ 2mm；头状花序具长梗，长 5 ～ 10mm……………………**36. 罕乌拉蒿 A. hanwulaensis**

41b. 叶下面密被灰白色蛛丝状茸毛，小裂片宽 2mm 以上；头状花序无梗或近无梗。

42a. 中部叶不分裂，全缘或边缘有深或浅裂齿或锯齿；头状花序在茎上排列成狭窄的圆锥状。

43a. 中部叶长椭圆形、椭圆状披针形或条状披针形，宽 1.5 ～ 2cm，边缘具 1 ～ 3 个深或浅裂齿或锯齿………………………………………………………**37. 柳叶蒿 A. integrifolia**

43b. 中部叶条形或条状披针形，宽 5 ～ 10mm，全缘，稀边缘具 1 ～ 2 个小锯齿…………………………………………………………………………………**38. 线叶蒿 A. subulata**

42b. 中部叶羽状深裂或全裂；头状花序在茎上排列成狭窄、稍开展或开展的圆锥状。

44a. 总苞片背部密被蛛丝状毛。

45a. 茎中部叶一至二回羽状全裂，小裂片条形、条状披针形或披针形……………………………………………………………………………**39. 蒙古蒿 A. mongolica**

45b. 茎中部叶二回羽状深裂，或一回羽状全裂，小裂片椭圆形、椭圆状披针形，稀条状披针形。

46a. 叶上面被宿存的蛛丝状茸毛；中部叶通常为一回羽状全裂，侧裂片 2 ～ 3 对……………………………………………………………**40. 白叶蒿 A. leucophylla**

46b. 叶上面初时被蛛丝状短茸毛及稀疏的白色腺点，后均脱落；中部叶二回羽状分裂或第一回全裂，侧裂片 3（～ 4）对………**41. 辽东蒿 A. verbenacea**

44b. 总苞片背部无毛、近无毛、疏被蛛丝状毛或薄茸毛。

47a. 头状花序在茎上排列成狭长的圆锥状；茎中部叶呈近掌状 5 深裂或指状 3 深裂，

裂片边缘具规则的锐锯齿或无锯齿。

48a. 叶裂片边缘具规则的锐锯齿……………………………**42a. 蒌蒿 A. selengensis** var. **selengensis**

48b. 叶裂片边缘全缘，稀有少数小锯齿……………**42b. 无齿蒌蒿 A. selengensis** var. **shansiensis**

47b. 头状花序在茎上排列成稍开展或开展的圆锥状；叶非上述分裂方式，边缘常有裂齿。

49a. 头状花序椭圆形或长卵形，直径 2.5 ～ 3mm………………………………**43. 歧茎蒿 A. igniaria**

49b. 头状花序近球形、卵形、宽卵形、长卵形、椭圆状卵形、矩圆形，直径 1 ～ 2.5mm。

50a. 中部叶一至二回羽状分裂，小裂片披针形、条状披针形或条形，宽 2 ～ 7mm……………………………………………………………………………**44. 红足蒿 A. rubripes**

50b. 中部叶一回羽状深裂、半裂或一至二回羽状深裂或全裂，小裂片非上述特征。

51a. 叶下面被灰白色蛛丝状薄茸毛或近无毛；头状花序多数在茎上排列成开展的、具多分枝的圆锥状……………………………………………………**45. 阴地蒿 A. sylvatica**

51b. 叶下面密被蛛丝状毛。

52a. 中部叶一回羽状深裂或半裂，侧裂片通常 2 对，椭圆状披针形或椭圆形，中央裂片较侧裂片大而长，侧裂片中，基部裂片较大……**46. 魁蒿 A. princeps**

52b. 中部叶一至二回羽状全裂或大头羽状深裂，侧裂片 3(～ 4)对，椭圆状披针形、条状披针形或条形，侧裂片中，通常基部裂片小……**47. 五月艾 A. indica**

1b. 中央小花两性，但不结实，开花时花柱长仅达花冠中部或中上部，先端常成棒状或漏斗状，2 裂，通常不叉开，子房细小或不存在（**2. 龙蒿亚属** Subgen. **Dracunculus** (Bess.) Peterm）。

53a. 叶的小裂片狭条形、丝状条形、狭条状披针形或毛发状，或小裂片为栉齿状，或叶不分裂，为条形或条状披针形（**4. 龙蒿组** Sect. **Dracunculus** Bess.）。

54a. 茎中部叶不分裂或分裂，小裂片非栉齿状。

55a. 叶不分裂，条状披针形或条形，全缘………………………………**48. 龙蒿 A. dracunculus**

55b. 中部叶羽状全裂，小裂片狭条形、丝状条形或毛发状。

56a. 头状花序直径 3 ～ 5mm，中部叶小裂片宽（0.5 ～）1 ～ 2.5mm。

57a. 头状花序卵球形，顶端钝尖，直立，在茎上排列成大型、开展的圆锥状；茎下部灰褐色或暗灰色，上部红褐色…………**49. 差不嘎蒿 A. halodendron**

57b. 头状花序球形或近球形，顶端圆形，下垂或斜展，在茎上排列成狭长或开展的圆锥状；茎上、下部灰白色、黄褐色、灰褐色或灰黄色。

58a. 中部叶长 5 ～ 8cm，宽 3 ～ 4cm；头状花序在茎上排列成狭窄或稍开展的圆锥状；茎灰白色………………………**50. 乌丹蒿 A. wudanica**

58b. 中部叶长 2 ～ 5（～ 8）cm，宽 1.5 ～ 4cm；头状花序在茎上排列成开展的圆锥状；茎灰白色，后呈黄褐色、灰褐色或灰黄色……………………………………………………………**51. 白沙蒿 A. sphaerocephala**

56b. 头状花序直径 1 ～ 3mm，中部叶小裂片宽 0.5 ～ 1.5（～ 2.5）mm。

59a. 半灌木或半灌木状草本；茎多数或少数，丛生。

60a. 茎分枝通常多而长，下部枝长超过 12cm，上部枝长 5cm 以上。

61a. 头状花序近球形，直径 2 ～ 3mm，下垂；中部叶的叶柄长 2 ～ 3（～ 4.5）cm，一至二回羽状全裂…**52. 蒙古沙地蒿 A. klementzae**

61b. 头状花序卵形或长卵形。

62a. 中部叶的叶柄长 1 ～ 3cm，一至三回羽状全裂；头状花序直径 1.5 ～ 2mm，通常直立……**53. 褐沙蒿 A. intramongolica**

62b. 中部叶无柄或具短柄，一至二回羽状全裂。

63a. 中部叶一至二回羽状全裂。

64a. 分枝多，近平展；叶的小裂片先端钝，有小尖头；头状花序卵球形，直径 1.5～2mm，偏向外侧，下垂……………………**54. 准噶尔蒿 A. songarica**

64b. 分枝斜向上伸展；叶的小裂片先端锐尖；头状花序长卵形，直径 1.5～2.5mm，直立……………………………………**55. 光沙蒿 A. oxycephala**

63b. 中部叶通常一回羽状全裂；头状花序卵形，直径 1.5～2.5mm，斜升或下垂……………………………………………………………………**56. 黑沙蒿 A. ordosica**

60b. 茎分枝较短，下部枝长 4～10cm，上部枝长 3～5cm；头状花序卵球形。

65a. 下部叶与中部叶均为一回羽状全裂，末回裂片宽 1.5～2.5mm；头状花序直径 1.5～2（～2.5）mm，直立或下垂……………………**57. 黄沙蒿 A. xanthochroa**

65b. 下部叶与中部叶均为二回羽状全裂，末回裂片宽约 1mm；头状花序直径 1～1.5mm，下垂……………………………………**58. 假球蒿 A. globosoides**

59b. 多年生或一、二年生草本，或半灌木状草本；茎少数或单一，稀多数。

66a. 多年生或半灌木状草本。

67a. 茎分枝多，开展；头状花序在茎上排列成开展、稍开展或狭窄的圆锥状。

68a. 中部叶长（2.5～）3～9cm，宽 1.5～3cm，二回羽状全裂，侧裂片 2～4 对。

69a. 头状花序圆球形，直径 1.5～2mm，顶端圆形，下垂或俯垂，在茎上排列成稍开展的圆锥状……………………**59. 柔毛蒿 A. pubescens**

69b. 头状花序卵形，直径 2～3mm，顶端锐尖，直立或斜展，在茎上排列成狭窄的总状花序式或狭窄的圆锥状…………**60. 变蒿 A. commutata**

68b. 中部叶长、宽 1.5～2.5cm，一至二回羽状全裂，侧裂片 2～3 对；头状花序在茎上排列成稍开展的圆锥状。

70a. 头状花序直径 1.5～2mm，具短梗或近无梗；雌花 2～6，两性花 4～8 ………………………………**61a. 甘肃蒿 A. gansuensis** var. **gansuensis**

70b. 头状花序直径 1～1.5mm，梗长 3～5mm；雌花 1～2，两性花 2～5 ………………………………**61b. 小甘肃蒿 A. gansuensis** var. **oligantha**

67b. 茎分枝少而短，头状花序在茎上排列成狭窄的圆锥状…**62. 细秆沙蒿 A. macilenta**

66b. 一、二年生或多年生草本。

71a. 植株高达 100cm；常自茎的下部或中部开始分枝；中部叶一至二回羽状全裂，小裂片丝状条形或毛发状；头状花序在茎上排列成大型、开展的圆锥状…………………………………………………………………………**63. 猪毛蒿 A. scoparia**

71b. 植株高 5～25cm；常自茎的基部开始分枝；中部叶一回羽状全裂，裂片狭条形或狭条状披针形；头状花序在茎上排列成穗状花序式的圆锥状…**64. 纤秆蒿 A. demissa**

54b. 茎中部叶二回羽状分裂，第一回全裂，侧裂片 5～8 对，裂片两侧各具 5～8 枚深裂的栉齿；一年生草本………………………………………………………………**65. 糜蒿 A. blepharolepis**

53b. 叶的小裂片较宽，宽条形、条状披针形、披针形、椭圆形或为齿裂、缺刻等，或为匙形、楔形或倒卵形，先端具锯齿或浅裂齿，边全缘（**5. 牡蒿组** Sect. **Latilobus** Y. R. Ling）。

72a. 茎中部叶一至二回羽状全裂或深裂，或自上端向基部斜向深裂或全裂。

73a. 头状花序直径 3～4mm。

74a. 植株高 20～60cm 以上；茎、枝、叶及总苞片近无毛；头状花序在茎上排列成狭长的圆锥状………………………………………………**66. 巴尔古津蒿 A. bargusinensis**

74b. 植株高约 20cm；茎、枝、叶及总苞片被绢质毛或初时被毛，后渐脱落；头状花序在

茎上排列成总状花序式的圆锥状………………………………**67. 中亚草原蒿 A. depauperata**

73b. 头状花序直径 1 ～ 3mm。

75a. 根状茎稍膨大，通常不肥厚；营养枝上叶匙形或楔形，上端有细锯齿，不分裂或有 3 ～ 5 个浅裂齿；茎中部叶自上端向基部斜向 3 深裂或羽状全裂或深裂。

76a. 茎中部叶长 5.5 ～ 8cm，宽 4 ～ 6cm，自上端向基部斜向一至二回羽状深裂或近掌状式深裂或 3 深裂；头状花序直径 2 ～ 3mm，在茎上排列成开展或稍开展的尖塔形圆锥状………………………………………………………**68. 滨海牡蒿 A. littoricola**

76b. 茎中部叶长 2.5 ～ 3.5cm，宽 2 ～ 3cm，一至二回羽状或掌状式全裂或深裂；头状花序直径 1.5 ～ 2mm，在茎上排列成狭长的圆锥状…………**69. 东北牡蒿 A. manshurica**

75b. 根状茎肥厚，粗短；营养枝上叶及茎中部叶非匙形或楔形，中部叶一至二回羽状深裂至全裂。

77a. 茎多分枝，开展；基生叶近圆形、宽卵形或倒卵形，一至二回大头羽状深裂或全裂或不分裂；头状花序直径 1.5 ～ 2mm，在茎上排列成开展、稍大型的圆锥状。

78a. 植株高 30 ～ 70cm；叶较大，中部叶一至二回羽状深裂或全裂；头状花序在茎上排列成开展或稍大型的圆锥状。

79a. 基生叶与茎下部叶近圆形、宽卵形或倒卵状，一至二回大头羽状深裂或全裂或不分裂…………………………**70a. 南牡蒿 A. eriopoda** var. **eriopoda**

79b. 基生叶与茎下部叶近圆形或倒卵状宽匙形，不分裂或仅先端有疏而浅的裂齿或锯齿…………………**70b. 圆叶南牡蒿 A. eriopoda** var. **rotundifolia**

78b. 植株高 10 ～ 20cm；叶小，中部叶羽状全裂，每裂片具 2 ～ 3 个浅裂齿；头状花序在茎上排列成稍开展或狭窄的圆锥状…**70c. 甘肃南牡蒿 A. eriopoda** var. **gansuensis**

77b. 茎不分枝或上部有分枝，贴向茎生长；茎下部叶与营养枝叶二型：一型为矩圆状匙形或矩圆状倒楔形，不分裂，先端及边缘具缺刻状锯齿或全缘，二型为椭圆形、卵形或近圆形，二回羽状全裂或深裂；头状花序直径 2 ～ 3（～ 4）mm，在茎上排列成狭窄的圆锥状…………………………………………………**71. 漠蒿 A. desertorum**

72b. 茎中部叶指状 3 深裂或规则的羽状 5 深裂。

80a. 中部叶大，长 5 ～ 11cm，宽 3 ～ 6cm，羽状 5 深裂；裂片椭圆状披针形、矩圆状披针形或披针形，长 2 ～ 6cm，宽 5 ～ 10mm。

81a. 茎、枝幼时及叶下面被短柔毛………………………………**72a. 牛尾蒿 A. dubia** var. **dubia**

81b. 茎、枝、叶下面初时被短柔毛，后脱落无毛……**72b. 无毛牛尾蒿 A. dubia** var. **subdigitata**

80b. 中部叶小，长 2 ～ 3（～ 5）cm，宽 1 ～ 1.5cm，指状 3 深裂；裂片条形或条状披针形，长 1 ～ 2cm，宽 1 ～ 2（～ 5）mm。

82a. 茎中部叶与上部叶指状 3 深裂，头状花序具短梗…**73a. 华北米蒿 A. giraldii** var. **giraldii**

82b. 茎中部叶与上部叶通常不分裂，稀为 3 深裂；头状花序具长梗，梗长 5 ～ 10mm……………………………………………………………**73b. 长梗米蒿 A. giraldii** var. **longipedunculata**

1. 大籽蒿（白蒿）

Artemisia sieversiana Ehrhart ex Willd. in Sp. Pl. 3:1845. 1803; Fl. Intramongol. ed. 2, 4:600. t.236. f.1-6. 1992.

一、二年生草本，高 30 ～ 100cm。主根垂直，狭纺锤形，侧根多。茎单生，直立，具纵条棱，多分枝，茎、枝被灰白色短柔毛。基生叶在花期枯萎。茎下部与中部叶宽卵形或宽三角形，长

4 ～ 10cm，宽 3 ～ 8cm，二至三回羽状全裂，稀深裂；一侧裂片 2 ～ 3 对，小裂片条形或条状披针形，长 2 ～ 10mm，宽 1 ～ 3mm，先端钝或渐尖，两面被短柔毛和腺点；叶柄长 2 ～ 4cm，基部有小型假托叶。上部叶及苞叶羽状全裂或不分裂，条形或条状披针形，无柄。头状花序较大，半球形或近球形，直径 4 ～ 6mm，具短梗，稀近无梗，下垂，有条形小苞叶，多数在茎上排列成开展或稍狭窄的圆锥状。总苞片 3 ～ 4 层，近等长；外、中层的长卵形或椭圆形，背部被灰白色短柔毛或近无毛，中肋绿色，边缘狭膜质；内层的椭圆形，膜质。边缘雌花 2 ～ 3 层，20 ～ 30，花冠狭圆锥状；中央两性花 80 ～ 120，花冠管状。花序托半球形，密被白色托毛。瘦果矩圆形，褐色。花果期 7 ～ 10 月。

中生杂草。生于农田、路旁、畜群点、水分较好的撂荒地上，有时也进入人为活动较明显的草原或草甸群落中。产内蒙古各地。分布于我国黑龙江西南部、吉林、辽宁东南部、河北、河南西部、山东西部、山西、陕西、宁夏、甘肃、青海、

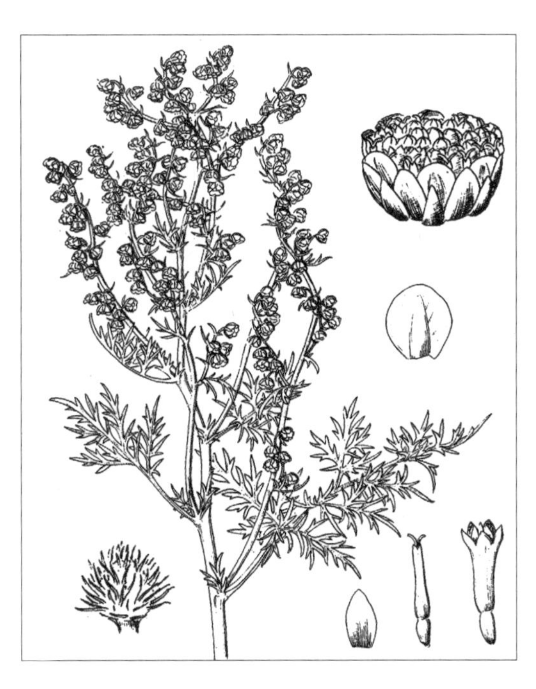

四川、湖北、贵州、西藏、云南西北部、新疆，日本、朝鲜、蒙古国、俄罗斯（西伯利亚地区、远东地区）、印度、尼泊尔、巴基斯坦、阿富汗，克什米尔地区，中亚，欧洲。为古北极分布种。

全草入药，能祛风、清热、利湿，主治风寒湿痹、黄疸、热痢、疥癞恶疮。

2. 矮滨蒿

Artemisia nakaii Pamp. in Nuov. Giorn. Bot. Ital. Ser. 2, 34:682. 1927; Fl. Intramongol. ed. 2, 4:600. 1992.

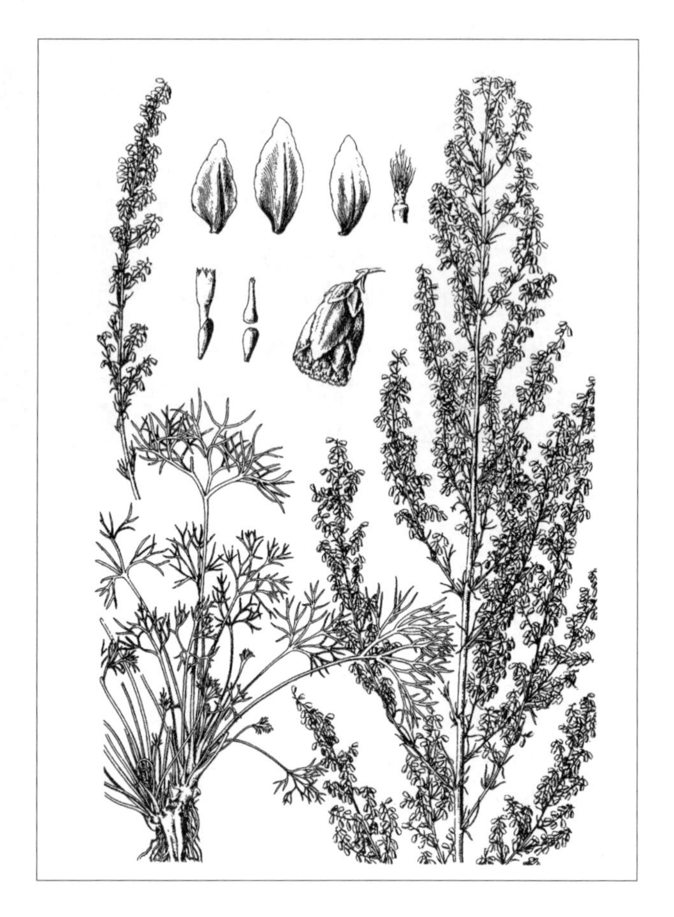

二年生草本，高 20 ～ 30cm。主根近狭纺锤形。茎单一或少数，淡褐色，具细棱，多分枝；茎、枝、叶两面初时密被蛛丝状绢质柔毛，后近无毛，微有白霜。基生叶宽卵形，长、宽 8 ～ 12cm，三回羽状全裂；小裂片狭条形，长 5 ～ 15mm；叶柄长 4 ～ 10cm，花期凋萎。茎下部与中部叶长、宽 1.5 ～ 5cm，一至二回羽状全裂；侧裂片 2 ～ 3 对，疏离，小裂片狭条形，长 4 ～ 12mm，宽约 0.5mm，先端钝尖。上部叶及苞叶线状全裂，裂片狭条形。头状花序椭圆状倒圆锥形，直径 (2 ～)3(～ 4)mm，下垂，在茎端排列成稍开展或狭窄的圆锥状。总苞片 3 ～ 4 层：外、中层的卵形，背部密被蛛丝状绵毛，后稍稀疏或微有毛，边缘膜质；内层的半膜质，无毛。边缘小花雌性，2 ～ 5，花冠狭管状；中央小花两性，8 ～ 15，花冠管状。花序托有托毛。瘦果倒卵状椭圆形。花果期 8 ～ 10 月。

湿中生草本。生于草原带的草甸、低湿地。产锡林郭勒（化德县）。分布于我国辽宁、河北，朝鲜。为华北北部—满洲南部分布种。

3. 碱蒿（大莳萝蒿、糜糜蒿）

Artemisia anethifolia Web. ex Stechm. in Artemis. 29. 1775; Fl. Intramongol. ed. 2, 4:601. t.236. f.7-8. 1992.

一、二年生草本，高 10 ～ 40cm。植株有浓烈的香气。根垂直，狭纺锤形。茎单生，直立，具纵条棱，常带红褐色，多由下部分枝，开展；茎、枝初时被短柔毛，后脱落无毛。基生叶椭圆形或长卵形，长 3 ～ 4.5cm，宽 1.5 ～ 3cm，二至三回羽状全裂；侧裂片 3 ～ 4 对，小裂片狭条形，长 3 ～ 8mm，宽 1 ～ 2mm，先端钝尖；叶柄长 2 ～ 4cm，花期渐枯萎。中部叶卵形、宽卵形或椭圆状卵形，长 2.5 ～ 3cm，宽 1 ～ 2cm，一至二回羽状全裂；侧裂片 3 ～ 4

对，裂片或小裂片狭条形，长 5 ～ 12mm，宽 0.5 ～ 1.5mm；叶初时被短柔毛，后渐稀疏，近无毛。上部叶与苞叶无柄，5 或 3 全裂或不分裂，狭条形。头状花序半球形或宽卵形，直径 2 ～ 3(～ 4)mm，具短梗，下垂或倾斜，有小苞叶，多数在茎上排列成疏散而开展的圆锥状。总苞片 3 ～ 4 层：外、中层的椭圆形或披针形，背部疏被白色短柔毛或近无毛，有绿色中肋，边缘膜质；内层的卵形，近膜质，背部无毛。边缘雌花 3 ～ 6，花冠狭管状；中央两性花 18 ～ 28，花冠管状。花序托凸起，半球形，有白色托毛。瘦果椭圆形或倒卵形。花果期 8 ～ 10 月。

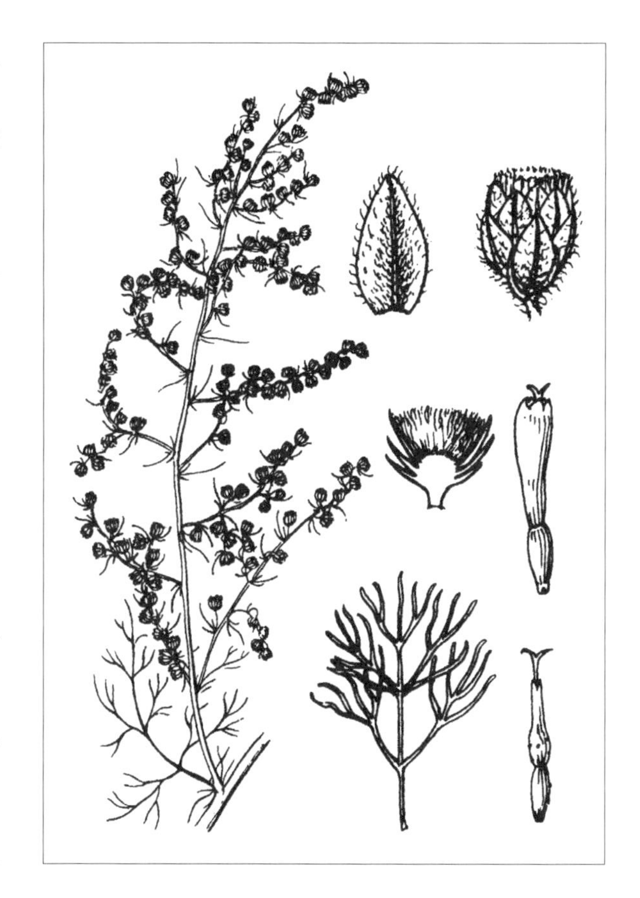

盐生中生草本。生于盐渍化土壤上，为盐生植物群落的主要伴生种。产内蒙古各地。分布于我国黑龙江西南部、吉林西北部、辽宁西北部、河北中部、山西、陕西中东部、宁夏、甘肃东部、青海东部、新疆（天山），蒙古国、俄罗斯（西伯利亚地区）。为东古北极分布种。

4. 莳萝蒿

Artemisia anethoides Mattf. in Repert. Spec. Nov. Regni Veg. 22:249. 1926; Fl. Intramongol. ed. 2, 4:601. 1992.

一、二年生草本，高 20 ～ 70cm。植株有浓烈的香气。主根狭纺锤形，侧根多。茎单生，直立或斜升，具纵条棱，带紫红色，分枝多；茎、枝均被灰白色短柔毛。叶两面密被白色茸毛。

基生叶与茎下部叶长卵形或卵形，长 3 ～ 4cm，宽 2 ～ 4cm，三至四回羽状全裂；小裂片狭条形或狭条状披针形；叶柄长，花期枯萎。中部叶宽卵形或卵形，长 2 ～ 4cm，宽 1 ～ 3cm，二至三回羽状全裂；侧裂片 2 ～ 3 对，小裂片丝状条形或毛发状，长 2 ～ 4mm，宽 0.3 ～ 0.5mm，先端钝尖；近无柄。上部叶与苞叶 3 全裂或不分裂，狭条形。头状花序近球形，直径 1.5 ～ 2mm，具短梗，下垂，有丝状条形的小苞叶，多数在茎上排列成开展的圆锥状。总苞片 3 ～ 4 层：外、中层的椭圆形或披针形，背部密被蛛丝状短柔毛，具绿色中肋，边缘膜质；内层的长卵形，近膜质，无毛。边缘雌花 3 ～ 6，花冠狭管状；中央两性花 8 ～ 16，花冠管状。花序托凸起，有托毛。瘦果倒卵形。花果期 7 ～ 10 月。

盐生中生草本。生于盐土、盐碱化的土壤上，在低湿地湖滨碱斑上常形成群落，或为芨芨草盐生草甸的伴生成分。产内蒙古各地。分布于我国黑龙江西南部、吉林西部、辽宁南部、河北、河南西部和北部、山东西北部、山西、陕西、宁夏、甘肃中部、青海东部和西北部、四川北部、新疆北部，俄罗斯（西伯利亚地区）。为西伯利亚—东亚分布种。

《内蒙古植物志》第二版（ed. 2, 4:601. 1992.）中的图版 236 图 9 ~ 10 绘错了，《内蒙古植物志》（6:153. 1982.）中的图版 54 图 89 是正确的。

5. 白山蒿

Artemisia lagocephala (Fisch. ex Bess.) DC. in Prodr. 6:122. 1838; Fl. Intramongol. ed. 2, 4:603. t.237. f.1-5. 1992.——*Absinthium lagocephalum* Fisch. ex Bess. in Bull. Soc. Imp. Nat. Mosc. 1:233. 1829.

半灌木状草本，高 30 ~ 60cm。主根木质；根状茎木质，黑褐色，具多数短的木质的营养枝。营养枝外皮灰褐色，顶端密生多数营养叶。茎多数，丛生，具纵棱，下部木质，上部有分枝，直伸或斜升，密被灰白色短柔毛。叶质厚；茎下部、中部及营养枝上叶匙形、长椭圆状倒披针形或披针形，长 2.5 ~ 6cm，宽 6 ~ 18mm，下部叶先端具 3 ~ 5 浅圆裂齿，中部叶先端不分裂，全缘，基部楔形，上面深绿色，微被白毛或近无毛，下面密被灰白色短柔毛；上部叶披针形或条状披针形，先端钝尖或锐尖。头状花序半球形或近球形，直径 4 ~ 7mm，具短梗，下垂或斜展，多数在茎上部排列成狭窄的圆锥状或总状。总苞片 3 ~ 4 层：外层的卵形，背部密被灰褐色柔毛；中、内层的椭圆形或椭圆状披针形，背部毛少，边缘膜质。边缘小花雌性，

7～10，花冠狭管状；中央小花两性，30～80，花冠管状，檐部外面有短柔毛。花序托半球形，有托毛。瘦果椭圆形或倒卵形，长约2mm。花果期8～10月。

半灌木状耐寒中生草本。仅生于山地针叶林带和相邻的森林草原带的石质山丘和岩石缝处，多群生形成小群落。产兴安北部（额尔古纳市、根河市、牙克石市）、兴安南部（克什克腾旗）。分布于我国黑龙江、吉林东部，朝鲜、俄罗斯（北极地区、西伯利亚地区、远东地区）。为西伯利亚—满洲分布种。

6. 绢毛蒿

Artemisia sericea (Bess.) Web. ex Stechm. in Artemis. 16. 1775; Fl. Intramongol. ed. 2, 4:603. t.239. f.7-8. 1992.——*Absinthium sericeum* Bess. in Bull. Soc. Imp. Nat. Mosc. 1:237. 1829.

多年生草本或为半灌木状，高20～60cm。根木质；根状茎稍粗，木质，具少数营养枝。茎单生或少数，直立或斜向上，褐色，具纵条棱，下部初时被短柔毛，后渐脱落，上部被短柔毛，不分枝或少分枝。基生叶花期枯萎凋落。中部叶与营养枝叶椭圆形或卵形，长3～5cm，宽2～4cm，两面密被淡黄色或灰白色绢毛，二回羽状全裂；侧裂片4～5对，小裂片条形或条状披针形，长10～15mm，宽1.5～2mm，先端锐尖；叶下面边缘常有加厚的条纹，中肋明显；叶柄长5～8mm。上部叶与苞叶一回羽状全裂或3～5全裂，无柄。头状花序半球形，直径4～6(～9)mm，具短梗，下垂，在茎上排列成狭窄的总状花序式的圆锥状。总苞片3～4层：外、中层的卵形或椭圆形，背部密被柔毛，边缘膜质，褐色；内层的椭圆形，膜质。边缘雌花10～14，花冠狭管状或狭圆锥状；中央两性花40～80，花冠管状，檐部有短柔毛。花序托凸起，半球形，有白色托毛。瘦果长椭圆形或长椭圆状卵形。花果期8～10月。

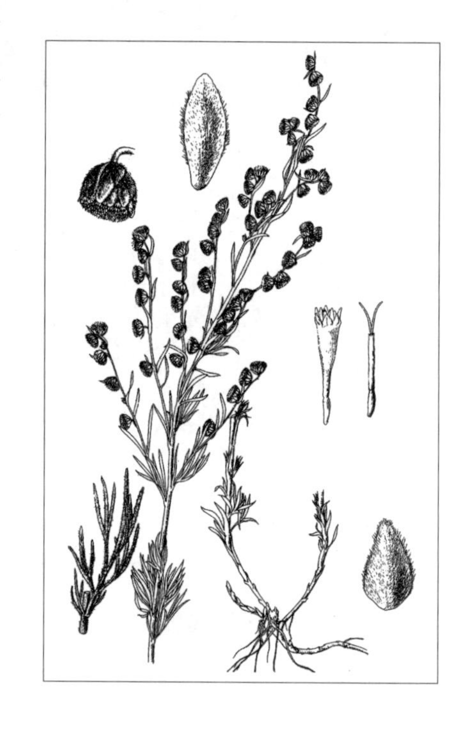

旱中生草本。生于针叶林带的石质山坡，多群生，能形成群落片段。产兴安北部（额尔古纳市、根河市、牙克石市）、呼伦贝尔（满洲里市）。分布于我国宁夏、新疆北部，蒙古国东部和北部、俄罗斯（西伯利亚地区）、印度、巴基斯坦北部、哈萨克斯坦，克什米尔地区，欧洲。为古北极分布种。

7. 银叶蒿

Artemisia argyrophylla Ledeb. in Fl. Alt. 4:166. 1833; Fl. Intramongol. ed. 2, 4:604. 1992.

多年生草本或近半灌木状，高30～50cm。主根稍粗，木质；根状茎短，具多数营养枝。茎多数，丛生，直立，基部稍木质化，有分枝；茎、枝、叶两面及总苞片背面均密被银白色绢质短柔毛。茎下部、中部及营养枝叶长、宽均为5～8mm，一至二回羽状全裂；侧裂片2～3对，上部裂片常再2～4全裂，下部裂片不再分裂，小裂片或下部裂片椭圆形或椭圆状倒披针形，长2～4mm，宽0.5～1.5mm，先端钝；叶柄长5～10mm，基部有小型假托叶。上部叶与苞叶羽状全裂，裂片椭圆形或椭圆状倒披针形，无柄。头状花序半球形或近卵状钟形，直径4～7mm，

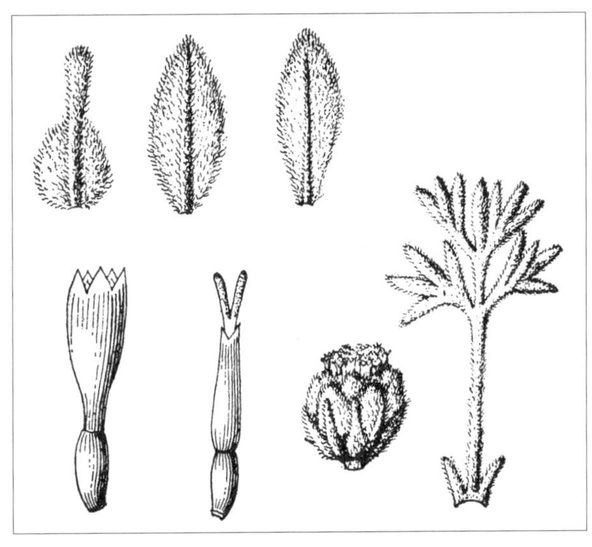

下垂，多数在茎端排列成稍开展的圆锥状；总苞片3～4层，外、中层的卵形或长卵形，边缘狭膜质，内层的边缘宽膜质。边缘小花雌性，5～10，花冠狭圆锥状；中央小花两性，20～40，花冠管状，檐部紫色，被白色短柔毛。花序托凸起，有托毛。瘦果矩圆形，常有不对称的膜质冠状边缘。花果期8～10月。

旱生草本。生于干草原地区。产锡林郭勒。分布于我国宁夏、甘肃西部、新疆东南部，蒙古国北部和西部、俄罗斯（西伯利亚地区）。为戈壁—蒙古分布种。

8. 阿尔泰香叶蒿

Artemisia rutifolia Steph. ex Spreng. var. **altaica** (Kryl.) Krasch. in Fl. Zapadnoi Sibir. 11:2789. 1949; Fl. Intramongol. ed. 2, 4:604. t.238. f.1-6. 1992.——*A. turczaninoviana* Bess. var. *altaica* Kryl. in Fl. Alt. 3:61. 1904.

半灌木状草本，高20～50cm。全株有浓烈香气。根木质；根状茎粗短，有多数营养枝。茎多数，成丛，外皮灰褐色或黄褐色，幼时被灰白色平贴的丝状短柔毛，老时渐脱落，自下部开始分枝，多少开展。叶具柄，长3～10mm。茎下部与中部叶近圆形，长5～10mm，宽8～15mm，二回三出全裂或二回近于掌状式的羽状全裂；侧裂片1～2对，小裂片椭圆状披针形或长椭圆状倒披针形，长6～12mm，宽1～1.5mm，先端锐尖或钝，不向外弯曲，两面密被灰白色平贴

的丝状短柔毛。上部叶与苞叶近掌状式的羽状全裂、3 全裂或不分裂，裂片或不分裂的苞叶椭圆状披针形。头状花序半球形，直径 3 ～ 4mm，具短梗，常下垂，多数或少数在枝端排列成总状或部分形成复总状。总苞片 3 ～ 4 层：外、中层的卵形或长卵形，背部被白色丝状短柔毛；内层的椭圆形或宽卵形，背部近无毛。边缘小花雌性，5 ～ 10，花冠狭管状；中央小花两性，12 ～ 15，花冠管状，檐部外面疏被短柔毛，疏布腺点。花序托有托毛。瘦果椭圆状倒卵形。花果期 8 ～ 9 月。

半灌木状旱生草本。生于荒漠带的石质山坡。产西阿拉善（阿拉善右旗）、额济纳。分布于我国新疆北部，蒙古国北部和西部及南部，阿尔泰地区。为戈壁分布变种。

本变种与正种的区别在于：叶近圆形，长 5 ～ 10mm；小裂片不向外弯曲。

9. 冷蒿（小白蒿、兔毛蒿）

Artemisia frigida Willd. in Sp. Pl. 3:1838. 1803; Fl. Intramongol. ed. 2, 4:606. t.239. f.1-6. 1992.

9a. 冷蒿

Artemisia frigida Willd. var. **frigida**

多年生草本，高 10 ～ 50cm。主根细长或较粗，木质化，侧根多；根状茎粗短或稍细，

有多数营养枝。茎少数或多条常与营养枝形成疏松或密集的株丛，基部多少木质化，上部分枝或不分枝；茎、枝、叶及总苞片背面密被灰白色或淡灰黄色绢毛，后茎上毛稍脱落。茎下部叶与营养枝叶矩圆形或倒卵状矩圆形，长、宽 10 ～ 15mm，二至三回羽状全裂，侧裂片 2 ～ 4 对，小裂片条状披针形或条形，叶柄长 5 ～ 20mm。中部叶矩圆形或倒卵状矩圆形，长、宽 5 ～ 7mm，一至二回羽状全裂；侧裂片 3 ～ 4 对，小裂片披针形或条状披针形，长 2 ～ 3mm，宽 0.5 ～ 1.5mm，先端锐尖，基部的裂片半抱茎，并呈假托叶状；无柄。上部叶与苞叶羽状全裂或 3 ～ 5 全裂，裂片披针形或条状披针形。头状花序半球形、球形或卵球形，直径 (2 ～)2.5 ～ 3(～ 4)mm，具短梗，下垂，在茎上排列成总状或狭窄的总状花序式的圆锥状。总苞片 3 ～ 4 层：外、中层的卵形或长卵形，背部有绿色中肋，边

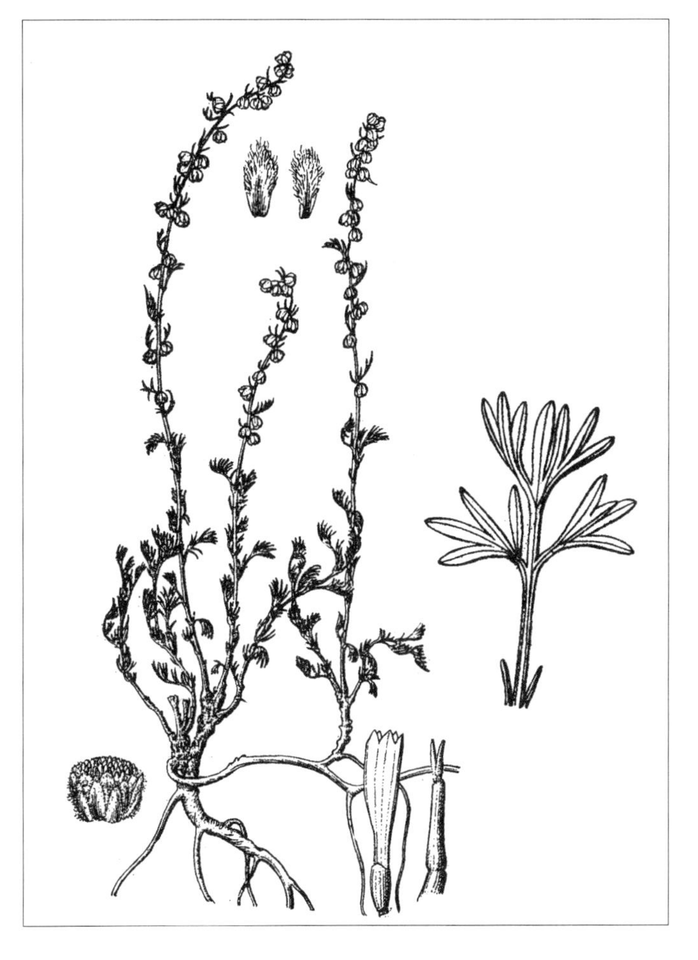

缘膜质；内层的长卵形或椭圆形，背部近无毛，膜质。边缘雌花 8 ～ 13，花冠狭管状；中央两性花 20 ～ 30，花冠管状。花序托有白色托毛。瘦果矩圆形或椭圆状倒卵形。花果期 8 ～ 10 月。

广幅旱生半灌木状草本。广布于草原带和荒漠草原带，沿山地也进入森林草原带和荒漠带中，多生于沙质、砂砾质、砾石质土壤上，是草原小半灌木群落的主要建群种，也是其他草原群落的伴生植物或亚优势植物。产内蒙古各地。分布于我国黑龙江西南部、吉林西部、辽宁西北部、河北、山西北部、陕西北部、宁夏、甘肃、青海、西藏北部、湖北北部、新疆，蒙古国、俄罗斯（西伯利亚地区）、伊朗、土耳其，中亚，欧洲、北美洲。为泛北极分布种。

全草入药，能清热、利湿、退黄，主治湿热黄疸、小便不利、风痒疮疥。也入蒙药（蒙药名：阿格），能止血、消肿，主治各种出血、肾热、月经不调、疮痈。

本种为优良牧草，羊和马四季均喜食其枝叶，骆驼和牛也乐食，干枯后各种家畜均乐食，为家畜的抓膘草之一。

9b. 紫花冷蒿

Artemisia frigida Willd. var. **atropurpurea** Pamp. in Nuov. Giorn. Bot. Ital. Ser. 2, 34:655. 1927; Fl. Intramongol. ed. 2, 4:606. 1992.

本变种与正种的区别是：植株矮小；头状花序在茎上常排列成穗状，花冠檐部紫色。

旱生半灌木状草本。生境同正种。产呼伦贝尔（海拉尔区）、辽河平原（科尔沁左翼后旗）、锡林郭勒（锡林浩特市、苏尼特左旗）、乌兰察布（达尔罕茂明安联合旗）、贺兰山。分布于我国宁夏、甘肃、新疆。为蒙古高原草原分布变种。

10. 内蒙古旱蒿（旱蒿、小砂蒿）

Artemisia xerophytica Krasch. in Bot. Mater. Gerb. Glavn. Bot. Sada R.S.F.S.R. 3:24. 1922; Fl. Intramongol. ed. 2, 4:606. t.239. f.9-10. 1992.

半灌木状草本，高5～40cm。主根粗壮，木质；根状茎粗短，具多数营养枝。茎多数，丛生，木质或半木质，灰褐色或灰黄色。当年生枝灰白色，密被绢状柔毛，后稍稀疏。叶小，半肉质，具短柄或无柄；基生叶与茎下部叶二回羽状全裂，花后常凋落。中部叶卵圆形或近圆形，长10～15mm，宽3～6mm，二回羽状全裂；侧裂片2～3对，狭楔形，常再3～5全裂；基部裂片具1～2枚小裂片，小裂片匙形、倒披针形或条状倒披针形，长1～3mm，宽0.5～1.5mm，先端钝，两面密被灰黄色的绢质短茸毛。上部叶与苞叶羽状全裂或3～5全裂，裂片狭匙形或倒披针形。头状花序近球形，直径3～4mm，梗长1～5mm，下垂或倾斜，在茎枝端排列成松散的稍开展的圆锥状。总苞片3～4层：外层的狭小，狭卵形，背部被灰黄色短柔毛，中间具绿色中肋，边缘膜质；内层的半膜质，背部无毛。边缘小花雌性，4～10，花冠近狭圆锥状，长约2mm，外面被短柔毛；中央小花两性，10～20，花冠管状，先端被短柔毛，长2～2.5mm；两者均为紫红色。花序托凸起，有白色托毛。瘦果倒卵状矩圆形，长约0.5mm。花果期8～9月。

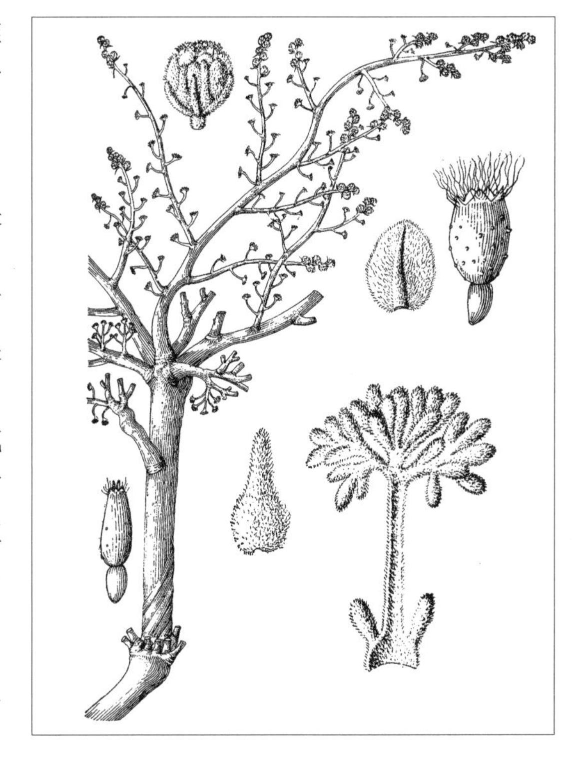

强旱生半灌木状草本。生于沙质、砂砾质或表土覆沙的土壤上，为草原化荒漠和荒漠草原常见的伴生种。产乌兰察布（固阳县永胜乡、乌拉特中旗）、鄂尔多斯（鄂托克旗）、东阿拉善（乌海市、阿拉善左旗）、西阿拉善（阿拉善右旗）、贺兰山、额济纳。分布于我国陕西北部、宁夏北部、甘肃（河西走廊）、青海北部、新疆，蒙古国西部和南部。为戈壁—蒙古分布种。

为优良的饲用植物，羊和骆驼四季均喜食，马和牛夏秋乐食。

11. 宽叶蒿

Artemisia latifolia Ledeb. in Mem. Acad. Imp. Sci. St.-Petersb. Hist. Acad. 5:569. 1815; Fl. Intramongol. ed. 2, 4:608. t.241. f.7-8. 1992.

多年生草本，高15～70cm。根状茎斜生，常有黑色残存枯叶柄。茎通常单生，直立，具纵条棱，无毛或上部疏被短柔毛，上部有分枝。基生叶矩圆形或长卵形，一至二回羽状分裂，具长柄，

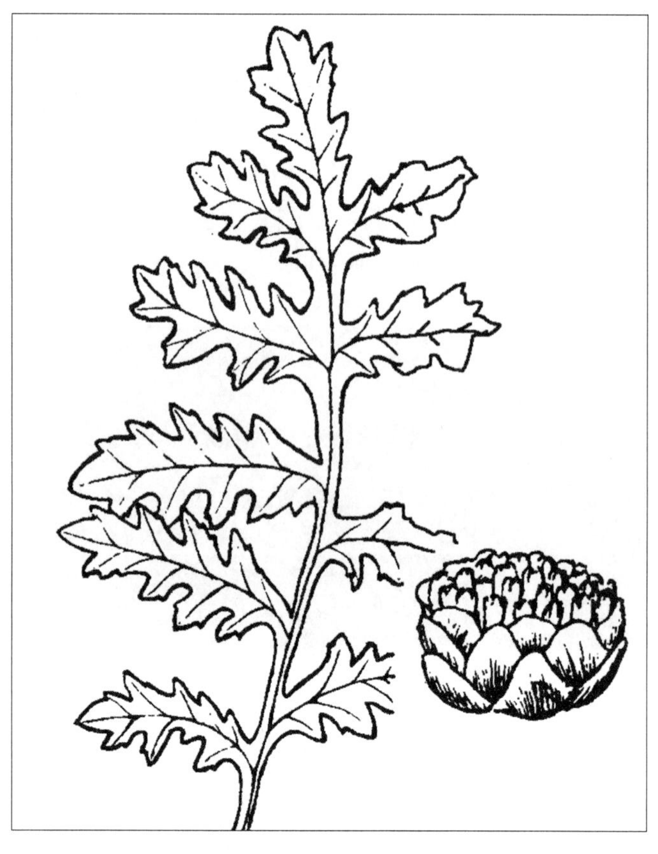

花期枯萎。茎下部与中部叶椭圆状矩圆形或长卵形，长 4 ～ 13cm，宽 2 ～ 6(～ 9)cm，一至二回羽状深裂；侧裂片 5 ～ 7 对，披针形或矩圆形，每裂片再成栉齿状羽状深裂，裂齿先端尖，不再分裂，稀有 1 ～ 2 枚小锯齿；叶两面密布小凹点，上面绿色，无毛，下面淡绿色，无毛或初时疏被短柔毛，后变无毛；叶柄长 3 ～ 7cm。上部叶为栉齿状羽状深裂；苞叶条形，全缘。头状花序近球形或半球形，直径 3 ～ 4mm，具短梗，下垂，在茎上排列成狭窄的圆锥状。总苞片 3 ～ 4 层：外层的卵形，背部无毛，黄褐色，边缘宽膜质，褐色，常撕裂；中层的椭圆形或矩圆形，边缘宽膜质；内层膜质。边缘雌花 5 ～ 9，花冠狭管状，外面有腺点；中央两性花 18 ～ 26，花冠管状，外面也有腺点。花序托凸起。瘦果倒卵形或呈矩圆状扁三棱形，褐色。花果期 7 ～ 10 月。

中生草本。生于森林带、森林草原带和草原带的山地林缘、林下、灌丛，也为草甸和杂类草草原的伴生植物。产兴安北部及岭东和岭西（额尔古纳市、根河市、大兴安岭、海拉尔区、新巴尔虎左旗、阿荣旗）、兴安南部（科尔沁右翼中旗、阿鲁科尔沁旗、巴林右旗）、燕山北部（敖汉旗）、鄂尔多斯（伊金霍洛旗）。分布于我国黑龙江、吉林西部、辽宁西部、河北南部、甘肃东部，朝鲜、蒙古国东部和北部、俄罗斯（西伯利亚地区），中亚、西南亚，欧洲。为古北极分布种。

12. 东亚栉齿蒿

Artemisia maximovicziana (Schum.) Krasch. ex Poljak. in Bot. Mater. Gerb. Bot. Inst. Kom. Akad. Nauk S.S.S.R. 17:403. 1955; Fl. Intramongol. ed. 2, 4:609. 1992.——*A. latifolia* Ledeb. var. *maximovicziana* Schum. in Mem. Acad. Imp. Sci. St.-Petersb. 7(12):49. 1868.

半灌木状草本，高 60 ～ 120cm。主根稍粗，根状茎稍匍匐。茎单生或少数集生，具细纵棱，

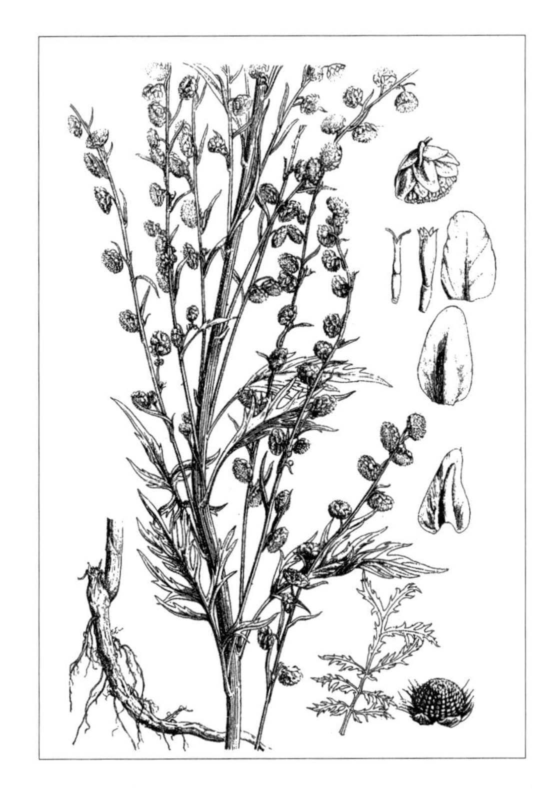

不分枝或上部有分枝；茎、枝无毛或初时疏被叉状短柔毛。叶纸质或厚纸质。基生叶与茎下部叶卵形或宽卵形，长 10 ～ 18cm，宽 8 ～ 15cm，一至二回栉齿状羽状深裂或近全裂；侧裂片 5 ～ 6 对，长椭圆形或椭圆状披针形，长 4 ～ 8cm，宽 2 ～ 4cm，小裂片披针形或长三角形，边缘具少数尖锯齿，中轴具狭翅；叶柄长 6 ～ 16cm。中部叶一至二回栉齿状羽状全裂或深裂，叶柄长 2 ～ 4(～ 8)cm；上部叶羽状全裂，侧裂片 4 ～ 6 对，条形或条状披针形，近无柄；苞叶 3 ～ 5 全裂或不分裂，条形或条状披针形，先端锐尖或钝尖，全缘；全部叶无毛或初时疏被短柔毛。头状花序半球形或近球形，直径 4 ～ 6mm，具短梗，斜展，在茎上排列成狭窄而伸长的圆锥状。总苞片 3 ～ 4 层，背部无毛或近无毛；外层的矩圆形，边缘狭膜质；中、内层的背部具宽的绿色中肋，边缘宽膜质。边缘雌花 10 ～ 15，花冠狭管状；中央两性花 30 ～ 40，花冠管状。花序托凸起。瘦果矩圆形或长倒卵形。花果期 8 ～ 9 月。

中生草本。生于森林带的采伐迹地。产兴安北部（牙克石市）。分布于我国黑龙江北部，俄罗斯（远东地区）。为满洲分布种。

13. 栉齿蒿（尖栉齿叶蒿）

Artemisia medioxima Krasch. ex Poljak. in Bot. Mater. Gerb. Bot. Inst. Kom. Akad. Nauk S.S.S.R. 17:405. 1955; Fl. Intramongol. ed. 2, 4:608. 1992.

半灌木状草本，高 70 ～ 120cm。主根细；根状茎斜上，具少数营养枝。茎单生或少数，具细纵纹，黄褐色，不分枝。叶质薄。茎下部与中部叶椭圆形或矩圆形，长 4 ～ 6(～ 9)cm，宽 2 ～ 4cm，一至二回栉齿状羽状分裂，第一回全裂；侧裂片 4 ～ 6 对，披针形或椭圆状披针形，每裂片有数枚深裂的栉齿，栉齿短披针形或短线状披针形，先端钝；叶柄长 1.5 ～ 3cm，基部具分裂的假托叶。上部叶小，一至二回栉齿状羽状分裂，无叶柄。头状花序半球形，直径 4 ～ 6mm，具短梗或长梗至近无梗，下垂或斜展，在茎上排列成疏松的总状或狭圆锥状。总苞片 3 ～ 4 层，近等长；外层的狭椭圆形或矩圆状披针形，背部被短柔毛，边缘狭膜质；中、内层的卵形，无毛或近无毛，边缘宽膜质或全为膜质。边缘雌花 8 ～ 10，花冠狭管状或狭圆锥状；中央两性花 20 ～ 40，花冠管状。花序托半球形。瘦果矩圆形。

中生草本。生于森林草原带的山地林缘、草甸。产呼伦贝尔。分布于我国黑龙江、山西北部、河北北部，俄罗斯（远东地区）。

为华北—满洲分布种。

14. 亚洲大花蒿

Artemisia macrantha Ledeb. in Mem. Acad. Imp. Sci. St.-Petersb. Hist. Acad. 5:573. 1815; Fl. Intramongol. ed. 2, 4:609. 1992.

半灌木状草本，高 20 ～ 60cm。主根木质；根状茎短，有短的营养枝。茎少数，稀单生，下部木质，上部分枝，茎上部及枝密被灰白色平贴的短柔毛。基生叶花期枯萎。下部叶与中部叶卵形或矩圆形，长 4 ～ 8cm，宽 2 ～ 7cm，二至三回羽状分裂；侧裂片 (3 ～)4(～ 5) 对，小裂片多个，短条形或短披针状条形，先端尖锐，或稍呈镰刀状弯曲；叶上面无毛或疏被短柔毛，下面密被短柔毛；近无柄，基部具羽状分裂的假托叶。上部叶与苞叶羽状分裂或不分裂，条状披针形。头状花序近球形或半球形，直径 4 ～ 7mm，近无梗，在茎上排列成狭窄或稍开展的圆锥状。总苞片 3 ～ 4 层，近等长；外层的椭圆状披针形，背部被灰白色短柔毛，边缘狭膜质，褐色；中、内层的卵圆形，边缘褐色，宽膜质或全为膜质。边缘雌花 10 ～ 20，花冠狭圆锥状；中央两性花 30 ～ 38，花冠狭杯状或管状。花序托凸起。瘦果椭圆状卵形。

半灌木状中生草本。生于森林带的山地沟谷、灌丛、路旁。产内蒙古西部。分布于我国新疆北部和中部，蒙古国（滨库苏古泊地区）、俄罗斯（西伯利亚地区、欧洲部分），中亚、西南亚。为古地中海分布种。

15. 阿克塞蒿

Artemisia aksaiensis Y. R. Ling in Bull. Bot. Res. Harbin 5(2):3. f.10. 1985; Fl. Intramongol. ed. 2, 4:610. t.241. f.11-12. 1992.

半灌木状草本，高 20 ～ 50cm。主根稍粗，木质；根状茎木质，具数个营养枝。茎直立，丛生，黄褐色或褐色，下部木质，多分枝；茎、枝、叶两面初时被灰白色平贴的短柔毛，后稀疏。叶纸质。茎下部与中部叶卵圆形，长 2 ～ 2.5cm，宽 1.5 ～ 2cm，二至三回栉齿状羽状全裂；侧裂片 3 ～ 4 对，每裂片再次羽状全裂，侧生小裂片 3 ～ 4 对，小裂片椭圆形或长卵形，长 2 ～ 4mm，宽 1 ～ 1.5mm，先端钝，具小尖头，有时小裂片再分裂，具 1 ～ 2 小裂齿；叶上面有小腺点，后脱落；叶柄长 1 ～ 2cm，具不明显的假托叶。上部叶与苞叶一至二回羽状全裂，小裂片椭圆

形或长卵形或略呈栉齿状。头状花序半球形或近球形，直径 5 ～ 8mm，梗长 6 ～ 15mm，基部有条形的小苞叶，多数在茎上部排列成开展的圆锥状。总苞片 3 ～ 4 层：外层的披针形或卵形；中层的卵形，边缘膜质，背部疏被灰白色平贴的短柔毛；内层的卵形，半膜质，背部近无毛。边缘小花雌性，6 ～ 11，花冠狭管状；中央小花两性，12 ～ 18，花冠管状。花序托凸起。瘦果倒卵形。花果期 8 ～ 10 月。

半灌木状旱生草本。生于荒漠带的山坡。产龙首山（藏布台）。分布于我国甘肃（阿克塞哈萨克族自治县）。为河西走廊山地分布种。

16. 褐苞蒿（褐鳞蒿）

Artemisia phaeolepis Krasch. in Sovetsk. Bot. 5:7. 1943; Fl. Intramongol. ed. 2, 4:610. t.241. f.9-10. 1992.

多年生草本，高 20 ～ 40cm。根木质化；根状茎直立或斜生，有少数营养枝。茎通常单生，稀 2 ～ 3，直立，具纵条棱，下部疏被短柔毛或无毛，上部初时密被平贴柔毛，后脱落，通常不分枝。叶质薄。基生叶与茎下部叶椭圆形或矩圆形，二至三回栉齿状羽状分裂。中部叶椭圆形或矩圆形，长 2 ～ 6cm，宽 1.5 ～ 3cm，二回栉齿状羽状分裂，第一回全裂；侧裂片 5 ～ 7 对，与中轴成直角叉开，每裂片两侧具多数栉齿状的小裂片，小裂片短披针形，全缘或有小锯齿，先端具硬尖头，边缘加厚，背脉凸起；叶上面近无毛或被长柔毛，微有小凹点，下面初时疏被灰白色长柔毛，后脱落无毛；叶柄长 3 ～ 5cm，基部常

有小型的假托叶。上部叶一至二回栉齿状羽状分裂；苞叶披针形或条形，全缘或具数个小栉齿。头状花序半球形，直径4～6mm，具短梗，下垂，少数在茎上排列成总状或穗状，稀为极狭窄的圆锥状。总苞片3～4层，无毛或近无毛：外层的长卵形，边缘褐色，膜质；中、内层的长卵形或卵形，先端钝，边缘褐色，宽膜质或全为膜质。边缘雌花12～18，花冠狭管状，有腺点；中央两性花40～80，花冠管状，有腺点，全结实或有时中央花不结实。花序托凸起，半球形。瘦果矩圆形。花果期7～10月。

中生草本。生于森林带和草原带的山地林缘、灌丛、山地草甸、山地草原，为稀见伴生种。产兴安北部及岭西和岭东（额尔古纳市、根河市、牙克石市、鄂伦春自治旗、鄂温克族自治旗）、兴安南部（巴林右旗）、锡林郭勒（锡林浩特市）、阴山（大青山、蛮汗山、乌拉山）、贺兰山。分布于我国河北南部、河南西部和北部、山西南部、陕西、宁夏南部、甘肃、青海、西藏东部和南部、新疆北部和西部，蒙古国北部和西部及南部、俄罗斯（西西伯利亚地区）、哈萨克斯坦。为亚洲中部山地分布种。

17. 白莲蒿（万年蒿、铁秆蒿）

Artemisia gmelinii Web. ex Stechm. in Artem. 30. 1775; Fl. Intramongol. ed. 2, 4:613. t.240. f.7-8. 1992; Fl. China 20-21:688. 2011.——*A. sacrorum* Ledeb. in Mem. Acad. Imp. Sci. St. -Petersb. Hist. Acad. 5:571. 1815; Fl. Intramongol. ed 2, 4:611. 1992.

17a. 白莲蒿

Artemisia gmelinii Web. ex Stechm. var. **gmelinii**

半灌木状草本，高 50 ～ 100cm。根稍粗大，木质，垂直；根状茎粗壮，常有多数营养枝。茎多数，常成小丛，紫褐色或灰褐色，具纵条棱，下部木质，皮常剥裂或脱落，多分枝；茎、枝初时被短柔毛，后下部脱落无毛。茎下部叶与中部叶长卵形、三角状卵形或长椭圆状卵形，长 2 ～ 10cm，宽 3 ～ 8cm，二至三回栉齿状羽状分裂，第一回全裂；侧裂片 3 ～ 5 对，椭圆形或长椭圆形，小裂片栉齿状披针形或条状披针形，具三角形栉齿或全缘；叶中轴两侧有栉齿；叶上面绿色，初时疏被短柔毛，后渐脱落，幼时有腺点，下面初时密被灰白色短柔毛，后无毛；叶柄长 1 ～ 5cm，扁平，基部有小型栉齿状分裂的假托叶。上部叶较小，一至二回栉齿状羽状分裂，具短柄或无柄；苞叶栉齿状羽状分裂或不分裂，条形或条状披针形。头状花序近球形，直径 2 ～ 3.5mm，具短梗，下垂，多数在茎上排列成密集或稍开展的圆锥状。总苞片 3 ～ 4 层：外层的披针形或长椭圆形，初时密被短柔毛，后脱落无毛，中肋绿色，边缘膜质；中、内层的椭圆形，膜质，无毛。边缘雌花 10 ～ 12，花冠狭管状；中央两性花 20 ～ 40，花冠管状。花序托凸起。瘦果狭椭圆状卵形或狭圆锥形。花果期 8 ～ 10 月。

旱生半灌木。生于森林带、草原带和荒漠带的山坡上，比较喜暖，在大兴安岭南部山地、大青山的低山带阳坡及黄土丘陵沟壑区常形成群落，为内蒙古山地半灌木群落的主要建群中。产兴安北部（额尔古纳市、根河市）、呼伦贝尔（海拉尔区、满洲里市、新巴尔虎右旗）、兴安南部、赤峰丘陵（翁牛特旗）、燕山北部、锡林郭勒（东乌珠穆沁旗、锡林浩特市、镶黄旗）、乌兰察布（达尔罕茂明安联合旗、乌拉特中旗、乌拉特前旗）、阴山（大青山）、阴南丘陵（准格尔旗）、鄂尔多斯（乌审旗）、贺兰山、龙首山。分布于我国吉林东部、河北中部、山西、宁夏南部、甘肃东部、青海、四川西部、西藏、云南西北部、新疆，朝鲜、蒙古国东部和北部、俄罗斯（西伯利亚地区），中亚，欧洲。为古北极分布种。

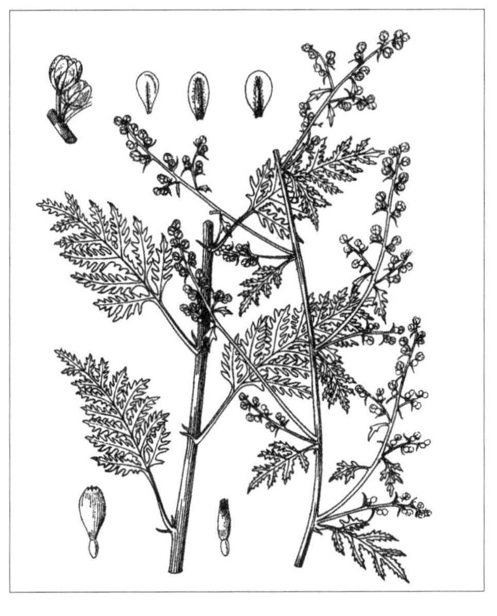

17b. 密毛白莲蒿（白万年蒿）

Artemisia gmelinii Web. ex Stechm. var. **messerschmidiana** (Bess.) Poljak. in Fl. U.R.S.S. 26:464. 1961; Fl. China 20-21:688. 2011.——*A. sacrorum* Ledeb. var. *messerschmidiana* (Bess.) Y. R. Ling in Bull. Bot. Res. Harbin 8(4):13. 1988; Fl. Intramongol. ed. 2, 4:611. 1992.——*A. messerschmidiana* Bess. in Nouv. Mem. Soc. Imp. Nat. Mosc. 3:27. 1834.

本变种与正种的区别是：叶两面密被灰白色或淡灰黄色短柔毛。

中旱生或旱生半灌木。生于草原带的山坡、丘陵、路旁。产兴安南部及科尔沁（阿鲁科尔沁旗、巴林左旗、巴林右旗、林西县、克什克腾旗）、锡林郭勒（锡林浩特市、苏尼特左旗、正镶白旗、太仆寺旗、兴和县）、阴山（大青山）、阴南丘陵（准格尔旗）。分布于我国黑龙江、吉林、辽宁、河北、河南、山东、江苏、陕西、宁夏、甘肃、青海、新疆，日本、朝鲜、蒙古国北部和东部及南部、俄罗斯（西伯利亚地区）、阿富汗。为东古北极分布变种。

17c. 灰莲蒿（万年蒿）

Artemisia gmelinii Web. ex Stechm. var. **incana** (Bess.) H. C. Fu in Fl. Intramongol. 6:152. 1982; Fl. China 20-21:688. 2011.——*A. sacrorum* Ledeb. var. *incana* (Bess.) Y. R. Ling in Bull. Bot. Res. Harbin 8(4):13. 1988; Fl. Intramongol. ed. 2, 4:613. 1992. ——*A. messerschmidiana* Bess. var. *incana* Bess. in Nouv. Mem. Soc. Imp. Nat. Mosc. 3:28. 1834.

本变种与正种的区别是：叶上面初时被灰白色短柔毛，后毛脱落，下面密被灰白色短柔毛。

中旱生或旱生半灌木。生于草原带的山坡、丘陵坡地。产呼伦贝尔（新巴尔虎右旗）、兴安南部及科尔沁（科尔沁右翼前旗、扎鲁特旗、阿鲁科尔沁旗、巴林左旗、巴林右旗、林西县、克什克腾旗）、辽河平原（科尔沁左翼后旗）、赤峰丘陵（红山区）、燕山北部（喀喇沁旗、宁城县）、锡林郭勒（锡林浩特市、苏尼特左旗、太仆寺旗、兴和县）、鄂尔多斯（东胜区）。国内分布同正种，日本、朝鲜、蒙古国北部和东部也有分布。为蒙古—东亚分布变种。

18. 细裂叶蒿（两色万年蒿）

Artemisia stechmanniana Bess. in Tent. Abrot. 35. 1832; Fl. China 20-21:688. 2011.——*A. gmelinii* auct. non Web. ex Stechm.: Fl. Intramongol. ed. 2, 4:611. t.240. f.1-6. 1993.

半灌木状草本，高 10～40cm。根木质；根状茎稍粗，有多数木质的营养枝。茎通常多数，丛生，下部木质，上部半木质，紫红色或红褐色，自下部分枝；茎、枝初密被灰白色短柔毛，后渐稀疏或无毛。茎下部、中部与营养枝叶卵形或三角状卵形，长 2～4cm，宽 1～2cm，二至三回栉齿状羽状分裂，第一至二回为羽状全裂；侧裂片 4～5 对，裂片互相接近，小裂片栉齿状短条形或短条状披针形，边缘常具数个小栉齿，栉齿长 1～2mm，宽 0.2～0.5mm，稀无小栉齿；叶上面暗绿色，初时被灰白色短柔毛，后渐稀疏或近无毛，常有凸穴或白色腺点，下面密被灰色或淡灰黄色蛛丝状柔毛；叶柄长 1～1.5cm，基部有栉齿状分裂的假托叶。上部叶一至二回栉齿状羽状全裂；苞叶呈栉齿状羽状分裂或不分裂，披针形或披针状条形。头状花序近球形，直径 3 ～ 4mm，具短梗或无梗，常下垂，多数在茎上部或枝端排列成总状或狭窄的圆锥状。总苞片 3 ～ 4 层：外层的椭圆形或椭圆状披针形，边缘狭膜质，背部被短柔毛或近无毛；中层的卵形，边缘宽膜质，无毛；内层的膜质。边缘雌花 10 ～ 12 ，花冠狭圆锥状，有腺点；中央两性花多数，花冠管状，微有腺点。花序托凸起，无毛。瘦果矩圆形。花果期 8 ～ 10 月。

石生旱生半灌木。生于草原带和荒漠带的山地。产锡林郭勒（锡林浩特市、苏尼特左旗、正蓝旗、太仆寺旗、兴和县）、乌兰察布（达尔罕茂明安联合旗南部、固阳县）、贺兰山、龙首山。分布于我国陕西、宁夏、甘肃、新疆、青海、西藏、四川西部、湖北，蒙古、俄罗斯、朝鲜、哈萨克斯坦、塔吉克斯坦、吉尔吉斯斯坦、土库曼斯坦。为古北极分布种。

19. 裂叶蒿（菊叶蒿）

Artemisia tanacetifolia L., Sp. Pl. 2:848. 1753; Fl. Intramongol. ed. 2, 4:614. t.241. f.1-6. 1992.

多年生草本，高 20 ～ 75cm。主根细；根状茎横走或斜生。茎单生或少数直立，具纵条棱，中部以上有分枝，茎上部与分枝常被平贴的短柔毛。叶质薄。下部叶与中部叶椭圆状矩圆形或长卵形，长 5 ～ 12cm，宽 1.5 ～ 6cm，二至三回栉齿状羽状分裂，第一回全裂；侧裂片 6 ～ 8 对，裂片椭圆形或椭圆状矩圆形，叶中部裂片与中轴成直角叉开，每裂片基部均下延在叶轴与叶柄上端成狭翅状，裂片常再次羽状深裂，小裂片椭圆状披针形或条状披针形，不再分裂或边缘具

小锯齿；叶上面绿色，稍有凹点，无毛或疏被短柔毛，下面初时密被短柔毛，后稍稀疏；叶柄长 5 ～ 12cm，基部有小型假托叶。上部叶一至二回栉齿状羽状全裂，无柄或近无柄；苞叶栉齿状羽状分裂或不分裂，条形或条状披针形。头状花序球形或半球形，直径 2 ～ 3mm，具短梗，下垂，多数在茎上排列成稍狭窄的圆锥状。总苞片 3 层：外层的卵形，淡绿色，边缘狭膜质，背部无毛或初时疏被短柔毛，后变无毛；中层的卵形，边缘宽膜质，背部无毛；内层的近膜质。边缘雌花 9 ～ 12，花冠狭管状，背面有腺点，常有短柔毛；中央两性花 30 ～ 40，花冠管状，也有腺点和短柔毛。花序托半球形。瘦果椭圆状倒卵形，长约 1.2mm，暗褐色。花果期 7 ～ 9 月。

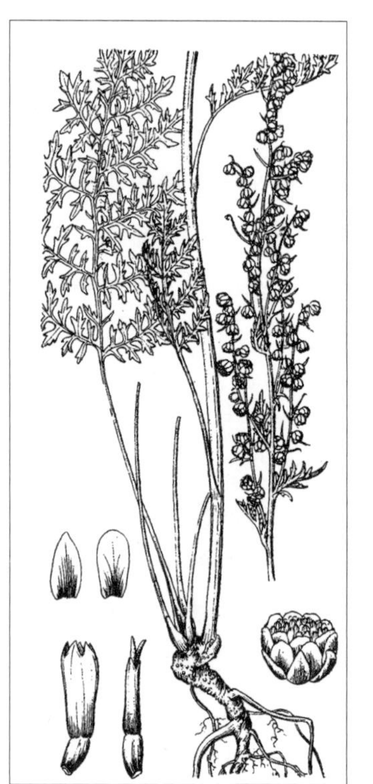

中生草本。多分布于森林带和森林草原带，也见于草原带的山地，是草甸、草甸草原及山地草原的伴生植物或亚优势植物，有时也出现在林缘和灌丛间。产兴安北部及岭西和岭东及呼伦贝尔（大兴安岭、额尔古纳市、根河市、鄂伦春自治旗、阿荣旗、鄂温克族自治旗、陈巴尔虎旗、新巴尔虎左旗、新巴尔虎右旗、海拉尔区）、兴安南部及科尔沁（扎赉特旗、科尔沁右翼中旗、阿鲁科尔沁旗、巴林左旗、巴林右旗、翁牛特旗、林西县、克什克腾旗）、燕山北部（喀喇沁旗、宁城县）、锡林郭勒（东乌珠穆沁旗、西乌珠穆沁旗、锡林浩特市、阿巴嘎旗、兴和县）、阴山（大青山、蛮汗山、乌拉山）、贺兰山。分布于我国黑龙江、吉林、辽宁、河北西北部、山西、陕西、宁夏南部、甘肃东部、青海东北部、新疆北部，朝鲜、蒙古国东部和北部及西部、俄罗斯（西伯利亚地区）、哈萨克斯坦，欧洲、北美洲（美国阿拉斯加州、加拿大）。为泛北极分布种。

20. 绿栉齿叶蒿（宽裂叶莲蒿）

Artemisia freyniana (Pamp.) Krasch. in Spisok Rast. Gerb. Fl. S.S.S.R. Bot. Inst. Vsesojuzn. Akad. Nauk 11:42. 1949; Fl. Intramongol. ed. 2, 4:614. t.240. f.9-10. 1992.——*A. sacrorum* Ledeb. var. *latifolia* Ledeb. f. *freyniana* Pamp. in Nuov. Giorn. Bot. Ital., n. s., 34:688. 1927.

半灌木状草本，高 15 ～ 45cm。根粗壮，木质化；根状茎稍粗。茎直立，多数，不分枝或有细短的分枝，红褐色，具纵条棱，被短柔毛或下部近无毛。叶纸质。下部叶花期凋落。中部叶长椭圆状卵形或长椭圆形，长 2 ～ 3cm，宽 1 ～ 1.5cm，二回栉齿状羽状全裂；侧裂片 4 ～ 5 对，长椭圆形，互相接近，再呈栉齿状羽状深裂，栉齿多而短小，披针形，先端尖，有时栉齿边缘还有细短的尖锯齿；叶上面深绿色，有凹点，无毛或疏被短柔毛，下面被短柔毛；具短柄，柄长 3 ～ 5mm，基部有栉齿状羽状全裂的假托叶。上部叶与苞叶小，羽状全裂或不分裂，条形或条状披针形，无柄。头状花序球形，直径 2 ～ 3mm，具短梗，倾斜或下垂，多数在茎上排列成狭窄的圆锥状或总状圆锥状。总苞片 3 ～ 4 层，背部无毛或近无毛，中肋绿色；外层的卵形，草质，边缘狭膜质；中、内层的较大，边缘宽膜质。边缘小花雌性，6 ～ 8，花冠狭圆锥状，疏被小腺点；中央小花两性，16 ～ 20，花冠管状，有小腺点。花序托凸起。瘦果倒卵形或椭圆形。花果期 8 ～ 10 月。

旱生半灌木。生于石质山坡、山沟。产岭西（新巴尔虎左旗）、兴安南部（林西县、克什克腾旗）、锡林郭勒（东乌珠穆沁旗、西乌珠穆沁旗、锡林浩特市、正蓝旗）、阴山（大青山）、龙首山。分布于我国黑龙江、吉林西部、宁夏、甘肃北部，蒙古国、俄罗斯（西伯利亚地区、远东地区）。为西伯利亚—东亚北部（满洲—华北）分布种。

21. 矮丛蒿（丛蒿、灰莲蒿）

Artemisia caespitosa Ledeb. in Fl. Alt. 4:80. 1833; Fl. Intramongol. ed. 2, 4:616. t.242. f.1-6. 1992.——*A. frigidioides* H. C. Fu et Z. Y. Zhu in Fl. Intramongol. 6:109. t.38. f.1-6. 1982.

多年生草本，高 5 ～ 15(～ 20)cm。主根较粗，木质；根状茎稍粗短，具多数营养枝。茎多数，常与营养枝组成矮丛，不分枝，密被灰白色绢质的短柔毛。叶纸质，干后质稍硬。茎下部与中部叶椭圆形或卵形，长、宽 5 ～ 10mm，下部叶通常 3 全裂或近掌状 5 全裂。中部叶一至二回近掌状式羽状全裂；侧裂片 1 ～ 2 对，不分裂或再 2 ～ 3 全裂，裂片及小裂片条形或条状披针形，长 3 ～ 6mm，宽 1.5 ～ 2mm，先端锐尖；叶两面密被灰

白色绢质短柔毛；叶柄长 6 ～ 10mm，基部稍宽而近半抱茎。上部叶与苞叶 3 ～ 5 全裂或不分裂，条形或条状披针形，无柄或近无柄。头状花序半球形或宽钟形，直径 3 ～ 4mm，近无梗，直立，少数或多数在茎上排列成短小而密集的穗状花序式的狭窄圆锥状。总苞片 3 ～ 4 层，外层的披针形，绿色；中、内层的椭圆形或卵形，边缘宽膜质或全为半膜质，中肋绿色；均在背部密被灰白色绢质短柔毛。边缘雌花 5 ～ 7，花冠狭圆锥状；中央两性花 15 ～ 22，花冠管状。花序托半球形，无毛。瘦果倒卵形或倒卵状椭圆形，长约 1mm，黄褐色。花果期 8 ～ 9 月。

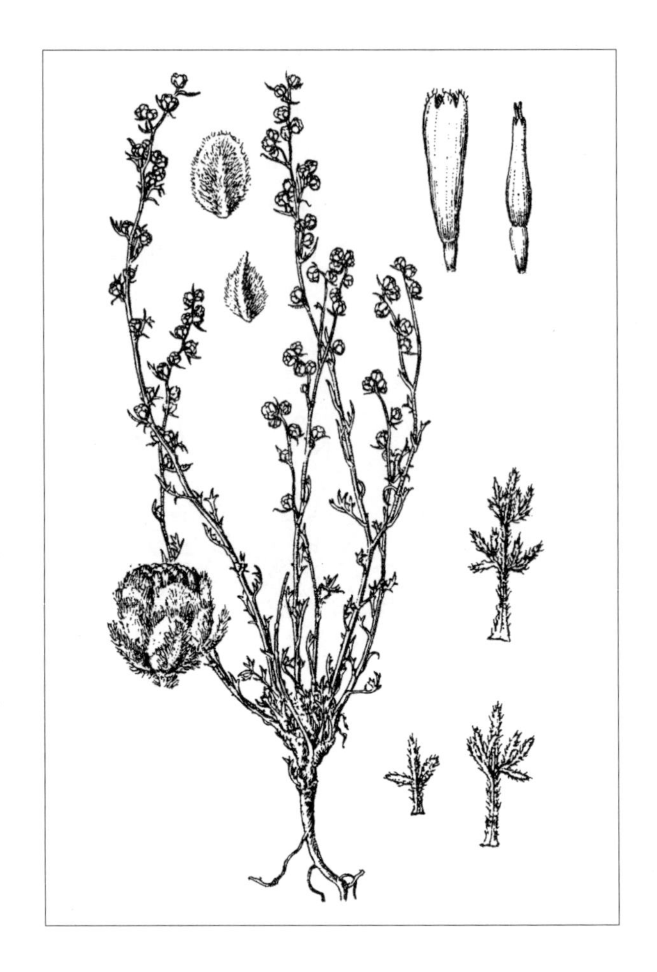

旱生草本。生于荒漠草原带的石质或砾石质坡地，为小针茅草原的伴生种，亦可单独形成群落，成为建群种。产乌兰察布（苏尼特左旗北部、四子王旗北部、达尔罕茂明安联合旗北部、乌拉特中旗）。分布于我国新疆北部，蒙古国东部和南部及西部、俄罗斯（西伯利亚地区）。为戈壁—蒙古分布种。

22. 臭蒿

Artemisia hedinii Ostenf. in S. Tibet. 6(3):41. t.3. f.1. 1922; Fl. Intramongol. ed. 2, 4:618. t.242. f.7-8. 1992.

一年生草本，高 20 ～ 50cm。全株有浓烈的臭气。根单一，垂直。茎通常单生，直立，紫红色，具纵沟棱，被腺状短柔毛，不分枝或由上部或基部分出细的花序分枝。基生叶多数，密集成莲座状，长椭圆形，二回栉齿状羽状分裂；侧裂片 20 多对，裂片再次羽状深裂或全裂，小裂片具多个栉齿，齿尖细长；叶柄短。茎下部与中部叶长椭圆形，长 4 ～ 12cm，宽 2 ～ 4cm，二回栉齿状羽状分裂，第一回全裂；侧裂片 5 ～ 10 对，矩圆形或条状披针形，长 3 ～ 15mm，宽 2 ～ 4mm，有栉齿状小裂片，中轴与叶柄上均有栉齿状小裂片；叶上面近无毛，下面疏被腺状短柔毛；下部叶柄长 4 ～ 5cm，中部叶柄长 1 ～ 2cm，基部有栉齿状分裂的假托叶。上部叶与苞叶渐小，一回栉齿状羽状分裂。头状花序半球形或近球形，直径 3 ～ 5mm，具短梗，在茎上排列成密集而狭窄的圆锥状。总苞片3层：外层的椭圆形或披针形，背部无毛或疏被腺状短柔毛，边缘膜质，紫褐色或深褐色；中、内层的椭圆形，近膜质或膜质，无毛。边缘雌花3～8，花冠狭圆锥状；中央两性花15～30，花冠管状，檐部紫红色，有腺点。花序托半球形。瘦果矩圆状倒卵形，长约1.2mm，紫褐色。花果期7～10月。

中生杂草。生于荒漠带的山谷、河边、路旁，散生或形成小群落。产贺兰山、龙首山。分布于我国宁夏西北部、甘肃中部、青海东部和东北部、四川西部、西藏、云南西北部、贵州中部、新疆（天山），印度北部、巴基斯坦北部、尼泊尔、塔吉克斯坦，克什米尔地区。为亚洲中部高山分布种。

地上部分入藏药（藏药名：桑资纳保），能清热、凉血、退黄、消炎，主治急性黄疸性肝炎、胆囊炎。

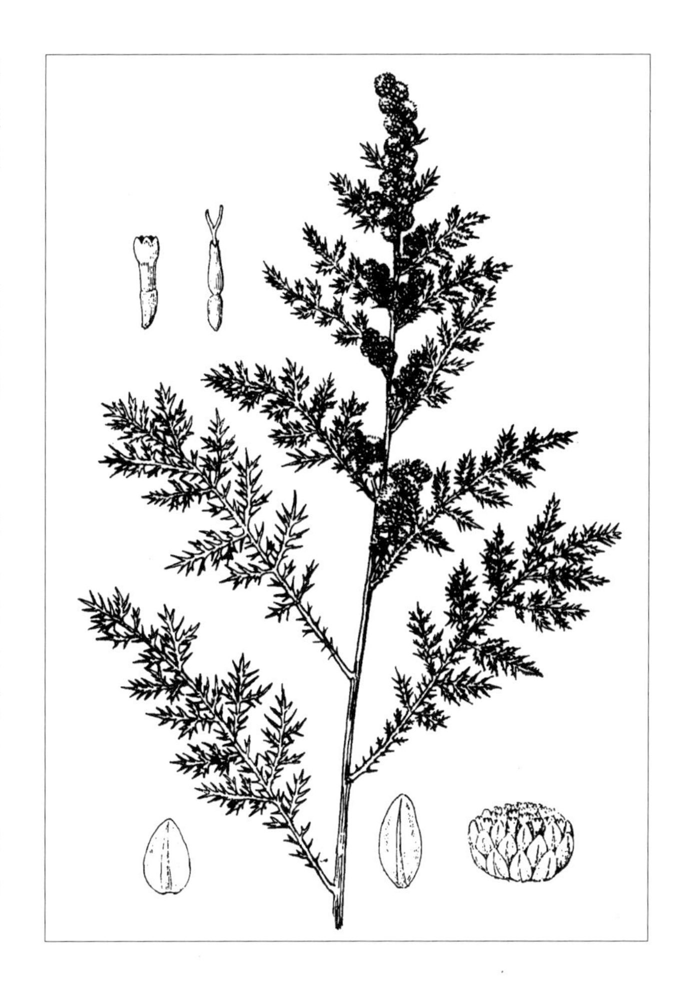

23. 黄花蒿（臭黄蒿）

Artemisia annua L., Sp. Pl. 2:847. 1753; Fl. Intramongol. ed. 2, 4:618. t.242. f.9-10. 1992.

一年生草本，高100cm有余。全株有浓烈的挥发性的香气。根单生，垂直。茎单生，粗壮，直立，具纵沟棱，幼嫩时绿色，后变褐色或红褐色，多分枝；茎、枝无毛或疏被短柔毛。叶纸质，绿色；茎下部叶宽卵形或三角状卵形，长3～7cm，宽2～6cm，三（至四）回栉齿状羽状深裂；侧裂片5～8对，裂片长椭圆状卵形，再次分裂，小裂片具多数栉齿状深裂齿，中肋明显；中轴两侧有狭翅，稀上部有小栉齿；叶两面无毛，或下面微有短柔毛，后脱落，具腺点及小凹点；叶柄长1～2cm，基部有假托叶。中部叶二至三回栉齿状羽状深裂，小裂片通常栉齿状三角形，具短柄；上部叶与苞

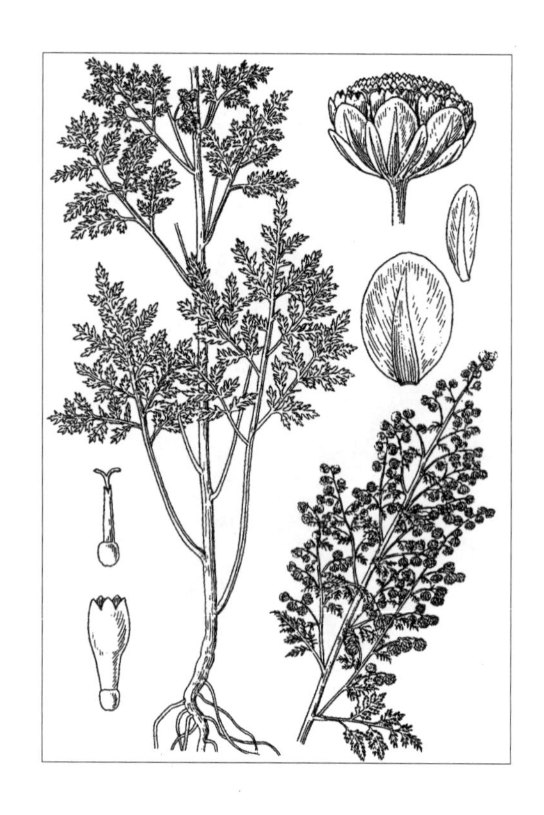

叶一至二回栉齿状羽状深裂，近无柄。头状花序球形，直径 1.5 ～ 2.5mm，有短梗，下垂或倾斜，极多数在茎上排列成开展而呈金字塔形的圆锥状。总苞片 3 ～ 4 层，无毛；外层的长卵形或长椭圆形，中肋绿色，边缘膜质；中、内层的宽卵形或卵形，边缘宽膜质。边缘雌花 10 ～ 20，花冠狭管状，外面有腺点；中央的两性花 10 ～ 30，结实或中央少数花不结实，花冠管状。花序托凸起，半球形。瘦果椭圆状卵形，长约 0.7mm，红褐色。花果期 8 ～ 10 月。

中生杂草。生于河边、沟谷、居民点附近，多散生或形成小群落。产内蒙古各地。分布于我国各地，遍及北非，亚洲、欧洲、北美洲。为泛北极分布种。

全草入药（药名：青蒿），能解暑、退虚热、抗疟，主治伤暑、疟疾、虚热。地上部分入蒙药（蒙药名：好尼－希日勒吉），能清热消肿，主治肺热、咽喉炎、扁桃体炎等。

24. 山蒿（岩蒿、骆驼蒿）

Artemisia brachyloba Franch. in Nouv. Arch. Mus. Hist. Nat., Ser. 2, 6:51. 1883; Fl. Intramongol. ed. 2, 4:619. t.243. f. 1-5. 1992.

半灌木状草本或小灌木状，高 20 ～ 40cm。主根粗壮，常扭曲，有纤维状的根皮；根状茎粗壮，木质，有营养枝。茎多数，自基部分枝常形成球状株丛；茎、枝幼时被短茸毛，后渐脱落。基生叶卵形或宽卵形，二至三回羽状全裂，花期枯萎。茎下部与中部叶宽卵形或卵形，长 2 ～ 4cm，宽 1.5 ～ 2cm，二回羽状全裂；侧裂片 3 ～ 4 对，小裂片狭条形或狭条状披针形，长 3 ～ 6mm，宽 0.3 ～ 1mm，先端钝，有小尖头，边缘反卷；叶上面绿色，疏被短柔毛或无毛，下面密被灰白色短茸毛。上部叶羽状全裂，裂片 2 ～ 4；苞叶 3 裂或不分裂，条形。头状花序卵球形或卵状钟形，直径 2 ～ 3.5mm，具短梗或近无梗，常排成短总状或穗状花序，或单生，再在茎上组成稍狭窄的圆锥状。总苞片 3 层：外层的卵形或长卵形，背部被灰白色短茸毛，边缘狭膜质；中、内层的长椭圆形，边缘宽膜质或全膜质，背部毛少至无毛。边缘雌花 8 ～ 15，花冠狭管状，疏布腺点；中央两性花

18 ～ 25，花冠管状，有腺点。花序托微凸。瘦果卵圆形，黑褐色。花果期 8 ～ 10 月。

石生旱生半灌木。生于森林带和草原带的石质山坡、岩石露头或碎石质的土壤上，是山地植被的主要建群植物之一。产兴安北部（牙克石市）、岭东（扎兰屯市）、兴安南部（科尔沁右翼前旗、科尔沁右翼中旗、乌兰浩特市、突泉县、扎鲁特旗、阿鲁科尔沁旗、巴林右旗、林西县、克什克腾旗）、赤峰丘陵（红山区、翁牛特旗）、燕山北部、锡林郭勒（锡林浩特市、西乌珠穆沁旗、镶黄旗、兴和县）、乌兰察布（四子王旗、达尔罕茂明安联合旗）、阴山（包头市大青山）、鄂尔多斯（鄂托克旗）、东阿拉善（狼山、桌子山）。分布于我国辽宁西南部、河北西北部、山西东北部、陕西中东部、宁夏中部、甘肃中部。为华北—兴安分布种。

全草入药，能清热祛湿，主治偏头痛、咽喉肿痛、风湿等。

25. 丝裂蒿（丝叶蒿、阿氏蒿、东北丝裂蒿）

Artemisia adamsii Bess. in Tent. Abrot. 27. 1832; Fl. Intramongol. ed. 2, 4:519. t.243. f.7-8. 1992.

多年生草本或为半灌木状，高 15 ～ 35cm。主根细长或稍粗；根状茎稍粗短，有少数营养枝。茎少数或单生，暗褐色，基部稍木质，中部以上多分枝；小枝细而短；茎与枝幼时疏被蛛丝状柔毛，后脱落无毛。叶暗绿色，常被腺点及蛛丝状柔毛。茎下部叶与营养枝叶椭圆形或近圆形，二至三回羽状全裂；侧裂片 3 ～ 4 对，小裂片丝状条形，长 2 ～ 6mm，宽 0.3 ～ 0.5mm，先端急尖；叶柄长 5 ～ 10mm。茎中部叶卵圆形，长、宽 15 ～ 25mm，一至二回羽状全裂；侧裂片 3 ～ 4 对，小裂片丝状条形，长 2 ～ 3mm，宽约 0.5mm；叶柄短或近无柄。上部叶羽状全裂，无叶柄；苞

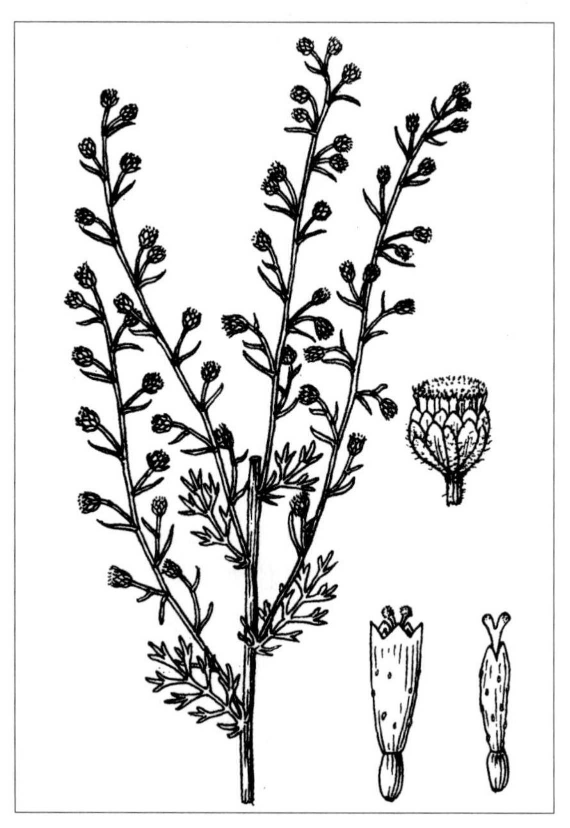

叶近掌状全裂，裂片狭条形。头状花序近球形，直径 2 ～ 3(～ 4)mm，具短梗，下垂，多数在茎的中上部排列成狭窄的圆锥状。总苞片 3 ～ 4 层：外层的长椭圆形或长卵形，背部疏被短柔毛，边缘膜质；中、内层的宽卵形或近圆形，膜质，近无毛。边缘雌花 9 ～ 12(～ 19)，花冠狭圆锥状，有腺点；中央两性花 25 ～ 45，结实或中央数枚不结实，花冠管状。花序托半球形。瘦果长椭圆状倒卵形，稍扁。花果期 7 ～ 9 月。

旱生草本。生于草原带的轻度盐碱化的土壤上，为芨芨草草甸的伴生种，有时在疏松的土壤上也可形成小群落。产呼伦贝尔（新巴尔虎左旗、新巴尔虎右旗、满洲里市）、锡林郭勒（东乌珠穆沁旗）。分布于我国黑龙江东南部、吉林西部，蒙古国东部和北部及西部、俄罗斯（西伯利亚地区）。为蒙古—满洲分布种。

26. 米蒿（驴驴蒿）

Artemisia dalai-lamae Krasch. in Bot. Mater. Gerb. Glavn. Bot. Sada R.S.F.S.R. 3:17. 1922; Fl. Intramongol. ed. 2, 4:621. t.243. f.6. 1992.

半灌木状草本，高 10 ～ 20cm。主根木质，粗壮，侧根多数；根状茎粗短。茎多数，直立，常成丛，略呈四方形，密被灰白色短柔毛，不分枝或上部少分枝。叶多数，密集，近肉质；近无柄或无柄。茎下部与中部叶卵形或宽卵形，长 8 ～ 15mm，宽 6 ～ 10mm，一至二回羽状全裂或近掌状全裂；侧裂片 2 ～ 3 对，小裂片狭条状棒形或狭条形，长 2 ～ 5mm，宽约 0.5mm，先端钝

或稍膨大，基部1对裂片半抱茎并成假托叶状；叶两面疏被短柔毛。上部叶与苞叶5或3全裂。头状花序半球形或卵球形，直径3～3.5mm，具短梗或近无梗，在茎上排列成狭窄的圆锥状。总苞片3～4层；外层的长卵形或椭圆状披针形，背部疏被蛛丝状短柔毛，边缘膜质；中、内层的椭圆形，近膜质，背部无毛。边缘雌花1～3，花冠狭圆锥状；中央两性花8～20，花冠管状，有腺点。花序托凸起。瘦果倒卵形。花果期7～9月。

强旱生半灌木状草本。生于荒漠带的山地，为高寒山地荒漠草原和草原化荒漠的伴生种或亚优势种。产龙首山。分布于我国甘肃南部、青海、西藏。为横断山脉分布种。

27. 银蒿（银叶蒿）

Artemisia austriaca Jacq. in Syst. Veg. ed. 14, 744. 1784; Fl. Intramongol. ed. 2, 4:621. 1992.

多年生草本，高15～30cm。主根木质，斜向下；根状茎细或稍粗，匍地或斜向上，具营养枝。茎直立，多数，基部木质，常扭曲，有分枝；茎、枝、叶及总苞片背部密被银白色或淡灰黄色稍带绢质的茸毛。茎下部叶与营养枝叶卵形或长卵形，三回羽状全裂，侧裂片2～6对，小裂片狭条形，具长叶柄，花期枯萎。中部叶长卵形或椭圆状卵形，长1.5～4cm，宽1～2.5cm，二至三回羽状全裂；侧裂片2～3对，椭圆形，再次3全裂或羽状全裂，小裂片狭条形，长2～12mm，宽0.5～1mm，先端钝尖；具短叶柄。上部叶羽状全裂，无柄；苞叶3裂或不分裂，狭条形。头状花序卵球形或卵钟形，直径1～2mm，无梗，斜展或下垂，多数在茎上排列成开展的圆锥状。总苞片3～4层：外层的短小，披针形或条状披针形，边缘狭膜质；中、内层的卵形或长卵状匙形，

半膜质至膜质。边缘雌花 3 ～ 7，极小，花冠狭管状或狭圆锥状；中央两性花 7 ～ 8，花冠管状。花序托小，凸起。瘦果椭圆形。花果期 8 ～ 10 月。

旱生草本。生于草原带的干旱沙质草滩。产锡林郭勒（集宁区）。分布于我国新疆北部和西部，伊朗、俄罗斯（西伯利亚地区、远东地区），中亚，欧洲。为古北极分布种。

28. 黑蒿（沼泽蒿）

Artemisia palustris L., Sp. Pl. 2:846. 1753; Fl. Intramongol. ed. 2, 4:622. t.243. f.9-10. 1992.

一年生草本，高 10 ～ 40cm。全株光滑无毛。根较细，单一。茎单生，直立，绿色，有时带紫褐色，上部有细分枝，有时自基部分枝。枝短，斜向上或不分枝。叶薄纸质。茎下部与中部叶卵形或长卵形，长 2 ～ 5cm，宽 1.5 ～ 3cm，一至二回羽状全裂；侧裂片 (2 ～)3 ～ 4 对，再次羽状全裂或 3 裂，小裂片狭条形，长 1 ～ 3cm，宽 0.5 ～ 1mm；下部叶叶柄长达 1cm，中部叶无柄，基部有狭条状假托叶。茎上部叶与苞叶小，一回羽状全裂。头状花序近球形，直径 2 ～ 3mm，无梗，每 2 ～ 10 个在分枝或茎上密集成簇，少数间有单生并排成短穗状，而在茎上再组成稍开展或狭窄的圆锥状。总苞片 3 ～ 4 层，近等长：外层的卵形，背部具绿色中肋，边缘膜质，棕褐色；中、内层的卵形或匙形，半膜质或膜质。边缘雌花 9 ～ 13，花冠狭管状或狭圆锥状；中央两性花 20 ～ 25，花冠管状，外面有腺点。花序托凸起，圆锥形。瘦果长卵形，稍扁，褐色。花果期 8 ～ 10 月。

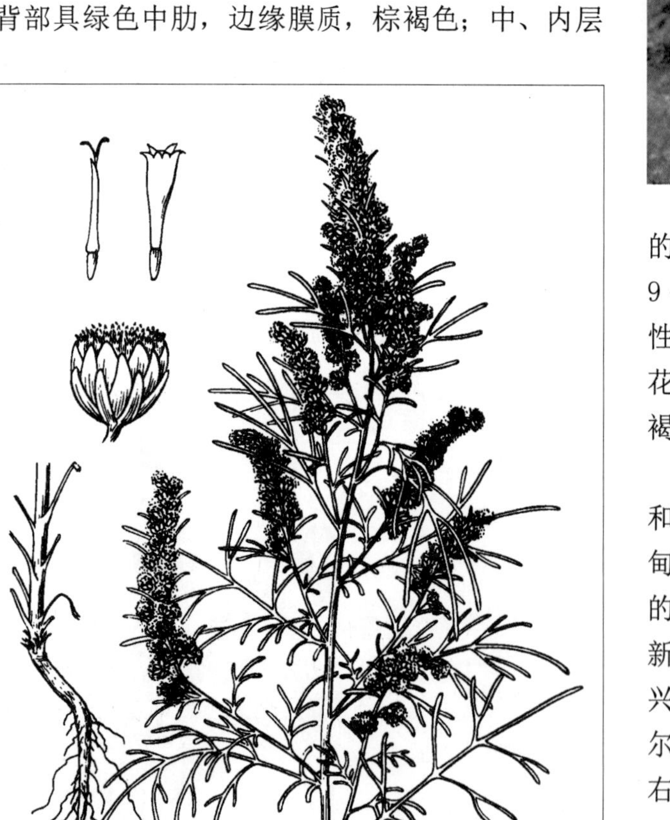

中生草本。生于森林带、森林草原带和干草原带的河岸低湿沙地，是草甸、草甸草原和山地草原群落中一年生草本层片的重要成分。产呼伦贝尔（陈巴尔虎旗、新巴尔虎左旗、新巴尔虎右旗、海拉尔区）、兴安南部及科尔沁（科尔沁右翼前旗、科尔沁右翼中旗、通辽市、翁牛特旗、巴林右旗、克什克腾旗）、辽河平原（科尔沁左翼后旗）、锡林郭勒（东乌珠穆沁旗、西乌珠穆沁旗、锡林浩特市、阿巴嘎旗、苏尼特左旗、镶黄旗、正蓝旗、多伦县、兴和县、凉城县）、乌兰察布（达尔罕茂明安联合旗、固阳县）、阴山（包头市大青山）、鄂尔多斯（乌审旗）。分布于我国黑龙江南部、吉林东部和北部、辽宁北部、河北北部、山西东北部，朝鲜、蒙古国、俄罗斯（西伯利亚地区、远东地区）。为东古北极分布种。

29. 黄金蒿

Artemisia aurata Kom. in Trudy Imp. St.-Petersb. Bot. Sada 18:422. 1901; Fl. Intramongol. ed. 2, 4:622. 1992.

一年生草本，高 30 ～ 60cm。全株光滑无毛。主根细长，垂直。茎单生，具不明显的纵条棱，多分枝，细长，斜向上弯曲。叶薄纸质。基生叶与茎下部叶花期凋萎。中部叶三角状卵形或三

角状长卵形，长 4 ～ 6(～ 10)cm，宽 2 ～ 3cm，二至三回羽状全裂；侧裂片 4 ～ 5 对，中部与上部裂片再呈二回羽状全裂，小裂片丝状条形，长 3 ～ 6mm，宽 0.5 ～ 1mm，先端尖；叶柄长 2 ～ 5cm，基部具小型假托叶。上部叶羽状全裂，无柄；苞叶 3 裂或不分裂，丝状条形。头状花序近球形，直径 2 ～ 3mm，无梗，在分枝上通常每 2 ～ 5 个集生成簇，并排成短穗状，而在茎上组成疏松、开展的圆锥状。总苞片 3 层，近等长；外、中层的宽卵形或矩圆形，背部中肋绿色，稍隆起，边缘膜质；内层的半膜质。边缘雌花 9 ～ 14，花冠狭管状或狭圆锥状；中央两性花 15 ～ 25，花冠管状。花序托凸起。瘦果卵状椭圆形，暗褐色。花果期 8 ～ 10 月。

旱中生草本。生于草原带的干燥的向阳山坡、岩石裂缝、固定沙丘。产呼伦贝尔（海拉尔区）、辽河平原（科尔左翼后旗）、赤峰丘陵（翁牛特旗）。分布于我国黑龙江、吉林、辽宁，日本、朝鲜、俄罗斯(远东地区)。为东亚北部(满洲—日本)分布种。

30. 宽叶山蒿

Artemisia stolonifera (Maxim.) Kom. in Fl. Mansh. 3:676. 1907; Fl. Intramongol. ed. 2, 4:623. t.244. f.9-10. 1992.——*A. vulgaris* L. var. *stolonifera* Maxim. in Mem. Acad. Imp. Sci. St.-Petersb. Div. Sav. 9:161. 1859.

多年生草本，高 50 ～ 100cm。主根明显，侧根多；根状茎发达，横走，具多数纤维根，有营养枝及细长的匍匐枝。茎直立，单生或少数，具纵条棱，上部有分枝；茎、枝初时被灰白色蛛丝状毛，后渐稀疏或无毛。叶厚纸质。基生叶花期枯萎，茎下部叶与营养枝叶早落。中部叶椭圆状倒卵形、长卵形或卵形，长 5 ～ 9cm，宽 1 ～ 3cm，先端锐尖，下半部楔形，渐狭成短柄状，基部常有小型分裂的假托叶；叶全缘，或中部以上边缘具 2 ～ 3 个浅裂齿或为深裂齿，并有少数疏或密的锯齿；叶上面暗绿色，具小凹点及白色腺点，疏被蛛丝状毛，后脱落无毛，下面密被灰白色蛛丝状毛。上部叶小，卵形或卵状披针形，全缘或有粗锯齿，无柄，基部有小型假托叶；苞叶椭圆形、卵状披针形或条状披针形，全缘。头状花序矩圆形或宽卵形，直径 3 ～ 4mm，具短梗或近无梗，下倾，有小苞片，多数在茎上排列成狭窄的圆锥状。总苞片 3 ～ 4 层：外层的三角状卵形，背部深褐色，密被蛛丝状毛，边缘狭膜质；中层的倒卵形或长卵形，背部被蛛丝状毛，边缘宽膜质；内层的长卵形或匙形，半膜质，近无毛。边缘雌花 10 ～ 12，花冠狭管状；中央两性花 11 ～ 15，花冠管状或高脚杯状。花序托圆锥形，凸起。瘦果狭卵形或椭圆形，稍扁，暗褐色。花果期 7 ～ 10 月。

中生草本。生于森林带和森林草原带的山地林下、林缘、灌丛、低湿草甸，也作为杂草叶进入农田、路边、村舍附近。产兴安北部及岭西（额尔古纳市、根河市、牙克石市、鄂温克族自治旗）、呼伦贝尔（满洲里市）、兴安南部及科尔沁（科尔沁右翼前旗、阿鲁科尔沁旗、巴林左旗、巴林右旗、翁牛特旗、克什克腾旗）、燕山北部（喀喇沁旗、宁城县）。分布于我国黑龙江、吉林东部、辽宁、河北、山东、山西中部、安徽南部、江苏东北部、浙江西北部、江西、湖北东北部，日本、朝鲜、俄罗斯（远东地区）。为东亚分布种。

31. 艾（艾蒿、家艾）

Artemisia argyi H. Lev. et Van. in Repert. Spec. Nov. Regni Veg. 8:138. 1910; Fl. Intramongol. ed. 2, 4:623. t.244. f.1-8. 1992.

31a. 艾

Artemisia argyi H. Lev. et Van. var. **argyi**

多年生草本，高 30 ～ 100cm。植株有浓烈香气。主根粗长，侧根多；根状茎横卧，有营养枝。茎单生或少数，具纵条棱，褐色或灰黄褐色，基部稍木质化，有少数分枝；茎、枝密被灰白色蛛丝状毛。叶厚纸质。基生叶花期枯萎。茎下部叶近圆形或宽卵形，羽状深裂；侧裂片 2 ～ 3 对，椭圆形或倒卵状长椭圆形，每裂片有 2 ～ 3 个小裂齿；叶柄长 5 ～ 8mm。中部叶卵形、三角状卵形或近菱形，长 5 ～ 9cm，宽 4 ～ 7cm，一至二回羽状深裂至半裂；侧裂片 2 ～ 3 对，卵形、卵状披针形或披针形，长 2.5 ～ 5cm，宽 1.5 ～ 2cm，不再分裂或每侧有 1 ～ 2 个缺齿；叶基部宽楔形，渐狭成短柄，叶柄长 2 ～ 5mm，基部有极小的假托叶或无；叶上面被灰白色短柔毛，密布白色腺点，下面密被灰白色或灰黄色蛛丝状茸毛。上部叶与苞叶羽状半裂、浅裂、3深裂或3浅裂，或不分裂而为披针形或条状披针形。头状花序椭圆形，直径 2.5 ～ 3mm，无梗或近无梗，花后下倾，多数在茎上排列成狭窄、尖塔形的圆锥状。总苞片 3 ～ 4 层：外、中层的卵形或狭卵形，背部密被蛛丝状绵毛，边缘膜质；内层的质薄，背部近无毛。边缘雌花 6 ～ 10，花冠狭管状；中央两性花 8 ～ 12，花冠管状或高脚杯状，檐部紫色。花序托小。瘦果矩圆形或长卵形。花果期 7 ～ 10 月。

中生草本。在森林草原地带可形成群落，作为杂草常侵入到耕地、路边及村舍附近，有时也生于林缘、林下、灌丛。产兴安南部及科尔沁（科尔沁右翼前旗、科尔沁右翼中旗、突泉县、阿鲁科尔沁旗、巴林右旗）、赤峰丘陵（红山区、松山区、元宝山区）、燕山北部（喀喇沁旗、宁城县、敖汉旗）。分布于我国黑龙江南部、吉林东部、辽宁南部、河北、河南西部和南部、山东东部、山西、陕西、宁夏南部、甘肃东部、青海东部、四川中部、贵州西南部、安徽、江苏、浙江、福建西北部、江西东北部、湖北西北部、湖南、广东、广西、贵州、云南西北部，朝鲜、蒙古国、俄罗斯（远东地区）。为蒙古—东亚分布种。

叶可入药，能散寒止痛、温经、止血，主治心腹冷痛、吐衄、下血、月经过多、崩漏、带下、胎动不安、皮肤瘙痒。也入蒙药，能消肿、止血，主治痈疮伤、月经不调、各种出血。

31b. 野艾（朝鲜艾）

Artemisia argyi H. Lev. et Van var. **gracilis** Pamp. in Nuov. Giorn. Bot. Ital. Ser. 2, 36(4):453. f.83. 1930; Fl. Intramongol. ed. 2, 4:625. 1992.

本变种与正种的区别是：茎中部叶为羽状深裂。

中生草本。生于草原带的砂质坡地、路旁。产科尔沁（阿鲁科尔沁旗、巴林左旗、巴林右旗、克什克腾旗）、赤峰丘陵（松山区、翁牛特旗）、燕山北部（喀喇沁旗、宁城县、敖汉旗）、锡林郭勒（锡林浩特市、正蓝旗、太仆寺旗）、阴山（大青山）、阴南平原（呼和浩特市）、阴南丘陵（准格尔旗）、鄂尔多斯（东胜区、鄂托克旗）。内蒙古区外分布同正种。

32. 野艾蒿（荫地蒿、野艾）

Artemisia codonocephala Diels in Notes Roy. Bot. Gard. Edinburgh 5:186. 1912.——*A. lavandulifolia* DC. in Prodr. 6:110. 1838; Fl. Intramongol. ed. 2, 4:625. t.245. f.8-9. 1992. nom. illeg.

多年生草本，高 60 ～ 100cm。植株有香气。主根稍明显，侧根多；根状茎细长，常横走，有营养枝。茎少数，稀单生，具纵条棱，多分枝；茎、枝被灰白色蛛丝状短柔毛。叶纸质。基生叶与茎下部叶宽卵形或近圆形，二回羽状全裂，具长柄，花期枯萎。中部叶卵形、矩圆形或近圆形，长 6 ～ 8cm，宽 5 ～ 7cm，一至二回羽状全裂；侧裂片 2 ～ 3 对，椭圆形或长卵形，每裂片具 2 ～ 3 个条状披针形或披针形的小裂片或深裂齿，长 3 ～ 7mm，宽 2 ～ 3mm，先端尖；叶上面绿色，密布白色腺点，初时疏被蛛丝状柔毛，后稀疏或近无毛，下面密被灰白色绵毛；叶柄长 1 ～ 2cm，基部有羽状分裂的假托叶。上部叶羽状全裂，具短柄或近无柄；苞叶 3 全裂或不分裂，条状披针形或披针形。头状花序椭圆形或矩圆形，直径 2 ～ 2.5mm，具短梗或无梗，花后多下倾，具小苞叶，多数在茎上排列成狭窄或稍开展的圆锥状。总苞片 3 ～ 4 层：外层的短小，卵形或狭卵形，背部密被蛛丝状毛，边缘狭膜质；中层的长卵形，毛较疏，边缘宽膜质；内层的矩圆形或椭圆形，半膜质，近无毛。边缘雌花 4 ～ 9，花冠狭管状，紫红色；中央两性花 10 ～ 20，花冠管状，紫红色。花序托小，凸起。瘦果长卵形或倒卵形。花果期 7 ～ 10 月。

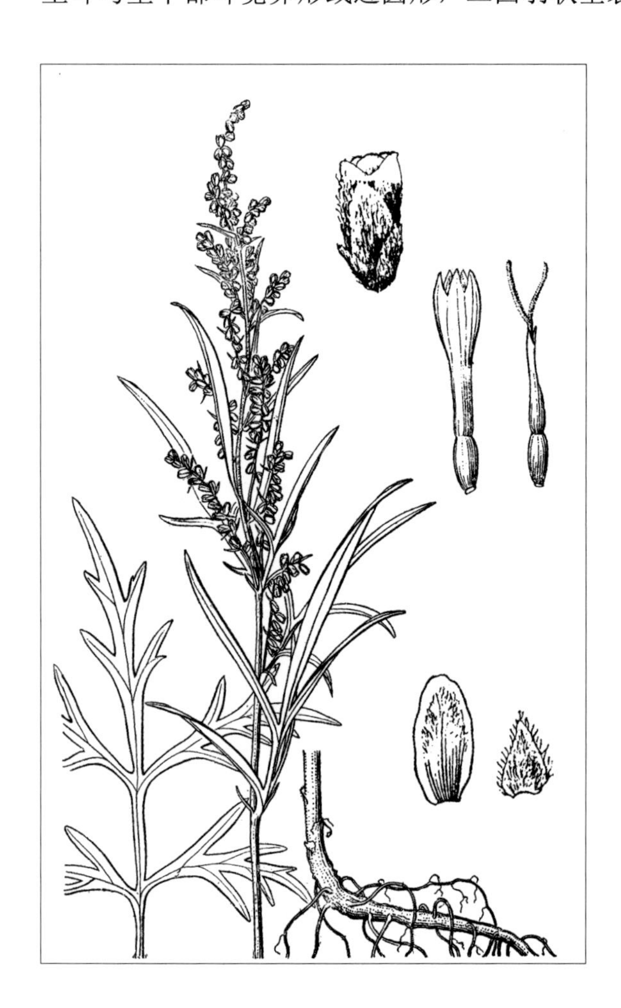

中生草本。生于森林带和草原带的山地林缘、灌丛、河湖滨草甸，作为杂草也进入农田、

路旁、村庄附近。产兴安北部及岭东和岭西及呼伦贝尔（额尔古纳市、鄂伦春自治旗、鄂温克族自治旗、海拉尔区）、兴安南部及科尔沁（扎赉特旗、科尔沁右翼前旗、科尔沁右翼中旗、乌兰浩特市、突泉县、克什克腾旗）、辽河平原（大青沟）、赤峰丘陵、燕山北部、锡林郭勒（西乌珠穆沁旗、锡林浩特市、正蓝旗、太仆寺旗）、乌兰察布（达尔罕茂明安联合旗南部）、阴山（大青山）、阴南丘陵（准格尔旗）、鄂尔多斯（达拉特旗、鄂托克旗、乌审旗）、贺兰山。分布于我国黑龙江、吉林、辽宁、河北、河南、山东、山西、陕西、甘肃东部、青海东部、四川北部、贵州西南部、安徽北部、江苏、江西北部、湖北西部、湖南北部、广东北部、广西西北部、云南，日本、朝鲜、俄罗斯（西伯利亚地区、远东地区）。为西伯利亚—东亚分布种。

33. 南艾蒿（白蒿）

Artemisia verlotorum Lamotte in Mem. Assoc. Franc. Congr. Clerm. Ferr. 1876:511. 1876; Fl. Intramongol. ed. 2, 4:626. 1992.

多年生草本，高 30 ～ 80cm。植株有香气。主根稍明显，侧根多；根状茎短，常具匍匐茎，有营养枝。茎单生或少数，具纵条棱，中上部分枝；茎、枝初时疏被短柔毛，后脱落无毛。叶纸质。基生叶与茎下部叶卵形或宽卵形，一至二回羽状全裂，具柄，花期枯萎。中部叶卵形或宽卵形，长 5 ～ 10cm，宽 3 ～ 8cm，一至二回羽状全裂；侧裂片 3 ～ 4 对，披针形或条状披针形，长 3 ～ 5cm，宽 3 ～ 5mm，先端锐尖，不分裂或偶有数个浅裂齿，边缘反卷；叶上面浓绿色，近无毛，被白色腺点，干后常成黑色，下面密被灰白色绵毛；叶柄短或近无柄。上部叶 3 ～ 5 全裂或深裂；苞叶不分裂，披针形。头状花序椭圆形或矩圆形，直径 2 ～ 2.5mm，无梗，直立，多数在茎上排列成狭长或稍开展的圆锥状。总苞片 3 层：外层的稍小，卵形，背部初时疏被蛛丝状毛，后脱落无毛，边缘狭膜质；中、内层的长卵形或椭圆状倒卵形，背部无毛，边缘宽膜质或全为半膜质。边缘雌花

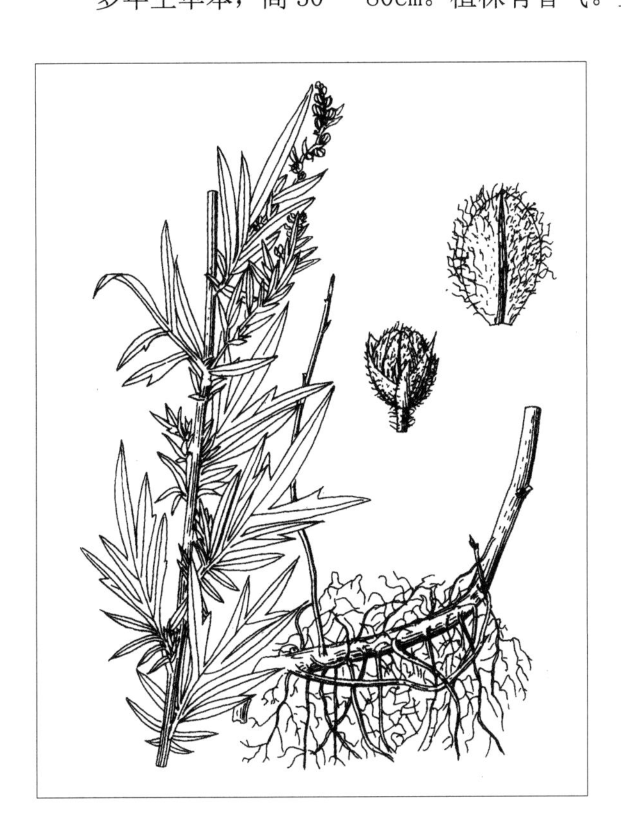

3～6，花冠狭管状；中央两性花8～18，花冠管状，檐部紫红色。花序托凸起，裸露。瘦果倒卵形或矩圆形。花果期7～10月。

中生草本。生于森林带和森林草原带的山坡、路旁、田边。产兴安北部（根河市、鄂伦春自治旗）、锡林郭勒（锡林浩特市）。分布于我国河北、河南东部、山东、山西、陕西西南部、甘肃东南部、安徽北部、江苏南部、浙江、福建、台湾、江西、湖北东南部、湖南东部、广东西部、广西东部、海南、四川、贵州、云南，日本、朝鲜、越南、老挝、柬埔寨、马来西亚、泰国、印度尼西亚、尼泊尔、斯里兰卡，小亚细亚半岛，欧洲、北美洲、南美洲。为泛北极分布种。

34. 狭裂白蒿

Artemisia kanashiroi Kitam. in Act. Phytotax. Geobot. 12:147. 1943; Fl. Intramongol. ed. 2, 4:626. 1992.

多年生草本，高20～60cm。主根细长，侧根多；根状茎横走。茎单生或少数，具纵条棱，有分枝；茎、枝初时密被蛛丝状茸毛，后渐脱落。叶纸质；基生叶与茎下部叶近圆形或宽卵形，长、宽3～4cm，一至二回羽状分裂；第一回全裂，侧裂片2～3对，椭圆形，长1.5～2.5cm，宽3～8mm；第二回为深裂或全裂，侧生小裂片1～2对，狭条形或条形，先端钝尖；叶柄长3～4cm。中部叶近圆形或宽卵形，一至二回羽状全裂；侧裂片2～3对，条形或狭条形长1～2（～4）cm，宽1～2（～4）mm，先端尖，边常外卷；叶上面绿色，疏被短柔毛及白色腺点，下面密被灰白色蛛丝状厚茸毛；叶柄长0.5～3cm。上部叶3～5全裂，无柄；苞叶3全裂或不分裂，条形或狭条形。头状花序矩圆形或长卵形，直径2～2.5mm，无梗，具小苞叶，在茎上排列成稍狭窄或稍开展的圆锥状。总苞片3～4层：外、中层的卵形、长卵形，背部密被灰白色蛛丝状茸毛，边缘狭膜质；内层的卵形，背部毛较少，边缘宽膜质。边缘雌花3～6，花冠狭管状；中央两性花6～10，花冠管状，檐部紫色。花序托凸起。瘦果矩圆形或矩圆状倒卵形。花果期8～10月。

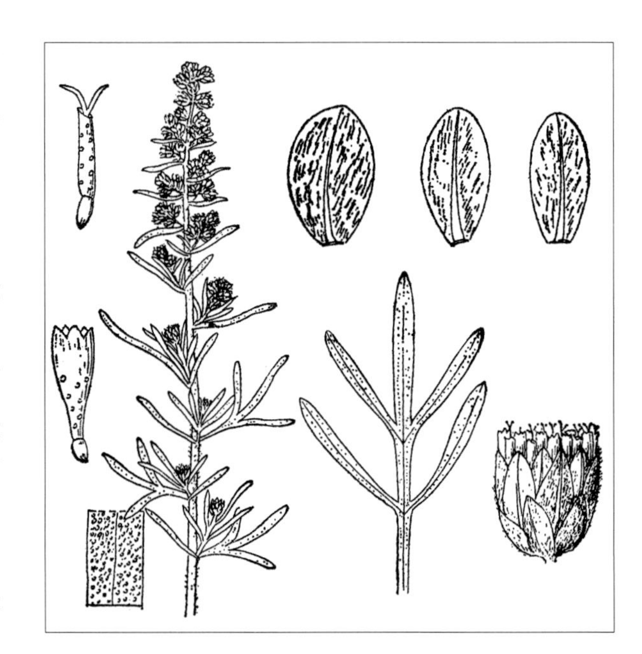

中生草本。生于草原带的田边、路旁、山坡。产锡林郭勒（锡林浩特市）、阴南平原（呼和浩特市）。分布于我国河北西部、山西、陕西北部、宁夏南部、甘肃东部、青海东部。为华北分布种。

35. 矮蒿

Artemisia lancea Van. in Bull. Acad. Int. Geogr. Bot. 12:500. 1903; Fl. Intramongol. ed. 2, 4:627. 1992.

多年生草本，高达100cm。主根细长，根状茎直立或倾斜。茎多数，常成丛，具纵条棱，褐色或紫红色，中部以上有分枝；茎、枝初时疏被蛛丝状短柔毛，后渐脱落。基生叶与茎下部

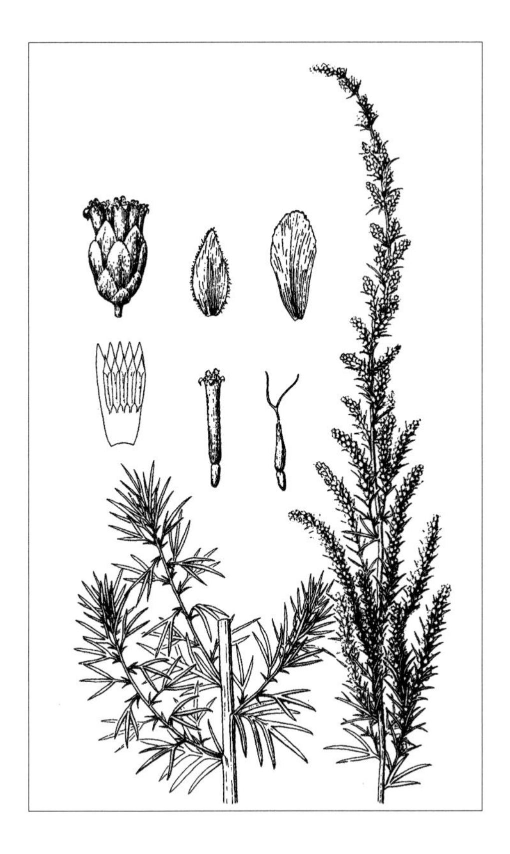

叶宽卵形，二回羽状全裂，侧裂片 3 ～ 4 对，小裂片条状披针形或条形，叶柄短，花期枯萎。中部叶长卵形或椭圆状卵形，长 15 ～ 25mm，宽 10 ～ 20mm，一至二回羽状全裂；侧裂片 2 ～ 3 对，披针形或条状披针形，长 15 ～ 25mm，宽 1 ～ 2mm，先端锐尖，边缘稍反卷，全缘；叶上面绿色，初时疏被蛛丝状短柔毛及白色腺点，后渐脱落，下面浅绿色，密被灰白色蛛丝状毛；具短柄或近无柄。上部叶与苞叶 3 ～ 5 全裂或不分裂，披针形或条状披针形，有时基部 1 对小裂片呈假托叶状。头状花序卵形或长卵形，直径 1 ～ 1.5mm，无梗，多数在茎上端排列成狭长或稍开展的圆锥状。总苞片 3 层：外层的小，狭卵形，背部初时疏被短柔毛，后脱落无毛，中肋绿色，边缘狭膜质；中、内层的长卵形或倒披针形，背部无毛，边缘宽膜质或全为半膜质。边缘雌花 1 ～ 3，花冠狭管状；中央两性花 2 ～ 5，花冠长管状。花序托小。瘦果矩圆形。花果期 8 ～ 10 月。

中生草本。生于山地林缘、路旁、荒坡、疏林下。产内蒙古南部。分布于我国黑龙江西南部、吉林南部、辽宁、河北、河南、山东、山西、陕西南部、甘肃东南部、四川、贵州、安徽、江苏、浙江、福建、台湾、江西、湖北、湖南、广东北部、广西北部、贵州、云南东部，日本、朝鲜、俄罗斯（远东地区）、印度。为东亚分布种。

36. 罕乌拉蒿

Artemisia hanwulaensis Y. Z. Zhao in Class. Fl. Ecol. Geogr. Distr. Vasc. Pl. Inn. Mongol. 548. t.8. 2012.

多年生草本。茎高约 60cm，绿色，具纵棱，光滑无毛。上部叶 3 全裂，宽 0.5 ～ 2mm，全缘；中部和下部叶不规则一至二回羽状深裂，小裂片狭条形，宽 1 ～ 3mm，两面光滑无毛；叶腋具短分枝，其上的叶狭线形，宽约 0.5mm。头状花序多数，卵形，直径 1 ～ 1.5mm，花序梗长 5 ～ 10mm，排列成圆锥花序。总苞片 3 层，光滑无毛，覆瓦状排列；外层总苞片卵形，绿色；内层总苞片狭卵形，淡绿色，边缘膜质。花冠狭管状；花柱长，伸出花冠外，先端 2 叉裂。花果期 9 ～ 10 月。

中生草本。生于蒙古栎林林下。产兴安南部（阿鲁科尔沁旗）。为兴安南部罕山分布种。

本种与柳叶蒿 *A. integrifolia* L. 相近。但本种叶两面光滑无毛（非下面密被白色茸毛）；总苞片背部光滑无毛（非被蛛丝状毛）；头状花序直径 1 ～ 1.5mm（非 2 ～ 4mm），具 5 ～ 10mm 长的梗（非具短梗或近无梗）。

37. 柳叶蒿（柳蒿）

Artemisia integrifolia L., Sp. Pl. 2:848. 1753; Fl. Intramongol. ed. 2, 4:629. t.245. f.1-5. 1992.

多年生草本，高 30 ～ 70cm。主根细长，根状茎稍粗。茎通常单生，直立，具纵条棱，常带紫褐色，中部以上有分枝；茎、枝被蛛丝状毛。基生叶与茎下部叶狭卵形或椭圆状卵形，边缘有少数深裂齿或锯齿，花期枯萎。中部叶长椭圆形、椭圆状披针形或条状披针形，长 5 ～ 10cm，宽 1.5 ～ 2cm，先端锐尖或渐尖，每侧边缘具 1 ～ 3 个深或浅裂齿或锯齿；基部楔形，无柄，常有条形假托叶；叶上面深绿色，初时被短柔毛，后脱落无毛或近无毛，下面密被灰白色茸毛。

上部叶小，椭圆形或披针形，全缘或具数个小齿。头状花序椭圆形或矩圆形，直径 3 ～ 4mm，有短梗或近无梗，倾斜或直立，具披针形的小苞叶，多数在茎上部排列成狭窄的圆锥状。总苞片 3 ～ 4 层：外层的卵形；中层的长卵形，背部疏被蛛丝状毛，中肋绿色，边缘宽膜质，褐色；内层的长卵形，半膜质，近无毛。边缘雌花 10 ～ 15，花冠狭管状；中央两性花 20 ～ 30，花冠管状。花序托凸起。瘦果矩圆形。花果期 8 ～ 10 月。

中生草本。生于森林带和草原带的山地林缘、林下、山地草甸、河谷草甸，作为杂草也进入农田、路旁、村庄附近。产兴安北部及岭西和岭东（额尔古纳市、根河市、牙克石市、鄂伦春自治旗、鄂温克族自治旗、陈巴尔虎旗）、兴安南部（科尔沁右翼前旗、扎鲁特旗、阿鲁科尔沁旗、巴林左旗、巴林右旗、林西县、克什克腾旗）、辽河平原（科尔沁左翼后旗）、燕山北部（喀喇沁旗、宁城县）、锡林郭勒（锡林浩特市）。分布于我国黑龙江东部、吉林东部、辽宁、河北北部、山西中南部、安徽西部，日本、朝鲜、蒙古国东部和北部、俄罗斯（西伯利亚地区、远东地区）。为东古北极分布种。

38. 线叶蒿

Artemisia subulata Nakai in Bot. Mag. Tokyo 29:8. 1915; Fl. Intramongol. ed. 2, 4:629. t.245. f.6-7. 1992.

多年生草本，高 30 ～ 60cm。主根细；根状茎细长，横走，具多个营养枝。茎单生或少数，具纵沟棱，常带紫红色或褐色，不分枝或上部有时具短的分枝，初时疏被蛛丝状柔毛，后无毛。叶厚纸质。基生叶与茎下部叶于花期枯萎。中部叶条状披针形或条形，长 5 ～ 13cm，宽 5 ～ 10mm，先端钝尖或渐尖，通常全缘，反卷，稀具 1 ～ 2 小锯齿；基部渐狭，无柄，有小型假托叶；上面绿色，无毛或疏被柔毛，下面密被灰白色蛛丝状毛。上部叶与苞叶小，条形。头状花序矩圆形或宽卵状椭圆形，直径 2 ～ 3mm，有短梗或近无梗，小苞叶条形，多数在茎上组成狭窄的圆锥状。总苞片 3 层：外层的卵形，边缘狭膜质，背部密被灰白色蛛丝状毛；中层的长卵形，边缘宽膜质，背部被蛛丝状毛；内层的倒卵状披针形，半膜质，背部毛少或近无毛。边缘雌花 10 ～ 11，花冠狭管状或狭圆锥状；中央两性花 10 ～ 15，花冠管状。花序托凸起，圆锥形。瘦果长卵形或椭圆形。花果期 8 ～ 9 月。

中生草本。生于森林带和草原带的山地林缘、林下、山地草甸、河谷草甸，有时也进入农田、路旁、村庄附近。产兴安北部及岭西和岭东（额尔古纳市、牙克石市、鄂伦春自治旗、新巴尔虎左旗、扎兰屯市、阿荣旗）、兴安南部（科尔沁右翼前旗、扎鲁特旗、阿鲁科尔沁旗、巴林左旗、巴林右旗、克什克腾旗）、燕山北部（喀喇沁旗、宁城县）、锡林郭勒（锡林浩特市）、阴山（大青山、蛮汗山）。分布于我国黑龙江、吉林东部、辽宁、河北北部、山西，日本、朝鲜、俄罗斯（远东地区）。为东亚北部分布种。

39. 蒙古蒿

Artemisia mongolica (Fisch. ex Bess.) Nakai in Bot. Mag. Tokyo 31:112. 1917; Fl. Intramongol. ed. 2, 4:630. t.246. f.1-6. 1992.——*A. vulgaris* L.var. *mongolica* Fisch. ex Bess. in Nouv. Mem. Soc. Imp. Nat. Mosc. 3:53. 1833.

多年生草本，高 20 ～ 90cm。主根细，侧根多；根状茎短，半木质化，有少数营养枝。茎直立，少数或单生，具纵条棱，常带紫褐色，多分枝，斜向上或稍开展；茎、枝初时密被灰白色蛛丝状柔毛，后稍稀疏。叶纸质或薄纸质。下部叶卵形或宽卵形，二回羽状全裂或深裂；第一回全裂，侧裂片 2 ～ 3 对，椭圆形或矩圆形，再次羽状深裂或为浅裂齿；叶柄长，两侧常有小裂齿，花期枯萎。中部叶卵形、近圆形或椭圆状卵形，长 3 ～ 10cm，宽 2 ～ 6cm，一至二回羽状分裂；第一回全裂，侧裂片 2 ～ 3 对，椭圆形、椭圆状披针形或披针形，再次羽状全裂，稀深裂或 3 裂，小裂片披针形、条形或条状披针形，先端锐尖，基部渐狭成短柄；叶上面绿色，初时被蛛丝状毛，后渐稀疏或近无毛，下面密被灰白色蛛丝状茸毛；叶柄长 0.5 ～ 2cm，两侧偶有 1 ～ 2 个小裂齿，基部常有小型假托叶。上部叶与苞叶卵形或长卵形，3 ～ 5 全裂，裂片披针形或条形，全缘或偶有 1 ～ 3 个浅裂齿，无柄。头状花序椭圆形，直径 1.5 ～ 2mm，无梗，直立或倾斜，有条形小苞叶，多数在茎上排列成狭窄或稍开展的圆锥状。总苞片 3 ～ 4 层：外层的较小，卵形或长卵形，背部密被蛛丝状毛，边缘狭膜质；中层的长卵形或椭圆形，背部密被蛛丝状毛，边缘宽膜质；内层的椭圆形，半膜质，背部近无毛。边缘雌花 5 ～ 10，花冠狭管状；中央两性花 6 ～ 15，花冠管状，檐部紫红色。花序托凸起。瘦果短圆状倒卵形。花果期 8 ～ 10 月。

中生草本。生于森林带阔叶林林下、林缘和草原带的沙地、河谷、撂荒地，作为杂草常侵入耕地、路旁，有时也侵入草甸群落中，多散生，亦可形成小群聚。产内蒙古各地。分布于我国黑龙江南部、吉林东北部、辽宁、河北、河南、山东、山西、陕西西南部、宁夏、甘肃东部、青海中部和东部、新疆、安徽北部、江苏、江西、福建、台湾、湖北西部、湖南东北部、广东、四川北部、贵州北部、云南北部和东北部，朝鲜、蒙古国、俄罗斯（西伯利亚地区），中亚。为东古北极分布种。

全草入药，做“艾”的代用品，有温经、止血、散寒、祛湿等功效。

40. 白叶蒿（白毛蒿）

Artemisia leucophylla (Turcz. ex Bess.) C. B. Clarke in Comp. Ind. 162. 1876; Fl. Intramongol. ed. 2, 4:630. t.247. f.6-7. 1992.——*A. vulgaris* L. var. *leucophylla* Turcz. ex Bess. in Nouv. Mem. Soc. Imp. Nat. Mosc. 3:54. 1834.

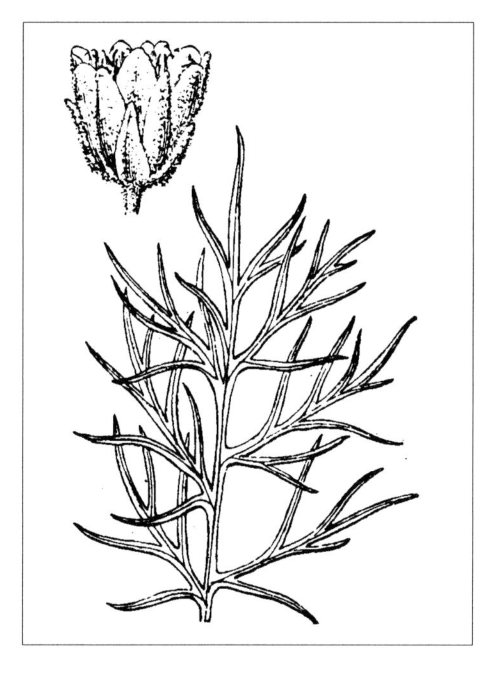

多年生草本，高 30 ～ 80cm。主根稍明显，侧根多；根状茎稍粗，垂直或斜向上，常有营养枝。茎直立，单生或数个，常成丛，具纵条棱，常带紫褐色，上部有分枝；茎、枝疏被蛛丝状柔毛。叶薄纸质或纸质。茎下部叶椭圆形或长卵形，长 4 ～ 11cm，宽 3 ～ 7cm，一至二回羽状深裂或全裂；侧裂片 3 ～ 4 对，宽菱形、椭圆形或矩圆形，每裂片再次羽状分裂，小裂片 1 ～ 3 对，条状披针形或条形，长 5 ～ 10mm，宽 4 ～ 5mm；叶柄长 3 ～ 5cm，两侧偶有小型裂齿，基部具条状披针形假托叶；叶上面暗绿色或灰绿色，疏或密被蛛丝状茸毛，并疏布白色腺点，下面密被灰白色蛛丝状茸毛。中部与上部叶羽状全裂，侧裂片 2 ～ 3 对，条状披针形或条形，无柄；苞叶 3 ～ 5 全裂或不分裂，条状披针形或条形。头状花序宽卵形或矩圆形，直径 2.5 ～ 3.5(～ 4)mm，无梗，基部常有小苞叶，多数在茎上排列成狭窄且略密集的圆锥状。总苞片 3 ～ 4 层：外层的稍小，卵形或狭卵形，背部绿色或带紫红色，密被蛛丝状毛，边缘膜质；中层的椭圆形或倒卵形，先端钝，边缘宽膜质，背部疏被蛛丝状毛；内层的倒卵形，半膜质，背部近无毛。边缘雌花 5 ～ 8，花冠狭管状；中央两性花 6 ～ 17，花冠管状。花序托小，凸起。瘦果倒卵形。花果期 8 ～ 9 月。

中生草本。生于森林带和草原带的山坡、沟谷、丘陵坡地。产兴安北部及岭西（额尔古纳市、根河市、海拉尔区）、呼伦贝尔（新巴尔虎右旗）、兴安南部（巴林右旗）、辽河平原（科尔沁左翼后旗）、赤峰丘陵（翁牛特旗）、锡林郭勒（锡林浩特市）、阴山（大青山）、贺兰山。分布于我国黑龙江西南部、吉林西部、辽宁、河北西南部、山西、陕西、宁夏、甘肃、青海东部和东北部、四川中西部、贵州、西藏、新疆，朝鲜、蒙古国北部和西部及南部、俄罗斯（西伯利亚地区）。为东古北极分布种。

41. 辽东蒿（小花蒙古蒿）

Artemisia verbenacea (Kom.) Kitag. in Lin. Fl. Mansh. 434. 1939; Fl. Intramongol. ed. 2, 4:633. t.247. f.1-5. 1992.——*A. vulgaris* L. var. *verbenacea* Kom. Fl. Mansh. 3:673. 1907.

多年生草本，高 30 ～ 70cm。主根稍明显，侧根多；根状茎短，具匍枝，常有营养枝。茎少数，成丛或单生，紫红色或深褐色，具纵条棱，上部具短小的花序分枝；茎、枝初时被灰白色蛛丝状短茸毛，后渐稀疏或近无毛。叶纸质。茎下部叶宽卵形或近圆形，一至二回羽状深裂，稀全裂，侧裂片 2 ～ 3(～ 4) 对，每裂片先端具 2 ～ 3 浅裂齿，叶柄长 1 ～ 2cm，花期枯萎。中部叶宽卵形，长 2 ～ 5cm，宽 2 ～ 4cm，二回羽状分裂；第一回全裂，侧裂片 3(～ 4) 对，每裂片再羽状全裂或深裂，小裂片长椭圆形、椭圆状披针形，稀条状披针形，先端钝尖；叶上面初时被灰

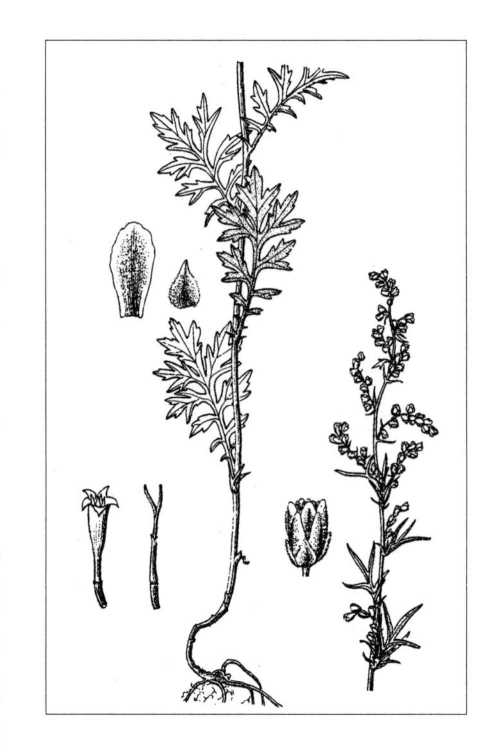

白色蛛丝状短茸毛及稀疏的白色腺点，后脱落，近无毛，下面密被灰白色蛛丝状绵毛；叶柄长 1 ～ 2cm，两侧常有短小的裂齿或裂片，基部具假托叶。上部叶羽状全裂，侧裂片 2 对；苞叶 3 ～ 5 全裂。头状花序矩圆形或长卵形，直径 2 ～ 2.5mm，无梗，有小苞叶，多数在茎上排列成疏离、稍开展或狭窄的圆锥状。总苞片 3 ～ 4 层：外、中层的卵形或长卵形，背部密被灰白色蛛丝状绵毛，边缘膜质；内层的长卵形，背部毛较少，边缘宽膜质。边缘雌花 3 ～ 8，花冠狭管状；中央两性花 6 ～ 20，花冠管状，檐部紫红色。花序托凸起。瘦果矩圆形。花果期 8 ～ 10 月。

中生草本。生于草原带和草原化荒漠带的河边湿草甸。产赤峰丘陵（翁牛特旗）、燕山北部（喀喇沁旗）、锡林郭勒（锡林浩特市、太仆寺旗）、乌兰察布（达尔罕茂明安联合旗）、阴山（大青山、蛮汗山）、鄂尔多斯（伊金霍洛旗）、东阿拉善（阿拉善左旗）、贺兰山。分布于我国辽宁中南部、河北西北部、山东东北部、山西南部、陕西北部和西南部、宁夏南部、甘肃东部、青海东部、四川北部。为华北分布种。

42. 蒌蒿（水蒿、狭叶艾）

Artemisia selengensis Turcz. ex Bess. in Tent. Abrot. 50. 1832; Fl. Intramongol. ed. 2, 4:634. t.246. f.9-10. 1992.

42a. 蒌蒿

Artemisia selengensis Turcz. ex Bess. var. **selengensis**

多年生草本，高 60 ～ 120cm。植株具清香气味。根状茎粗壮，须根多数，常有长匍枝。茎单一或少数，具纵棱，带紫红色，无毛，上部有斜向上的花序分枝。叶纸质或薄纸质。茎下部叶宽卵形或卵形，近掌状或指状，5 或 3 全裂或深裂，稀 7 裂或不分裂，裂片条形或条状披针形，不分裂叶为长椭圆形、椭圆状披针形或条状披针形，先端锐尖，边缘有细锯齿，叶基部渐狭成柄，花期枯萎。中部叶近掌状，5 深裂或为指状 3 深裂，裂片长椭圆形、椭圆状披针形或条状披针形，长 4 ～ 7cm，宽 3 ～ 6(～ 9)mm，先端渐尖，边缘有锐锯齿；叶上面绿色，无毛或近无毛，下面密被灰白色蛛丝状绵毛；基部楔形，渐狭成柄状，无假托叶。上部叶与苞叶指状 3 深裂或不分裂，裂片或不裂的苞叶条状披针形，边缘有疏锯齿。头状花序矩圆形或宽卵形，直径 2 ～ 2.5mm，近无梗，直立或稍倾斜，多数在茎上排列成狭长的圆锥状。总苞片 3 ～ 4 层：外层的略短，卵形，背部初时疏被蛛丝状短绵毛，后脱落无毛，边缘狭膜质；中、内层的略长，长卵形或卵状匙形，黄褐色，毛被同外层，边缘宽膜质或全为半膜质。

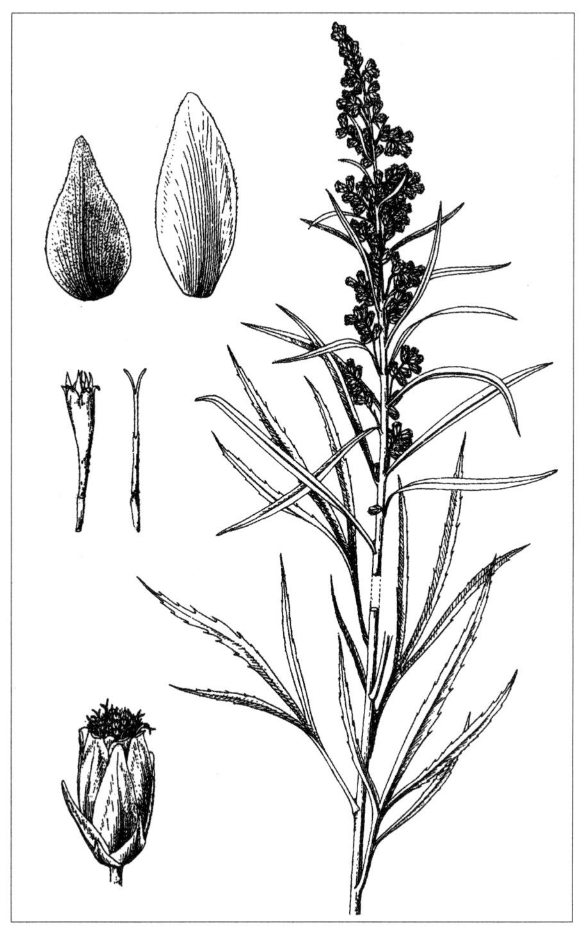

边缘雌花 8 ～ 12，花冠狭管状；中央两性花 10 ～ 15，花冠管状。花序托小，凸起。瘦果卵形，褐色，略扁。花果期 8 ～ 10 月。

湿中生草本。生于森林带和森林草原带的山地林下、林缘、山沟、河谷两岸，为草甸或沼泽化草甸群落的优势种或伴生种，有时也成为杂草出现在村舍、路旁。产兴安北部及岭西（额尔古纳市、根河市、海拉尔区、鄂温克族自治旗、新巴尔虎左旗）、岭东（扎兰屯市）、兴安南部（科尔沁右翼前旗、阿鲁科尔沁旗、巴林右旗、克什克腾旗、东乌珠穆沁旗）、辽河平原（科尔沁左翼后旗）、燕山北部（喀喇沁旗、宁城县、敖汉旗）、阴山（大青山）。分布于我国黑龙江、吉林、辽宁、河北、河南、山东、山西东南部、陕西西南部、甘肃东南部、安徽中部和北部、江苏北部、江西北部、浙江北部、湖北东部、湖南南部、广东、四川、贵州中部、云南，朝鲜、蒙古国东北部（蒙古—达乌里地区）、俄罗斯（西伯利亚地区、远东地区）。为东古北极分布种。

全草入药，有止血、消炎、镇咳、化痰之效。

42b. 无齿蒌蒿

Artemisia selengensis Turcz. ex Bess. var. **shansiensis** Y. R. Ling in Bull. Bot. Res. Harbin 8(3):5. 1988; Fl. Intramongol. ed. 2, 4:634. 1992.

本变种与正种的区别是：叶的裂片边缘全缘，稀有少数小锯齿。

湿中生草本。生于草原带的河谷两岸。产锡林郭勒（锡林浩特市）。分布于我国河北、河南、山西、湖北、湖南。为华北—华中分布变种。

43. 歧茎蒿（锯叶家蒿、蒌蒿）

Artemisia igniaria Maxim. in Mem. Acad. Imp. Sci. St.-Petersb. Div. Sav. 9:161. 1859; Fl. Intramongol. ed. 2, 4:635. t.248. f.1-6. 1992.

半灌木状草本，高 50 ～ 120cm。主根稍明显，侧根多；根状茎略粗，直立或斜向上，具横卧地下茎，常有营养枝。茎单一或少数，直立，具纵条棱，黄褐色或带紫褐色，多分枝，初时被灰白色绵毛，后渐稀疏。叶纸质或薄纸质。茎下部叶卵形或宽卵形，一至二回羽状深裂，先端钝尖，具短柄，花期枯萎。中部叶卵形或宽卵形，长 6 ～ 12cm，宽 4 ～ 8cm，一至二回羽状分裂；第一回深裂，侧裂片 2 ～ 3 对，椭圆形或矩圆形，长 3 ～ 6cm，宽 2 ～ 3cm，每裂片再 2 ～ 4 深裂或浅裂或边缘为数个粗锯齿，先端钝或锐尖，叶基部渐狭成柄；叶上面绿色，初时被灰白色短茸毛，后脱落无毛，下面密被灰白色茸毛；叶柄长 5 ～ 15mm，基部常有细小假托叶或脱落。上部叶 3 深裂或不分裂，裂片或叶片椭圆形、长卵形或披针形，全缘，近无柄；苞叶椭圆形。头状花序椭圆形或长卵形，直径 2.5 ～ 3mm，具短梗或近无梗，小苞叶披针形或条形，多数在茎上排列成稀疏而开展的圆锥状。总苞片 3 ～ 4 层：外层的较小，椭圆形，背部疏被蛛丝状绵毛；中层的卵形，背部初时疏被蛛丝状毛，后渐稀疏，具绿色中肋，边缘宽膜质；内层的倒卵形或长椭圆形，半膜质，近无毛。边缘雌花 5 ～ 9(～ 11)，花冠狭管状；中央两性花 7 ～ 14，花冠管状。花序托小，凸起。瘦果矩圆形。花果期 7 ～ 10 月。

半灌木状中生草本。散生于森林带和森林草原带的林缘、灌丛、山坡，作为杂草也出现于路旁、田野。产岭东（扎兰屯市、阿荣旗）、兴安南部及科尔沁（阿鲁科尔沁旗、巴林左旗、林西县、翁牛特旗、克什克腾旗）、燕山北部（喀喇沁旗、宁城县、敖汉旗）、锡林郭勒（锡林浩特市、苏尼特左旗、多伦县）、阴山（大青山）。分布于我国黑龙江、吉林东部、辽宁、河北、河南西部、山东中西部、山西中部、陕西西南部、宁夏南部、甘肃东南部。为华北—满洲分布种。

44. 红足蒿（大狭叶蒿）

Artemisia rubripes Nakai in Bot. Mag. Tokyo 31:112. 1917; Fl. Intramongol. ed. 2, 4: 635. t.246. f.7-8. 1992.

多年生草本，高达 100cm。主根细长，侧根多；根状茎细，匍地或斜向上，具营养枝。茎单生或少数，具纵条棱，基部通常红色，上部褐色或红色，中部以上分枝；茎、枝初时微被短

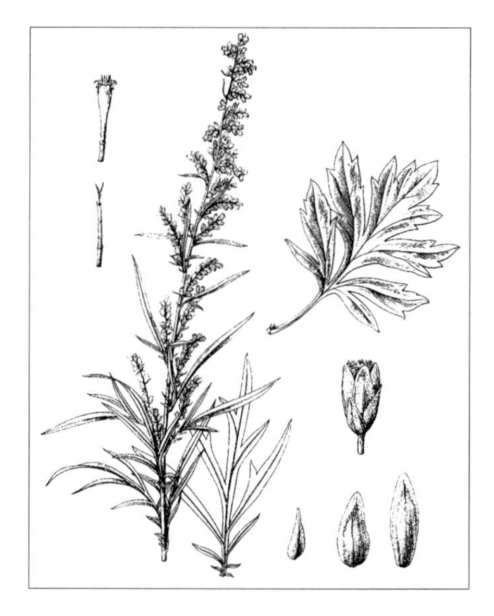

柔毛，后脱落无毛。叶纸质。营养枝叶与茎下部叶近圆形或宽卵形，二回羽状全裂或深裂，具短柄，花期枯萎。中部叶卵形、长卵形或宽卵形，长 7 ～ 10cm，宽 3 ～ 7cm，一至二回羽状分裂；第一回全裂，侧裂片 (2 ～)3 ～ 4 对，披针形、条状披针形或条形，长 2 ～ 4cm，宽 2 ～ 7mm，先端渐尖，再次羽状深裂或全裂，每侧具 2 ～ 3 小裂片或为浅裂齿，边缘稍反卷；叶上面绿色，无毛或近无毛，下面除中脉外密被灰白色蛛丝状茸毛；叶柄长 5 ～ 10mm，基部常有小型假托叶。上部叶椭圆形，羽状全裂，侧裂片 2 ～ 3 对，条状披针形或条形，先端渐尖，不再分裂或偶有小裂齿，无柄，基部有小型假托叶；苞叶小，3 ～ 5 全裂或不分裂而为条形或条状披针形。头状花序椭圆状卵形或长卵形，直径 1 ～ 1.5(～ 2)mm，无梗或有短梗，具小苞叶，多数在茎上排列成开展或稍开展的圆锥状。总苞片 3 层：外层的小，卵形，背部初时被蛛丝状短柔毛，后渐稀疏，近无毛，边缘狭膜质，中层的长卵形，背部初时疏被蛛丝状柔毛，后无毛，边缘宽膜质；内层的长卵形或椭圆状倒卵形，半膜质，背部无毛或近无毛。边缘雌花 5 ～ 10，花冠狭管状；中央两性花 9 ～ 15，花冠管状或高脚杯状。花序托凸起。瘦果小，长卵形，略扁。花果期 8 ～ 10 月。

中生草本。生于森林草原带和草原带的山地林缘、灌丛、草坡或沙地上，作为杂草也侵入农田、路旁。产兴安北部及岭东和岭西（额尔古纳市、根河市、牙克石市、扎兰屯市）、呼伦贝尔（新巴尔虎左旗、新巴尔虎右旗、海拉尔区）、兴安南部（科尔沁右翼中旗、扎鲁特旗、阿鲁科尔沁旗、巴林右旗、克什克腾旗）、赤峰丘陵（红山区、翁牛特旗）、燕山北部（喀喇沁旗、宁城县、敖汉旗）、锡林郭勒（西乌珠穆沁旗、锡林浩特市、正蓝旗、太仆寺旗）、阴山（大青山）。分布于我国黑龙江东部和南部、吉林中部和东部、辽宁、河北、河南西部、山东、山西西部、陕西西南部、甘肃东南部、安徽、江苏、江西北部、浙江北部、福建北部、湖北西南部、湖南北部，日本、朝鲜、蒙古国东部和北部、俄罗斯（西伯利亚地区、远东地区）。为东古北极分布种。

45. 阴地蒿（林地蒿）

Artemisia sylvatica Maxim. in Mem. Acad. Imp. Sci. St.-Petersb. Div. Sav. 9:161. 1859; Fl. Intramongol. ed. 2, 4:637. t.248. f.7-8. 1992.

多年生草本，高可达 100cm。植株有香气。主根稍明显；根状茎粗短，斜向上。茎直立，

通常单生，具纵条棱，中部以上有开展的分枝；茎、枝初时疏被短柔毛，后脱落。叶薄纸质；茎下部叶具长柄，叶片卵形或宽卵形，二回羽状深裂，花期枯萎。中部叶卵形或长卵形，长 8 ～ 12cm，宽 4 ～ 10cm，一至二回羽状深裂；侧裂片 2 ～ 3 对，裂片椭圆形或长卵形，再次 3 ～ 5 深裂或浅裂或不分裂，小裂片或裂片长椭圆形或椭圆状披针形，边缘常有疏锯齿或无锯齿；叶柄长 2 ～ 4cm，基部具小型假托叶；叶片上面绿色，初时疏被短柔毛或白色腺点，后脱落无毛，无腺点，下面被灰白色蛛丝状薄茸毛或近无毛。上部叶渐小，具短柄，3 ～ 5 深裂，裂片披针形或椭圆状披针形，全缘或偶有 1 ～ 2 个小锯齿；苞叶 3 ～ 5 深裂或不分裂，裂片或不分裂的苞叶条状披针形或椭圆状披针形。头状花序近球形或宽卵形，直径 1.5 ～ 2.5mm，具短梗，下垂，小苞叶条形，多数在茎上排列成疏散、开展、具多级分枝的圆锥状。总苞片 3 ～ 4 层：外、中层的卵形或长卵形，背部初时疏被蛛丝状薄毛，后脱落，中肋绿色，边缘膜质；内层的长卵形或矩圆状倒卵形，半膜质，近无毛。边缘雌花 4 ～ 7，花冠狭管状或狭圆锥状；中央两性花 8 ～ 14，花冠管状。花序托凸起。瘦果狭卵形或狭倒卵形，褐色。花果期 8 ～ 9 月。

中生草本。生于阔叶林带的山地林下、林缘、灌丛。产岭东（扎兰屯市）、兴安南部（阿鲁科尔沁旗、巴林右旗、克什克腾旗）、燕山北部（宁城县、敖汉旗）。分布于我国黑龙江东部和东南部、吉林、辽宁、河北西部、河南西部和北部、山东、山西、陕西中部和西南部、甘肃东部、青海东北部、四川北部、云南东北部、贵州西北部、安徽北部、江苏西南部、江西西北部、浙江北部、湖北西南部、湖南西部，朝鲜、蒙古国东部（大兴安岭）、俄罗斯（远东地区）。为东亚分布种。

46. 魁蒿（五月艾）

Artemisia princeps Pamp. in Nuov. Giorn. Bot. Ital., n. s., 36:444. 1930; Fl. Intramongol. ed. 2, 4:637. t.248. f.9-10. 1992.

多年生草本，高 60 ～ 100cm。主根稍粗，侧根多；根状茎直立或斜向上。茎少数或单生，紫褐色或褐色，具纵条棱，中部以上有开展或斜升的分枝；茎、枝初时被蛛丝状毛，后茎下部脱落无毛。叶厚纸质或纸质。茎下部叶卵形或长卵形，一至二回羽状深裂，侧裂片 2 对，矩圆形或矩圆状椭圆形，再次羽状浅裂，具长柄，花期枯萎。中部叶卵形或卵状椭圆形，长 6 ～ 10cm，宽 4 ～ 8cm，羽状深裂或半裂；侧裂片常 2 对，椭圆状披针形或椭圆形，中央裂片通常较侧裂片大，先端钝或尖，边缘具 1 ～ 2 个疏裂齿或全缘；叶上面深绿色，无毛，下面密被灰白色蛛丝状茸毛；叶柄长 1 ～ 2cm，基部有小型假托叶。上部叶小，羽状深裂或半裂，侧裂片 1 ～ 2 对，椭圆状披针形或披针形，具短柄；苞叶 3 深裂或不分裂，裂片椭圆形或披针形。头状花序矩圆形或长卵形，直径 1.5 ～ 2.5mm，具短梗或近无梗，常下倾，基部有小苞叶，多数在茎上排列成开展或稍开展的圆锥状。总苞片 3 ～ 4 层：外层的较小，卵形或狭卵形，背部绿色，疏被蛛丝状毛，边缘狭膜质；中层的矩圆形或椭圆形，背部疏被蛛丝状毛，具绿色中肋，边缘宽膜质；内层的矩圆状倒卵形，半膜质，边缘撕裂状。边缘雌花 5 ～ 7，花冠狭管状；中央两性花 4 ～ 9，花冠管状。花序托小，凸起。瘦果椭圆形或倒卵状椭圆形。花果期 7 ～ 9 月。

中生草本。生于森林草原带和草原带的山地林缘、林下、路旁。产岭西（鄂温克族自治旗）、兴安南部（阿鲁科尔沁旗、巴林右旗、克什克腾旗）、辽河平原（大青沟）、赤峰丘陵（翁牛特旗）、燕山北部（宁城县、敖汉旗）、锡林郭勒（锡林浩特市、苏尼特左旗）。分布于我国辽宁北部和西南部、河北、河南西部和北部、山东、山西西部、陕西南部、甘肃东南部、四川、云南中部和东北部、贵州、安徽、江苏、江西、浙江、福建、台湾、湖北、湖南、广东北部、广西北部，日本、朝鲜。为东亚分布种。

47. 五月艾（艾）

Artemisia indica Willd. in Sp. Pl. 3:1846. 1803; Fl. Intramongol. ed. 2, 4:638. 1992.

半灌木状草本，高 60 ～ 90cm。植株具浓烈的香气。主根明显，侧根多；根状茎粗短，常具短匍枝。茎单生或少数，褐色或上部稍带紫红色，具纵条棱，多分枝；茎、枝初时疏被短柔毛，后脱落。基生叶与茎下部叶卵形或长卵形，一至二回羽状分裂或近大头羽状深裂；通常第一回全裂或深裂，侧裂片 3 ～ 4 对，椭圆形，第二回为深或浅裂齿或粗锯齿；具短叶柄，花期枯萎。中部叶卵形、长卵形或椭圆形，长 5 ～ 8cm，宽 3 ～ 5cm，一至二回羽状全裂或大头羽状深裂；侧裂片 3(～ 4) 对，椭圆状披针形、条状披针形或条形，长 1 ～ 2cm，宽 3 ～ 5mm，不再分裂或

有 1 ～ 2 个深或浅裂齿；近无柄，有假托叶。上部叶羽状全裂；苞叶 3 全裂或不分裂，披针形或条状披针形；全部叶上面初时被灰白色或淡灰黄色茸毛，后渐疏或无毛，下面密被蛛丝状茸毛。头状花序卵形、长卵形或宽卵形，直径 2 ～ 2.5mm，具短梗及小苞叶，直立，后斜展或下垂，多数在茎上排列成开展或稍开展的圆锥状。总苞片 3 ～ 4 层：外层的椭圆状卵形，背部初时被茸毛，后无毛，具绿色中肋，边缘膜质；中、内层的椭圆形或长卵形，近无毛，边缘宽膜质或全为半膜质。边缘雌花 4 ～ 8，花冠狭管状；中央两性花 8 ～ 12，花冠管状。花序托小，凸起。瘦果矩圆形或倒卵形。花果期 8 ～ 10 月。

中生草本。生于草原带的丘陵坡地、路旁、林缘、灌丛。产岭东（扎兰屯市）、燕山北部（喀喇沁旗）、阴南平原（呼和浩特市）、鄂尔多斯（鄂托克旗）。分布于我国河北西北部、河南西部、山东、山西、陕西南部、甘肃东南部、四川西南部、云南西北部、西藏东北部、贵州东南部、安徽、江苏、江西北部、浙江北部、福建西部、台湾、湖北、湖南、广东、广西北部、海南，广布于亚洲南温带至热带地区及北美洲。为亚洲—北美分布种。

全草入药，功能、主治同艾。

48. 龙蒿（狭叶青蒿）

Artemisia dracunculus L., Sp. Pl. 2:849. 1753; Fl. Intramongol. ed. 2, 4:639. t.249. f.1-5. 1992.

半灌木状草本，高 20 ～ 100cm。根粗大或稍细，木质，垂直；根状茎粗长，木质，常有短的地下茎。茎通常多数，成丛，褐色，具纵条棱，下部木质，多分枝，开展；茎、枝初时疏被短柔毛，后渐脱落。叶无柄；下部叶在花期枯萎；中部叶条状披针形或条形，长 3 ～ 7cm，宽

2～3(～6)mm，先端渐尖，基部渐狭，全缘，两面初时疏被短柔毛，后无毛；上部叶与苞叶稍小，条形或条状披针形。头状花序近球形，直径2～3mm，具短梗或近无梗，斜展或稍下垂，具条形小苞叶，多数在茎上排列成开展或稍狭窄的圆锥状。总苞片3层：外层的稍狭小，卵形，背部绿色，无毛；中、内层的卵圆形或长卵形，边缘宽膜质或全为膜质。边缘雌花6～10，花冠狭管状或近狭圆锥状；中央两性花8～14，花冠管状。花序托小，凸起。瘦果倒卵形或椭圆状倒卵形。花果期7～10月。

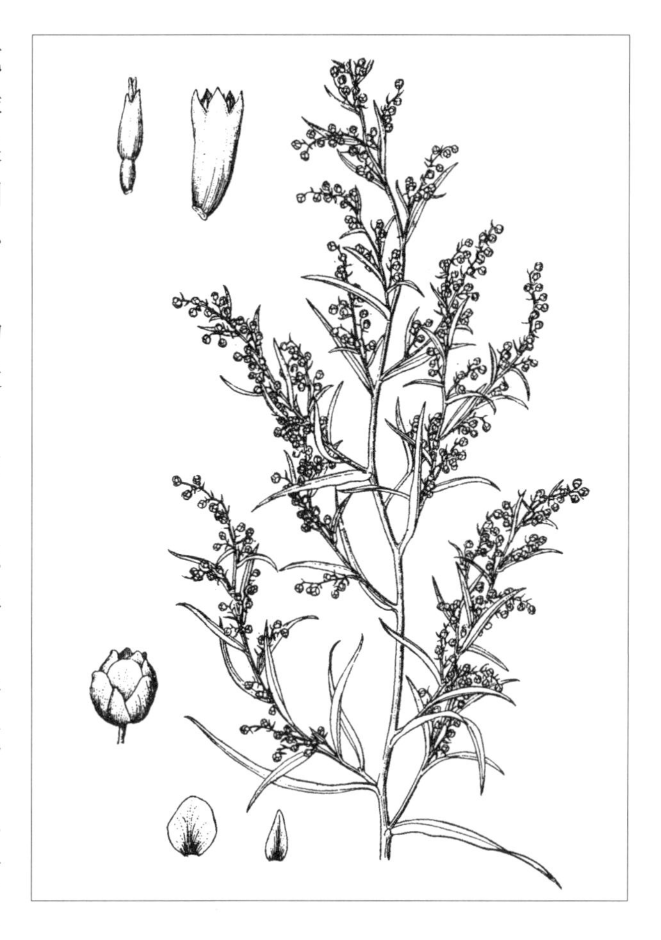

半灌木状中生草本。生于森林带和草原带的沙质和疏松的沙壤质土壤上，散生或形成小群聚，作为杂草也进入撂荒地和村舍、路旁。产兴安北部及岭西（额尔古纳市、牙克石市）、呼伦贝尔（陈巴尔虎旗、鄂温克族自治旗、新巴尔虎左旗、新巴尔虎右旗、海拉尔区、满洲里市）、兴安南部（科尔沁右翼前旗、科尔沁右翼中旗、扎鲁特旗、阿鲁科尔沁旗、巴林左旗、巴林右旗、林西县、克什克腾旗）、赤峰丘陵（翁牛特旗）、燕山北部（喀喇沁旗、宁城县）、锡林郭勒（西乌珠穆沁旗、锡林浩特市、苏尼特左旗、正蓝旗、太仆寺旗）、乌兰察布（达尔罕茂明安联合旗南部）、阴山（大青山、乌拉山）、鄂尔多斯（鄂托克旗）、东阿拉善（桌子山、阿拉善左旗）、贺兰山、额济纳。分布于我国黑龙江西南部、吉林西部、辽宁中部、河北北部、山西北部、陕西北部、宁夏、甘肃（河西走廊两侧）、青海北部和东部、四川西部、湖北西南部、新疆，蒙古国、俄罗斯（西伯利亚地区）、印度北部、巴基斯坦北部、阿富汗，克什米尔地区，中亚、西亚，欧洲、北美洲。为泛北极分布种。

49. 差不嘎蒿（盐蒿、沙蒿）

Artemisia halodendron Turcz. ex Bess. in Bull. Soc. Imp. Nat. Mosc. 8:19. 1835;Fl. Intramongol. ed. 2, 4:639. t.250. f.13-18. 1992.

半灌木，高 50 ～ 80cm。主根粗长；根状茎粗大，木质，具多数营养枝。茎直立或斜向上，多数或少数，稀单生，具纵条棱，上部红褐色，下部灰褐色或暗灰色，外皮常剥落，自基部开始分枝。枝多而长，常与营养枝组成密丛，当年生枝与营养枝黄褐色或紫褐色，茎、枝初时被灰黄色绢质柔毛。叶质稍厚，干时稍硬，初时疏被灰白色短柔毛，后无毛。茎下部与营养枝叶

宽卵形或近圆形，长、宽 3 ～ 6cm，二回羽状全裂，侧裂片 3 ～ 5 对；小裂片狭条形，长 1 ～ 2cm，宽 0.5 ～ 1mm，先端具硬尖头，边缘反卷；叶柄长 1.5 ～ 4cm，基部有假托叶。中部叶宽卵形或近圆形，一至二回羽状全裂；小裂片狭条形；近无柄，有假托叶。上部叶与苞叶 3 ～ 5 全裂或不分裂。头状花序卵球形，直径 3 ～ 4mm，直立，具短梗或近无梗，有小苞叶，多数在茎上排列成大型、开展的圆锥状。总苞片 3 ～ 4 层：外层的小，卵形，绿色，无毛，边缘膜质；中层的椭圆形，背部中间绿色，无毛，边缘宽膜质；内层的长椭圆形或矩圆形，半膜质。边缘雌花 4 ～ 8，花冠狭圆锥形或狭管状；中央两性花 8 ～ 15，花冠管状。花序托凸起。瘦果长卵形或倒卵状椭圆形。花果期 7 ～ 10 月。

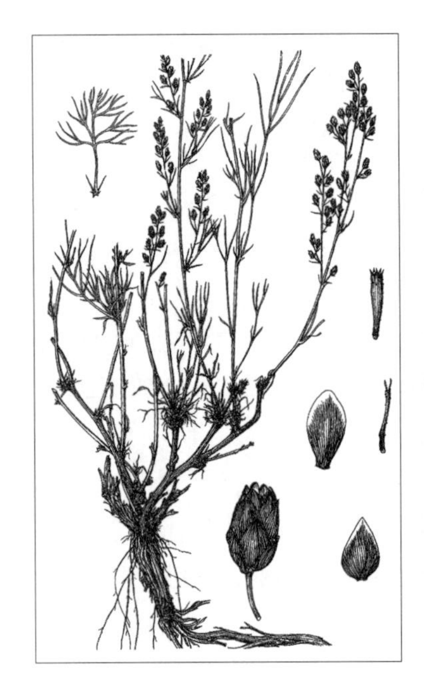

沙生中旱生半灌木。生于草原区北部的草原带和森林草原带的沙地；在大兴安岭东、西两侧，多生于固定、半固定沙丘和沙地，是内蒙古东部呼伦贝尔和科尔沁沙地半灌木群落的重要建群种。产岭西及呼伦贝尔（牙克石市、新巴尔虎左旗、新巴尔虎右旗、海拉尔区、满洲里市）、兴安南部及科尔沁（科尔沁右翼中旗、扎鲁特旗、奈曼旗、阿鲁科尔沁旗、巴林右旗、翁牛特旗、红山区、敖汉旗、克什克腾旗）、辽

河平原（科尔沁左翼后旗）。分布于我国黑龙江西南部、吉林西部、辽宁西北部，蒙古国中东部、俄罗斯（西伯利亚地区）。为达乌里—蒙古分布种。

50. 乌丹蒿（大头蒿、圆头蒿）

Artemisia wudanica Liou et W. Wang in Act. Phytotax. Sin. 17(4):88. f.1. 1979; Fl. Intramongol. ed. 2, 4:641. t.250. f.1-6. 1992.

半灌木，高可达 200cm 以上。主根粗壮，深长，垂直，灰黑色；根状茎木质，粗壮，具多数营养枝。茎多数，木质，粗壮，基部直径达 18mm，茎皮灰白色，光滑，具纵纹，常呈

薄片状剥落，多分枝；茎、枝与营养枝共同形成密丛。叶稍肉质。营养枝叶与茎下部及中部叶宽卵形，长 5 ～ 8cm，宽 3 ～ 4cm，二回羽状全裂；侧裂片 2 ～ 3(～ 4) 对，长 2 ～ 5cm，每裂片再 2 ～ 3 全裂，小裂片狭条形，先端具硬尖头；叶柄长 5 ～ 6cm，基部有 2 ～ 3 对条形、半抱茎的假托叶。上部叶与苞叶羽状全裂或 3 全裂，裂片狭条形。头状花序大，球形或近球形，直径 4 ～ 5mm，具短梗，下垂，小苞叶条形，多数在茎上组成狭窄、伸长或稍开展的圆锥状。总苞片 3 层：外、中层的长卵形或宽卵形，先端钝圆，近革质，绿褐色，无毛，边缘狭膜质；内层的长卵形或倒卵形，边缘宽膜质。边缘雌花 7 ～ 9，花冠狭圆锥形；中央两性花 14 ～ 22，花冠管状。花序托圆锥形，凸起。瘦果矩圆状倒卵形。花果期 8 ～ 10 月。

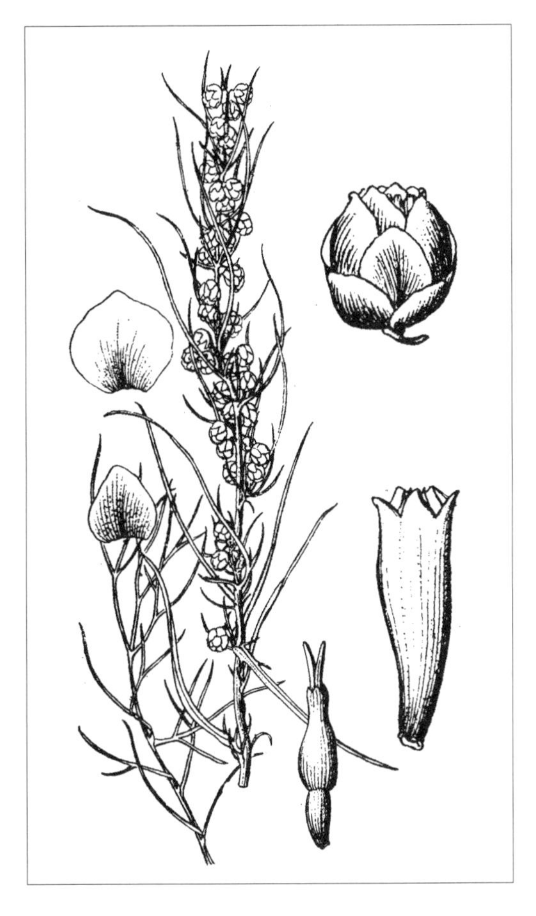

沙生中旱生半灌木。集中生于草原区的科尔沁流动及半固定沙地上。产科尔沁（库伦旗、巴林右旗、翁牛特旗、克什克腾旗）、锡林郭勒（西乌珠穆沁旗）。为科尔沁沙地的分布种。

51. 白沙蒿（圆头蒿、籽蒿）

Artemisia sphaerocephala Krasch. in Trudy Bot. Inst. Akad. Nauk S.S.S.R., Ser. 1, Fl. Sist. Vyssh. Rast. 3:348. 1937; Fl. Intramongol. ed. 2, 4:641. t.250. f.7-12. 1992.

半灌木，高超过 100cm。主根粗长，木质，垂直，侧根长而多平展；根状茎粗大，木质，具营养枝。茎通常数条，成丛，稀单一，外皮灰白色，有光泽，常薄片状剥落，后呈黄褐色、

灰褐色或灰黄色。当年生枝灰白色、淡黄色或黄褐色，有时为紫红色，具纵条棱，初时被短柔毛，后脱落。叶稍肉质，干后稍硬，黄绿色；短枝上叶常密集簇生。茎下部叶与中部叶宽卵

形或卵形，长 2 ～ 5(～ 8)cm，宽 1.5 ～ 4cm，一至二回羽状全裂；侧裂片 2 ～ 3 对，小裂片狭条形，长 0.5 ～ 3cm，宽 1 ～ 2mm，先端有小硬尖头，边缘平展或卷曲；叶初时两面密被灰白色短柔毛，后脱落；叶柄长 3 ～ 8mm，基部常有条形假托叶。上部叶羽状分裂或 3 全裂；苞叶不分裂，条形，稀 3 全裂。头状花序球形，直径 3 ～ 4mm，具短梗，下垂，多数在茎上排列成大型、开展的圆锥状。总苞片 3 ～ 4 层：外层的卵状披针形，半革质，背部黄绿色，光滑；中、内层的宽卵形或近

圆形，边缘宽膜质或全为半膜质。边缘雌花 4 ～ 12，花冠狭管状；中央两性花 5 ～ 20，不结实，花冠管状。花序托半球形。瘦果卵形、长卵形或椭圆状卵形，长 1.5 ～ 2mm，黄褐色或暗黄绿色。花果期 7 ～ 10 月。

沙生超旱生半灌木。生于荒漠带和荒漠草原带的流动或半固定沙丘上，可成为沙生优势植物，并可组成单优种群落。产鄂尔多斯（库布齐沙漠、毛乌素沙地）、东阿拉善（乌拉特前旗、乌拉特后旗、阿拉善左旗、乌兰布和沙漠、腾格里沙漠）、西阿拉善（巴丹吉林沙漠）。分布于我国山西西北部、陕西北部、宁夏北部、甘肃（河西走廊）、青海（柴达木盆地）、新疆，蒙古国西部和南部。为戈壁分布种。

为优良固沙植物。枝、叶又可饲用，骆驼终年乐食。瘦果入药，做消炎或驱虫药；也可食用，做食品的黏着剂。

52. 蒙古沙地蒿（小叶褐沙蒿）

Artemisia klementzae Krasch. in Mater. Istorii Fl. Rast. S.S.S.R. 2:163. 1946; Fl. Intramongol. ed. 2, 4:643. 1992.

半灌木，高 30 ～ 60cm。主根粗，侧根多；根状茎粗大，具营养枝。茎多数，直立，常成小丛，具纵条纹，暗褐色或紫褐色或老茎为黑褐色，多分枝；茎、枝、叶两面及总苞片背部均无毛或近无毛。叶纸质，干后稍硬；基生叶花期枯萎。下部叶与中部叶宽卵形或近圆形，长、宽（1 ～）2 ～ 3cm，一至二回羽状全裂；侧裂片 2 ～ 3 对，两侧中间裂片再 3 全裂或不分裂，裂片及小裂片狭条形，长 10 ～ 15mm，宽 0.5 ～ 1mm，先端尖；叶柄长 2 ～ 3（～ 4.5）cm，基部假托叶极小或不明显。上部叶与苞叶 3 ～ 5 全裂，狭条形，近无柄。头状花序近球形，直径 2 ～ 3mm，无梗或近无梗，下垂，有狭条形小苞叶，多数在茎上排列成开展或稍狭窄的圆锥状。总苞片 3 ～ 4 层：外层的较小，卵形，中层的长卵形，两者背部具绿色中肋，边缘狭膜质；内层的长卵形，半膜质。边缘雌花 3 ～ 5，花冠狭管状或狭圆锥状；中央两性花 5 ～ 10，花冠管状。花序托凸起。瘦果小，倒卵形。花果期 7 ～ 10 月。

沙生旱生半灌木。生于草原带的固定及半固定沙丘边缘和覆沙高平原上。产科尔沁（翁牛特旗）、锡林郭勒（锡林浩特市、镶黄旗）。蒙古国中西部也有分布。为蒙古高原沙地分布种。

53. 褐沙蒿

Artemisia intramongolica H. C. Fu in Fl. Intramongol. 6:327. t.44. 1982; Fl. Intramongol. ed. 2, 4:643. t.251. f.1-7. 1992.

半灌木，高 30 ～ 60cm。主根粗壮，侧根多，木质；根状茎粗，木质，直径可达 3cm，具多数营养枝。茎直立或斜向上，多数或少数，具纵条棱，下部灰褐色或暗褐色，外皮常剥落，自基部开始分枝，常与营养枝组成密丛；当年生枝褐色或紫红色；茎、枝初时疏被微毛，后脱落无毛。叶质稍厚，黄绿色。茎下部叶与营养枝叶初时疏被柔毛，后脱落无毛；叶片宽卵形或近圆形，长 3 ～ 12cm，宽 3 ～ 10cm，不规则二至三回羽状全裂；侧裂片 2 ～ 4 对，小裂片狭条形或丝状条形，长 0.5 ～ 2cm，宽 0.5 ～ 1mm，先端具硬尖头，边缘反卷；叶柄长 3 ～ 7cm，基部具狭条形假托叶。中部叶无毛；叶片宽卵形或近圆形，长、宽 3 ～ 7cm，一至三回羽状全裂；侧裂片 1 ～ 3 对，小裂片狭条形或丝状条形；叶柄长 1 ～ 3cm，基部有假托叶。上部叶及苞叶 3 ～ 5 全裂或不分裂，无柄。头状花序卵形或长卵形，直径 1.5 ～ 2mm，通常直立，具短梗及狭条形苞叶，多数在茎上排列成稍开展或狭窄的圆锥状。总苞片 3 ～ 4 层：外层的短小，卵形，

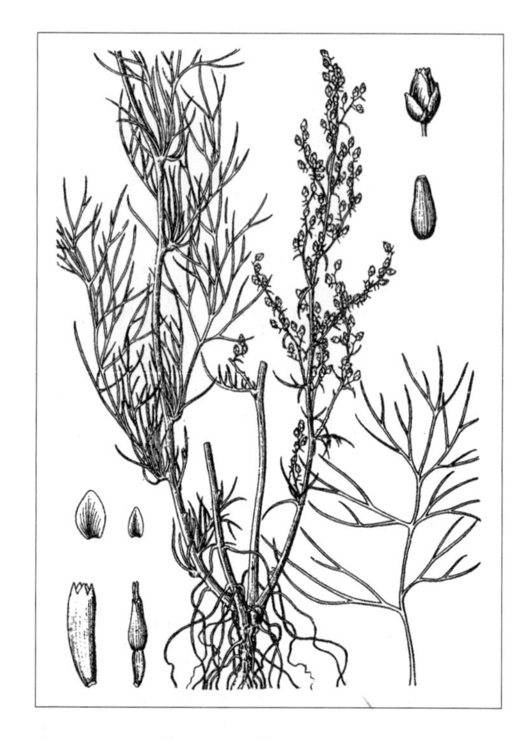

背部无毛，绿色，边缘狭膜质；中、内层的椭圆形或菱状椭圆形，背面中部绿色，无毛，边缘宽膜质。边缘雌花 3 ～ 5，花冠狭管状或狭圆锥状；中央两性花 8 ～ 13，花冠管状。花序托半球形。瘦果长卵形，长 1.5 ～ 2mm，黑色或暗褐色。花果期 7 ～ 10 月。

沙生旱生半灌木。集中生于草原带的浑善达克沙地中，是固定及半固定沙地的主要建群植物，也少量出现在半固定沙丘和覆沙高平原上。产科尔沁（巴林右旗、翁牛特旗、克什克腾旗）、锡林郭勒（西乌珠穆沁旗、锡林浩特市、正蓝旗、苏尼特左旗、苏尼特右旗）。为科尔沁—浑善达克沙地分布种。

54. 准噶尔蒿（沙蒿、黄沙蒿）

Artemisia songarica Schrenk ex Fisch. et C. A. Mey. in Enum. Pl. Nov. 1:49. 1814; Fl. Intramongol. ed. 2, 4:644. t.252. f.7-8. 1992.

半灌木，高 25 ～ 60cm。主根粗壮，垂直；根状茎粗，具多数短的营养枝。茎多数，常形成密丛，直立或稍弯曲，斜向上，外皮灰黄色，常剥裂，分枝多而长，近平展；当年生枝纤细，淡黄色、黄褐色或稍带紫红色；茎、枝幼时疏被短柔毛，以后光滑。叶质稍厚，黄绿色，

幼时被短柔毛，后变无毛。茎下部叶与中部叶矩圆状卵形，长 2 ～ 4cm，宽约 2cm，一至二回羽状全裂；侧裂片 2 ～ 3 对，每裂片不分裂或再 3 全裂，条形，长 5 ～ 10mm，宽 1.5 ～ 2mm，先端钝，具短尖头；有短柄或无柄，基部有假托叶。上部叶及苞叶小，狭条形，无柄。头状花序卵球形，无梗或有短梗，直径 1.5 ～ 2mm，偏向外侧，下垂，多数在茎上排列成开展而疏松的圆锥状。总苞片 3 ～ 4 层：外层的卵圆形，草质，绿色，边缘膜质；中、内层的卵圆形，半膜质或近膜质。边缘雌花 4 ～ 5，花冠狭管状；中央两性花 6 ～ 10，花冠管状。花序托半球形。瘦果卵圆形。花果期 7 ～ 10 月。

沙生强旱生半灌木。仅生于荒漠带西部的沙丘、沙地、覆沙戈壁、干河床上，一般在阿拉善荒漠以东分布极少。产东阿拉善（乌拉特后旗、阿拉善左旗）、西阿拉善（阿拉善右旗）、额济纳。分布于我国新疆北部，哈萨克斯坦。为戈壁分布种。

55. 光沙蒿

Artemisia oxycephala Kitag. in Rep. First Sci. First Sci. Exped. Manch. 4(4):93. 1936; Fl. Intramongol. ed. 2, 4:647. t.252. f.9-10. 1992.

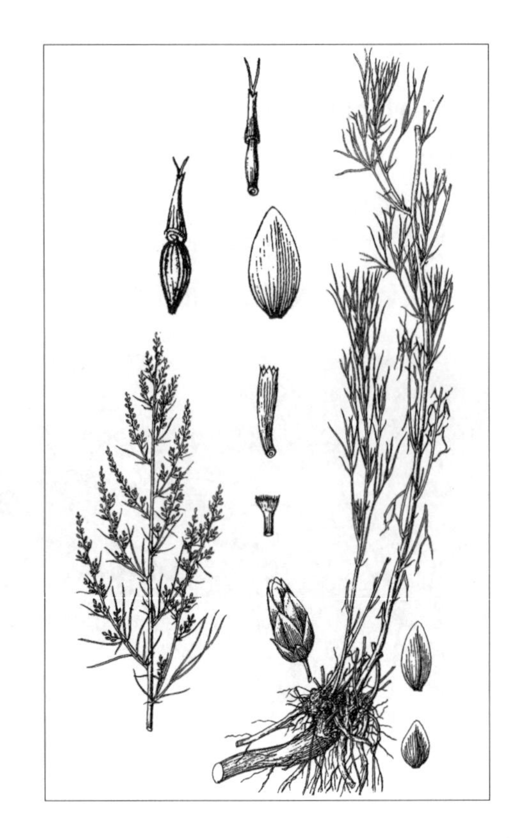

半灌木状草本或半灌木，高 30 ～ 60cm。主根粗长，木质；根状茎粗短，木质，具多数营养枝。茎数条，成丛，直立或斜上升，具纵条棱，下半部木质，暗紫色或红紫色，无毛，上部草质，黄褐色，有分枝。叶质稍厚，干后质稍硬；基生叶宽卵形，具长柄，花期枯萎。茎下部与中部叶宽卵形或近圆形，长 2 ～ 5cm，宽 2 ～ 3cm，二回羽状全裂；侧裂片 2 ～ 3 对，每裂片再 3 全裂或不分裂，小裂片丝状条形，长 1.5 ～ 2cm，宽 1.5 ～ 2mm，先端有硬尖头；叶两面无毛或幼时疏被短柔毛，后无毛；近无柄。上部叶与苞叶 3 ～ 5 全裂或不分裂，丝状条形。头状花序长卵形，直径 1.5 ～ 2.5mm，具短梗或近无梗，基部有小苞叶，直立，多数在茎上排列成疏松开展或稍紧密的圆锥状。总苞片 3 ～ 4 层：外、中层的卵形或长卵形，背部有绿色中肋，无毛，边缘膜质；内层的长卵形或椭圆形，先端钝，半膜质。边缘雌花 2 ～ 7，花冠狭圆锥状或狭管状；中央两性花 3 ～ 10，花冠管状。花序托凸起。瘦果矩圆形。花果期 8 ～ 10 月。

半灌木状沙生旱生或中旱生草本。多生于中温型干草原带的沙丘、沙地、覆沙高平原上，少量进入森林草原带，是内蒙古东部沙生半灌木群落的建群植物，或为沙质草原的伴生植物。产兴安北部及岭西（额尔古纳市、根河市、牙克石市）、兴安南部及科尔沁（阿鲁科尔沁旗、克什克腾旗）、赤峰丘陵（红山区、翁牛特旗）。分布于我国黑龙江西南部、吉林西部、辽宁西部、河北东北部、山西北部。为东蒙古沙地分布种。

56. 黑沙蒿（油蒿、沙蒿、鄂尔多斯蒿）

Artemisia ordosica Krasch. in Bot. Mater. Gerb. Bot. Inst. Kom. Akad. Nauk S.S.S.R. 9:173. 1946; Fl. Intramongol. ed. 2, 4:647. t.252. f.1-6. 1992.

半灌木，高 50 ～ 100cm。主根粗而长，木质，侧根多；根状茎粗壮，具多数营养枝。茎多数，茎皮老时常呈薄片状剥落，多分枝。老枝黑灰色或暗灰褐色；当年生枝褐色、黄褐色、紫红色至黑紫色，具纵条棱。茎、枝与营养枝常组成大的密丛。叶稍肉质，初时两面疏被短柔毛，后无毛；茎下部叶宽卵形或卵形，一至二回羽状全裂，侧裂片 3 ～ 4 对，基部裂片最长，有时再 2 ～ 3 全裂，小裂片丝状条形，叶柄短。中部叶卵形或宽卵形，长 3 ～ 9cm，

宽 2 ～ 4cm，一回羽状全裂；侧裂片 2 ～ 3 对，丝状条形，长 1.5 ～ 3cm，宽 0.5 ～ 1mm。上部叶 3 ～ 5 全裂，丝状条形，无柄；苞叶 3 全裂或不分裂，丝状条形。头状花序卵形，直径 1.5 ～ 2.5mm，有短梗及小苞叶，斜升或下垂，多数在茎上排列成开展的圆锥状。总苞片 3 ～ 4 层：外、中层的卵形或长卵形，背部黄绿色，无毛，边缘膜质；内层的长卵形或椭圆形，半膜质。边缘雌花 5 ～ 7，花冠狭圆锥状；中央两性花 10 ～ 14，花冠管状。花序托半球形。瘦果倒卵形，长约 1.5mm，黑色或黑绿色。花果期 7 ～ 10 月。

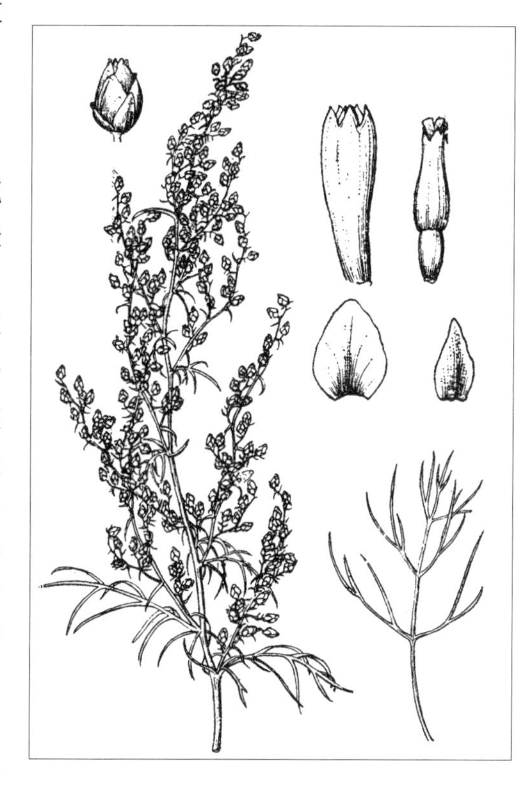

沙生旱生半灌木。生于暖温型干草原带和荒漠草原带，也进入草原化荒漠带的固定沙丘、沙地和覆沙土壤上，是草原区鄂尔多斯沙地半灌木群落的重要建群植物。产阴南平原（托克托县、九原区）、阴南丘陵（清水河县、准格尔旗）、鄂尔多斯、东阿拉善（乌拉特前旗、乌拉特后旗、磴口县、阿拉善左旗）。分布于我国山西北部、陕西北部、宁夏北部、甘肃（河西走廊东部）。为鄂尔多斯—东阿拉善分布种（以鄂尔多斯高原为中心）。

为优良的固沙植物，又为家畜冬、春主要饲草，山羊、骆驼乐食；调制成的干草，绵羊、山羊、骆驼均乐食。

根、茎、叶、种子均可入药。茎、叶能祛风湿、清热消肿，主治风湿性关节炎、咽喉肿痛。根能止血。种子能利尿。

57. 黄沙蒿（沙蒿、黄绿蒿）

Artemisia xanthochroa Krasch. in Bot. Mater. Gerb. Bot. Inst. Kom. Akad. Nauk S.S.S.R. 9:174. 1946; Fl. Intramongol. ed. 2, 4:648. 1992.

半灌木或半灌木状草本，高 20 ～ 60cm。主根木质，明显；根状茎稍粗短，直立，具少数营养枝。茎少数，具纵条纹，下半部稍木质化，紫褐色，上部草质，淡黄褐色，分枝较短；茎、枝、叶两面初时被短柔毛，后无毛。叶质稍厚；基生叶与茎下部叶卵形，长、宽 1.5 ～ 2cm，一回羽状全裂，侧裂片 2 ～ 3 对，叶柄长 1 ～ 1.5cm；中部叶羽状全裂，侧裂片 1 ～ 2 对，裂片狭条形或狭条状披针形，长 0.5 ～ 1cm，宽 1.5 ～ 2.5mm，先端尖，有小尖头，无柄，基部有假托叶；上部叶与苞叶 3 ～ 5 全裂或不分裂，狭条形或狭条状披针形。头状花序卵球形，直径 1.5 ～ 2.5mm，具短梗，基部具小苞叶，直立或下垂，多数在茎上排列成狭窄或稍开展的圆锥状。总苞片 3 ～ 4 层：外、中层的卵形或长卵形，背部具绿色中肋，无毛，边缘膜质；内层的卵状披针形，半膜质。边缘雌花 3 ～ 6，花冠狭圆锥状；中央两性花 3 ～ 7，花冠管状。花序托凸起。瘦果长卵形。花果期 8 ～ 10 月。

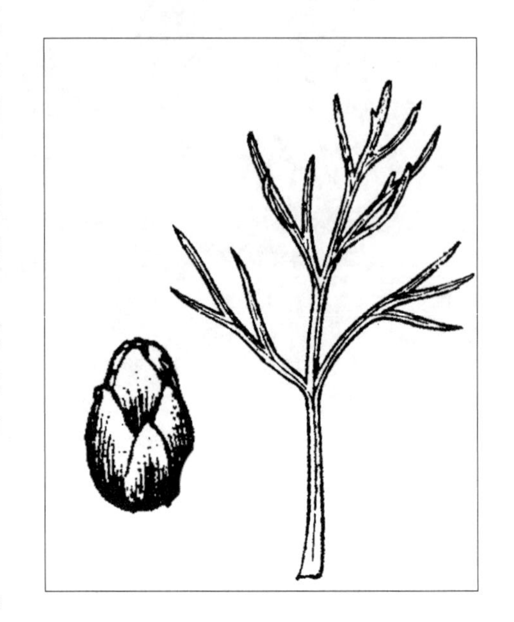

沙生强旱生半灌木状草本。生于干草原带至荒漠带的沙质地。产乌兰察布（乌拉特前旗）、东阿拉善（乌拉特后旗）、额济纳。蒙古国东部和南部及西部也有分布。为戈壁—蒙古分布种。

58. 假球蒿

Artemisia globosoides Y. Ling et Y. R. Ling in Bull. Bot. Res. Harbin 5(2):7. f.13. 1985; Fl. Intramongol. ed. 2, 4:648. t.253. f.1-6. 1992.

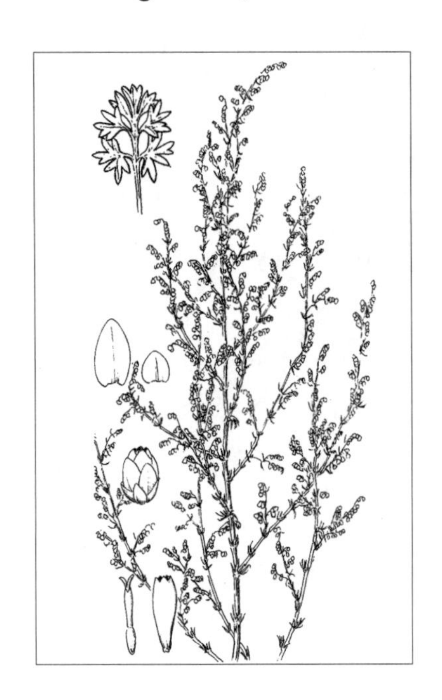

半灌木或半灌木状草本，高 30 ～ 35cm。主根稍粗大，木质，侧根多数，纤细；根状茎粗，木质。茎少数，常成小丛，下部半木质，上部草质，直立或斜向上，有分枝，斜上；茎、枝淡黄褐色，初时被短柔毛，后无毛。叶小，质稍厚。茎下部与中部叶近圆形、矩圆形或卵形，长、宽 5 ～ 8mm，二回羽状全裂；侧裂片 2 对，每裂片再 2 或 3 全裂，小裂片条形或狭披针形，长 2 ～ 3mm，宽约 1mm，先端具硬尖头；叶两面初时被灰白色或淡黄色柔毛；叶柄长 1 ～ 1.5cm，基部具小型假托叶。上部叶与苞叶 5 或 3 全裂，裂片短小，条形或披针形。头状花序卵球形，直径 1 ～ 1.5mm，无梗或近无梗，基部有小苞叶，下垂，多数在茎上排列成中度开展或狭窄的圆锥状。总苞片 3 层，无毛；外层的小，外层和中层的卵形或长卵形，背部具绿色中肋，边缘狭膜质；内层的长卵形，半膜质。边缘雌花 2 ～ 4，花冠狭管状；中央两性花 3 ～ 5，花冠管状。

花序托小。瘦果小，倒卵形。花果期 8 ～ 10 月。

沙生旱生半灌木状草本。生于干草原带的沙质地、沙丘边缘。产锡林郭勒西部、乌兰察布（达尔罕茂明安联合旗）。为乌兰察布分布种。

59. 柔毛蒿

Artemisia pubescens Ledeb. in Mem. Acad. Imp. Sci. St.-Petersb. Hist. Acad. 5:568. 1815; Fl. Intramongol. ed. 2, 4:650. t.253. f.7-8. 1992. p. p.

多年生草本，高 20 ～ 70cm。主根粗，木质；根状茎稍粗短，具营养枝。茎多数，丛生，草质或基部稍木质化，黄褐色、红褐色或带红紫色，具纵条棱，茎上半部有少数分枝，斜向

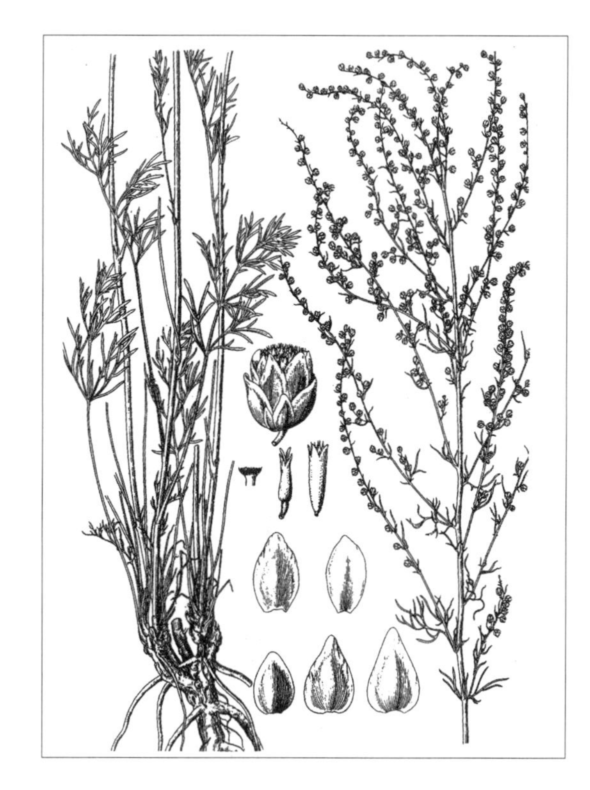

上，基部常被棕黄色茸毛；茎上部及枝初时被灰白色柔毛，后渐脱落无毛。叶纸质；基生叶与营养枝叶卵形，二至三回羽状全裂，具长柄，花期枯萎。茎下部、中部叶卵形或长卵形，长(2.5 ～)3 ～ 9cm，宽 1.5 ～ 3cm，二回羽状全裂；侧裂片 2 ～ 4 对，裂片及小裂片狭条形至条状披针形，长 1 ～ 2cm，宽 0.5 ～ 1.5mm，先端尖，边缘稍反卷；叶两面初时密被短柔毛，后上面毛脱落，下面疏被短柔毛；叶柄长 2 ～ 5cm，基部有假托叶。上部叶羽状全裂，无柄；苞叶 3 全裂或不分裂，狭条形。头状花序圆球形，直径 1.5 ～ 2mm，顶端圆形，具短梗及小苞叶，下垂或俯垂，多数在茎上部排列成稍开展的圆锥状。总苞片 3 ～ 4 层，无毛；外层的短小，卵形，背部有绿色中肋，边缘膜质；中层的长卵形，边缘宽膜质；内层的椭圆形，半膜质。边缘雌花 8 ～ 15，

花冠狭管状或狭圆锥状；中央两性花 10 ～ 15，花冠管状。花序托凸起。瘦果矩圆形或长卵形。花果期 8 ～ 10 月。

旱生草本。生于森林带和草原带的山坡、林缘、灌丛、草地、沙质地。产兴安北部（额尔古纳市、根河市、牙克石市、鄂伦春自治旗）、岭东（扎兰屯市）、岭西及呼伦贝尔（陈巴尔虎旗、新巴尔虎左旗、新巴尔虎右旗、海拉尔区、满洲里市）、兴安南部及科尔沁（乌兰浩特市、扎鲁特旗、通辽市、阿鲁科尔沁旗、翁牛特旗、巴林右旗、克什克腾旗）、辽河平原（科尔沁左翼后旗）、赤峰丘陵（红山区）、燕山北部（宁城县）、锡林郭勒（东乌珠穆沁旗、西乌珠穆沁旗、锡林浩特市、苏尼特左旗、阿巴嘎旗、正蓝旗）。分布于我国黑龙江、吉林西部、辽宁西北部、河北北部、山西北部、陕西北部、甘肃东部、青海、四川西北部、新疆北部，日本、蒙古国东部和北部、俄罗斯（西伯利亚地区、远东地区）。为东古北极分布种。

60. 变蒿

Artemisia commutata Bess. in Bull. Soc. Imp. Nat. Mosc. 8:70. 1835; Fl. Pl. Herb. Chin. Bor.-Orient. 9:238. t.83. f.8-13. 2004.——*A. pubescens* Ledeb. var. *gebleriana* (Bess.) Y. R. Ling in Bull. Bot. Res. Harbin 8(4):51. 1988; Fl. Intramongol. ed. 2, 4:651. 1992.——*A. commutata* Bess. var. *gebleriana* Bess. in Bull. Soc. Imp. Nat. Mosc. 8:72. 1835.——*A. commutata* Bess. var. *acutiloba* W. Wang et C. Y. Li in Bull. Bot. Res. Harbin 15(3):331. 1995. syn. nov.

多年生草本，高 20 ～ 70cm。主根粗，木质；根状茎稍粗短，具营养枝。茎多数，丛生，草质或基部稍木质化，黄褐色、红褐色或带红紫色，具纵条棱，茎上半部有少数分枝，斜向上，基部常被棕黄色茸毛；茎上部及枝初时被灰白色柔毛，后渐脱落无毛。叶纸质；基生叶与营养枝叶卵形，二至三回羽状全裂，具长柄，花期枯萎。茎下部、中部叶卵形或长卵形，长 (2.5 ～)3 ～ 9cm，宽 1.5 ～ 3cm，二回羽状全裂；侧裂片 2 ～ 4 对，裂片及小裂片狭条形至条状披针形，长 1 ～ 2cm，宽 0.5 ～ 1.5mm，先端尖，边缘稍反卷；叶两面初时密被短柔毛，后上面毛脱落，下面疏被短柔毛；叶柄长 2 ～ 5cm，基部有假托叶。上部叶羽状全裂，无柄；苞叶 3 全裂或不分裂，狭条形。头状花序卵形，直径 2 ～ 3mm，顶端锐尖，具短梗及小苞叶，直立或斜展，多数在茎上部排列成狭窄的总状花序式或狭窄的圆锥状花序。总苞片 3 ～ 4 层，无毛；外层的短小，卵形，背部有绿色中肋，边缘膜质；中层的长卵形，边缘宽膜质；内层的椭圆形，半膜质。边缘雌花 8 ～ 15，花冠狭管状或狭圆锥状；中央两性花 10 ～ 15，花冠管状。花序托凸起。

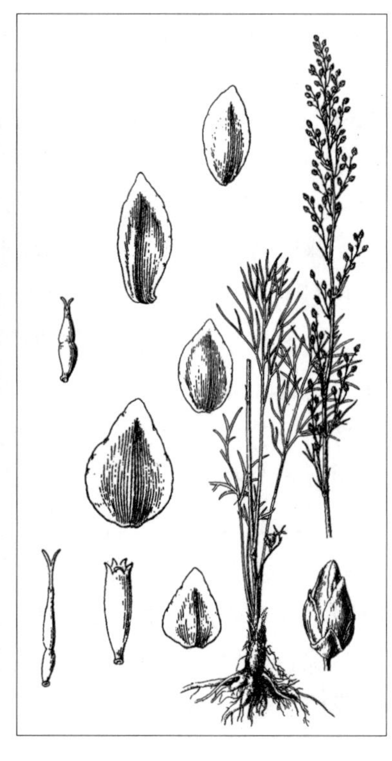

瘦果矩圆形或长卵形。花果期 8 ～ 10 月。

旱生草本。生于草原带和森林草原带的山坡草地、草原、森林草原、林缘、灌丛、沙质草地。产兴安北部及岭东（牙克石市、根河市、鄂伦春自治旗、扎兰屯市）、呼伦贝尔（海拉尔区、满洲里市）、兴安南部（科尔沁右翼前旗）、辽河平原（科尔沁左翼后旗）、燕山北部、乌兰察布（四子王旗、武川县、达尔罕茂明安联合旗、白云鄂博矿区）、阴山（大青山、蛮汗山）、阴南丘陵（准格尔旗）、鄂尔多斯。分布于我国黑龙江西南部、吉林西部、辽宁北部、河北、山西、陕西、甘肃、青海、新疆，蒙古国东部、俄罗斯（欧洲部分、东西伯利亚地区）。为古北极分布种。

61. 甘肃蒿

Artemisia gansuensis Y. Ling et Y. R. Ling in Bull. Bot. Res. Harbin 5(2):9. f.14. 1985; Fl. Intramongol. ed. 2, 4:651. t.253. f.9-10. 1992.

61a. 甘肃蒿

Artemisia gansuensis Y. Ling et Y. R. Ling var. **gansuensis**

半灌木状草本，高 10 ～ 40cm。主根粗壮，直伸，木质，侧根多；根状茎稍粗，木质。茎多数或少数，常形成小丛，下部木质，上部草质，具纵条棱，褐色或黄褐色，有时带紫色，有分枝；茎、枝、叶及总苞片背面初时被灰白色短柔毛，后脱落无毛。叶小。基生叶与茎下部叶宽卵形或近圆形，长 2 ～ 3.5cm，宽 2 ～ 3cm，二回羽状全裂；侧裂 2 ～ 3(～ 4) 对，再 3 全裂，小裂片狭条形，长 3 ～ 8mm，宽 0.5 ～ 1mm，先端尖；叶柄短。中部叶宽卵形或近圆形，长、宽 15 ～ 25mm，一至二回羽状全裂，侧裂片 2 ～ 3 对，小裂片狭条形，近无柄；上部叶与苞叶 3 ～ 5 全裂或不裂。头状花序卵形或宽卵形，直径 1.5 ～ 2mm，具短梗或近无梗，多数在茎上排列成稍开展的圆锥状。总苞片 3 ～ 4 层：外、中层的卵形或长卵形，草质，边缘膜质；内层的半膜质。边缘雌花 2 ～ 6，花冠狭管状或狭圆锥状；

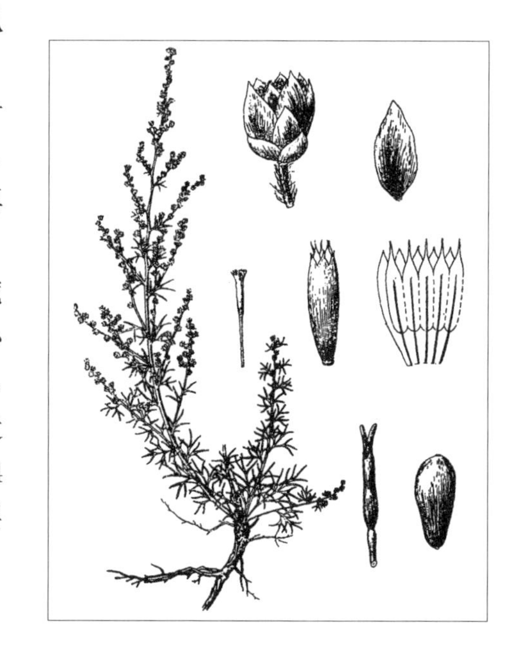

中央两性花 4 ～ 8，花冠管状。花序托凸起。瘦果倒卵形。花果期 8 ～ 10 月。

半灌木状旱生草本。生于草原带的山坡、草地、路旁。产赤峰丘陵（红山区）、锡林郭勒（阿巴嘎旗）、乌兰察布（二连浩特市、四子王旗、达尔罕茂明安联合旗、乌拉特中旗）、阴南平原（呼和浩特市、包头市）、阴南丘陵（凉城县、准格尔旗）、贺兰山。分布于我国河北西北部、山西北部、陕西北部、宁夏南部、甘肃东部、青海东部。为华北分布种。

61b. 小甘肃蒿

Artemisia gansuensis Y. Ling et Y. R. Ling var. **oligantha** Y. Ling et Y. R. Ling in Bull. Bot. Res. Harbin 5(2):10. 1985; Fl. Intramongol. ed. 2, 4:651. 1992.

本变种与正种的区别是：头状花序细小，直径 1 ～ 1.5mm，梗长 3 ～ 5mm；雌花 1 ～ 2，两性花 2 ～ 5。

旱生草本。生于草原带的沙质地。产鄂尔多斯。为鄂尔多斯分布变种。

62. 细秆沙蒿（细叶蒿）

Artemisia macilenta (Maxim.) Krasch. in Mater. Istorii. Fl. Rastiteln. S.S.S.R. 2:156. 1946; Fl. Intramongol. ed. 2, 4:651. t.254. f.9-10. 1992.——*A. campestris* L. var. *macilenta* Maxim. in Mem. Acad. Imp. Sci. St.- Petersb. Div. Sav. 9:158. 1859.

多年生草本或近半灌木状，高 40 ～ 70cm。主根木质，垂直；根状茎较短，略木质，具多个营养枝。茎直立，细长，具纵条棱，淡褐色，有时下部带紫褐色，不分枝或上部有短分枝；茎、枝初时疏被短柔毛，后脱落无毛。叶两面无毛。茎下部叶与营养枝叶宽卵形或卵形，长、宽 2 ～ 4cm，二回羽状全裂；侧裂片 2 ～ 3 对，每裂片再 3 ～ 5 全裂，小裂片狭条形，长 7 ～ 15mm，宽 0.3 ～ 0.6(～ 1)mm，先端尖；叶柄长 1 ～ 3cm。中部叶与上部叶羽状全裂，侧裂片 2 对，无柄或近无柄；苞叶小，不分裂，狭条形。头状花序宽卵形或近球形，直径 1 ～ 2mm，具短梗及狭条形小苞叶，倾斜或下垂，多数在茎上排列成狭窄的圆锥状。总苞片 3 层：外层的披针形，背部无毛，绿色，边缘膜质；中、内层的长卵形，边缘宽膜质或近膜质。边缘雌花 3 ～ 6，花冠小，狭短管状或狭小的圆锥状；中央两性花 4 ～ 8，花冠管状。花序托凸起。瘦果倒卵形。花果期 8 ～ 10 月。

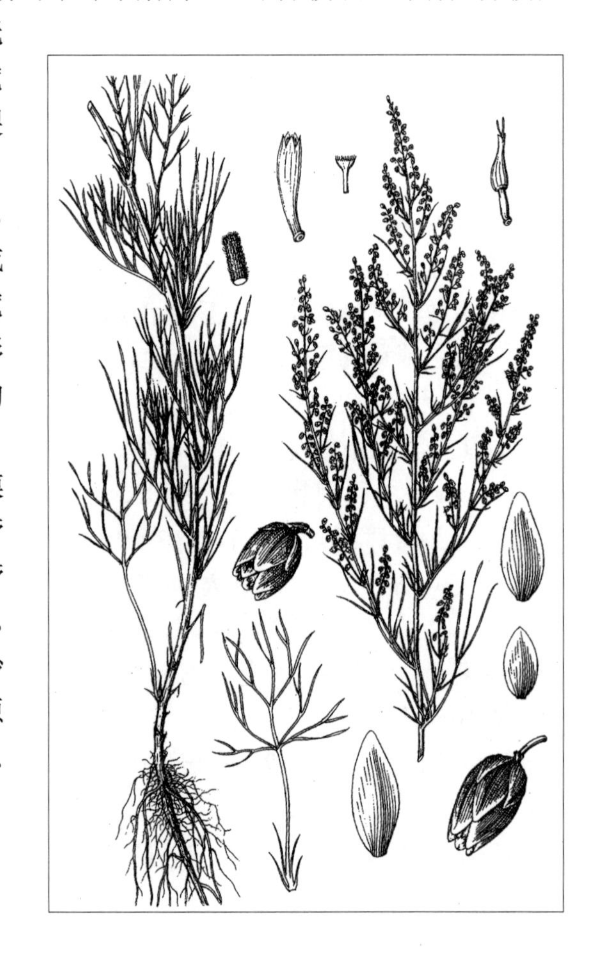

旱生草本。生于森林带和草原带的沙地、沙质土壤上，也生于山地的砾石质坡地上，为草原群落的伴生种。产兴安北部（大兴安岭）、科尔沁、阴山（大青山）。分布于我国河北北部、山西北部，俄罗斯（远东地区）。为华北—满洲分布种。

63. 猪毛蒿（黄蒿、米蒿、臭蒿、东北茵陈蒿）

Artemisia scoparia Waldst. et Kit. in Descr. Icon. Pl. Hung. 1:66. t.65. 1802; Fl. Intramongol. ed. 2, 4:652. t.254. f.1-6. 1992.

多年生或近一、二年生草本，高达 100cm。植株有浓烈的香气。主根单一，狭纺锤形，垂直，半木质或木质化；根状茎粗短，常有细的营养枝。茎直立，单生，稀 2 ～ 3，红褐色或褐色，具

纵沟棱，常自下部或中部开始分枝，下部分枝开展，上部枝多斜向上；茎、枝幼时被灰白色或灰黄色绢状柔毛，以后脱落。基生叶与营养枝叶被灰白色绢状柔毛，近圆形、长卵形，二至三回羽状全裂，具长柄，花期枯萎。茎下部叶初时两面密被灰白色或灰黄色绢状柔毛，后脱落；叶长卵形或椭圆形，长 1.5 ～ 3.5cm，宽 1 ～ 3cm，二至三回羽状全裂；侧裂片 3 ～ 4 对，小裂片狭条形，长 3 ～ 5mm，宽 0.2 ～ 1mm，全缘或具 1 ～ 2 枚小裂齿；叶柄长 2 ～ 4cm。中部叶矩圆形或长卵形，长 1 ～ 2cm，宽 5 ～ 15mm，一至二回羽状全裂；侧裂片 2 ～ 3 对，小裂片丝状条形或毛发状，长 4 ～ 8mm，宽 0.2 ～ 0.3(～ 0.5)mm。茎上部叶及苞叶 3 ～ 5 全裂或不分裂。头状花序小，球形或卵球形，直径 1 ～ 1.5mm，具短梗或无梗，下垂或倾斜，小苞叶丝状条形，极多数在茎上排列成大型而开展的圆锥状。总苞片 3 ～ 4 层：外层的草质，卵形，背部绿色，无毛，边缘膜质；中、内层的长卵形或椭圆形，半膜质。边缘雌花 5 ～ 7，花冠狭管状；中央两性花 4 ～ 10，花冠管状。花序托小，凸起。瘦果矩圆形或倒卵形，褐色。花果期 7 ～ 10 月。

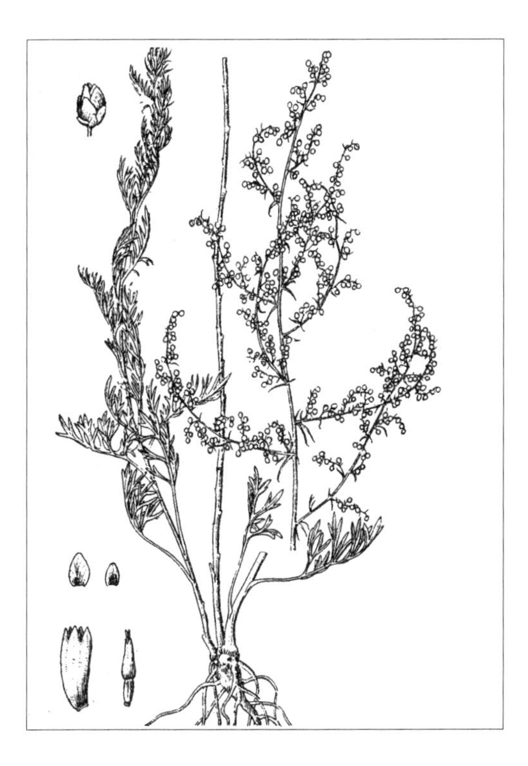

旱生或中旱生草本。广泛地生于草原带和荒漠带的沙质土壤上，是夏雨型一年生草本层片的主要组成植物。产内蒙古各地。遍及我国各地，分布于日本、朝鲜、蒙古国、俄罗斯（西伯利亚地区）、印度、泰国、巴基斯坦、阿富汗、土耳其，中亚，欧洲。为古北极分布种。

为中等牧草，一般家畜均喜食，用以调制干草，适口性更佳。春季和秋季，绵羊和山羊乐意采食，马、牛也乐食。

幼苗入药，能清湿热、利胆退黄，主治黄疸、肝炎、尿少色黄。根入藏药（藏药名：察尔汪），能清肺、消炎，主治咽喉炎、扁桃体炎、肺热咳嗽。

64. 纤杆蒿

Artemisia demissa Krasch. in Trudy Bot. Inst. Akad. Nauk S.S.S.R. Ser. 1, Fl. Sist. Vyssh. Rast. 3:348. 1937; Fl. Intramongol. ed. 2, 4:654. t.254. f.7-8. 1992.

一、二年生草本，高5～25cm。主根细长，垂直。茎少数，成丛，稀单生，自基部分枝；茎、枝通常紫红色，具纵条棱，初时密被淡灰黄色长柔毛，以后渐脱落。叶质稍薄。基生叶与

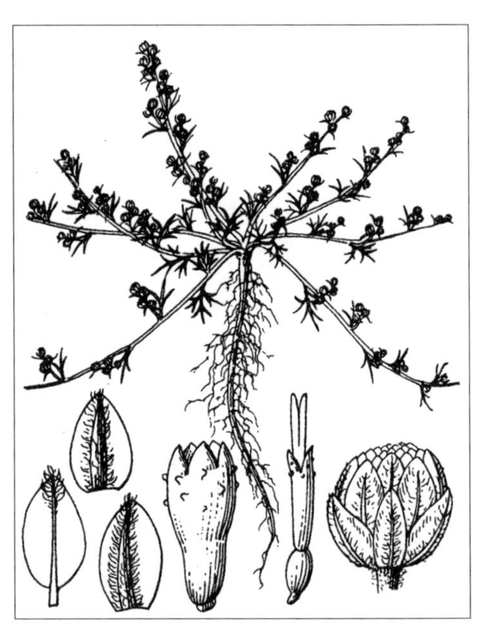

茎下部叶椭圆形或宽卵形，长1～2cm，宽0.5～1cm，二回羽状全裂；侧裂片2～3对，小裂片狭条状披针形，长3～5mm，宽约1mm，先端尖；叶两面初时被灰白色短柔毛，后渐稀疏或无毛；叶柄长0.5～1cm，茎下部叶的叶柄基部有假托叶。中部叶与苞叶卵形，羽状全裂，侧裂片1～3对，狭条形或狭条状披针形，基部具假托叶，无柄。头状花序卵球形，直径1.5～2mm，无梗或具短梗，多数在茎上排列成狭窄的穗状花序式的圆锥状。总苞片3层：外层的卵形或长卵形，背部初时有短柔毛，后渐脱落，边缘狭膜质；中、内层的长卵形或椭圆状卵形，半膜质。边缘雌花10～19，花冠狭管状或狭圆锥状；中央两性花3～8，花冠管状。花序托小，凸起。瘦果倒卵形。花果期7～9月。

中旱生草本。生于荒漠带的砂质地。产东阿拉善（乌拉特中旗）、西阿拉善、额济纳。分布于我国甘肃中部、青海、四川西部、西藏、新疆南部，印度北部、塔吉克斯坦、阿富汗。为中亚—亚洲中部分布种。

65. 糜蒿（白莎蒿、白里蒿）

Artemisia blepharolepis Bunge in Beitr. Fl. Russl. 164. 1852; Fl. Intramongol. ed. 2, 4:654. t.255. f.6-7. 1992.

一年生草本，高 20 ～ 60cm。植株有臭味。根较细，垂直。茎单生，直立，多分枝，下部枝长，近平展，上部枝较短，斜向上；茎、枝密被灰白色短柔毛。叶两面密被灰白色柔毛。茎下部叶与中部叶长卵形或矩圆形，长 1.5 ～ 4cm，宽 3 ～ 8mm。二回栉齿状羽状分裂：第一回全裂，侧裂片 5 ～ 8 对，长卵形或近倒卵形，长 3 ～ 5mm，宽 2 ～ 3mm，边缘常反卷；第二回为栉齿状的深裂，裂片每侧有 5 ～ 8 个栉齿。叶柄长 0.5 ～ 3cm，基部有栉齿状分裂的假托叶。上部叶与苞叶栉齿状羽状深裂或浅裂或不分裂，椭圆状披针形或披针形，边缘具若干栉齿。头状花序椭圆形或长椭圆形，直径

1.5 ～ 2mm，具短梗及小苞叶，下垂，多数在茎上排列成开展的圆锥状。总苞片 4 ～ 5 层：外层的较小，卵形，背部绿色，疏被柔毛，边缘膜质；中、内层的长卵形，亦疏被柔毛，边缘宽膜质。边缘雌花 2 ～ 3，花冠狭圆锥状；中央两性花 3 ～ 6，花冠钟状管形或矩圆形。花序托凸起。瘦果椭圆形。花果期 7 ～ 10 月。

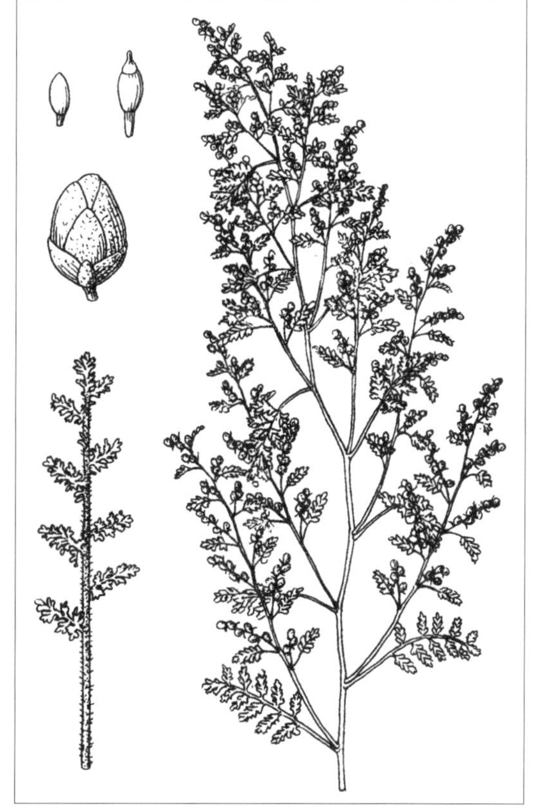

沙生旱中生草本。集中生于阴山以南的草原带和荒漠带的沙地和覆沙土壤上，在当地形成夏雨型一年生草本层片，有时单独形成小群聚。产锡林郭勒（苏尼特左旗、镶黄旗）、乌兰察布（二连浩特市、乌拉特前旗）、阴南平原（包头市）、阴南丘陵（凉城县、清水河县、准格尔旗）、鄂尔多斯（达拉特旗、伊金霍洛旗、乌审旗、鄂托克旗）、东阿拉善（乌海市、阿拉善左旗）。分布于我国陕西北部、宁夏北部，蒙古国南部。为戈壁—蒙古分布种。

66. 巴尔古津蒿（穗花蒿）

Artemisia bargusinensis Spreng. in Syst. Veg. 3:493. 1826; Fl. Intramongol. ed. 2, 4:655. t.255. f.1-5. 1992.

多年生草本，高 20 ～ 60cm。主根稍粗，狭纺锤状，侧根多；根状茎粗壮，木质化。茎数

条丛生或单生，淡黄绿色或带紫红色，具细纵棱，无毛，上部花序分枝短而贴向茎。叶薄纸质或纸质，通常无毛或初时被茸毛，后脱落。茎下部叶长卵形、矩圆形或宽卵形，长 5 ～ 15cm，宽 2 ～ 3(～ 6)cm，二回羽状全裂；侧裂片 3 ～ 4 对，小裂片条形或条状披针形，长 10 ～ 20mm，宽 0.5 ～ 3mm；叶柄长 5 ～ 7(～ 15)cm，基部微呈鞘状。中部叶长卵形，一至二回羽状全裂，侧裂片 3 ～ 4 对，每裂片具数个条状披针形的裂齿；上部叶与苞叶羽状全裂、3 全裂或不分裂，条状披针形或条形。头状花序宽卵形或近球形，直径 3 ～ 4mm，上部无梗或具短梗，下部具短梗，直立或倾斜，多数在茎上排列成狭长的圆锥状。总苞片 3 ～ 4 层：外层的短小，卵形，背部无毛，边缘膜质；中、内层的长椭圆形或披针形，无毛，边缘宽膜质或全为半膜质。边缘雌花 10 ～ 15，花冠狭管状；中央两性花 25 ～ 30，花冠管状，退化子房不存在。花序托凸起。瘦果狭倒卵形，稍扁平。花果期 7 ～ 9 月。

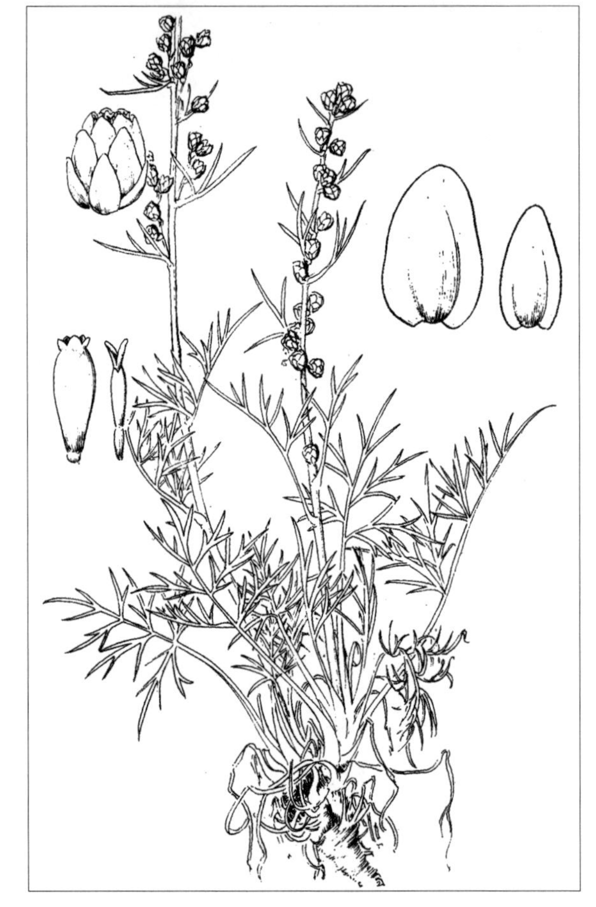

中生草本。生于森林草原带的石质山坡。产兴安北部及岭西（牙克石市、鄂温克族自治旗、阿尔山市、海拉尔区）。分布于我国黑龙江，俄罗斯（西伯利亚地区），欧洲。为欧洲—西伯利亚分布种。

67. 中亚草原蒿

Artemisia depauperata Krasch. in Sist. Zametki Mater. Gerb. Krylova Tomsk. Gosud. Univ. Kuybysheva 1949(1-2):3. 1949; Fl. Intramongol. ed. 2, 4:655. t.255. f.8-9. 1992.

多年生草本，高约 20cm。主根稍粗，侧根多；根状茎粗短，木质，直立或稍斜升，上部常分化为数个部分，并具短茎，短茎上端具多数基生叶的枯叶柄残基，并具少数多年生的营养枝。茎少数，直立，具纵棱，褐黄色，上部疏被淡黄色绢质短柔毛，下部无毛，通常不分枝。叶厚纸质或纸质。茎下部叶与营养枝叶卵形或椭圆状卵形，长 2 ～ 3cm，宽 1 ～ 2cm，一至二回羽状全裂；侧裂片 3 ～ 4 对，椭圆形或长卵形，再次羽状全裂或 3 全裂，小裂片条状披针形或披针形，长 3 ～ 6mm，宽 1 ～ 1.5mm，先端锐尖；叶两面幼时被贴伏的灰白色稍带绢质的长柔毛，后渐脱落，无毛；叶柄长 1 ～ 3cm。中部叶与上部叶小，具短柄或无柄，长卵形或卵形，羽状全裂，侧裂片 2 ～ 3 对，条状披针形；苞叶 3 ～ 5 全裂或不分裂，条状披针形。头状花序宽卵形，直径 3 ～ 4mm，具短梗或无梗，直立，小苞叶细长，在茎上排列成穗状花序式的总状花序，或茎中部间有着生 2 ～ 3 枚头状花序的短分枝，而头状花序在茎上排列成总状花序式的圆锥状花序。总苞片 3 ～ 4 层：外、中层的卵形或长卵形，背部初时疏被短柔毛，后脱落，边缘宽膜质；内层的宽椭圆形或矩圆形，半膜质。边缘雌花 11 ～ 15，花冠狭圆锥状；中央两性花 10 ～ 15，花冠管状，外面有腺点。花序托凸起。瘦果卵形。花果期 7 ～ 9 月。

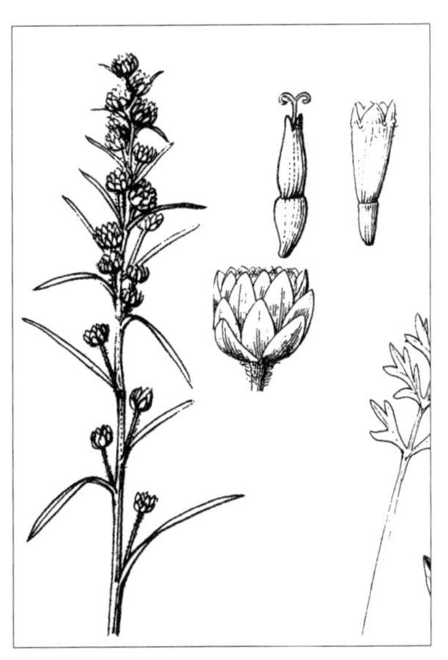

旱生草本。生于荒漠带的山地草原。产龙首山。分布于我国新疆北部，蒙古国北部和西部及南部、俄罗斯（西伯利亚地区）、哈萨克斯坦。为中亚—亚洲中部分布种。

68. 滨海牡蒿

Artemisia littoricola Kitam. in Act. Phytotax. Geobot. 5:94. 1936; Fl. Intramongol. ed. 2, 4:657. 1992.

多年生草本，高 30 ～ 100cm。主根稍明显，侧根多；根状茎略粗，稍木质化，具少数营养枝。茎通常数个，成丛，直立或弯曲斜向上，具细纵棱，有分枝，枝弯曲，向上斜展；茎、枝幼时被灰色短柔毛，后脱落。叶厚纸质，初时两面被蛛丝状毛，后稀疏或脱落无毛。基生叶具短柄，常排成莲座状；基生叶与茎下部叶宽卵形、近圆形或倒卵形，长、宽 3 ～ 5cm，一至二回掌状式羽状深裂或全裂；侧裂片 2 ～ 3 对，裂片伸长，再次羽状浅裂或深裂，小裂片先端钝；叶基部狭楔形，下延成短柄，花期枯萎。中部叶矩圆状楔形或椭圆状匙形，长 5.5 ～ 8cm，宽 4 ～ 6cm，自叶上端向基部斜向一至二回羽状深裂或近掌状式深裂或 3 深裂；侧裂片 1 ～ 2 对，每裂片具数个小齿裂或裂片再分裂，具 2 ～ 3 枚条状披针形的小裂片；叶基部渐狭成柄状，基部稀有小型假托叶。上部叶与苞叶小，椭圆状披针形或条状披针形，全缘，先端钝尖。头状花序近球形或宽卵形，直径 2 ～ 2.5(～ 3)mm，具短梗，多数在茎上排列成开展或稍开展的尖塔形的圆锥状。总苞片 3 ～ 4 层：外、中层的卵形或长卵形，背部有绿色中肋，初时被短柔毛，后渐脱落或无毛，边缘膜质；内层的长卵形或矩圆形，半膜质。边缘雌花 4 ～ 8，花冠狭圆锥状；中央两性花 5 ～ 7，花冠管状。花序托凸起。瘦果椭圆状卵形，稍扁。花果期 8 ～ 9 月。

湿中生草本。生于森林带的河岸、盐碱化草甸、沼泽化草甸。产兴安北部（大兴安岭）。分布于我国黑龙江西部，日本、朝鲜、俄罗斯（远东地区）。为东亚北部（满洲—日本）分布种。

69. 东北牡蒿

Artemisia manshurica (Kom.) Kom. in Key Pl. Far East. Reg. U.S.S.R. 2:1053. t.308. 1932; Fl. Intramongol. ed. 2, 4:657. t.256. f.10-13. 1992.——*A. japonica* Thunb. var. *manshurica* Kom. in Fl. Mansh. 3:625. 1907.

多年生草本，高 40 ～ 100cm。主根不明显，侧根数枚，斜向下伸；根状茎稍粗短，有少数营养枝。茎数个丛生，稀单生，具纵条棱，紫褐色或深褐色，分枝细而短；茎、枝初时被微柔毛，后脱落无毛。营养枝叶密集，叶片匙形或楔形，长 3 ～ 7cm，宽 8 ～ 15mm，先端圆钝，有数个浅裂缺，并有密而细的锯齿，基部渐狭，无柄；茎下部叶倒卵形或倒卵状匙形，5 深裂或为不规则的裂齿，无柄，花期枯萎。中部叶倒卵形或椭圆状倒卵形，长 2.5 ～ 3.5cm，宽 2 ～ 3cm，一至二回羽状或掌状式全裂或深裂；侧裂片 1 ～ 2 对，狭匙形或倒披针形，长 1 ～ 2cm，宽 2 ～ 3mm，每裂片具 3 浅裂齿或无裂齿；叶基部有小型的假托叶。上部叶宽楔形或椭圆状倒卵形，先端常有不规则的 3 ～ 5 全裂或深裂片；苞叶披针形或椭圆状披针形，不分裂。头状花序近球形或宽卵形，直径 1.5 ～ 2mm，具短梗及条形苞叶，下垂或斜展，极多数在茎上排列成狭长的圆锥状。总苞片 3 ～ 4 层：外层的披针形或狭卵形，中层的长卵形，背部均为绿色，无毛，边缘宽膜质；内层的长卵形，半膜质。边缘雌花 4 ～ 8，花冠狭圆锥状或狭管状；中央两性花 6 ～ 10，花冠管状。花序托凸起。瘦果倒卵形或卵形，褐色。花果期 8 ～ 10 月。

中生草本。生于森林带和森林草原带的山地林缘、林下、灌丛。产兴安北部及岭西（额尔古纳市、牙克石市、鄂温克族自治旗）、兴安南部（扎鲁特旗、阿鲁科尔沁旗、巴林右旗）、辽河平原（科尔沁左翼后旗）、燕山北部（喀喇沁旗、宁城县、敖汉旗）、锡林郭勒（锡林浩特市）。分布于我国黑龙江东南部、吉林东部、辽宁、河北东北部，日本、朝鲜。为东亚北部（满洲—日本）分布种。

全草入药，能解表、清热、杀虫，主治感冒身热、劳伤咳嗽、小儿疸热等。

70. 南牡蒿（黄蒿）

Artemisia eriopoda Bunge in Enum. Pl. China Bor. 37. 1833; Fl. Intramongol. ed. 2, 4:658. t.256. f.1-6. 1992.

70a. 南牡蒿

Artemisia eriopoda Bunge var. **eriopoda**

多年生草本，高 30 ～ 70cm。主根明显，粗短；根状茎肥厚，常呈短圆柱状，直立或斜向上，常有短营养枝。茎直立，单生或少数，具细条棱，绿褐色或带紫褐色，基部密被短柔毛，其余无毛，多分枝，开展，疏被毛，以后渐脱落。叶纸质。基生叶与茎下部叶近圆形、宽卵形或倒卵形，长 4 ～ 5cm，宽 2 ～ 6cm，一至二回大头羽状深裂或全裂或不分裂，仅边缘具数个锯齿，分裂叶有侧裂片 2 ～ 3 对，裂片倒卵形、近匙形或宽楔形，先端至边缘具规则或不规则的深裂片或浅裂片，并有锯齿；叶基部渐狭，楔形；叶上面无毛，下面疏被柔毛或近无毛；具长柄。中部叶近圆形或宽卵形，长、宽 2 ～ 4cm，一至二回羽状深裂或全裂，侧裂片 2 ～ 3 对，裂片椭圆形或近匙形，先端具 3 深裂或浅裂齿或全缘；叶基部宽楔形，近无柄或具短柄，基部有条形裂片状的假托叶。上部叶渐小，卵形或长卵形，羽状全裂，侧裂片 2 ～ 3 对，裂片椭圆形，先端常有 3 个浅裂齿；苞叶 3 深裂或不分裂，裂片或不分裂的苞叶条状披针形至条形。头状花序宽卵形或近球形，直径 1.5 ～ 2mm，无梗或具短梗，具条形小苞片，多数在茎上排列成开展、稍大型的圆锥状。总苞片 3 ～ 4 层：外、中层的卵形或长卵形，背部绿色或稍带紫褐色，无毛，边缘膜质；内层的长卵形，半膜质。边缘雌花 3 ～ 8，花冠狭圆锥状；中央两性花 5 ～ 11，花冠管状。花序托凸起。瘦果矩圆形。花果期 7 ～ 10 月。

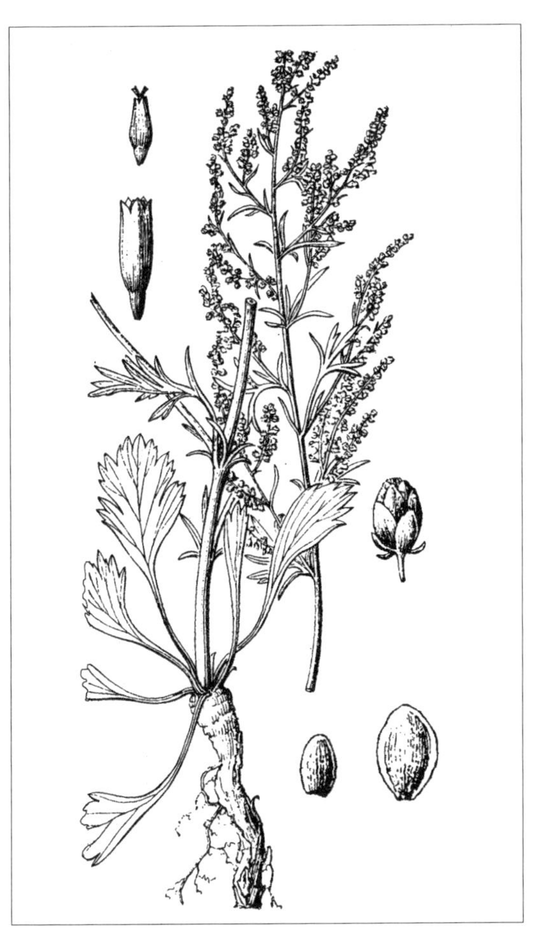

中旱生草本。多生于森林草原带和草原带的山地，为山地草原的常见伴生种。产兴安南部（科尔沁右翼中旗、阿鲁科尔沁旗、巴林左旗、巴林右旗、克什克腾旗）、赤峰丘陵（翁牛特旗、红山区）、燕山北部（喀喇沁旗、宁城县、敖汉旗）、锡林郭勒（锡林浩特市、正蓝旗、多伦县）、阴山（大青山、蛮汗山、乌拉山）、阴南丘陵（准格尔旗）、贺兰山。分布于我国吉林东北部、辽宁东南部和西南部、河北、河南西部、山东中部、山西、陕西南部、安徽北部、江苏、湖北、湖南、四川西南部、云南东北部和西北部，日本、朝鲜。为东亚分布种。

叶供药用，治风湿性关节炎、头痛、浮肿、毒蛇咬伤等。

70b. 圆叶南牡蒿

Artemisia eriopoda Bunge var. **rotundifolia** (Debeaux) Y. R. Ling in Bull. Bot. Res. Harbin 8(4):56. 1988; Fl. Intramongol. ed. 2, 4:658. 1992.——*A. japonica* Thunb. var. *rotundifolia* Debeaux in Act. Soc. Linn. Bord. 31:220. 1877.

本变种与正种的主要区别是：基生叶与茎下部叶近圆形或倒卵状宽匙形，不分裂或仅先端有疏而浅的裂齿或锯齿。

中旱生草本。生于草原带的山坡。产锡林郭勒（正蓝旗）、兴安南部（阿鲁科尔沁旗、巴林左旗、巴林右旗）、赤峰丘陵（红山区）、阴山（大青山）、阴南丘陵（准格尔旗）。分布于我国河北、山东、陕西、江苏北部。为华北分布变种。

70c. 甘肃南牡蒿

Artemisia eriopoda Bunge var. **gansuensis** Y. Ling et Y. R. Ling in Bull. Bot. Res. Harbin 8(3):7. 1988; Fl. Intramongol. ed. 2, 4:660. 1992.

本变种与正种的区别是：植株矮小，高 10 ～ 20cm；根状茎粗短；叶小，中部叶羽状全裂，每裂片具 2 ～ 3 个浅裂齿；头状花序在茎上部排列成稍开展或狭窄的圆锥状。

中旱生草本。生于荒漠带的山坡。产贺兰山。分布于我国甘肃（祁连山）。为贺兰山—祁连山分布变种。

71. 漠蒿（沙蒿）

Artemisia desertorum Spreng. in Syst. Veg. 3:490. 1826; Fl. Intramongol. ed. 2, 4:660. t.257. f.1-5. 1992.

多年生草本，高 (10 ～)30 ～ 90cm。主根明显，侧根少数；根状茎粗短，具短的营养枝。茎单生，稀少数簇生，直立，淡褐色，有时带紫红色，具细纵棱，上部有分枝；茎、枝初时被短柔毛，后脱落无毛。叶纸质。茎下部叶与营养枝叶二型：一型叶片为矩圆状匙形或矩圆状倒楔形，先端及边缘具缺刻状锯齿或全缘，基部楔形。另一型叶片椭圆形、卵形或近圆形，长 2 ～ 5(～ 8)cm，宽 1 ～ 5(～ 10)cm，二回羽状全裂或深裂；侧裂片 2 ～ 3 对，椭圆形或矩圆形，每裂片常再 3 ～ 5 深裂或浅裂，小裂片条形、条状披

针形或长椭圆形；叶上面无毛，下面初时被薄茸毛，后无毛；叶柄长1～4(～18)cm，基部有条形、半抱茎的假托叶。中部叶较小，长卵形或矩圆形，一至二回羽状深裂，基部宽楔形，具短柄，基部有假托叶；上部叶3～5深裂，基部有小型假托叶；苞叶3深裂或不分裂，条状披针形或条形，基部假托叶小。头状花序卵球形或近球形，直径2～3(～4)mm，具短梗或近无梗，基部有小苞叶，多数在茎上排列成狭窄的圆锥状。总苞片3～4层：外层的较小，卵形，中层的长卵形，外、中层总苞片背部绿色或带紫色，初时疏被薄毛，后脱落无毛，边缘膜质；内层的长卵形，半膜质，无毛。边缘雌花4～8，花冠狭圆锥状或狭管状；中央两性花5～10，花冠管状。花序托凸起。瘦果倒卵形或矩圆形。花果期7～9月。

旱生草本。生于森林带和草原带的砂质和砂砾质土壤上，草原上常见的伴生植物，有时也能形成局部的优势或层片。产兴安北部及岭西和岭东（额尔古纳市、根河市、牙克石市、鄂伦春自治旗、牙克石市、扎兰屯市、陈巴尔虎旗、鄂温克族自治旗、海拉尔区）、呼伦贝尔（满洲里市）、兴安南部及科尔沁（扎赉特旗、科尔沁右翼前旗、科尔沁右翼中旗、巴林左旗、巴林右旗、翁牛特旗、克什克腾旗）、燕山北部（宁城县、敖汉旗）、锡林郭勒（东乌珠穆沁旗、西乌珠穆沁旗、锡林浩特市、太仆寺旗、正镶白旗、兴和县）、乌兰察布（四子王旗、察哈尔右翼中旗）、阴山（大青山）、贺兰山。分布于我国黑龙江西南部、吉林西部、辽宁、河北、山西、陕西西部、宁夏、甘肃、青海、四川、西藏东部和南部、云南西北部、贵州、新疆西部，日本、朝鲜、蒙古国东部和北部、俄罗斯（西伯利亚地区、远东地区）、印度北部、巴基斯坦北部。为东古北极分布种。

72. 牛尾蒿（指叶蒿）

Artemisia dubia Wall. ex Bess. in Tent. Abrot. 3:39. 1832; Fl. Intramongol. ed. 2, 4:662. t.257. f.6-7. 1992.

72a. 牛尾蒿

Artemisia dubia Wall. ex Bess. var. **dubia**

半灌木状草本，高80～100cm。主根较粗长，木质化，侧根多；根状茎粗壮，有营养枝。茎多数或数个丛生，直立或斜向上，基部木质，具纵条棱，紫褐色，多分枝，开展，常呈屈曲延伸；茎、枝幼时被短柔毛，后渐脱落无毛。叶厚纸质或纸质；基生叶与茎下部叶大，卵形或矩圆形，羽状5深裂，有时裂片上具1～2枚小裂片，无柄，花期枯萎。中部叶卵形，长5～11cm，宽3～6cm，羽状5深裂；裂片椭圆状披针形、矩圆状披针形或披针形，长2～6cm，宽5～10mm，先端尖，全缘；基部渐狭成短柄，常有小型假托叶；叶上面近无毛，下面密被短柔毛。上部叶与苞叶指状3深裂或不分裂，椭圆状披针形或披针形。头状花序球形或宽卵形，直径1.5～2mm，

无梗或有短梗，基部有条形小苞叶，多数在茎上排列成开展、具多级分枝的大型圆锥状。总苞片 3 ～ 4 层：外层的短小，外、中层的卵形或长卵形，背部无毛，有绿色中肋，边缘膜质；内层的半膜质。边缘雌花 6 ～ 9，花冠狭小，近圆锥形；中央两性花 2 ～ 10，花冠管状。花序托凸起。瘦果小，矩圆形或倒卵形。花果期 8 ～ 9 月。

中生草本。生于草原带和荒漠带的山坡林缘、沟谷草地。产阴山（大青山）、鄂尔多斯（伊金霍洛旗）、龙首山、额济纳。分布于我国吉林东南部、河北中北部、河南西部、湖北西部、陕西南部、甘肃东南部、青海东部、四川西部、西藏东部、云南西北部，印度、不丹、尼泊尔、泰国。为华北—横断山脉—喜马拉雅分布种。

地上部分入藏药（藏药名：普儿芒），能清热解毒、利肺，主治肺热咳嗽、咽喉肿痛、气管炎。

72b. 无毛牛尾蒿

Artemisia dubia Wall. ex Bess. var. **subdigitata**（Mattf.） Y. R. Ling in Kew Bull. 42:445. 1987; Fl. Intramongol. ed. 2, 4:662. 1992.——*A. subdigitata* Mattf. in Repert. Spec. Nov. Regni Veg. 22:243. 1926.

本变种与正种的区别是：茎、枝、叶下面初时被白色短柔毛，后脱落无毛。

中生草本。生于草原带和荒漠带的山坡、河边、路旁、沟谷、林缘。产锡林郭勒（锡林浩特市）、阴山（大青山）、鄂尔多斯（乌审旗）、东阿拉善（阿拉善左旗）、龙首山。分布于我国河北、河南、山东、山西、陕西、宁夏、甘肃、青海、四川、湖北、广西、云南、贵州，印度、不丹、尼泊尔，克什米尔地区。为华北—横断山脉—喜马拉雅分布变种。

药用同正种。

73. 华北米蒿（茭蒿、吉氏蒿）

Artemisia giraldii Pamp. in Nuov. Giorn. Bot. Ital., n. s., 34:657. 1927; Fl. Intramongol. ed. 2, 4:662. t.256. f.7-9. 1992.

73a. 华北米蒿

Artemisia giraldii Pamp. var. **giraldii**

半灌木状草本，高 20 ～ 80cm。主根粗壮，木质或稍木质化，侧根多；根状茎粗短，直立或斜向上。茎多数或少数，丛生，直立，带红紫色，具纵棱，下部稍木质化，多分枝；茎、枝幼时被柔毛，后渐稀疏或无毛。叶纸质，灰绿色，干后呈暗绿色；茎下部叶卵形或长卵形，指状 3 深裂，稀 5 深裂，裂片披针形或条状披针形，具短柄或近无柄，花期枯萎。中部叶椭圆形，长 2 ～ 3（～ 5）cm，宽 1 ～ 1.5cm，指状 3 深裂；裂片条形或条状披针形，长 1 ～ 2cm，宽 1 ～ 2（～ 5）mm，先端尖，边缘稍反卷或不反卷；叶上面疏被灰白色短柔毛，下面初时密被灰白色蛛丝状柔毛，后渐脱落；叶基部渐狭成短柄，基部无假托叶或有而不明显。上部叶与苞叶 3 深裂或不分裂，为条形或条状披针形。头状花序宽卵形、近球形或矩圆形，直径 1.5 ～ 2mm，具短梗，有小苞叶，下垂或斜展，多数在茎上排列成开展的圆锥状。总苞片 3 ～ 4 层：外层的较小，外、中层的卵形、长卵形，背部无毛，有绿色中肋，边缘宽膜质；内层的长椭圆形或长卵形，半膜质。边缘雌花 4 ～ 8，花冠狭管状或狭圆锥状；中央两性花 5 ～ 7，花冠管状。花序托凸起。瘦果倒卵形。花果期 7 ～ 9 月。

喜暖的多年生旱生或中旱生草本。生于暖温型森林草原带和草原带的山地，为低山带半灌木群落的建群植物，也有少量分布在黄土高原和黄河河谷的陡崖上，有明显的嗜石特性。产燕山北部（兴和县苏木山）、阴山（蛮汗山）、阴南丘陵（清水河县、准格尔旗）、贺兰山、额济纳。分布于我国吉林东部、河北、山西、陕西中部和北部、宁夏南部、甘肃东部、青海、四川中北部。为华北分布种。

73b. 长梗米蒿

Artemisia giraldii Pamp. var. **longipedunculata** Y. R. Ling in Bull. Bot. Res. Harbin 8(3):7. 1988; Fl. Intramongol. ed. 2, 4:663. 1992.

本变种与正种区别是：茎中部与上部叶通常不分裂，稀为 3 深裂；头状花序具梗，梗长 5 ～ 10mm。

喜暖的多年生旱生或中旱生草本。生于暖温型草原带低山丘陵。产阴南丘陵（准格尔旗）。分布于我国河北。为华北分布变种。

46. 绢蒿属 Seriphidium (Bess. ex Less.) Fourr.

草本、半灌木状或小灌木状，常有浓烈的气味。叶互生，羽状分裂、掌状或三出分裂，稀不分裂。头状花序椭圆形、矩圆形、长卵形等，多数在茎上排列成总状或圆锥状；总苞片多层，边缘通常为膜质，外面常被毛；花序托无托毛；全为两性花，结实；花冠管状，檐部 5 齿裂；花药基部圆钝，稀短尖，先端具条状披针形、条形或锥形附片；花柱条形，不伸长或稍伸长。瘦果小，具不明显纵纹；无冠毛。

内蒙古有 4 种。

分种检索表

1a. 头状花序在茎的分枝上不排列成密集穗状花序或复头状花序，茎下部叶长卵形、椭圆形、椭圆状披针形或矩圆形。

 2a. 茎下部叶二至三回羽状全裂，头状花序直径 2 ～ 3mm。

  3a. 茎自中部以上分枝；头状花序矩圆形；茎、叶及中、内层总苞片背部密被灰白色蛛丝状毛，不脱落……………………………………………………………………**1. 东北绢蒿 S. finitum**

  3b. 茎自中下部开始分枝；头状花序椭圆形或长卵形；茎、叶及中层总苞片背部初时密被苍白色茸毛或灰白色柔毛，后渐脱落……………………………………………**2. 蒙青绢蒿 S. mongolorum**

 2b. 茎下部叶二回或一至二回羽状全裂，头状花序直径 1.5 ～ 2mm。

  4a. 植株较高，高 40 ～ 50cm；分枝较长；茎下部叶二回羽状全裂……………………………………………………………………………………**3a. 西北绢蒿 S. nitrosum var. nitrosum**

  4b. 植株矮小，高 10 ～ 15cm；分枝短或不分枝；茎下部叶一至二回羽状全裂……………………………………………………………………………………**3b. 戈壁绢蒿 S. nitrosum var. gobicum**

1b. 头状花序在茎的分枝上排列成密集短穗状花序或复头状花序，在茎上组成短总状窄圆锥花序；茎下部叶卵形，二至三回羽状全裂；头状花序卵圆形或卵形，直径 2 ～ 3mm……**4. 聚头绢蒿 S. compactum**

1. 东北绢蒿（东北蛔蒿）

Seriphidium finitum (Kitag.) Y. Ling et Y. R. Ling in Act. Phytotax. Sin. 18(4):513. 1980; Fl. Intramongol. ed. 2, 4:664. t.258. f.1-5. 1992.——*Artemisia finita* Kitag. in Rep. Inst. Sci. Res. Manch. 6:124. 1942.

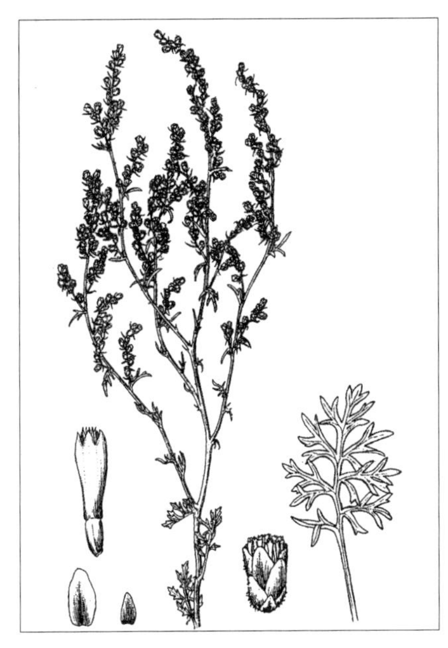

半灌木状草本，高 20 ～ 60cm。主根粗，木质；根状茎粗短，黑色，常有褐色枯叶柄，具木质的营养枝。茎少数或单一，中部以上有多数分枝，密被灰白色蛛丝状毛。茎下部叶及营养枝叶矩圆形或长卵形，长 2 ～ 3(～ 5)cm，宽 1 ～ 2cm，二至三回羽状全裂；侧裂片 (3 ～)4 ～ 5 对，小裂片狭条形，长 3 ～ 10mm，宽 1 ～ 1.5mm，先端钝尖；叶柄长 2 ～ 5cm；叶两面密被灰白色蛛丝状毛，花期枯萎。中部叶卵形或长卵形，一至二回羽状全裂，小裂片狭条形或条状披针形，叶柄短，基部有羽状全裂的假托叶；上部叶与苞叶 3 全裂或不分裂。头状花序矩圆状倒卵形或矩圆形，直径 2 ～ 2.5mm，无梗或具短梗，基部有条形的小苞叶，多数在茎上排列成狭窄或稍开展的圆锥状。总苞片 4 ～ 5 层：外层的小，卵形；中层的长卵形，背部被蛛丝状毛，有绿色中肋，边缘狭或宽膜质；内层的长卵形或矩圆状倒卵形，半膜质，背部疏被毛或近无毛。两性花 3 ～ 9(～ 13)，花冠管状。瘦果长倒卵形。花果期 8 ～ 10 月。

旱生草本。生于草原带和荒漠草原带的砂砾质或砾石质土壤上，也生长在盐碱化湖边草甸，为草原或芨芨草草甸的伴生植物。产呼伦贝尔（新巴尔虎左旗、新巴尔虎右旗、海拉尔区、满洲里市）、锡林郭勒（苏尼特左旗）。为东蒙古（呼锡高原）分布种。

头状花序可做驱蛔虫药的原料。

2. 蒙青绢蒿

Seriphidium mongolorum (Krasch.) Y. Ling et Y. R. Ling in Bull. Bot. Res. Harbin 8(3):115. 1988; Fl. Intramongol. ed. 2, 4:664. 1992.——*Artemisia mongolorum* Krasch. in Trudy Bot. Inst. Akad. Nauk S.S.S.R. Ser. 1, Fl. Sist. Vyssh. Rast. 3:350. 1937.

半灌木状草本，高 30 ～ 45cm。主根木质，稍粗；根状茎粗，具细短的营养枝。茎少数或多数，直立或斜向上，自中下部开始分枝，开展，初时密被苍白色茸毛，以后茎下部近光滑。茎下部叶椭圆形或长卵形，长 3 ～ 4cm，宽 2 ～ 3cm，二至三回羽状全裂；侧裂片 4 ～ 5 对，小裂片狭条形或狭条状披针形，长 2 ～ 3mm，

宽 1 ～ 1.5mm，稍有腺点，先端锐尖；叶柄长 1.5 ～ 2.5cm，基部具羽状全裂的假托叶；叶两面初时密被苍白色茸毛，后渐脱落。中部叶一至二回羽状全裂，小裂片狭条形，宽约 1mm；上部叶与苞叶羽状全裂或 3 全裂。头状花序椭圆形或长卵形，直径 2 ～ 3mm，直立，无梗，基部有小苞叶，多数在茎上排列成开展或稍开展的圆锥状。总苞片 4 ～ 5 层：外层的短小，卵形或狭卵形；中层的椭圆形或长卵形，背部初时被灰白色柔毛，后无毛，有绿色中肋，边缘膜质；内层的与中层的形状相同，半膜质，无毛。两性花 3 ～ 6，花冠管状。瘦果倒卵形。花果期 8 ～ 10 月。

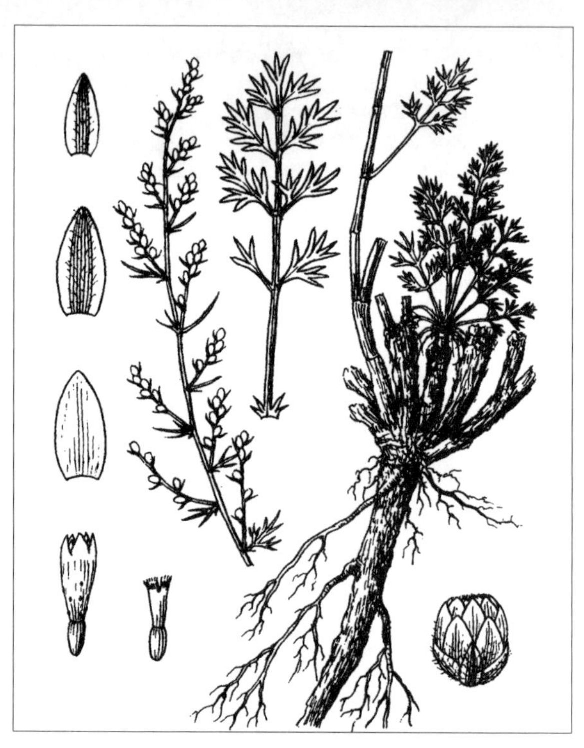

半灌木状旱生草本。生于荒漠带的低山砾石质坡地。产额济纳。分布于我国青海北部，蒙古国西南部。为西戈壁分布种。

3. 西北绢蒿

Seriphidium nitrosum (Web. ex Stechm.) Poljak. in Trudy Bot. Inst. Akad. Nauk Kazakhsk. S.S.R. 11:172. 1961; Fl. Intramongol. ed. 2, 4:666. 1992.——*Artemisia nitrosa* Web. ex Stechm. in Artem. 24. 1775.

3a. 西北绢蒿

Seriphidium nitrsum (Web. ex Stechm.) Poljak. var. **nitrosum**

多年生草本，高 40 ～ 50cm。主根细或稍粗；根状茎稍粗短，具少数短小的营养枝。茎下部半木质，有少量分枝，被蛛丝状柔毛。茎下部叶长卵形或椭圆状披针形，长 3 ～ 4cm，宽 0.5 ～ 2cm，二回羽状全裂；侧裂片 4 ～ 5 对，小裂片狭条形，长 3 ～ 5mm，宽 0.3 ～ 0.8mm，先端钝或尖；叶两面初时被蛛丝状柔毛，后部分脱落；叶柄长 0.3 ～ 0.7cm。中部叶一至二回羽状全裂，基部有小型假托叶；上部叶羽状全裂，无柄；苞叶不分裂，狭条形，稀羽状全裂。

头状花序矩圆形或长卵形，直径 1.5 ～ 2mm，无梗，基部有小苞叶，多数在茎上排列成狭长或稍开展的圆锥状。总苞片 4 ～ 5 层：外层的小，卵形或狭卵形，中、内层的稍长，长卵形、椭圆形或椭圆状披针形；外、中层的背部初时密被蛛丝状短柔毛，后渐脱落，边缘膜质；内层的半膜质，近无毛。两性花 3 ～ 6，花冠管状。瘦果倒卵形。花果期 8 ～ 10 月。

旱生草本。生于荒漠草原带的砾质坡地、干山谷、山麓。产乌兰察布（苏尼特左旗北部）。分布于我国甘肃西北部、青海西部、新疆北部，蒙古国西部、俄罗斯（西伯利亚地区）、哈萨克斯坦。为戈壁—蒙古分布种。

3b. 戈壁绢蒿

Seriphidium nitrosum (Web. ex Stechm.) Poljak. var. **gobicum** (Krasch.) Y. R. Ling in Bull. Bot. Res. Harbin 8(3):114. 1988; Fl. Intramongol. ed. 2, 4:666. 1992.——*Artemisia mongolorum* Krasch. subsp. *gobica* Krasch. in Trudy Bot. Inst. Akad. Nauk S.S.S.R. Ser. 1, Fl. Sist. Vyssh. Rast. 3:350. 1937.

本变种与正种的区别是：植株矮小，高 10 ～ 15cm；分枝短或不分枝；茎下部叶一至二回羽状全裂；头状花序稍密集，在茎上排列成穗状花序式的圆锥状。

旱生草本。生于荒漠带的湖边盐碱化土壤上。产额济纳。分布于我国新疆，蒙古国、俄罗斯（西伯利亚地区）、哈萨克斯坦。为戈壁分布变种。

4. 聚头绢蒿（聚头蒿）

Seriphidium compactum (Fisch. ex DC.) Poljak. in Trudy Bot. Inst. Akad. Nauk Kazakhsk. S.S.R. 11:175. 1961; Fl. Intramongol. ed. 2, 4:666. t.258. f.6-7. 1992.——*Artemisia compacta* Fisch. ex DC. in Prodr. 6:102. 1838.

多年生草本，高 15 ～ 30cm。主根细；根状茎较粗短，具营养枝。茎数个或多数，直立或斜向上，与营养枝常形成小丛，上部有分枝，初时被灰白色蛛丝状茸毛，后近无毛。茎下部叶卵形，长 1 ～ 4cm，宽 1 ～ 2.5cm，二至三回羽状全裂；侧裂片 4 ～ 5 对，小裂片狭条形，长 2 ～ 3mm，宽 0.5 ～ 1mm，先端钝或稍尖；叶两面初时密被蛛丝状毛，后渐脱落；叶柄长 0.5 ～ 1cm。中部叶一至二回羽状全裂，具短柄；上部叶羽状全裂或 3 ～ 5 全裂，无柄；苞叶不分裂，狭条形。头状花序卵形或卵圆形，直径 2 ～ 3mm，无梗或具短梗，直立，在分枝顶端密集排列成矩圆形或卵球形的短穗状或复头状，而在茎上再组成狭窄的圆锥状。总苞片 4 ～ 6 层：外层的小，卵形，背部被灰白色短柔毛，先端尖，边缘狭膜质；中、

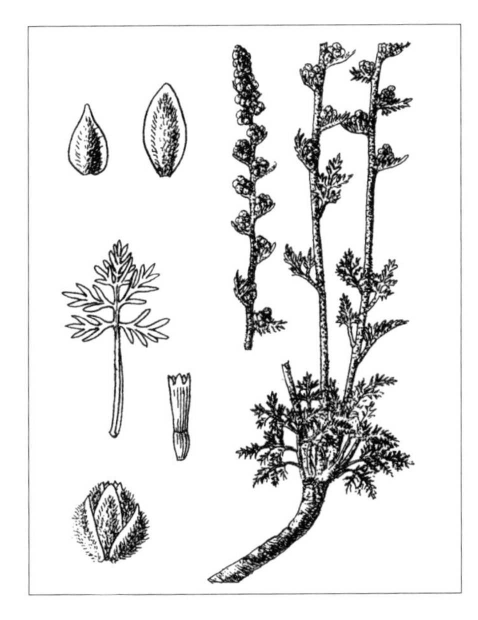

内层的椭圆形，背部毛少或近无毛，边缘宽膜质，先端钝。两性花 3 ～ 5(～ 11)，花冠管状。瘦果倒卵形。花果期 8 ～ 10 月。

旱生草本。生于荒漠带的盐渍土上。产龙首山、额济纳。分布于我国宁夏、甘肃（河西走廊）、青海（柴达木盆地）、新疆南部和西部，蒙古国西部和西南部、俄罗斯（西伯利亚地区）、哈萨克斯坦。为戈壁分布种。

47. 栉叶蒿属 **Neopallasia** Poljak.

属的特征同种。

单种属。

1. 栉叶蒿（篦齿蒿）

Neopallasia pectinata (Pall.) Poljak. in Bot. Mater. Gerb. Bot. Inst. Kom. Akad. Nauk S.S.S.R. 17:430. 1955; Fl. Intramongol. ed. 2, 4:667. t.230. f.5-8. 1992.——*Artemisia pectinata* Pall. in Reise Russ. Reich. 3:755. 1776.

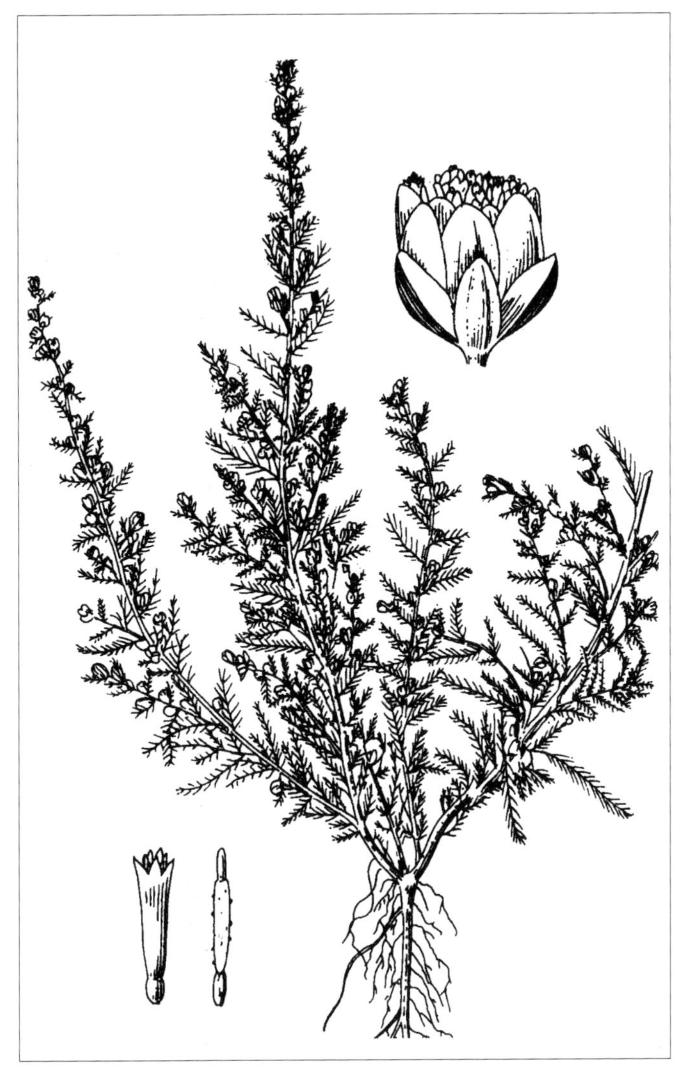

一、二年生草本，高 15 ～ 50cm。茎单一或自基部以上分枝，被白色长或短的绢毛。茎生叶矩圆状椭圆形，长 1.5 ～ 3cm，宽 0.5 ～ 1cm，一至二回栉齿状羽状全裂，小裂片刺芒状，质稍坚硬，无毛，无柄；苞叶栉齿状羽状全裂。头状花序卵形或宽卵形，长 3 ～ 4(～ 5)mm，直径 2.5 ～ 3mm，几无梗，3 至数个在分枝或茎端排列成稀疏的穗状，再在茎上组成狭窄的圆锥状；总苞片 3 ～ 4 层，椭圆状卵形，边缘膜质，背部无毛。边缘雌花 3 ～ 4，结实，花冠狭管状，顶端截形或微凹，无明显裂齿；中央小花两性，9 ～ 16，有 4 ～ 8 朵着生于花序托下部，结实，其余着生于花序托顶部，不结实，全部两性花花冠管状钟形，5 裂。花序托圆锥形，裸露。瘦果椭圆形，长 1.2 ～ 1.5mm，深褐色，具不明显纵肋，在花序托下部排成一圈。花期 7 ～ 8 月，果期 8 ～ 9 月。

旱中生草本。分布极广，在干草原带、荒漠草原带及草原化荒漠带均有分布，多生长在壤质或黏壤质的土壤上，为夏雨型一年生草本层片的主要成分，在退化草场上可成为优势种。产内蒙古各地。分布于我国黑龙江、吉林西北部、辽宁西北部、河北北部、山西中北部、陕西北部、宁夏、甘肃东部、青海、四川西北部、西藏东北部、新疆，蒙古国、俄罗斯（西伯利亚地区）、哈萨克斯坦。为东古北极分布种。

地上部分入蒙药（蒙药名：乌和日 - 希鲁黑），能利胆，主治急性黄疸型肝炎。

（6）千里光族 Senecioneae Cass.

分属检索表

1a. 基生叶宽心形或卵形，花后生出；茎生叶鳞片状；舌状花的舌片丝状条形，短小…**48. 款冬属 Tussilago**
1b. 叶和小花非上述情况。
　2a. 总苞片 2 ～ 3 层，花序托半球形……………………………………………………**49. 多榔菊属 Doronicum**
　2b. 总苞片 1 ～ 2 层，花序托平或稍凸。
　　3a. 头状花序盘状，无舌状花，均为同型的两性花，管状。
　　　4a. 基生叶 1，幼时反卷折叠呈破伞状，下垂；子叶 1……………………**50. 兔儿伞属 Syneilesis**
　　　4b. 基生叶多数，幼时非伞状下垂；子叶 2…………………………………**51. 蟹甲草属 Parasenecio**
　　3b. 头状花序辐射状，有异型小花，雌花舌状，两性花管状，或为盘状而仅有同型的两性管状花。
　　　5a. 基生叶及下部茎生叶叶柄基部鞘状抱茎…………………………………**55. 橐吾属 Ligularia**
　　　5b. 基生叶及下部茎生叶叶柄基部不为鞘状抱茎。
　　　　6a. 花药基部具较明显的尾……………………………………………………**53. 合耳菊属 Synotis**
　　　　6b. 花药基部无明显的尾。
　　　　　7a. 总苞外层无小苞片，花丝颈部不膨大；基生叶花期宿存，叶不分裂，全缘或具微齿，稀浅裂………………………………………………………**52. 狗舌草属 Tephroseris**
　　　　　7b. 总苞外层具小苞片，花丝颈部膨大；基生叶花期枯萎，叶羽状分裂或具浅齿………………………………………………………………………………**54. 千里光属 Senecio**

48. 款冬属 Tussilago L.

属的特征同种。
单种属。

1. 款冬（款冬花、冬花）

Tussilago farfara L., Sp. Pl. 2:865. 1753; Fl. Intramongol. ed. 2, 4:668. t.259. f.1-5. 1992.

多年生草本，高 10 ～ 25cm。根状茎横走，褐色，有多数须根。基生叶于花后生出，宽

心形或卵形，质较厚，长 2.5 ～ 12cm，宽 2 ～ 14cm，先端钝，基部心形或近圆形，边缘浅波状，有顶端增厚而呈紫褐色的疏齿，上面绿色，无毛，下面灰白色，密被绵毛，后渐脱落，具掌状网脉，主脉 5 ～ 9；叶柄长 1 ～ 8cm，带红紫色，被白色绵毛。早春于出叶前由根状茎上抽出花葶数个，叶长 5 ～ 10cm，被疏或密的绵毛，具互生鳞片状叶 10 多枚，叶长椭圆形至披针形，红紫色或淡紫褐色。头状花序顶生，直径 2 ～ 2.5cm；总苞筒状钟形，长约 10mm，宽约 11mm；总苞片 1 ～ 2 层，薄膜质，披针形，先端尖，常带紫红色，背部有蛛丝状绵毛；花序托平，无毛。外围有数层雌花，舌状，黄色，舌片丝状条形，长 5 ～ 6mm；花柱伸长，柱头 2 裂。中央有多数两性花，管状，黄色，长约 5mm，顶端 5 裂；雄蕊花药基部尾状，先端有短披针形附片；柱头头状。瘦果长椭圆形，具纵肋；冠毛淡黄色，长约 2mm。花期 4 ～ 5 月。

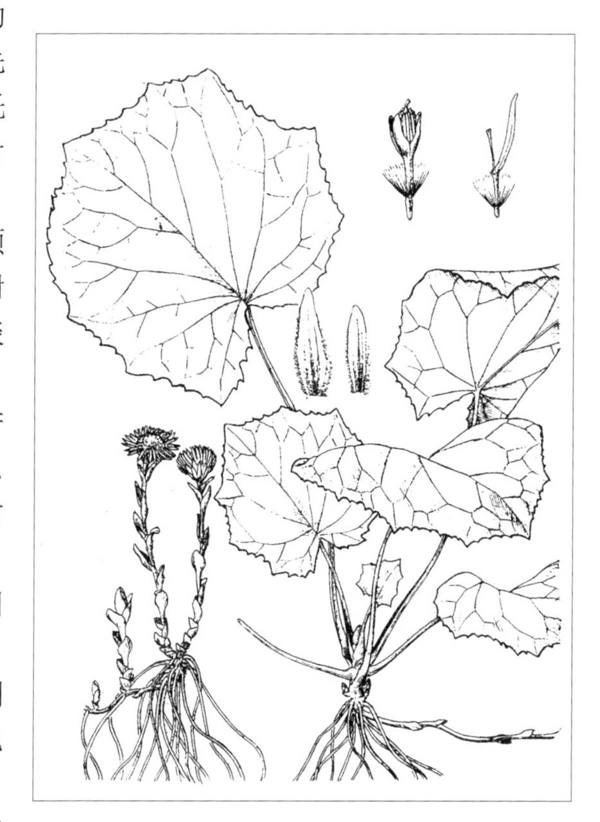

中生草本。生于草原带的河边、沙质地。产锡林郭勒南部（兴和县）、阴南丘陵（清水河县、准格尔旗）、鄂尔多斯（毛乌素沙地）；内蒙古也有栽培。分布于我国吉林东部、河北、山西、陕西、宁夏南部、甘肃东南部、青海东部、四川西南部、西藏东南部、湖南西北部、贵州中部、云南西北部、新疆北部和中部，俄罗斯（西伯利亚地区、远东地区）、印度、尼泊尔、伊朗、巴基斯坦，中亚、北非，欧洲。为古北极分布种。

花蕾入药，能润肺下气、化痰止咳，主治咳逆喘息、喉痹。

49. 多榔菊属 Doronicum L.

多年生草本。基生叶具长柄；茎生叶互生，常抱茎。头状花序较大，在茎顶单生或数个排列成伞房状，辐射状，有异型小花，外围有 1 层雌花，中央有多数两性花；总苞半圆形或宽钟形；总苞片 2 ～ 3 层；花序托半球形，无毛或有毛；雌花花冠舌状，黄色，两性花花冠管状，黄色，顶端 5 齿裂；花药基部钝或耳状箭形；花柱分枝顶端截形或钝。瘦果圆柱形，有 10 棱；冠毛白色或红黄色，粗涩。

内蒙古有 2 种。

分种检索表

1a. 子房和瘦果一样，无毛或疏被毛，全部瘦果具冠毛……………………………**1. 阿尔泰多榔菊 D. altaicum**

1b. 子房和瘦果异型，舌状花的瘦果无毛且无冠毛，筒状花的瘦果具冠毛且被毛……………………………………………………………………………………………**2. 中亚多榔菊 D. turkestanicum**

1. 阿尔泰多榔菊

Doronicum altaicum Pall. in Act. Acad. Sci. Imp. Petrop. 2:271. 1779; Fl. Intramongol. ed. 2, 4:670. t.260. f.1-5. 1992.

多年生草本，高 20 ～ 60cm。茎直立，圆柱形，具纵沟棱，上部被腺毛，不分枝。基生叶卵形、倒卵形或近圆形，长 8 ～ 9cm，宽 4 ～ 5.5cm，先端钝，基部楔形渐狭成长柄，叶柄长达 13cm；茎生叶卵状矩圆形或椭圆形，先端钝尖，基部心形抱茎，边缘有疏齿或全缘，两面无毛。头状花序直径 5 ～ 6cm，单生于茎顶；总苞半圆形，长约 1.5cm，直径 2 ～ 3cm；总苞片外层者披针形，较宽，先端渐尖，基部有腺毛，内层者披针状条形，较窄；舌状花的舌片长 1.5 ～ 2.2cm，顶端有 2 ～ 3 齿；管状花长 5 ～ 6mm。瘦果深棕褐色，无毛或有毛，长 2 ～ 4mm；冠毛污白色，长 3 ～ 5mm。花期 6 ～ 8 月。

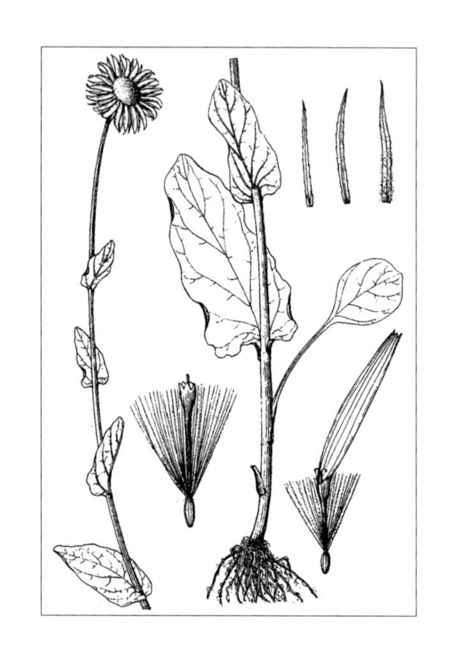

中生草本。生于草原带的亚高山草甸、林缘、林下。产阴山西部（乌拉山）。分布于我国陕西（秦岭西部）、甘肃东南部、青海南部、四川西北部、云南西北部、西藏东南部、新疆北部，蒙古国、俄罗斯（西伯利亚地区）、哈萨克斯坦。为东古北极分布种。

2. 中亚多榔菊

Doronicum turkestanicum Cavill. in Annuaire Conserv. Jard. Bot. Geneve 13-14:301,354. 1911.

多年生草本，高 25 ～ 80cm。根状茎横走，须根肉质，多数。茎单一，直立，有细棱，上部尤显，被短的腺毛，下部无，向上渐多，以花序梗处为大为多。基生叶近卵形或近圆形，长 2.5 ～ 8.5cm，宽 1.5 ～ 3.5cm；具长柄，柄长 5 ～ 15cm，两边具窄翅。中下部叶长 3 ～ 4cm，宽 2 ～ 5(～ 8)cm，先端钝或急尖，基部渐窄，于柄上成翅，有的翅于近基处变宽，叶柄短；上部叶较小，长圆形或披针形，无柄。所有叶全缘，但于脉端处有点状或小尖头状加厚，两面有在放大镜下可见的乳头状毛或短的柱状腺毛；叶分布于茎的下部 2/3 处，上部无叶。头状花序单生于茎顶；总苞半球形，长 1.5 ～ 2cm，宽 2 ～ 2.5cm；总苞片 3 层，多数，外层披针形或条状披针形，色深，被腺毛，内层线形，前端长渐尖。边缘舌状花多数，淡黄色，雌性；舌片长圆状条形，长 2 ～ 3cm，宽 3 ～ 4mm；有 4 条绿色脉纹，无毛或于基部有少数毛；细筒部长约 4mm，外部密布腺毛。中央筒状花黄色，多数，长约 5mm，檐部 5 齿裂；雄蕊伸出花冠约 1mm，花药附器卵状三角形；细筒部长约 2.5mm；冠毛淡白色，毛状，长 3.5 ～ 4mm。瘦果柱状，长 4 ～ 5mm，微弧曲，二型，舌状花瘦果无毛，筒状花瘦果有放大镜下可见的纤毛；瘦果黑褐色，有麦秆黄色到淡黄褐色的细棱 10 条，基部有麦秆黄色的衣领状隆起，果脐深陷其中。花期 6 ～ 8 月。

中生草本。生于荒漠带的山地云杉林下。产贺兰山。分布于我国新疆北部和中部，蒙古国北部和西部、俄罗斯（西伯利亚地区）、哈萨克斯坦。为亚洲中部山地分布种。

50. 兔儿伞属 **Syneilesis** Maxim.

多年生草本。基生叶 1，掌状分裂，盾状，具长柄，幼时呈伞状，下垂；茎生叶少数，互生，叶柄基部抱茎。头状花序直立，在茎顶排列成伞房状或圆锥状，有同型小花，两性，结实；总苞狭筒形，基部有 2 ～ 3 枚条形苞叶；总苞片 1 层，通常 5 枚，离生，稍厚；花序托平，无毛；两性花花冠管状，顶端 5 裂，带红色；花药基部短箭形，相互愈合；花柱分枝伸长，顶端有三角形附片。瘦果圆柱形，有纵肋；冠毛多数，近等长，有小糙毛。种子具 1 枚子叶。

内蒙古有 1 种。

1. 兔儿伞（雨伞菜、帽头菜）

Syneilesis aconitifolia (Bunge) Maxim. in Mem. Acad. Imp. Sci. St.-Petersb. Div. Sav. 9:165. t.8. f.8-18. 1859; Fl. Intramongol. ed. 2, 4:672. t.261. f.4-8. 1992.——*Cacalia aconitifolia* Bunge in Enum. Pl. China Bor. 37. 1833.

多年生草本，高 70 ～ 100cm。根状茎横走，具多数粗的须根。茎直立，单一，具纵沟棱，无毛，带棕褐色。基生叶花期枯萎。茎生叶 2，圆盾形，下部的较大，直径 20 ～ 30cm，掌状深裂，裂片 7 ～ 9，再形成二至三回叉状分裂；小裂片宽条形，宽 4 ～ 10mm，先端渐尖，边缘有不规则的疏锐齿；叶上面绿色，下面灰绿色，无毛；叶柄长 10 ～ 20cm。中部叶较小，直径 12 ～ 20cm，通常有裂片 4 ～ 5，叶柄长 2 ～ 6cm。头状花序多数，密集成复伞房状，梗长 5 ～ 30mm，苞叶条形；总苞长 9 ～ 12mm，

宽 3 ～ 4mm，紫褐色；总苞片矩圆状披针形，先端钝，背部无毛；管状花 8 ～ 11，长约 10mm。瘦果长约 5mm，暗褐色；冠毛淡红褐色，与管状花等长。花果期 7 ～ 9 月。

中生草本。生于森林带的山地林下、林缘草甸。产兴安北部及岭西和岭东（鄂伦春自治旗、牙克石市、扎兰屯市）、兴安南部（阿鲁科尔沁旗、巴林左旗）、燕山北部（喀喇沁旗、宁城县、敖汉旗）。分布于我国黑龙江、吉林、辽宁、河北、河南、山东、山西、陕西南部、甘肃东南部、安徽、浙江、福建、江西、湖南东南部、广西东北部、贵州北部，日本、朝鲜、俄罗斯（远东地区）。为东亚分布种。

根入药，能祛风除湿、解毒活血、消肿止痛，主治风湿麻木、关节疼痛、痈疽疮肿、跌打损伤。

51. 蟹甲草属 **Parasenecio** W. W. Smith et J. Small

——*Cacalia* L.

多年生草本。叶互生；基生叶幼时非伞状下垂，有柄，柄的基部有时有短鞘。头状花序在茎顶排列成伞房状、总状或圆锥状，有同型小花，两性，结实；总苞通常狭筒形，基部有小型苞叶；总苞片 1 层，离生；花序托平，无毛；两性花花冠管状，3 ～ 20，通常 5 ～ 8，白色或淡黄色，顶端 5 裂，每裂片有 1 中脉；花药基部钝或箭形，花丝上端膨胀；花柱分枝顶端有锥状附片。瘦果圆柱形，无喙，光滑具多肋；冠毛白色或红褐色，有小糙毛。

内蒙古有 2 种。

分种检索表

1a. 中部叶三角状戟形，叶柄基部不为耳状抱茎。

2a. 叶下面密被柔毛，总苞片外面密被腺状短柔毛……………………**1a. 山尖子 P. hastatus** var. **hastatus**

2b. 叶下面无毛或仅沿叶脉疏被短柔毛，总苞片外面无毛或仅基部微被毛…………………………………………………………………………………………………**1b. 无毛山尖子 P. hastatus** var. **glaber**

1b. 中部叶五角状肾形或三角状肾形，叶柄基部为耳状抱茎……………………**2. 耳叶蟹甲草 P. auriculatus**

1. 山尖子（山尖菜、戟叶兔儿伞）

Parasenecio hastatus (L.) H. Koyama in Fl. Jap. 3b:52. 1995; High. Pl. China 11:490. f.746. 2005.——*Cacalia hastata* L., Sp. Pl. 1:835. 1753; Fl. Intramongol. ed. 2, 4:673. t.261. f.1-3. 1992.

1a. 山尖子

Parasenecio hastatus (L.) H. Koyama var. **hastatus**

多年生草本，高 40 ～ 150cm。具根状茎，有多数褐色须根。茎直立，粗壮，具纵沟棱，下部无毛或近无毛，上部密被腺状短柔毛。下部叶花期枯萎凋落。中部叶三角状戟形，长 5 ～ 15cm，宽 13 ～ 17cm，先端锐尖或渐尖，基部戟形或近心形，中间楔状下延成有狭翅的叶柄；叶柄长 4 ～ 5cm，基部不为耳状抱茎；边缘有不大规则的尖齿，基部的 2 枚侧裂片有时再分

出 1 枚缺刻状小裂片；叶上面绿色，无毛或有疏短毛，下面淡绿色，有密或较密的柔毛。上部叶渐小，三角形或近菱形，先端渐尖，基部近截形或宽楔形。头状花序多数，下垂，在茎顶排列成圆锥状，梗长 4 ～ 20mm，密被腺状短柔毛，苞叶披针形或条形；总苞筒形，长 9 ～ 11mm，宽 5 ～ 8mm；总苞片 8，条形或披针形，先端尖，背部密被腺状短柔毛；管状花 7 ～ 20，白色，长约 7mm。瘦果黄褐色，长约 7mm；冠毛与瘦果等长。花果期 7 ～ 8 月。

中生草本。生于森林带和草原带的山地林缘、林下、河滩杂类草草甸，是林缘草甸伴生种。产兴安北部及岭西（额尔古纳市、牙克石市、阿尔山市、鄂温克族自治旗）、兴安南部（科尔沁右翼前旗、扎鲁特旗、阿鲁科尔沁旗、巴林右旗、克什克腾旗）、燕山北部（宁城县、敖汉旗）、阴山（大青山、蛮汗山）。分布于我国黑龙江、吉林中部、辽宁东北部、河北、河南西部、山东中西部、山西、陕西西南部、宁夏南部、甘肃东部，日本、朝鲜、蒙古国东部和北部、俄罗斯（远东地区）。为蒙古—东亚北部分布种。

1b. 无毛山尖子

Parasenecio hastatus (L.) H. Koyama var. **glaber** (Ledeb.) Y. L. Chen in Fl. Reip. Pop. Sin. 77(1):33. 1999; High. Pl. China 11:491. 2005.——*Cacalia hastata* L. var. *glabra* Ledeb. in Fl. Alt. 4:52. 1833; Fl. Intramongol. ed. 2, 4:673. 1992.

本变种与正种的区别是：叶下面无毛或仅沿叶脉疏被短柔毛，总苞片外面无毛或仅基部微被毛。

中生草本。生境同正种。产兴安北部及岭西（大兴安岭、鄂温克族自治旗）、兴安南部（巴林右旗、东乌珠穆沁旗、西乌珠穆沁旗）、燕山北部（宁城县）、阴山（乌拉山）。分布于我国黑龙江、吉林、辽宁、河北、山西、陕西、宁夏。为华北—满洲分布变种。

2. 耳叶蟹甲草（耳叶兔儿伞）

Parasenecio auriculatus (DC.) J. R. Grant. in Novon 3:154. 1993; High. Pl. China 11:491. f.747. 2005; Fl. China 20-21:445. 2011.——*Cacalia auriculata* DC. in Prodr. 6:329. 1838; Fl. Intramongol. ed. 2, 4:674. 1992.

多年生草本，高达 50cm。根状茎较短。茎直立，较细，具纵条纹，无毛或被微毛，不分枝或在上部有短的分枝。叶薄纸质；茎下部叶在花期凋落；中部叶 4 ～ 6，疏生，五角状肾形或三角状肾形，长 4 ～ 9cm，宽 6 ～ 14cm，先端锐尖，基部微心形或截形，边缘具不规则缺刻状牙齿，有时在两侧有 1 ～ 2 枚较大的裂片，两面无毛或仅下面沿叶脉疏生短柔毛，叶柄长 3 ～ 6cm，基部扩大成耳状，抱茎；上部叶较小，三角形或矩圆状卵形，叶柄基部不扩大；最上部叶小，条状披针形。头状花序多数，通常在枝端排列成总状，稀狭圆锥式总状，梗长 2 ～ 5mm，苞叶钻形；总苞筒形，长 5 ～ 8mm；总苞片 5，矩圆形，先端尖或钝，背部有微毛；管状花 3 ～ 6，白色，长 6 ～ 8mm。瘦果淡黄色，长 3 ～ 5mm；冠毛白色，长约 5mm。花果期 6 ～ 9 月。

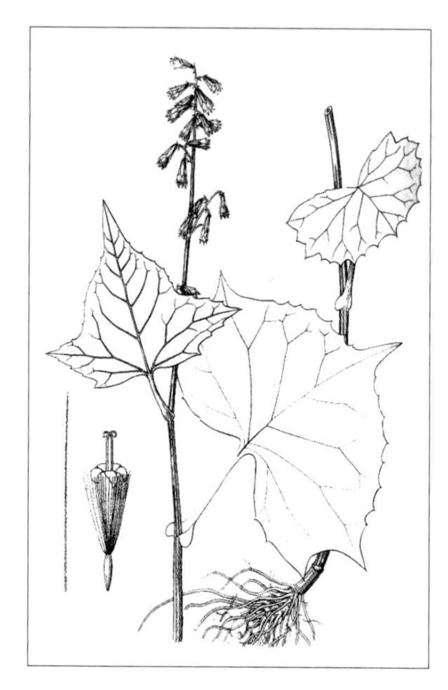

中生草本。生于森林带的山地林下、林缘草甸。产兴安北部（大兴安岭）。分布于我国黑龙江、吉林东北部，日本、朝鲜、俄罗斯（远东地区）。为东亚北部（满洲—日本）分布种。

52. 狗舌草属 Tephroseris (Rchb.) Rchb.

一、二年生或多年生草本。茎直立，近花葶状。单叶；基生叶莲座状，叶片宽卵形或条状匙形，羽状脉；茎叶均密被蛛丝状毛。头状花序排列成近伞形的伞房状或复伞房状，稀单生；总苞半球形、钟形或圆筒状钟形，无外层小苞片；花两性辐射状或同型盘状；舌状花多数，舌片黄色、橙色、橘红色或淡紫红色；筒状花多数，花冠黄色、橙色或淡紫红色；花药条状矩圆形，基部常具短耳或圆形；花柱分枝截形，反曲。瘦果圆柱形，具棱；冠毛毛发状，白色或带红色，宿存。

内蒙古有 4 种。

分种检索表

1a. 多年生草本；冠毛果期不明显伸长，短于管状花花冠；舌状花舌片黄色、橙黄色或橙红色或紫红色。

2a. 舌片黄色，较短，长 6 ～ 11mm。

3a. 瘦果被毛……………………………………………………………**1. 狗舌草 T. kirilowii**

3b. 瘦果无毛…………………………………………………………**2. 尖齿狗舌草 T. subdentata**

2b. 舌片橙红色或紫红色，较长，长 13 ～ 25mm；瘦果被毛……………………**3. 红轮狗舌草 T. flammea**

1b. 一、二年生草本；冠毛果期明显伸长，长于管状花花冠；舌状花舌片浅黄色，长约 5.5mm；瘦果无毛………………………………………………………………………………**4. 湿生狗舌草 T. palustris**

1. 狗舌草

Tephroseris kirilowii (Turcz. ex DC.) Holub in Folia Geobot. Phytotax. 12(4):429. 1977; Fl. Intramongol. ed. 2, 4:674. t.263. f.5-8. 1992.——*Senecio kirilowii* Turcz. ex DC. in Prodr. 6:361. 1838.

多年生草本，高 15 ～ 50cm。全株被蛛丝状毛，呈灰白色。根状茎短，着生多数不定根。茎直立，单一。基生叶及茎下部叶较密集，呈莲座状，开花时部分枯萎，宽卵形、卵形、矩圆形或匙形，长 5 ～ 10cm，宽 1 ～ 2.5cm，先端钝圆，基部渐狭，下延成柄，柄长短不等，边缘有锯齿或全缘；茎中部叶少数，条形或条状披针形，长 2 ～ 5cm，宽 0.5 ～ 1cm，全缘，基部半抱茎；茎上部叶狭条形，全缘。头状花序 5 ～ 10，于茎顶排列成伞房状，具长短不等的花序梗，苞叶 3 ～ 8，狭条形；总苞钟形，长 6 ～ 9mm，宽 8 ～ 11mm；总苞片条形或披针形，背面被蛛丝状毛，边缘膜质；舌状花黄色或橙黄色，长 9 ～ 17mm，子房具微毛；管状花长 6 ～ 8mm，子房具毛。瘦果圆柱形，长约 2.5mm，具纵肋，被毛；冠毛白色，长 5 ～ 7mm。花果期 6 ～ 7 月。

旱中生草本。生于森林带和草原带的草原、草甸草原、山地林缘。产兴安北部及岭东和岭西（额尔古纳市、根河市、牙克石市、鄂伦春自治旗、阿荣旗、海拉尔区）、兴安南部（扎赉特旗、科尔沁右翼前旗、科尔沁右翼中旗、阿鲁科尔沁旗、巴林右旗、克什克腾旗）、辽河平原（科尔沁左翼后旗）、赤峰丘陵（松山区、翁牛特旗）、燕山北部（喀喇沁旗、宁城县、兴和县苏木山）、锡林郭勒（东乌珠穆沁旗、西乌珠穆沁旗、锡林浩特市）、阴山（大青山、蛮汗山）、阴南丘陵（准格尔旗）。分布于我国黑龙江、吉林、辽宁、河北、河南西部、山东、山西、陕西东南部、甘肃西南部、青海东部、四川东北部、安徽、江苏、浙江、福建、台湾、江西北部、湖北、湖南北部、广西北部、贵州东南部，日本、朝鲜、俄罗斯（远东地区）。为东亚分布种。

2. 尖齿狗舌草

Tephroseris subdentata (Bunge) Holub in Folia Geobot. Phytotax. 8(2):174. 1973; Fl. Intramongol. ed. 2, 4:676. t.263. f.1-4. 1992.——*Cineraria subdentata* Bunge in Enum. Pl. China Bor. 39. 1833.

多年生草本，高 30 ～ 50cm。根状茎短，着生多数细的不定根。茎直立，单一，基部常带紫红色，具纵沟纹，中空，直径 2 ～ 5mm，被蛛丝状毛，幼时毛较稠密，后渐稀少。基生叶较

密集，花期不枯萎，椭圆形、矩圆形、披针形或条形，长 4 ～ 10cm，宽 0.5 ～ 2cm，先端渐尖，基部渐狭，全缘或具微齿，具长柄或短柄；茎中部叶较稀疏，披针形或条形，长 3 ～ 10cm，宽 0.3 ～ 1cm，基部微抱茎，全缘，有时背面具蛛丝状毛，无柄；茎上部叶较小，排列稀疏，狭条形，叶两面被蛛丝状毛或近光滑，幼时毛较稠密，开花后毛渐稀少，无柄。头状花序 5 ～ 15，在茎顶排列成伞房状，花序梗基部具 1 枚狭条形苞叶；总苞杯形，长 5 ～ 7mm，宽 4 ～ 7mm；总苞片条形，光滑，边缘膜质，无外层小苞片；舌状花约 10，长 8 ～ 11mm；管状花长 5.5 ～ 7mm。瘦果圆柱形，长 1.5 ～ 2mm，光滑，具纵条纹，浅棕色；冠毛白色，长约 5mm。花果期 7 ～ 8 月。

中生草本。生于森林带的河边沙地、路边、河滩草甸。产兴安北部（额尔古纳市、根河市、牙克石市、阿尔山市）、兴安南部（科尔沁右翼中旗）。分布于我国黑龙江、吉林、辽宁、河北，朝鲜、蒙古国西部、俄罗斯（西伯利亚地区、远东地区），中亚，欧洲。为古北极分布种。

3. 红轮狗舌草（红轮千里光）

Tephroseris flammea (Turcz. ex DC.) Holub in Folia Geobot. Phytotax. 8(2):173. 1973; Fl. Intramongol. ed. 2, 4:676. t.262. f.1-4. 1992.——*Senecio flammeus* Turcz. ex DC. in Prodr. 6:362. 1838.

多年生草本，高 20 ～ 70cm。根状茎短，着生密而细的不定根。茎直立，单一，具纵条棱，上部分枝；茎、叶和花序梗都被蛛丝状毛，并混生短柔毛。基生叶花期枯萎；茎下部叶矩圆形或卵形，长 5 ～ 15cm，宽 2 ～ 3cm，先端锐尖，基部渐狭成具翅的和半抱茎的长柄，边缘具或大或小的疏牙齿；茎中部叶披针形，长 5 ～ 12cm，宽 1.5 ～ 3cm，先端长渐尖，基部渐狭，无

柄，半抱茎，边缘具细齿；茎上部叶狭条形，一般全缘，无柄。头状花序 5 ～ 15，在茎顶排列成伞房状；总苞杯形，长 5 ～ 7mm，宽 5 ～ 13mm；总苞片约 20，黑紫色，条形，宽约 1.5mm，先端锐尖，边缘狭膜质，背面被短柔毛，无外层小苞片；舌状花 8 ～ 12，条形或狭条形，长 13 ～ 25mm，宽 1 ～ 2mm，舌片橙红色、紫红色，成熟后常反卷；管状花长 6 ～ 9mm，紫红色。瘦果圆柱形，棕色，长 2 ～ 3mm，被短柔毛；冠毛污白色，长 8 ～ 10mm。

中生草本。生于森林带和森林草原带的具丰富杂类草的草甸及林缘灌丛。产兴安北部及岭西和岭东（额尔古纳市、根河市、牙克石市、鄂伦春自治旗、阿尔山市、扎兰屯市）、兴安南部（扎赉特旗、科尔沁右翼前旗）、燕山北部（喀喇沁旗、宁城县、敖汉旗）、锡林郭勒（东乌珠穆沁旗、西乌珠穆沁旗、正蓝旗）。分布于我国黑龙江、吉林东北部、山西、陕西南部、宁夏南部、甘肃东南部，日本、朝鲜、蒙古国（大兴安岭）、俄罗斯（东西伯利亚地区、远东地区）。为东西伯利亚—东亚北部分布种。

4. 湿生狗舌草

Tephroseris palustris (L.) Rchb. in Fl. Saxon. 146. 1842; High. Pl. China 11:519. f.788. t.7-13. 2004.——*Othonna palustris* L., Sp. Pl. 2:924. 1753.——*Senecio arcticus* Rupr. in Fl. Samoied. Cisural 44. 1845; Fl. Intramongol. ed. 2, 4:683. t.262. f.5-7. 1992.

一、二年生草本，高 20 ～ 60cm。全株被腺状蛛丝状绵毛，稀下部被毛或全株无毛。茎直立，单一，中空，上部分枝。基生叶莲座状，叶片长圆状匙形，长 2 ～ 6cm，宽 5 ～ 15mm，具长柄；茎下部叶具柄，叶片长圆状披针形或线状披针形，长 5 ～ 15cm，宽 7 ～ 15mm，基部半抱茎，先

端钝，边缘具弯波状钝齿或近羽状浅裂，稀全缘，表面被伏毛或无毛，背面被腺毛，稀无毛，沿边缘被蛛丝状毛；茎中上部叶无柄。头状花序排列成密或疏的圆锥状，花序梗密被长绵毛及腺毛；总苞钟状，基部无小苞片；总苞片1层，条形，先端长渐尖，边缘膜质，背部密被腺毛。边花20～25，雌性，花冠舌状，舌片长约5mm，宽1～2.5mm，淡黄色，先端2～3齿裂或全缘；中央花多数，两性，花冠管状，长约5mm，黄色。瘦果圆柱形，长1.5～2mm，无毛，具纵肋；冠毛糙毛状，长约3mm，白色，花后伸长。花果期7～9月。

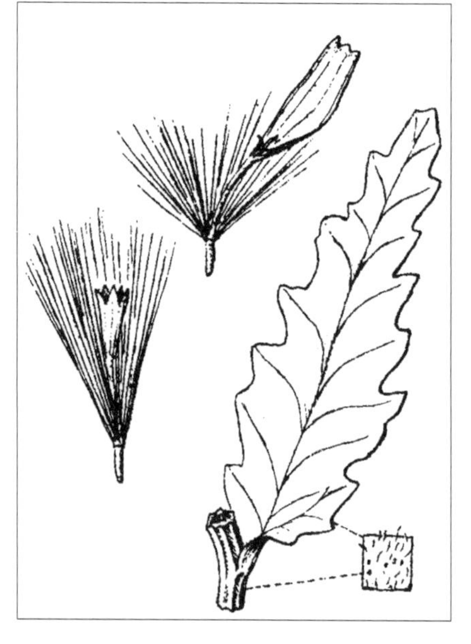

湿生草本。生于森林带和森林草原带的湖边沙地、沼泽，有时可形成密集的群落片段。产兴安北部及岭东和岭西（额尔古纳市、牙克石市、鄂温克族自治旗、海拉尔区、新巴尔虎左旗、扎兰屯市）、呼伦贝尔（新巴尔虎右旗）、兴安南部（科尔沁右翼前旗、科尔沁右翼中旗、克什克腾旗）、锡林郭勒（锡林浩特市、苏尼特左旗）。分布于我国黑龙江、辽宁北部、河北北部；除格陵兰和欧洲西北部外，世界各国均有分布。为世界分布种。

53. 合耳菊属（尾药菊属）Synotis (C. B. Clarke) C. Jeffrey et Y. L. Chen

多年生草本或半灌木状，直立或攀缘。单叶，单状脉，稀三出脉。头状花序排列成伞房或复伞房状；总苞钟形或圆筒形，具外层小总苞片；花异型辐射状或同型盘状；舌状花或边缘丝状雌花无或 1 至多数，舌片黄色，明显或微小；筒状花 1 至多数，花冠常黄色；花药条状矩圆形或条形，具长尾，长为花药筒的 1/3 ～ 2 倍；花柱分枝平截且下弯。瘦果圆柱形具棱，冠毛白色、淡黄色或带红色。

内蒙古有 1 种。

1. 术叶合耳菊（术叶菊、术叶千里光）

Synotis atractylidifolia (Y. Ling) C. Jeffrey et Y. L. Chen in Kew Bull. 39(2):338. 1984; Fl. Intramongol. ed. 2, 4:679. t.264. f.1-4. 1992.——*Senecio atractylidifolius* Y. Ling in Contr. Inst. Bot. Nat. Acad. Peiping 5:24. 1937.

多年生草本，高 30 ～ 60cm。地下茎粗壮，木质。茎丛生或从基部分枝，光滑，具纵条棱，下部木质，上部多分枝。基生叶花期常枯萎；中部及上部叶披针形或狭披针形，长 3 ～ 8cm，

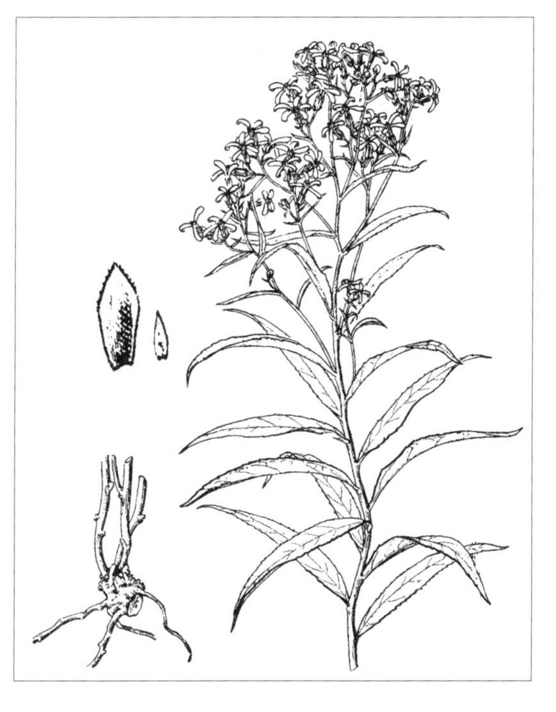

宽 0.5 ～ 1.5cm，先端渐尖，基部渐狭，边缘具细锯齿，两面近无毛或被短柔毛，细脉明显，无柄。头状花序多数，在茎顶排列成密集的复伞房状，花序梗纤细，苞叶条形；总苞钟形，长 3 ～ 4mm，宽 3 ～ 4mm；总苞片 8 ～ 10，披针形，光滑，边缘膜质，外层小总苞片 1 ～ 3，长为总苞片之半；舌状花亮黄色，3 ～ 5，长约 10mm，舌片长椭圆形，长约 5mm；管状花约 10，长约 8mm。瘦果圆柱形，长约 2mm，具纵沟纹，光滑或被微毛；冠毛白色，长 3 ～ 5mm。花果期 7 ～ 9 月。

中生草本。生于草原带和荒漠带的山地沟谷、林缘灌丛。产阴山（大青山的九峰山、乌拉山）、东阿拉善（狼山、桌子山）、贺兰山。分布于我国宁夏。为贺兰山—阴山分布种。

54. 千里光属 Senecio L.

一年生或多年生草本。茎直立、匍匐或攀缘。单叶，羽状脉。头状花序排列成伞房状或聚伞圆锥状；总苞具外层小苞片；花两性辐射状或单性盘状；舌状花无或 1 至多数，舌片黄色；筒状花 3 至多数，花冠黄色；花药基部钝或具短耳，稀具尾，尾长约为花药筒的 1/4；花柱分枝截形，稀下弯。瘦果圆柱形，具棱；冠毛白色、淡黄色或带红色，稀无冠毛。

内蒙古有 7 种。

分种检索表

1a. 头状花序无舌状花，管状花花冠细长；一年生草本。

2a. 总苞片约 15，外层小苞片无或 4 ～ 5；花序疏散，花序梗长 1.5 ～ 4cm…**1. 北千里光 S. dubitabilis**

2b. 总苞片 18 ～ 22，外层小苞片 7 ～ 11；花序密集，花序梗长 0.5 ～ 2cm……**2. 欧洲千里光 S. vulgaris**

1b. 头状花序具舌状花，管状花花冠较宽；多年生草本。

3a. 叶不分裂。

4a. 中部叶卵状披针形或矩圆状披针形，长 5 ～ 15cm，宽 1 ～ 3cm，先端渐尖，基部楔形渐狭，近无柄，边缘具细锯齿……………………………………………………**3. 林荫千里光 S. nemorensis**

4b. 中部叶长倒卵形、倒披针形或条状椭圆形，长 2.5 ～ 6cm，宽 0.5 ～ 1.5cm，先端钝或尖，基部渐狭，下延成柄，边缘具浅钝齿、羽状浅裂……………………**4. 天山千里光 S. thianschanicus**

3b. 叶羽状分裂。

5a. 叶羽状深裂，侧裂片 2 ～ 3 对，叶基部具 2 枚小叶耳…………**5. 麻叶千里光 S. cannabifolius**

5b. 叶羽状分裂，侧裂片多对，叶基部无叶耳。

6a. 头状花序总苞大，直径 10 ～ 14mm；瘦果被毛；舌状花花冠长 12 ～ 35mm…………………………………………………………………………………………**6. 琥珀千里光 S. ambraceus**

6b. 头状花序总苞小，直径 4 ～ 10mm；瘦果无毛；舌状花花冠长 10 ～ 15mm…………………………………………………………………………………………**7. 额河千里光 S. argunensis**

1. 北千里光（疑千里光）

Senecio dubitabilis C. Jeffrey et Y. L. Chen in Kew Bull. 39(2):427. 1984; Fl. Intramongol. ed. 2, 4:681. t.262. f.8-9. 1992.——*Senecio dubius* Ledeb. in Fl. Alt. 4:112. Jul.-Dec. 1833, not Beck (May-Jun. 1833).

一年生草本，高 6 ～ 30cm。茎直立或斜升，具纵条棱，疏被白色长柔毛，多分枝。叶矩圆状披针形或矩圆形，长 2 ～ 4cm，宽 2 ～ 10mm，羽状深裂、半裂、浅裂或具疏锯齿，裂片卵形、矩圆形，两面疏生白色长柔毛；上部叶条形，具疏锯齿或全缘。头状花序多数，在茎顶和枝端排列成松散的伞房状，花序梗长 1.5 ～ 4cm；苞叶无或 4 ～ 5，狭条形，长 1.5 ～ 5mm，在近头状花序的基部排列较密集，似总苞外层的小苞片；总苞狭钟形，长 6 ～ 7mm，宽约 3mm；总苞片约 15，条形，宽约 1mm，背部光滑，边缘膜质，无外层小苞片；管状花花冠黄色，长 6 ～ 9mm。瘦果圆柱形，长 3 ～ 3.5mm，被微短柔毛；冠毛白色，长 5 ～ 7mm。

中生草本。生于草原带和草原化荒漠带的河边沙地、盐化草甸、林缘。产燕山北部（兴和县苏木山）、阴山（大青山）、东阿拉善（乌拉特后旗、阿拉善左旗）。分布于我国河北西北部、山西东北部、甘肃中部、青海、西藏西北部、云南中东部、新疆北部和东部，蒙古国、俄罗斯(西伯利亚地区)、印度西北部、巴基斯坦，克什米尔地区，中亚。为东古北极分布种。

2. 欧洲千里光

Senecio vulgaris L., Sp. Pl. 2:867. 1753; Fl. Intramongol. ed. 2, 4:683. t.265. f.4-6. 1992.

一年生草本，高 15 ～ 40cm。茎直立，稍肉质，具纵沟棱，被蛛丝状毛或无毛，多分枝。基生叶与茎下部叶倒卵状匙形或矩圆状匙形，具浅齿，有柄，花期枯萎；茎中部叶倒卵状匙形、倒披针形至矩圆形，长 3 ～ 10cm，宽 1 ～ 3cm，羽状浅裂或深裂，边缘具不整齐波状小浅齿，叶先端钝或圆形，向下渐狭，基部常扩大而抱茎，两面近无毛；上部叶较小，条形，有齿或全缘。头状花序多数，在茎顶和枝端排列成伞房状，花序梗细长，被蛛丝状毛，苞叶条形或狭条

形；总苞近钟状，长 6 ～ 8mm，宽 4 ～ 5mm。总苞片可达 20，披针状条形，先端渐尖，边缘膜质；外层小总苞片 7 ～ 11，披针状条形，长 1.5 ～ 2mm，先端渐尖，常呈黑色。无舌状花；管状花长约 5mm，黄色。瘦果圆柱形，长 2.5 ～ 3mm，有纵沟，被微毛；冠毛白色，长约 5mm。花果期 7 ～ 8 月。

中生草本。生于森林带的山坡、路旁。产兴安北部（额尔古纳市、牙克石市、根河市）、赤峰丘陵（红山区）、燕山北部（喀喇沁旗）。分布于我国黑龙江西北部和东部、吉林东部、辽宁、河北西北部、山西东北部、四川、贵州中部、云南东北部、西藏东北部、台湾。外来入侵种，原产欧洲，欧洲种。现亚洲、欧洲、北美洲、北非均有。

3. 林荫千里光（黄菀）

Senecio nemorensis L., Sp. Pl. 2:870. 1753；Fl. Intramongol. ed. 2, 4:684. t.264. f.5-6. 1992.

多年生草本，高 45 ～ 100cm。根状茎短，着生多数不定根。茎直立，单一，上部分枝。基生叶及茎下部叶花期枯萎；中部叶卵状披针形或矩圆状披针形，长 5 ～ 15cm，宽 1 ～ 3cm，先端渐尖，基部楔形渐狭，边缘具细锯齿，两面被疏柔毛或光滑；上部叶条状披针形或条形，较小。头状花序多数，在茎顶排列成伞房状，花序梗细长，苞叶条形或狭条形；总苞钟形，长 6 ～ 8mm，宽 5 ～ 10mm。总苞片 10 ～ 12，条形，背面被短柔毛，边缘膜质；外层小总苞片狭条形，与总苞片等长，被短柔毛。舌状花 5 ～ 10，黄色，长约 18mm；管状花长约 10mm。瘦果圆柱形，长约 1.5mm，光滑，淡棕褐色，具纵肋；冠毛白色，长 5 ～ 7mm。花果期 7 ～ 8 月。

中生草本。生于森林带和森林草原带的山地林缘、河边草甸。产兴安北部及岭西和岭东（额尔古纳市、牙克石市、鄂伦春自治旗、阿尔山市白狼镇）、兴安南部（扎赉特旗、科尔沁右翼前旗、突泉县、阿鲁科尔沁旗、巴林左旗、巴林右旗、克什克腾旗、东乌珠穆沁旗）、赤峰丘陵（松山区、翁牛特旗）、燕山北部（喀喇沁旗、宁城县、敖汉旗）。分布于我国黑龙江、吉林东部和西部、河北、河南西部、山东中西部、山西、

陕西南部、甘肃东南部、四川西南部、安徽南部、浙江西北部、福建西北部、台湾北部、江西西北部、湖北西南部、湖南北部、广西东北部、贵州、新疆北部和西北部，日本、朝鲜、蒙古国北部、俄罗斯（西伯利亚地区、远东地区），中亚，欧洲。为古北极分布种。

4. 天山千里光

Senecio thianschanicus Regel et Schmalh. in Trudy Imp. St.-Petersb. Bot. Sada 6:311. 1880; Fl. Intramongol. ed. 2, 4:684. t.265. f.1-3. 1992.

多年生草本，高 20 ～ 25cm。根状茎短缩，簇生多数须状根。茎单生，直立，有时由基部斜升，具纵条棱，疏被蛛丝状毛，后常无毛。基生叶及茎下部叶渐狭成长柄，叶片近倒卵形、卵形或卵状披针形，长 4 ～ 8cm，宽 0.5 ～ 2cm，先端钝或稍尖，边缘有浅齿或近全缘，上面被微毛或近无毛，下面常被蛛丝状毛；茎中部叶少数，长倒卵形、倒披针形或条状椭圆形，长 2.5 ～ 6cm，宽 0.5 ～ 1.5cm，先端钝或尖，基部渐狭，下延成柄，边缘有不规则浅钝齿，或呈不规则羽状浅裂；上部叶倒披针形或条形，全缘或有浅齿，无柄。头状花序数个至 10 个在茎顶排列成伞房状，有时单生，具短或长的花序梗及狭条形苞叶；总苞钟状，长 6 ～ 8mm，直径 5 ～ 7mm；总苞片 14 ～ 18，条形，先端渐尖，边缘膜质，背部疏被蛛丝状毛及腺点；舌状花约 10 朵，黄色，舌片矩圆形或条形，长约 12mm；管状花长约 6mm。瘦果圆柱形，长达 3mm，无毛；冠毛污白色，长 6 ～ 8mm。花果期 7 ～ 8 月。

中生草本。生于荒漠带的山坡草地、溪边、沟谷。产龙首山。分布于我国甘肃、青海、四川西北部、西藏东北部、新疆（天山），俄罗斯、缅甸北部，中亚。为中亚—亚洲中部山地分布种。

5. 麻叶千里光

Senecio cannabifolius Less. in Linn. 6:242. 1831; Fl. Intramongol. ed. 2, 4:684. t.264. f.9. 1992.

多年生草本，高 60 ～ 150cm。根状茎倾斜并缩短，有多数细的不定根。茎直立，单一，下部直径约 5mm，光滑，具纵沟纹，基部略带红色。茎下部叶花期枯萎；中部叶较大，羽状深裂，长 10 ～ 15cm，先端尖锐，基部下延，上面绿色，被疏柔毛，下面淡绿色，沿叶脉被短柔毛，无柄或具短柄，基部具 2 枚小叶耳，侧裂片 2 ～ 3 对，披针形或条形，边缘有尖锯齿；茎上部叶裂片少或不分裂，条形，具微锯齿或全缘。头状花序多数，在茎顶和枝端排列成复伞房状；

总苞钟形，长约6mm，宽5～7mm。总苞片10～15，条形，背部被短柔毛，边缘膜质；外层小总苞片约6枚，狭条形，长4～5mm。舌状花黄色，5～10，长约13mm，子房光滑；管状花多数，长约10mm。瘦果圆柱形，长约3mm，光滑；冠毛污黄白色，长约7mm。花果期7～9月。

中生草本。生于森林带的山地林缘、河边草甸，为草甸伴生种。产兴安北部及岭西和岭东（额尔古纳市、牙克石市、鄂伦春自治旗、东乌珠穆沁旗宝格达山）。分布于我国黑龙江、吉林东部、河北，日本、朝鲜、蒙古国东部和东北部、俄罗斯（东西伯利亚地区、远东地区）。为东西伯利亚—东亚北部分布种。

6. 琥珀千里光（东北千里光、大花千里光）

Senecio ambraceus Turcz. ex DC. in Prodr. 6:348. 1838; Fl. Intramongol. ed. 2, 4:685. t.263. f.11-12. 1992.——*S. ambraceus* Turcz. ex DC. var. *glaber* Kitam. in Act. Phytotax. Geobot. 6:275. 1937; Fl. Intramongol. ed. 2, 4:685. t.263. f.9-10. 1992.

多年生草本，高30～80cm。根状茎短，着生细的不定根。茎圆柱形，常带红色，上部被蛛丝状毛，茎中部以上有分枝。基生叶花期枯萎；下部叶倒卵状矩圆形，长6～9cm，羽状深裂，裂片矩圆形，具稀疏锯齿，两面光滑，具叶柄；茎中部叶通常二回羽状分裂，裂片条状矩圆形；上部叶狭条形，浅裂或不分裂，具疏锯齿。头状花序多数，在茎顶排列成伞房状，花序梗常被蛛丝状毛，苞叶条形；总苞半球形，直径10～14mm。总苞片10～15，矩圆形，长6～10mm，

背面被蛛丝状毛；外面具狭条形小苞片，约 5 枚，长约为总苞片之半。舌状花 10 ～ 20，黄色，长 12 ～ 35mm；管状花长约 7mm，子房密被短柔毛。瘦果长圆柱形，长约 2mm，密被短柔毛或无毛；冠毛白色，长约 6mm。花果期 7 ～ 9 月。

中生草本。生于森林带的山地林缘、草甸、河边湿地。产兴安北部及岭东（额尔古纳市、根河市、牙克石市、扎兰屯市）、燕山北部（宁城县、敖汉旗）、阴南丘陵（和林格尔县东南部）。分布于我国黑龙江西南部、吉林东北部、辽宁、河北、河南西部、山东东部、山西东北部、陕西东南部，日本、朝鲜、蒙古国北部和西部、俄罗斯（东西伯利亚地区、远东地区、阿尔泰地区）。为蒙古—东亚北部分布种。

7. 额河千里光（羽叶千里光）

Senecio argunensis Turcz. in Bull. Soc. Imp. Nat. Mosc. 20(2):18. 1847; Fl. Intramongol. ed. 2, 4:686. t.264. f.7-8. 1992.

多年生草本，高 30 ～ 100cm。根状茎斜生，有多数细的不定根。茎直立，单一，具纵条棱，常被蛛丝状毛，中部以上有分枝。茎下部叶花期枯萎。中部叶卵形或椭圆形，长 5 ～ 15cm，宽 2 ～ 5cm，羽状半裂、深裂，有的近二回羽裂；裂片 3 ～ 6 对，条形或狭条形，长 1 ～ 2.5cm，宽 1 ～ 5mm，先端钝或微尖；叶全缘或具疏齿，两面被蛛丝状毛或近光滑；叶下延成柄或无柄。上部叶较小，裂片较少。头状花序多数，在茎顶排列成复伞房状，花序梗被蛛丝状毛，小苞片条形或狭条形；总苞钟形，长 4 ～ 8mm，宽

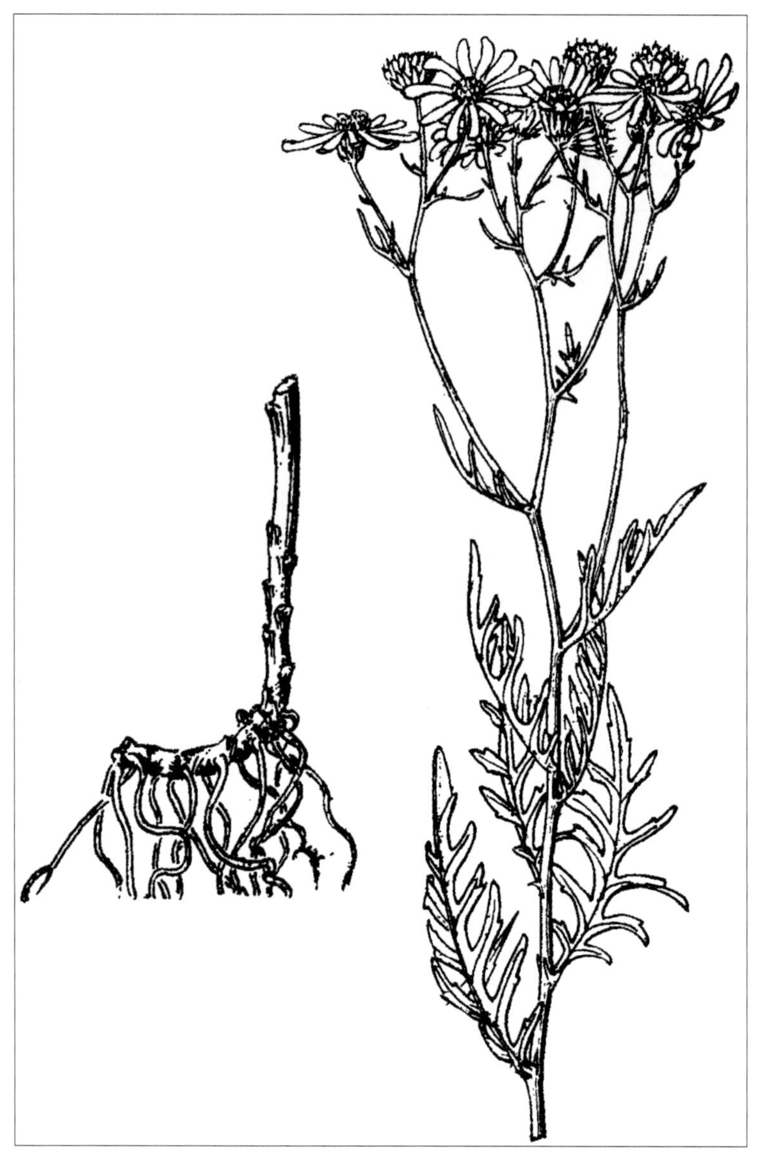

4～10mm。总苞片约 10 枚，披针形，边缘宽膜质，背部常被蛛丝状毛；外层小苞片约 10 枚，狭条形，比总苞片略短。舌状花黄色，10～12，舌片条形或狭条形，长 10～15mm；管状花长 7～9mm，子房无毛。瘦果圆柱形，长 2～2.5mm，光滑，黄棕色；冠毛白色，长 5～7mm。花果期 7～9 月。

中生草本。生于森林带和森林草原带的山地林缘、河边草甸、河边柳灌丛。产兴安北部（额尔古纳市、东乌珠穆沁旗宝格达山）、岭东（阿荣旗）、兴安南部（科尔沁右翼中旗、阿鲁科尔沁旗、巴林右旗）、辽河平原（大青沟）、赤峰丘陵（红山区）、燕山北部（宁城县、敖汉旗）、阴山（大青山、蛮汗山）、鄂尔多斯（伊金霍洛旗、乌审旗、鄂托克旗）。分布于我国黑龙江、吉林东部和西部、辽宁东北部、河北、河南西部、山西、陕西北部、宁夏、甘肃西南部、青海、四川西北部、安徽北部、湖北，日本、朝鲜、蒙古国东部、俄罗斯（东西伯利亚地区、远东地区）。为东西伯利亚—东亚分布种。

55. 橐吾属 Ligularia Cass.

多年生草本。根状茎短缩，簇生多数须状根。叶互生或有时全部基生，具齿或全缘，有时掌状分裂；具长柄，柄基部变宽成鞘状抱茎。头状花序多数，基部常具苞叶，在茎顶排列成伞房状或总状，有时单生，辐射状，有异型小花，黄色，外围有 1 层雌花，中央有少数或多数两性花，全部结实；总苞圆筒形或钟形；总苞片 1 ～ 2 层，通常不同型，具膜质边缘；花序托平，有小窝孔；雌花花冠舌状，两性花花冠管状，顶端 5 齿裂；花药基部钝或短箭形；花柱分枝细长，顶端钝圆或尖。瘦果圆柱形，具纵肋，无毛；冠毛长或短，粗涩或有毛。

内蒙古有 8 种。

分种检索表

1a. 头状花序单生茎顶；叶三角状戟形或肾状戟形，先端渐尖或锐尖，基部戟形…**1. 长白山橐吾 L. jamesii**

1b. 头状花序多数，通常在茎顶排列成总状。

  2a. 叶掌状深裂……………………………………………………………………**2. 掌叶橐吾 L. przewalskii**

  2b. 叶不分裂。

    3a. 叶矩圆形或椭圆形，基部微心形，全缘或下部有波状浅齿……………**3. 全缘橐吾 L. mongolica**

    3b. 叶三角状卵形、箭状卵形、卵状心形、肾形、肾状心形，边缘具齿，基部心形或深心形。

      4a. 叶三角状卵形、卵状心形或箭状卵形，先端钝或锐尖；冠毛白色，与管状花近等长。

        5a. 总苞较小，长 6 ～ 7mm，宽 3 ～ 4mm；舌状花较短，长 6 ～ 10mm……**4. 箭叶橐吾 L. sagitta**

        5b. 总苞较大，长 9 ～ 10mm，宽 5 ～ 8mm；舌状花较长，长 10 ～ 20mm……**5. 橐吾 L. sibirica**

      4b. 叶肾形、肾状心形，先端钝圆或稍尖；冠毛褐色，明显短于管状花。

        6a. 总苞钟形，舌状花 5 ～ 9。

          7a. 苞叶卵形或卵状披针形，叶及总苞片无毛或疏被褐色有节短毛……………………………………………………………………**6. 蹄叶橐吾 L. fischeri**

          7b. 苞叶卵状披针形或披针形，叶及总苞片密被褐色有节短柔毛……………………………………………………………………**7. 黑龙江橐吾 L. sachalinensis**

        6b. 总苞圆筒形，舌状花 4 ～ 6……………………………………**8. 狭苞橐吾 L. intermedia**

1. 长白山橐吾（单头橐吾）

Ligularia jamesii (Hemsl.) Kom. in Trudy Imp. St.-Petersb. Bot. Sada 25:697. 1907; Fl. Intramongol. ed. 2, 4:687. t.266. f.1-4. 1992.——*Senecio jamesii* Hemsl. in J. Linn. Soc. Bot. 23:453. 1888.

多年生草本，高 30 ～ 60cm。茎直立，具纵沟棱，上部被皱缩柔毛，基部有褐色的枯叶纤维。基生叶三角状戟形或肾状戟形，长 5 ～ 15cm，宽 3.5 ～ 12cm，先端渐尖或锐尖，基部戟形；侧裂片开展，具 2 ～ 3 披针形尖裂片或不分裂，边缘具不整齐尖齿或深波状牙齿，有极疏的缘毛；叶上面沿叶脉有褐色皱缩短柔毛，下面无毛，有掌状脉；叶柄长 10 ～ 30cm，基部扩大抱茎。茎生叶 2 ～ 3，下部叶较大，具较长的柄；上部叶较小，有短柄，均基部扩大而抱茎。头状花序单生于茎顶，苞叶条形；总苞宽钟形，长 15 ～ 17mm，宽约 19mm；总苞片约 13 枚，紫黑色，被皱缩短柔毛与蛛丝状毛，在外的条形，在内的矩圆状披针形；舌状花 10 ～ 13，舌片矩圆形，长 3.5 ～ 4cm，先端有 3 齿；管状花多数，长 8 ～ 10mm。瘦果约与冠毛等长；冠毛红褐色，长 7 ～ 8mm。花期 7 ～ 8 月。

中生草本。生于森林带的山地林缘、林下、沟谷草甸。产兴安北部（额尔古纳市）。分布于我国吉林东部，朝鲜。为满洲（大兴安岭—长白山）分布种。

2. 掌叶橐吾

Ligularia przewalskii (Maxim.) Diels in Bot. Jahrb. Syst. 29:621. 1901; Fl. Intramongol. ed. 2, 4:687. t.267. f.1-4. 1992.——*Senecio przewalskii* Maxim. in Bull. Acad. Imp. Sci. St.-Petersb. 26:493. 1880.

多年生草本，高 60 ～ 90cm。茎直立，具纵沟棱，无毛，或上部疏被柔毛，基部有褐色的枯叶纤维。基生叶掌状深裂，宽大于长，宽达 22cm，基部近心形；裂片 7，近菱形，中裂片 3，侧裂片 2 ～ 3，先端渐尖，边缘有不整齐缺刻与疏锯齿或有披针形至条形的小裂片；叶上面深绿色，下面淡绿色，两面无毛或沿叶脉及裂片边缘疏被柔毛；叶柄长 20 ～ 25cm，基部扩大而抱茎。茎生叶少数，掌状深裂，有基部扩大而抱茎的短柄，有时具 2 ～ 3 裂或不分裂而呈披针形的苞叶状。头状花序多数在茎顶排列成总状，苞叶条形，梗长 2 ～ 5mm；总苞圆柱形，长 7 ～ 8mm，宽 2 ～ 3mm；总苞片 5 ～ 7，在外的条形，在内的矩圆形，先端钝或稍尖，上部有微毛；舌状花 2，舌片匙状条形，长 10 ～ 13mm，先端有 3 齿；管状花 3 ～ 5，长约 8mm。瘦果褐色，圆柱形，长 4 ～ 5mm；冠毛紫褐色，长 3 ～ 5mm。花期 7 ～ 8 月。

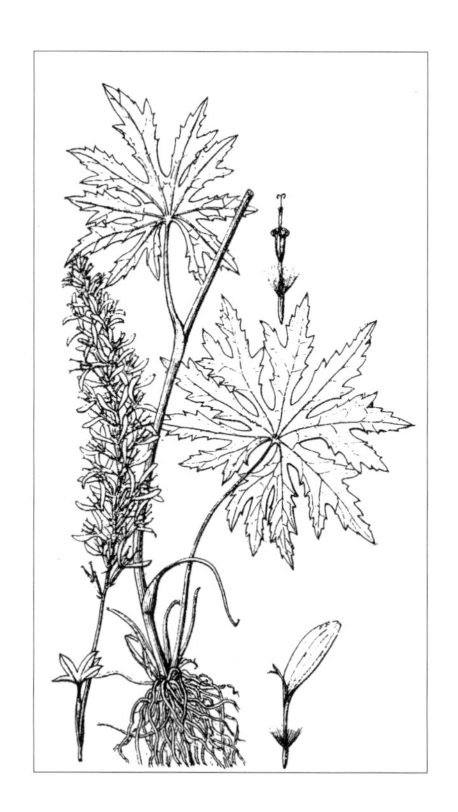

中生草本。生于草原带和草原化荒漠带的山地林缘灌丛、草甸、沟谷、溪边。产阴山（大青山枣儿沟、蛮汗山、乌拉山）、贺兰山。分布于我国河南、山西、陕西、宁夏、甘肃、青海、四川中西部、湖北西部。为华北分布种。

3. 全缘橐吾

Ligularia mongolica (Turcz.) DC. in Prodr. 6:315. 1838; Fl. Intramongol. ed. 2, 4:690. t.267. f.5-8. 1992.——*Cineraria mongolica* Turcz. in Bull. Soc. Imp. Nat. Mosc. 5:199. 1832.

多年生草本，高 30 ～ 80cm。全体呈灰绿色，无毛。茎直立，粗壮，直径 3 ～ 10mm，具多

数纵沟棱，常带紫红色，基部为褐色的枯叶纤维所包围。叶肉质，干后亦较厚；基生叶矩圆状卵形、卵形或椭圆形，长 6 ～ 20cm，宽 2.5 ～ 8cm，先端钝圆，基部微心形，中部急狭而稍下延至叶柄上，全缘或下部有波状浅齿，叶脉羽状，具长柄；茎生叶 2 ～ 3，椭圆形或矩圆形，中部叶有较短而下部抱茎的短柄，上部叶小，无柄而抱茎。头状花序在茎顶排列成总状，长可达 25cm，多数，上部密集，下部渐疏离；花序梗在下部者长可达 3cm，上部者长 2 ～ 3mm；苞叶狭小，披针状钻形。总苞圆柱状，长 10 ～ 13mm，宽 3 ～ 5mm；总苞片 5 ～ 6，在外的矩圆状条形，先端尖，在内的矩圆状倒卵形，先端钝，边缘宽膜质，背部有微毛；舌状花通常 3 ～ 5，舌片短圆形，长 15 ～ 20mm；管状花 5 ～ 8，长约 10mm。瘦果暗褐色，长约 5mm；冠毛淡红褐色，长 5 ～ 9mm。花果期 7 ～ 8 月。

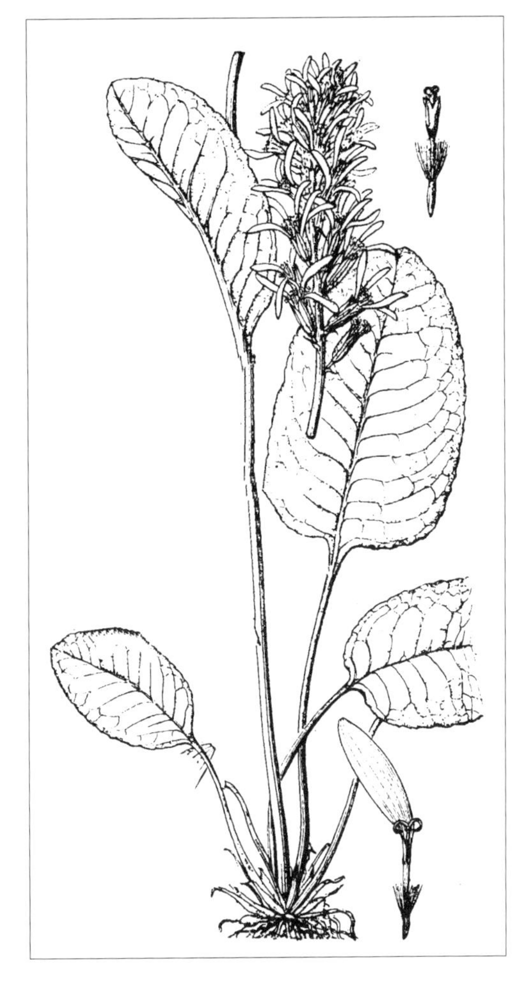

中生草本。生于森林带和草原带的山地灌丛、石质坡地及具有丰富杂类草的草甸草原和草甸。产岭东（扎兰屯市）、兴安南部及科尔沁（科尔沁右翼前旗、扎鲁特旗、阿鲁科尔沁旗、巴林左旗、巴林右旗、翁牛特旗、克什克腾旗）、燕山北部（宁城县、敖汉旗、兴和县苏木山）、锡林浩特（西乌珠穆沁旗、太仆寺旗）、阴山（大青山、蛮汗山）。分布于我国黑龙江、吉林东部、辽宁西南部、河北中北部、山西北部，朝鲜、俄罗斯（远东地区）。为华北北部—满洲分布种。

4. 箭叶橐吾

Ligularia sagitta (Maxim.) Mattf. ex Rehder et Kobuski in J. Arnold Arbor. 14:40. 1933; Fl. Intramongol. ed. 2, 4:690. t.268. f.1-6. 1992.——*Senecio sagitta* Maxim. in Bull. Acad. Imp. Sci. St.-Petersb. 27:483. 1882.

多年生草本，高 25 ～ 75cm。茎直立，单一，具明显的纵沟棱，被蛛丝状丛卷毛及短柔毛，基部为褐色枯叶纤维所包裹。基生叶 2 ～ 3，三角状卵形，长 3 ～ 14cm，宽 3 ～ 11cm，先端钝或有小尖头，基部近心形或戟形，边缘有细齿，上面绿色，无毛，下面淡绿色，初被蛛丝状毛，后无毛；有羽状脉，侧脉 7 ～ 8 对；具有狭翅并基部扩大而抱茎的叶柄，长 3 ～ 35cm。中部叶渐小，有扩大而抱茎的短柄；上部叶渐变为条形或披针状条形的苞叶。头状花序在茎顶排列成总状，长可达 20cm，梗长 2 ～ 20mm，基部有条形苞叶，被蛛丝状毛；总苞钟状或筒状，长 6 ～ 7mm，宽 3 ～ 4mm，果熟时下垂；总苞片约 8 枚，在外的披针状条形，在内的矩圆状披针形，先端尖，常黑紫色，有微毛；舌状花 5 ～ 9，舌片矩圆状条形，长 6 ～ 10mm，先端有 3 齿；管状花约 10 朵，长约 8mm。瘦果褐色；冠毛白色，约与管状花等长。花期 8 月。

湿中生草本。生于森林带和草原带的河滩杂类草草甸、河边沼泽。产兴安北部及岭西（大兴安岭、额尔古纳市、鄂温克族自治旗、海拉尔区）、兴安南部（科尔沁右翼中旗、阿鲁科尔沁旗、巴林左旗、巴林右旗、克什克腾旗）、燕山北部（喀喇沁旗、宁城县）、锡林郭勒（多伦县）、鄂尔多斯（达拉特旗、伊金霍洛旗、毛乌素沙地、鄂托克旗）。分布于我国河北西北部、山西南部、陕西西南部、宁夏南部、甘肃（祁连山）、青海北部和东部、四川西部、云南、西藏东部，蒙古国（大兴安岭）。为东亚（兴安—华北—横断山脉）分布种。

5. 橐吾（西伯利亚橐吾、北橐吾）

Ligularia sibirica (L.) Cass. in Dict. Sci. Nat. 26:402. 1823; Fl. Intramongol. ed. 2, 4:692. t.268. f.7-16. 1992.——*Othonna sibirica* L., Sp. Pl. 2:924. 1753.

多年生草本，高 30 ～ 90cm。茎直立，单一，具明显的纵沟棱，疏被蛛丝状毛或近无毛，常带紫红色，基部为枯叶纤维所包裹。基生叶 2 ～ 3，心形、卵状心形、箭状卵形、三角状心形或肾形，长 4 ～ 15cm，宽 3 ～ 13cm，先端钝或稍尖，基部心形、近箭形，甚至向外开展成戟形，有时近截形，边缘有细齿，上面深绿色，下面浅绿色，两面无毛或疏被蛛丝状毛，有时为短柔毛，叶柄长 10 ～ 40cm，基部呈鞘状；茎生叶 2 ～ 3，渐小，三角形、三角状心形或卵状心形，有基部扩大而抱茎的短柄；上部叶渐变成为卵形或披针形的苞叶。头状花序在茎顶排列成总状，有时为复总状，10 ～ 40，梗长 2 ～ 4mm，花后常下垂；总苞钟状或筒状，长 9 ～ 10mm，宽 5 ～ 8mm，基部有条形苞叶；总苞片 7 ～ 10，在外的披针状条形或条形，在内的矩圆状披针形，背部有微毛；舌状花 6 ～ 10，舌片矩圆形，长 10 ～ 20mm，先端有 2 ～ 3 齿；管状花 20 余朵，长 8 ～ 10mm。瘦果褐色，长约 5mm；冠毛污白色，约与管状花冠等长。花果期 7 ～ 9 月。

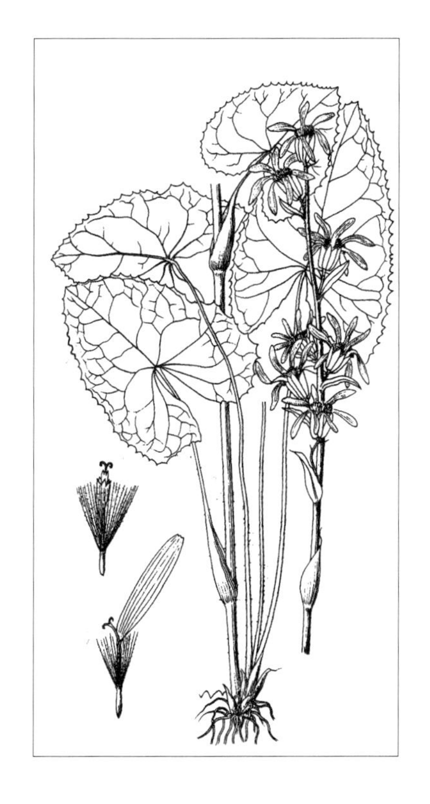

中生湿中生草本。生于森林带和草原带的林缘草甸、河滩柳灌丛、沼泽。产兴安北部及岭西（额尔古纳市、根河市、牙克石市、鄂温克族自治旗）、兴安南部及科尔沁（科尔沁右翼前旗、扎鲁特旗、翁牛特旗、克什克腾旗）、锡林郭勒（锡林浩特市、苏尼特左旗、正蓝旗）。分布于我国黑龙江西北部、吉林东部、河北中北部、山西南部、安徽南部、四川东部、湖北、湖南、广西东北部、贵州，蒙古国东部和北部、俄罗斯（西伯利亚地区），欧洲。为古北极分布种。

6. 蹄叶橐吾（肾叶橐吾、马蹄叶、葫芦七）

Ligularia fischeri (Ledeb.) Turcz. in Bull. Soc. Imp. Nat. Mosc. 11:95. 1838; Fl. Intramongol. ed. 2, 4:692. t.269. f.1-6. 1992.——*Cineraria fischeri* Ledeb. in Index Sem. Hort. Dorpat. 1820:17. 1820.

多年生草本，高 20 ～ 120cm。根肉质，黑褐色。茎直立，具纵沟棱，被黄褐色有节短柔毛或白色蛛丝状毛，基部为褐色枯叶柄纤维所包围。基生叶和茎下部叶肾形或心形，长 7 ～ 20cm，宽 8 ～ 30cm，先端钝圆或稍尖，基部心形，边缘有整齐的牙齿，两面无毛或下面疏被褐色有节短毛，叶脉掌状，明显凸起；具柄，柄长 10 ～ 45cm，基部鞘状。茎中上部叶小，具短柄，鞘膨大。头状花序在茎顶排列成总状，长 20 ～ 50cm，花序梗 5 ～ 15mm，基部有卵形或卵状披针形苞叶；总苞钟形，长 7 ～ 10mm，宽 5 ～ 8mm；总苞片 8 ～ 9，矩圆形，先端尖，背部无毛或疏被短毛，内层具宽膜质边缘；舌状花 5 ～ 9，舌片矩圆形，长 15 ～ 20mm，宽 4 ～ 5mm；管状花多数，长 10 ～ 11mm。瘦果圆柱形，长约 7mm，暗褐色；冠毛红褐色，长 6 ～ 8mm。花果期 7 ～ 9 月。

中生草本。生于森林带和森林草原带的林缘、河滩草甸、河边灌丛。产兴安北部及岭西（额尔古纳市、根河市、牙克石市）、兴安南部（阿鲁科尔沁旗、巴林右旗、克什克腾旗、东乌珠穆沁旗、西乌珠穆沁旗）、赤峰丘陵（松山区、翁牛特旗）、燕山北部（喀喇沁旗、宁城县、敖汉旗）。分布于我国黑龙江、吉林东部、辽宁东部、河北、河南西部、山西中部和南部、陕西南部、甘肃东部、安徽西部、浙江、湖北、湖南西南部、四川西部、西藏南部、贵州，日本、朝鲜、蒙古国东部和北部、俄罗斯（东西伯利亚地区、远东地区）、尼泊尔、印度、不丹、缅甸，克什米尔地区。为东古北极分布种。

根做紫菀入药，商品称“山紫菀”，功能、主治同紫菀。

7. 黑龙江橐吾

Ligularia sachalinensis Nakai in J. Jap. Bot. 20:140. 1944; Fl. Intramongol. ed. 2, 4:694. 1992.

多年生草本，高 60 ～ 150cm。根肉质，多数。茎直立，连同花序密被黄褐色有节短柔毛，有时上部混生白色蛛丝状毛，基部为枯叶柄纤维所包围。基生叶和茎下部叶肾形或肾状心形，长 3 ～ 12cm，宽 5 ～ 14cm，先端钝圆或锐尖，基部心形，边缘有整齐的牙齿，上面近无毛，下

面密被黄褐色有节短柔毛，稀仅脉上有毛，叶脉掌状；具柄，柄长 10 ～ 50cm，被黄褐色有节短柔毛，基部鞘状。茎中、上部叶与下部者同形而较小，具短柄至无柄，鞘膨大，被与叶柄上一样的毛。头状花序在茎顶排列成总状，长 8 ～ 20cm；苞叶卵状披针形至披针形，向上渐小，先端渐尖，边缘有齿及睫毛；总苞钟形，长 10 ～ 11mm，宽 5 ～ 7mm；总苞片 5 ～ 7，矩圆形，先端三角形，背部密被黄褐色有节短柔毛，内层边缘膜质；舌状花 5 ～ 7，舌片矩圆形，长 12 ～ 18mm，宽 2 ～ 4mm；管状花多数，长 10 ～ 11mm。瘦果圆柱形，长约 6mm；冠毛黄褐色，长 5 ～ 7mm。花期 7 ～ 8 月。

中生草本。生于森林带和森林草原带的草甸、山坡草地。产兴安北部及岭西（大兴安岭、鄂温克族自治旗）、兴安南部（扎赉特旗）。分布于我国黑龙江、吉林、辽宁，俄罗斯（远东地区）。为满洲分布种。

8. 狭苞橐吾

Ligularia intermedia Nakai in Bot. Mag. Tokyo 31:125. 1917; Fl. Intramongol. ed. 2, 4:694. t.269. f.7-8. 1992.

多年生草本，高 40 ～ 100cm。根肉质，多数。茎直立，具纵沟棱，上部疏被蛛丝状毛，下部无毛。基生叶与茎下部叶状心形或心形，长 6 ～ 1.5cm，宽 5 ～ 19cm，先端钝圆或有尖头，

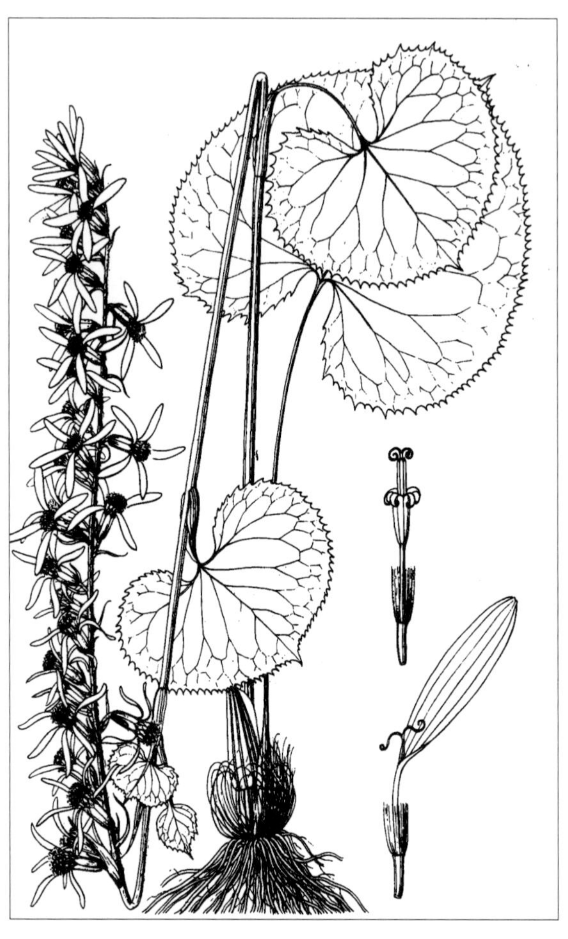

基部心形，边缘具整齐的尖牙齿，两面无毛，叶脉掌状；具柄，柄长可达 45cm，光滑，基部具狭鞘。茎中、上部叶与下部叶同形而较小，具短柄或无柄，鞘略膨大；茎最上部叶卵状披针形，苞叶状。头状花序在茎顶排列成总状，长可达 30cm，苞片条形或条状披针形，花序梗长 3 ～ 12mm；总苞圆筒形，长 9 ～ 10mm，宽 3 ～ 4mm；总苞片 6 ～ 8，矩圆形或狭椭圆形，先端尖，背部光滑，边缘膜质；舌状花 4 ～ 6，舌片矩圆形，长 17 ～ 21mm；管状花 7 ～ 16，长 9 ～ 13mm，管部长 6 ～ 7mm。瘦果圆柱形，长约 5mm，暗褐色；冠毛红褐色，长 5 ～ 6mm。花果期 7 ～ 10 月。

中生草本。生于阔叶林带和草原带的山地林缘、沟谷草甸。产燕山北部（喀喇沁旗、宁城县、敖汉旗）、阴山（大青山、蛮汗山）。分布于我国黑龙江、吉林东部、辽宁西部、河北、河南北部、山西、陕西、甘肃东部、安徽西部和南部、浙江、江西西部、湖北西部、湖南、四川中部和南部、云南西北部、贵州，日本、朝鲜。为东亚分布种。

（7）蓝刺头族 Echinopsideae Cass.

56. 蓝刺头属 Echinops L.

多年生或一年生草本。叶互生，羽状分裂或不裂，裂片和齿有针刺。头状花序仅有1花，两性，结实，多数，密集成球状的复头状花序，生于茎顶或枝端；总苞片3～5层，向里的总苞片不等长，先端具刺尖或呈芒裂，边缘有睫毛，外围有多数或少数的白色基毛；小花花冠管状，檐部5深裂；花药基部尾毛束状或钻状而有缘毛；花柱分枝稍粗，初时靠合，后稍开展，背部有乳头状突起。冠毛冠状，具多数短条形膜片，不等长，边缘糙毛状。

内蒙古有6种。

分种检索表

1a. 一年生草本，总苞片外面被蛛丝状长毛。

2a. 叶不分裂，条形或条状披针形，黄绿色，疏被蛛丝状毛及腺毛；茎淡黄色，被腺毛……………………………………………………………………………………………**1. 砂蓝刺头 E. gmelinii**

2b. 叶羽状中裂或浅裂，两面灰白色，密被蛛丝状毛；茎灰白色，密被蛛丝状毛………………………………………………………………………………………………**2. 丝毛蓝刺头 E. nanus**

1b. 多年生草本，叶羽状分裂，总苞片外面无蛛丝状长毛。

3a. 叶质地坚硬，革质，裂片扭曲，刺较粗长……………………………………**3. 火烙草 E. przewalskyi**

3b. 叶质地较薄，纸质或厚纸质，裂片平展或稍扭曲，刺较细短。

4a. 中下部叶二回羽状分裂。

5a. 茎灰白色，上部密被白色蛛丝状绵毛，下部疏被蛛丝状毛；叶边缘具不规则刺齿或三角形刺齿………………………………………………………………………**4. 驴欺口 E. davuricus**

5b. 茎上部密被蛛丝状绵毛，下部被褐色长节毛；叶边缘具不规则刺齿和针刺状缘毛…………………………………………………………………………………**5. 褐毛蓝刺头 E. dissectus**

4b. 茎叶一回羽状分裂，边缘具不规则刺齿和针刺状缘毛…………**6. 羽裂蓝刺头 E. pseudosetifer**

1. 砂蓝刺头（刺头、火绒草）

Echinops gmelinii Turcz. in Bull. Soc. Imp. Nat. Mosc. 5:195. 1832; Fl. Intramongol. ed. 2, 4:696. t.270. f.6-8. 1992.

一年生草本，高15～40cm。茎直立，稍具纵沟棱，白色或淡黄色，无毛或疏被腺毛或腺点，不分枝或有分枝。叶条形或条状披针形，长1～6cm，宽3～10mm，先端锐尖或渐尖，基部半抱茎，边缘有具白色硬刺的牙齿，刺长达5mm，两面均为淡黄绿色，有腺点，或被极疏的蛛丝状毛、短柔毛，或无毛，无腺点，无柄；上部叶有腺毛，下部叶密被绵毛。复头状花序单生于枝端，直径1～3cm，白色或淡蓝色；头状花序长

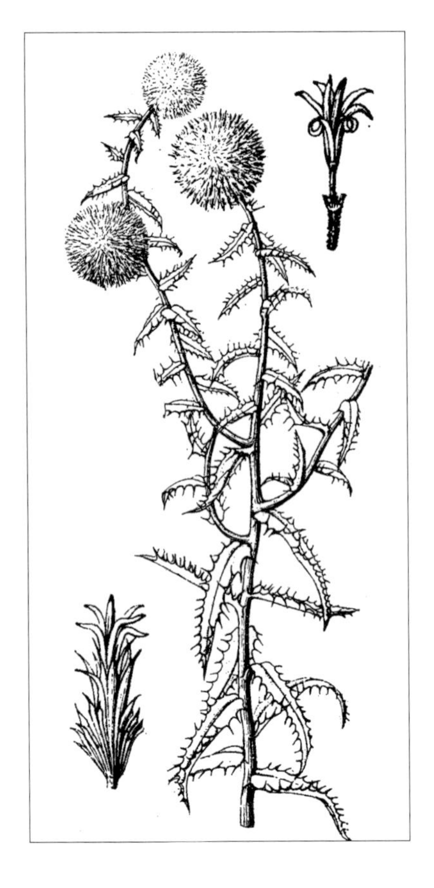

约15mm，基毛多数，污白色，不等长，糙毛状，长约9mm。外层总苞片较短，长约6mm，条状倒披针形，先端尖，中部以上边缘有睫毛，背部被短柔毛；中层者较长，长约12mm，长椭圆形，先端渐尖成芒刺状，边缘有睫毛；内层者长约11mm，长矩圆形，先端芒裂，基部深褐色，背部被蛛丝状长毛。花冠管部长约3mm，白色，有毛和腺点，花冠裂片条形，淡蓝色。瘦果倒圆锥形，长约6mm，密被贴伏的棕黄色长毛；冠毛长约1mm，下部连合。花期6月，果期8～9月。

喜沙的旱生草本。为荒漠草原地带和草原化荒漠地带常见的伴生杂类草，并可沿着固定沙地、沙质撂荒地深入到草原地带、森林草原地带及居民点、畜群点周围。产呼伦贝尔（陈巴尔虎旗、新巴尔虎左旗、新巴尔虎右旗）、科尔沁（科尔沁右翼前旗、科尔沁右翼中旗、库伦旗、阿鲁科尔沁旗、翁牛特旗、巴林左旗、巴林右旗、克什克腾旗）、辽河平原（科尔沁左翼后旗）、赤峰丘陵（红山区、松山区）、燕山北部（敖汉旗）、锡林郭勒（西乌珠穆沁旗、锡林浩特市、正蓝旗、镶黄旗、苏尼特左旗、苏尼特右旗、集宁区）、乌兰察布（二连浩特市、四子王旗、达尔罕茂明安联合旗、乌拉特前旗、乌拉特中旗）、阴南平原（包头市）、阴南丘陵（凉城县、准格尔旗）、鄂尔多斯（达拉特旗、伊金霍洛旗、乌审旗、鄂托克旗）、东阿拉善（乌拉特后旗、狼山、磴口县、阿拉善左旗）、西阿拉善（阿拉善右旗）、额济纳。分布于我国河北北部、河南北部、山西北部、陕西北部、宁夏、甘肃（河西走廊）、青海（柴达木盆地）、新疆，蒙古国、俄罗斯（西伯利亚地区）。为戈壁—蒙古分布种。

根入药，功能、主治同漏芦。

2. 丝毛蓝刺头

Echinops nanus Bunge in Bull. Acad. Imp. Sci. St.-Petersb. 6:411. 1863; Fl. Reip. Pop. Sin. 78(1):18. t.10. f.4-5. 1987.

一年生，稀二年生草本，高12～30cm。茎直立，密被蛛丝状绵毛，中部分枝。基生叶和茎下部叶倒披针形或披针形，长3～10cm，宽1～3cm，羽状中裂或浅裂，侧裂片长卵形、三角形、三角状披针形，边缘具刺齿，叶两面灰白色，被稠密的蛛丝状绵毛，背面尤厚，具短柄；向上叶渐小，中部叶与下部叶无柄；茎上部叶窄披针形，常不分裂，边缘具刺齿，无柄；有时全部叶不分裂，呈椭圆形，边缘具稀疏芒刺。复头状花序直径2～3.5cm，单生于茎枝顶端；头状花序长

1～1.5cm，基毛糙毛状，不等长，比头状花序稍短或不及它的一半。总苞有12～14枚分离的苞片；外层者比基毛稍长，条形，上部稍宽，顶端芒刺状渐尖，边缘有糙毛状缘毛，爪部的缘毛较上部者长，外面被短糙毛；中层者椭圆形，顶端长刺状渐尖，下部边缘有糙毛状缘毛，外面上部被短糙毛，下半部有蛛丝状长毛；内层者稍短于中层，椭圆形，顶端芒裂，居中的芒尖稍长，边缘具缘毛，外面被蛛丝状长毛。小花蓝色，花冠筒有腺毛和短糙毛。瘦果倒圆锥形，其上贴伏长直毛遮盖冠毛；冠毛中部以下连合。花期6～7月，果期7～8月。

旱生草本。生于荒漠带的石质山坡径流线上。产东阿拉善（阿拉善左旗苏红图嘎查）。分布于新疆中部（天山）和西部，蒙古国西南部（准噶尔戈壁），中亚。为戈壁荒漠分布种。

3. 火烙草

Echinops przewalskyi Iljin in Bot. Mater. Gerb. Glavn. Bot. Sada R.S.F.S.R. 4:108. 1923; Fl. Intramongol. ed. 2, 4:698. t.270. f.1-5. 1992.

多年生草本，高30～40cm。根粗壮，木质。茎直立，具纵沟棱，密被白色绵毛，不分枝或有分枝。叶革质。茎下部及中部叶长椭圆形、长椭圆状披针形或长倒披针形，二回羽状深裂；一回裂片卵形，常呈皱波状扭曲，全部具不规则缺刻状小裂片及带短刺的小齿，在裂片边缘有小刺，刺黄色、粗硬，刺长5～8mm；叶上面黄绿色，疏被蛛丝状毛，下面密被灰白色绵毛，叶脉凸起；叶柄较短，边缘有短刺。上部叶变小，椭圆形，羽状分裂，无柄。复头状花序单生枝端，直径5～5.5cm，蓝色。头状花序长约25mm；基毛多数，白色，扁毛状，不等长，比头状花序短。总苞长约20mm。总苞片18～20，无毛；外层者较短而细，基部条形，先端匙形而具小尖头，边缘有少数长睫毛；中层者矩圆形或条状菱形，先端细尖，边缘膜质，中部以上边缘有少数睫毛。内层者长椭圆形，基部稍狭，先端有短刺和睫毛；花冠长15～16mm，白色，花冠裂片条形，蓝色。瘦果圆柱形，密被黄褐色柔毛；冠毛长约1mm，宽鳞片状，由中部连合，黄色。

嗜砂砾质的强旱生草本。为荒

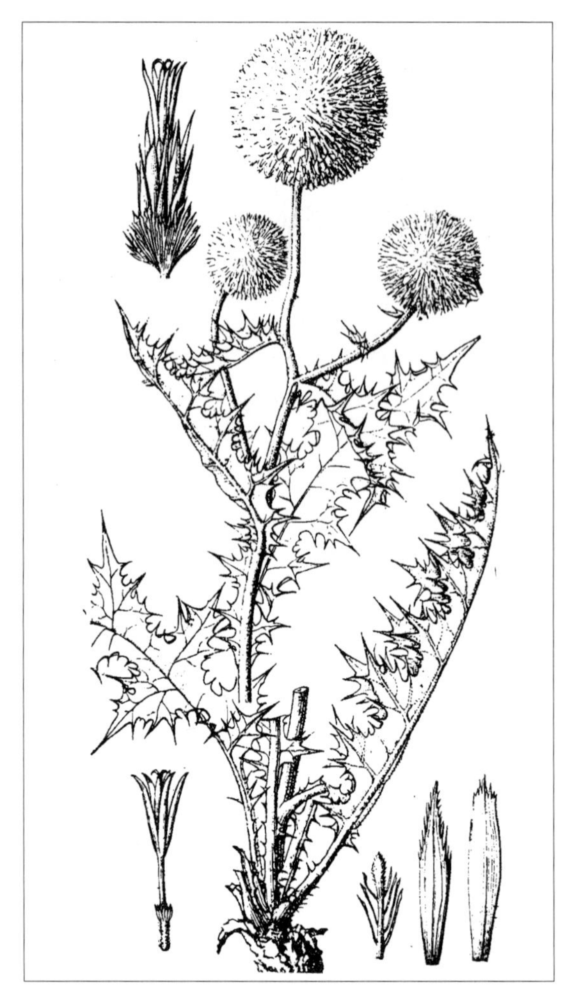

漠草原地带、草原化荒漠地带以及典型荒漠地带石质山地及砂砾质戈壁、砂质戈壁常见的伴生杂类草，并可沿着干燥的石质山地阳坡进入草原地带。产阴南丘陵（准格尔旗）、鄂尔多斯（鄂托克旗）、东阿拉善（桌子山）、贺兰山。分布于我国山东东部、山西南部和东部、甘肃中部，蒙古国。为华北—蒙古分布种。

4. **驴欺口**（蓝刺头、单州漏芦、火绒草）

Echinops davuricus Fisch. ex Hornemann in Suppl. Hort. Bot. Hafn. 105. 1819; Fl. China 20-21:35. 2011.——*E. latifolius* Tausch. in Flora 11:486. 1828；Fl. Intramongol. ed. 2, 4:698. t.271. f.1-3. 1992.

多年生草本，高 30 ～ 70cm。根粗壮，褐色。茎直立，具纵沟棱，上部密被白色蛛丝状绵毛，下部疏被蛛丝状毛，不分枝或有分枝。茎下部与中部叶二回羽状深裂；一回裂片卵形或披针形，先端锐尖或渐尖，具刺尖头，有缺刻状小裂片，全部边缘具不规则刺齿或三角形刺齿；叶上面绿色，无毛或疏被蛛丝状毛，并有腺点，下面密被白色绵毛；有长柄或短柄。茎上部叶渐小，长椭圆形至卵形，羽状分裂，基部抱茎。复头状花序单生于茎顶或枝端，直径约 4cm，蓝色；头

状花序长约 2cm，基毛多数，白色，扁毛状，不等长，长 6 ～ 8mm。外层总苞片较短，长 6 ～ 8mm，条形，上部菱形扩大，淡蓝色，先端锐尖，边缘有少数睫毛；中层者较长，长达 15mm，菱状披针形，自最宽处向上渐尖成芒刺状，淡蓝色，中上部边缘有睫毛；内层者长 13 ～ 15mm，长椭圆形或条形，先端芒裂。花冠管部长 5 ～ 6mm，白色，有腺点，花冠裂片条形，淡蓝色，长约 8mm。瘦果圆柱形，长约 6mm，密被黄褐色柔毛；冠毛长约 1mm，中下部连合。花期 6 月，果期 7 ～ 8 月。

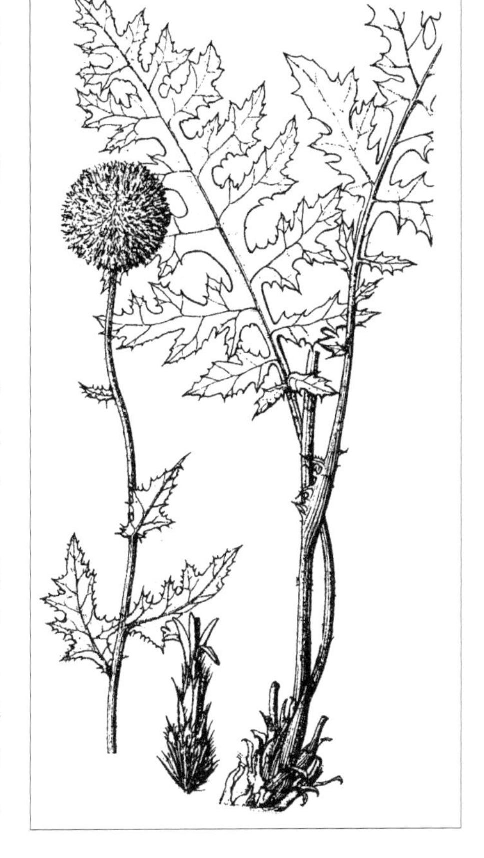

嗜砾质的中旱生草本。为草原地带和森林草原地带常见的杂类草，多生长于含丰富的杂类草的针茅草原和羊草草原群落中，也见于线叶菊草原及山地林缘草甸。产岭东（扎兰屯市）、岭西（鄂温克族自治旗、海拉尔区）、呼伦贝尔（满洲里市）、兴安南部及科尔沁（科尔沁右翼前旗、科尔沁右翼中旗、突泉县、扎鲁特旗、阿鲁科尔沁旗、巴林左旗、巴林右旗、翁牛特旗、克什克腾旗）、赤峰丘陵（松山区）、燕山北部（喀喇沁旗、宁城县、敖汉旗）、锡林郭勒（东乌珠穆沁旗）、乌兰察布（四子王旗、达尔罕茂明安联合旗、固阳县、乌拉特前旗）、阴山（大青山、蛮汗山、乌拉山）、

阴南丘陵（准格尔旗）、鄂尔多斯（东胜区、伊金霍洛旗）、东阿拉善（桌子山）。分布于我国黑龙江、吉林、辽宁、河北、河南西北部、山西、陕西北部、宁夏、甘肃东部，蒙古国东部和北部、俄罗斯（西伯利亚地区）。为东古北极分布种。

根入药（药材名：禹州漏芦），主治与功能同漏芦。花序也入药，能活血、发散，主治跌打损伤。花序还入蒙药（蒙药名：扎日-乌拉），能清热、止痛，主治骨折创伤、胸背疼痛。

5. 褐毛蓝刺头（天蓝刺头、天蓝漏芦）

Echinops dissectus Kitag. in Rep. First. Sci. Exped. Manch. Sect. 4, 2:118. 1935; Fl. Intramongol. ed. 2, 4:699. t.271. f.4-6. 1992.

多年生草本，高 40 ～ 70cm。根粗壮，圆柱形，木质，褐色。茎直立，具纵沟棱，上部密被蛛丝状绵毛，下部常被褐色长节毛，不分枝或上部多少分枝。茎下部与中部叶宽椭圆形，长达 20cm，宽达 8cm，二回或近二回羽状深裂；一回裂片卵形或披针形，先端锐尖或渐尖，具刺尖头，有缺刻状披针形或条形的小裂片，小裂片全缘或具 1 ～ 2 小齿，小裂片与齿端以及裂片边缘均有短刺；叶上面疏被蛛丝状毛，下面密被白色绵毛。上部叶变小，羽状分裂。复头状花序直径 3 ～ 5cm，淡蓝色，单生于茎顶或枝端；头状花序长约 25mm，基毛多数，白色，扁毛状，不等长，长达 10mm。总苞片 16 ～ 19；外层者较短，长 9 ～ 12mm，条形，上部菱形扩大，先端锐尖，褐色，边缘有少数睫毛；中层者较长，长达 16mm，菱状倒披针形，自最宽处向上渐尖成芒刺状，淡蓝色，中上部边缘有睫毛；内层者比中层者稍短，条状披针形，先端芒裂。花冠管部长约 6mm，白色，有腺点与极疏的柔毛；花冠裂片条形，淡蓝色，长约 8mm，外侧有微毛。瘦果圆柱形，长约 6mm，密被黄褐色柔毛；冠毛长约 1mm，中下部连合。花期 7 月，果期 8 月。

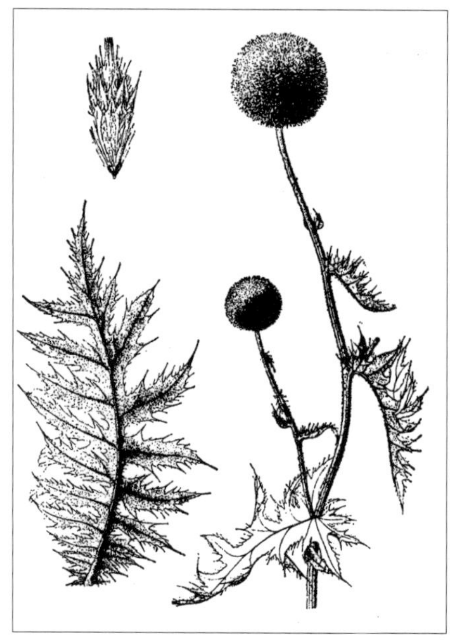

中旱生草本。山地草原常见的杂类草，一般多

基底着生面平；冠毛多层，长达 15mm，淡褐色。花果期 5 ～ 6 月。

强旱生草本。生于荒漠带和荒漠草原带的砾质或石质残丘坡地。产乌兰察布（达尔罕茂明安联合旗、乌拉特中旗）、东阿拉善北部（乌拉特后旗、阿拉善左旗北部）。分布于蒙古国南部。为北阿拉善—东戈壁分布种。是国家二级重点保护植物。

2. 卵叶革苞菊

Tugarinovia ovatifolia (Ling et Y. C. Ma) Y. Z. Zhao in Act. Bot. Bor.-Occid. Sin. 20(5):875. 2000; ——*T. mongolica* Iljin var. *ovatifolia* Ling et Y. C. Ma in Fl. Reip. Pop. Sin. 75:248. 1979; Fl. Intramongol. ed. 2, 4:706. 1992.

本种与革苞菊的区别是：叶片卵圆形或卵形，边缘不分裂，仅具不规则浅齿，离基三至五出掌状叶脉。其他特征同革苞菊。

强旱生草本。生于草原化荒漠带的低山丘陵砾石质坡地。产东阿拉善（桌子山）、贺兰山。分布于我国宁夏（贺兰山）。为东阿拉善南部分布种。是国家二级重点保护植物。

59. 苓菊属 **Jurinea** Cass.

多年生草本或半灌木。无茎或有茎。叶全缘，具齿或羽状分裂。头状花序单生于枝端，有多数同型小花，两性，结实；总苞卵形、杯状、半球形或近球形；总苞片多层，草质或革质，被毛或无毛；花序托平，光滑或有细尖膜片；小花花冠管状，檐部 5 裂；花药基部戟形，连合，花丝分离；花柱分枝细长，顶端尖。瘦果倒圆锥形，具 4 棱，平滑或棱槽有少数纵肋；冠毛多层，不等长，少数特长，有羽状、短羽状或锯齿状毛。

内蒙古有 1 种。

1. 蒙新苓菊（蒙疆苓菊、地棉花、鸡毛狗）

Jurinea mongolica Maxim. in Bull. Acad. Imp. Sci. St.-Petersb. 19:519. 1874; Fl. Intramongol. ed. 2, 4:706. t.275. f.1-3. 1992.

多年生草本，高 6 ～ 20cm。根粗壮，暗褐色，颈部被残存的枯叶柄，有极厚的白色团状绵毛。茎丛生，具纵条棱，有分枝，被疏或密的蛛丝状绵毛。基生叶与下部叶矩圆状披针形、长椭圆形至条状披针形，长 2 ～ 7cm，宽 0.5 ～ 1.5cm，羽状深裂或浅裂；侧裂片披针形、条状披针形至条形，先端尖或钝，有时不分裂而具疏牙齿或近全缘，边缘常皱曲而反卷；叶两面被或

疏或密的蛛丝状绵毛，下面密生腺点，主脉隆起而呈白黄色；均具叶柄。中部叶及上部叶变小，具短柄，或无柄，披针形，羽状浅裂或具小钝齿。头状花序长 2～3cm，宽 1.5～2.5cm；总苞钟状；总苞片黄绿色，通常紧贴而直立，被蛛丝状绵毛、腺体及小刺状微毛，先端长渐尖，具刺尖，麦秆黄色，边缘有短刺状缘毛，外层者较短，卵状披针形，中层者披针形，内层者较长，条状披针形；管状花红紫色，长 20～25mm，管部向上渐扩大成漏斗状的檐部，外面有腺体，裂片条状披针形，长约 5mm。瘦果长约 6mm，宽约 2.5mm，褐色；冠毛污黄色，糙毛状，长达 10mm，有短羽毛。花果期 6～8 月。

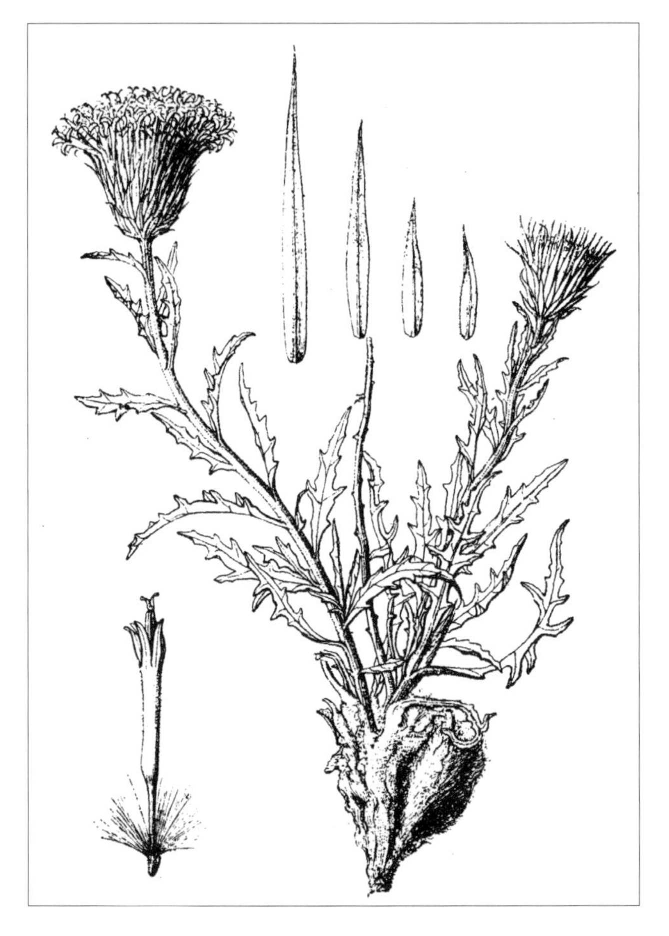

强旱生草本。为荒漠草原带和荒漠带的小针茅草原和草原化荒漠群落的恒有伴生种，也见于路边、畜群点。产鄂尔多斯（东胜区、伊金霍洛旗、乌审旗、鄂托克旗、鄂托克前旗、杭锦旗）、东阿拉善（乌拉特中旗、乌拉特后旗、阿拉善左旗）、西阿拉善（阿拉善右旗）、龙首山。分布于我国陕西北部、宁夏北部、新疆北部，蒙古国西部和南部。为戈壁—蒙古分布种。

植株颈部的白色绵毛入药，能止血，主治创伤出血。烧炭敷患处即可。

60. 风毛菊属 Saussurea DC.

草本。叶不分裂或羽状分裂。头状花序少数或多数，在茎顶或枝端排列成伞房状或圆锥状，有时单生，有同型小花，两性，结实；总苞筒状、钟形、球形或半球形；总苞片多层，覆瓦状排列；花序托平或凸起，具托毛或无；小花管状，红紫色、蓝色或白色，檐部 5 裂；花药基部箭形；花柱分枝条形。瘦果圆柱形，具 4 棱，无毛，顶端截形；冠毛 1 ～ 2 层，外层糙毛状，较短，易脱落，内层羽毛状，基部连合成环状。

内蒙古有 39 种。

分种检索表

1a. 头状花序少数，在茎顶密集，为扩大的膜质叶状苞所包围 [**1. 雪莲亚属** Subgen. **Amphilaena** (Stschegl.) Lipsch.]；叶条状披针形至宽披针形，边缘有细锯齿……………………**1. 紫苞风毛菊 S. iodostegia**

1b. 头状花序多数或少数，不为扩大的膜质叶状苞所包围。

2a. 总苞片顶端有扩大的膜质或草质附片 [**2. 扩苞亚属** Subgen. **Theodorea** (Cass.) Lipsch.]。

3a. 总苞片顶端的附片全缘或有齿。

4a. 叶裂片、锯齿和总苞片的先端具骨质小尖头。

5a. 茎无翼或有不明显的窄翼；外层总苞片伸长，常与内层总苞片等长或超出；叶大头羽状全裂或深裂或不分裂且全缘……………………………**2. 碱地风毛菊 S. runcinata**

5b. 茎有具齿的翼，外层总苞片明显较内层总苞片为短。

6a. 植株高 15 ～ 40cm；基生叶长 3 ～ 10cm，二回羽状深裂；内层总苞片先端有淡紫色而反折的附片………………………………………………**3. 裂叶风毛菊 S. laciniata**

6b. 植株高 50 ～ 70cm；基生叶和下部叶长 10 ～ 20cm，叶一回羽状分裂；内层总苞片先端膜质，紫色或淡紫色，附片不反折……………………………**4. 翅茎风毛菊 S. alata**

4b. 叶裂片、锯齿和总苞片的先端无骨质小尖头。

7a. 总苞球形或球状钟形，直径 10 ～ 15mm；全部总苞片先端具扩大的膜质附片……………………………………………………………………………………**5. 美花风毛菊 S. pulchella**

7b. 总苞钟形或狭钟形，直径 6 ～ 12mm；中层和内层总苞片先端具扩大的膜质附片。

8a. 外层总苞片先端无附片，叶全缘或有波状齿至浅裂………**6. 草地风毛菊 S. amara**

8b. 外层总苞片先端具膜质附片，稀无附片；叶羽状半裂或深裂。

9a. 叶基部不沿茎下延成翅……………………………**7a. 风毛菊 S. japonica var. japonica**

9b. 叶基部沿茎下延成翅，具牙齿或全缘……………………………………………………………………………**7b. 翼茎风毛菊 S. japonica var. pteroclada**

3b. 总苞片顶端的附片通常有胼胝质齿。

10a. 叶条状披针形或条形，全缘；头状花序单生枝端，于茎上部排列成疏伞房状……………………………………………………………………………**8. 京风毛菊 S. chinnampoensis**

10b. 叶披针形、倒披针形或矩圆状披针形，羽状深裂、半裂或齿裂；头状花序多数，在茎枝端排列成伞房状或圆锥状………………………………**9. 羽裂风毛菊 S. pinnatidentata**

2b. 总苞片顶端无扩大的膜质附片（**3. 风毛菊亚属** Subgen. **Saussoria**）。

11a. 总苞片顶端具栉齿状附片。

12a. 头状花序大；总苞直径 8 ～ 10mm；茎下部叶具 5 ～ 8 对裂片，较宽……………………

……………………………………………………………………………**10. 篦苞风毛菊 S. pectinata**

12b. 头状花序小，总苞直径 5 ～ 8mm；茎下部叶具 10 对裂片，较窄…**11. 齿苞风毛菊 S. odontolepis**

11b. 总苞片全缘或近全缘。

13a. 叶肉质，茎叶具咸苦味。

14a. 植株灰绿色，叶全缘或多少具波状齿，瘦果顶端具短的小冠。

15a. 植株高 10 ～ 80cm；基生叶三角形、卵形、倒卵形、卵状矩圆形或菱形，宽 1 ～ 4cm，基部宽楔形、近截形或戟形；头状花序常 1 ～ 3 个着生于茎枝顶端……………………………………………………………………………**12. 假盐地风毛菊 S. pseudosalsa**

15b. 植株高 4 ～ 15cm；基生叶披针形或长椭圆形，宽 0.5 ～ 2cm，基部楔形或宽楔形；头状花序少数或多数，在茎顶密集排列成半球状或球状伞房状……………………………………………………………………………**13. 达乌里风毛菊 S. daurica**

14b. 植株绿色，叶大头羽状深裂或全裂，瘦果顶端无小冠………………**14. 盐地风毛菊 S. salsa**

13b. 叶草质，茎叶不具咸苦味。

16a. 叶狭窄，宽 1 ～ 6mm。

17a. 叶全缘，边缘反卷；头状花序单生茎顶，总苞片先端长渐尖或渐尖。

18a. 外层总苞片卵状披针形，被绢状长柔毛，先端长渐尖；叶长 5 ～ 10cm……………………………………………………………………………**15. 直苞风毛菊 S. ortholepis**

18b. 外层总苞片卵状椭圆形，疏被白色绵毛，先端渐尖；叶长 1.5 ～ 5cm……………………………………………………………………………**16. 美丽风毛菊 S. pulchra**

17b. 叶羽状浅裂、全缘或有疏齿；头状花序少数；总苞片先端锐尖或稍圆钝。

19a. 植株为密丛型；叶狭长椭圆形至条形，羽状浅裂或有疏齿，下面密被白色绵毛……………………………………………………………………………**17. 灰白风毛菊 S. pricei**

19b. 植株非密丛型；叶条形或条状披针形，全缘或有疏齿，下面密被白色毡毛。

20a. 植株高 15-25cm；叶条形，宽 2-4mm，边缘有疏齿……………………………………………………………………………**18. 西北风毛菊 S. petrovii**

20b. 植株高 15 ～ 40cm；叶条形或条状披针形，宽 3 ～ 5mm，全缘，稀基部边缘有疏齿………………………………**19. 柳叶风毛菊 S. salicifolia**

16b. 叶宽阔，宽 1.5 ～ 8cm。

21a. 叶不分裂。

22a. 基生叶和茎下部叶基部心形、戟形、截形、圆形至楔形。

23a. 叶下面被白色毡毛。

24a. 植株高 50 ～ 70cm；基生叶和茎下部叶披针状三角形或卵状三角形，基部戟形或心形；总苞片密被白色绵毛……**20. 银背风毛菊 S. nivea**

24b. 植株高 20 ～ 30cm；基生叶和茎下部叶椭圆形或卵状椭圆形，基部浅心形、近圆形或宽楔形；总苞片密被长柔毛……………………………………………………………**21. 阿拉善风毛菊 S. alaschanica**

23b. 叶下面被蛛丝状毛至无毛。

25a. 总苞片先端反折。

26a. 总苞直径 10 ～ 15mm，叶片被毛。

27a. 总苞片上部暗紫色，外层的先端锐尖；基生叶卵状三角形、长三角状卵形或长卵形，上面疏被糙硬毛，下面疏被皱曲柔毛或无毛…………………………………………………………………………**22. 折苞风毛菊 S. recurvata**

27b. 总苞片上部绿色，外层的先端长尾状渐尖；基生叶卵状矩圆形或椭圆形，上面被褐色皱曲柔毛，下面被蛛丝状毛………………………**23. 山风毛菊 S. umbrosa**

26b. 总苞直径 15 ～ 20mm；基生叶卵形、狭卵状椭圆形，先端渐尖，无毛…………………………………………………………………………**24. 卷苞风毛菊 S. sclerolepis**

25b. 总苞片先端不反折。

28a. 叶质厚硬，卵形、矩圆状卵形或宽卵形，边缘有短刺尖的细齿，下面灰白色，疏或密被蛛丝状毛或无毛……………………………………**25. 硬叶风毛菊 S. firma**

28b. 叶质薄软，矩圆状三角形或三角状卵形，边缘有不规则的浅齿，下面绿色或淡绿色，疏被毛。

29a. 总苞圆筒形，直径 3 ～ 4mm；叶矩圆状三角形，下面疏被短硬毛和腺点，边缘具不规则波状齿……………………………………**26. 狭头风毛菊 S. dielsiana**

29b. 总苞筒状钟形，直径 5 ～ 8mm；叶卵状三角形或三角状卵形，下面疏被柔毛，边缘具不规则锯齿…………………………………**27. 乌苏里风毛菊 S. ussuriensis**

22b. 基生叶和茎下部叶基部渐狭而成柄。

30a. 茎生叶披针形或条状披针形。

31a. 叶全缘，下面无毛……………………………………**28. 密花风毛菊 S. acuminata**

31b. 叶边缘有细齿，下面密被蛛丝状毛…………………………**29. 龙江风毛菊 S. amurensis**

30b. 茎生叶椭圆形、长椭圆形或椭圆状披针形。

32a. 叶两面无毛，总苞片外面疏被蛛丝状毛………………………**30. 狭翼风毛菊 S. frondosa**

32b. 叶上面近无毛，下面被微毛；总苞片背面无毛或被微毛。

33a. 总苞片先端或全部暗黑色，冠毛明显露出于总苞之外…………………………………………………………………………**31. 小花风毛菊 S. parviflora**

33b. 总苞片绿色或先端稍带黑紫色，冠毛藏于总苞之内…………………………………………………………………………**32. 齿叶风毛菊 S. neoserrata**

21b. 叶分裂。

34a. 叶一回羽状分裂。

35a. 总苞片直立。

36a. 叶大头羽状深裂，侧裂片 4 ～ 8 对，向下，狭倒卵状椭圆形或矩圆形，边缘不规则齿裂；总苞筒状钟形………………………………**33. 羽叶风毛菊 S. maximowiczii**

36b. 叶不整齐羽状全裂，侧裂片 2 ～ 5 对，向上或伸展，条形或条状披针形，边缘全缘。

37a. 总苞筒状钟形，总苞片黄绿色；叶的侧裂片 2 ～ 3 对，细长，全缘，两面无毛；茎疏披短柔毛和腺点…………………………**34. 雅布赖风毛菊 S. yabulaiensis**

37b. 总苞钟形，总苞片红紫色；叶的侧裂片 3 ～ 5 对，短小，全缘或具 1 ～ 4 个小齿，两面被蛛丝状毛；茎疏被蛛丝状毛…………………………**35. 毓泉风毛菊 S. mae**

35b. 总苞片先端反折。

38a. 头状花序单生于茎顶；叶轮廓椭圆形或披针形，侧裂片条形或条状披针形，全缘或

疏具小齿……………………………………………………………………**36. 阿右风毛菊 S. jurineioides**

38b. 头状花序少数在茎顶排列成伞房状；叶轮廓卵状三角形或长椭圆状卵形，侧裂片矩圆形或矩圆状披针形，边缘不规则齿裂。

39a. 总苞片上部暗紫色，先端锐尖，总苞钟状，直径 10 ～ 15mm；叶上面疏被糙硬毛，下面疏被皱曲柔毛或无毛………………………………………………………**22. 折苞风毛菊 S. recurvata**

39b. 总苞片上部绿色，先端长渐尖或渐尖。

40a. 总苞钟状筒形，直径 5 ～ 7mm；叶质较厚，两面有短糙伏毛…………………………………………………………………………………………**37. 华北风毛菊 S. mongolica**

40b. 总苞倒圆锥状，直径 10 ～ 12mm；叶质较薄，上面疏被乳头状毛或短硬毛，下面近无毛…………………………………………………………**38. 林风毛菊 S. sinuata**

34b. 叶二回羽状全裂，裂片 11 ～ 13 对，小裂片条形、披针状条形；头状花序多数，在茎上部排列成疏松的圆锥花序……………………………………………………………**39. 荒漠风毛菊 S. deserticola**

1. 紫苞风毛菊（紫苞雪莲）

Saussurea iodostegia Hance in J. Bot. 16:109. 1878; Fl. Intramongol. ed. 2, 4:713. t.276. f.1-4. 1992.

多年生草本，高 30 ～ 50cm。根状茎平伸，颈部密被褐色鳞片状或纤维状残叶柄。茎单生，直立，具纵沟棱，带紫色，密被或疏被白色长柔毛。基生叶条状披针形或披针形，长 20 ～ 25cm，宽 1 ～ 2cm，先端长渐尖，基部渐狭成长柄，柄基呈鞘状，半抱茎，边缘有稀疏锐细齿，两面疏被

白色长柔毛；茎生叶披针形或宽披针形，先端渐尖，基部楔形，无柄，半抱茎，边缘有疏细齿；最上部叶苞叶状，椭圆形或宽椭圆形，膜质，紫色，全缘。头状花序4～6个在茎顶密集成伞房状或复伞房状，有短梗，密被长柔毛；总苞钟形或钟状筒形，长约15mm，直径8～15mm；总苞片4层，近革质，边缘或全部暗紫色，被白色长柔毛和腺体，顶端钝或稍尖，内层者披针形，顶端渐尖或稍钝；花冠紫色，长13～15mm，狭管部长5～7mm，檐部长6～7mm。瘦果圆柱形，长3～4mm，褐色；冠毛2层，淡褐色，内层者长约9mm。

中生草本。生于阔叶林带和森林草原带的山地草甸、山地草甸草原，为其伴生种。产兴安南部（巴林右旗、克什克腾旗、西乌珠穆沁旗）、燕山北部（喀喇沁旗、宁城县、兴和县苏木山）。分布于我国河北、河南西部、山西、陕西（秦岭西部）、宁夏南部、甘肃东部。为华北分布种。

2. 碱地风毛菊（倒羽叶风毛菊）

Saussurea runcinata DC. in Ann. Mus. Natl. Hist. Nat. 16:202. t.11. 1810; Fl. Intramongol. ed. 2, 4:713. t.277. f.1-3. 1992.——*S. runcinata* DC. var. *integrifolia* H. C. Fu et D. S. Wen in Fl. Intramongol. 6:329. 1982; Fl. Intramongol. ed. 2, 4:715. 1992.

多年生草本，高5～50cm。根粗壮，直伸，颈部被褐色纤维状残叶鞘。茎直立，单一或数个丛生，具纵沟棱，无毛，无翅或有狭的具齿或全缘的翅，上部或基部有分枝。基生叶与茎下部叶椭圆形或倒披针形、披针形或条状倒披针形，长4～20cm，宽0.5～7cm，大头羽状全裂或深裂，

稀上部全缘，下部边缘具缺刻状齿或小裂片，全缘或具牙齿；顶裂片条形、披针形或卵形、长三角形，先端渐尖、锐尖或钝，全缘或疏具牙齿；侧裂片不规则，疏离，平展，或向下，或稍向上，披针形、条状披针形或矩圆形，先端钝或尖，有软骨质小尖头，全缘或疏具牙齿至小裂片；两面无毛或疏被柔毛，有腺点；叶具长柄，基部扩大成鞘。中部及上部叶较小，条形或条状披针形，全缘或具疏齿，无柄。头状花序少数或多数在茎顶与枝端排列成复伞房状或伞房状圆锥形，花序梗较长或短，苞叶条形；总苞筒形或筒状狭钟形，长8～12mm，直径5～10mm。总苞片4层：外层者卵形或卵状披针形，先端较厚，锐尖，或微具齿，背部被短柔毛，上部边缘有睫毛；内层者条形，顶端有扩大成膜质具齿紫红色的附片，上部边缘有睫毛，背部被短柔毛和腺体。花冠紫红色，长10～14mm，狭管部长约7mm，檐部长达7mm，有腺点。瘦果圆柱形，长2～3mm，黑褐色。冠毛2层，淡黄褐色：外层短，糙毛状；内层长，长7～9mm，羽毛状。花果期8～9月。

耐盐中生草本。生于草原带和荒漠带的盐渍低地，为盐化草甸恒有伴生种。产呼伦贝尔（陈巴尔虎旗、鄂温克族自治旗、新巴尔虎左旗、海拉尔区、满洲里市）、辽河平原（科尔沁左翼后旗）、科尔沁（科尔沁右翼中旗、阿鲁科尔沁旗、翁牛特旗、克什克腾旗）、锡林郭勒（东乌珠穆沁旗、锡林浩特市、苏尼特左旗）、乌兰察布（四子王旗）、阴南平原（九原区）、鄂尔多斯（达拉特旗、伊金霍洛旗、毛乌素沙地、鄂托克旗）、东阿拉善（阿拉善左旗）、西阿拉善（阿拉善右旗）。分布于我国黑龙江西南部、吉林西部、辽宁、河北东部、山西西北部、陕西北部、宁夏北部，蒙古国北部和中部及西部、俄罗斯（西伯利亚地区）。为黄土—蒙古分布种。

3. 裂叶风毛菊

Saussurea laciniata Ledeb. in Icon. Pl. 1:16. t.64. 1829; Fl. Intramongol. ed. 2, 4:715. t.277. f.4-7. 1992.

多年生草本，高 15 ～ 40cm。根粗壮，木质化，颈部被棕褐色纤维状残叶柄。茎直立，具纵沟棱，有带齿的狭翅，疏被多细胞皱曲柔毛，由基部或上部分枝。基生叶矩圆形，长 3 ～ 10cm，

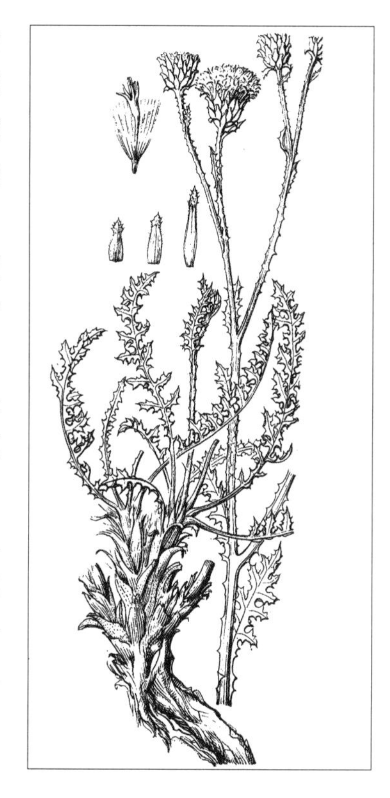

二回羽状深裂；裂片矩圆状卵形或矩圆形，先端锐尖，边缘具齿或小裂片，齿端有软骨质小尖头；叶两面疏被多细胞皱曲柔毛和腺点，羽轴有疏齿和小裂片；叶具长柄，柄基扩大成鞘状。中部叶和上部叶向上渐变小，羽状深裂。头状花序少数在枝端排列成伞房状，有长梗；总苞筒状钟形，长约 10mm，直径 8 ～ 10mm。总苞片 4 ～ 5 层：外层者卵形，顶端有不规则的小齿，背部被皱曲柔毛；内层者条形或披针状条形，顶端有淡紫色而反折的附片，并密被皱曲长柔毛，背部毛较疏，并密布腺点。花冠紫红色，长 10 ～ 12mm，狭管部长约 6mm，檐部长约 4mm。瘦果圆柱形，长 2 ～ 3mm，深褐色；冠毛 2 层，污白色，内层者长 9 ～ 10mm。花果期 7 ～ 8 月。

中旱生草本。生于荒漠草原带和荒漠带的盐碱低地，为盐生草甸常见的伴生种。乌兰察布（苏尼特左旗、苏尼特右旗、乌拉特中旗）、鄂尔多斯（乌审旗、鄂托克旗）、东阿拉善（阿拉善左旗）、西阿拉善（阿拉善右旗）。分布于我国陕西北部、宁夏北部、甘肃（河西走廊）、新疆西北部，蒙古国西部和中部及南部、哈萨克斯坦、俄罗斯（西伯利亚地区）。为戈壁—蒙古分布种。

4. 翅茎风毛菊

Saussurea alata DC. in Ann. Mus. Natl. Hist. Nat. 16:202. 1810; Fl. Itramongol. ed. 2, 4:715. t.278. f.5-8. 1992.

多年生草本，高 50 ～ 70cm。根状茎粗壮，黑褐色，扭曲，根颈部被多数鞘状残叶柄包围。茎直立，单一或有分枝，具纵沟棱，疏被多细胞皱曲柔毛及腺点，具宽或狭翅，通常有三角状尖齿。基生叶及茎下部叶长 10 ～ 20cm，宽 1 ～ 6cm，几乎大头羽裂、羽状浅裂或羽状深裂；侧裂片不规则，三角形、矩圆形至披针形，边缘具疏密或大小不等的齿，齿端具软骨质尖；叶两面粗糙，

贡德格玛 / 摄

疏被多细胞皱曲粗毛及腺点；具柄，基部扩展成鞘状。中部及上部叶长椭圆形或近披针形，具羽状缺刻，有时近全缘，无柄，基部下延成翅；苞叶条状披针形。头状花序多数，在茎枝端排列成伞房状或圆锥状，梗短；总苞钟状或卵形，长 10 ～ 12mm，直径 8 ～ 10mm，疏被蛛丝状毛及腺点。总苞片 5 ～ 6 层：外层者革质，卵形，先端尖或钝，有不规则小齿或无，稍反折；内层者草质，条状披针形，先端紫色或淡紫色，膜质，钝或尖，有髯毛，边缘有小齿或无，附片不明显。花冠紫红色，长 11 ～ 16mm，狭管部等长或稍短于檐部；花序托密被膜质条状钻形托片。瘦果圆柱形，长约 4mm，棕褐色，具斑纹。冠毛 2 层，淡褐色：外层糙毛状，不等长，长达 5mm；内层羽毛状，长约 10mm。花果期 7 ～ 9 月。

耐盐旱生草本。生于荒漠带的盐渍低地。产额济纳。分布于我国新疆北部，蒙古国东北部和西北部、俄罗斯（西伯利亚地区）。为戈壁分布种。

5. 美花风毛菊（球花风毛菊）

Saussurea pulchella (Fisch.) Fisch. in Herb. Pedem. 3:234. 1834; Fl. Intramongol. ed. 2, 4:717. t.279. f.4-6. 1992.——*Heterotrichum pulchellum* Fisch. in Mem. Soc. Imp. Nat. Mosc. 3:71. 1812; Fl. China 20-21:78. 2011.

多年生草本，高 30 ～ 90cm。根状茎纺锤状，黑褐色。茎直立，有纵沟棱，带红褐色，被短硬毛和腺体或近无毛，上部分枝。基生叶矩圆形或椭圆形，长 12 ～ 15cm，宽 4 ～ 6cm，羽状深裂或全裂；裂片条形或披针状条形，先端长渐尖，全缘或具条状披针形小裂片及小齿；叶两面有短糙毛和腺体，具长柄。茎下部叶及中部叶与基生叶相似；上部叶披针形或条形。头状花序在茎顶或枝端排列成密集的伞房状，具长或短梗；总苞球形或球状钟形，直径 10 ～ 15mm；总苞片 6 ～ 7 层，疏被短柔毛，外层者卵形或披针形，内层者条形或条状披针形，两者顶端有膜质粉红色圆形而具齿的附片；花冠淡紫色，长 12 ～ 13mm，

狭管部长 7 ～ 8mm，檐部长 4 ～ 5mm。瘦果圆柱形，长约 3mm；冠毛 2 层，淡褐色，内层者长约 8mm。花果期 8 ～ 9 月。

中生草本。生于森林带和森林草原带的山地林缘、灌丛、沟谷草甸，是常见的伴生种。产兴安北部及岭西（额尔古纳市、牙克石市、鄂温克族自治旗、阿尔山市白狼镇、新巴尔虎左旗）、兴安南部（科尔沁右翼前旗、科尔沁右翼中旗、阿鲁科尔沁旗、巴林左旗、巴林右旗）、辽河平原（科尔沁左翼后旗）、燕山北部（喀喇沁旗、宁城县）、锡林郭勒（东乌珠穆沁旗）。分布于我国黑龙江东部和南部、吉林东部、辽宁北部和东南部、河北、山西中部，日本、朝鲜、蒙古国（大兴安岭）、俄罗斯（西伯利亚地区、远东地区）。为西伯利亚—东亚北部分布种。

6. 草地风毛菊（驴耳风毛菊、羊耳朵）

Saussurea amara (L.) DC. in Ann. Mus. Natl. Hist. Nat. 16:200. 1810; Fl. Intramongol. ed. 2, 4:718. t.279. f.1-3. 1992.——*Serratula amara* L., Sp. Pl. 1:819. 1753.——*S. amara* (L.) DC. var. *microcephala* (Franch.) Lipsch. in Rod. Sauss. 68. 1979; Fl. Intramongol. ed. 2, 4:718. 1992. syn. nov.——*S. amara* (L.) DC. f. *microcephala* Franch. in Nouv. Arch. Mus. Hist. Nat. Ser. 2, 6:61. 1883.——*S. amara* (L.) DC. var. *exappendiculata* H. C. Fu in Fl. Intramongol. ed. 2, 4:718,848. 1992. syn. nov.

多年生草本，高 20 ～ 50cm。茎直立，具纵沟棱，被短柔毛或近无毛，分枝或不分枝。基生叶与下部叶椭圆形、宽椭圆形或矩圆状椭圆形，长 10 ～ 15cm，宽 1.5 ～ 8cm，先端渐尖或锐尖，全缘或有波状齿至浅裂，上面绿色，下面淡绿色，两面疏被柔毛或近无毛，密布腺点，边缘反卷，基部楔形，具长柄；上部叶渐变小，披针形或条状披针形，全缘。头状花序多数，在茎顶和枝端排列成伞房状；总苞钟形或狭钟形，长 8 ～ 15mm，直径 6 ～ 12mm。总苞片 4

层，疏被蛛丝状毛和短柔毛；外层者披针形或卵状，先端尖；中层和内层者矩圆形或条形，顶端有近圆形膜质、粉红色而有齿的附片。花冠粉红色或白色，长约15mm，狭管部长约10mm，檐部长约5mm，有腺点。瘦果矩圆形，长约3mm；冠毛2层，外层者白色，内层者长约10mm，淡褐色。花果期7～10月。

中生杂草。生于村旁、路边，为常见的杂草。产内蒙古各地。分布于我国黑龙江西南部、吉林西部、辽宁北部、河北北部、河南西部、山西北部、陕西北部、甘肃东南部、青海东北部和西北部、云南、新疆北部，蒙古国东部和北部及西部和中部、俄罗斯（西伯利亚地区），中亚，欧洲。为古北极分布种。

7. 风毛菊（日本风毛菊）

Saussurea japonica (Thunb.) DC. in Ann. Mus. Natl. Hist. Nat. 16:203. t.13. 1810; Fl. Intramongol. ed. 2, 4:718. t.279. f.7-10. 1992.——*Serratula japonica* Thunb. in Syst. Veg. ed. 14, 723. 1784.——*S. japonica* (Thunb.) DC. var. *subintegra* (Regel.) Kom. in Fl. Mansh. 729. 1907; Fl. Intramongol. ed. 2, 4:720. 1992. syn. nov.——*S. japonica* (Thunb.) DC. var. *dentata* Kom. in Fl. Mansh. 729. 1907; Fl. Intramongol. ed. 2, 4:720. 1992. syn. nov.——*S. japonica* (Thunb.) DC. var. *lineariloba* Nakai in Bot. Mag. Tokyo 25:58. 1911; Fl. Intramongol. ed. 2, 4:720. 1992. syn. nov.

7a. 风毛菊

Saussurea japonica (Thunb.) DC. var. **japonica**

二年生草本，高50～150cm。根纺锤状，黑褐色。茎直立，有纵沟棱，疏被短柔毛和腺体，上部多分枝。基生叶与下部叶矩圆形或椭圆形，长15～20cm，宽3～5cm，羽状半裂或深裂；顶裂片披针形，侧裂片7～8对，矩圆形、矩圆状披针形或条状披针形至条形，先端钝或锐尖，全缘，具长柄；叶两面疏被短毛和腺体。茎中部叶向上渐小；上部叶条形、披针形或长椭圆形，羽状分裂或全缘，无柄。头状花序多数，在茎顶和枝端排列成密集的伞房状；总苞筒状钟形，长8～13mm，宽5～8mm，疏被蛛丝状毛。总苞片6层：外层者短小，卵形，先端钝尖；中层至内层者条形或条状披针形，先端有膜质、圆形而具小齿的附片，带紫红色。花冠紫色，长10～12mm，狭管部长约6mm，檐部长4～6mm。瘦果暗褐色，圆柱形，长4～5mm；冠毛2层，淡褐色，外层者短，内层者长约8mm。花果期8～9月。

中生草本。广泛生于森林带和草原带的山地、草甸草原、河岸草甸、路旁、撂荒地。产兴安北部及岭西（额尔古纳市、根河市）、辽河平原（科尔沁左翼后旗）、兴安南部及科尔沁（科尔沁右翼前旗、科尔沁右翼中旗、阿鲁科尔沁旗、克什克腾旗）、赤峰丘陵（红山区、松山区）、燕山北部（喀喇沁旗、宁城县、敖汉旗）、锡林郭勒（东乌珠穆沁旗、锡林浩特市、正蓝旗、太仆寺旗、多伦县、苏尼特左旗、苏尼特右旗、兴和县）、阴山（大青山、蛮汗山、乌拉山）、阴南丘陵（准格尔旗）。分布于我国黑龙江、吉林东北部、辽宁西北部和西南部、河北、河南西部、山东东北部、山西中部和南部、陕西、宁夏南部、甘肃东北部、青海东部、四川中部、西藏东北部、安徽中部、江苏西南部、浙江西北部、福建、台湾、江西东部、湖北、湖南西南部、广东中部、广西北部和西北部、贵州、云南东部、西藏，日本、朝鲜。为东亚分布种。

7b. 翼茎风毛菊

Saussurea japonica (Thunb.) DC. var. **pteroclada** (Nakai et Kitag.) Raab-Straube in Fl. China 20-21:78. 2011.——*S. microcephala* Franch. var. *pteroclada* Nakai et Kitag. in Rep. Exped. Manch. Sect. 4, 1:63. 1934.——*S. japonica* (Thunb.) DC. var. *alata* (Regel.) Kom. in Fl. Mansh. 729. 1907; Fl. Intramongol. ed. 2, 4:720. 1992.——*S. pulchella* Fisch. β. *alata* Regel. in Tent. Fl. Ussur. 93. 1861.

本种与正种区别在于：叶基部沿茎下延成翅，具牙齿或全缘。

中生草本。产地、分布同正种。为东亚分布变种。

8. 京风毛菊

Saussurea chinnampoensis H. Lev. et Van. in Bull. Acad. Int. Geogr. Bot. 20:145. 1909; Fl. Intramongol. ed. 2, 4:720. t.278. f.1-4. 1992.——*S. chinnampoensis* Lev. et Van. var. *gracilis* H. C. Fu et D. S. Wen in Fl. Intramongol. 6:238,329. 1982; Fl. Intramongol. ed. 2, 4:721. 1992.

二年生草本，高 20 ～ 50cm。根状茎纺锤状，褐色。茎直立，具纵沟棱，近无毛，上部分枝。叶质厚；基生叶和下部叶倒披针形或条状披针形，长 5 ～ 10cm，宽 4 ～ 10mm，先端稍尖或钝，全缘，边缘有糙硬毛，两面无毛，中脉明显，基部渐狭成柄；中部和上部叶渐变小，条状披针形或

条形，具短柄或无柄。头状花序在枝端单生，于茎上部排列成疏伞房状；总苞钟状球形，长 10 ～ 15mm，直径 10 ～ 20mm。总苞片 4 ～ 6 层，绿色；外层者条状披针形，顶端尖，全缘或上端有疏齿；中层者矩圆状披针形，上端有细齿；内层者条形，顶端稍扩大而有锯齿、带紫色的草质附片，上部密被黄褐色短柔毛及睫毛。花冠淡紫色，长 13 ～ 16mm，狭管部长约 10mm，檐部长 3 ～ 6mm，有腺体。瘦果圆柱形，紫褐色，长约 3mm，顶端截形，基部狭窄，具纵肋；冠毛 2 层，淡黄褐色，内层者长 7 ～ 8mm。花果期 8 ～ 9 月。

湿中生草本。生于草原带的草甸、沼泽地。产辽河平原（科尔沁左翼后旗）、科尔沁（科尔沁右翼中旗、翁牛特旗）、乌兰察布（乌拉特中旗）。分布于我国辽宁西北部、河北中北部、陕西北部，朝鲜。为华北—满洲分布种。

9. 羽裂风毛菊

Saussurea pinnatidentata Lipsch. in Bot. Zhurn. (Moscow et Leningrad) 57(4):524. t.4. 1972; Fl. Intramongol. ed. 2, 4:721. 1992.

多年生草本，高 20 ～ 25cm。根纺锤形，根颈部被黑褐色残叶柄包围。茎直立，具纵条棱，

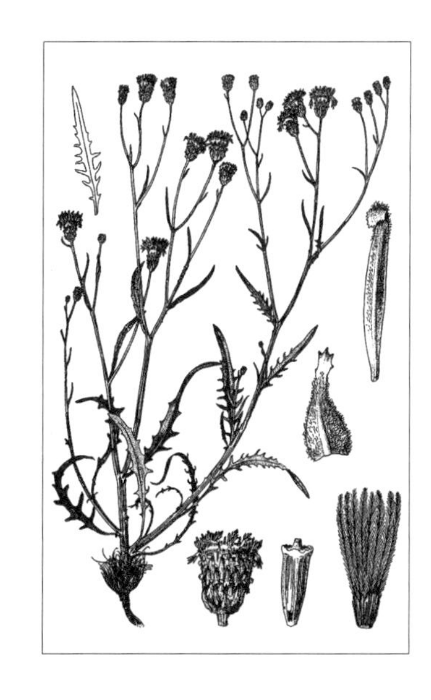

粗糙，有狭翅，通常具三角状牙齿，上部和下部多分枝。基生叶和下部叶披针形、倒披针形或矩圆状披针形，长 5 ～ 9cm，宽 0.5 ～ 2cm，羽状深裂、半裂或具羽裂状牙齿；顶裂片通常披针形，侧裂片 4 ～ 5 对，条形或矩圆形，先端渐尖或钝尖，全部裂片全缘稍下卷；叶两面粗糙，被短糙毛或上面近无毛，下面中脉凸起；叶基部下延至叶柄基部，或下延于茎成翅。上部叶无柄，条形或条状披针形，不分裂或基部具 2 ～ 3 齿。头状花序多数，在茎枝端排列成伞房状或圆锥状，梗长 1 ～ 3cm，有条形苞叶；总苞钟状，长 10 ～ 12mm，直径 5 ～ 8mm，疏被短柔毛或近无毛。总苞片 4 ～ 5 层，中脉明显；外层的卵形，先端具紫色尖头或有牙齿；中、内层的条状披针形，先端具扩大的紫色、具齿、膜质附片，干后多少反折。花冠紫色，长约 11mm。瘦果未成熟；冠毛 2 层，淡棕色，外层糙毛状，易脱落，内层羽毛状。花果期 8 ～ 9 月。

旱生草本。生于荒漠带的沙质坡地。产东阿拉善（阿拉善左旗）。分布于我国甘肃、青海。为东阿拉善分布种。

10. 篦苞风毛菊（羽苞风毛菊）

Saussurea pectinata Bunge ex DC. in Prodr. 6:538. 1838; Fl. Intramongol. ed. 2, 4:722. t.280. f.1-5. 1992.

多年生草本，高 40 ～ 80cm。根状茎倾斜，颈部有褐色纤维状残叶柄。茎直立，具纵沟棱，下部疏被蛛丝状毛，上部有短硬毛。基生叶在花期凋落。下部叶和中部叶卵状披针形或椭圆形，长 10 ～ 18cm，宽 4 ～ 10cm，羽状深裂；裂片 5 ～ 8 对，宽卵形或披针形，先端锐尖或钝，边缘有深波状或缺刻状钝齿；叶上面及边缘有短硬毛，下面有短柔毛和腺点；具长柄。上部叶有短柄，裂片较狭，羽状浅裂或全缘。头状花序数个在枝端排列成疏伞房状，具短梗；总苞宽钟状或半球形，长 10 ～ 15mm，直径 8 ～ 10mm，疏被蛛丝状毛和短柔毛。总苞片 5 ～ 6 层：外层者卵状披针形，顶端有栉齿状附片，常反折；内层者条形，渐尖，顶端和边缘粉紫色，全缘。花冠粉紫色，长约 12mm，狭管部长约 6mm，檐部与之等长。瘦果圆柱形，暗褐色，长 5 ～ 6mm；冠毛 2 层，污白色，内层者长约 8mm。花果期 8 ～ 9 月。

中生草本。生于森林带和森林草原带的山地林缘、沟谷、路旁。产兴安北部（牙克石市）、兴安南部（巴林右旗、克什克腾旗、西乌珠穆沁旗）、赤峰丘陵（翁牛特旗）、燕山北部（喀喇沁旗、敖汉旗）。分布于我国黑龙江北部、吉林中部、辽宁西南部、河北、河南、山东、山西中北部、陕西西南部、甘肃东南部，蒙古国（大兴安岭）。为华北—满洲分布种。

11. 齿苞风毛菊

Saussurea odontolepis Sch. Bip. ex Maxim. in Bull. Acad. Imp. Sci. St.-Petersb. 29:176. 1883; Fl. Intramongol. ed. 2, 4:722. t.280. f.6-11. 1992.

多年生草本，高 40 ～ 70cm。根状茎粗短，颈部被多数暗褐色纤维状残叶柄。茎直立，具纵沟棱，疏被短柔毛或无毛，上部有分枝。基生叶与茎下部叶椭圆形或卵状椭圆形，长 10 ～ 20cm，宽 2 ～ 7cm，羽状深裂；裂片约 10 对，顶裂片条状披针形，先端渐尖，侧裂片条形或条状披针形，宽 2 ～ 7mm，先端钝尖，具刺尖头，全缘或具少数牙齿；叶上面疏被糙硬毛，下面疏被黄色腺体并沿着叶脉疏被柔毛；具长柄，基部扩大成鞘状。中部叶及上部叶渐变小，具短柄或无柄。头状花序在茎顶排列成伞房状，具短梗；总苞筒状，长 8 ～ 12mm，直径 5 ～ 8mm。总苞片 5 ～ 6 层，紫红色，密被蛛丝状毛；外层者卵形或卵状披针形，先端具栉齿状附片，常反折；内层者条形，先端钝或尖。花冠红紫色，长 10 ～ 11mm，狭管部长 5 ～ 6mm，檐部与之等长。瘦果圆柱形，长约 4mm，褐色，顶端截形，有具齿的小冠；冠毛 2 层，淡褐色，内层者长 6 ～ 8mm。花果期 7 ～ 9 月。

中生草本。生于森林带和森林草原带的山地林缘、灌丛，是常见的伴生种。产兴安北部及岭西（额尔古纳市、根河市、海拉尔区）、兴安南部（阿鲁科尔沁旗、巴林右旗、东乌珠穆沁旗）、辽河平原（大青沟）、燕山北部（喀喇沁旗、宁城县、敖汉旗）。分布于我国黑龙江南部、吉林中部、辽宁、河北北部、山西中部、陕西北部、甘肃东南部，朝鲜、俄罗斯（远东地区）。为华北—满洲分布种。

12. 假盐地风毛菊（喀什风毛菊）

Saussurea pseudosalsa Lipsch. in Byull. Moskovsk. Obshch. Isp. Prir. Otd. Biol. 59(6):79. 1954; Fl. Intramongol. ed. 2, 4:724. t.282. f.4-7. 1992.

多年生草本，高 10 ～ 80cm。全体灰绿色。根状茎倾斜，褐色，颈部有褐色残叶柄。茎单一或数个，直立或斜升，具纵沟棱，粗糙或光滑，无毛或疏被短糙毛，基部或中部有分枝。叶肉质。基生叶与下部叶的叶形和大小变化较大，叶片三角形、卵形、倒卵形、卵状矩圆形至菱形，一般长 2 ～ 10cm，宽 1 ～ 4cm，先端锐尖，稀渐尖或钝，基部宽楔形、近截形或戟形，边缘或多或少具波状牙齿，齿端具软骨质小尖头，有时近全缘，两面无毛，仅边缘疏被或密被短糙毛，叶柄长 0.5 ～ 5cm；中部叶与下部叶相同；上部叶披针形或条形，全缘或具少数波状牙齿，无柄或近无柄。头状花序少数，具短梗或近无梗，常 1 ～ 3 个着生于茎枝顶端，有时组成疏散的圆锥状；总苞狭钟状，长 10 ～ 12mm，直径 5 ～ 7mm；总苞片 4 ～ 5 层，密被短柔毛及腺点，先端红紫色，外层者卵形，顶端稍钝，内层者矩圆形，顶端稍钝或渐尖；花冠紫红色，长约 1.5mm，狭管部长 7 ～ 8mm，檐部长 7 ～ 8mm。瘦果圆柱形，长约 4mm，有纵条斑点，顶端具短的小冠；冠毛 2 层，白色，外层者长约 3mm，内层者长约 1cm。花果期 8 ～ 9 月。

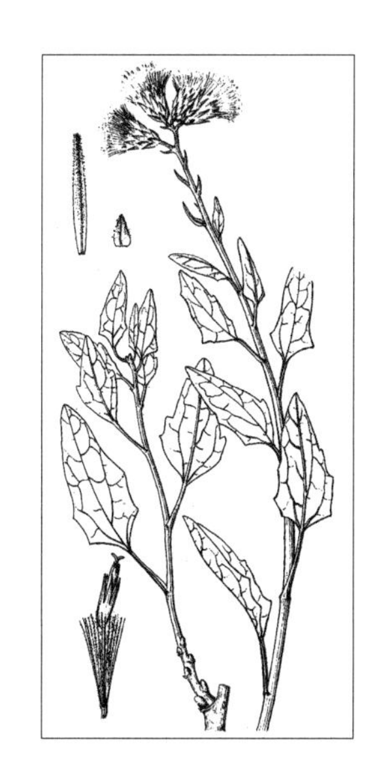

耐盐中生草本。生于荒漠带的盐渍化低地。产额济纳（野马泉村）。分布于我国新疆，蒙古国（外阿尔泰—戈壁）。为西戈壁分布种。

13. 达乌里风毛菊（毛苞风毛菊）

Saussurea daurica Adam. in Nouv. Mem. Soc. Imp. Nat. Mosc. 3:251. 1834; Fl. Intramongol. ed. 2, 4:724. t.281. f.1-3. 1992.

多年生草本，高 4 ～ 15cm。全体灰绿色。根细长，黑褐色。茎单一或 2 ～ 3 个，具纵沟棱，无毛或疏被短柔毛。基生叶披针形或长椭圆形，长 2 ～ 10cm，宽 0.5 ～ 2cm，先端渐尖，基部楔形或宽楔形，具长柄，全缘或具不规则波状牙齿或小裂片；茎生叶 2 ～ 5 片，无柄或具短柄，半抱茎，矩圆形，有波状小齿或全缘；全部叶近无毛或被微毛，密布腺点，边缘有糙硬毛。头状花序少数或多数，在茎顶密集排列成半球状或球状伞房状；总苞狭筒状，长 10 ～ 12mm，直径 (3 ～)5 ～ 6mm。总苞片 6 ～ 7 层：外层者卵形，顶端稍尖；内层者矩圆形，顶端钝尖，背部近无毛，边缘被短柔毛，上部带紫红色。花冠粉红色，长约 15mm，狭管部长约 8mm，檐部长约 7mm。瘦果圆柱状，长 2 ～ 3mm，顶端有短的小冠；冠毛 2 层，白色，内层长 11 ～ 12mm。花果期 8 ～ 9 月。

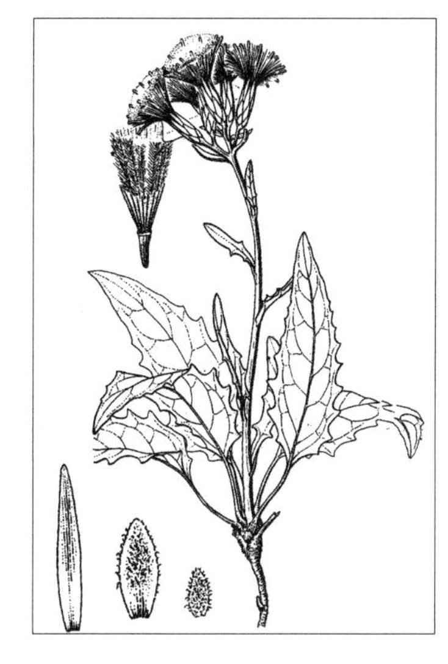

耐盐中生草本。生于草原带和荒漠草原带的芨芨草滩，沿着盐渍化低湿地可进入到森林草原带的盐化草甸。产呼伦贝尔（新巴尔虎左旗、新巴尔虎右旗）、锡林郭勒（东乌珠穆沁旗、苏尼特左旗）、乌兰察布（四子王旗）、东阿拉善（杭锦后旗、狼山、阿拉善左旗）、西阿拉善（阿拉善右旗）。分布于我国黑龙江（安达市）、宁夏北部、甘肃（河西走廊）、青海（柴达木盆地）、新疆东北部，蒙古国西部和中部及南部和东部、俄罗斯（西伯利亚地区）。为戈壁—蒙古分布种。

14. 盐地风毛菊

Saussurea salsa (Pall.) Spreng. in Syst. Veg. 3:381. 1826; Fl. Intramongol. ed. 2, 4:726. t.281. f.4-7. 1992.——*Serratula salsa* Pall. in Reise Russ. Reich. 3:607. 1776.

多年生草本，高 10 ～ 40cm。根粗壮，颈部有褐色残叶柄。茎单一或数个，具纵沟棱，有短柔毛或无毛，具由叶柄下延而成的窄翅，上部或中部分枝。叶质较厚。基生叶与下部叶较大，卵形或宽椭圆形，长 5 ～ 20cm，宽 3 ～ 5cm，大头羽状深裂或全裂；顶裂片大，箭头状，具波状浅齿、缺刻状裂片或全缘，侧裂片较小，三角形、披针形、菱形或卵形，全缘或具小齿及小裂片；叶上面疏被短糙毛或无毛，下面有腺点；叶柄长，基部扩大成鞘。茎生叶向上渐变小，无柄，矩圆形、披针形或条状披针形，全缘或有疏齿。头状花序多数，在茎顶端排列成伞房状或复伞房状，有短梗；总苞狭筒状，长 10 ～ 12mm，直径 4 ～ 5mm；总苞片 5 ～ 7 层，粉紫色，无毛或有疏蛛丝状毛，外层者卵形，顶端钝，内层者矩圆状条形，顶端钝或稍尖；花冠粉紫色，长约 14mm，狭管部长约 8mm，檐部长约 6mm。瘦果圆柱形，长约 3mm；冠毛 2 层，白色，内层者长约 13mm。花果期 8 ～ 9 月。

耐盐中生草本。生于草原带和荒漠带的盐渍化低地，是常见的伴生种。产呼伦贝尔（新巴尔虎左旗、新巴尔虎右旗）、锡林郭勒（东乌珠穆沁旗、西乌珠穆沁旗、阿巴嘎旗、苏尼特左旗、镶黄旗）、鄂尔多斯（达拉特旗、鄂托克旗）、东阿拉善（五原县、杭锦后旗、磴口县）、贺兰山、西阿拉善（阿拉善右旗）、额济纳。分布于我国宁夏、甘肃、青海北部、新疆，蒙古国西南部、俄罗斯（西伯利亚地区）、阿富汗，高加索地区，中亚、西南亚，欧洲。为古地中海分布种。

15. 直苞风毛菊（直鳞禾叶风毛菊）

Saussurea ortholepis (Hand.-Mazz.) Y. Z. Zhao et L. Q. Zhao in Key Vasc. Pl. Inn. Mongol. 270. 2014.——*S. graminea* Dunn var. *ortholepis* Hand.-Mazz. in Act. Hort. Gothob. 12:339. 1938.——*S. graminea* auct. non Dunn: Fl. Intramongol. ed. 2, 4:721. t.276. f.5-7. 1992.

多年生草本，高 10 ～ 25cm。根粗壮，扭曲，黑褐色，颈部被褐色鳞片状残叶，常由颈部生出少数或多数不孕枝和花枝，形成密丛。茎直立，具纵沟棱，密被白色绢毛。叶草质，狭条形，长 5 ～ 10cm，宽 2 ～ 3mm，先端渐尖，基部渐狭而呈柄状，柄基稍宽而呈鞘状，全缘，边缘反卷，上面疏被绢状柔毛或几无毛，下面密被白色毡毛；茎生叶少数，较短。头状花序单生于茎顶；总苞钟形，长 16 ～ 20mm，宽约 25mm。总苞片 4 ～ 5 层，被绢状长柔毛；外层者卵状披针形，顶端长渐尖，基部宽，直立；内层者条形，直立，带紫色。花冠粉紫色，长约 15mm，狭管长约 6mm，檐部长约 9mm。瘦果圆柱形，长 3 ～ 4mm；冠毛淡褐色，2 层，内层者长约 13mm。花果期 8 ～ 9 月。

耐寒中生草本。生于草原化荒漠带海拔 3000m 以上的高山，为高山草甸常见的伴生种。产贺兰山。分布于我国甘肃东南部、青海、四川西部、西藏。为横断山脉分布种。

16. 美丽风毛菊

Saussurea pulchra Lipsch. in Bot. Mater. Gerb. Bot. Inst. Kom. Akad. Nauk S.S.S.R. 19:389. 1959; High. Pl. China 11:590. f.896. 2005; Fl. China 20-21:94. 2011.

多年生草本，高 15 ～ 60cm。根状茎常较粗，颈部分枝，具不育叶丛和花茎。茎丛生，有分枝，被灰白色茸毛。叶线形，长 1.5 ～ 5cm，宽 0.2 ～ 0.4cm，先端急尖，边缘反卷，有小齿或全缘，上面绿色，茸毛较疏，下面密被灰白色茸毛；丛生叶基部扩大，鞘状；茎生叶基部狭窄。头状花序单生，或 2 ～ 3 个生于茎顶端；总苞筒状，果期呈倒锥形，长 15 ～ 18mm，口部宽至 2cm，基部有数枚叶状苞片。总苞片 5 ～ 6 层：外层卵状椭圆形，长 4 ～ 6mm，被毛；中层卵状披针形，先端渐尖；内层线状披针形，先端长渐尖，有尖头，被白茸毛。小花紫红色，长达 18mm。瘦果黑灰色，有横皱褶，四角形；冠毛白色，2 层，内层羽毛状，长约 15mm，比花冠短。花果期 8 ～ 10 月。

旱生草本。生于荒漠区山坡草地。产阿拉善（北山）。分布于我国甘肃（河西走廊）、青海。为河西走廊山地分布种。

17. 灰白风毛菊

Saussurea pricei Simps. in J. Linn. Soc. Bot. 41: 426. 1913.——*S. cana* auct. non Ledeb.: Fl. Intramongol. ed. 2, 4:726. t.282. f.1-3. 1992.

多年生草本，高 10 ～ 25cm。根木质，外皮纵裂成纤维状，颈部常发出丛生的花茎及不育的莲座状叶丛，被多数褐色鳞片状残叶柄。茎直立，具纵沟棱，不分枝或上部有分枝，密被或疏被白色绵毛或近无毛。不育枝及茎下部叶狭长椭圆形，长 2 ～ 10cm，宽 2 ～ 6(～ 15)mm，先端渐尖或锐尖，基部楔形，下延至叶柄基部，全缘或疏具小牙齿，边缘稍下卷，有时羽状半裂，上面绿色，近无毛或疏被绵毛，并有腺点，下面密被白色绵毛，中脉凸起，黄色；茎中上部叶渐变小，条形，全缘或稀具齿并下卷，无柄。头状花序少数在茎枝端排列成伞房状或复伞房状，梗长 3 ～ 20(～ 40)mm；总苞圆筒形或筒状钟形，长 10 ～ 13mm，直径 5 ～ 8mm，被灰白色蛛丝状毛及腺点。总苞片 4 ～ 6 层，边缘或全部呈粉紫色，具 1 条明显的中脉；外层和中层者卵形至矩圆形，先端尖或稍圆钝；内层者矩圆形至披针状条形，先端渐尖。花冠长 12 ～ 14mm，紫红色。瘦果圆柱形，褐色，长约 4mm，成熟后具斑点；冠毛 2 层，白色，外层糙毛状，易碎，内层羽毛状，长 7 ～ 10mm。花果期 7 ～ 9 月。

旱生草本。生于荒漠草原带的小针茅草原的干燥山坡、石质丘顶。产锡林郭勒（东乌珠穆沁旗、镶黄旗、苏尼特

左旗、苏尼特右旗）、乌兰察布（四子王旗、达尔罕茂明安联合旗、乌拉特后旗）。分布于蒙古国、俄罗斯（阿尔泰地区、图瓦）。为戈壁—蒙古分布种。

18. 西北风毛菊

Saussurea petrovii Lipsch. in Bot. Zhurn. (Moscow et Leningrad) 57(4):524. t.2. 1972; Fl. Intramongol. ed. 2, 4:728. t.283. f.1-3. 1992.

旭日 / 摄

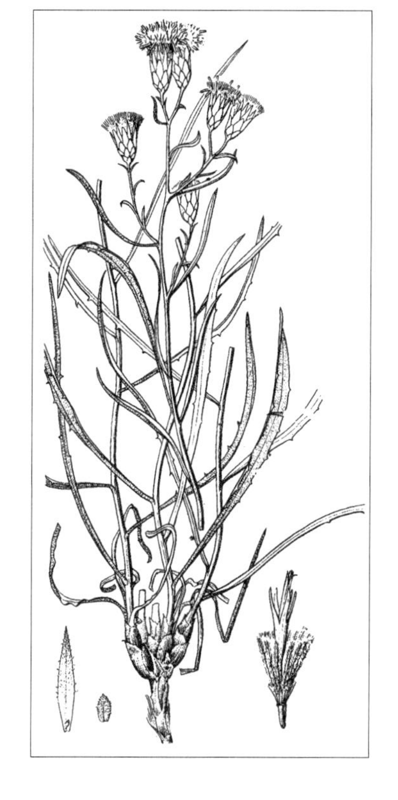

多年生草木，高 15 ～ 25cm。根木质，外皮纵裂成纤维状。茎丛生，直立，纤细，有纵沟棱，不分枝或上部有分枝，密被柔毛，基部被多数褐色鳞片状残叶柄。叶条形，长 5 ～ 10cm，宽 2 ～ 4mm，先端长渐尖，基部渐狭，边缘疏具小牙齿，齿端具软骨质小尖头；上部叶常全缘，上面绿色，中脉明显，黄色，下面被白色毡毛。头状花序少数在茎顶排列成复伞房状；总苞筒形或筒状钟形，长 10 ～ 12mm，直径 5 ～ 8mm；总苞片 4 ～ 5 层，被蛛丝状短柔毛，边缘带紫色，外层和中层者卵形，顶端具小短尖，内层者披针状条形，顶端渐尖；花冠粉红色，长 8 ～ 12mm，狭管部长 5 ～ 6mm，檐部长 3 ～ 6mm。瘦果圆柱形，长 3 ～ 4mm，褐色，有斑点；冠毛 2 层，白色，内层者长约 7mm。花果期 8 ～ 9 月。

强旱生草本。为草原化荒漠带小针茅草原的稀见伴生种。产东阿拉善（狼山、桌子山）、贺兰山。分布于我国宁夏西部、甘肃中部。为东阿拉善分布种。

19. 柳叶风毛菊

Saussurea salicifolia (L.) DC. in Ann. Mus. Natl. Hist. Nat. 16:200. 1810; Fl. Intramongol. ed. 2, 4:728. t.283. f.4-6. 1992.——*Serratula salicifolia* L., Sp. Pl. 2:817. 1753.

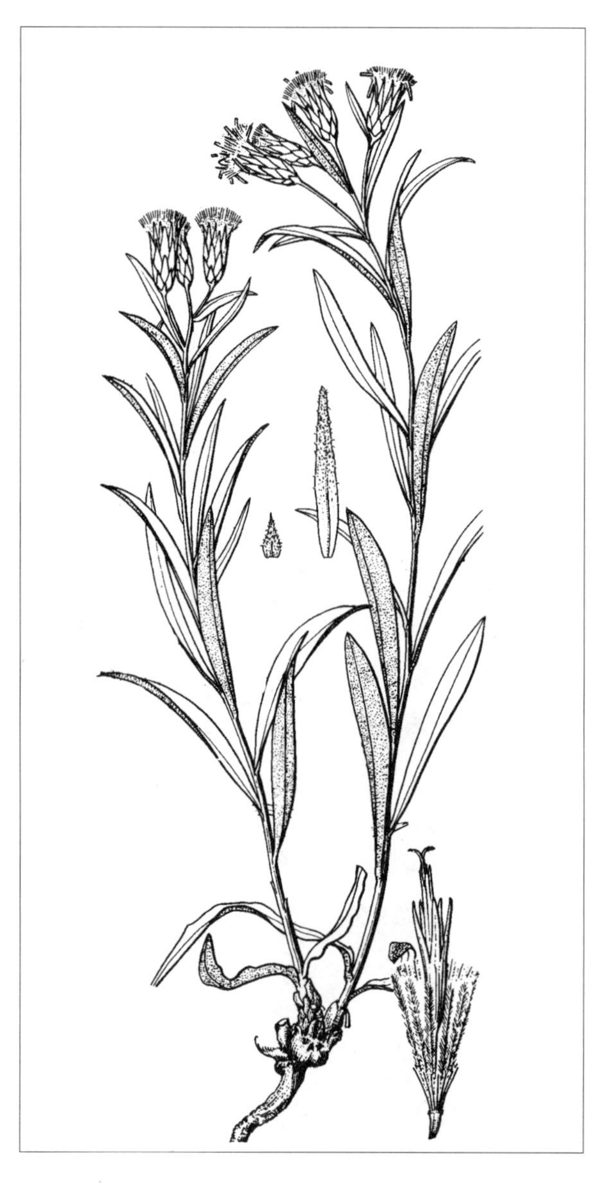

多年生半灌木状草本，高 15 ～ 40cm。根粗壮，扭曲，外皮纵裂为纤维状。茎多数丛生，直立，具纵沟棱，被蛛丝状毛或短柔毛，不分枝或由基部分枝。叶多数，条形或条状披针形，长 2 ～ 10cm，宽 3 ～ 5mm，先端渐尖，基部渐狭，具短柄或无柄，全缘，稀基部边缘具疏齿，常反卷，上面绿色，无毛或疏被短柔毛，下面被白色毡毛。头状花序在枝端排列成伞房状；总苞筒状钟形，长 8 ～ 12mm，直径 4 ～ 7mm；总苞片 4 ～ 5 层，红紫色，疏被蛛丝状毛，外层者卵形，顶端锐尖，内层者条状披针形，顶端渐尖或稍钝；花冠粉红色，长约 15mm，狭管部长 6 ～ 7mm，檐部长 6 ～ 7mm。瘦果圆柱形，褐色，长约 4mm；冠毛 2 层，白色，内层者长约 10mm。花果期 8 ～ 9 月。

中旱生草本。典型草原及山地草原地带常见的伴生种。产兴安北部及岭东、岭西和呼伦贝尔（额尔古纳市、根河市、鄂伦春自治旗、陈巴尔虎旗、鄂温克族自治旗、新巴尔虎左旗、新巴尔虎右旗、海拉尔区、满洲里市）、兴安南部（阿鲁科尔沁旗、巴林左旗）、锡林郭勒（东乌珠穆沁旗、锡林浩特市、苏尼特左旗）、贺兰山。分布于我国河北西部、甘肃西南部、青海东部、四川西北部、新疆（天山），蒙古国东部和北部、俄罗斯（西伯利亚地区）。为华北—蒙古分布种。

20. 银背风毛菊（华北风毛菊、羊耳白背）

Saussurea nivea Turcz. in Bull. Soc. Imp. Nat. Mosc. 10(7):153. 1837; Fl. Intramongol. ed. 2, 4:728. t.284. f.1-3. 1992.

多年生草本，高 50 ～ 70cm。根状茎倾斜，颈部有褐色残叶柄。茎直立，具纵沟棱，疏被蛛丝状毛，后脱落无毛，上部有分枝。基生叶和茎下部叶披针状三角形或卵状三角形，长 7 ～ 15cm，宽 2.5 ～ 6cm，先端渐尖，基部戟形或心形，边缘有具小尖头的疏齿，上面绿色，无毛，下面被银白色毡毛，具长叶柄；中部叶向上渐变小，与基生叶相似；上部叶披针形，具短柄至无柄。头状花序在枝端或茎顶排列成伞房状，花梗细，被蛛丝状毛，具条形苞叶；总苞筒状钟形或钟形，长 10 ～ 15mm，直径 8 ～ 10mm。总苞片 5 ～ 7 层，密被白色绵毛；外层者卵形，顶端尖，黑色；内层者条形，锐尖。花冠粉紫色，长 10 ～ 12mm，狭管部长约 6mm，檐部长 5 ～ 6mm。瘦果圆柱形，褐色，长 3 ～ 4mm；冠毛 2 层，白色，内层者长约 9mm。花果期 8 ～ 9 月。

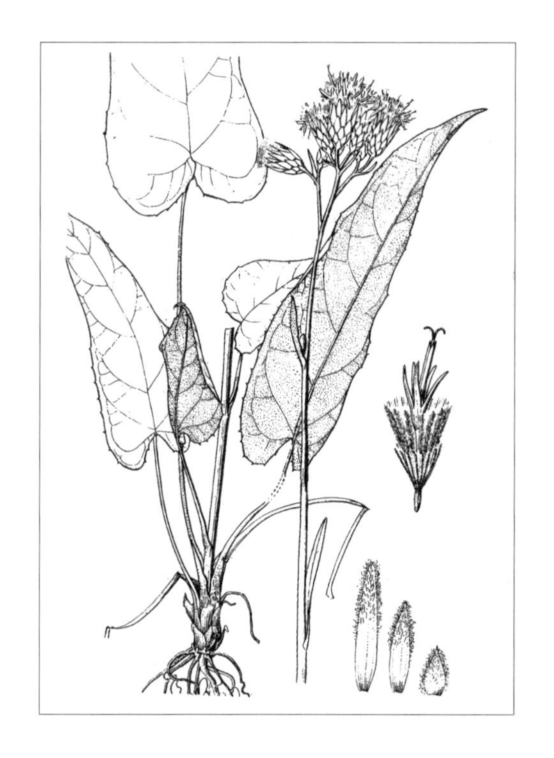

中生草本。生于阔叶林带的林下、灌丛。产兴安南部（克什克腾旗黄岗梁）、燕山北部（喀喇沁旗、宁城县、敖汉旗）。分布于我国辽宁西部、河北、河南西部和西北部、山西中北部、陕西西南部，朝鲜。为华北—满洲分布种。

21. 阿拉善风毛菊

Saussurea alaschanica Maxim. in Bull. Acad. Imp. Sci. St.-Petersb. 27:492. 1882; Fl. Intramongol. ed. 2, 4:732. t.285. f.1-6. 1992.——*S. alaschanica* Maxim. var. *acaulis* Z. Y. Chu et C. Z. Liang in Fl. Helan Mount. 597. 2011.——*S. alaschanica* Maxim. var. *polycephala* Z. Y. Chu et C. Z. Liang in Fl. Helan Mount. 597. 2011.

多年生草本，高 20 ～ 30cm。根状茎短，倾斜。茎单生，较细，直立或斜升，具纵沟棱，疏被蛛丝状毛，常带紫红色。基生叶和茎下部叶椭圆形或卵状椭圆形，长 2.5 ～ 13cm，宽

1.5～5cm，先端渐尖，基部浅心形、宽楔形或近圆形，边缘有短尖齿，叶片上面绿色，下面被白色毡毛，有具翅的长柄；中部叶向上渐变小，具短柄；上部叶披针形或椭圆状披针形，无柄。头状花序1～3，在茎顶密集排列成伞房状，梗极粗短，被蛛丝状毛；总苞钟状筒形，长12～15mm，直径10～12mm；总苞片4～5层，暗紫色，被长柔毛，外层者卵形或卵状披针形，顶端长渐尖，内层者条形，顶端长渐尖；花冠紫红色，长12～15mm，狭管部长约6mm，檐部长6～9mm。瘦果圆柱形，黑褐色，长约4mm，有纵条纹；冠毛2层，白色，内层者长约12mm。花期7～8月，果期8～9月。

中生草本。生于荒漠带海拔2500～2800m的山地灌丛或岩石缝中。产贺兰山、龙首山。为南阿拉善山地（贺兰山—龙首山）分布种。

Key to the Vascular Plants of Mongolia（259. t.138. f.632. 1982.）中记载蒙古国（科布多地区、大湖盆地）分布的并非本种。那个种无茎生叶，基生叶莲座状，椭圆状披针形或披针形，与本种明显不同。因此本种为南阿拉善山地特有种。

22. 折苞风毛菊（长叶风毛菊、弯苞风毛菊）

Saussurea recurvata (Maxim.) Lipsch. in Bot. Mater. Gerb. Bot. Inst. Kom. Akad. Nauk S.S.S.R 21:374. 1961; Fl. Intramongol. ed. 2, 4:732. t.286. f.1-4. 1992.——*S. elongata* DC. var. *recurvata* Maxim. in Mem. Acad. Imp. Sci. St.-Petersb. 9:167. 1859.

多年生草本，高40～80cm。根状茎粗短，颈部被黑褐色残叶柄包围。茎直立，具纵沟棱，无毛或被疏柔毛，不分枝。叶质较厚。基生叶与茎下部叶卵状三角形、长三角状卵形或长卵形，长（3～）10～15cm，宽（2～）2.5～6cm，不分裂或羽状半裂，稀深裂，先端渐尖或锐尖，基部截形、心形或戟形；侧裂片多数，不规则，通常具大小不等的缺刻状疏齿或小裂片，有的全缘；叶上面绿色，疏被糙硬毛，下面灰绿色，稍光滑，疏被皱曲柔毛或无毛，中脉凸起；

叶具长柄，有狭翅，基部扩大而抱茎或半抱茎。中部叶有时不分裂，边缘具不规则缺刻状牙齿，稀全缘，基部常为楔形，具短柄；上部叶小，披针形或条状披针形，先端渐尖，基部楔形，全缘或具牙齿，无柄。头状花序数个在茎端密集成伞房状，具短梗；总苞钟状，长 10 ～ 15mm，直径约 10(～ 15)mm。总苞片 5 ～ 7 层，先端通常暗紫色，背部被柔毛或无毛；外层的宽卵形，具缘毛，先端有马刀形附片或无附片而成长尖头，通常反折；内层的条形，先端稍钝或尖。花冠紫色，长 12 ～ 15mm，狭管部与檐部近等长。瘦果圆柱形，长约 5mm；冠毛 2 层，淡褐色，内层长约 1cm。花果期 7 ～ 9 月。

中生草本。生于森林带和森林草原带的山地林缘、灌丛、草甸。产兴安北部及岭东和岭西（大兴安岭、额尔古纳市、陈巴尔虎旗、鄂温克族自治旗、阿荣旗）、兴安南部（扎鲁特旗、阿鲁科尔沁旗、巴林左旗、巴林右旗、克什克腾旗、东乌珠穆沁旗、西乌珠穆沁旗、锡林浩特市）、燕山北部（喀喇沁旗、兴和县苏木山）、阴山（大青山、蛮汗山、乌拉山）。分布于我国黑龙江、吉林东部、陕西中西部、宁夏南部、甘肃东北部、青海东部，朝鲜、蒙古国（大兴安岭）、俄罗斯（远东地区）。为华北—满洲分布种。

23. 山风毛菊（湿地风毛菊）

Saussurea umbrosa Kom. in Trudy Imp. St.-Petersb. Bot. Sada 18(3):423. 1901; Fl. Intramongol. ed. 2, 4:733. t.287. f.1-5. 1992.

多年生草本，高 50 ～ 80cm。根状茎粗短，颈部被褐色纤维状残叶柄。茎单一，直立，有

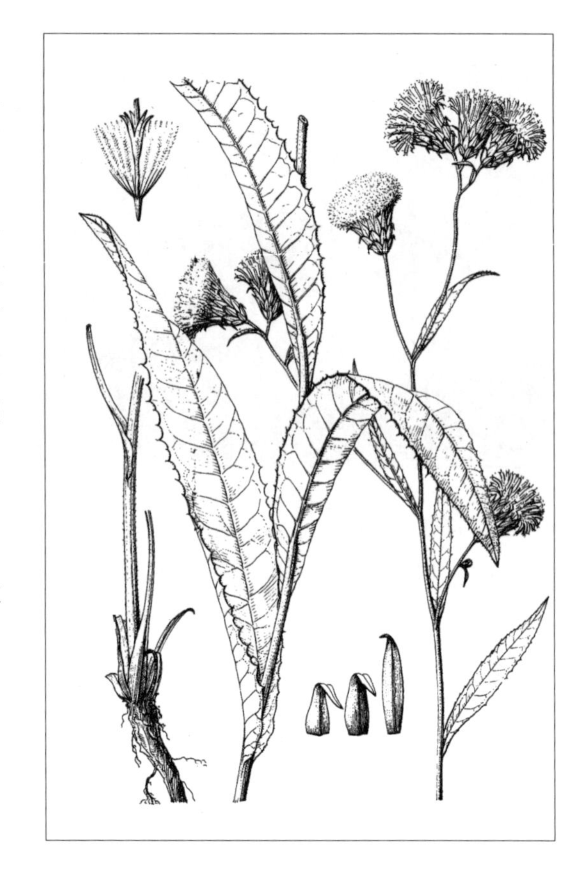

纵沟棱，具狭翅，被柔毛，上部有分枝。叶质薄；基生叶卵状矩圆形或椭圆形，长达20cm，宽达6cm，先端锐尖，基部截形、圆形或心形，边缘有具短刺尖的牙齿，上面绿色，被褐色皱曲柔毛，下面灰绿色，被蛛丝状毛及腺点，叶柄较长，具翅；茎生叶矩圆形或矩圆状披针形或披针形，长9～18cm，宽1～3cm，先端渐尖或锐尖，边缘有具刺尖的牙齿并被缘毛，基部楔形，无柄，稍抱茎；上部叶条状披针形，全缘。头状花序在茎顶排列成疏散的伞房状或圆锥状，花序梗被腺毛；总苞钟形，基部狭，长12～15mm，直径约10mm。总苞片5层，上部密布腺体和腺毛，背部被微毛，边缘有长睫毛；外层和中层者卵形，顶端长尾状渐尖，反卷；内层者条形或披针形，顶端渐尖。花冠淡紫色，长约12mm，狭管部与檐部近等长。瘦果圆柱形，长3～4mm；冠毛2层，淡褐色，内层者长约10mm。花果期7～8月。

中生草本。生于森林带的山地林下、林间草甸。产兴安北部（大兴安岭）。分布于我国黑龙江北部、吉林东部，朝鲜、俄罗斯（东西伯利亚地区、远东地区）。为东西伯利亚—满洲分布种。

24. 卷苞风毛菊

Saussurea tunglingensis F. H. Chen in Bull. Fan Mem. Inst. Biol., Bot. 5:85. 1934.——*S. sclerolepis* Nakai et Kitag. in Rep. First. Sci. Exped. Manch. Sect. 4, 4(1):64. 1934.

多年生草本，高10～50cm。根状茎短，粗厚，斜生。茎单一或疏丛生，上部稍分枝，分枝直立。基生叶及茎下部叶披针形或卵状披针形，长5～13cm，宽2～5cm，基部楔形至近戟形，先端渐尖或钝，边缘具不整齐波状齿或浅波状，齿端具小刺尖，齿缘具纤毛，具长翼状柄，柄长5～12cm；上部叶近无柄或无柄，披针形，基部楔形，先端渐尖。头状花序单一或少数，腋生或顶生；总苞钟形或广钟形，长约2cm，宽(1～)1.5～2(～2.5)cm。总苞片5～6层，叶质，上部带紫色；外层卵形，反卷；中层狭卵形，中部以上反卷；内层披针形，稍

直立，先端钝。花紫红色，花冠长约15mm，下筒部稍长于上筒部，先端5深裂。瘦果倒圆锥形，长约5mm，具3条肋，稍扁；冠毛2层，白色，外层长约6mm，糙毛状，内层与花冠近等长，羽毛状。花果期7～8月。

中生草本。生于森林带的山地林缘、草甸、河岸。产燕山北部。分布于我国辽宁、河北。为华北北部分布种。

25. 硬叶风毛菊（硬叶乌苏里风毛菊）

Saussurea firma (Kitag.) Kitam. in Act. Phytotax. Geobot. 9(3):112. 1940; Fl. Intramongol. ed. 2, 4:736. t.289. f.5-8. 1992.——*S. ussuriensis* Maxim. var. *firma* Kitag. in Rep. Exped. Manch. Sect. 4,4:97. 1936.

多年生草本，高50～80cm。根状茎倾斜，颈部具黑褐色纤维状残叶柄。茎直立，具纵沟棱，中上部疏被短柔毛或近无毛，下部疏被蛛丝状毛，不分枝。叶质厚硬；基生叶与下部叶卵形、矩圆状卵形至宽卵形，长3～12cm，宽2～6cm，先端渐尖或锐尖，基部心形或截形，边缘有波状具短刺尖的牙齿，上面绿色，近无毛，有腺点，沿边缘有短硬毛，下面灰白色，疏被或密被蛛丝状毛或无毛，叶柄长3～10cm，基部扩大而半抱茎；中部叶与上部叶渐变小，矩圆状卵形、披针形至条形，先端渐尖，基部楔形，边缘具小齿或全缘，具短柄或无柄。头状花序多数，在茎顶排列成伞房状，花序梗短或近无梗，疏被蛛丝状毛；总苞筒状钟形，长8～10mm，直径4～7mm。总苞片5～7层，边缘及先端通常紫红色，疏被蛛丝状毛或无毛；外层的短小，卵形，先端锐尖；内层的条形，先端钝尖。花冠长10～12mm，紫红色，狭管部长5～6mm，檐部与之等长。瘦果长4～9mm，无毛；冠毛白色，2层，内层长约1cm。花果期7～9月。

中生草本。生于森林带和草原带的山地草地、沟谷。产兴安北部及岭东（牙克石市、阿荣旗）、呼伦贝尔（新巴尔虎右旗）、兴安南部（阿鲁科尔沁旗、巴林左旗、巴林右旗、林西县、克什克腾旗、西乌珠穆沁旗）、燕山北部（宁城县、敖汉旗）。分布于我国黑龙江、吉林、辽宁、河北，俄罗斯（远东地区）。为满洲分布种。

26. 狭头风毛菊

Saussurea dielsiana Koidz. in Fl. Symb. Orient.-Asiat. 50. 1930; Fl. Intramongol. ed. 2, 4:738. t.289. f.1-4. 1992.

多年生草本，高 40 ～ 90cm。茎直立，单生或上部分枝，具纵沟棱，被短柔毛及腺点，基部带红紫色，有少数叶鞘残余。叶纸质。下部叶矩圆状三角形或矩圆形，长 10 ～ 15cm，宽 5 ～ 8cm，先端渐尖，基部心形或近截形，边缘稍向外而略呈戟形，具不规则牙齿、波状牙齿或浅波状，上面绿色，粗糙，下面淡绿色，疏被腺点及短硬毛，中脉明显凸起，叶柄长 3 ～ 6cm，基部稍扩大；中上部叶卵状披针形、披针状三角形或披针形，先端渐尖或长渐尖，基部宽楔形或近圆形，边缘具牙齿或近全缘，具短柄或近无柄。头状花序多数，在茎顶密集排列成伞房状，梗短或近无梗，被短糙毛及腺点；总苞狭钟状或圆筒状，长 8 ～ 12mm，直径 3 ～ 4mm。总苞片 5 ～ 6 层，革质，边缘疏被蛛丝状毛；外层者短小，卵形，先端锐尖，常外弯；内层者伸长为矩圆形或至条形，边缘或中上部紫红色，先端锐尖或稍钝。小花 4 ～ 5，花冠长约 11mm，紫红色。瘦果圆柱形，长约 5mm，淡棕色，有纵条斑；冠毛白色，2 层，内层者长约 8mm。花果期 8 ～ 9 月。

中生草本。生于草原带的山地白桦林林缘。产燕山北部（喀喇沁旗）、阴山（蛮汗山）。分布于我国山西、陕西、四川。为华北西部山地分布种。

27. 乌苏里风毛菊

Saussurea ussuriensis Maxim. in Mem. Acad. Imp. Sci. St.-Petersb. Div. Sav. 9:167. 1859; High. Pl. China 11:603. f.922. 2005.

多年生草本，高 50 ～ 120cm。根状茎匍匐，密生须根。茎直立，有条棱，无毛。叶质硬。基生叶及茎下部叶卵状三角形或三角状卵形，长 7 ～ 14cm，宽 2.5 ～ 6cm，基部心形、截形或近戟形，先端长渐尖，边缘具凸尖牙齿，常有羽状裂片或羽状浅裂；侧裂片 3 ～ 7 对，开展，倒卵形，上部边缘具牙齿或弯波状；两面绿色，被微毛或无毛；长柄，长 4.5 ～ 20cm。中上部叶向上渐小，叶片卵形、长椭圆状卵形至披针形，基部截形或楔形，先端渐尖，边缘有裂片或凸尖牙齿，具短柄至无柄。头状花序多数，排列成伞房状圆锥花序；总苞筒状钟形，长 12 ～ 13mm，宽 5 ～ 8mm，被蛛丝状毛，常带紫色。总苞片 5 ～ 7 层，覆瓦状排列；外层卵形，长约 2mm，宽不及 1mm，先端短渐尖；中层长圆形，长约 8mm，宽约 2mm；内层线形，长约 1.5mm，宽约 1mm，先端

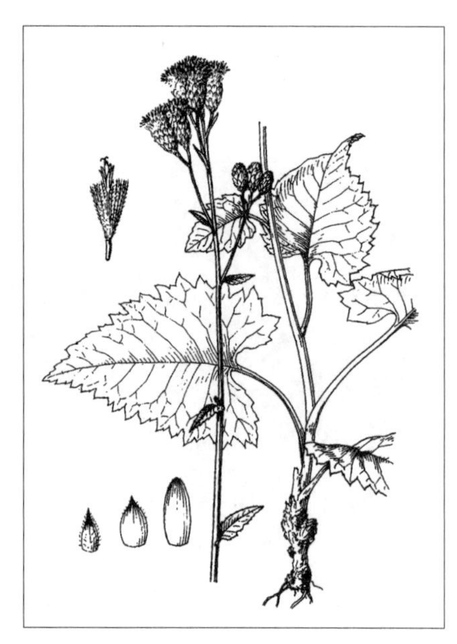

钝。花同型，两性，花冠长 10 ～ 13mm，淡紫色，下筒部较上筒部稍长，先端 5 深裂。瘦果长圆形，长约 5mm，宽约 1.5mm，微扁，有黑紫色斑点，先端截形；冠毛 2 层，淡褐色，外层糙毛状，内层羽毛状，长约 9mm。花果期 7 ～ 9 月。

中生草本。生于森林带和草原带的山坡草地、林下、河边。产兴安北部及岭东和岭西（大兴安岭、额尔古纳市、扎兰屯市、阿荣旗、鄂温克族自治旗）、兴安南部及科尔沁（科尔沁右翼中旗、突泉县、扎鲁特旗、阿鲁科尔沁旗、巴林右旗、克什克腾旗）、燕山北部（喀喇沁旗、宁城县）。分布于我国黑龙江东部和南部、吉林东部、辽宁东部、河北、河南、山东、山西、陕西北部、宁夏南部、甘肃东部、青海东部，日本、朝鲜、蒙古国（大兴安岭）、俄罗斯（远东地区）。为东亚北部分布种。

28. 密花风毛菊（渐尖风毛菊）

Saussurea acuminata Turcz. ex Fisch. et C. A. Mey. in Index Sem. Hort. Petrop. 1:37. 1835; Fl. Intramongol. ed. 2, 4:738. t.290. f.6-8. 1992.

多年生草本，高 30 ～ 60cm。根状茎细长。茎单一，直立，具纵沟棱，近无毛，有由叶沿茎下延的窄翅，不分枝。叶质厚；基生叶矩圆状披针形或披针形，长 10 ～ 18cm，宽 2 ～ 2.5cm，花期常凋落；茎生叶披针形或条状披针形，先端长渐尖，全缘，两面无毛，边缘被糙硬毛，反卷，基部渐狭成具翅的柄，柄基半抱茎；上部叶条形或条状披针形，无柄。头状花序多数在茎端密集排列成半球形伞房状；总苞筒状钟形，长 10 ～ 15mm，宽 5 ～ 6mm。总苞片 4 层，疏被柔毛；外层者卵形，先端长尾尖，常反折；中层者矩圆形，顶端尖；内层者条形或条状披针形，先端常带紫红色。花冠淡紫色，长 12 ～ 15mm，狭管部长约 8mm，檐部长约 7mm。瘦果圆柱状，长 1.5 ～ 2mm；冠毛 2 层，白色，内层者长约 14mm。花果期 8 ～ 9 月。

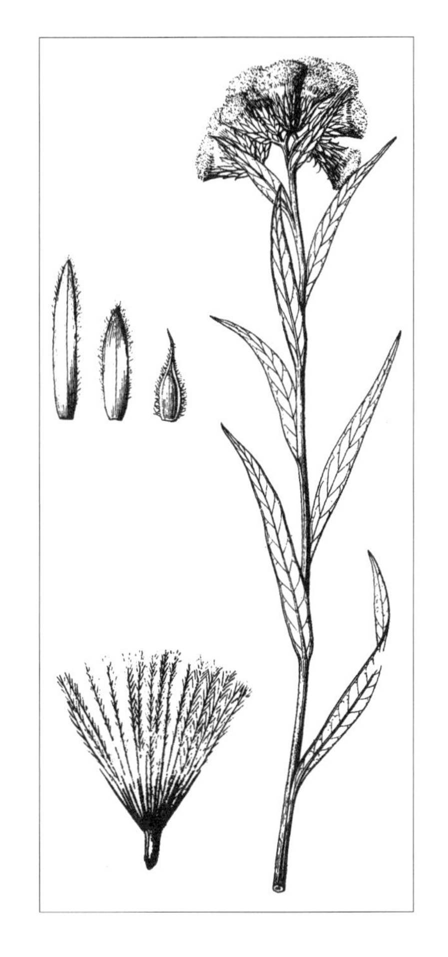

中生草本。生于森林草原带的河谷草地。产呼伦贝尔、兴安南部（阿鲁科尔沁旗、克什克腾旗）、锡林郭勒（锡林浩特市、正蓝旗）。分布于我国黑龙江南部，蒙古国（蒙古—达乌里地区）、俄罗斯（东西伯利亚地区）。为东蒙古分布种。

29. 龙江风毛菊（齿叶风毛菊）

Saussurea amurensis Turcz. ex DC. in Prodr. 6:534. 1838; Fl. Intramongol. ed. 2, 4:740. t.290. f.1-5. 1992.

多年生草本，高 40 ～ 70cm。根状茎细长。茎直立，具纵沟棱，被蛛丝状毛或近无毛，有由叶沿茎下延的窄翅，不分枝，仅上部分出少数花序枝。基生叶宽披针形、长椭圆形或卵形，

长 20 ～ 30cm，宽 3 ～ 5cm，先端渐尖，边缘具疏细齿，上面无毛，下面密被白色蛛丝状绵毛，基部渐狭，具长柄；茎生叶披针形或条状披针形，先端渐尖，边缘有细齿，基部渐狭，具短柄；上部叶条状披针形或条形，全缘。头状花序多数，在茎顶和枝端排列成密集的伞房状；总苞筒状钟形，长 8 ～ 10mm，宽 6 ～ 8mm。总苞片 4 ～ 5 层，被绵状长柔毛；外层者卵形，顶端尖，带暗紫色；内层者披针形或矩圆状披针形，顶端稍钝。花冠粉紫色，长 10 ～ 12mm，狭管部长 5 ～ 6mm，檐部长 5 ～ 7mm。瘦果圆柱形，褐色，长约 3mm；冠毛 2 层，污白色，内层者长 8 ～ 10mm。花果期 8 ～ 9 月。

湿中生草本。生于森林带和草原带的沼泽化草甸。产兴安北部（额尔古纳市、根河市、牙克石市）、兴安南部（扎赉特旗、科尔沁右翼前旗、阿鲁科尔沁旗、克什克腾旗、东乌珠穆沁旗）、燕山北部（喀喇沁旗、宁城县）。分布于我国黑龙江、吉林东部、辽宁，朝鲜、俄罗斯（东西伯利亚地区、远东地区）。为东西伯利亚—满洲分布种。

30. 狭翼风毛菊

Saussurea frondosa Hand.-Mazz. in Act. Hort. Gothob. 12:312. 1938; High. Pl. China 11:606. f.928. 2004; Fl. China 20-21:138. 2011.

多年生草本，高达 60cm。根状茎细长，横走。茎直立，有狭翼，被稠密的柔毛，上部或顶端伞房花序状分枝。基生叶花期凋落。下部及中部茎生叶卵形或椭圆形，长 10 ～ 16cm，宽 3 ～ 6cm，不裂，顶端急尖或渐尖，基部楔形，渐狭成短翼柄或无柄；或大头羽状深裂，顶裂

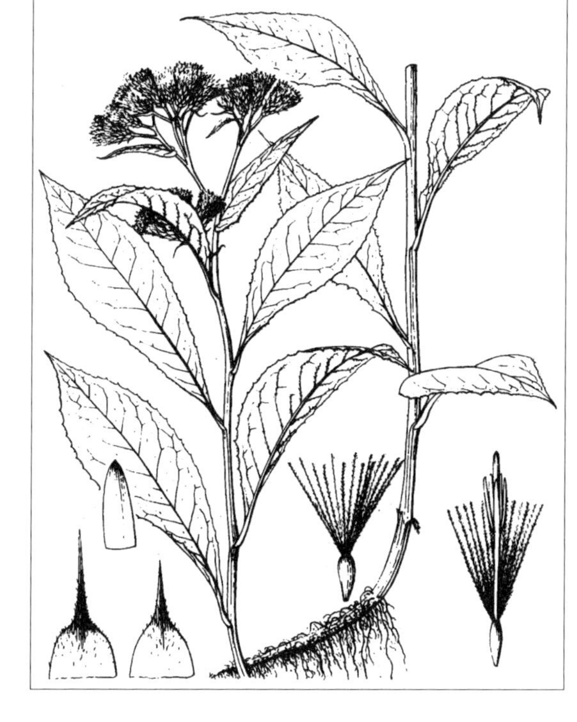

片卵形或椭圆形，侧裂片 1 对，很小，三角形或椭圆形。上部叶渐小，椭圆形或长椭圆形，顶端急尖，基部楔形，几无柄。全部叶有短柄或几无柄，边缘有细锯齿，齿端有小尖头，或上部茎生叶边缘全缘，两面绿色，无毛。头状花序小，多数，在茎枝顶端排列成伞房花序，花序梗细，长 0.2 ～ 1cm；总苞卵状长圆形。总苞片 5 层，外面被稀疏蛛丝毛；外层卵形，长 5mm，顶端有长约 4mm 的钻状渐尖；中层椭圆形，长约 6mm，宽约 2.5mm，顶端有长 3 ～ 4mm 的钻状渐尖；内层长圆形，长 7 ～ 10mm，宽 2 ～ 3mm，顶端钝。小花紫红色，长约 1.6cm，狭管部长约9.5mm，檐部长约6.5mm。瘦果圆柱状，褐色，无毛，长约 5mm。冠毛 2 层，浅褐色；外层短，糙毛状，长 2 ～ 3mm；内层长，羽毛状，长约 9mm。花果期 7 ～ 9 月。

中生草本。生于草原带的山地林下。产阴山（大青山）。分布于我国山西、河南西部、陕西（秦岭）。为华北分布种。

31. 小花风毛菊（燕尾风毛菊）

Saussurea parviflora (Poir.) DC. in Ann. Mus. Natl. Hist. Nat. 16:200. 1810; Fl. Intramongol. ed. 2, 4:740. t.291. f.1-5. 1992.——*Serratula parviflora* Poir. in Encycl. 6:554. 1805.

多年生草本，高 40 ～ 80cm。根状茎横走。茎直立，具纵沟棱，有狭翅 1，无毛或疏被短柔毛，单一或上部有分枝。叶质薄；基生叶在花期凋落；下部叶及中部叶长椭圆形或矩圆状椭圆形，长 8 ～ 12cm，宽 2 ～ 3cm，先端长渐尖，基部渐狭而下延成狭翅，边缘具尖的锯齿，上面绿色，下面灰绿色，无毛或被疏或密的灰白色蛛丝状毛，边缘有糙硬毛；上部叶披针形或条状披针形，有细齿或近全缘，无柄。头状花序多数，在茎顶或枝端密集成伞房状，有短梗，近无毛；总苞筒状钟形，长约 8mm，直径 5 ～ 6mm。总苞片 3 ～ 4 层，顶端常黑色，无毛或疏被柔毛；外层者卵形或卵圆形，顶端钝；内层者矩圆

形，顶端钝。花冠紫色，长 10 ～ 12mm。瘦果长约 3mm；冠毛 2 层，白色，内层者长 5 ～ 9mm。花果期 7 ～ 9 月。

中生草本。生于森林带和森林草原带的山地林下、灌丛、林缘草甸，是常见的伴生种。产兴安北部及岭西（额尔古纳市、根河市、阿尔山市）、兴安南部（阿鲁科尔沁旗、巴林左旗、巴林右旗、克什克腾旗、东乌珠穆沁旗）、燕山北部（喀喇沁旗、宁城县、敖汉旗）、阴山（蛮汗山）。分布于我国黑龙江、河北、山西、宁夏南部、甘肃东部、青海东部、四川北部、西藏南部、云南、新疆北部，蒙古国东部和北部、俄罗斯（西伯利亚地区）、哈萨克斯坦。为东古北极分布种。

32. 齿叶风毛菊

Saussurea neoserrata Nakai in Bot. Mag. Tokyo 45:519. 1931；Fl. Intramongol. ed. 2, 4:743. 1992.

多年生草本，高 30 ～ 100cm。根状茎横走。茎直立，具纵沟棱，有狭翅，下部疏被皱曲长柔毛，单一或上部有分枝。叶质薄；基生叶在花期凋落；茎生叶椭圆形或椭圆状披针形，长达 10cm，宽 2 ～ 4cm，先端渐尖，边缘有不规则的具尖头的牙齿，上面绿色，近无毛，下面苍白色，疏被乳头状柔毛，边缘被糙硬毛，基部渐狭，下延成翅状叶柄，半抱茎；上部叶披针形或条状披针形。头状花序多数在茎顶或枝端密集成伞房状，有短梗；总苞筒状钟形，长 8 ～ 10mm，直径 4 ～ 5mm。总苞片 4 ～ 5 层，绿色或顶端稍带黑紫色，无毛或被微毛；外层者卵形，顶端钝；内层者条状矩圆形，顶端钝。花冠紫色或淡紫色，长约 10mm，狭管部长约 5mm，檐部长 4 ～ 5mm。瘦果圆柱形，具纵沟棱，长约 4mm；冠毛 2 层，淡褐色，内层者长 6 ～ 7mm。花果期 7 ～ 8 月。

中生草本。生于落叶松林及山地阔叶林林缘、林间草甸，是常见的伴生种。产兴安北部（大兴安岭、额尔古纳市、牙克石市）、燕山北部（喀喇沁旗）。分布于我国黑龙江、吉林东部、河北，朝鲜、俄罗斯（东西伯利亚地区、远东地区）。为东西伯利亚—满洲分布种。

33. 羽叶风毛菊

Saussurea maximowiczii Herd. in Bull. Soc. Imp. Nat. Mosc. 41(3):14. 1868; Fl. Intramongol. ed. 2, 4:745. t.294. f.1-7. 1992.

多年生草本，高 50 ～ 100cm。根状茎倾斜，颈部具纤维状残叶柄。茎单一，直立，具纵沟棱，无毛或被微毛，上部有分枝。基生叶与下部叶长卵形、长椭圆形或长三角形，长 10 ～ 15cm，宽 3 ～ 5cm，大头羽状深裂，侧裂片 4 ～ 8 对，狭倒卵状椭圆形或矩圆形，顶裂片三角形或披针形，先端渐尖或锐尖，边缘具不规则齿裂，叶具长柄，柄基扩大成鞘状；中部叶与下部叶相似，向上渐变小，具短柄，基部半抱茎；上部叶长椭圆形或披针形，全缘或羽状深裂，无柄。头状花序少数在茎顶排列成疏伞房状，具短梗；总苞筒状钟形，长 10 ～ 15mm，直径 6 ～ 7mm，被蛛丝状长柔毛；总苞片 7 ～ 8 层，边缘带紫色，外层者卵形，顶端锐尖，内层者披针状条形，顶端稍钝；花冠紫红色，长 11 ～ 13mm，狭管部长 6 ～ 7mm，檐部长 5 ～ 6mm。瘦果圆柱形，暗褐色，长约 5mm；冠毛 2 层，淡褐色，内层者长约 1cm。花果期 7 ～ 9 月。

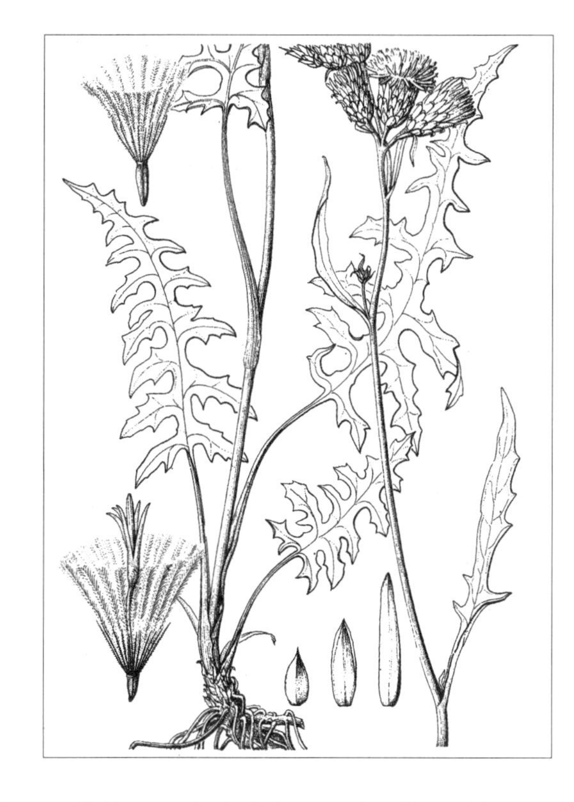

中生草本。生于森林带和森林草原带的山地草甸、林缘、林下，是常见的伴生种。产兴安北部及岭东和岭西（额尔古纳市、根河市、牙克石市、阿荣旗）、兴安南部（阿鲁科尔沁旗、巴林左旗、巴林右旗）、燕山北部（喀喇沁旗）。分布于我国黑龙江、吉林东部、辽宁，日本、朝鲜、俄罗斯（远东地区）。为东亚北部（满洲—日本）分布种。

34. 雅布赖风毛菊

Saussurea yabulaiensis Y. Y. Yao in Fl. Desert. Reip. Pop. Sin. 3:385,472. 1992; Fl. Intramongol. ed. 2, 4:749. t.295. f.1-4. 1992.

多年生草本，高 30 ～ 35cm。根粗壮。茎多数，细长，直立或弯曲，具纵沟棱，疏被短柔

毛和腺点，基部密被黄白色而最下部呈黄褐色的残存叶柄和叶轴。下部叶长2～15cm，不整齐羽状全裂；裂片常为2～3对，疏离，条形或披针形，长0.3～2cm，宽0.5～3mm，先端渐尖，有时钝，具刺尖头，全缘，常反卷；叶两面无毛，疏被腺点，下面中脉稍凸起；叶柄基部扩大，半抱茎。中、上部叶逐渐变小，不分裂，丝状条形。头状花序单生于花序梗顶端，少数在茎顶排列成伞房状；总苞筒状钟形，长10～15mm，直径5～8mm；总苞片革质，7～8层，黄绿色，先端锐尖或渐尖，中肋明显，背部密被或疏被腺点和微毛，边缘疏生短腺毛，外层的卵形，中层的卵状披针形，内层的披针状条形；托片丝状条形，长2～2.5mm；花冠粉紫色，长约13mm，狭管部长约6mm，檐部长约7mm，裂片5，等长；花药尾部有绵毛。瘦果矩圆形，具4～5条纵棱，疏被腺点。冠毛白色，2层：外层短，糙毛状；内层长，长约9mm，羽毛状。花期8月。

强旱生草本。生于荒漠带的石质山坡、山地沟谷。产西阿拉善（雅布赖山）。为南阿拉善（雅布赖山）山地分布种。

35. 毓泉风毛菊

Saussurea mae H. C. Fu in Fl. Intramongol. ed. 2, 4:745,848. t.293. f.1-5. 1992; Fl. China 20-21:98. 2011.

多年生草本，高 4 ～ 15cm。根木质，粗壮，外皮纵裂成纤维状，自颈部发出少数或多数丛生的花枝和不孕枝。茎多数，粗壮，直立或斜升，具纵沟棱，疏被蛛丝状毛和腺点，基部密被

灰褐色残存的枯叶柄。叶长 3 ～ 7cm，羽状全裂，侧裂片 3 ～ 5 对，条形或条状披针形，长 3 ～ 10mm，宽 0.5 ～ 2mm，先端锐尖或稍钝，具软骨质尖，全缘或具 1 ～ 3（～ 4）小牙齿，两面疏被蛛丝状毛和腺点；上部叶逐渐变小，羽状全裂，有时不分裂。头状花序单生或 2 ～ 3 个在茎顶排列成伞房状；总苞钟状，长 10 ～ 13mm，直径 8 ～ 10mm；总苞片 5 ～ 6 层，红紫色，被蛛丝状毛和腺点，外层的宽卵形，先端锐尖，内层的条状披针形，先端渐尖；花药尾部具绵毛；托片条状钻形；花冠粉红色，长 13 ～ 16mm，狭管部长 6 ～ 7mm，檐部长 7 ～ 9mm。瘦果圆柱形，长约 4mm，具 4 ～ 5 条棱，暗绿色，有皱纹，密被腺点；冠毛 2 层，白色，内层长 11 ～ 12mm。花果期 7 ～ 8 月。

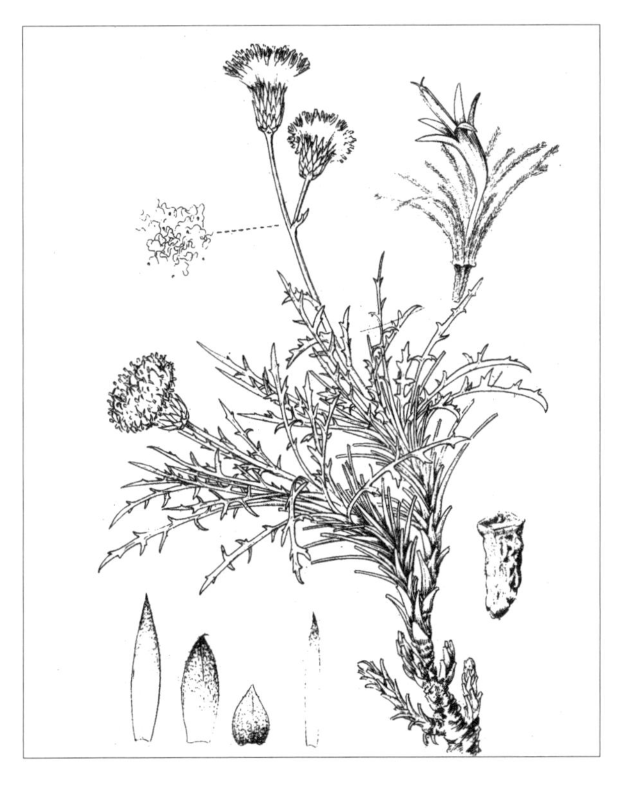

强旱生草本。生于荒漠带的石质山坡。产龙首山（桃花山）。为龙首山分布种。

36. 阿右风毛菊

Saussurea jurineioides H. C. Fu in Fl. Intramongol. ed. 2, 4:743,847. t.292. f.1-5. 1992.——*S. helanshanensis* Z. Y. Chu et C. Z. Liang in Fl. Helan Mount. 598,798. t.99. f.1. 2011. syn. nov.

多年生草本，高 10 ～ 20cm。根粗壮，暗褐色，颈部密被暗褐色鳞片状残存的枯叶柄。茎

单生或少数丛生，直立，具纵条棱，密被多细胞皱曲长柔毛，不分枝。叶片椭圆形或披针形，长5～8cm，宽1.5～2cm，不规则羽状深裂或全裂；顶裂片条形或条状披针形，先端渐尖，全缘；侧裂片4～8对，平展，向下或稍向上弯，披针形或条状披针形，先端渐尖，具小尖头，全缘或疏具小齿；叶两面密被或疏被多细胞皱曲柔毛及腺点，下面中脉明显，黄白色；叶具短柄，长2～3cm，基部扩大，半抱茎。上部叶较小，披针形或条状披针形，疏具小牙齿，或呈不规则羽状浅裂或深裂，接近头状花序。头状花序单生于茎顶；总苞宽钟状，长约2cm，直径1.5～2cm；总苞片5层，黄绿色，先端具刺尖，反折，密被长柔毛和腺点，外层的卵状披针形，中层的披针形，内层的条状披针形；托片条状钻形；花冠粉红色，长约18mm，狭管部长约10mm，檐部长约8mm；花药尾部具绵毛。瘦果圆柱形，褐色，长3～4mm，具纵肋，疏被短柔毛及腺点；冠毛2层，白色，长达17mm。花果期7～8月。

强旱生草本。生于荒漠带的石质山坡。产贺兰山、龙首山。为南阿拉善山地分布种。

37. 华北风毛菊（蒙古风毛菊）

Saussurea mongolica (Franch.) Franch. in Bull. Herb. Boiss. 5(7):539. 1897; Fl. Intramongol. ed. 2, 4:733. t.288. f.1-4. 1992.——*S. ussuriensis* Maxim. var. *mongolica* Franch. in Nouv. Arch. Mus. Hist. Nat. Ser. 2, 6:61. 1883.

多年生草本，高30～80cm。根状茎倾斜。茎直立，单一，具纵沟棱，无毛或疏被微毛，上部有分枝。茎下部叶及中部叶卵状三角形或卵形，叶片长5～18cm，宽2～6cm，先端锐尖或渐尖，基部楔形或微心形，羽状深裂或下半部常有羽状深裂，而上半部边缘有粗齿，裂片不规则，先端锐尖或钝，边缘具疏齿或近全缘，两面有短糙伏毛；有长柄，柄基稍扩大，半抱茎。

上部叶渐小，矩圆状披针形或披针形，基部楔形，边缘有粗齿；有短柄或无柄。头状花序多数，在茎顶或枝端密集排列成伞房状，有条形或条状披针形苞叶；总苞钟状筒形，长 12 ～ 15mm，直径 5 ～ 7mm，疏被蛛丝状毛或短柔毛；总苞片 5 层，顶端长渐尖，常反折，外层者卵形，内层者条形；花冠紫红色，长约 13mm，狭管部长约 6mm，檐部长约 7mm。瘦果圆柱形，长约 4mm，暗褐色；冠毛 2 层，上部白色，下部淡褐色，内层者长约 10mm。花果期 7 ～ 9 月。

中生草本。生于森林草原带的山地林下、林缘，是常见的伴生种。产兴安南部（阿鲁科尔沁旗、巴林右旗）、燕山北部（喀喇沁旗、宁城县、敖汉旗）、阴山（大青山）。分布于我国黑龙江东南部和西北部、吉林东北部、辽宁西南部、河北、河南北部、山东中西部、山西中部、陕西中部和西南部、宁夏南部、甘肃东部、青海，朝鲜。为华北—满洲分布种。

38. 林风毛菊

Saussurea sinuata Kom. in Trudy Imp. St.-Petersb. Bot. Sada 25:735. t.14. 1907; Fl. Intramongol. ed. 2, 4:736. t.288. f.5-8. 1992.

多年生草本，高 50 ～ 70cm。根状茎短，颈部有褐色纤维状残叶柄。茎单一，直立，具纵

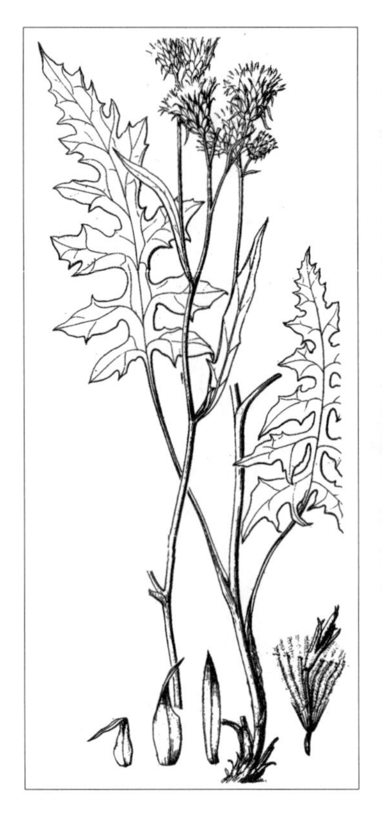

沟棱，无毛，上部有分枝。叶质薄，基生叶在花期凋萎。茎下部叶与中部叶长椭圆状卵形、卵形或长三角长 5 ～ 15cm，宽 3 ～ 5cm，先端锐尖或渐尖，基部心形或截形，有时楔形，羽状深裂；裂片为不规则的宽尖角状，具 2 ～ 3 锐牙齿，有时为披针形或条状披针形，无齿；叶上面绿色，疏被乳头状毛或短硬毛，下面灰绿色，近无毛；叶具长柄，基部扩大成鞘状，半抱茎。上部叶条形或披针形，具疏齿或全缘，无柄。头状花序常 3 ～ 5 个在枝端排列成疏伞房状，梗细；总苞倒圆锥状，长 12 ～ 15mm，直径 10 ～ 12mm。总苞片 5 ～ 6 层，疏被长柔毛或蛛丝状毛；外层卵形；中层者长椭圆形，先端细长，反曲；内层条形，先端渐尖。花冠红紫色，长 12 ～ 13mm，狭管部长约 6mm，檐部长 5 ～ 6mm。瘦果圆柱状，长约 6mm；冠毛 2 层，白色，内层者长约 1cm。花果期 8 ～ 9 月。

中生草本。生于森林带的沟谷草甸。产兴安北部（大兴安岭）。分布于我国黑龙江、吉林东部、辽宁，朝鲜、俄罗斯（远东地区）。为满洲分布种。

39. 荒漠风毛菊

Saussurea deserticola H. C. Fu in J. Inn. Mongol. Inst. Agric. Anim. Husb. 1:50. 1981; Fl. Intramongol. ed. 2, 4:749. t.296. f.1-5. 1992.

多年生草本，高 30 ～ 40cm。根状茎较粗壮，倾斜，颈部具黑褐色残叶柄。茎直立，单一，具纵沟棱，密被或疏被蛛丝状毛和腺点。基生叶花期常凋落。下部叶卵状披针形，长 5 ～ 9cm，宽 1.5 ～ 2cm，二回羽状全裂；裂片 11 ～ 13 对，条形或披针状条形，长 2 ～ 12mm，宽 1 ～ 3mm，先端钝或尖，小裂片条形、披针状条形或呈不规则的锯齿，羽轴疏生栉齿；叶两面疏被蛛丝状毛并密布腺点；叶柄长 1 ～ 2cm，具窄翅，基部半抱茎，密被蛛丝状毛。中、上部叶渐小。头状花序多数，在茎上部排列成疏松的圆锥状，或上端近伞房状、下端呈总状，有长梗或短

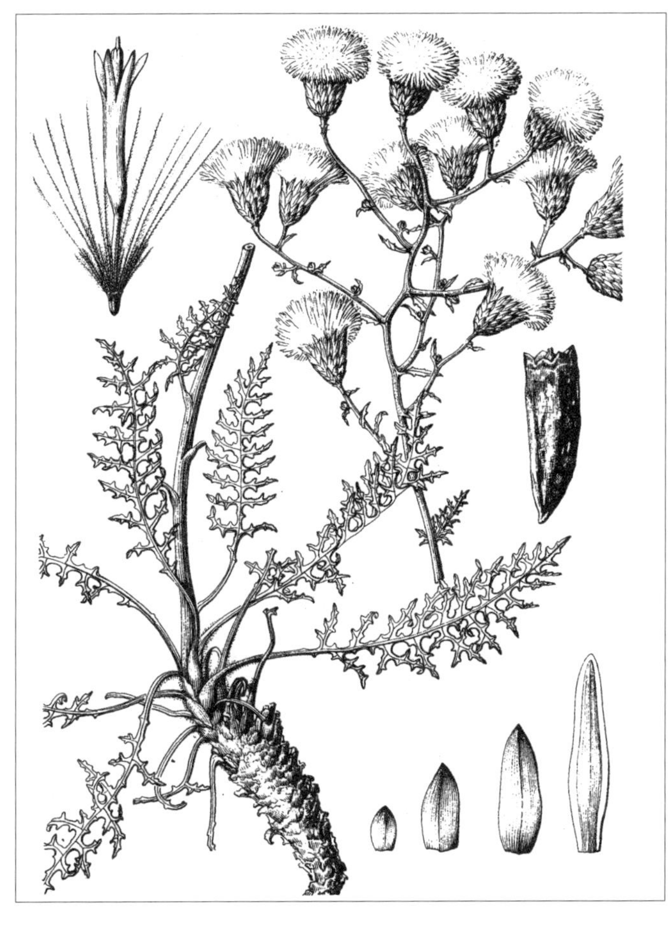

梗，有条形苞叶，具疏齿或全缘；总苞钟状或卵状钟形，长 10 ～ 14mm，直径 7 ～ 12mm。总苞片革质，5 ～ 7 层，密被蛛丝状短柔毛，上部及边缘常带紫红色，中肋明显，黑绿色或褐色；外层者卵形，顶端钝或具小尖头；中层者矩圆状椭圆形，顶端尖；内层者矩圆状条形，顶端钝。花序托上有膜质条形的托片，长 1.5 ～ 6mm。花冠粉紫色，长约 14mm，狭管部长约 6mm，檐部长约 8mm；裂片 5，狭条形，等长。瘦果矩圆形，长 3.5 ～ 4mm，具 4 纵棱，表面有不明显的粗糙鳞片，暗绿色，疏被微毛和腺点，顶端有具钝齿的小冠。冠毛白色，2 层：外层短，糙毛状；内层长，长约 11mm，羽毛状。花期 9 月。

强旱生草本。生于草原化荒漠带的石质山坡。产东阿拉善（桌子山的千里山）。为桌子山分布种。

61. 泥胡菜属 **Hemisteptia** Bunge ex Fisch. et C.A.Mey.

二年生草本。茎直立，上部多分枝。叶互生，大头羽状分裂，表面绿色，无毛，背面灰白色，密被白色蛛丝状绵毛。头状花序多数或少数，稀单生；总苞卵圆形或半球形；总苞片多层，覆瓦状排列，外层及中层背部先端具鸡冠状附属物，内层披针形，先端紫红色；花紫色，全部为管状花，两性，下筒部细长，上筒部短，长约3mm，先端5裂；花药基部箭形，尾状，合生，呈撕裂状；花柱分枝具乳头状突起，先端截形；花序托近平坦，密被刺毛。瘦果长椭圆形，压扁，具15条细纵条纹，光滑，先端截形，基部收缩。冠毛2层：外层极短，稍宽，先端截形，宿存；内层羽毛状，基部连合成环，易脱落。

内蒙古有1种。

1. 泥胡菜

Hemisteptia lyrata (Bunge) Fisch. et C. A. Mey. in Index Sem. Hort. Petrop. 2:38. 1836; Fl. China 20-21:55. 2011.——*Cirsium lyratum* Bunge in Enum. Pl. China Bor. 36. 1833.

二年生草本，高30～80cm。茎直立，具纵条棱，被白色蛛丝状毛，上部分枝。基生叶莲座状，叶片倒披针形或倒披针状椭圆形，长7～22mm，大头羽裂，侧裂片5～8对，长椭圆状倒披针形或倒卵形，表面绿色，背面密被灰白色蛛丝状毛，具柄；茎中部叶长椭圆形，大头羽裂，无柄；上部叶少，线状披针形或线形。头状花序多数，有梗；总苞球形，长10～15mm，宽

2 ～ 2.5mm，基部稍凹；总苞片 5 ～ 8 层，外层较短，卵形，外、中层背部先端具鸡冠状附属物；花管状，紫红色，长 10 ～ 15mm，下筒部较上筒部长 3 ～ 5 倍，先端 5 裂，裂片等长。瘦果长椭圆形，长 2.5 ～ 3mm，宽约 1mm，棕褐色，具多数纵肋。冠毛 2 层：外层较短，宿存；内层羽毛状，长约 10mm，基部连合成环，易脱落。花果期 5 ～ 8 月。

中生草本。生于荒地、田间、河边、草坪、林缘。产内蒙古东部及东阿拉善（乌拉特后旗）。分布于我国除新疆、西藏外的各省区，朝鲜、日本、印度、越南、不丹、老挝、泰国、澳大利亚。为东亚—澳洲分布种。

全草入药，味苦，性凉，有消肿祛瘀、清热解毒的功能。

62. 牛蒡属 Arctium L.

二年生草本。根粗壮。叶互生，不分裂。头状花序单生于枝端，有多数同型小花，两性，结实；总苞球形或壶形；总苞片多层，条形或披针形，先端具钩刺；花序托平，有托毛；小花花冠管状，檐部 5 裂；花药基部箭形，具毛状尾；花柱分枝细长，基部有簇生的毛或分枝下面有柔毛。瘦果椭圆形，顶端截形，略呈三棱，具多条肋，无毛，基底着生面平；冠毛短，糙毛状，多数，分离而脱落。

内蒙古有 1 种。

1. 牛蒡（恶实、鼠粘草）

Arctium lappa L., Sp. Pl. 2:816. 1753; Fl. Intramongol. ed. 2, 4:750. t.297. f.1-5. 1992.

二年生草本，高达 100cm。根肉质，呈纺锤状，直径可达 8cm，深 60cm 以上。茎直立，粗壮，具纵沟棱，带紫色，被微毛，上部多分枝。基生叶大型，丛生，宽卵形或心形，长 40 ～ 50cm，宽 30 ～ 40cm，先端钝，具小尖头，基部心形，全缘、波状或有小牙齿，上面绿色，疏被短毛，下面密被灰白色绵毛；叶柄长，粗壮，具纵沟，被疏绵毛。茎生叶互生，宽卵形，具短柄；上部叶渐变小。头状花序单生于枝端，或多数排列成伞房状，直径 2 ～ 4cm，梗长

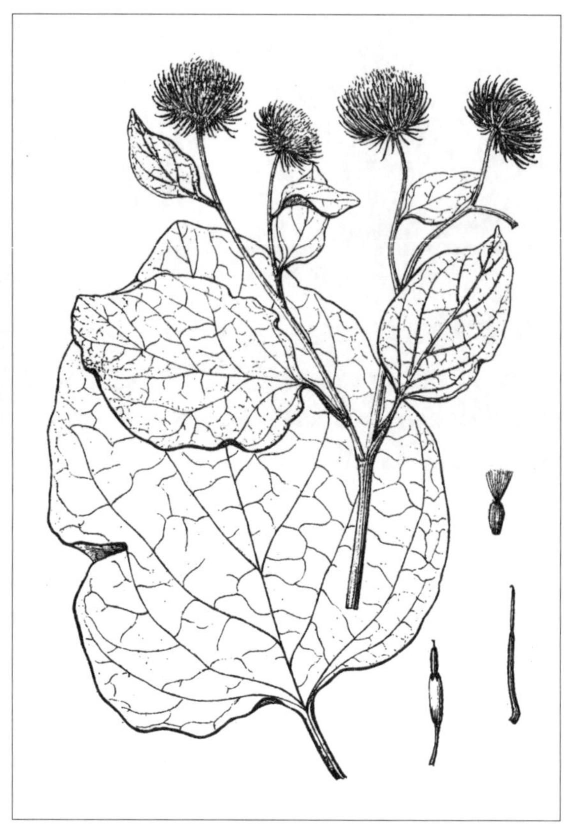

达 10cm；总苞球形；总苞片长 1 ～ 2cm，宽 1 ～ 1.5mm，无毛或被微毛，边缘有短刺状缘毛，先端钩刺状，外层者条状披针形，内层者披针形；管状花冠红紫色，长 9 ～ 11mm，狭管部长 5 ～ 6mm，花冠裂片狭长，长 1.5 ～ 2mm。瘦果椭圆形或倒卵形，长约 5mm，宽约 3mm，灰褐色；冠毛白色，长 3 ～ 3.5mm。花果期 6 ～ 8 月。

大型中生杂草。常见于村落路旁、山沟、杂草地，内蒙古也有栽培。产兴安北部（大兴安岭）、兴安南部及科尔沁（阿鲁科尔沁旗、巴林右旗）、辽河平原（大青沟）、赤峰丘陵（红山区、松山区）、燕山北部（喀喇沁旗、宁城县、敖汉旗）、阴山（大青山、乌拉山）、鄂尔多斯（鄂托克旗）、贺兰山、龙首山。除西藏、海南、台湾外，分布于我国各地；广布于欧亚大陆。为古北极分布种。

瘦果入药（药材名：牛蒡子），能散风热、利咽、透疹、消肿解毒，主治风热感冒、咽喉肿痛、咳嗽、麻疹、痈疮肿毒。又入蒙药（蒙药名：西伯 - 额布斯），能化痞、利尿，主治石痞脉病。

63. 顶羽菊属 Acroptilon Cass.

多年生草本。叶互生。头状花序单生于枝端，多数排列成伞房状或圆锥状，有多数同型小花，两性，结实；总苞卵形、矩圆状卵形或近球形；总苞片多层，覆瓦状排列，有干膜质全缘的附片；花序托有托毛；小花花冠管状，粉红色或红紫色；花药基部具短尾；花柱分枝顶端被短毛。瘦果矩圆形或倒卵形，具纵肋，无毛；冠毛白色，凋落，外层短，内层长，毛状，渐向上端成羽状。

内蒙古有 1 种。

1. **顶羽菊**（苦蒿、灰叫驴）

Acroptilon repens (L.) DC. in Prodr. 6:663. 1838; Fl. Intramongol. ed. 2, 4:754. t.298. f.1-4. 1992.——*Centaurea repens* L., Sp. Pl. ed. 2, 2:1293. 1763.

多年生草本，高 40 ～ 60cm。根粗壮，侧根发达，横走或斜生。茎单一或 2 ～ 3 丛生，直

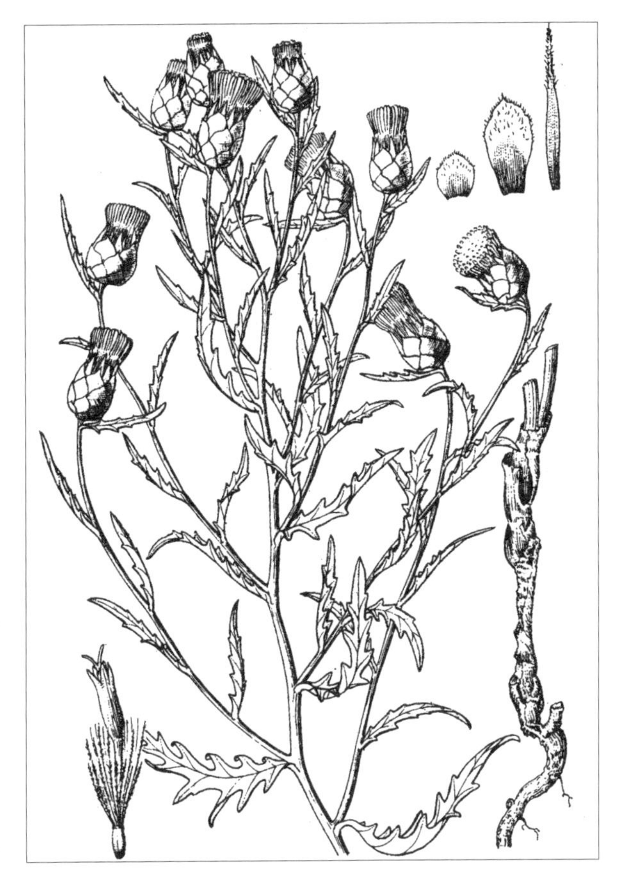

立，具纵沟棱，密被蛛丝状毛和腺体，由基部多分枝。叶披针形至条形，长 2 ～ 10cm，宽 0.2 ～ 1.5cm，先端锐尖或渐尖，全缘或疏具锯齿以至羽状深裂，两面被短硬毛或蛛丝状毛和腺点，无柄；上部叶短小。头状花序单生于枝端；总苞卵形或矩圆状卵形，长 10 ～ 13mm，宽 6 ～ 10mm。总苞片 4 ～ 5 层：外层者宽卵形，上半部透明膜质，被长柔毛，下半部绿色，质厚；内层者披针形或宽披针形，先端渐尖，密被长柔毛。花冠紫红色，长约 15mm，狭管部与檐部近等长。瘦果矩圆形，长约 4mm；冠毛长 8 ～ 10mm，成熟时易脱落。花果期 6 ～ 8 月。

耐盐的强旱生草本。荒漠草原带和荒漠带芨芨草盐化草甸中常见的伴生种，也见于灌溉的农田。产乌兰察布（苏尼特左旗北部）、阴山（包头市昆都仑沟）、阴南平原（托克托县、九原区、土默特右旗）、鄂尔多斯、东阿拉善、西阿拉善、贺兰山、龙首山。分布于我国河北北部、山西北部、陕西北部、甘肃（河西走廊）、青海、新疆，蒙古国、俄罗斯（西伯利亚地区）、伊朗，中亚。为古地中海分布种。

64. 黄缨菊属 Xanthopappus C. Winkl.

属的特征同种。

单种属。

1. 黄缨菊（黄冠菊、九头妖）

Xanthopappus subacaulis C. Winkl. in Trudy Imp. St.-Petersb. Bot. Sada 13:11. 1893; Fl. Intramongol. ed. 2, 4:754. t.299. f.1-3. 1992.

多年生无茎草本。根状茎粗壮，暗褐色，颈部密被暗褐色纤维状残存叶柄。叶莲座状，平展，革质，矩圆状披针形，长10～20cm，宽3～5cm，羽状深裂，向基部羽状全裂；裂片卵状三角形或披针形，边缘有不规则小裂片或牙齿，顶端具或长或短的硬刺，刺黄色，长3～7mm；叶上面绿色，无毛，稍光亮，下面灰白色，密被蛛丝状毡毛，中脉粗壮，明显凸起，侧脉亦较明显而隆起；叶柄长3～5cm，扁而具多数纵沟纹，被蛛丝状毛。头状花序倒卵状球形，直径约3cm，无梗或有粗厚的短梗，数个至10余个密集于莲座状的叶丛中，全部头状花序集生成近球状，直径5～12cm；总苞片多层，覆瓦状排列，条状披针形，革质，先端具长刺尖，边缘具极短的锯齿状缘毛，背部近无毛或疏被蛛丝状毛，干时呈麦秆黄色，外层者开展而反折，最内层者狭条形，纸质；花黄色，两性；花冠狭管状，长25～28mm，檐部长约15mm，顶端具5齿，狭管部长10～13mm；雄蕊花丝细长，无毛，花药黑色，基部有尾，呈刚毛状；花柱上端棍棒状，短，2裂。瘦果倒卵形，扁平，长4～4.5mm，宽2.5～3mm，灰色，有褐色斑点；冠毛多层，长2.5～3.5cm，淡黄色，刚毛状，有微短的羽毛。花期8～9月。

无茎旱中生草本。生于荒漠带的山坡。产龙首山。分布于我国甘肃东部、青海、四川西部、云南西北部。为横断山脉分布种。

65. 蝟菊属 Olgaea Iljin

多年生草本。叶革质或草质，具针刺，茎叶下延成茎翅或无茎翅。头状花序大，通常单生于茎枝顶端，有多数同型小花，两性，结实；总苞钟状、半球形或卵球形；总苞片多层，硬而狭，具长刺尖；花序托平，有托毛；小花花冠管状，檐部 5 裂；花药基部附属物尾状，撕裂；花柱分枝细长，顶端圆或钝。瘦果长椭圆形或倒卵形，具纵肋，基底着生面歪斜；冠毛多层，不等长，糙毛状或锯齿状，基部连合成环。

内蒙古有 3 种。

分种检索表

1a. 茎翅极窄，宽 1 ～ 2mm，边缘具针刺；总苞稍灰白色，被蛛丝状毛…………**1. 蝟菊 O. lomonossowii**

1b. 茎翅较宽，宽 1 ～ 2cm，边缘具刺齿；总苞绿色，无蛛丝状毛或疏被蛛丝状毛。

　2a. 茎粗壮；叶长椭圆形或椭圆状披针形，长 5 ～ 25cm，宽 2 ～ 4cm……………**2. 鳍蓟 O. leucophylla**

　2b. 茎较细；叶长条状披针形，长 5 ～ 7cm，宽 1 ～ 2cm………………………**3. 青海鳍蓟 O. tangutica**

1. 蝟菊

Olgaea lomonossowii (Trautv.) Iljin in Bot. Mater. Gerb. Glavn. Bot. Sada R.S.F.S.R. 3:144. 1922; Fl. Intramongol. ed. 2, 4:756. t.300. f.4-6. 1992.——*Carduus lomonossowii* Trautv. in Trudy Imp. St.-Petersb. Bot. Sada 1:183. 1872.

多年生草本，高 15 ～ 30cm。根粗壮，木质，暗褐色。茎直立，具纵沟棱，密被灰白色绵毛，不分枝或由基部与下部分枝。枝细，毛较稀疏。叶近革质；基生叶矩圆状倒披针形，长 10 ～ 15cm，宽 3 ～ 4cm，先端钝尖，基部渐狭成柄，羽状浅裂或深裂，裂片三角形、卵形或卵状矩圆形，边缘具不等长小刺齿，上面浓绿色，有光泽，无毛，叶脉凹陷，下面密被灰白色毡毛，脉隆起；茎生叶矩圆形或矩圆状倒披针形，向上渐小，羽状分裂或具齿缺，有小刺尖，基部沿茎下延成窄翅；最上部叶条状披针形，全缘或具小刺齿。头状花序较大，单生于茎顶或枝端；总苞碗形或宽钟形，长 2.5 ～ 4cm，直径 3 ～ 5cm；总苞片多层，条状披针形，先端具硬长刺尖，暗紫色，具中脉 1 条，背部被蛛丝状毛与微毛，边缘有短刺状缘毛，外层者短，质硬而外弯，内层者较长，直立或开展；管状花两性，紫红色，长 20 ～ 25mm，狭管部长 6 ～ 9mm，檐部长 14 ～ 16mm；花冠裂片 5，长约 4mm，顶端钩状内弯；花药尾部结合成鞘状，包围花丝。瘦果矩圆形，长约 5mm，稍扁，基

部着生面稍歪斜；冠毛污黄色，不等长，长达 22mm，基部结合。花果期 8 ～ 9 月。

中旱生草本。生于草原沙壤质、砾质栗钙土及山地阳坡石质土上，是典型草原地带较为常见的伴生种。产呼伦贝尔（陈巴尔虎旗、新巴尔虎左旗、新巴尔虎右旗）、兴安南部及科尔沁（科尔沁右翼中旗、突泉县、扎鲁特旗、阿鲁科尔沁旗、巴林左旗、巴林右旗、克什克腾旗）、赤峰丘陵（红山区、松山区、翁牛特旗）、锡林郭勒（东乌珠穆沁旗、西乌珠穆沁旗、锡林浩特市、正蓝旗、镶黄旗、太仆寺旗）、乌兰察布（四子王旗）、阴山（大青山、乌拉山）、东阿拉善（狼山）、贺兰山。分布于我国吉林西部、河北西北部、山西、陕西、宁夏西北部、甘肃中部，蒙古国（东蒙古）。为华北—东蒙古分布种。

2. 鳍蓟（白山蓟、白背、火媒草）

Olgaea leucophylla (Turcz.) Iljin in Bot. Mater. Gerb. Glavn. Sada R.S.F.S.R. 3:145. 1922; Fl. Intramongol. ed. 2, 4:758. t.301. f.4-6. 1992.——*Carduus leucophylla* Turcz. in Bull. Soc. Imp. Nat. Mosc. 5:194. 1832.——*O. leucophylla* (Turcz.) Iljin var. *albiflora* Y. B. Chang in Bull. Bot. Res. Harbin 3(2):157. 1983.

多年生草本，植株高 15 ～ 70cm。根粗壮，暗褐色。茎粗壮，坚硬，具纵沟棱，密被白色绵毛，基部被褐色枯叶柄纤维，不分枝或少分枝。叶长椭圆形或椭圆状披针形，长 5 ～ 25cm，宽 2 ～ 4cm，先端锐尖或渐尖，具长针刺，基部沿茎下延成或宽或窄的翅，边缘具不规则的疏牙齿，或为羽状浅裂，裂片和齿端以及叶缘均具不等长的针刺，上面绿色，无毛或疏被蛛丝状毛，叶脉明显，下面

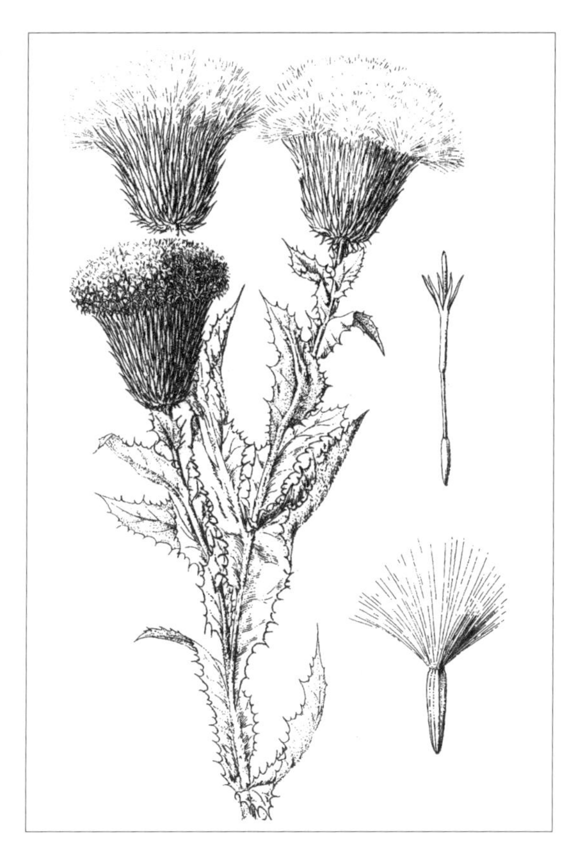

密被灰白色毡毛；基生叶具长柄，向上逐渐变短至无柄。头状花序较大，直径 3 ～ 5cm，结果后可达 10cm，单生于枝端，有时在枝端具侧生的头状花序 1 ～ 2，较小；总苞钟状或卵状钟形，长 2 ～ 3.5cm，宽 2 ～ 3cm。总苞片多层，条状披针形，先端具长刺尖，背部无毛或被微毛或疏被蛛丝状毛，边缘有短刺状缘毛；外层者较短，绿色，质硬而外弯；内层者较长，紫红色，开展或直立。管状花粉红色，稀白色，长 25 ～ 38mm；花冠裂片长约 5mm，无毛；花药无毛，附片长约 1.5mm。瘦果矩圆形，长约 1cm，苍白色，稍扁，具隆起的纵纹与褐斑；冠毛黄褐色，长达 25mm。花果期 6 ～ 9 月。

沙生旱生草本。生于草原带和草原化荒漠带的沙质、沙壤质栗钙土、棕钙土、固定沙地上，为常见的伴生种。产呼伦贝尔（新巴尔虎左旗、新巴尔虎右旗）、辽河平原（科尔沁左翼后旗）、兴安南部及科尔沁（扎赉特旗、科尔沁右翼中旗、突泉县、阿鲁科尔沁旗、巴林右旗、敖汉旗、翁牛特旗、克什克腾旗）、赤峰丘陵、锡林郭勒、乌兰察布、阴山（大青山、乌拉山）、阴南平原（包头市）、阴南丘陵（准格尔旗）、鄂尔多斯、东阿拉善、西阿拉善、贺兰山。分布于我国河北西北部、河南北部、山西北部、陕西北部、宁夏、甘肃东部，蒙古国东部和南部及西部。为华北—蒙古分布种。

3. 青海鳍蓟（刺疙瘩）

Olgaea tangutica Iljin in Bot. Mater. Gerb. Glavn. Sada R.S.F.S.R. 3:144. 1922; Fl. Intramongol. ed. 2, 4:760. t.301. f.1-3. 1992.

多年生草本，植株高 50 ～ 90cm。茎直立，具纵沟棱，疏被蛛丝状毛或近无毛，多分枝。枝细长。叶革质；基生叶与下部叶宽条状披针形，较宽大；茎中部叶条状披针形，长 5 ～ 7cm，

宽 1 ～ 2cm，先端渐尖，具长针刺，基部沿茎下延成翅，羽状浅裂，裂片宽三角形，常具 2 ～ 4 个不等长的刺齿，边缘扭曲，上面绿色，有光泽，无毛或近无毛，下面密被灰白色毡毛；上部叶小，条状披针形或条形，羽状浅裂或具不规则的刺齿。头状花序较大，单生于枝端；总苞钟状，长 2 ～ 2.5cm，宽 2 ～ 3cm。总苞片多层，条状披针形，先端具长刺尖，背部被微柔毛，边缘有短刺状缘毛；外层者较短，绿色，稍反曲；内层者较长，稍带紫红色，开展或直立。管状花蓝紫色，长 25 ～ 30mm，有腺点，花冠裂片长约 5mm；花药疏被柔毛，附片长 0.8 ～ 1mm。瘦果矩圆形，长 5 ～ 6mm，稍扁，具隆起的纵纹与褐斑；冠毛污黄色，长 15 ～ 18mm。花果期 7 ～ 8 月。

旱生草本。生于阴山山脉以南的黄土高原区草原及森林草原地带的撂荒地、砾石质坡地。产阴南丘陵（准格尔旗）、鄂尔多斯（伊金霍洛旗、乌审旗、杭锦旗、鄂托克旗、鄂托克前旗）。分布于我国河北西北部、山西、陕西中部和北部、宁夏、甘肃东部、青海东部。为华北西部分布种。

66. 蓟属 Cirsium Mill.

一、二年生或多年生草本。叶不分裂或羽状分裂，边缘具刺。头状花序大或小，有梗或无梗，单生、聚生或在茎顶排列成总状、伞房状或圆锥状，有多数同型小花，两性或单性，红紫色或白色，结实或部分不结实；总苞球形或钟形；总苞片多层，覆瓦状，先端尖或具刺；花序托有刺毛；小花花冠管状，檐部 5 深裂；花药基部箭形，有尾，花丝有毛；花柱上端短 2 裂。瘦果倒卵形、矩圆形或椭圆形等，多少压扁或四棱形，平滑或有肋棱，基底着生面平；冠毛多层，不等长，羽毛状。

内蒙古有 11 种。

分种检索表

1a. 雌雄同株，全部小花两性，有发育的雌蕊和雄蕊；果期冠毛与小花花冠等长或较短。

2a. 全部总苞片顶端锐尖或渐尖，不呈红色膜质扩大。

3a. 无茎草本，头状花序集生于莲座状叶丛中……………………………………**1. 莲座蓟 C. esculentum**

3b. 直立，有茎草本。

4a. 头状花序下垂；叶二回羽状深裂；小花狭管部细丝状，2 ～ 3 倍长于檐部……………………………………………………………………………………………**2. 烟管蓟 C. pendulum**

4b. 头状花序直立；叶不分裂或羽状分裂；小花狭管部不为细丝状，与檐部等长或较短。

5a. 叶不分裂。

6a. 叶两面同色，绿色，无毛或被多细胞长节毛………………**3. 块蓟 C. viridifolium**

6b. 叶两面异色，上面绿色，被多细胞长节毛，下面灰白色，密被蛛丝状丛卷毛…………………………………………………………………………………**4. 绒背蓟 C. vlassovianum**

5b. 叶羽状分裂、浅裂、半裂或深裂。

7a. 叶两面同色，干后仍保持绿色，沿脉疏被多细胞长或短节毛；头状花序单生于茎枝顶端，总苞直径 2 ～ 3cm……………………………………**5. 蓟 C. japonicum**

7b. 叶两面异色，上面深绿色，干后变黑色，沿脉疏被多细胞长或短节毛，下面灰色，疏被蛛丝状绵毛；头状花序在茎枝顶端排列成明显的伞房状或单生，总苞直径 2cm…………………………………………………………………………**6. 野蓟 C. maackii**

2b. 内层总苞片顶端呈膜质扩大，红色。

8a. 叶两面同色，绿色，无毛或沿脉被多细胞长节毛；头状花序单生于枝端，呈不明显的伞房状…………………………………………………………………………………**7. 绿蓟 C. chinense**

8b. 叶两面异色，上面绿色，被多细胞长或短节毛，下面灰白色，密被蛛丝状绵毛；头状花序多数在茎枝顶端排列成伞房状……………………………………**8. 牛口刺 C. shansiense**

1b. 雌雄异株；雌株全部小花雌性，雌蕊发育，雄蕊发育不完全或退化；两性植株全部小花为两性，但自花不育。果期冠毛通常长于小花花冠。

9a. 叶不分裂，边缘齿裂或羽状浅裂，裂片边缘有细刺。

10a. 叶全缘或具波状齿裂，头状花序单生或数个生于茎顶或枝端………**9. 刺儿菜 C. integrifolium**

10b. 叶具缺刻状粗锯齿或羽状浅裂，头状花序多数在茎枝顶端排列成伞房状……………………………………………………………………………**10. 大刺儿菜 C. setosum**

9b. 叶羽状半裂或浅裂，侧裂片具刺齿。

11a. 叶两面同色，绿色，下面有极稀疏的蛛丝状毛……………………**11a. 丝路蓟 C. arvense** var. **arvense**
11b. 叶两面异色，上面绿色，无毛，下面灰白色，密被茸毛……………**11b. 藏蓟 C. arvense** var. **alpestre**

1. 莲座蓟（食用蓟）

Cirsium esculentum (Sievers) C. A. Mey. in Beitr. Pflanzenk. Russ. Reich. 5:43. 1848; Fl. Intramongol. ed. 2, 4:761. t.302. f.1-3. 1992.——*Cnicus esculentus* Siev. in Neust. Nord. Beitr. Phys. Geogr. Erd-Volkerb. 3:362. 1796.

多年生无茎或近无茎草本。根状茎短，粗壮，具多数褐色须根。基生叶簇生，矩圆状倒披针形，长 7 ～ 20cm，宽 2 ～ 6cm，先端钝或尖，有刺，基部渐狭成具翅的柄，羽状深裂；裂片卵状三角形，钝头；全部边缘有钝齿与或长或短的针刺，刺长 3 ～ 5mm，两面被皱曲多细胞长柔毛，下面沿叶脉较密。头状花序数个密集于莲座状的叶丛中，无梗或有短梗，长椭圆形，长 3 ～ 5cm，宽 2 ～ 3.5cm；总苞长达 25mm，无毛，基部有 1 ～ 3 枚披针形或条形苞叶。总苞片 6 层：外层者条状披针形，刺尖头，稍有睫毛；中层者矩圆状披针形，先端具长尖头；内层者长条形，长渐尖。花冠红紫色，长 25 ～ 33mm，狭管部长 15 ～ 20mm。瘦果矩圆形，长约 3mm，褐色，有毛；冠毛白色而下部带淡褐色，与花冠近等长。花果期 7 ～ 9 月。

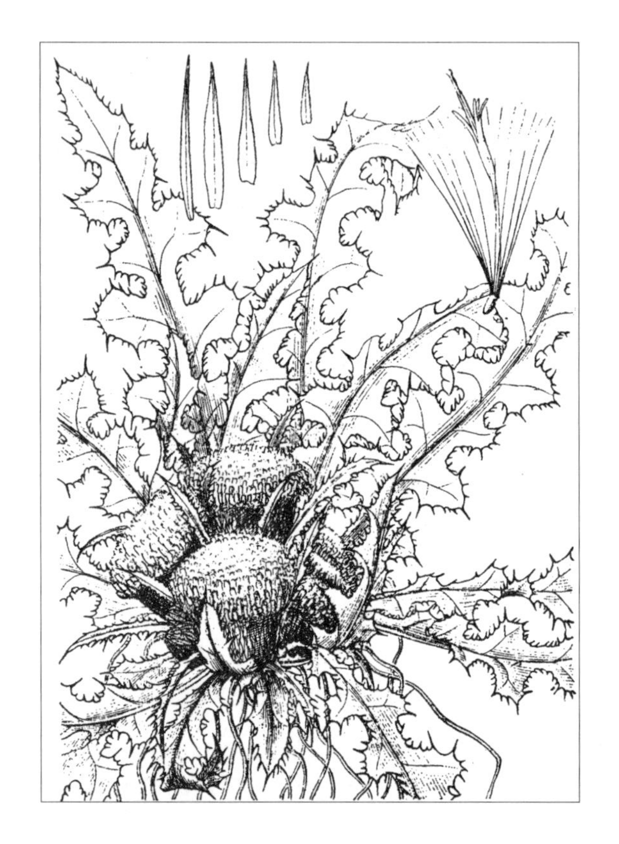

湿中生草本。生于潮湿而通气良好的典型草甸土上，是典型草原地带东部、森林草原地带河漫滩阶地、湖滨阶地、山间谷地杂类草草甸、杂类草—禾草草甸、苔草草甸中较常见的恒有伴生种，为标准的莲座型草甸杂类草，扩展铺地生长的莲座型叶片，直径 50cm 以上，往往占据较大空间，对其他植物的生长和种子更新表现出明显的抑制性。产兴安北部及岭西和呼伦贝尔（额尔古纳市、牙克石市、陈巴尔虎旗、鄂温克族自治旗、新巴尔虎左旗、海拉尔区）、兴安南部及科尔沁（阿鲁科尔沁旗、巴林左旗、

巴林右旗、克什克腾旗）、锡林郭勒（东乌珠穆沁旗、西乌珠穆沁旗、锡林浩特市、阿巴嘎旗、苏尼特左旗、正蓝旗、镶黄旗）、阴山（大青山、乌拉山）。分布于我国吉林、辽宁西南部、河北中西部、新疆北部和西北部，蒙古国东部和北部及西部、俄罗斯（西伯利亚地区），中亚。为东古北极分布种。

根入蒙药（蒙药名：塔卜长图－阿吉日嘎纳），能排脓止血、止咳消痰，主治肺脓肿、支气管炎、疮痈肿毒、皮肤病。

2. 烟管蓟

Cirsium pendulum Fisch. ex DC. in Prodr. 6:650. 1838; Fl. Intramongol. ed. 2, 4:763. t.303. f.1-4. 1992.

二年生或多年生草本，高 100cm 左右。茎直立，具纵沟棱，疏被蛛丝状毛，上部有分枝。基生叶与茎下部叶花期凋萎，宽椭圆形至宽披针形，长 15 ～ 30cm，宽 2 ～ 8cm，先端尾状渐尖，二回羽状深裂；裂片披针形或卵形，上侧边缘具长尖的小裂片和齿，裂片和齿端以及边缘均有刺；两面被短柔毛和腺点，基部渐狭成具翅的短柄。茎中部叶椭圆形，长 10 ～ 20cm，无柄，稍抱茎或不抱茎；上部叶渐小，裂片条形。头状花序直径 3 ～ 4cm，下垂，多数在茎上部排列

成总状，有长梗或短梗，梗长达 15cm，密被蛛丝状毛；总苞卵形，长约 4cm，宽 1.5 ～ 5cm，基部凹形；总苞片 8 层，条状披针形，先端具刺尖，常向外反曲，中肋暗紫色，背部多少有蛛丝状毛，边缘有短睫毛，外层者较短，内层者较长；花冠紫色，长 17 ～ 23mm，狭管部丝状，长 14 ～ 16mm，檐部长 3 ～ 7mm。瘦果矩圆形，长 3 ～ 3.5mm，稍扁，灰褐色；冠毛长 20 ～ 28mm，淡褐色。花果期 7 ～ 9 月。

中生草本。生于森林草原带和草原带的河漫滩草甸、湖滨草甸、沟谷及林缘草甸中，是常见的大型杂类草。产兴安北部及岭西和呼伦贝尔（额尔古纳市、根河市、牙克石市、鄂伦春自治旗、陈巴尔虎旗、鄂温克族自治旗、新巴尔虎左旗、新巴尔虎右旗、海拉尔区）、兴安南部及科尔沁（扎赉特旗、科尔沁右翼前旗、扎鲁特旗、阿鲁科尔沁旗、克什克腾旗）、辽河平原（科尔沁左翼后旗）、燕山北部（喀喇沁旗、宁城县、敖汉旗）、锡林郭勒（锡林浩特市、阿巴嘎旗）、阴山（大青山）、阴南丘陵（准格尔旗）、鄂尔多斯（鄂托克旗）。分布于我国黑龙江、吉林、辽宁、河北、河南西部和北部、山西、陕西中部和西南部、甘肃东南部、云南西部，日本、朝鲜、蒙古国东北部（蒙古—达乌里地区）、俄罗斯（西伯利亚地区、远东地区）。为西伯利亚—东亚分布种。

可做大蓟入药。

3. 块蓟（柳叶绒背蓟）

Cirsium viridifolium (Hand.-Mazz.) C. Shih in Act. Phytotax. Sin. 22:394. 1984; Fl. China 20-21:166. 2011.——*C. vlassovianum* Fisch. ex DC. var. *viridifolium* Hand.-Mazz. in Oesterr. Bot. Z. 85:223. 1936.——*C. salicifolium* (Kitag.) Shih in Fl. Reip. Pop. Sin. 78(1):99. 1987; Fl. Intramongol. ed. 2, 4:763. 1992.——*C. vlassovianum* Fisch. ex DC. var. *salicifolium* Kitag. in Bot. Mag. Tokyo 48:112. 1934.

多年生草本，高 20 ～ 40cm。块根，肉质，纺锤状。茎直立，具纵沟棱，疏被多细胞长节毛或上部混生蛛丝状毛，不分枝或少分枝。茎下部及中部叶椭圆形或披针形，稀卵形或卵状披针形，长 6 ～ 12(～ 16)cm，宽 1 ～ 2(～ 3)cm，先端渐尖或锐尖，具刺尖头，边缘具缘毛状针刺，两面绿色，无毛或有多细胞长节毛，无柄，基部扩大而半抱茎或渐狭成翼柄；向上的叶渐变小，披针形。头状花序单生于枝端，或有 1 ～ 2 个具伸长花序梗的腋生头状花序，直立；总苞钟状，直径 1.5 ～ 2cm。总苞片约 7 层，外层与中层者三角形至披针形，先端具小尖头；内层者披针形、椭圆形至条状披针形，先端干膜质，渐尖；全部总苞片边缘有长柔毛或仅内层外面有黏腺。花冠紫红色，长 15 ～ 19mm，狭管部比檐部稍短，长 6 ～ 9mm。瘦果压扁，倒圆锥状或偏斜倒披针形，褐色，有条棱，顶端截形或斜截形；冠毛长约 1.5cm，淡褐色。花果期 8 ～ 9 月。

中生草本。生于森林草原带的山地林缘、低湿草甸。产兴安南部（巴林右旗、克什克腾旗）、辽河平原（科尔沁左翼后旗）、燕山北部（宁城县、兴和县苏木山）、锡林郭勒（正蓝旗）。分布于我国吉林东部、河北北部。为华北北部分布种。

块根入药，能祛风湿、止痛，主治风湿性关节炎、四肢麻木。

4. 绒背蓟

Cirsium vlassovianum Fisch. ex DC. in Prodr. 6:653. 1838; Fl. Intramongol. ed. 2, 4:765. t.304. f.1-3. 1992.

多年生草本，高 30 ～ 100cm。块根呈指状。茎直立，具纵沟棱，有多细胞长节毛，上部分枝。

基生叶与茎下部叶披针形，先端渐尖，基部渐狭，有短柄，花期凋萎；茎中部叶矩圆状披针形或卵状披针形，长 3 ～ 7cm，宽 5 ～ 20mm，先端渐尖，稍抱茎或不抱茎，边缘密生细刺或有刺尖齿，上面绿色，疏被多细胞长节毛，下面密被灰白色蛛丝状丛卷毛，有时无毛，基部近圆形或稍狭，无柄；上部叶渐变小。头状花序直径 2 ～ 2.5(～ 3.5)cm，单生于枝端，直立；总苞钟状球形，长 15 ～ 20mm，宽 20 ～ 30mm，基部凹形，疏被蛛丝状毛。总苞片 6 层，披针状条形，先端长渐尖，有刺尖头；内层者先端渐尖，干膜质；全部总苞片外面有黑色黏腺。花冠紫红色，长约 16mm，狭管部比檐部短，长约 7mm。瘦果矩圆形，长 3.5 ～ 4mm，扁，麦秆黄色，有紫色条斑；冠毛长 13 ～ 15mm，淡褐色。

中生草本。生于森林带和森林草原带的山地林缘、山坡草甸、河岸、草甸、湖滨草甸、沟谷及林缘草甸中，是常见的大型杂类草。产兴安北部、岭东及岭西和呼伦贝尔（额尔古纳市、根河市、牙克石市、鄂伦春自治旗、鄂温克族自治旗、满洲里市）、兴安南部及科尔沁（扎赉特旗、科尔沁右翼前旗、科尔沁右翼中旗、突泉县、乌兰浩特市、扎鲁特旗、阿鲁科尔沁旗、巴林左旗、巴林右旗、克什克腾旗、东乌珠穆沁旗）、辽河平原（科尔沁左翼后旗）、燕山北部（喀喇沁旗、兴和县苏木山）。分布于我国黑龙江、吉林、辽宁、河北、河南北部、山西，朝鲜、蒙古国（大兴安岭）、俄罗斯（远东地区）。为华北—满洲分布种。

5. 蓟（大蓟）

Cirsium japonicum DC. in Prodr. 6:640. 1838; Fl. Intramongol. ed. 2, 4:765. t.304. f.4-6. 1992.

多年生草本，高 30 ～ 80cm。块根纺锤状。茎直立，分枝或不分枝，全部茎枝具纵沟棱，密被或疏被多细胞长节毛，头状花序下部灰白色，密被多细胞长节毛。基生叶较大，椭圆形或长椭圆形，羽状深裂，基部渐狭成短或长而具翅的柄。中部叶椭圆形或长椭圆形，长 10 ～ 20cm，宽 2 ～ 4cm，羽状浅裂或深裂，有时不分裂而边缘具波状牙齿；顶裂片披针形或长三角形，侧裂片约 6 对，中部侧裂片较大，向下及向上的侧裂片渐小，全部侧裂片排列稀疏，三角形或斜三角形，边缘具稀疏、大小不等的牙齿或锯齿，有时近全缘，齿顶具长针刺，齿缘具小而密的针刺；全部叶两面绿色，沿脉疏被多细胞长或短节毛；自基部向上的叶渐小，但无柄，基部扩大而半抱茎。头状花序少数或单生于茎枝顶端；总苞钟状，长 1.5 ～ 2cm，直径 2 ～ 3cm。总苞片 6 层，外层与中层卵状三角形至长三角形，顶端长渐尖，有刺尖；内层披针形或条状披针形，顶端渐尖；全部苞片被短毛，沿中肋有黏腺，有时无黏腺。小花紫色，长约 2.1cm，狭管部长约 9mm，檐部长约 1.2cm，不等 5 浅裂。瘦果压扁，偏斜楔状倒披针形，长约 4mm；冠毛长达 2cm，羽毛状，顶端扩展，浅褐色。花果期 7 ～ 9 月。

中生草本。生于草原带的山坡草地、路旁。产锡林郭勒（正蓝旗）。分布于我国河北北部、山东、陕西北部、江苏、浙江、福建、台湾、江西、湖北、湖南、青海东北部、四川、贵州、云南、广西、广东，日本、朝鲜、俄罗斯（远东地区）、越南。为东亚分布种。

用途同大刺儿菜。

6. 野蓟（牛戳口、刺蓟）

Cirsium maackii Maxim. in Mem. Acad. Imp. Sci. St.-Petersb. Div. Sav. 9:172. 1859; Fl. Intramongol. ed. 2, 4:766. t.303. f.5-8. 1992.

多年生草本，高 40 ～ 80cm。茎直立，具纵沟棱，下部被多细胞长或短节毛，上部多少被蛛丝状丛卷毛，不分枝或有分枝。基生叶和下部茎生叶长椭圆形或披针状椭圆形，长 15 ～ 25cm，宽 6 ～ 9cm，基部渐狭成具翅的短柄，羽状半裂或深裂；侧裂片 6 ～ 7 对，长椭圆

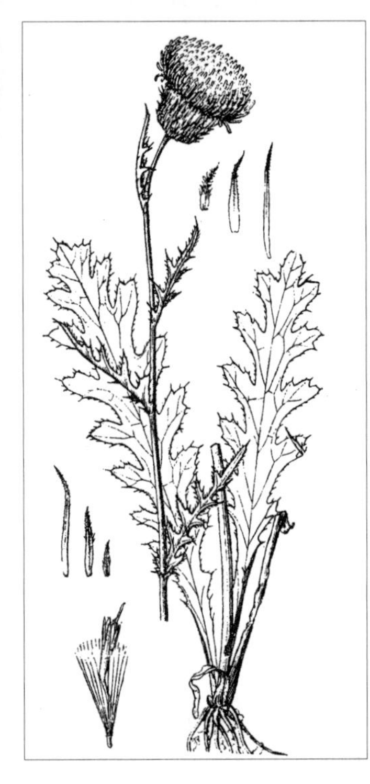

形或卵状披针形，中部侧裂片较大，边缘具不规则三角形刺齿及缘毛状针刺，有时边缘刺齿裂度较深而使叶呈近二回羽状分裂状态，一回几全裂，末回裂片较细长；向上的叶渐小；全部叶两面异色，上面深绿色，干后变黑色，沿脉疏被多细胞长或短节毛，后渐脱落，下面灰色，疏被蛛丝状绵毛。头状花序单生于茎顶，或在茎枝顶端排列成伞房状，直立或下垂；总苞钟状，直径约 2cm。总苞片 5 ～ 7 层，外层及中层者三角状披针形至披针形，顶端具短刺尖，边缘有睫毛；内层者较长，披针形至条状披针形，先端渐尖；全部总苞片背面有黑色黏腺。小花紫红色，长 19 ～ 24mm，狭管部与檐部等长。瘦果偏斜倒披针形，长 3.5 ～ 4mm，淡黄色；冠毛长达 2cm，白色。花果期 7 ～ 8 月。

中生草本。生于草原带和森林草原带的退耕撂荒地上，是常见的先锋性杂类草之一，也生于丘陵坡地、河谷阶地的草原化草地。产辽河平原（大青沟）、科尔沁（科尔沁右翼中旗、敖汉旗、巴林右旗、克什克腾旗）、燕山北部（喀喇沁旗、宁城县）、锡林郭勒（苏尼特左旗）。分布于我国黑龙江、吉林、辽宁、河北东北部、山东东部、安徽南部、江苏西部和南部、浙江北部，朝鲜、俄罗斯（远东地区）。为东亚分布种。

7. 绿蓟

Cirsium chinense Gardn. et Champ. in Hooker's J. Bot. Kew Gard. Misc. 1:323. 1849; Fl. Intramongol. ed. 2, 4:768. t.305. f.1-3. 1992.

多年生草本，高 20 ～ 60cm。根直伸。茎直立，具纵沟棱，疏被多细胞长节毛，在头状花

序下部常混杂蛛丝状毛，上部有分枝。中部茎生叶长椭圆形、长披针形或宽条形，长 5 ～ 9(～ 11)cm，宽 5 ～ 15mm，羽状浅裂、半裂或深裂；侧裂片 3 ～ 4 对，中部侧裂片较大，侧裂片边缘常有 2 ～ 3 个不等大的刺齿，齿顶及齿缘有针刺，自中部向上的叶渐变小，叶侧裂片变少至不裂；有时全部叶不裂，长椭圆形、长椭圆状披针形或条形，全部叶两面绿色，无毛或沿脉有长节毛。基生叶及茎下部叶基部渐狭，中上部叶无柄或基部扩大。头状花序单生于茎枝顶端；总苞卵球形，直径约 2cm。总苞片约 7 层，外层者长三角形至披针形，先端具刺尖；内层者披针形至条状披针形，先端膜质扩大，红色；全部总苞片背部无毛或被微毛，沿中脉有黑色黏腺。花冠紫红色，长约 24mm，狭管部与檐部等长。瘦果楔状倒卵形，压扁，长约 4mm；冠毛污白色，长达 1.5cm。花果期 7 ～ 9 月。

中生草本。生于森林草原带和草原带的山坡草地、灌丛。产兴安南部(阿鲁科尔沁旗、克什克腾旗)、赤峰丘陵(翁牛特旗)、燕山北部（喀喇沁旗、宁城县、敖汉旗）、阴山（大青山）。分布于我国辽宁南部、河北西部、山东、江苏南部、浙江、福建、江西东北部、四川中南部、广东、广西。为东亚分布种。

8. 牛口刺（硬条叶蓟）

Cirsium shansiense Petr. in Mitth. Thuring. Bot. Ver. 50:176. 1943; Fl. Intramongol. ed. 2, 4:768. t.305. f.4-6. 1992.

多年生草本，高 30 ～ 60cm。根直伸。茎直立，不分枝或上部有分枝，具纵沟棱，被多细胞长节毛和蛛丝状绵毛。茎中部叶披针形、长椭圆形或椭圆形，长 4 ～ 10cm，宽 1 ～ 2cm，羽状浅裂、半裂或深裂；基部渐狭，具短柄或无柄，叶基或柄基部扩大而抱茎；侧裂片 3 ～ 6 对，偏斜三角形，中部侧裂片较大，全部侧裂片不等大 2 齿裂，顶裂片长三角形或条形，全部裂片顶端或齿裂顶端及边缘有针刺。自中部叶向上的叶渐小；全部茎生叶上面绿色，被多细胞长或短节毛，下面灰白色，密被蛛丝状绵毛。头状花序多数在茎枝顶端排成伞房状花序，少有头状花序单生；

总苞卵形或卵状球形，长 15 ～ 20mm，宽 20 ～ 25mm，基部微凹。总苞片 7 层：外层者三角状披针形或卵状披针形，先端渐尖，具刺尖头；内层者较长，披针形或条形，先端膜质扩大，红色；全部总苞片外面有黑色黏腺。花冠紫红色，长约 18mm，狭管部较檐部稍短。瘦果偏斜椭圆状倒卵形，长约 4mm；冠毛长约 15mm，淡褐色。花期 7 ～ 9 月。

中生杂草。生于草原带的山沟溪边、水边。产阴山（大青山）、鄂尔多斯（伊金霍洛旗、乌审旗）、贺兰山（哈拉乌沟口）。分布于我国河北西部、河南西部、山西、陕西南部、甘肃东部、青海东部、安徽西南部、江西东北部、福建东南部、湖北西北部、湖南南部、广东中北部、广西北部、四川、贵州、云南、西藏东北部，印度、不丹、缅甸、越南。为东亚分布种。

9. 刺儿菜（小蓟、刺蓟）

Cirsium integrifolium (Wimm. et Grab.) L. Q. Zhao et Y. Z. Zhao in Key Vasc. Pl. Inn. Mongol.——*C. arvense* (L.) Scop. var. *integrifolium* Wimm. et Grab. in Fl. Siles. 2(2):92. 1829.——*C. segetum* Bunge in Mem. Sav. Etrng. Acad. Sci. St.-Petersb. 2:110. 1833; Fl. Intramongol. ed. 2, 4:770. t.306. f.1-4. 1992.

多年生草本，高 20 ～ 60cm。具长的根状茎。茎直立，具纵沟棱，无毛或疏被蛛丝状毛，不分枝或上部有分枝。基生叶花期枯萎；茎下部叶及中部叶椭圆形或长椭圆状披针形，长 5 ～ 10cm，宽（0.5 ～）1.5 ～ 2.5cm，先端钝或尖，全缘或疏具波状齿裂，边缘及齿端有刺，两面被疏或密的蛛丝状毛，基部稍狭或钝圆，无柄；上部叶变小。头状花序通常单生或数个生于茎顶或枝端，直立；总苞钟形。总苞片 8 层，外层者较短，长椭圆状披针形，先端有刺尖；内层者较长，披针状条形，先端长渐尖，干膜质；两者背部均被微毛，边缘及上部有蛛丝状毛。雌雄异株：雄株头状花序较小，总苞长约 18mm，雄花花冠紫红色，长 17 ～ 25mm，下部狭管长为檐部的 2 ～ 3 倍；雌株头状花序较大，总苞长约 23mm，雌花花冠紫红色，长 26 ～ 28mm，狭管部长为檐部的 4 倍。瘦果椭圆形或长卵形，略扁平，长约 3mm，无毛；冠毛淡褐色，先端稍粗而弯曲，初比花冠短，果熟时稍较花冠长或与之近等长。花果期 7 ～ 9 月。

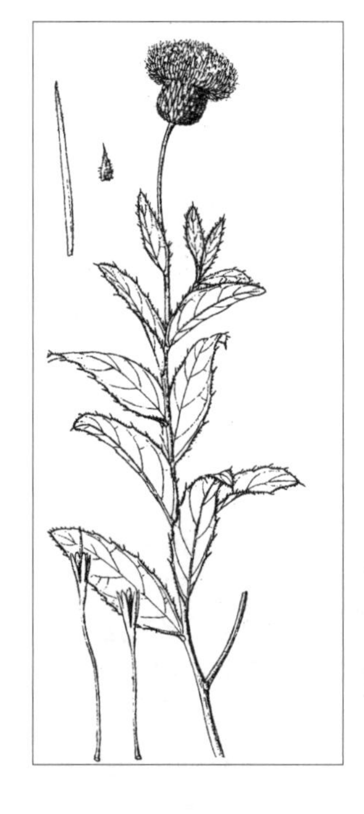

中生杂草。生于田间、荒地、路旁。产内蒙古各地。分布于我国各地，日本、朝鲜。为东亚分布种。

嫩枝叶可做养猪饲料。全草入药（药材名：小蓟），能凉血、止血、祛瘀消肿，主治吐血、衄血、尿血、崩漏、痈疮、肝炎、肾炎。

10. 大刺儿菜（大蓟、刺蓟、刺儿菜、刻叶刺儿菜）

Cirsium setosum (Willd.) Besser ex M. Bieb. in Fl. Taur.-Caucas. 3:560. 1819; Fl. Intramongol. ed. 2, 4:770. t.306. f.5-9. 1992.——*Serratula setosa* Willd. in Sp. Pl. 3(3):1645. 1803.

多年生草本，高 50 ～ 100cm。具长的根状茎。茎直立，具纵沟棱，近无毛或疏被蛛丝状

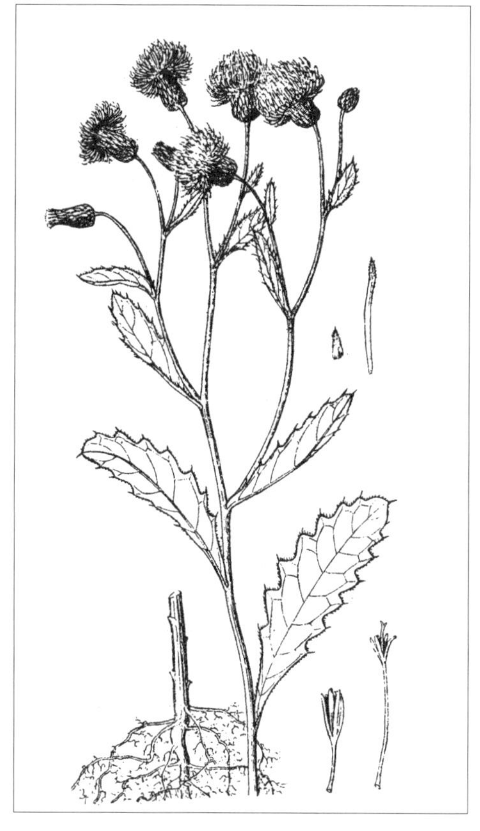

毛，上部有分枝。基生叶花期枯萎；下部叶及中部叶矩圆形或长椭圆状披针形，长 5 ～ 12cm，宽 2 ～ 5cm，先端钝，具刺尖，基部渐狭，边缘有缺刻状粗锯齿或羽状浅裂，有细刺，上面绿色，下面浅绿色，两面无毛或疏被蛛丝状毛，有时下面被稠密的绵毛，无柄或有短柄；上部叶渐变小，矩圆形或披针形，全缘或有齿。头状花序多数集生于茎的上部，排列成疏松的伞房状；总苞钟形。总苞片 8 层：外层者较短，卵状披针形，先端有刺尖；内层者较长，条状披针形，先端略扩大而外曲，干膜质，边缘常细裂并具尖头；两者均为暗紫色，背部被微毛，边缘有睫毛。雌雄异株：雄株头状花序较小，总苞长约 13mm。雌株头状花序较大，总苞长 16 ～ 20mm；雌花花冠紫红色，长 17 ～ 19mm，狭管部长为檐部的 4 ～ 5 倍，花冠裂片深裂至檐部的基部。瘦果倒卵形或矩圆形，长 2.5 ～ 3.5mm，浅褐色，无色；冠毛白色或基部带褐色，初期长 11 ～ 13mm，果熟时长达 30mm。花果期 7 ～ 9 月。

中生杂草。生于森林草原带和草原带的退耕撂荒地上，是最先出现的先锋植物之一，也生于严重退化的放牧场和耕作粗放的各类农田，往往可形成较密集的群聚。产内蒙古各地。分布于除台湾、广东、广西、云南、西藏、海南外的我国各地，日本、蒙古国、俄罗斯（西伯利亚地区、远东地区），中亚，欧洲。为古北极分布种。

全草入药，能凉血、止血、消散痈肿，主治咯血、衄血、尿血、痈肿疮毒等。

11. 丝路蓟（野刺儿菜）

Cirsium arvense (L.) Scop. in Fl. Carn. ed.2, 2:126. 1772; Fl. Intramongol. ed. 2, 4:773. t.307. f.1-3. 1992.——*Serratula arvensis* L., Sp. Pl. 2:820. 1753.

11a. 丝路蓟

Cirsium arvense (L.) Scop. var. **arvense**

多年生草本。根直伸。茎直立，高 20 ～ 50cm，上部有分枝，被蛛丝状毛。基生叶花期枯

萎；下部叶椭圆形或椭圆状披针形，长 5 ～ 15cm，宽 1 ～ 2.5cm，羽状浅裂或半裂，基部渐狭，侧裂片偏斜三角形或偏斜半椭圆形，边缘通常有 2 ～ 3 个刺齿，齿顶及齿缘有细刺，上面绿色或浅绿色，无毛或疏被蛛丝状毛，下面浅绿色，疏被蛛丝状绵毛；中部叶及上部叶渐小，长椭圆形或披针形。雌雄异株，头状花序较多数集生于茎的上部，排列成圆锥状伞房花序；总苞钟形，直径 1.5 ～ 2cm。总苞片约 5 层：外层者较短，卵形，先端有刺尖；内层者较长，长披针形至宽条形，先端膜质渐尖。小花紫红色；雌花花冠长约 17mm，狭管部长约 13mm，檐部长约 4mm；两性花花冠长约 18mm，狭管部长约 12mm，檐部长约 6mm，花冠裂片深裂几达檐部的基部。瘦果近圆柱形，淡黄色；冠毛污白色，果熟时长达 28mm。花果期 7 ～ 9 月。

旱中生草本。生于荒漠带的山沟河边湿地、砂砾质坡地。产东阿拉善（磴口县）、贺兰山、西阿

拉善（巴丹吉林沙漠）、额济纳。分布于我国甘肃、西藏、新疆，蒙古国、印度、尼泊尔、哈萨克斯坦、阿富汗。为古地中海分布种。

11b. 藏蓟

Cirsium arvense (L.) Scop. var. **alpestre** Nageli in Neue Denkschr. Allg. Schweiz. Gess. Gesammten Naturwiss. 5(1):104. 1840; Fl. China 20-21:174. 2011.——*C. lanatum* (Rohb. ex Willd.) Spreng. in Syst. Veg. 3:372. 1826; Z. Shi in Act. Phytotax. Sin. 22(6):453. 1984.——*Cnicus lanatus* Rohb. ex Willd. in Sp. Pl. 3:1671. 1803.

本变种与正种的区别是：叶两面异色，上面绿色，无毛，下面灰白色，密被茸毛。

旱中生草本。生于荒漠带的潮湿地、路旁、村边。产东阿拉善（磴口县三道坑）。分布于我国甘肃（河西走廊）、青海、西藏南部和西北部、新疆，印度，克什米尔地区。为亚洲中部分布变种。

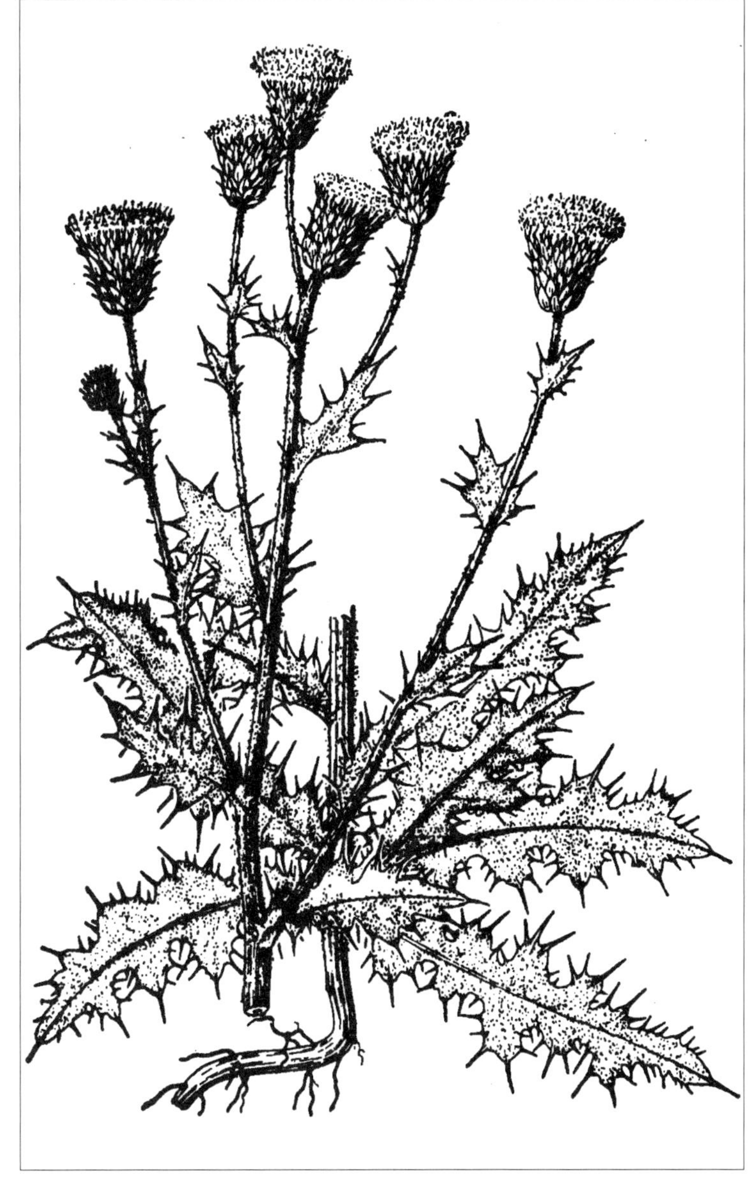

67. 飞廉属 Carduus L.

草本。叶互生，沿茎下延，有刺状锯齿或羽状分裂。头状花序单生，或数个聚生，无梗或有梗，有多数同型小花，两性，结实；总苞钟形或球形；总苞片多层，硬而纤细，具刺尖；花序托平或凸起，有刺毛；小花花冠管状，檐部5裂；花药基部尾状，细裂，花丝中部被卷毛；花柱分枝细长，有乳头状突起。瘦果长椭圆形或倒卵形，基底着生面平，稍扁，具纵肋，无毛；冠毛多层，刺毛状，粗糙，基部合生成环状。

内蒙古有1种。

1. 节毛飞廉

Carduus acanthoides L., Sp. Pl. 2:821. 1753; High. Pl. China 11:640. f.984. 2004; Fl. China 20-21:176. 2011.——*C. crispus* auct. non L.: Fl. Intramongol. ed. 2, 4:773. t.300. f.1-3. 1992.

二年生草本，高70～90cm。茎直立，有纵沟棱，具绿色纵向下延的翅，翅有齿刺，疏被多细胞皱缩的长柔毛，上部有分枝。下部叶椭圆状披针形，长5～15cm，宽3～5cm，先端尖

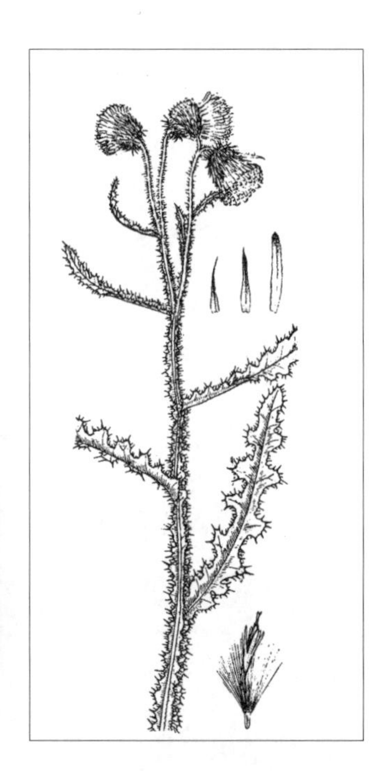

或钝，基部狭，羽状半裂或深裂；裂片卵形或三角形，先端钝，边缘具缺刻状牙齿，齿端叶缘有不等长的细刺，刺长2～10mm；叶上面绿色，无毛或疏被皱缩柔毛，下面浅绿色，被皱缩长柔毛，沿中脉较密。中部叶与上部叶渐变小，矩圆形或披针形，羽状深裂，边缘具刺齿。头状花序常2～3个聚生于枝端，直径1.5～2.5cm；总苞钟形，长1.5～2cm。总苞片7～8层：外层者披针形，较短；中层者条状披针形，先端长渐尖成刺状，向外反曲；内层者条形，先端近膜质，稍带紫色；三者背部均被微毛，边缘具小刺状缘毛。管状花冠紫红色，稀白色，长15～16mm，狭管部与具裂片的檐部近等长；花冠裂片条形，长约5mm。瘦果长椭圆形，长约3mm，褐色，顶端平截，基部稍狭；冠毛白色或灰白色，长约15mm。花果期6～8月。

中生杂草。生于路旁、田边。产内蒙古各地。我国各地均有分布，日本、朝鲜、蒙古国东

部和北部、俄罗斯、哈萨克斯坦、伊朗，欧洲、北美洲。为泛北极分布种。

地上部分入药，能清热解毒、消肿、凉血、止血，主治无名肿毒、痔疮、外伤肿痛、各种出血。

68. 麻花头属 Klasea Cass.

多年生草本。叶互生，不分裂或羽状分裂。头状花序在茎顶排列成伞房状或单生，有多数同型小花，两性，结实；总苞卵形、球形、钟形或筒状；总苞片多层，外层者短而宽，有短刺尖，内层者狭而长；花序托平，有托毛；小花花冠管状，狭管部纤细，檐部5裂；花药基部箭形；花柱分枝细，分枝下部有毛丛。瘦果圆柱形、卵形或倒圆锥形，截头，无毛，基底着生面斜形；冠毛多层，不等长，糙毛状。

内蒙古有6种。

分种检索表

1a. 叶片表面光滑或仅边缘有时被柔毛，基生叶全缘或具波状齿、短裂片、疏齿；总苞片上部有黑色或黑褐色着色区。

2a. 植株不分枝，头状花序单生于茎顶，叶灰绿色……………………………**1. 球苞麻花头 K. marginata**

2b. 植株有分枝；头状花序2～7个在茎顶排列成疏伞房状；叶上面绿色，下面灰绿色………………………………………………………………………………**2. 分枝麻花头 K. cardunculus**

1b. 叶表面粗糙，基生叶通常羽状分裂；总苞片上部无黑色或黑褐色着色区。

3a. 总苞碗状，上部无收缢，直径2～3cm；内层总苞片直立，中间总苞片黄绿色，具苍白色的边缘……………………………………………………………………**3. 碗苞麻花头 K. chanetii**

3b. 总苞卵形、长卵形、半球形；内层总苞片通常膝曲，中间总苞片先端黑色，或具紫色膜质边缘。

4a. 头状花序多数，在茎枝顶端排列成明显的伞房状；总苞长卵形，直径 1 ～ 1.5cm……………………………………………………………………………………………**4. 多头麻花头 K. polycephala**

4b. 头状花序少数，在茎枝顶端不排列成明显的伞房状；总苞直径 1.5 ～ 2.2cm。

5a. 总苞卵形或长卵形，上部稍收缢，直径 1.5 ～ 2cm………………………**5. 麻花头 K. centauroides**

5b. 总苞半球形，上部明显收缢，直径 2.5 ～ 3.5cm………………………**6. 缢苞麻花头 K. strangulata**

1. 球苞麻花头（地丁叶麻花头、薄叶麻花头）

Klasea marginata (Tausch) Kitag. in J. Jap. Bot. 40:137. 1965; Fl. China 20-21:180. 2011.——*Serratula marginata* Tausch in Flora 11(31):484. 1828; Fl. Intramongol. ed. 2, 4:774. t.308. f.1-3. 1992.

多年生草本，高 15 ～ 75cm。根状茎短，黑褐色，具多数须根，细绳状。茎直立，单一，具纵沟棱，近无毛或被极疏的短毛，上部无叶。叶灰绿色，无毛；基生叶与茎下部叶矩圆形、椭圆形、宽椭圆形或卵形，叶片长 3 ～ 6cm，宽 2 ～ 3cm，先端钝或稍尖，有小刺尖，全缘或具波状齿与短裂片，或为大头羽裂，边缘具短缘毛或疏生小短刺，基部渐狭，具短或长柄。中部叶披针形，长 4 ～ 9cm，宽 4 ～ 15mm，先端渐尖或锐尖，基部无柄，羽状深裂，或具缺刻状锯齿；有时全缘不分裂，较上部叶变小，条形。头状花序单生于茎顶；总苞钟状，长 1 ～ 2cm，直径 1.5 ～ 2cm，被蛛丝状毛与短柔毛。总苞片 5 ～ 6 层：外层者卵形或卵状披针形，顶部暗褐色或黑色，具刺尖头；内层者矩圆形，顶部具膜质而边缘具齿与流苏状睫毛的附片。管状花红紫色，长约 2cm，狭管部长约 1cm，与具裂片的檐部等长。瘦果矩圆形，长约 4mm；冠毛黄色，长约 15mm。花期 7 ～ 8 月。

中生草本。生于森林草原带山坡或丘陵坡地，为草原化草甸群落的伴生种。产岭西及呼伦贝尔（陈巴尔虎旗、海拉尔区、满洲里市、新巴尔虎左旗、新巴尔虎右旗）、兴安南部（克什克腾旗、西乌珠穆沁旗）、乌兰察布（四子王旗中部）。分布于我国黑龙江、甘肃、新疆北部，蒙古国北部和中部及西部和南部、俄罗斯（西伯利亚地区），中亚。为东古北极分布种。

2. 分枝麻花头（飞廉麻花头）

Klasea carduncculus (Pall.) Holub. in Folia. Geobot. Phytotax. 12:305. 1977; Fl. China 20-21:180. 2011.——*Serratula carduncculus* (Pall.) Schischk. in Fl. West. Sibir. 11:2938. 1949; Fl. Intramongol. ed. 2, 4:775. t.308. f.4-7. 1992.——*Centaurea carduncculus* Pall. in Reise Russ. Reich. 1:500. 1771.

多年生草本，高 30 ～ 70cm。根状茎短，黑褐色，具多数褐色须根。茎直立，具纵沟棱，无毛或疏被短毛，不分枝或上部有分枝，基部红紫色，有褐色枯叶纤维。基生叶椭圆形、长椭圆形、矩圆状椭圆形或披针形，长 5 ～ 10cm，宽 1 ～ 2cm，先端钝或尖，全缘、波状或有疏齿，沿边缘疏生短缘毛，上面绿色，下面灰绿色，两面无毛，基部渐狭，具长柄；茎生叶少数而较小，披针形或长椭圆形，全缘、具齿以至羽状浅裂，无柄；上部叶变小，条状披针形或条形，全缘。头状花序单生于枝端，具长梗，2 ～ 7 个在茎顶排列成疏伞房状；总苞钟状，长 10 ～ 20mm，宽 8 ～ 15mm，近无毛或有柔毛，上部不收缩，基部近圆形。总苞片 5 ～ 6 层：外层与中层者卵形或卵状披针形，边缘及顶部黑褐色，具刺尖头，刺长 0.5 ～ 1mm；内层者条状披针形，顶部渐变成直立而呈干膜质的附片。管状花白色而带红紫色，长 15 ～ 17mm，狭管部长 5 ～ 7mm，比具裂片的檐部短，花冠裂片长约 5mm。瘦果矩圆形，褐色；冠毛淡黄色，长 8 ～ 10mm。花期 6 ～ 7 月。

旱中生草本。生于森林草原带的山地沟谷草甸，为伴生种。

产兴安南部（东乌珠穆沁旗）。分布于俄罗斯（西伯利亚地区），欧洲。为欧洲—西伯利亚分布种。

3. 碗苞麻花头（北京麻花头）

Klasea chanetii (H. Lev.) Y. Z. Zhao in Class. Fl. Ecol. Geogr. Distr. Vasc. Pl. Inn. Mongol. 581. 2012.——*Serratula chanetii* H. Lev. in Repert. Spec. Nov. Regni Veg. 10:351. 1912; Fl. Intramongol. ed. 2, 4:775. t.310. f.6-8. 1992.——*K. centauroides* (L.) Cass. ex Kitag. subsp. *chanetii* (H. Lev.) L. Martins in J. Linn. Soc. 152:457. 2006; Fl. China 20-21:184. 2011.

多年生草本，高 40 ～ 80cm。根状茎短。茎簇生或单生，基部紫红色，有褐色残存的纤维状的枯叶柄，上部分枝或极少不分枝；全部茎、枝被皱曲长柔毛。基生叶与茎下部叶长椭圆形或披针状椭圆形，长 10 ～ 20cm，宽 3 ～ 9cm，羽状深裂或大头羽状深裂，侧裂片椭圆形或半椭圆形，顶裂片卵形、菱形、椭圆形或长卵形，全部裂片边缘有锯齿，叶两面沿脉疏被皱曲短柔毛，具长柄；中部叶及上部叶与基生叶及下部叶同形并等样分裂，但无柄；最上部叶不裂，条形。头状花序 3 ～ 6 个在茎枝顶端排列成伞房状，少有整个植株仅含 1 个头状花序而单生于茎顶的，花序梗长；总苞碗状，长 20 ～ 25mm，宽 2 ～ 3cm，上部不收缩；总苞片 7 ～ 8 层，外层者三角形、卵形或卵状披针形，中层者椭圆状披针形，内层者条状披针形至条形，全部苞片边缘白色狭膜质，中、内层先端具刺尖头，内层上部淡黄色；管状花紫红色，长约 2.4cm，狭管部长约 1cm，檐部长约 1.4cm。瘦果楔状长椭圆形，长约 5mm，黄白色；冠毛淡黄白色，长达 1cm。花果期 6 ～ 8 月。

中生草本。生于森林草原带和草原带的山坡草地。产兴安南部（克什克腾旗）、乌兰察布（达尔罕茂明安联合旗）、阴山（大青山）。分布于河北、河南、山东、山西、陕西、安徽、甘肃。为华北分布种。

4. 多头麻花头（多花麻花头）

Klasea polycephala (Iljin) Kitag. in J. Jap. Bot. 21:140. 1947; Fl. China 20-21:182. 2011.——*Serratula polycephala* Iljin in Izv. Glavn. Bot. Sada S.S.S.R. 27:90. 1928; Fl. Intramongol. ed. 2, 4:777. t.309. f.1-4. 1992.

多年生草本，高 40 ～ 80cm。根粗壮，直伸，黑褐色。茎直立，具黄色纵条棱，无毛或下部疏被皱曲柔毛，基部带红紫色，有褐色枯叶柄纤维，上部多分枝。基生叶长椭圆形，较大，羽状深裂，有柄，花期常凋萎；茎下部叶与中部叶卵形至长椭圆形，长 5 ～ 15cm，宽 4 ～ 6cm，羽状深裂或羽状全裂，裂片披针形或条状披针形，先端渐尖，全缘或有不规则缺刻状疏齿，两面无毛，边缘有短糙毛，有柄或无柄；上部叶渐小，裂片条形。头状花序多数（10 ～ 50），在茎顶排列成伞房状；总苞长卵形，长 1.5 ～ 2.5cm，宽 1 ～ 1.5cm，上部渐收缩，基部近圆形。总苞片 8 ～ 9 层：外层者短，卵形，顶端黑绿色，具刺尖头；内层者较长，披针状条形，顶端渐变成直立而呈淡紫色干膜质的附片，背部有微毛。管状花红紫色，长 1.8 ～ 2.3cm，狭管部比具裂片的檐部短。瘦果倒长卵形，长约 3.5mm；冠毛淡黄色或淡褐色，不等长，长达 7mm。花果期 7 ～ 9 月。

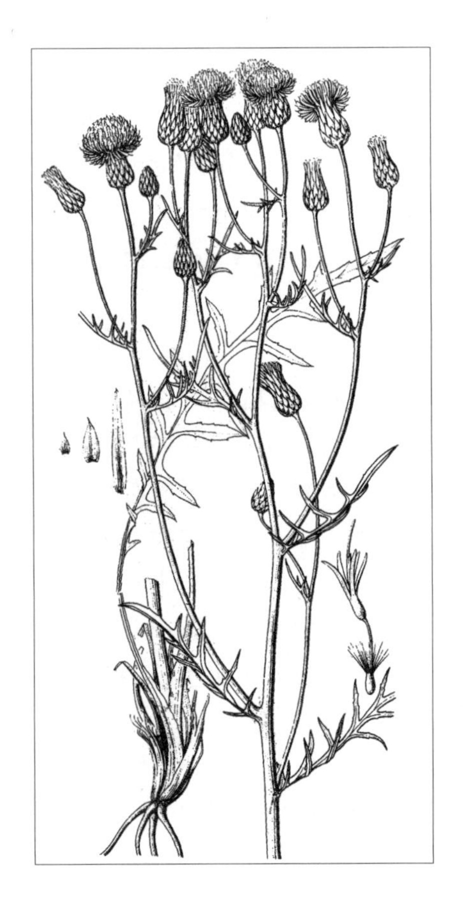

中旱生草本。生于森林草原带和草原带的山坡、干燥草地。产岭西及呼伦贝尔（陈巴尔虎旗、新巴尔虎左旗、海拉尔区）、兴安南部（科尔沁右翼前旗、阿鲁科尔沁旗、巴林右旗）、赤峰丘陵（红山区）、燕山北部（喀喇沁旗、宁城县）、锡林郭勒（苏尼特左旗）、阴山（大青山、蛮汗山）。分布于我国黑龙江（安达市）、吉林（通榆县）、辽宁北部和西部、河北北部、山西中部和北部。为华北—满洲分布种。

5. 麻花头（花儿柴）

Klasea centauroides (L.) Cass. ex Kitag. in J. Jap. Bot. 21:138. 1947; Fl. China 20-21:182. 2011.——*Serratula centauroides* L., Sp. Pl. 2:820. 1753; Fl. Intramongol. ed. 2, 4:778. t.309. f.5-8. 1992.——*K. centauroides* (L.) Cass. ex Kitag. subsp. *komarovii* (Iljin) L. Martins in Bot. J. Linn. Soc. 152:457. 2006; Fl. China 20-21:183. 2011. syn. nov.——*Serratula komarovii* Iljin in Izv. Glavn. Bot. Sada S.S.S.R. 27:89. 1928.——*K. centauroides* (L.) Cassia var. *albiflora* Y. B. Chang in Bull. Bot. Res. Harbin 3(2):158. 1983.

多年生草本，高 30 ～ 60cm。根状茎短，黑褐色，具多数褐色须状根。茎直立，具纵沟棱，被皱曲柔毛，下部较密，基部常带紫红色，有褐色枯叶柄纤维，不分枝或上部有分枝。基生叶与茎下部叶椭圆形，长 8 ～ 12cm，宽 3 ～ 5cm，羽状深裂或羽状全裂，稀羽状浅裂，裂片矩圆形至条形，先端钝或尖，具小尖头，全缘或有疏齿，两面无毛或仅下面脉上及边缘被疏皱曲柔毛，具长柄或短柄；中部叶及上部叶渐变小，无柄，裂片狭窄。头状花序数个单生于枝端，具长梗；总苞卵形或长卵形，长 15 ～ 25mm，宽 15 ～ 20mm，上部稍收缩，基部宽楔形或圆形；总苞片 10 ～ 12 层，黄绿色，无毛或被微毛，顶部暗绿色，具刺尖头，刺长约 0.5mm，有 5 条脉纹，并被蛛丝状毛，外层者较短，卵形，中层者卵状披针形，内层者披针状条形，顶端渐变成直立而呈皱曲干膜质的附片；管状花淡紫色或白色，长约 21mm，狭管部长约 9mm，檐部长约 12mm。瘦果矩圆形，长约 5mm，褐色；冠毛淡黄色，长 5 ～ 8mm。花果期 6 ～ 8 月。

中旱生草本。典型草原带、山地森林草原带和夏绿阔叶林带较为常见的伴生种，有时在沙壤质土壤上可形成亚优势种，在老年期撂荒地上局部可形成临时性杂草。产兴安北部及岭西和岭东及呼伦贝尔（额尔古纳市、根河市、牙克石市、鄂伦春自治旗、陈巴尔虎旗、新巴尔虎左旗、新巴尔虎右旗、海拉尔区、满洲里市、阿荣旗）、兴安南部（科尔沁右翼前旗、科尔沁右翼中旗、阿鲁科尔沁旗、巴林左旗、巴林右旗、林西县、克什克腾旗）、辽河平原（科尔沁左翼后旗）、赤峰丘陵（翁牛特旗）、燕山北部（喀喇沁旗、宁城县、敖汉旗）、锡林郭勒（东乌珠穆沁旗、西乌珠穆沁旗、锡林浩特市、正蓝旗、镶黄旗、太仆寺旗、多伦县、兴和县）、乌兰察布（四子王旗、达尔罕茂明安联合旗、固阳县、乌拉特前旗、乌拉特中旗）、阴山（大青山、蛮汗山、乌拉山）、阴南丘陵（准格尔旗）、鄂尔多斯（达拉特旗、伊金霍洛旗、毛乌素沙地、鄂托克旗）、贺兰山。分布于我国黑龙江、吉林西部、辽宁西部、河北、河南西部和北部、山东中西部、山西、陕西西南部，蒙古国、俄罗斯（西伯利亚地区）。为华北—蒙古分布种。

6. 缢苞麻花头

Klasea strangulata (Iljin) Kitag. in J. Jap. Bot. 21:140. 1950; Fl. China 20-21:183. 2011.——*Serratula strangulata* Iljin in Izv. Glavn. Bot. Sada S.S.S.R. 27:89. 1928.——*K. centauroides* (L.) Cass. ex Kitag. subsp. *strangulata* (Iljin) L. Martins in Bot. J. Linn. Soc. 152:457. 2006; Fl. China 20-21:183. 2011. syn. nov.

多年生草本，高 30 ～ 80cm。根状茎粗壮，直伸或斜下，具多数须根，颈部被纤维状残存

叶柄。茎直立，单一，不分枝或上部少分枝，具纵沟棱，上部无毛，下部疏被皱曲毛。基生叶与茎下部叶椭圆形，长 10 ～ 15cm，宽 3.5 ～ 5cm，先端渐尖，下部渐狭，下部或下半部边缘羽状浅裂至深裂，上半部边缘具尖牙齿，有时先端呈大头羽裂状，两面被皱曲毛，边缘具短缘毛；叶柄长 3 ～ 8cm，柄基扩展，带红紫色。茎中部及上部的叶大头羽状深裂，顶裂片三角状，卵形或卵状披针形，边缘具不规则牙齿，侧裂片披针形或矩圆形，先端渐尖，全缘或具少数牙齿；近无柄。头状花序单生茎顶，梗长达 30cm；总苞半球形，直径 (2 ～)2.5 ～ 3.5cm。总苞

片 5 ～ 6 层，上半部紫褐色，外层和中层卵形，锐尖头，内层矩圆形，顶端具伸长的黄色附片，长 10 ～ 12mm；花冠紫红色，长 20 ～ 25mm，筒部与檐部近等长。瘦果长约 5mm，褐色，具纵肋；冠毛浅棕色，糙毛状，长 5 ～ 7mm。花果期 6 ～ 9 月。

中生草本。生于草原化荒漠带海拔 2400 ～ 2600m 的石质山坡或岩石缝中。产贺兰山。分布于我国河北、河南西部、山西、陕西南部、甘肃、青海、四川北部。为华北分布种。

69. 伪泥胡菜属 Serratula L.

属的特征同种。

内蒙古有 1 种。

1. 伪泥胡菜

Serratula coronata L., Sp. Pl. ed. 2, 2:1144. 1763; Fl. Intramongol. ed. 2, 4:778. t.310. f.1-5. 1992.

多年生草本，高 50 ～ 100cm。根状茎粗大，木质，平伸，具多数细绳状不定根。茎直立，紧硬，

具纵沟棱，无毛或下部被短毛，绿色或红紫色，不分枝或上部有分枝。叶卵形或椭圆形，长 10 ～ 20cm，宽 5 ～ 10cm，羽状深裂或羽状全裂，裂片 3 ～ 8 对，披针形或狭椭圆形，先端渐尖，具刺尖头，基部渐狭，边缘有不规则缺刻状疏齿及糙硬毛，有时具披针形尖裂片，两面无毛或沿叶脉有短毛；下部叶有长柄，上部叶无柄；最上部叶小，羽状分裂或全缘。头状花序 1 ～ 3，单生于枝端，具短梗；总苞钟形或筒状钟形，长 2 ～ 2.5cm，宽 1 ～ 2cm。总苞片 6 ～ 7 层，紫褐色，密被褐色贴伏短毛；外层者卵形，顶端渐尖或锐尖，具刺尖头；内层者条状披针形，顶端长渐尖。管状花紫红色，长约 20mm，狭管部与檐部近等长；缘花 4 裂，雌性；盘花 5 裂，两性。瘦果矩圆形，长约 5mm，淡褐色，无毛；冠毛淡褐色，长 8 ～ 10mm。花果期 7 ～ 9 月。

中生草本。广布于森林带、森林草原带和草原带的山地，

为杂类草草甸、林缘草甸的伴生种。产兴安北部及岭西和呼伦贝尔（额尔古纳市、根河市、牙克石市、陈巴尔虎旗、鄂温克族自治旗、新巴尔虎左旗）、兴安南部及科尔沁（科尔沁右翼前旗、科尔沁右翼中旗、阿鲁科尔沁旗、巴林右旗、克什克腾旗）、辽河平原（科尔沁左翼后旗）、燕山北部（喀喇沁旗、宁城县）、锡林郭勒（东乌珠穆沁旗、西乌珠穆沁旗、锡林浩特市、正蓝旗）、阴山（大青山、蛮汗山）、阴南丘陵（准格尔旗）、鄂尔多斯（伊金霍洛旗、乌审旗）。分布于我国黑龙江、吉林、辽宁、河北、河南西部和北部、山东、山西、陕西南部、甘肃东南部、安徽东部、江苏西北部、湖北北部、贵州中部、新疆北部，日本、朝鲜、蒙古国东部（大兴安岭）、俄罗斯（西伯利亚地区、远东地区），中亚，欧洲。为古北极分布种。

70. 山牛蒡属 **Synurus** Iljin

多年生大型草本。叶互生，有缺刻状牙齿或羽状分裂。头状花序大，花期弯垂，有多数同型小花，两性，结实；总苞球形或钟形；总苞片多层，硬而狭，具长刺尖；花序托平，有硬托毛；小花花冠管状，檐部 5 裂；花药基部尾状连合，围绕花丝；花柱上部分枝短而钝，基部有毛环。瘦果长椭圆形，肥厚，截头，无毛，具多肋；冠毛不等长，稍粗糙，基部合生成环状。

单种属。

1. 山牛蒡（老鼠愁）

Synurus deltoides (Ait.) Nakai in Koryo Sikenrin Ippan 64. 1932; Fl. Intramongol. ed. 2, 4:781. t.311. f.1-6. 1992.——*Onopordum deltoides* Ait. in Hort. Kew 3:146. 1789.

多年生草本，高 50 ～ 100cm。根状茎短，具多数黑褐色须根。茎直立，单一，粗壮，具纵沟棱，多少被蛛丝状毛，上部暗紫色，稍有分枝。基生叶花期枯萎；茎下部叶卵形、卵状矩圆形或三角形，叶片长达 20cm，宽达 15cm，先端尖，基部稍呈戟形，边缘具不规则的缺刻状牙齿或几羽状浅裂，齿端和叶缘均有短刺，上面疏被短毛，下面密被灰白色毡毛，具长柄；茎上部叶小，矩圆状披针形或卵状披针形，先端渐尖，基部楔形，有短柄。头状花序单生于枝端或茎顶，直径 3 ～ 5cm；总苞钟形；总苞片多层，条状披针形，宽约 1.5mm，先端渐狭成长刺尖，带暗紫色，有蛛丝状毛，外层者短，常开展，内层者长而直伸；管状花深紫色，长约 25mm，狭管部长 6 ～ 7mm，远比具裂片的檐部短。瘦果长约 7mm；冠毛淡黄色，长 12 ～ 17mm。花果期 8 ～ 9 月。

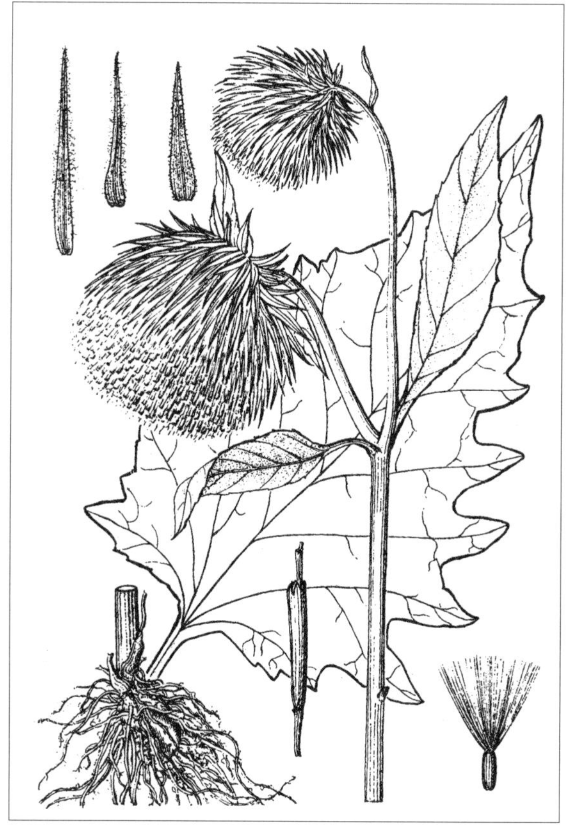

大型中生草本。生于草原带和森林草原带的山地林缘、灌丛、山坡草地，是常见的伴生种。产兴安北部及岭西（额尔古纳市、牙克石市、陈巴尔虎旗、鄂温克族自治旗、新巴尔虎左旗）、兴安南部及科尔沁(阿鲁科尔沁旗、巴林左旗、巴林右旗、翁牛特旗、克什克腾旗、东乌珠穆沁旗)、燕山北部（喀喇沁旗、宁城县、敖汉旗）。分布于我国黑龙江东部、吉林东部、辽宁、河北北部、河南西部和北部、山东东部、山西南部、陕西南部、甘肃中东部、安徽南部、浙江、江西北部、湖北、湖南西北部、四川东部、云南东北部，日本、朝鲜、蒙古国东部（大兴安岭）、俄罗斯（西伯利亚地区、远东地区）。为东古北极分布种。

71. 漏芦属 Rhaponticum Ludw.

多年生草本。茎直立，单生，不分枝或分枝。头状花序大，同型，单生于茎枝顶端；总苞半球形；总苞片多层，具干膜质、先端全缘而后撕裂状的附片；花序托稍凸起，有托毛；全部小花两性，管状，纤细，檐部5深裂；花药基部附属物箭形，彼此结合包围花丝；花柱上部增粗，中部有毛环。瘦果长椭圆形，压扁，具4棱，基底着生面歪斜；冠毛2至多层，糙毛状或短羽毛状。

内蒙古有1种。

1. 漏芦（祁州漏芦、和尚头、大口袋花、牛馒头）

Rhaponticum uniflorum (L.) DC. in Ann. Mus. Natl. Hist. Nat. 16:189. 1810；Fl. China 20-21:178. 2011.——*Stemmacantha uniflora* (L.) Dittrich in Candollea 39:49. 1984; Fl. Intramongol. ed. 2, 4:783. t.312. f.1-6. 1992.——*Cnicus uniflorus* L. in Mant. Pl. Alt. 2:572. 1771.

多年生草本，高 20 ～ 60cm。主根粗大，圆柱形，直径 1 ～ 2cm，黑褐色。茎直立，单一，具纵沟棱，被白色绵毛或短柔毛，基部密被褐色残留的枯叶柄。基生叶与茎下部叶叶片长椭圆形，长 10 ～ 20cm，宽 2 ～ 6cm，羽状深裂至全裂；裂片矩圆形、卵状披针形或条状披针形，长 2 ～ 3cm，先端尖或钝，边缘具不规则牙齿，或再分出少数深裂或浅裂片，裂片及齿端具短尖头；两面被或疏或密的蛛丝状毛与粗糙的短毛；叶柄较长，密被绵毛。茎中部叶及上部叶较小，有

短柄或无柄。头状花序直径 3 ～ 6cm；总苞宽钟状，基部凹入；总苞片上部干膜质，外层与中层者卵形或宽卵形，呈掌状撕裂，内层者披针形或条形；管状花花冠淡紫红色，稀白色，长 2.5 ～ 3.3cm，狭管部与具裂片的檐部近等长。瘦果长 5 ～ 6mm，棕褐色；冠毛淡褐色，不等长，具羽状短毛，长达 2cm。花果期 6 ～ 8 月。

中旱生草本。山地草原、山地森林草原地带石质干草原、草甸草原较为常见的伴生种。产兴安北部及岭西（额尔古纳市、牙克石市、陈巴尔虎旗、鄂温克族自治旗、新巴尔虎左旗、海拉尔区）、兴安南部及科尔沁（巴林右旗、克什克腾旗）、辽河平原（科尔沁左翼后旗）、赤峰丘陵（红山区、翁牛特旗）、燕山北部（喀喇沁旗、宁城县、敖汉旗）、锡林郭勒（东乌珠穆沁旗、西乌珠穆沁旗、锡林浩特市）、乌兰察布（白云鄂博矿区、固阳县）、阴山（大青山、蛮汗山、乌拉山）、阴南丘陵（准格尔旗）、鄂尔多斯（鄂托克旗）、东阿拉善（桌子山）、贺兰山。分布于我国黑龙江西南部、吉林西部、辽宁、河北、河南西部和北部、山东中西部、山西、陕西、甘肃东南部、青海东部、四川北部，日本、朝鲜、蒙古国、俄罗斯（东西伯利亚地区、远东地区）。为蒙古—东亚北部分布种。

根入药（药材名：漏芦），能清热解毒、消痈肿、通乳，

主治乳痈疮肿、乳汁不下、乳房作胀。花入蒙药（蒙药名：洪古尔－珠尔），能清热、解毒、止痛，主治感冒、心热、痢疾、血热及传染性热症。

72. 红花属 Carthamus L.

一年生草本。叶互生，质硬，边缘具刺齿。头状花序单生枝端或于茎顶排列成伞房状，有多数同型小花，两性，结实；总苞球形、卵形或矩圆形；总苞片多层，外层者叶状，有刺齿，内层者全缘或微有齿；花托平，有托毛；小花花冠管状，管部细长，管部以上稍扩大，上部 5 裂；花药基部箭头形，尾部稍撕裂；花柱分枝短。瘦果卵形或倒卵形，具 4 棱，无毛；冠毛缺或呈鳞片状。

内蒙古有 1 栽培种。

1. 红花（红蓝花、草红花）

Carthamus tinctorius L., Sp. Pl. 2:830. 1753; Fl. Intramongol. ed. 2, 4:785. 1992.

一年生草本，高达 100cm。全株光滑无毛。茎直立，白色，具细棱，基部木质化，上部多分枝。叶长椭圆形或卵状披针形，长 3.5 ～ 9cm，宽 1 ～ 3cm，先端尖，边缘具不规则刺齿，两面无毛，基部渐狭或圆形，无柄，抱茎；上部叶渐变小，呈苞叶状，围绕头状花序。头状花序大，直径 3 ～ 4cm，有梗，排列成伞房状；总苞近球形或宽卵形，长约 2cm，宽约 2.5cm。外层总苞片卵状披针形，基部以上稍收缩，绿色，上部边缘具不等长针刺；内层者卵状椭圆形，中部以下全缘，上部边缘稍有短刺，顶端长尖；最内层者条形，鳞片状，透明薄膜质。管状花橘红色，长约 1.5cm，裂片条形，长 5 ～ 7mm，宽约 1mm，先端渐尖。瘦果椭圆形或倒卵形，长约 5mm，基底稍歪斜，白色；冠毛缺。花果期 7 ～ 9 月。

中生草本。原产埃及，为北非种。内蒙古一些庭院或苗圃有栽培，我国各地也有栽培。

花入药，能活血通经、去瘀止痛，主治经闭、症瘕、难产、死胎、产后恶露不行、瘀血作痛、痈肿、跌打损伤。又入蒙药（蒙药名：固日固木），能活血、散瘀、调经、清肝，主治血热头痛、肝热、月经不调。

73. 矢车菊属 Centaurea L.

一年生、二年生或多年生草本。茎直立或匍匐，稀无茎。叶不分裂或羽状分裂。头状花序异型，小或较大，通常在茎枝顶端排列成圆锥状、伞房状或总状，极少仅有 1 个头状花序；总苞球形、卵形、圆柱形，碗状、钟状；总苞片多层，覆瓦状排列，质硬，顶端有不同式样的附属物，稀无附属物；花托有托毛；小花颜色不一，管状，边花无性或雌性，顶端 4(～5)～8(～10) 裂，增大或不增大，中央的盘花两性；花丝扁平，有乳突状毛或乳状突起，花药基部附属物极小；花柱分枝极短，分枝基部有毛环。瘦果椭圆形、倒卵形或楔状，压扁，有细条纹，被稀疏的柔毛或脱毛，稀无毛，顶端截形，有齿状果缘，着生面侧生。冠毛多层，2 列：外列冠毛多层，刚毛毛状或糙毛状，向内渐长；内列冠毛 1 层，膜片状，极短，稀无冠毛。

内蒙古有 1 种。

1. 糙叶矢车菊

Centaurea adpressa Ledeb. in Index Sem. Hort. Dorpat. 2:3. 1824.——*C. scabiosa* L. subsp. *adpressa* (Ledeb.) Gugler in Ann. Hist.-Nat. Mus. Natl. Hung. 6:132. 1907; Fl. China 20-21:193. 2011.

多年生草本，高 50～100cm。茎单一或少数，直立，上部分枝，被稀疏的短糙毛、蛛丝状柔毛和卷毛。基生叶倒披针形或长椭圆形，长 15～20cm，宽约 8cm，羽状分裂，侧裂片 8～11 对，从长圆形至线形，全缘，顶裂片通常大于侧裂片；茎生叶与基生叶同形并等样分裂，但向上渐小，从有短柄至无柄；全部叶两面粗糙，密被短糙毛和黄色腺点及稀疏的蛛丝状柔毛。头状花序少数或多数，在茎枝顶端排列成伞房状或伞房圆锥状；总苞卵形或碗状，直径 1.5～2cm，被蛛丝状柔毛；总苞片 7 层，覆瓦状排列，外层总苞片宽卵形，中层总苞片长卵形或椭圆状卵形，内层总苞片宽披针形，全部总苞片顶端有暗褐色或褐色膜质的附属物，附属物顶端有长达 0.5mm 的短针刺，边缘有缘毛状锯齿，并沿总苞片下延成缘毛状锯齿；小花紫红色或淡紫色，边花不增大。瘦果椭圆形，压扁，长 4～6mm，淡白色，被稀疏的短柔毛，两面各有 1 条细脉纹。冠毛淡黄色或白色，2 列：外列多层，刚毛糙毛状，向内渐长，长达 8mm；内列 1 层，膜片状，极短。花果期 6～9 月。

耐盐中生草本。生于荒漠带的盐碱地。产内蒙古西部荒漠区。分布于我国新疆北部，俄罗斯，中亚，欧洲。为古地中海分布种。

（9）帚菊木族 Mutisieae Cass.

分属检索表

1a. 灌木；头状花序腋生，两性花花冠为不明显的二唇形或舌状……………………**74. 蚂蚱腿子属 Myripnois**

1b. 草本；头状花序顶生，两性花花冠为明显的二唇形…………………………………**75. 大丁草属 Leibnitzia**

74. 蚂蚱腿子属 Myripnois Bunge

灌木。有黏液，芳香。叶互生，全缘。头状花序单生于叶腋的叶丛中，无梗，有同型小花4～9，盘状，雌雄异株，雌花结实，两性花（雄花）不结实；总苞圆柱形或钟状；总苞片少数，覆瓦状排列，膜质；花序托小，裸露。小花花冠管状，二唇形：外唇舌状，先端3～4裂；内唇小，全缘或2深裂或缺。花药基部箭形；花柱分枝先端钝或截形。瘦果近圆柱形，有长柔毛；冠毛糙毛状，雌花者多层，较长，两性花者少数而较短。

内蒙古有1种。

1. 蚂蚱腿子（万花木）

Myripnois dioica Bunge in Enum. Pl. China Bor. 38. 1833; Fl. Intramongol. ed. 2, 4:787. t.313. f.1-5. 1992.

灌木，高50～80cm。枝细，具纵条棱，疏被短柔毛。叶宽披针形、椭圆形或卵形，长2～4cm，宽0.5～2cm，先端渐尖或锐尖，基部楔形至圆形，全缘，两面疏被柔毛或近无毛，三出脉；叶柄短，长2～4mm。头状花序生于侧生短枝顶端，先叶开放；总苞钟状，长10～12mm，宽8～10mm；总苞片5～8，通常近等长，长椭圆形，先端锐尖，密被绢毛和腺体；雌花花冠淡紫色，长约11mm，两性花花冠白色。瘦果长约5mm；冠毛白色，长达10mm，两性花冠毛2～4。花期5～6月。

中生灌木。生于阔叶林带的山地林缘、灌丛，局部可形成优势，多见于阴坡。产燕山北部（喀喇沁旗、宁城县）。分布于我国辽宁西部、河北、河南西部和北部、山西、陕西南部、湖北。为华北分布种。

75. 大丁草属 Leibnitzia Cass.

多年生草本。叶全部基生，羽状分裂。花葶直立，具苞叶。头状花序单生，有异型或同型小花：春季开的为异型花，外围有1层雌花，舌状，中央有多数两性花，管状；秋季开的为同型花，全部两性，管状，为闭锁花，结实。总苞筒状或钟状；总苞片 2 ～ 3 层，覆瓦状排列；花序托平，有小窝孔。舌状花花冠二唇形，外唇舌状，先端具 3 齿，内唇 2 裂，裂片条形；管状花花冠二唇状，外唇先端 3 ～ 4 裂，内唇 2 裂。花药基部箭形，尾长尖；花柱分枝短而钝。瘦果纺锤形，多少扁平，具纵条纹，有毛；冠毛多数，刺毛状，光滑或粗糙。

内蒙古有 1 种。

1. 大丁草

Leibnitzia anandria (L.) Turcz. in Ukaz. Otkryt. 8(1):404. 1831; Fl. Intramongol. ed. 2, 4:787. t.314. f.1-5. 1992.——*Tussilago anandria* L., Sp. Pl. 2:865. 1753.

多年生草本，有春秋二型。春型者植株较矮小，高 5 ～ 15cm。花葶纤细，直立，初被白色蛛丝状绵毛，后渐脱落，具条形苞叶数枚。基生叶呈莲座状，卵形或椭圆状卵形，长 1.5 ～ 5.5cm，宽 1 ～ 2.5cm，提琴状羽状分裂；顶裂片宽卵形，先端钝，基部心形，边缘具不规则圆齿，齿端有小凸尖，侧裂片小，卵形或三角状卵形；上面绿色，下面密被白色绵毛；具柄。秋型者植株高达 30cm。叶倒披针状长椭圆形或椭圆状宽卵形，长 2 ～ 15cm，宽 1.5 ～ 3.5cm；裂片形状与春型者相似，但顶裂片先端短渐尖；下面无毛或疏被蛛丝状毛。春型的头状花序较小，直径 6 ～ 10mm；秋型者较大，直径 1.5 ～ 2.5cm。总苞钟状。外层总苞片较短，条形；内层者条状披针形，先端钝尖，边缘带紫红色，多少被蛛丝状毛或短柔毛。舌状花冠紫红色或白色，长 10 ～ 12mm，管状花冠长约 7mm。瘦果长 5 ～ 6mm；冠毛淡棕色，长约 10mm。春型者花期 5 ～ 6 月，秋型者为 7 ～ 9 月。

春、秋两型中生草本。生于森林带和草原带的山地林缘、草甸、林下，也见于田边、路旁。产兴安北部及岭西和岭东（牙克石市、鄂温克族自治旗、阿荣旗）、兴安南部及科尔沁（科尔沁右翼前旗、科尔沁右翼中旗、扎鲁特旗、奈曼旗、阿鲁科尔沁旗、巴林左旗、巴林右旗、克什克腾旗、西乌珠穆沁旗）、辽河平原（科尔沁左翼后旗）、赤峰丘陵（红山区、松山区）、燕山北部（喀喇沁旗、宁城县、敖汉旗）、阴山（大青山、蛮汗山、乌拉山）、阴南丘陵（准格尔旗阿贵庙）、贺兰山。分布于我国除新疆、西藏外的各省区，日本、朝鲜、蒙古国东部和北部、俄罗斯（西伯利亚地区、远东地区）。为西伯利亚—东亚分布种。

全草入药，能祛风湿、止咳、解毒，主治风湿麻木、咳喘、疔疮。

2. 舌状花亚科 Cichorioideae

(10) 菊苣族 Cichorieae Cass.

分属检索表

1a. 头状花序全部为两性舌状花。

2a. 冠毛由羽状毛组成。

3a. 总苞片 1 层……………………………………………………………**77. 婆罗门参属 Tragopogon**

3b. 总苞片多层。

4a. 植株被钩状硬毛，一、二年生或稀多年生草本………………………………**79. 毛连菜属 Picris**

4b. 植株无钩状硬毛，多年生草本。

5a. 花托具膜质托片，叶非禾叶状……………………………………………**76. 猫儿菊属 Hypochaeris**

5b. 花托无托片，叶通常为禾叶状…………………………………………**78. 鸦葱属 Scorzonera**

2b. 冠毛由糙毛或柔毛组成。

6a. 叶基生；头状花序单生于花葶上；瘦果具长或短的喙，至少在上部有小瘤状或小刺状凸起……………………………………………………………………………………**80. 蒲公英属 Taraxacum**

6b. 叶茎生，有或无基生叶；头状花序不为单生；瘦果无喙或有喙，无小瘤状或小刺状凸起。

7a. 瘦果二型：在外者棕色或灰色，有多数纵肋，基部截形，顶端三角形变窄，有不明显而易脱落的喙；在内者黄色，有少数纵肋，三角状圆柱形……**81. 假小喙菊属 Paramicrorhynchus**

7b. 瘦果同型。

8a. 冠毛由极细的柔毛杂以较粗的直毛组成，头状花序具极多（一般超过 80 朵）的小花……………………………………………………………………………**82. 苦苣菜属 Sonchus**

8b. 冠毛由较粗的直毛或粗毛组成，头状花序具较少的小花。

9a. 瘦果极扁或较扁。

10a. 瘦果顶端无喙；总苞片 2 ～ 3 层，舌状花紫色、蓝紫色或黄色。

11a. 冠毛异型，外层 1 圈极短………………………………**83. 岩参属 Cicerbita**

11b. 冠毛同型，内、外层一样长……………………**84. 福王草属 Prenanthes**

10b. 瘦果顶端有喙；总苞片 3 ～ 5 层，冠毛同型………………**85. 莴苣属 Lactuca**

9b. 瘦果微扁或近圆柱形。

12a. 总苞片 2 ～ 3 层，外层极短，内层近等长。

13a. 瘦果有不等形的纵肋，上端狭窄，通常无明显的喙。

14a. 茎不分枝，直立；基生叶全缘或具微齿；头状花序在茎顶排成总状或狭圆锥状………………………………**86. 小苦苣菜属 Sonchella**

14b. 茎有分枝，开展；基生叶羽状分裂；头状花序在茎顶排成聚伞圆锥状……………………………………………**87. 黄鹌菜属 Youngia**

13b. 瘦果有等形的纵肋，上端狭窄，有或长或短的喙。

15a. 瘦果圆柱形或纺锤形，有 10 ～ 20 条纵肋………**88. 还阳参属 Crepis**

15b. 瘦果纺锤形或披针形，背腹稍扁，有 10 条纵肋……………………………………………………………**89. 苦荬菜属 Ixeris**

12b. 总苞片 3 ～ 4 层，覆瓦状排列，由外向内逐渐增长…**90. 山柳菊属 Hieracium**

1b. 头状花序全部为细管状的两性花，叶基生……………………………**91. 管花蒲公英属 Neo-taraxacum**

76. 猫儿菊属 Hypochaeris L.

——*Achyrophorus* Scop.

多年生草本。基生叶大而丛生，呈莲座状。头状花序大，1～3个生于茎顶，有多数同型小花，两性，结实；总苞卵形、半球形或钟形；总苞片多层，覆瓦状排列；花序托平，具狭长膜质而对折的托片；小花花冠舌状，舌片顶端截头，5齿裂。瘦果圆柱形，具10条纵肋，顶端有喙或边缘的果上端截形；冠毛1层，羽毛状，或边缘的花无冠毛。

内蒙古有1种。

1. 猫儿菊（黄金菊）

Hypochaeris ciliata (Thunb.) Makino in Bot. Mag. Tokyo 22:37. 1908; High. Pl. China 11:698. 2004; Fl. China 20-21:346. 2011.——*Arnica ciliata* Thunb. in Syst. Veg. ed. 14, 768. 1784.——*Achyrophorus ciliatus* (Thunb.) Sch. Bip. in Nov. Act. Acad. Caes. Leop. -Car. Nat. Cur. 21, 1:128. 1845; Fl. Intramongol. ed. 2, 4:790. t.315. f.1-4. 1992.

多年生草本，高15～60cm。茎直立，具纵沟棱，全部或仅下部被较密的硬毛，不分枝，基部被黑褐色枯叶柄。基生叶匙状矩圆形或长椭圆形，长6～20cm，宽1～4cm，先端钝或短尖，基部渐狭成柄状，边缘具不规则的小尖齿，两面疏被短硬毛或刚毛，下面中脉上毛较密；下部叶与基生叶相似；中部叶与上部叶矩圆形、椭圆形、宽椭圆形、卵形或长卵形，基部耳状抱茎，边缘具尖齿，两面被硬毛，无柄。头状花序单生于茎顶；总苞半球形，直径2.5～3cm。总苞片3～4层：外层者卵形或矩圆状卵形，先端钝，背部被硬毛，边缘紫红色，有睫毛；内层者披针形，边缘膜质。舌状花花冠橘黄色，长达3cm，狭管部细长，长15～17mm。瘦果长5～8mm，淡黄褐色，无喙；冠毛黄褐色，长约15mm。花果期7～8月。

中生草本。生于森林带和森林草原带的山地林缘、草甸。产兴安北部及岭西（额尔古纳市、根河市、牙克石市、陈巴尔虎旗、鄂温克族自治旗、阿尔山市）、兴安南部及科尔沁（扎赉特旗、科尔沁右翼中旗、扎鲁特旗、奈曼旗、阿鲁科尔沁旗、巴林左旗、巴林右旗、东乌珠穆沁旗、锡林浩特市）、辽河平原（科尔沁左翼后旗）、赤峰丘陵（翁牛特旗、红山区、松山区）、燕山北部（喀喇沁旗、宁城县、敖汉旗）。分布于我国黑龙江、吉林、辽宁、河北、河南西部和北部、山东东南部、山西南部和东部、新疆北部，朝鲜、蒙古国（蒙古—达乌里地区）、俄罗斯（西伯利亚地区、远东地区）。为西伯利亚—满洲—华北分布种。

根入药，能利水，主治鼓胀。

77. 婆罗门参属 Tragopogon L.

二年生或多年生草本。叶狭，禾草状。头状花序单生于茎顶或枝端，有多数同型小花，两性，结实，梗在头状花序下增粗；总苞圆柱状或狭钟形；总苞片 1 层；花序托平，无毛；小花花冠舌状，黄色或紫色，舌片顶端 5 齿裂。瘦果纺锤形或圆柱形，具纵肋，沿肋有鳞片状瘤状突起，顶端有或长或短的喙；冠毛 1 层，羽状或部分冠毛顶端糙毛状。

内蒙古有 1 种。

1. 东方婆罗门参（黄花婆罗门参）

Tragopogon orientalis L., Sp. Pl. 2:789. 1753; Fl. Intramongol. ed. 2, 4:792. t.316. f.1-3. 1992.

二年生草本，高达 30cm。全株无毛。根圆柱形，褐色。茎直立，具纵条纹，单一或有分枝。叶灰绿色，条形或条状披针形，长 5 ～ 15cm，宽 3 ～ 8mm，先端长渐尖，基部扩大而抱茎；茎上部叶渐变短小，披针形，叶的中上部长条形。总苞矩圆状圆柱形，

长 15 ～ 30mm，宽 5 ～ 15mm；总苞片 8 ～ 10，披针形或条状披针形，先端长渐尖；舌状花黄色。瘦果长纺锤形，长 15 ～ 20mm，褐色，稍弯，具长喙；冠毛长 10 ～ 15mm，污黄色。花果期 6 ～ 9 月。

中生草本。生于森林带的林下、山地草甸。产兴安北部（大兴安岭、牙克石市）。分布于我国辽宁、新疆北部，俄罗斯（西伯利亚地区），中亚，欧洲。为东古北极分布种。

78. 鸦葱属 Scorzonera L.

多年生、稀二年生草本。叶全缘，有时多少分裂。头状花序大或稍小，有少数或多数同型小花，两性，结实；总苞圆柱形、筒形或钟形；总苞片多层，覆瓦状排列，外层者较内层者短小；花序托平，有小窝孔，稀有毛；小花花冠舌状，黄色，稀淡紫色或红色，舌片先端截形，具 5 齿；花药基部箭头形；花柱分枝细长。瘦果圆柱形或矩圆形，具多肋或有 2 ～ 3 翅，顶端狭，无毛或有毛；冠毛多层，不等长，羽毛状，柔软。

内蒙古有 9 种。

分种检索表

1a. 植株多分枝，形成半球形、球形或帚状株丛。

2a. 植株多分枝，形成半球形或球形株丛，基部无鞘状或纤维状残叶；头状花序具 4 ～ 5（～ 15）花，总苞片 3 ～ 4 层。

3a. 花黄色，瘦果顶端无毛……………………………………**1a. 拐轴鸦葱 S. divaricata** var. **divaricata**

3b. 花淡紫色，瘦果顶生柔毛…………………………**1b. 紫花拐轴鸦葱 S. divaricata** var. **sublilacina**

2b. 通常由根颈发出多数直立或铺散茎，茎从中部分枝形成帚状株丛，茎基部有鞘状或纤维状残叶；头状花序具 7 ～ 12 花，总苞片 5 层……………………………………**2. 帚状鸦葱 S. pseudodivaricata**

1b. 植株不分枝或少分枝，也不形成半球形、球形或帚状株丛。

4a. 茎少分枝，头状花序数个生于分枝顶端。

5a. 茎高 20 ～ 120cm，常单一，直立，绿色，被蛛丝状毛或绵毛；基生叶条形，长达 40cm，扁平，茎生叶全部互生；冠毛污黄色……………………………………………………**3. 笔管草 S. albicaulis**

5b. 茎高 6 ～ 20cm，丛生，自基部斜升，灰绿色，无毛；基生叶披针形或条状披针形，长不超过 15cm，稍肉质，茎生叶有时对生；冠毛白色………………………………**4. 蒙古鸦葱 S. mongolica**

4b. 茎不分枝，头状花序单生于茎顶。

6a. 茎基部被鳞片状残叶，植株或多或少被蛛丝状短毛………………………**5. 毛梗鸦葱 S. radiata**

6b. 茎基部被纤维状或鞘状残叶。

7a. 茎基部被鞘状残叶，里面有白色绵毛；基生叶卵形、长椭圆形或披针形，两面被蛛丝状毛，缘皱波状………………………………………………………………………………**6. 头序鸦葱 S. capito**

7b. 茎基部被纤维状残叶，里面无绵毛。

8a. 植株低矮，高 3 ～ 9cm；基生叶狭条形或丝形，常超出头状花序…**7. 丝叶鸦葱 S. curvata**

8b. 植株通常较高，高 5 ～ 50cm；叶条形、披针形或长椭圆状披针形，常短于头状花序。

9a. 叶缘显著呈波状皱曲……………………………………………………**8. 桃叶鸦葱 S. sinensis**

9b. 叶缘平展或稍皱波状……………………………………………………**9. 鸦葱 S. austriaca**

1. 拐轴鸦葱（苦葵鸦葱、女苦奶）

Scorzonera divaricata Turcz. in Bull. Soc. Imp. Nat. Mosc. 5(2):200. 1832; Fl. Intramongol. ed. 2, 4:794. t.317. f.5-8. 1992.

1a. 拐轴鸦葱

Scorzonera divaricata Turcz. var. **divaricata**

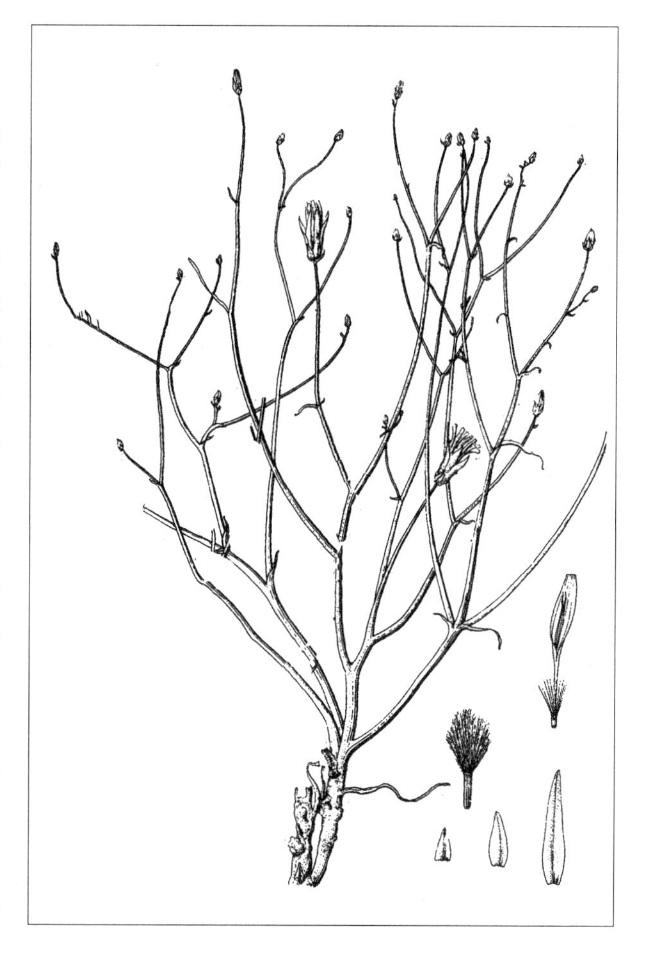

多年生草本，高 15 ～ 30cm，灰绿色，有白粉。通常由根颈上部发出多数铺散的茎，自基部多分枝，形成半球形或球形株丛，具纵条棱，近无毛或疏被皱曲柔毛；枝细，有微毛及腺点。叶条形或丝状条形，长 1 ～ 9cm，宽 1 ～ 3(～ 5)mm，先端长渐尖，常反卷弯曲成钩状，或平展；上部叶短小。头状花序单生于枝顶，具 4 ～ 5(～ 15) 小花；总苞圆筒状，长 10 ～ 13mm，宽约 5mm；总苞片 3 ～ 4 层，被疏或密的霉状蛛丝状毛，外层者卵形，先端尖，内层者矩圆状披针形，先端钝；舌状花黄色，干后蓝紫色，长约 15mm。瘦果圆柱形，长 6 ～ 8(～ 10)mm，具 10 条纵肋，淡褐黄色；冠毛基部不连合成环，非整体脱落，淡黄褐色，长达 17mm。花果期 6 ～ 8 月。

旱生草本。生于荒漠草原、草原化荒漠和荒漠地带的干燥山坡、干河沟谷、砂质及砂砾质土或平原、沙滩。产乌兰察布（苏尼特左旗、苏尼特右旗、二连浩特市、四子王旗、武川县、达尔罕茂明安联合旗、固阳县、乌拉特中旗、乌拉特前旗）、阴山（大青山、乌拉山）、阴南丘陵（准格尔旗）、鄂尔多斯（达拉特旗、伊金霍洛旗、乌审旗、鄂托克旗）、东阿拉善（狼山、乌拉特后旗、磴口县、阿拉善左旗）、西阿拉善（阿拉善右旗）、额济纳。分布于我国河北西北部、山西北部、陕西北部、宁夏、甘肃（河西走廊、兰州市）、青海（柴达木盆地），蒙古国东部和南部及西部。为戈壁—蒙古分布种。

经查证，《内蒙古植物志》（ed. 2, 4:794. 1992.）中记载的产于额济纳旗的 *S. muriculata* Chang 没有任何标本依据，被鉴定为 *S. muriculata* Chang 的种实际上是《中国植物志》[80(1):160. 1997.] 记载的菊科植物河西菊 *Zollikoferia polydicotoma* (Ostenf.) Iljin。内蒙古不产此种。

1b. 紫花拐轴鸦葱

Scorzonera divaricata Tuecz. var. **sublilacina** Maxim. in Bull. Acad. Imp. Sci. St.-Petersb. 32:494. 1888; Fl. China 20-21:200. 2011.

本变种与正种的区别是：花淡紫色，瘦果顶生柔毛。

旱生草本。生于草原带的山坡。产乌兰察布（苏尼特右旗）、阴山（大青山）。分布于我国甘肃。为戈壁—蒙古分布变种。

2. 帚状鸦葱（假叉枝鸦葱）

Scorzonera pseudodivaricata Lipsch. in Byull. Moskovsk. Obshch. Isp. Prir., Otd. Biol. 42(2):158. 1933; Fl. Intramongol. ed. 2, 4:795. t.317. f.1-4. 1992.

多年生草本，高 10 ～ 40cm。植株灰绿色或黄绿色。根颈被鞘状或纤维状撕裂的残叶，通常由根颈发出多数直立或铺散的茎。茎自中部呈帚状分枝，细长，具纵条棱，无毛或被短柔毛，生长后期常变硬。基生叶条形，长可达 17cm，基部扩大成棕褐色或麦秆黄色的鞘；茎生叶互生，但位于枝基部者有时对生，多少呈镰状弯曲，条形或狭条形，长 1 ～ 9cm，宽 0.5 ～ 3mm，先端渐尖，有时反卷弯曲；上部叶短小，呈鳞片状。头状花序单生于枝端，具 7 ～ 12 小花，多数在茎顶排列成疏松的聚伞圆锥状；总苞圆筒状，长 1.5 ～ 2cm，宽 3 ～ 6mm。总苞片 5 层，无毛或被霉状蛛丝状毛；外层者小，三角形，先端稍尖；中层者卵形；内层者矩圆状披针形，先端钝。舌状花黄色，长约 20mm。瘦果圆柱形，长 5 ～ 10mm，淡褐色，有时稍弯，无毛或仅在顶端被疏柔毛，肋上有刺瘤状突起物或无突起物；冠毛污白色或淡黄褐色，长 15 ～ 20mm。花果期 7 ～ 8 月。

强旱生草本。生于荒漠草原至荒漠地带的石质残丘、沙滩、田埂。产乌兰察布（阿巴嘎旗北部、苏尼特左旗北部、苏尼特右旗、四子王旗、武川县、达尔罕茂明安联合旗、乌拉特中旗）、阴山（大青山）、鄂尔多斯（鄂托克旗）、东阿拉善（狼山、磴口县、阿拉善左旗）、贺兰山、西阿拉善（阿拉善右旗）、龙首山。分布于我国山西（五寨县）、陕西北部、宁夏、甘肃、青海北部、新疆，蒙古国东部和南部及西部。为戈壁—蒙古分布种。

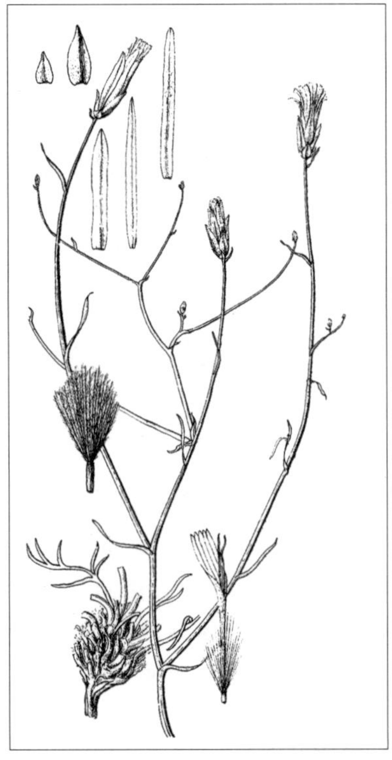

3. 笔管草（华北鸦葱、白茎鸦葱、细叶鸦葱）

Scorzonera albicaulis Bunge in Enum. Pl. China Bor. 40. 1833; Fl. Intramongol. ed. 2, 4:795. t.318. f.5-10. 1992.

多年生草本，高 20 ～ 120cm。根圆柱状，暗褐色，根颈部有少数上年枯叶柄。茎直立，中空，具沟纹，被蛛丝状毛或绵毛，后脱落近无毛，单一，多不分枝或上部有分枝。叶条形或宽条形，先端渐尖，边缘平展，具 5 ～ 7 脉，无毛或疏被蛛丝状毛，基部渐狭成有翅的长柄，柄基稍扩大；基生叶长达 40cm，宽 0.7 ～ 2cm；茎生叶与基生叶类似，上部叶渐小。头状花序数个，在茎顶

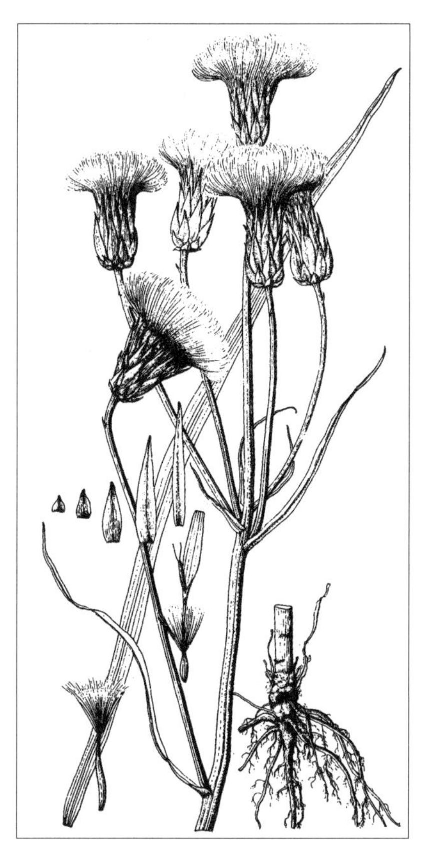

和侧生花梗顶端排成伞房状，有时呈长伞形。总苞钟状筒形，长 2.5 ～ 4.5cm，宽 8 ～ 15mm；总苞片 5 层，先端锐尖，边缘膜质，被霉状蛛丝状毛或近无毛；外层者小，三角状卵形；中层者卵状披针形；内层者甚长，条状披针形。舌状花黄色，干后变红紫色，长 20 ～ 35mm。瘦果圆柱形，长达 25mm，黄褐色，稍弯，上部狭窄成喙，具多数纵肋；冠毛黄褐色，长约 2cm。花果期 7 ～ 8 月。

中生草本。生于森林带和草原带的山地林缘、林下、灌丛、草甸、路旁。产兴安北部及岭东和岭西（额尔古纳市、根河市、牙克石市、鄂伦春自治旗、陈巴尔虎旗、鄂温克族自治旗、海拉尔区）、辽河平原（科尔沁左翼后旗）、兴安南部（扎赉特旗、科尔沁右翼前旗、科尔沁右翼中旗、扎鲁特旗、巴林左旗、巴林右旗）、赤峰丘陵、燕山北部（宁城县）、锡林郭勒（东乌珠穆沁旗、西乌珠穆沁旗、锡林浩特市、苏尼特左旗、多伦县、兴和县、丰镇市）、阴山（大青山、蛮汗山）、鄂尔多斯（达拉特旗、杭锦旗巴音布拉格嘎查）。分布于我国黑龙江、吉林、辽宁、河北、河南、山东、山西、陕西中南部、甘肃东南部、安徽、江苏、浙江北部、湖北西部，

朝鲜、蒙古国东部、俄罗斯（达乌里地区、远东地区）。为东亚分布种。

根入药，能清热解毒、消炎、通乳，主治疗毒恶疮、乳痈、外感风热。

4. 蒙古鸦葱（羊角菜）

Scorzonera mongolica Maxim. in Bull. Acad. Imp. Sci. St.-Petersb. 32(4):492. 1888; Fl. Intramongol. ed. 2, 4:798. t.319. f.4-6. 1992.

多年生草本，高 6 ～ 20cm。植株灰绿色，无毛。根直伸，圆柱状，黄褐色；根颈部被鞘状残叶，褐色或乳黄色，里面被薄或厚的绵毛。茎少数或多数，直立或自基部斜升，不分枝或上部有分枝。

叶肉质，具不明显的 3 ～ 5 脉；基生叶披针形或条状披针形，长 5 ～ 15(～ 20) cm，宽 2 ～ 9mm，先端渐尖或锐尖，具短尖头，基部渐狭成短柄，柄基扩大成鞘状；茎生叶互生，有时对生，向上渐变小，条状披针形或条形，无柄。头状花序单生于茎顶或枝端，具 12 ～ 15 小花；总苞圆筒形，长 18 ～ 30mm，宽 3 ～ 7mm；总苞片 3 ～ 4 层，10 ～ 12mm，无毛或被微毛及蛛丝状毛，外层者卵形，内层者长椭圆状条形；舌状花黄色，干后红色，稀白色，长 18 ～ 20mm。瘦果圆柱状，长 6 ～ 7mm，黄褐色，顶端被疏柔毛，无喙；冠毛白色，长 20 ～ 30mm。花期 6 ～ 7 月。

耐盐旱中生草本。生于草原带至荒漠带的盐化低地、湖盆边缘、沙滩。产锡林郭勒（苏尼特左旗、苏尼特右旗）、乌兰察布（四子王旗、达尔罕茂明安联合旗、乌拉特中旗）、阴南平原（呼和浩特市、土默特右旗）、鄂尔多斯（达拉特旗、鄂托克旗）、东阿拉善（乌拉特后旗、狼山、磴口县、阿拉善左旗）、贺兰山、西阿拉善、额济纳。分布于我国辽宁、河北、河南（新乡市）、山东、山西、陕西北部、宁夏、甘肃（河西走廊）、青海（柴达木盆地）、新疆，蒙古国南部、哈萨克斯坦。为戈壁—蒙古分布种。

全草入药，能清热解毒、利尿，主治痈肿疔疮、乳腺炎、尿浊、淋症、妇女带下。

5. 毛梗鸦葱（狭叶鸦葱）

Scorzonera radiata Fisch. ex Ledeb. in Fl. Alt. 4:160. 1833; Fl. Intramongol. ed. 2, 4:798. t.319. f.1-3. 1992.

多年生草本，高 10 ～ 30cm。根粗壮，圆柱形，深褐色，垂直或斜生，主根发达或分出侧根；根颈部被覆黑褐色或褐色膜质鳞片状残叶。茎单一，稀 2 ～ 3，直立，具纵沟棱，疏被蛛丝状短柔毛，顶部密被蛛丝状绵毛，后稍脱落。基生叶条形、条状披针形或披针形，有时倒披针形，长 5 ～ 30cm，宽 3 ～ 12mm，先端渐尖，边缘平展，具 3 ～ 5 脉，两面无毛或疏被蛛丝状毛，基部渐狭成有翅的叶柄，柄基扩大成鞘状；茎生叶 1 ～ 3，条形或披针形，较基生叶短而狭，顶部叶鳞片状，无柄。头状花序单生于茎顶，大，长 2.5 ～ 4cm；总苞筒状，宽 1 ～ 1.5cm。总苞片 5 层，先端尖或稍钝，常带红褐色，边缘膜质，无毛或被蛛丝状短柔毛；外层者卵状披针形，较小；内层者条形。舌状花黄色，长 25 ～ 37mm。瘦果圆柱形，黄褐色，长 7 ～ 10mm，无毛；冠毛污白色，长达 17mm。花果期 5 ～ 7 月。

中生草本。生于森林带的山地林下、林缘、草甸、河滩砾石地。产兴安北部及岭东和岭西（额尔古纳市、牙克石市、鄂伦春自治旗、阿荣旗、阿尔山市、东乌珠穆沁旗宝格达山、海拉尔区）、兴安南部（科尔沁右翼前旗、乌兰浩特市、阿鲁科尔沁旗）、燕山北部（喀喇沁旗、敖汉旗）。分布于我国黑龙江、吉林、辽宁、新疆北部，蒙古国北部和西部、俄罗斯（西伯利亚地区、远东地区），中亚。为东古北极分布种。

6. 头序鸦葱（绵毛鸦葱）

Scorzonera capito Maxim. in Bull. Acad. Imp. Sci. St.-Petersb. 32(4):491. 1888; Fl. Intramongol. ed. 2, 4:800. t.320. f.1-5. 1992.

多年生草本，高 5 ～ 15cm。根状茎粗壮，圆锥形，木质，褐色；根颈部粗厚而被有枯叶鞘，里面有薄或厚的白色绵毛。茎（1 ～）3 ～ 5（～ 7），稍弯曲，斜升，具纵条棱，疏被皱曲长柔毛。叶革质，灰绿色，具 3 ～ 5 脉，边缘呈波状皱曲，常呈镰状弯卷，两面被蛛丝状短柔毛；基生叶卵形、长椭圆形或披针形，长 5 ～ 17cm，宽 1 ～ 3cm，先端尾状渐尖，基部渐狭成短柄，柄

基扩大成鞘状；茎生叶 1 ～ 3，较小，卵形、披针形或条状披针形，基部无柄，半抱茎。头状花序单生于茎顶或枝端，具多花；总苞钟状或筒状，长 1.5 ～ 2cm，宽 1 ～ 1.5cm；总苞片 4 ～ 5 层，顶端锐尖，常带红紫色，边缘膜质而呈白色或淡黄色，背部密被蛛丝状短柔毛，外层者卵状三角形和卵状椭圆形，内层者披针形或条状披针形；舌状花黄色，干后红色，长 15 ～ 23mm。瘦果圆柱形，长 7 ～ 9mm，棕褐色，稍弯，上部疏被长柔毛，具纵肋，肋棱有尖的瘤状突起；冠毛白色，长 10 ～ 15mm。花果期 5 ～ 8 月。

砾石性旱生草本。生于荒漠带和荒漠草原带的砾石质丘陵坡地、沙质地、山前草地、渠边、路旁。产乌兰察布（四子王旗、达尔罕茂明安联合旗、乌拉特中旗）、鄂尔多斯（桌子山）、东阿拉善（乌拉特后旗、狼山、磴口县、阿拉善左旗）、贺兰山。分布于我国宁夏（中卫市），蒙古国南部。为戈壁—蒙古分布种。

7. 丝叶鸦葱

Scorzonera curvata (Popl.) Lipsch. in Fl. U.R.S.S. 29:72. 1964; Fl. Intramongol. ed. 2, 4:800. t.320. f.6-8. 1992.——*S. austriaca* Willd. var. *curvata* Popl. in Trudy Bot. Muz. Imp. Akad. Nauk 15:38. 1916.

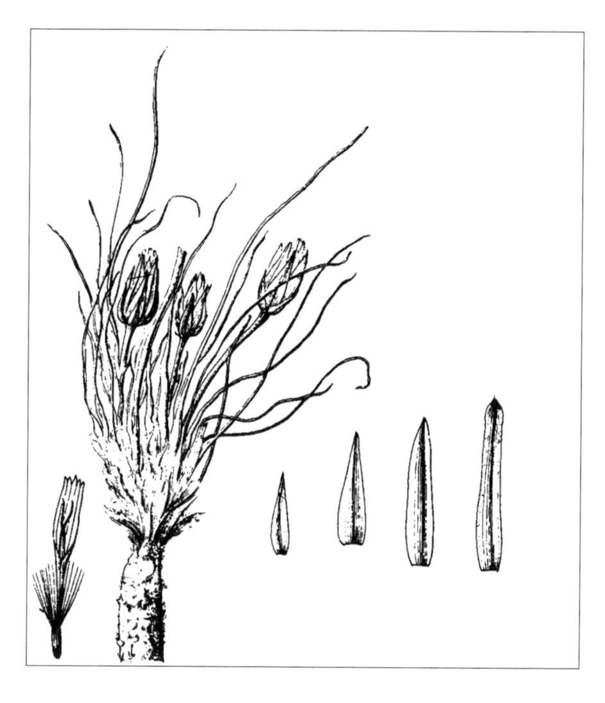

多年生草本，高3～9cm。根粗壮，圆柱状，褐色；根颈部被稠密而厚实的纤维状撕裂的鞘状残遗物。茎极短，具纵条棱，疏被短柔毛。基生叶狭条形或丝状，灰绿色，直立或平展，与植株等高或超过，常呈蜿蜒状扭转，长2～10cm，宽1～1.5mm，先端尖，基部扩展或扩大成鞘状，两面近无毛，但下部边缘及背面疏被蛛丝状毛或短柔毛；茎生叶1～2，较短小，条状披针形，基部半抱茎。头状花序单生于茎顶；总苞宽圆筒状，长1.5～2.5cm，宽7～10mm；总苞片4层，顶端钝或稍尖，边缘膜质，无毛或被微毛，外层者三角状披针形，内层者矩圆状披针形；舌状花黄色，干后带红紫色，长17～20mm。冠毛淡褐色或污白色，长约10mm，基部连合成环，整体脱落。花期5～6月。

旱生草本。生于草原带的丘陵坡地、沙质与卵石质盐化湖岸。产呼伦贝尔（陈巴尔虎旗、鄂温克族自治旗、新巴尔虎左旗、新巴尔虎右旗、满洲里市）、兴安南部（科尔沁右翼前旗德伯斯镇）、锡林郭勒（锡林浩特市、阿巴嘎旗、苏尼特左旗、苏尼特右旗、镶黄旗、察哈尔右翼前旗）、乌兰察布（四子王旗、达尔罕茂明安联合旗）。分布于我国青海东部、甘肃东部，蒙古国西部和南部、俄罗斯（东西伯利亚地区）。为黄土—蒙古高原分布种。

8. 桃叶鸦葱（老虎嘴）

Scorzonera sinensis (Lipsch. et Krasch.) Nakai in Rep. Inst. Sci. Res. Manch. 1:171. 1937; Fl. China 20-21:201. 2011.——*S. austriaca* Willd. subsp. *sinensis* Lipsch. et Krasch. in Fragm. Monogr. Scorz. 1:120. 1935; Fl. Intramongol. ed. 2, 4:802. t.320. f.9-12. 1992.

多年生草本，高5～50cm。根粗壮，圆柱形，深褐色；根颈部被稠密而厚实的纤维状残叶，黑褐色。茎单生或3～4个聚生，具纵沟棱，无毛，有白粉。基生叶灰绿色，常呈镰状弯曲，

披针形或宽披针形，长 5 ～ 20cm，宽 1 ～ 2cm，先端钝或渐尖，边缘显著呈波状皱曲，两面无毛，有白粉，具弧状脉，中脉隆起，白色，基部渐狭成有翅的叶柄，柄基扩大成鞘状而抱茎；茎生叶小，长椭圆状披针形，鳞片状，近无柄，半抱茎。头状花序单生于茎顶，长 2 ～ 3.5cm；总苞筒形，长 2 ～ 3cm，宽 8 ～ 15mm；总苞片 4 ～ 5 层，先端钝，边缘膜质，无毛或被微毛，外层者短，三角形或宽卵形，最内层者长披针形或条状披针形；舌状花黄色，外面玫瑰色，长 20 ～ 30mm。瘦果圆柱状，长 12 ～ 14mm，暗黄色或白色，稍弯曲，无毛，无喙；冠毛白色，长约 15mm。花果期 5 ～ 6 月。

中旱生草本。生于草原带的石质山坡、丘陵坡地、沟谷、沙丘，是常见的草原伴生种。产兴安南部（科尔沁右翼前旗、阿鲁科尔沁旗、巴林右旗、克什克腾旗）、赤峰丘陵（红山区、翁牛特旗）、燕山北部（喀喇沁旗、宁城县、敖汉旗）、锡林郭勒（锡林浩特市、苏尼特左旗、正蓝旗）、乌兰察布（达尔罕茂明安联合旗南部）、阴山（大青山）、阴南丘陵（准格尔旗）、东阿拉善（狼山）。分布于我国辽宁西南部、河北、河南西部、山东、山西、陕西、宁夏、甘肃东南部、青海东部、安徽北、江苏北部。为华北分布种。

药用同笔管草。

9. 鸦葱（奥国鸦葱）

Scorzonera austriaca Willd. in Sp. Pl. 3(3):1498. 1803; Fl. Intramongol. ed. 2, 4:803. t.318. f.1-4. 1992.——*S. manshurica* Nakai in Rep. Inst. Sci. Res. Manch. 1:173. t.7. 1937; Fl. Intramongol. ed. 2, 4:802. 1992.

多年生草本，高 5 ～ 35cm。根粗壮，圆柱形，深褐色；根颈部被稠密而厚实的纤维状残叶，黑褐色。茎直立，具纵沟棱，无毛。基生叶灰绿色，条形、条状披针形、披针形或长椭圆状卵形，长 3 ～ 30cm，宽 0.3 ～ 5cm，先端长渐尖，边缘平展或稍呈波状皱曲，两面无毛或基部边缘有

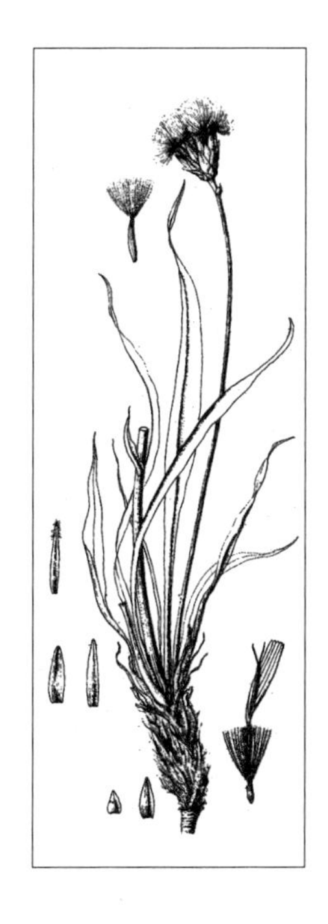

蛛丝状柔毛，基部渐狭成有翅的柄，柄基扩大成鞘状；茎生叶 2 ～ 4，较小，条形或披针形，无柄，基部扩大而抱茎。头状花序单生于茎顶，长 1.8 ～ 4.5cm；总苞宽圆柱形，宽 0.5 ～ 1(～ 1.5)cm。总苞片 4 ～ 5 层，无毛或顶端被微毛及缘毛，边缘膜质；外层者卵形或三角状卵形，先端钝或尖；内层者长椭圆形或披针形，先端钝。舌状花黄色，干后紫红色，长 20 ～ 30mm，舌片宽约 3mm。瘦果圆柱形，长 12 ～ 15mm，黄褐色，稍弯曲，无毛或仅在顶端被疏柔毛，具纵肋，肋棱有瘤状突起或光滑；冠毛污白色至淡褐色，长 12 ～ 20mm。花果期 5 ～ 7 月。

中旱生草本。生于草原群落及草原带的丘陵坡地、石质山坡、平原、河岸。产岭西及呼伦贝尔（额尔古纳市、陈巴尔虎旗、新巴尔虎左旗、新巴尔虎右旗、海拉尔区、鄂温克族自治旗、满洲里市）、兴安南部（扎鲁特旗、科尔沁右翼前旗、科尔沁右翼中旗、乌兰浩特市、阿鲁科尔沁旗、巴林左旗、巴林右旗、克什克腾旗）、辽河平原（科尔沁左翼后旗）、赤峰丘陵（红山区、翁牛特旗）、燕山北部（喀喇沁旗、宁城县、敖汉旗）、锡林郭勒（东乌珠穆沁旗、西乌珠穆沁旗、锡林浩特市、阿巴嘎旗、正蓝旗）、乌兰察布（达尔罕茂明安联合旗、固阳县）、阴山（大青山）、阴南丘陵（准格尔旗）、鄂尔多斯（毛乌素沙地、鄂托克旗西部）、东阿拉善（乌拉特后旗、狼山）、贺兰山、龙首山。分布于我国黑龙江南部、吉林西部、辽宁、河北、河南西部、山东、山西、陕西、宁夏北部、甘肃东部、青海东部、新疆北部，蒙古国、俄罗斯（西伯利亚地区南部）、哈萨克斯坦，地中海地区，欧洲。为古北极分布种。

79. 毛连菜属 **Picris** L.

一、二年生草本，稀多年生。通常被钩状硬毛。叶互生。头状花序少数或多数，在茎顶排列成伞房状，有多数同型小花，两性，结实；总苞卵状壶形或钟形；总苞片多层，覆瓦状排列；花序托平；小花花冠舌状，舌片顶端截头，5 齿裂；花药基部箭形；花柱分枝细长。瘦果近圆柱形或纺锤形，有横皱纹，无喙或具短喙。冠毛 2 层：外层者短，近糙毛状；内层者长，羽状。

内蒙古有 1 种。

1. 毛连菜（枪刀菜）

Picris japonica Thunb. in Syst. Veg. ed. 14, 711. 1784; High. Pl. China 11:699. f.1075. 2005; Fl. China 20-21:348. 2011.——*P. davurica* Fisch. ex Hormen in Hort. Hafn. Suppl. Add. 155. 1819; Fl. Intramongol. ed. 2, 4:803. t.321. f.1-5. 1992.

二年生草本，高 30 ～ 80cm。茎直立，具纵沟棱，有钩状分叉的硬毛，基部稍带紫红色，上部有分枝。基生叶花期凋萎；下部叶矩圆状披针形或矩圆状倒披针形，长 6 ～ 20cm，宽 1 ～ 3cm，先端钝尖，边缘有微牙齿，两面被具钩状分叉的硬毛，基部渐狭成具窄翅的叶柄；中部叶披针形，无叶柄，稍抱茎；上部叶小，条状披针形。头状花序多数在茎顶排列成伞房圆锥状，梗较细长，有条形苞叶；总苞筒状钟形，长 8 ～ 12mm，宽约 10mm；总苞片 3 层，

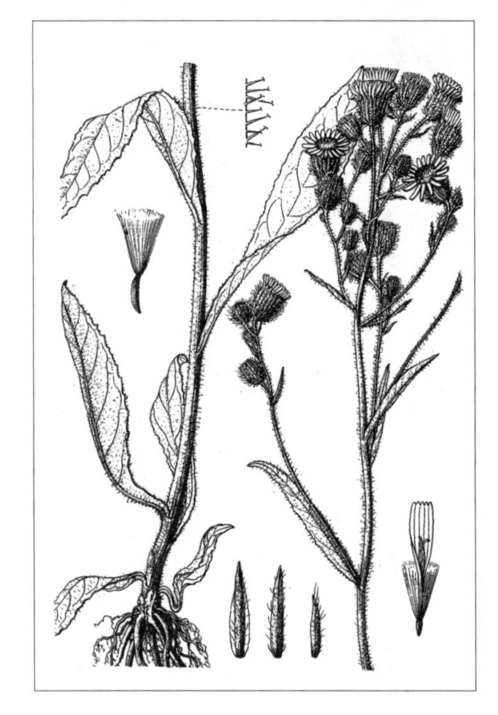

黑绿色，先端渐尖，背面被硬毛和短柔毛，外层者短，条形，内层者较长，条状披针形；舌状花淡黄色，长约 12mm，舌片基部疏生柔毛。瘦果长 3.5 ～ 4.5mm，稍弯曲，红褐色；冠毛污白色，长达 7mm。花果期 7 ～ 8 月。

中生草本。生于森林带和草原带的山野路边、林缘、林下、沟谷。产兴安北部及岭西（额尔古纳市、牙克石市、陈巴尔虎旗、鄂温克族自治旗、新巴尔虎左旗、海拉尔区）、兴安南部及科尔沁（科尔沁右翼中旗、阿鲁科尔沁旗、巴林左旗、巴林右旗、克什克腾旗、东乌珠穆沁旗）、辽河平原（科尔沁左翼后旗）、赤峰丘陵（红山区）、燕山北部（喀喇沁旗、宁城县、敖汉旗、兴和县苏木山）、阴山（大青山、蛮汗山、乌拉山）、阴南丘陵（准格尔旗）、鄂尔多斯（伊金霍洛旗、乌审旗）。分布于我国黑龙江、吉林、辽宁、河北、河南、山东、山西、陕西中南部、甘肃东南部、宁夏、甘肃、青海、四川西部、西藏东部、云南、贵州、安徽、浙江北部、湖北西部、新疆中部和北部，日本、蒙古国东部和东北部、俄罗斯（东西伯利亚地区、远东地区）。为东西伯利亚—东亚分布种。

全草入蒙药（蒙药名：希拉 - 明站），能清热、消肿、止痛，主治流感、乳痈、阵刺。

80. 蒲公英属 Taraxacum F. H. Wigg.

无茎的多年生草本。叶基生，呈莲座状，全缘乃至羽状分裂。头状花序通常单生于无叶的花葶上，具多数同型小花，两性，结实；总苞钟状或圆筒形；总苞片草质，外层者 2 ～ 3 层，较短，内层者 1 层，较长；花序托平，无毛，有小窝孔；小花花冠舌状，舌片顶端截形，有 5 齿。瘦果纺锤状圆柱形，有纵沟，上部或几全部具刺状凸起，上端有短嘴，向上伸长为或长或短的喙；冠毛多数，细，不等长。

内蒙古有 17 种。

分种检索表

1a. 总苞片先端具角状凸起。

2a. 叶裂片间不夹生小裂片或齿。

3a. 叶倒向羽状半裂至深裂，上面有黑紫斑点或斑纹，叶柄及花葶鲜红紫色…………………………………………………………………………………………**1. 红梗蒲公英 T. erythropodium**

3b. 叶缘具不规则缺刻或倒向羽状浅裂至深裂，叶上面、叶柄及花葶均为绿色…………………………………………………………………………………………**2. 蒲公英 T. mongolicum**

2b. 叶裂片间夹生小裂片或齿。

4a. 花白色或淡黄色。

5a. 外层总苞片直立。

6a. 瘦果喙短，长约 4mm；叶羽状深裂或浅裂，顶端裂片小……**3. 朝鲜蒲公英 T. coreanum**

6b. 瘦果喙长，长 10 ～ 15mm；叶大头羽裂或倒向羽状深裂…**4. 白花蒲公英 T. pseudoalbidum**

5b. 外层总苞片反卷；叶羽状深裂至全裂，裂片水平开展或稍下倾…………………………………………………………………………………………**5. 亚洲蒲公英 T. asiaticum**

4b. 花黄色。

7a. 叶不规则倒向羽状深裂或浅裂，瘦果中部以下具小瘤状突起。

8a. 内层总苞片先端具 1 角状凸起………………………………**6. 光苞蒲公英 T. lamprolepis**

8a. 内层总苞片先端具 2 角状凸起……………………………………**7. 双角蒲公英 T. bicorne**

7b. 叶不规则大头羽状分裂，瘦果中部以下无小瘤状突起或近光滑。

9a. 叶不规则大头羽状分裂，裂片上倾或水平开展；瘦果的喙长 10 ～ 15mm………………………………………………………………………**8. 芥叶蒲公英 T. brassicifolium**

9b. 叶不规则大头倒向羽状深裂，瘦果的喙长 8 ～ 10mm……**9. 异苞蒲公英 T. multisectum**

1b. 总苞片先端无角状凸起。

10a. 叶裂片间不夹生小裂片或齿。

11a. 花白色或亮黄色；叶倒向羽状深裂，灰绿色……………………**10. 粉绿蒲公英 T. dealbatum**

11b. 花黄色，叶绿色。

12a. 外层总苞片具宽膜质边缘；植株外面的叶边缘具稀疏小尖齿，里面的叶大头倒向羽状深裂……………………………………………………………**11. 白缘蒲公英 T. platypectidum**

12b. 外层总苞片无宽膜质边缘。

13a. 叶羽状深裂，裂片上倾或稍水平开展；瘦果中部以下具小瘤状突起……………………………………………………………………**12. 凸尖蒲公英 T. sinomongolicum**

13b. 叶倒向羽状分裂。

14a. 植株外面的叶边缘具波状齿，里面的叶倒向羽状浅裂至深裂；瘦果中部以下具钝小瘤……………………………………………………………………………………………**13. 华蒲公英 T. sinicum**

14b. 外面的叶和里面的叶较整齐一致，均为倒向羽状深裂或全裂。

15a. 叶倒向羽状深裂，顶裂片小，狭三角形或披针形，先端渐尖；瘦果中部以下微具小瘤状突起………………………………………………………**14. 兴安蒲公英 T. falcilobum**

15b. 叶倒向羽状全裂，顶裂片大，长三角状戟形，先端尖或稍钝；瘦果中部以下具小瘤状突起…………………………………………………………**15. 多裂蒲公英 T. dissectum**

10b. 叶裂片间夹生小裂片或齿；叶不规则倒向羽状深裂或浅裂；外层总苞片宽卵形。

16a. 植株小型；叶长 5 ～ 10cm，顶裂片小，侧裂片长三角形；瘦果红色，长约 3mm……………………………………………………………………………………**16. 长春蒲公英 T. junpeianum**

16b. 植株大型；叶长 10 ～ 30cm，顶裂片大，菱状三角形；瘦果麦秆黄色，长 3 ～ 3.5mm……………………………………………………………………………………**17. 东北蒲公英 T. ohwianum**

1. 红梗蒲公英

Taraxacum erythropodium Kitag. in Rep. Inst. Sci. Res. Manch. 2:304. f.2. 1938; Fl. Intramongol. ed. 2, 4:807. t.324. f.3. 1992.

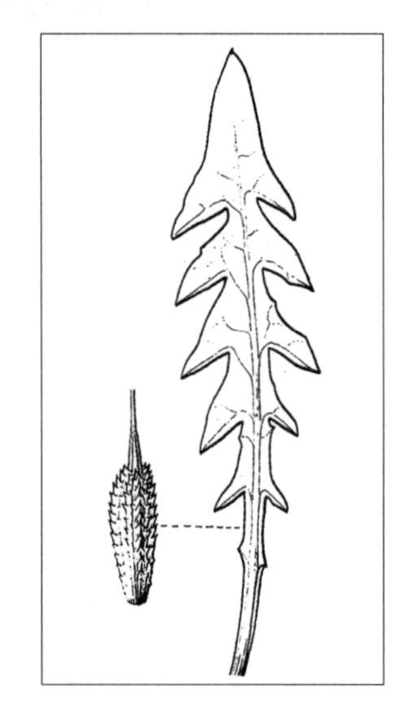

多年生草本。根圆柱形，褐色。叶长圆状倒披针形，叶片羽状深裂，表面绿色，有黑紫色斑点或斑纹，背面苍白色，光滑，中脉粗厚有光泽，常为淡紫色；顶裂片三角形或长椭圆形，先端钝圆，有小凸尖，侧裂片三角状椭圆形，常下向内弯，先端钝，全缘或具小齿；基部渐狭成柄，鲜红紫色。花葶近花期与叶近等长，鲜红紫色，上部密或疏被蛛丝状绵毛，后渐无毛；总苞花期长 15 ～ 17mm，基部圆形。总苞片 3 ～ 4 层：外层短，卵形，背部先端具小角状凸起；内层线状披针形，绿色，先端紫色，有胼胝体。舌状花深黄色，长 3 ～ 4cm，宽约 3mm，背面有黑色条纹；花序托无托片。瘦果狭倒卵形，长约 4mm，宽约 1.5mm，淡褐色，中间有龙骨状凸起，两面有 2 条深沟槽，基部具瘤状小突起，上部具刺状凸起，喙长 6 ～ 8mm；冠毛白色，长约 7mm。花果期 6 ～ 8 月。

中生草本。生于森林带和草原带的山地草甸、轻盐渍化草甸。产兴安北部（额尔古纳市、阿尔山市）、呼伦贝尔（新巴尔虎左旗、海拉尔区）、兴安南部及科尔沁（乌兰浩特市、科尔沁右翼前旗、科尔沁右翼中旗、扎鲁特旗）、辽河平原（科尔沁左翼后旗）、燕山北部（喀喇沁旗、敖汉旗）、锡林郭勒（锡林浩特市）、阴山（大青山、察哈尔右翼中旗辉腾梁）。分布于我国黑龙江、吉林、辽宁、河北。为华北—满洲分布种。

2. 蒲公英（蒙古蒲公英）

Taraxacum mongolicum Hand.-Mazz. in Monogr. Tarax. 67. t.2. f.13. 1907; Fl. Intramongol. ed. 2, 4:810. t.322. f.1-3. 1992.——*T. huhhoticum* Z. Xu et H. C. Fu in Fl. Intramongol. 6:288,329. t.116. f.2. 1982; Fl. Reip. Pop. Sin. 80(2):34. 1999; Fl. Intramongol. ed. 2, 4:810. t.324. f.2. 1992.

多年生草本。叶长圆状倒披针形或倒披针形，长5～15cm，宽5～15mm，外层全缘或边缘波状，

向内层边缘具不整齐牙齿或倒向浅裂至深裂，先端钝，两面疏被蛛丝状毛或无毛，基部狭成短柄。花葶数个，与叶近等长，中下部疏被柔毛或无毛，上部密被蛛丝状绵毛；总苞长12～14mm。

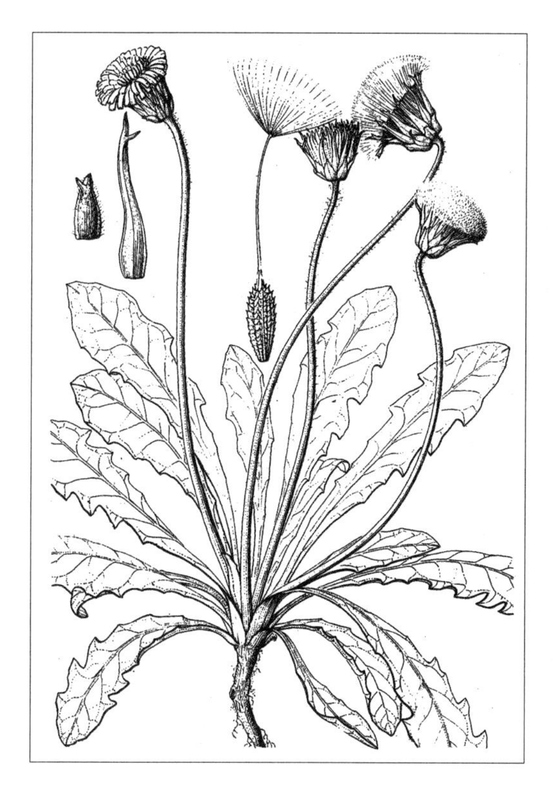

总苞片3层：外层卵状披针形或披针形，长6～7mm，宽约1mm，背部密被白色长柔毛，背部先端具大角状凸起；内层线形或线状披针形，长15～17mm，宽约1.5mm，背部先端具小角状凸起。舌状花黄色。瘦果长圆形，长约4mm，宽约1mm，上部具刺瘤状突起，喙长6～8mm；冠毛白色。花果期5～7月。

中生杂草。广泛地生于山坡草地、路边、田野、河岸沙质地。遍及内蒙古各地。除新疆、西藏、海南外，分布于我国其他各省区，日本、朝鲜、蒙古国东北部（蒙古—达乌里地区）、俄罗斯（东西伯利亚地区、远东地区）也有分布。为东古北极分布种。

全草入药，能清热解毒、利尿散结，主治急性乳腺炎、淋巴腺炎、瘰疬、疔毒疮肿、急性结膜炎、感冒发热、急性扁桃体炎、急性支气管炎、胃炎、肝炎、胆囊炎、尿路感染。全草入蒙药（蒙药名：巴嘎巴盖-其其格），能清热解毒，主治乳痈、淋巴腺炎、胃热等。

本属其他种亦可做蒲公英入药。

3. 朝鲜蒲公英

Taraxacum coreanum Nakai in Bot. Mag. Tokyo 46:62. 1932; Fl. Herb. Chin. Bor.-Orient. 9:379. 2004; Fl. China 20-21:298. 2011.

多年生草本，高达 10cm。基生叶倒披针形，长 7 ～ 12cm，宽 5 ～ 20mm，基部下延成翼状柄，羽状浅裂至深裂；顶裂片三角形或长圆状三角形，先端渐尖或近细尖，侧裂片狭三角形，平展或下向，全缘或边缘具细齿；表面无毛，背面疏被毛。花葶上部密被白色绵毛，后渐脱落；头状花序单生；总苞广钟形。总苞片 3 层：外、中层卵形或卵状披针形，长约 1.2cm，宽约 5mm，背部先端具明显角状凸起，边缘具缘毛；中层稍长；内层线状披针形，长约 2.5cm，宽 3 ～ 5mm，背部先端肥厚或具疣状凸起，但无角。舌状花白色，长 3 ～ 3.5cm，背面具紫色条纹，先端 5 齿裂。瘦果纺锤形，长 3.5 ～ 4mm，褐色，具纵肋，中部以上具小刺状凸起，中部以下具疣状凸起，先端具短喙，长约 4mm；冠毛白色，长 7 ～ 8mm。花果期 5 ～ 6 月。

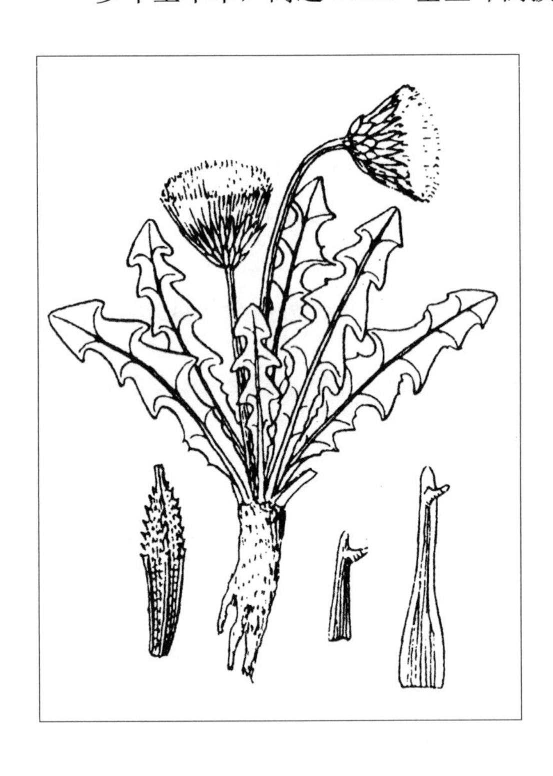

中生杂草。生于草原带的田野、路边。产科尔沁。分布于我国黑龙江、吉林、辽宁，朝鲜北部、俄罗斯（远东地区）。为满洲分布种。

4. 白花蒲公英

Taraxacum pseudoalbidum Kitag. in Bot. Mag. Tokyo 47:831. 1933; Fl. Intramongol. ed. 2, 4:810. t.323. f.4. 1992.

多年生草本，高 20 ～ 30cm。根倒圆锥形，暗褐色。基生叶倒披针形或线状披针形，具翼状柄，连柄长 10 ～ 25cm，宽 1.5 ～ 5cm，绿色或带紫色，大头羽裂或倒向羽状深裂；顶裂片三角形或三角状戟形，先端尖；侧裂片三角形或狭三角形，疏生或密生；或裂片间夹生小裂片，开展或稍向下，先端渐尖或稍钝，边缘疏具尖齿。花葶疏被白色绵毛，上部密被蛛丝状绵毛；头状花序单生；总苞广卵形，直径 1.5 ～ 2cm。总苞片 3 ～ 4 层：外、中层披针形或卵状披针形，背部先端具明显角状凸起；内层狭披

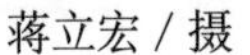

蒋立宏 / 摄

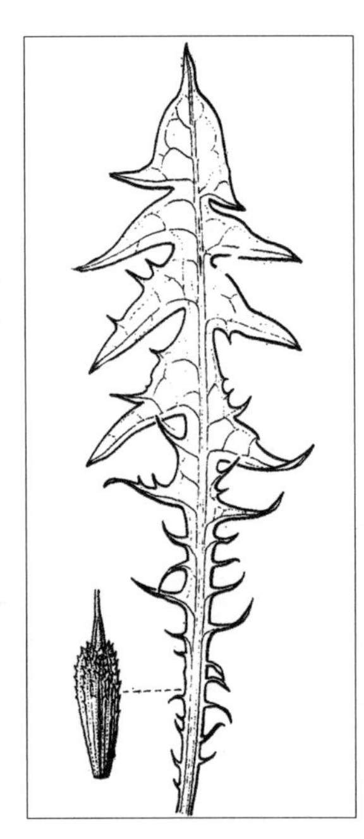

针形，先端渐尖，背部具角状凸起。舌状花白色，具淡紫色条纹，长 1.5 ～ 3cm，先端 5 齿裂。瘦果长圆形，长约 6mm，宽约 1mm，稍压扁，具纵肋，中下部以上具刺瘤状突起，靠近先端瘤状突起较大，喙长 10 ～ 15mm；冠毛带黄色，长 5 ～ 6mm。花果期 4 ～ 6 月。

中生杂草。生于草原带的原野、路旁。产呼伦贝尔（新巴尔虎右旗、海拉尔区、满洲里市）。分布于我国黑龙江南部、吉林东部、辽宁、河北北部。为满洲分布种。

5. 亚洲蒲公英

Taraxacum asiaticum Dahlst. in Act. Hort. Gothob. 173. f.11. t.3. f.9-12. 1926; High. Pl. China 11:770. f.1183. 2005.——*T. leucanthum* auct. non (Ledeb.) Ledeb.: Fl. Intramongol. ed. 2, 4:814. t.325. f.3-4. 1992.——*T. yinshanicum* Z. Xu et H. C. Fu in Fl. Intramongol. 6:290,330. t.113. f.1-2. 1982; Fl. Intramongol. ed. 2, 4:814. t.323. f.1-2. 1992. syn. nov.

多年生草本，高 5 ～ 30cm。根圆锥形，根颈部有暗褐色残叶基。叶条形或狭披针形，长 5 ～ 20cm，宽 0.5 ～ 1cm，羽状深裂或羽状全裂；顶裂片较大，戟形或狭戟形，两侧小裂片狭尖，侧裂片三角状披针形至条形，裂片间常夹生小裂片或缺刻；两面无毛或疏被柔毛。花葶数个，与叶等长或长于叶，上端疏被蛛丝状毛；总苞钟状，长 10 ～ 12mm，果期长达 18 ～ 20mm。外层总苞片宽卵形或卵状披针形，边缘宽膜质，先端钝，有红紫色角状凸起；内层者矩圆状条形或条状披针形，较外层者长 2 ～ 2.5 倍，无明显的角状凸起。舌状花花冠淡白色或淡黄色，长约 15mm，舌片宽 1 ～ 1.5mm，边缘舌片背面具暗紫色条纹。瘦果淡褐色，长 3 ～ 4mm，上部有短刺状凸起，下部近光滑，喙基长约 1mm，喙长约 4mm；冠毛白色，长 5 ～ 7mm。花果期 5 ～ 8 月。

中生草本。生于河滩、草甸、村舍附近。产内蒙古各地。分布于我国黑龙江西南部、吉林西部、辽宁、河北、山西、陕西、宁夏、甘肃东部、青海东北部、四川东南部、湖北西部，蒙古国、俄罗斯（西伯利亚地区）。为华北—蒙古分布种。

《中国植物志》[80(2):20. 1999.] 将阴山蒲公英 *T. yinshanicum* Z. X. et H. C. Fu 并入丹东蒲公英 *T. antungense* Kitag. 似不妥，因为二者虽然外层总苞片均反卷，但 *T. yinshanicum* 植株大型，叶长达 25cm，羽状深裂至全裂，侧裂片多对，水平开展或稍下倾；而 *T. antungense* 植株小型，叶长达 10cm，倒向羽状深裂，侧裂片 2 ～ 3 对，明显下倾。*T. yinshanicum* 与 *T. asiaticum* 的植株均为大型，有花，淡黄色，外层总苞片反卷，叶羽状深裂至全裂，裂片水平开展或稍下倾，故二者极为相似，并入 *T. asiaticum* 比较妥当。

6. 光苞蒲公英

Taraxacum lamprolepis Kitag. in Rep. Inst. Sci. Res. Manch. 2:306. f.3. 1938; Fl. Intramongol. ed. 2, 4:810. t.327. f.3. 1992.

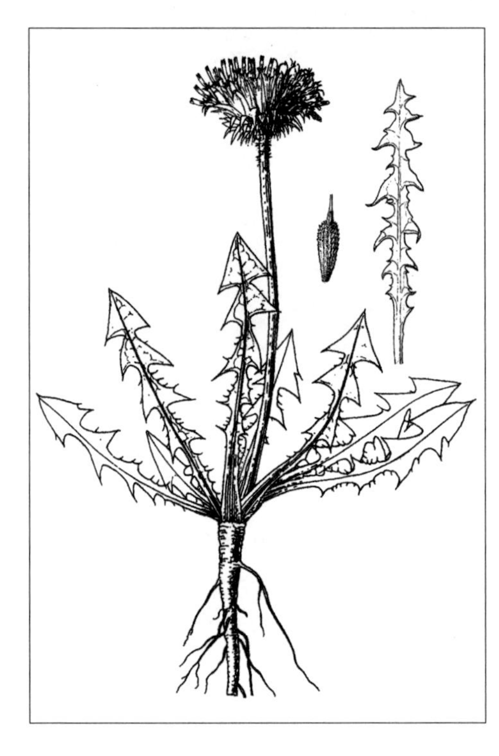

多年生草本。根圆锥状，淡褐色。叶片倒披针形至线形，长 5 ～ 10cm，宽 10 ～ 15mm，倒向羽状深裂；顶裂片小，三角状戟形，先端长渐尖；侧裂片 6 ～ 8 对，三角形至长圆形，先端锐尖或钝头，全缘或上部边缘具牙齿；叶具翼状柄。花葶花期与叶近等长，紫红色，微被蛛丝状毛；总苞钟形，长 16 ～ 20mm。外层总苞片短，卵形或长圆状卵形，全缘或边缘具不整齐小齿，无缘毛或仅先端具蛛丝状缘毛，背部先端微具胼胝或短角状凸起；内层总苞片线形，先端黑紫色。舌状花深黄色，边花舌片背部具黑色条纹。瘦果倒卵状长圆形，稍压扁，长约 4mm；冠毛白色，长约 7mm。花果期 4 ～ 5 月。

中生草本。生于森林带和草原带的草甸。产兴安北部（大兴安岭）、燕山北部（喀喇沁旗）、阴南平原（呼和浩特市）。分布于我国黑龙江（黑河市）、吉林（长白山）。为满洲分布种。

7. 双角蒲公英

Taraxacum bicorne Dahlst. in Ark. Bot. 5(9):29. 1906; High. Pl. China 11:779. f.1201. 2005.

多年生草本，高 10 ～ 25cm。根颈部被黑褐色残存叶基，叶腋有少量的褐色皱曲毛。叶无毛，条形、狭倒披针形或长椭圆形，长 5 ～ 20cm，宽 7 ～ 35mm，羽状浅裂或深裂，有时呈灰蓝绿色；顶裂片不大，三角状戟形或长戟形，全缘，急尖或钝尖；侧裂片 5 ～ 7 对，三角形、矩圆形或条形，急尖或渐尖，全缘或具牙齿；裂片间有齿或小裂片；叶基有时呈紫红色。花葶 2 ～ 5，稍长于叶，基部常显紫红色，顶端有丰富的蛛丝状毛；总苞钟状，长 11 ～ 13(～ 15)mm。外层总苞片苍白绿色，卵状披针形，长 3 ～ 5mm，宽 1.5 ～ 2.5mm，直立，边缘白色膜质，先端常呈紫红色，具长角，等宽于内层总苞片；内层总苞片绿色，长约为外层的 2.5 倍，先端

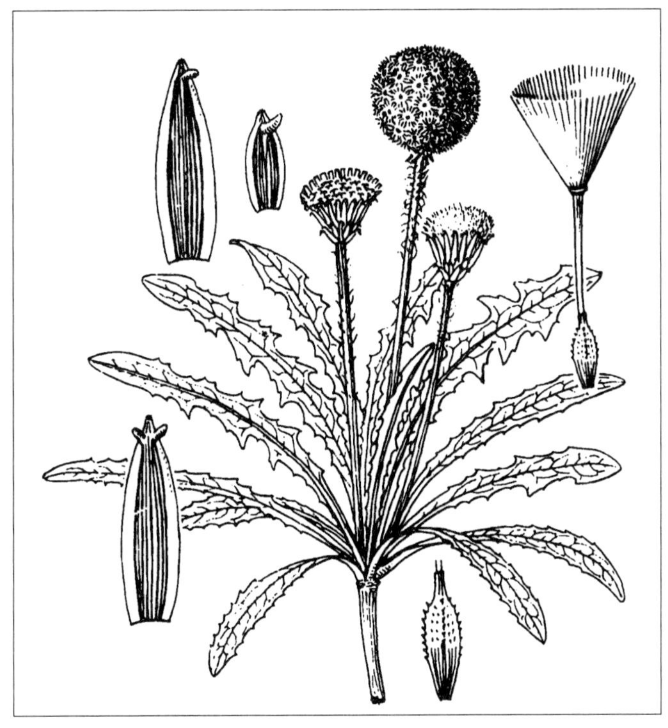

常具 2 个明显的小角。舌状花黄色，花冠喉部及舌片下部外面被短柔毛，舌片长 8 ～ 9mm，宽约 1mm；花冠筒长约 5mm；花柱分枝黄色。瘦果黄褐色，果体圆柱形，长 3 ～ 4mm，中部以上有大量小刺，以下具小瘤状突起，喙基长 0.8 ～ 1.2mm，喙纤细，长 7 ～ 9mm；冠毛白色，长 5.5 ～ 7mm。花果期 4 ～ 7 月。

湿中生草本。生于荒漠带的河岸边、沼泽湿地。产东阿拉善（阿拉善左旗头道湖）、额济纳。分布于我国甘肃西部、青海中北部、新疆，中亚、西南亚。为古地中海分布种。

8. 芥叶蒲公英

Taraxacum brassicifolium Kitag. in Rep. Inst. Sci. Res. Manch. 2:308. f.4-5. 1938; Fl. Intramongol. ed. 2, 4:810. t.324. f.4. 1992.

多年生草本，高达 35cm。叶大型，广倒披针形或宽线形，基部渐狭成柄，叶片羽状分裂或大头羽状分裂；顶裂片正三角形，先端渐尖，侧裂片疏生或接近生，先端尖，裂片间有或无小裂片或小齿。花葶较粗壮，淡绿色，上部褐紫色；总苞花期直径约 2cm，基部截形或圆形。总苞片 3 ～ 4 层：外层卵形或宽线形，背部先端具角状凸起，花期直立；内层披针形或线状披针形，先端具不明显紫色，背部具小角状凸起。舌状花深黄色，边花舌片背面具黑色条纹；花序托具小膜质托片。瘦果倒卵状长圆形，长约 4mm，稍压扁，橄榄褐色，具 2 条肋或中间具龙骨状凸起，下部具瘤状

突起，喙长 10 ～ 15mm，上部具刺状凸起；冠毛白色，长 8 ～ 9mm。花果期 5 ～ 7 月。

中生草本。生于森林带和森林草原带的山地草地、林缘、河岸沙质湿地。产兴安北部及岭西（大兴安岭、额尔古纳市、牙克石市、海拉尔区）、兴安南部（科尔沁右翼前旗、阿鲁科尔沁旗、克什克腾旗）、燕山北部（宁城县）、阴山（大青山）。分布于我国黑龙江东南部、吉林东部和南部、辽宁中北部、河北中北部，俄罗斯（远东地区）。为华北北部—满洲分布种。

9. 异苞蒲公英

Taraxacum multisectum Kitag. in Rep. Inst. Sci. Res. Manch. 2:310. 1938; Fl. China 20-21:280. 2011.——*T. heterolepis* auct. non Nakai et Koidz. ex Kitag.: Fl. Intramongol. ed. 2, 4:810. t.327. f.1. 1992.

多年生草本。根倒圆锥状，黑褐色。叶片披针形至线形，长 10 ～ 25cm，宽 5 ～ 30mm，不规则羽状深裂；顶裂片三角形，先端锐尖；侧裂片开展或向下，向基部渐小，三角形至线形，先端尖，边缘具疏齿或全缘，两面无毛；裂片间夹生小裂片或细齿；叶具干膜质翼状柄。花葶超出叶或与叶近等长，疏被白色蛛丝状绵毛，上部密被绵毛；总苞钟形，长约 1.3cm。总苞片 3 层：外层短，直立，披针形，长 6 ～ 7mm，宽 2 ～ 2.5mm，先端长渐尖，背

部先端具短角状凸起，边缘宽膜质；内层条形，长约2cm，宽约2mm，绿色，边缘膜质，先端锐尖，具短角状凸起。舌状花黄色，边花舌片背部绿色。瘦果倒披针形，稍压扁，长约4.5mm，宽约1.5mm，两面具纵肋，下部具瘤状突起或光滑，上部具刺状凸起，喙长8～10mm；冠毛稍带黄白色，长约7mm。花果期4～6月。

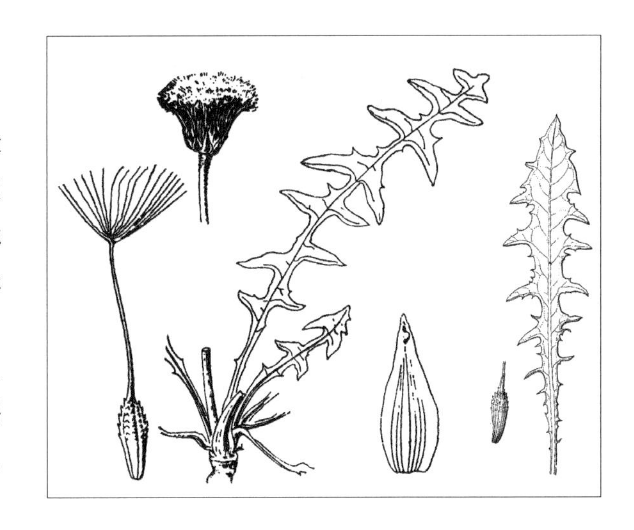

中生草本。生于草原带的山野。产呼伦贝尔（新巴尔虎右旗、海拉尔区）、锡林郭勒（锡林浩特市）。分布于我国黑龙江、吉林、辽宁、河北中北部。为华北北部—满洲分布种。

10. 粉绿蒲公英

Taraxacum dealbatum Hand.-Mazz. in Monogr. Tarax. 30. 1907; Fl. Intramongol. ed. 2, 4:812. t.323. f.3. 1992.

植株高10～20cm。根颈部密被黑褐色残存叶基，叶腋有丰富的褐色皱曲毛。叶倒披针形或倒披针状条形，长5～15cm，宽5～20mm，羽状深裂；顶裂片条状戟形，全缘，急尖或渐尖；侧裂片4～9对，长三角形或条形，平展或下倾，渐尖，全缘；裂片间无齿或小裂片；叶基常显紫红色。花葶1～7，花期等长或稍长于叶，果期长于叶许多，常带粉红色，顶端被大量蛛丝状短毛。总苞钟状，长10～15mm。总苞片先端常呈紫红色，无角；外层总苞片淡绿色，卵状披针形至披针形，长4～7mm，宽2～3mm，直立，边缘白色膜质，等宽或稍宽于内层总苞片；

内层总苞片绿色，长为外层的 2 倍。舌状花亮黄色或白色，花冠喉部及舌片下部外面被短柔毛，舌片长 9 ～ 10mm，宽 1 ～ 1.5mm，花冠筒长约 4mm；花柱分枝深黄色。瘦果淡黄褐色或浅褐色，果体长约 3mm，上部 1/3 有不多的小刺，其余部分具小瘤状突起，喙基长 0.6 ～ 1mm，喙长 3 ～ 6mm；冠毛白色，长 6 ～ 7mm。花果期 6 ～ 8 月。

耐盐中生草本。生于草原化荒漠带的盐渍化草地、河边。产鄂尔多斯（达拉特旗、鄂托克旗、杭锦旗）、东阿拉善（磴口县）。分布于我国甘肃、青海、新疆，蒙古国北部和西部、俄罗斯（西伯利亚地区）、哈萨克斯坦。为戈壁—蒙古分布种。

11. 白缘蒲公英

Taraxacum platypecidum Diels in Repert. Spec. Nov. Regni Veg. Beih. 12:515. 1922; Fl. Intramongol. ed. 2, 4:814. t.327. f.4. 1992.

多年生草本，高 20 ～ 25cm。根粗厚，单一，颈部被鳞片状残叶。基生叶倒披针形或广倒披针形，长 7 ～ 20cm，宽 1 ～ 3cm，近全缘至羽状深裂，通常外层叶近全缘，先端钝，基部下延成翼状柄，边缘疏具小尖齿，两面无毛或疏被蛛丝状毛，向内层逐渐分裂；顶裂片三角形，先端尖；侧裂片狭三角形，接近生，边缘疏具小尖齿或全缘。花葶疏被蛛丝状毛，上部毛较密；头状花序单生；总苞钟形。总苞片 3 层：外、中层广卵形，长约 6mm，宽约 4mm，先端长渐尖，粉红色，疏被睫毛，背部先端无角状凸起，边缘宽膜质；内层线形或披针状线形，长约 1.5cm，宽约 1.5mm，先端长渐尖。舌状花黄色，舌片长约 10mm，边花舌片具紫色条纹，先端 5 齿裂。瘦果倒卵状长圆形，长约 4mm，稍压扁，具纵肋，上部具刺瘤状突起，喙长约 2cm；冠毛白色。花果期 5 ～ 6 月。

中生草本。生于森林带和草原带的山地阔叶林下、沟谷草甸。产兴安北部（大兴安岭）、阴山（大青山）、贺兰山。分布于我国黑龙江、吉林、辽宁、河北、河南西部、山东、山西、陕西南部、宁夏、甘肃、青海东部和南部、四川中西部、湖北西部，日本、朝鲜、俄罗斯（远东地区）。为东亚北部分布种。

12. 凸尖蒲公英

Taraxacum sinomongolicum Kitag. in Neo-Lin. Fl. Mansh. 687. 1979; Fl. Pl. Herb. Chin. Bor.-Orient. 9:390. t.114. f.1-6. 1979. pro nom. nov.——*T. cuspidatum* Dahlst. in Act. Hort. Gothob. 2:171. f.1011. et t.3. f.5-8. 1926; Fl. Intramongol. ed. 2, 4:812. t.323. f.5. 1992.

多年生草本。叶质薄，线形或线状披针形，长 5 ～ 15cm，宽 1.5 ～ 3cm，基部渐狭成柄，两面疏被蛛丝状柔毛或近无毛，羽状深裂；顶裂片三角形或三角状戟形，全缘；侧裂片 4 ～ 7 对，长三角形或披针状线形，先端渐尖，全缘或边缘具少数小齿，平展或稍向上。花葶超出叶，幼时被蛛丝状毛，后渐脱落；总苞钟形，长 10 ～ 12mm。总苞片 3 ～ 4 层：外层卵状披针形，具狭膜质边，背部先端具胼胝或不明显角状凸起，带紫色；内层线状披针形，先端突尖或渐尖，先端稍带紫色，背部先端具胼胝或短角状凸起。舌状花黄色。瘦果倒卵状长圆形，长约 3mm，宽不及 1mm，上部具刺状凸起，中下部具小瘤状突起或光滑，喙长约 5mm；冠毛白色。花果期 4 ～ 6 月。

中生杂草。生于森林草原带和草原带的砾石质草地、河滩、路旁。产岭西（额尔古纳市、海拉尔区）、兴安南部（乌兰浩特市、科尔沁右翼中旗、巴林右旗）、燕山北部（喀喇沁旗）、阴南平原（呼和浩特市、土默特右旗）、东阿拉善（阿拉善左旗）。分布于我国黑龙江（哈尔滨市）、河北，俄罗斯（西伯利亚地区）。为西伯利亚—满洲—华北分布种。

《中国植物志》[80(2):18.1999.] 将本种并入 *T. asiaticum* Dahlst. 似不妥，因为本种叶裂片间不夹生小裂片或齿，而 *T. asiaticum* 叶裂片间夹生小裂片或齿。

13. 华蒲公英

Taraxacum sinicum Kitag. in Bot. Mag. Tokyo 47:826. 1933; Fl. Intramongol. ed. 2, 4:812. t.325. f.1-2. 1992.——*T. borealisinense* Kitag. in Act. Phytotax. Geobot. 31(1-3):45. 1980; High. Pl. China 121:770. 2005.

多年生草本，高 5 ～ 25cm。根较粗壮，圆锥形，直伸，根颈部有褐色残叶基。叶倒卵状披

针形或狭披针形，稀条状披针形，长 4 ～ 12cm，宽 5 ～ 20mm，边缘的叶羽状浅裂或全缘，具波状齿，里面的叶倒向羽状浅裂至深裂；顶裂片较大，长三角形或戟状三角形；侧裂片 3 ～ 7 对，狭披针形或条状披针形，全缘或稀具小齿，平展或倒向，两面无毛；叶柄和下面叶脉常带紫红色。花葶 1 至数个，长于叶，上端被蛛丝状毛或无毛；总苞筒状钟形，长 8 ～ 12mm，淡绿色。总苞片 3 层，先端无增厚和角状凸起；外层卵状披针形，先端钝或尖，淡紫色；内层披针形，长于外层者 2 倍；两者边缘均为白色膜质。舌状花黄色，舌长约 8mm，舌片宽约 1.5mm，边缘舌片的背面具紫色条纹。瘦果淡褐色，长 3 ～ 4mm，上部有刺状凸起，下部有稀疏的钝小瘤，喙基长约 1mm，喙长 3 ～ 4.5mm；冠毛白色，长 5 ～ 6mm。花果期 6 ～ 8 月。

耐盐中生草本。盐化草地的常见伴生种。产内蒙古各地。分布于我国黑龙江西南部、吉林西部、辽宁、河北、河南西部和北部、山西、陕西、甘肃东南部、四川北部、云南西北部、湖北南部、湖南北部，俄罗斯（西伯利亚地区）。为西伯利亚—东亚分布种。

14. 兴安蒲公英

Taraxacum falcilobum Kitag. in Rep. Inst. Sci. Res. Manch. 2:312. 1938; Fl. Intramongol. ed. 2, 4:812. t.327. f.2. 1992.

多年生草本，矮小。根圆柱状，黑褐色。叶片质薄，宽线状长圆形，羽状深裂；顶裂片小，3 裂，顶生小裂片长圆状披针形，先端渐尖，侧生小裂片水平开展或稍下向呈镰刀形；

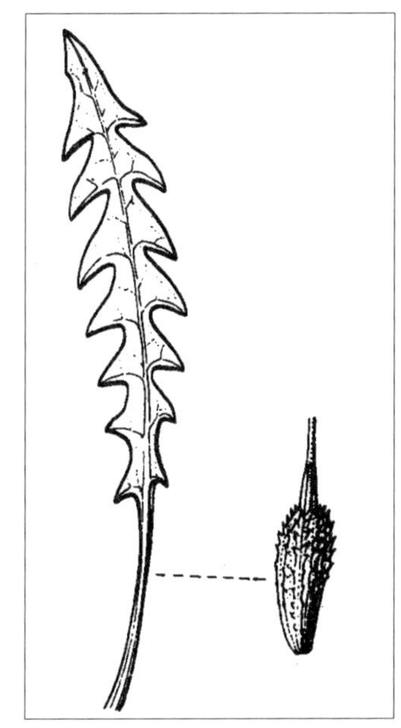

侧裂片5～7对，稍疏生，狭三角形或披针形，常下向呈镰刀形，先端锐尖，全缘或边缘具锐尖小齿；表面绿色，疏被蛛丝状毛，背面色淡，微被毛或近无毛；具柄。花葶花期超出叶，稍被蛛丝状毛或近无毛；总苞钟形，长约13mm。总苞片3～4层：外层短，卵形或广卵形，上部边缘紫色，全缘，边缘白色膜质，并具缘毛，背部被白色蛛丝状毛，先端具胼胝；内层线状钻形，先端黑紫色，背部先端稍具胼胝。舌状花黄色，边花舌片背部具黑色条纹。瘦果上部具刺状凸起，下部微具小瘤状突起，近平滑；冠毛白色。花果期6～7月。

中生草本。生于森林带和森林草原带的沙质地。产兴安北部及岭西（牙克石市、阿尔山市）、呼伦贝尔（新巴尔虎右旗、海拉尔区）、兴安南部（乌兰浩特市、科尔沁右翼前旗、科尔沁右翼中旗）。为兴安分布种。

15. 多裂蒲公英

Taraxacum dissectum (Ledeb.) Ledeb. in Fl. Ross. 2:814. 1846; Fl. Intramongol. ed. 2, 4:814. t.327. f.5. 1992.——*Leontodon dissectum* Ledeb. in Mem. Acad. Imp. Sci. St.-Petersb. 5:553. 1872.

多年生草本，高5～25cm。根圆锥状，粗壮；根颈部密被黑褐色残叶基，腋间被褐色细毛。

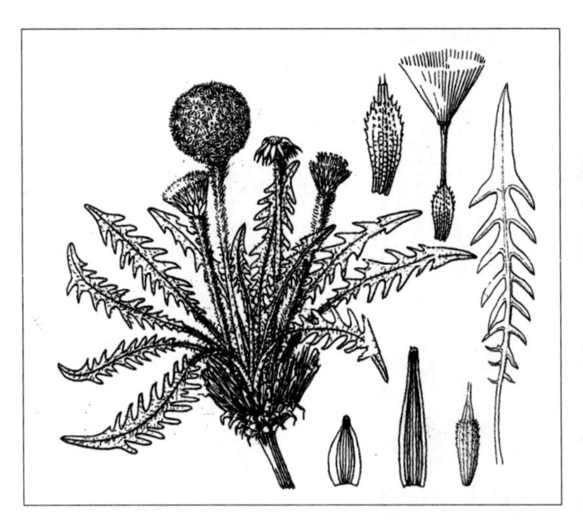

叶条形或倒披针形，长 2 ～ 5cm，宽 5 ～ 10mm，羽状全裂；顶裂片长三角状戟形，先端尖或稍钝，通常全缘；侧裂片 3 ～ 7 对，狭窄，全缘；两面被蛛丝状短毛，叶基显紫红色。花葶数个，通常长于叶，密被蛛丝状毛；总苞钟状，长 8 ～ 11mm，绿色。总苞片绿色，先端常紫红色：外层卵圆形至卵状披针形，无小角状凸起，中央绿色，边缘白色膜质；内层者矩圆状条形，长于外层者 2 倍，先端无角状凸起。舌状花黄色，舌片长 7 ～ 8mm，宽 1 ～ 1.5mm。瘦果淡褐色，长 3 ～ 4mm，中上部有刺状凸起，下部具小瘤状突起，喙基长 0.8 ～ 1mm，喙长 5 ～ 6mm；冠毛白色，长 6 ～ 7mm。花果期 7 ～ 9 月。

耐盐中生草本。生于草原和荒漠草原地带的盐渍化草甸、水井边、砾质沙地，为常见的伴生种。产科尔沁（科尔沁右翼中旗）、锡林郭勒（东乌珠穆沁旗、苏尼特左旗）、阴南丘陵（凉城县）、鄂尔多斯（达拉特旗、东胜区、鄂托克旗、杭锦旗）、东阿拉善（阿拉善左旗）、贺兰山。分布于我国山西、陕西、甘肃、青海、西藏、新疆（天山），蒙古国北部和西部、俄罗斯（西伯利亚贝加尔地区）、巴基斯坦。为亚洲中部分布种。

16. 长春蒲公英

Taraxacum junpeianum Kitam. in Act. Phytotax. Geobot. 4:103. 1935; Fl. Intramongol. ed. 2, 4:814. t.326. f.1-3. 1992.

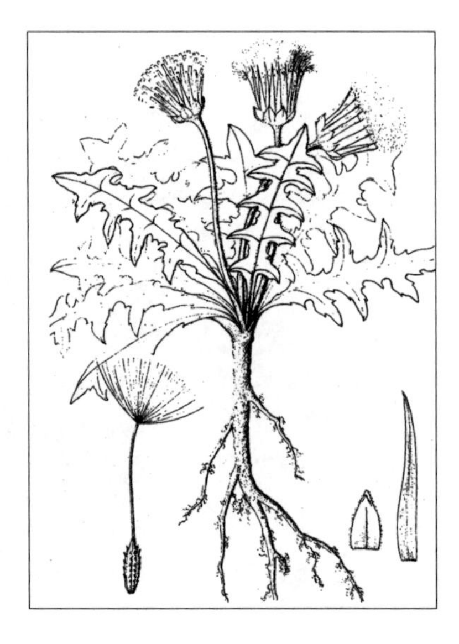

多年生草本。根长，粗厚，少头。叶片舌状，长 5 ～ 10cm，羽状深裂；顶裂片小，先端短尖，全缘或边缘疏具牙齿；侧裂片长三角形，稍反折，先端锐尖，边缘疏具牙齿；裂片间夹生小裂片；叶柄无翼或具狭翼。花葶多数，与叶近等长或短于叶，初密被丛卷毛，后贴生；总苞钟形，长约 14mm，宽约 20mm。总苞片 3 ～ 4 层：外层广披针形，长约 7mm，宽 4 ～ 6mm，先端具尾状尖，背部先端具胼胝或短角状凸起，带紫色，边缘狭白色膜质，具缘毛；内层披针状线形，先端钝，黑紫色。舌状花黄色，长约 15mm，先端被短柔毛，背部具条纹。瘦果长圆形，稍压扁，红色，长 3 ～ 3.5mm，宽约 1mm，基部稍狭，具肋，先端具小刺状凸起，喙长 7 ～ 9mm；冠毛白色，长约 6mm。花果期 4 ～ 5 月。

中生草本。生于森林带的阴坡草甸。产兴安北部（阿尔山市）。分布于我国吉林（长春市）、辽宁（凤城市）。为满洲分布种。

17. 东北蒲公英

Taraxacum ohwianum Kitam. in Act. Phytotax. Geobot. 2:124 . 1933; Fl. Intramongol. ed. 2, 4:814. t.324. f.1. 1992.

多年生草本。叶倒披针形，长 10 ～ 30cm，先端尖或钝，不规则羽状浅裂至深裂；顶裂片菱状三角形或三角形；侧裂片三角形或长三角形，接近生或稍疏生；两面疏被短柔毛或无毛；

基部无翼状柄。花葶多数，花期超出叶或与叶近等长，微被疏柔毛，上部密被白色蛛丝状毛。总苞片 3 层：外层花期直立，广卵形，长 6 ～ 7mm，宽 3 ～ 4mm，先端锐尖或稍钝，背部先端具稍肥厚胼胝体，暗紫色，边缘干膜质，无毛；内层线状披针形，长 13 ～ 14mm，宽约 1.5mm，先端钝。舌状花黄色，长达 20mm，宽约 2mm，外层舌片背部暗黑色。瘦果长椭圆形，长 3 ～ 3.5mm，宽约 1mm，麦秆黄色，先端具刺状凸起，向下部近平滑，喙长约 10mm；冠毛污白色。花果期 4 ～ 5 月。

中生草本。生于森林带和森林草原带的山坡、路旁、河边。产兴安北部（大兴安岭、阿尔山市）、兴安南部（科尔沁右翼前旗、科尔沁右翼中旗、西乌珠穆沁旗）、燕山北部（喀喇沁旗、宁城县、敖汉旗）、阴山（大青山）、贺兰山。分布于我国黑龙江南部、吉林、辽宁东北部和南部，朝鲜、俄罗斯（远东地区）。为华北西部山地—满洲分布种。

81. 假小喙菊属 **Paramicrorhynchus** Kirp.

多年生或二年生草本。头状花序同型，单一或数个生于枝端或短花序梗上；总苞片 3 ～ 5 层，覆瓦状排列，边缘膜质。瘦果二型：在外者棕色或灰色，具多数纵肋，基部截形，顶端三角形渐窄，有不明显而易脱落的喙；在内者三角状圆柱形，黄色，具少数纵肋，多少有横皱纹或无。冠毛白色，多数，稍具齿，基部连合成环。

内蒙古有 1 种。

1. 假小喙菊（阿拉善黄鹌菜）

Paramicrorhynchus procumbens (Roxb.) Kirp. in Fl. U.R.S.S. 29:237. 1964; Fl. Desert. Reip. Pop. Sin. 3:445. 1992.——*Prenanthes procumbens* Roxb. In Fl. Indica 3:404. 1832.——*Youngia alashanica* H. C. Fu in Fl. Intramongol. ed. 2, 4:832. t.334. f.1-3. 1992.

植株高 7 ～ 30cm。茎细，数个，斜升或开展，叉状分枝，具细棱，无毛或稍被柔毛。基生叶莲座状，匙形或倒披针形，长 1 ～ 5cm，宽 0.5 ～ 1.5cm，羽状浅裂、羽状分裂或大头羽状分裂，有时不裂或呈波状、深波状，边缘有具白色胼胝体的弯曲刺尖；茎生叶变小，少数，上部者鳞片状。头状花序圆柱形，有时上部稍扩大，单一或数个着生于枝端或短花序梗上；总苞片 (3 ～)4 ～ 5 层，覆瓦状排列，中脉下部增粗，边缘宽膜质，最外层者三角状卵形，很小，向内层渐增大，内层者矩圆状披针形；小花 15 ～ 20(～ 30)，黄色。瘦果长 2.3 ～ 3mm，二型：在外者棕色或灰色，具多数纵肋，肋上有横皱纹，先端三角状渐尖，基部截形，喙细，不明显而易脱落；在内者三角状圆柱形，大部淡黄色，具少数纵肋，多少有横皱纹或无。冠毛多数，白色，稍有齿，基部连合成环。花期 6 ～ 9 月，果期 7 ～ 10 月。

中生草本。生于荒漠带的河岸草地、水边。产额济纳。分布于我国新疆塔里木盆地（尉犁县、托克逊县）、甘肃（河西走廊），印度、巴基斯坦、哈萨克斯坦、阿富汗、伊朗、伊拉克，地中海地区。为古地中海分布种。

82. 苦苣菜属 **Sonchus** L.

一年生、二年生或多年生草本。叶互生。头状花序稍大，在茎顶排列成疏散的伞房状或圆锥状，具 80 朵以上至极多数的同型小花，两性，结实；总苞卵形或钟状；总苞片 2 ～ 3 层；花序托平，无毛；小花花冠舌状，舌片截头，有 5 齿。瘦果卵形至矩圆形，极压扁，具 10 ～ 20 条纵肋，上端较狭窄，无喙；冠毛多层，细而柔软，基部结合成环状，脱落。

内蒙古有 3 种。

分种检索表

1a. 多年生草本；瘦果稍压扁，狭椭圆形；叶半抱茎……………………………………**1. 苣荬菜 S. brachyotus**

1b. 一、二年生草本；瘦果明显压扁，倒披针形；叶基部扩大，抱茎。

2a. 叶羽状深裂或大头羽状分裂，边缘具不整齐刺尖牙齿，中部叶和上部叶基部扩大成戟状耳形而抱

茎；瘦果纵肋间具横纹……………………………………………………………**2. 苦苣菜 S. oleraceus**

2b. 叶不分裂，基部扩大成圆耳状而抱茎；瘦果纵肋间无横纹………………………**3. 花叶苣荬菜 S. asper**

1. 苣荬菜（取麻菜、甜苣、苦菜）

Sonchus brachyotus DC. in Prodr. 7:186. 1838; Fl. China 20-21:240. 2011.——*S. arvensis* auct. non L.: Fl. Intramongol. ed. 2, 4:817. t.328. f.1-4. 1992.——*S. transcaspicus* Nevski in Trudy. Bot. Inst. Akad. Nauk S.S.S.R. Ser. 4, Eksper. Bot. 1(4):293. 1937; High. Pl. China 11:703. 2005.

多年生草本，高 20 ～ 80cm。茎直立，具纵沟棱，无毛，下部常带紫红色，通常不分枝。叶灰绿色。基生叶与茎下部叶宽披针形、矩圆状披针形或长椭圆形，长 4 ～ 20cm，宽 1 ～ 3cm，先端钝或锐尖，具小尖头，具稀疏的波状牙齿或羽状浅裂，裂片三角形，边缘有小刺尖齿，两面无毛；基部渐狭成柄状，柄基稍扩大，半抱茎。中部叶与基生叶相似，但无柄，基部多少呈耳状，抱茎；最上部叶小，披针形或条状披针形。头状花序多数或少数在茎顶排列成伞房状，有时单生，直径 2 ～ 4cm；总苞钟状，长 1.5 ～ 2cm，宽 10 ～ 15mm；总苞片 3 层，先端钝，背部被短柔毛或微毛，外层者较短，长卵形，内层者较长，披针形；舌状花黄色，长约 2cm。瘦果矩圆形，长约 3mm，褐色，稍扁，两面各有 3 ～ 5 条纵肋，微粗糙；冠毛白色，长达 12mm。花果期 6 ～ 9 月。

中生杂草。生于草原带的村舍附近、农田、山坡草地、水边湿地、路边。产内蒙古各地。分布于我国各地，日本、朝鲜、蒙古国、俄罗斯（远东地区）、印度北部、伊朗、乌兹别克斯坦，地中海地区、高加索地区。为东古北极分布种。

嫩茎叶可供食用，宜春季挖采调菜。全草入药（药材名：败酱），能清热解毒、消肿排脓、祛瘀止痛，主治肠痈、疮疖肿毒、肠炎、痢疾、带下、产后瘀血腹痛、痔疮。

2. 苦苣菜（苦菜、滇苦菜）

Sonchus oleraceus L., Sp. Pl. 2:794. 1753; Fl. Intramongol. ed. 2, 4:817. t.328. f.5-8. 1992.

一、二年生草本，高 30 ～ 80cm。根圆锥形或纺锤形。茎直立，中空，具纵沟棱，无毛或上部有稀疏腺毛，不分枝或上部有分枝。叶柔软，无毛，长椭圆状披针形，长 10 ～ 25cm，宽 3 ～ 6cm，羽状深裂、大头羽状全裂或羽状半裂；顶裂片大，宽三角形，侧裂片矩圆形或三角形，有时侧裂片与顶裂片等大；少有叶不分裂的，边缘有不规则刺状尖齿；下部叶有具翅短柄，柄基扩大抱茎；中部叶及上部叶无柄，基部宽大，呈戟状耳形而抱茎。头状花序数个，在茎顶排列成伞房状，直径约 2cm，梗或总苞下部疏生腺毛；

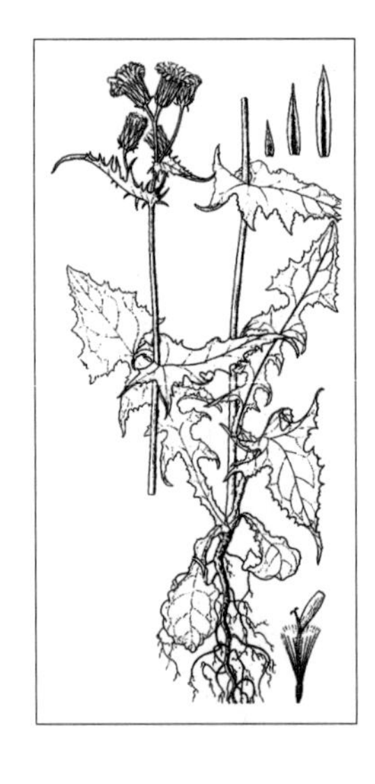

总苞钟状，长 10 ～ 12mm，宽 10 ～ 15mm，暗绿色；总苞片 3 层，先端尖，背部疏生腺毛并有微毛，外层者卵状披针形，内层者披针形或条状披针形；舌状花黄色，长约 13mm。瘦果长椭圆状倒卵形，长 2.5 ～ 3mm，压扁，褐色或红褐色，边缘具微齿，两面各有 3 条隆起的纵肋，肋间有细皱纹；冠毛白色，长 6 ～ 7mm。花果期 6 ～ 9 月。

中生杂草。生于田野、路边、村舍附近。产兴安南部（科尔沁右翼中旗、克什克腾旗）、赤峰丘陵、燕山北部、阴山（大青山、蛮汗山、乌拉山）、阴南平原（呼和浩特市、包头市）、东阿拉善（阿拉善左旗）、西阿拉善（阿拉善右旗）。分布于我国各地，其他国家或地区分布也较普遍。为世界分布种。

全草入药，能清热、凉血、解毒，主治痢疾、黄疸、血淋、痔瘘、疔肿、蛇咬。

3. 花叶苣荬菜

Sonchus asper (L.) Hill. in Herb. Brit. 1:47. 1769; Fl. China 20-21:241. 2011.——*S. oleraceus* L. var. *asper* L., Sp. Pl. 2:794. 1753.

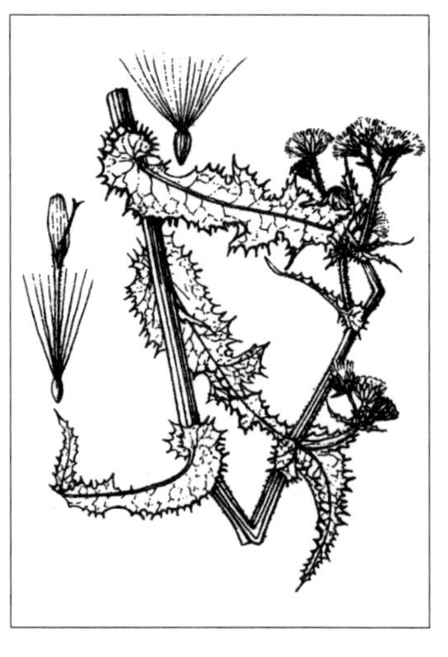

一年生草本，高 30 ～ 85cm。根倒圆锥状，侧根多数。茎单一，直立，上部分枝，无毛或上部被腺毛。基生叶长圆形或倒卵形，基部渐狭成翼状柄；茎生叶长倒卵形，长 6 ～ 11cm，宽 1 ～ 3cm，基部扩大成圆形叶耳，抱茎，先端渐尖、急尖或钝，边缘具牙齿状刺毛，无柄。头状花序排列成伞房状，花序梗及总苞背部被腺毛；总苞钟状，长 10 ～ 12mm，宽 10 ～ 15mm。总苞片 2 ～ 3 层，暗绿色，先端急尖；外层卵状披针形，长约 3mm，宽不及 1mm；内层椭圆状披针形，长约 1.5mm，宽 1.5 ～ 2mm。舌状花黄色。瘦果长椭圆形，长约 3mm，宽约 1mm，褐色，压扁，边缘无微齿，每面具 3 条纵肋，肋间无横纹；冠毛长约 6mm，白色，柔软，基部连合成环，脱落。花果期 7 ～ 9 月。

中生杂草。生于草原带的荒地、路边。产赤峰丘陵（红山区）。分布于我国黑龙江、吉林、山东、江苏、浙江、安徽、江西、湖北、四川、云南、西藏、新疆，日本、蒙古国、伊朗、印度，欧洲、非洲、北美洲、南美洲、大洋洲。为世界分布种。

83. 岩参属 Cicerbita Wallr.

多年生草本。叶不分裂或分裂。头状花序在茎或枝顶排列成圆锥状、总状圆锥状或伞房状，具多数或少数同型小花，两性，结实；总苞筒状或钟状；总苞片 2 ～ 3 层；花序托平，无毛；小花花冠舌状，舌片截头，有 5 齿。瘦果矩圆形、椭圆形或纺锤形等，压扁或稍扁，边缘加厚或否，每面有少数至多条纵肋，无喙或具短喙，顶端具一圆形果盘；果盘上具一圈极短的外层冠毛，内层长的冠毛脱落后，外层短冠毛仍残留在果盘上。

内蒙古有 2 种。

分种检索表

1a. 头状花序通常具 10 ～ 12 小花，总苞长 9 ～ 12mm，内层总苞片 8…………**1. 川甘岩参 C. roborowskii**

1b. 头状花序具 5 小花，总苞长 7 ～ 9mm，内层总苞片 5………………………**2. 抱茎岩参 C. auriculiformis**

1. 川甘岩参（川甘毛鳞菊、青甘莴苣）

Cicerbita roborowskii (Maxim.) Beauv. in Bull. Soc. Bot. Geneve 2:135. 1910; Fl. Intramongol. ed. 2, 4:819. 1992；Fl. China 20-21:215. 2011.——*Chaetoseris roborowskii* (Maxim.) C. Shih in Act. Phytotax. Sin. 29:407. 1991; High. Pl. China 11:761. f.1172. 2005.——*Lactuca roborowskii* Maxim. in Bull. Acad. Imp. Sci. St.-Petersb. 29:177. 1883.

多年生草本，高约 80cm。茎直立，具纵条纹，无毛，通常单一，不分枝。叶矩圆状披针形，长 5 ～ 15cm，宽 2 ～ 4cm，大头羽状深裂或半裂；顶裂片三角形或卵形，先端渐尖或稍钝；侧裂片 2 ～ 6 对，斜三角形或菱形，全缘或有少数浅牙齿，裂片及齿端均具小尖头；上面深绿色，下面灰绿色，两面近无毛。有的叶倒向羽状或栉齿状全裂或深裂，顶裂片长条形，侧裂片条形或披针形，全缘或有少数浅牙齿；最上部叶不分裂，条形。下部叶具柄，柄基扩大而半抱茎；上部叶无柄，基部扩大成耳形或戟形，抱茎。头状花序具小花 10 ～ 12，多数在茎顶枝端排列成疏散的圆锥状，梗细，有短毛；总苞狭卵形，长 9 ～ 12mm，宽约 3.5mm；总苞片近 3 层，先端钝，背部近无毛，仅顶部有短缘毛，外层者披针形，内层总苞片 8 枚，条状披针形；舌状花紫色或淡紫色。瘦果矩圆形，压扁，长约 5mm，暗褐色，每面有 3 条较粗的纵肋，上部近顶处有微硬毛，向上收缩成喙状；冠毛白色，2 层，外层短冠状，内层长毛状。

中生杂类草。生于荒漠带的山地沟谷草甸。产贺兰山。分布于我国宁夏（贺兰山）、甘肃中部、青海东部和南部、四川中西部、西藏东部和东北部。为横断山脉分布种。

2. 抱茎岩参

Cicerbita auriculiformis (C. Shih) N. Kilian in Fl. China 20-21:215. 2011.——*Stenoseris auriculiformis* C. Shih in Act. Phytotax. Sin. 33:195. 1995.

多年生草本，高 45 ～ 80cm。根状茎短，根须状，肉质。茎直立，不分枝，无毛。叶质薄，近膜质。茎下部叶卵状心形，不裂或缺刻状深裂；顶裂片大，卵状心形，长 6.5 ～ 8.5cm，宽

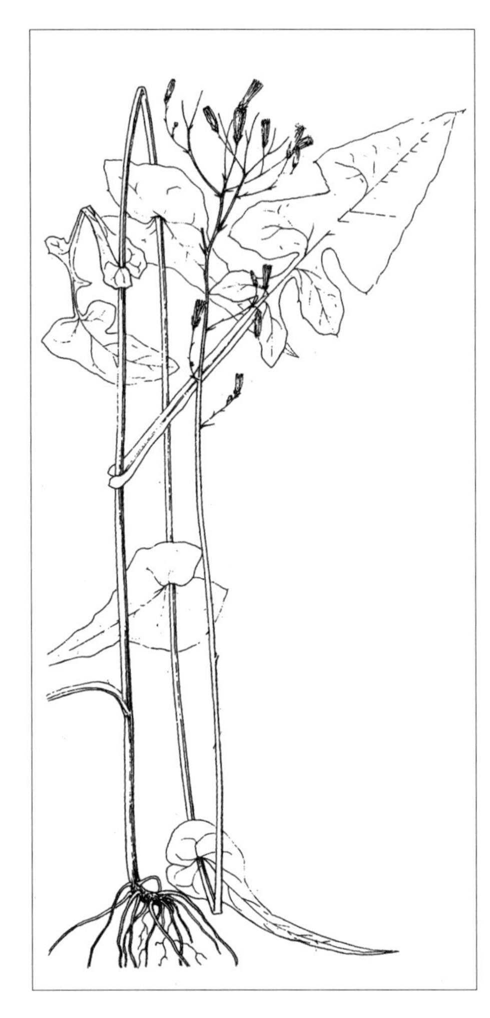

3.5 ～ 4.5cm，先端急尖或钝，边缘有波状齿或全缘，基部心形；侧裂片 1 对，斜卵形或长圆形，长略大于宽，长约 2cm；叶柄长 6 ～ 11cm，有狭翅。中、上部叶大头倒向羽裂或羽裂；顶裂片三角状戟形或披针形，侧裂片 2 ～ 4 对，斜卵形或披针形，长达 3cm，宽 0.7 ～ 1cm；无柄，基部扩大，耳状抱茎。头状花序多数，在茎上部排成总状聚伞花序，总花梗细，无毛；总苞筒形，长 7 ～ 9mm，直径约 2mm；外层总苞片小，长约 1.5mm，内层总苞片 5 枚，线状披针形，背部无毛；小花蓝紫色，舌片线形。瘦果（未熟）扁压，喙短；冠毛 2 层，内层长约 5mm，白色。花期 7 月。

中生杂类草。生于荒漠带海拔 2000 ～ 2500m 的山地林缘、山坡。产贺兰山。分布于我国甘肃（榆中县）、青海。为华北西部山地分布种。

84. 福王草属（盘果菊属）Prenanthes L.

多年生草本。茎直立，有时攀缘状。叶互生，质薄。头状花序下垂，多数，排列成疏散的圆锥状或总状，有少数或多数同型小花，两性，结实；总苞圆柱形、狭钟状至卵形；总苞片 2 ～ 3 层；花序托平，无毛；小花花冠舌状，舌片顶端截头，5 齿裂。瘦果狭长，稍扁，具 4 ～ 5 棱，有纵肋或缺，上端截形呈盘状；冠毛 2 ～ 3 层，具小齿或光滑。

内蒙古有 2 种。

分种检索表

1a. 叶大头羽状分裂，顶裂片心形、卵形或菱状卵形，或茎中部叶不分裂，叶边缘有不规则牙齿……**1. 福王草 P. tatarinowii**

1b. 叶掌式羽状分裂，顶裂片大，3 深裂，下部 1 对侧裂片小………………**2. 大叶福王草 P. macrophylla**

1. 福王草（盘果菊、卵叶福王草）

Prenanthes tatarinowii Maxim. in Mem. Acad. Imp. Sci. St.-Petersb. Div. Sav. 9:474. 1859; Fl. Intramongol. ed. 2, 4:827. t.331. f.1-5. 1992.——*Nabalus tatarinowii* (Maxim.) Nakai in Fl. China 20-21:341-342. 2011.

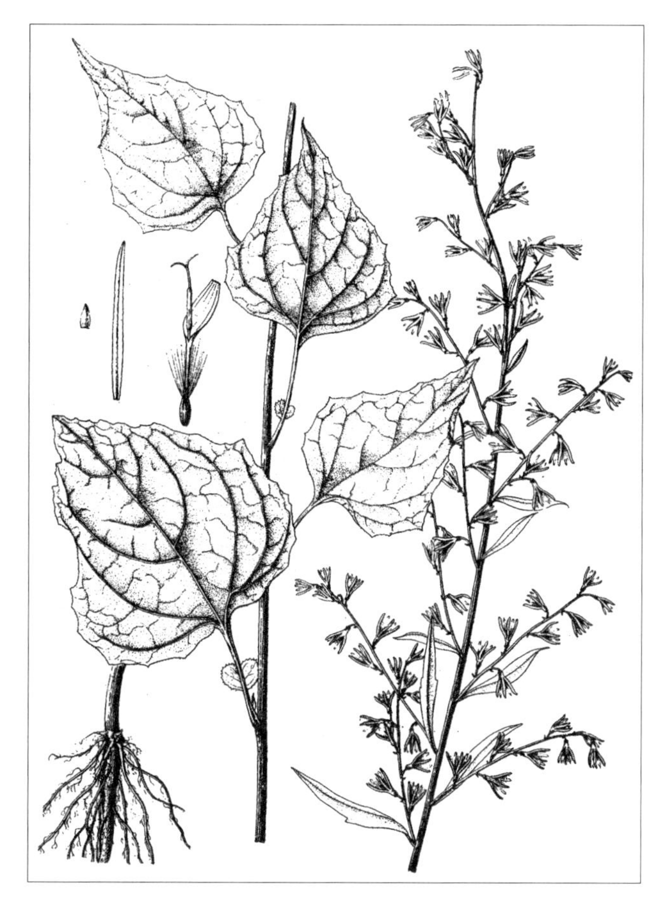

多年生草本，高 90 ～ 100cm。茎直立，具纵沟棱，被短柔毛或长柔毛，基部直径 6 ～ 8mm，上部多分枝，呈帚状。茎下部叶大，大头羽状分裂；顶裂片心状戟形或三角状戟形，先端尖，边缘具不规则牙齿，上面及下面沿叶脉疏被短硬毛或膜片状毛，边缘被糙硬毛；侧裂片 1 对，较小，卵状矩圆形或矩圆形，具长柄。中部叶心形或卵形乃至菱状卵形，长 7 ～ 13cm，宽 4 ～ 10(～ 20)cm，先端锐尖或具小尖头，基部宽心形、近截形或宽楔形，边缘有不规则牙齿；具柄，叶柄上常有卵形耳状小裂片。上部叶渐小，披针形或菱状披针形，具短柄。头状花序在枝上部排列成圆锥状，具细梗，梗上有条状小苞叶；总苞圆柱形，长 9 ～ 10mm，宽约 2mm，疏被短柔毛。外层总苞片较短小，卵状披针形；内层者较长，条形，边缘膜质。舌状花污黄色，长约 1cm，下部狭管与舌片近等长。瘦果狭长椭圆形，长 3.5 ～ 4mm，紫褐色，有 5 条纵肋；冠毛淡褐色，长约 6mm。花果期 7 ～ 9 月。

中生草本。生于森林带的山地针叶林下。产兴安北部（大兴安岭）、燕山北部（宁城县黑里河林场）。分布于我国黑龙江东南部、吉林东部、辽宁东部和南部、河北、河南西北部和东南部、山东西部和东北部、山西、陕西南部、宁夏南部、甘肃东部、四川西部、安徽东南部、湖北西部、云南，朝鲜、俄罗斯（远东地区）。为东亚分布种。

2. 大叶福王草（槭叶盘果菊、多裂福王草、大叶盘果菊）

Prenanthes macrophylla Franch. in J. Bot. Morot 4:307. 1889; Fl. Intramongol. ed. 2, 4:827. t.332. f.1-4. 1992.——*Nabalus tatarinowii* (Maxim.) Nakai subsp. *macrantha* (Stebbins) N. Kilin in Fl. China 20-21:342. 2011.

多年生草本，高 60 ～ 100cm。根圆柱形，具多数纤维状根。茎直立，具纵沟棱，上部多分枝，被黄棕色疏柔毛或极短茸毛。叶膜质，掌式羽状分裂，长 7 ～ 15cm，宽 4 ～ 11cm；顶裂片较大，卵状披针形或三角形；侧裂片 2 ～ 3 对，卵状披针形或披针形，先端渐尖；基部通常具 1 对小裂片，有时近耳状，边缘具细疏齿，齿端有小尖头；两面均疏被短柔毛，下面沿脉脉毛较长，叶脉羽状；叶柄长 1 ～ 5cm。上部叶渐小，叶柄具狭翅。头状花序狭窄，长 12 ～ 14mm，具小花 4 ～ 5，在茎上部排列成圆锥状，花序梗被黄棕色毛；总苞圆柱形，长 10 ～ 12mm。总苞片 2 层：外层 6，卵形或卵状披针形；内层 5，较长，条状披针形，先端钝，边缘膜质。舌状花淡紫色，长约 1cm，筒部长 4.5 ～ 5.5mm。瘦果圆柱形，长约 4mm，紫褐色，通常具紫色斑点，有 7 ～ 8 条纵肋；冠毛淡红褐色，长约 7mm。花果期 8 ～ 9 月。

中生草本。生于阔叶林带的山坡、沟谷、路旁。产燕山北部（宁城县黑里河林场）。分布于我国河北北部、河南、山西中部和南部、陕西南部、甘肃东部、青海东部、四川西北部、云南。为东亚分布种。

85. 莴苣属 Lactuca L.

一年生、二年生或多年生草本。叶不分裂或分裂。头状花序在茎或枝顶端排列成伞房状、圆锥状或总状圆锥状，具 7 ～ 25 朵同型小花，两性，结实；总苞果期长卵形或卵球形，总苞片 3 ～ 5 层；花序托平，无毛；小花花冠舌状，舌片截头，微有 5 齿。瘦果椭圆形、倒卵形或倒披针形，浅褐色或褐色，背腹压扁，边缘无翅，每面有 1 ～ 10 条脉纹，顶端有锐尖成细丝状的长喙；冠毛 2 层，白色，微粗糙。

内蒙古有 6 种，1 变种，另有 1 栽培种、1 栽培变种。

分种检索表

1a. 舌状花黄色。

  2a. 瘦果黑色，边缘加宽变薄成翅，顶端通常锐尖成粗而短的喙。

    3a. 瘦果每面有 1 条脉纹，叶背面沿脉无长粗毛。

      4a. 叶不分裂。

        5a. 叶三角状戟形或三角状卵形……………………………………**1. 翼柄翅果菊 L. triangulata**

        5b. 叶条形、条状披针形或长椭圆形…………………………………**2a. 翅果菊 L. indica** var. **indica**

      4b. 叶二回羽状或一回倒向羽状分裂…………………………**2b. 多裂翅果菊 L. indica** var. **laciniata**

    3b. 瘦果每面有 3 条脉纹；叶羽状分裂或大头羽状深裂或浅裂，背面沿脉被长粗毛……………………………………………………………………………………………………**3. 毛脉翅果菊 L. raddeana**

  2b. 瘦果边缘不加宽成翅，顶端急尖成细丝状的喙。

6a. 果喙与瘦果几等长，瘦果每面有 5 ～ 7 条纵肋；叶不分裂。

7a. 茎粗壮，茎生叶三角状卵形或椭圆形……………………………………**4a. 莴苣 L. sativa** var.**sativa**

7b. 茎发达，极粗壮，肉质；茎生叶狭披针形或矩圆形……………**4b. 莴笋 L. sativa** var. **angustata**

6b. 果喙长于瘦果约 1.5 倍，瘦果每面有 7 ～ 9 条细脉肋；叶倒向羽状或羽状浅裂、半裂至深裂……
…………………………………………………………………………………………**5. 野莴苣 L. serriola**

1b. 舌状花蓝紫色或淡紫色。

8a. 瘦果椭圆形，灰色，顶端无喙………………………………………………………**6. 山莴苣 L. sibirica**

8b. 瘦果矩圆形或长椭圆形，灰色至黑色，顶端渐尖成喙…………………………**7. 乳苣 L. tatarica**

1. 翼柄翅果菊（翼柄山莴苣）

Lactuca triangulata Maxim. in Mem. Acad. Imp. Sci. St.-Petersb. Div. Sav. 9:177. 1859; Fl. China 20-21:235. 2011.——*Pterocypsela triangulata* (Maxim.) C. Shih in Act. Phytotax. Sin. 26(5):386. 1988; Fl. Intramongol. ed. 2, 4:820. t.329. f.1-4. 1992.

二年生或多年生草本，高 60 ～ 100cm。根圆锥形或纺锤形，褐色。茎直立，具纵沟棱，下部紫红色，无毛，上部有分枝。下部叶早落，质薄，叶片三角状戟形或三角状卵形，先端锐尖，基部浅肾形或截形，边缘有不整齐缺刻或牙齿，而齿端有小刺头，两面无毛或疏被短柔毛；叶柄长，具狭翅，边缘亦具浅刺状小齿，基部稍扩大，近半抱茎。中部叶叶片三角状戟形或菱形，长 7 ～ 11cm，宽 6 ～ 12cm；叶柄具宽翅，基部扩大成戟形或耳形，抱茎。上部叶渐小，椭圆形、长椭圆形或披针形，无柄。头状花序有 10 ～ 15 小花，在茎顶及枝端排列成疏而狭窄的圆锥状或总状圆锥状，梗细长，有先端头状的粗毛；总苞圆筒形或筒状钟形，长约 1cm，宽 5 ～ 8mm；总苞片 2 ～ 3 层，先端狭长，背部被微毛及少数短腺毛，外层者卵状披针形，内层者条状披针形；舌状花黄色。瘦果椭圆形或宽卵形，长约 4mm，宽约 2mm，压扁，暗肉红色或黑色，每面有 1 条脉纹，边缘宽，果喙短，长 0.2 ～ 0.3mm；冠毛白色，长 6 ～ 7mm。花果期 7 ～ 8 月。

中生草本。生于阔叶林带的山地林下。产燕山北部（喀喇沁旗、宁城县）。分布于我国黑龙江中北部、吉林东部、河北西部、山西东北部、陕西南部、甘肃东南部，日本、朝鲜、俄罗斯（远东地区）。为东亚北部分布种。

2. 翅果菊（山莴苣、鸭子食）

Lactuca indica L., Mant. Pl. 2: 278. 1771; Fl. China 20-21:235. 2011.——*Pterocypsela indica* (L.) C. Shih in Act. Phytotax. Sin. 26(5):387. 1988; Fl. Intramongol. ed. 2, 4:820. t.329. f.5-7. 1992.

2a. 翅果菊

Lactuca indica L. var. **indica**

一、二年生草本，高 20 ～ 100cm。根数个，纺锤形。茎单生，直立，具纵条棱，上部多分枝，无毛或疏被毛。叶互生，变化大；下部叶花期枯萎早落；中部叶条形、条状披针形或长椭圆形，长 (5 ～) 10 ～ 30cm，宽 1.5 ～ 8cm，先端渐尖，基部扩大成戟形半抱茎，全缘或具少数长而尖的裂齿，两面无毛，或下面脉上疏被毛，带粉白色，无柄；上部叶渐变小，条状披针形或条形。头状花序含 20 ～ 27 朵小花，多数在茎顶排列成圆锥状；总苞近圆筒形，长 13 ～ 15mm，直径 5 ～ 6mm；总苞片 3 ～ 4 层，上缘带红紫色，外层者较短，宽卵形，内层者矩圆状披针形，先端钝；舌状花淡黄色。瘦果椭圆形，长 3 ～ 4.5mm，黑色，压扁，边缘加宽变为薄翅，每面有 1 条细脉纹，顶端喙粗短，长约 0.5mm；冠毛白色，长 7 ～ 8mm。花果期 7 ～ 10 月。

中生草本。生于阔叶林带的山地林下、沟谷。产兴安南部（科尔沁右翼中旗、阿鲁科尔沁旗）、辽河平原（大青沟）、燕山北部（喀喇沁旗、宁城县、敖汉旗）。分布于除黑龙江、辽宁、青海、新疆外的我国其他各省区，日本、俄罗斯（东西伯利亚地区、远东地区）、印度、印度尼西亚、菲律宾，中南半岛。为东亚分布种。

2b. 多裂翅果菊（苦麻菜、苦荬菜、苦苣、山莴苣）

Lactuca indica L. var. **laciniata** (Houtt.) H. Hara in Enum. Sperm. Jap. 2:220. 1952.——*Prenanthes laciniata* Houtt. in Handl. Pl.-Kruidk. 10: 381. 1779.——*L. laciniata* (Houtt.) Makino in Bot. Mag. Tokyo 17: 88 1903, not Roth (1797).——*Pterocypsela indica* (L.) C. Shih var. *laciniata* (Houtt.) H. C. Fu in Fl. Intramongol. ed. 2, 4: 821. 1992.——*Pterocypsela laciniata* (Houtt.) C. Shih in Act. Phytotax. Sin. 26(5): 388. 1988.

多年生草本。根粗厚，分枝呈萝卜状。茎单生，直立，粗壮，高 60 ～ 200cm，上部圆锥状花序分枝；全部茎、枝无毛。中下部茎生叶倒披针形、椭圆形或长椭圆形，规则或不规则二回羽状深裂，长达 30cm，宽达 17cm，无柄，基部宽大；顶裂片狭线形，一回侧裂片 5 对或更多，中上部的侧裂片较大，向下的侧裂片渐小，二回侧裂片条形或三角形，长短不等；全部茎生叶或中下部茎生叶极少一回羽状深裂，披针形、倒披针形或长椭圆形，长 14 ～ 30cm，宽 4.5 ～ 8cm，侧裂片 1 ～ 6 对，镰刀形、长椭圆形或披针形，顶裂片条形、披针形、条状长椭圆形或宽条形；向上的茎生叶渐小，与中下部茎生叶同形并等样分裂或不裂而为条形。头状花序多数，在茎枝顶端排成圆锥花序；总苞果期卵球形，长约 1.6cm，宽约 9mm。总苞片 4 ～ 5 层：外层的卵形、宽卵形或卵状椭圆形，长 4 ～ 9mm，宽 2 ～ 3mm；中、内层的长披针形，长约 1.4cm，宽约 3mm；全部总苞片顶端急尖或钝，边缘或上部边缘染红紫色。舌状小花 21 朵，黄色。瘦果椭圆形，压扁，棕黑色，

长约 5mm，宽约 2mm，边缘有宽翅，每面有 1 条高起的细脉纹，顶端急尖成长约 0.5mm 的粗喙；冠毛 2 层，白色，长约 8mm，几为单毛状。花果期 7 ～ 10 月。

中生草本。生于草原带和阔叶林带的山地沟谷、草甸。产呼伦贝尔（新巴尔虎右旗）、辽河平原（大青沟）、锡林郭勒（多伦县）、阴山（大青山）。分布于我国黑龙江东南部和西部、吉林东部、河北、河南、山东东北部、山西、陕西南部、安徽中部、江苏南部、浙江西北部、福建西南部、江西西部、湖南西南部、广东北部和中部、四川中部、云南中北部，日本、朝鲜、俄罗斯（远东地区）。为东亚分布种。

3. 毛脉翅果菊

Lactuca raddeana Maxim. in Bull. Acad. Sci. St.-Petersb. 19:526. 1874; Fl. Pl. Herb. Chin. Bor.-Orient. 9:400. 2004; Fl. China 20-21:235. 2011.——*Pterocypsela raddeana* (Maxim.) C. Shih. in Act. Phytotax. Sin. 26(5):386. 1988.

二年生草本。根有萝卜状增粗的分枝。茎单生，直立，高 80 ～ 200cm，上部圆锥状或圆锥状伞房花序分枝，中下部常有稠密的长柔毛，上部无毛。中下部茎生叶大，羽状分裂或大头羽状深裂或浅裂，长 5 ～ 11cm，宽 2 ～ 8.5cm；有长或短具宽翼或狭翼的叶柄，柄长 4 ～ 10cm；顶裂片大或较大，极少与侧裂片等大，三角状、卵状三角形、近菱形或卵状披针形，顶端急尖，边缘有不等大的三角形锯齿；侧裂片 1 ～ 3 对，椭圆形，小或极小，顶端急尖，边缘有小齿，基部与叶轴渐融合。向上的叶渐小，卵形、椭圆形、长椭圆形或卵状椭圆形，顶端急尖或渐尖，基部楔形收窄成宽短的翼柄。全部叶两面沿脉有长柔毛。头状花序沿茎顶端排成狭圆锥花序或伞房状圆锥花序，含 15 朵舌状小花；总苞果期长卵球形，长约 1cm，宽约 5mm。总苞片 4 层，外层短，三角形或宽三角形，长 1 ～ 1.8mm，宽 1 ～ 1.5mm，顶端急尖；中、内层披针形或椭圆状披针形，长 4 ～ 10mm，宽 1.2 ～ 1.8mm，顶端钝；全部总苞片淡紫红色。舌状小花黄色，9 ～ 10。瘦果椭圆形、椭圆状披针形，黑色，压扁，顶端急尖成粗短之喙，喙长 0.1 ～ 0.3mm，每面有 3 条高起的细脉纹，边缘有宽厚翅；冠毛 2 层，白色，长约 6mm，纤细，几单毛状。花果期 5 ～ 9 月。

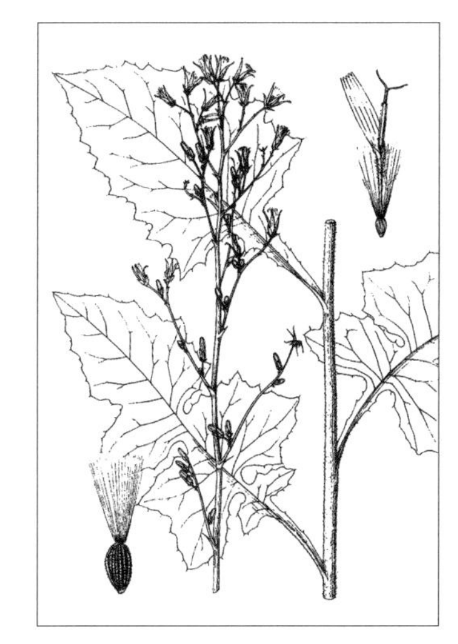

中生草本。生于阔叶林带的杂木林下、湿草地。产燕山北部（宁城县大营子村）。分布于我国吉林东北部、河北、河南、山东、山西中南部、陕西南部、甘肃东南部、安徽西部、江西西南部、福建西南部、四川西南部，日本、朝鲜、俄罗斯（远东地区）。为东亚分布种。

4. 莴苣（生菜）

Lactuca sativa L., Sp. Pl. 2:795. 1753; Fl. Reip. Pop. Sin. 80(1):233. 1996; Fl. Intramongol. ed. 2, 4:823. 1992.

4a. 莴苣

Lactuca sativa L. var. **sativa**

一、二年生草本，高 30 ～ 90cm。茎直立，粗壮，多少具纵沟棱，无毛。基生叶丛生，圆状倒卵形或椭圆形，长 10 ～ 30cm，先端圆形，全缘或具浅刺状牙齿，平展或卷曲呈皱波状，两面无毛，具柄；茎生叶向上渐小，椭圆形或三角状卵形，先端尖或钝，基部心形，抱茎。头状花序多数，在茎顶枝端排列成伞房圆锥状，梗细；总苞长 8 ～ 10mm，宽 3 ～ 5mm；总苞片 3 ～ 4 层，先端钝，稍肉质，外层者卵状披针形，内层者矩圆状条形；舌状花黄色。瘦果椭圆状倒卵形，长约 4mm，灰色、肉红色或褐色，微压扁，每面有纵肋 5 ～ 7，上部有开展的柔毛，喙细长，与果身等长或稍长；冠毛白色，约与瘦果等长。花果期 7 ～ 8 月。

中生草本。原产地不详。内蒙古少数城市有少量栽培。我国其他各省区都有栽培。

4b. 莴笋

Lactuca sativa L. var. **angustata** Irisch ex Bremek in Handb. Pflanzen. 5:339. 1949; Fl. Intramongol. ed. 2, 4:823. 1992.

本变种与正种的区别在于：茎很发达，肉质；茎生叶矩圆形至狭披针形。

中生草本。内蒙古少数城市有少量栽培。我国其他各省区都有栽培。

茎做蔬菜食用，有鲫瓜笋、柳叶笋等品种。

瘦果入药（药材名：巨胜子），能活血、止痛、下乳、利尿，主治乳汁不通、小便不利、跌打损伤、闪腰岔气、腰痛。又入蒙药（蒙药名：西路黑－诺高），呼和浩特市蒙医以其做资拉用。

5. 野莴苣

Lactuca serriola L. in Cent. Pl. 2:29. 1756; Fl. Reip. Pop. Sin. 80(1):237. 1996.

一年生草本，高 50 ～ 80cm。茎单生，直立，无毛或有时有白色茎刺，上部圆锥状花序分枝或自基部分枝。中下部茎生叶倒披针形或长椭圆形，长 3 ～ 7.5cm，宽 1 ～ 4.5cm，倒向羽状或羽状浅裂、半裂或深裂，有时茎生叶不裂，宽线形，无柄，基部箭头状抱茎；顶裂片与侧裂片不等大，三角状卵形或菱形，或侧裂片集中在叶的下部或基部而顶裂片较长，宽条形，侧裂片 3 ～ 6 对，镰刀形、三角状镰刀形或卵状镰刀形。最下部茎生叶及接圆锥花序下部的叶与中下部茎生叶同形或披针形、条状披针形或条形。全部叶或裂片边缘有细齿或刺齿或细刺，或全缘，下面沿中脉有刺毛，刺毛黄色。头状花序多数，在茎枝顶端排成圆锥状花序；总苞果期卵球形，长约 1.2cm，宽约 6mm。总苞片约 5 层，外层及最外层者小，长 1 ～ 2mm，宽约 1mm 或不足 1mm；中、内层者披针形，长 7 ～ 12mm，宽约 2mm；全部总苞片顶端急尖，外面无毛。舌状小花 15 ～ 25，黄色。瘦果倒披针形，长约 3.5mm，宽约 1.3mm，压扁，浅褐色，上部有稀疏的向上的短糙毛，每面有 7 ～ 9 条高起的细肋，顶端急尖成细丝状的喙，喙长约 5mm；冠毛白色，微锯齿状，长约 6mm。花果期 6 ～ 8 月。

中生草本。生于荒漠带的绿洲撂荒地。产兴安南部（科尔沁右翼前旗）、阴南平原（呼和浩特市市区、和林格尔县）、额济纳（额济纳旗达来呼布镇）。分布于我国新疆中部和北部，蒙古国、俄罗斯（西伯利亚地区、欧洲部分）、印度北部、土耳其、伊朗，高加索地区、地中海地区，中亚，欧洲、北美洲。为泛北极分布种。

6. 山莴苣（北山莴苣、山苦菜、西伯利亚山莴苣）

Lactuca sibirica (L.) Benth. ex Maxim. in Bull. Acad. Imp. Sci. St.-Petersb. 19:528. 1874; Fl. China 20-21:237. 2011.——*Lagedium sibiricum* (L.) Sojak in Novit. Bot. Delect. Sem. Hort. Bot. Univ. Car. Prag. 1961:34. 1961; Fl. Intramongol. ed. 2, 4:823. t.330. f.5-8. 1992.——*Sonchus sibiricus* L., Sp. Pl. 2:795. 1753.

多年生草本，高 20 ～ 90cm。茎直立，通常单一，红紫色，无毛，上部有分枝。叶披针形、长椭圆状披针形或条状披针形，长 7 ～ 12cm，宽 0.5 ～ 2cm，先端锐尖或渐尖，全缘或有浅牙齿或缺刻，上面绿色，下面灰绿色，无毛，基部楔形或心形或扩大成耳状而抱茎，无柄。头状花序少数或多数，在茎顶或枝端排列成疏伞房状或伞房圆锥状，梗细，无毛；总苞长 8 ～ 10mm，宽 3 ～ 5mm；总苞片 3 ～ 4 层，紫红色，先端钝，背部有短柔毛或微毛，外层者披针形，内层者条状披针形，边缘膜质；舌状花蓝紫色，长 1.2～1.5cm。瘦果椭圆形，长约4mm，压扁，边缘加宽加厚，灰色，每面有4～7条细脉纹，上部极短收窄，但不成喙；冠毛污白色，长约1cm。花果期7～8月。

中生草本。生于森林带和草原带的山地林下、林缘、草甸、河边、湖边。产兴安北部及岭东和岭西（额尔古纳市、牙克石市、海拉尔区、陈巴尔虎旗、鄂温克族自治旗、阿尔山市白狼镇和白狼峰、扎兰屯市）、兴安南部（扎鲁特旗、阿鲁科尔沁旗、巴林左旗、巴林右旗、克什克腾旗）、辽河平原（科尔沁左翼后旗）、赤峰丘陵（红山区）、燕山北部（喀喇沁旗、宁城县）、锡林郭勒（锡林浩特市、正蓝旗）、阴山（大青山）。分布于我国黑龙江、吉林东部、辽宁、河北中部和西北部、山西东北部、陕西南部、甘肃中部、青海中部和西南部、新疆，日本、朝鲜、蒙古国东部和北部、俄罗斯（西伯利亚地区、远东地区），欧洲。为古北极分布种。

7. 乳苣（苦菜、紫花山莴苣、蒙山莴苣）

Lactuca tatarica (L.) C. A. Mey. in Verz. Pfl. Casp. Meer. 56. 1831; Fl. China 20-21:236. 2011.——*Mulgedium tataricum* (L.) DC. in Prodr. 7:248. 1838; Fl. Intramongol. ed. 2, 4:825. t.330. f.1-4. 1992.——*Sonchus tataricus* L. in Mant. Pl. 2:572. 1771.

多年生草本，高（10～）30～70cm。具垂直或稍弯曲的长根状茎。茎直立，具纵沟棱，无毛，不分枝或有分枝。茎下部叶稍肉质，灰绿色，长椭圆形、矩圆形或披针形，长3～14cm，宽0.5～3cm，先端锐尖或渐尖，有小尖头，羽状或倒向羽状深裂或浅裂，侧裂片三角形或披针形，边缘具浅刺状小齿，上面绿色，下面灰绿色，无毛，基部渐狭成具狭翅的短柄，柄基扩大而半抱茎；中部叶与下部叶同形，少分裂或全缘，先端渐尖，基部具短柄或无柄而抱茎，边缘具刺状小齿；上部叶小，披针形或条状披针形；有时叶全部全缘而不分裂。头状花序多数，在茎顶排列成开展的圆锥状，梗不等长，纤细；总苞长10～15mm，宽3～5mm；总苞片4层，紫红色，先端稍钝，背部有微毛，外层者卵形，内层者条状披

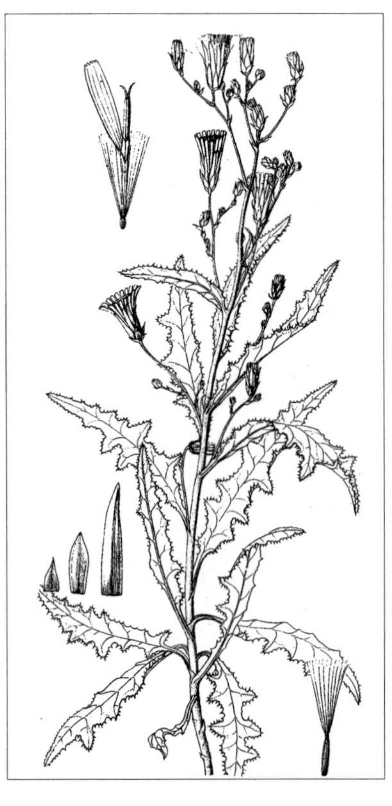

针形，边缘膜质；舌状花蓝紫色或淡紫色，稀白色，长 15 ～ 20mm。瘦果矩圆形或长椭圆形，长约 5mm，稍压扁，灰色至黑色，无边缘或具不明显的狭窄边缘，有 5 ～ 7 条纵肋，果喙长约 1mm，灰白色；冠毛白色，长 8 ～ 12mm。花果期 6 ～ 9 月。

中生杂类草。常见于河滩、湖边、盐化草甸、田边、固定沙丘。产内蒙古各地。分布于我国辽宁北部、河北西北部、河南、山东、山西、陕西北部、甘肃、宁夏南部、青海、西藏西部、新疆，蒙古国、俄罗斯（西伯利亚地区）、印度西北部、阿富汗、伊朗，中亚，欧洲。为古北极分布种。

86. 小苦苣菜属 **Sonchella** Sennikov

多年生耐盐草本。茎直立。叶多数或少数。头状花序排列成总状或圆锥状，约具 10 个小花；总苞圆筒状。外层总苞片鳞片状，向内逐渐增长，约为内层总苞片的 1/3，光滑无毛；内层总苞片线状披针形，等长，边缘干膜质。花序托光滑；小花黄色。瘦果圆柱状至纺锤形，稍压扁，具 5 条主肋，主肋间有 1 ～ 2 条细次肋，先端截形；冠毛白色，易脱落。

内蒙古有 1 种。

1. 碱小苦苣菜（碱黄鹌菜）

Sonchella stenoma (Turcz. ex DC.) Sennikov in Bot. Zhurn. 92:1753. 2007; Fl. China 20-21:334. 2011.——*Youngia stenoma* (Turcz. ex DC.) Ledeb. in Fl. Ross. 2:837. 1846; Fl. Intramongol. ed. 2, 4:835. t.336. f.1-5. 1992.——*Crepis stenoma* Turcz. ex DC. in Prodr. 7:164. 1838.

多年生草本，高 10 ～ 40cm。茎单一或数个簇生，直立，具纵沟棱，无毛，有时基部淡红紫色。叶质厚，灰绿色；基生叶与茎下部叶条形或条状倒披针形，长 3 ～ 10cm（连叶柄），宽 0.2 ～ 0.5cm，先端渐尖或钝，基部渐狭成具窄翅的长柄，全缘或有微牙齿，两面无毛；中部叶与上部叶较小，条形或狭条形，先端渐尖，全缘，中部叶具短柄，上部叶无柄。头状花序具 8 ～ 12 小花，多数在茎顶排列成总状或狭圆锥状，梗细，长 0.5 ～ 2cm；总苞圆筒状，长 9 ～ 11mm，宽 2.5 ～ 3.5mm。总苞片无毛，顶端鸡冠状，背面近顶端有角状凸起；外层者 5 ～ 6，短小，卵形或矩圆状披针形，先端尖；内层者 8，较长，矩圆状条形，先端钝，有缘毛，边缘宽膜质。舌状花的舌片顶端的齿紫色，长 11 ～ 12.5mm。瘦果纺锤形，长 4 ～ 5.5mm，暗褐色，

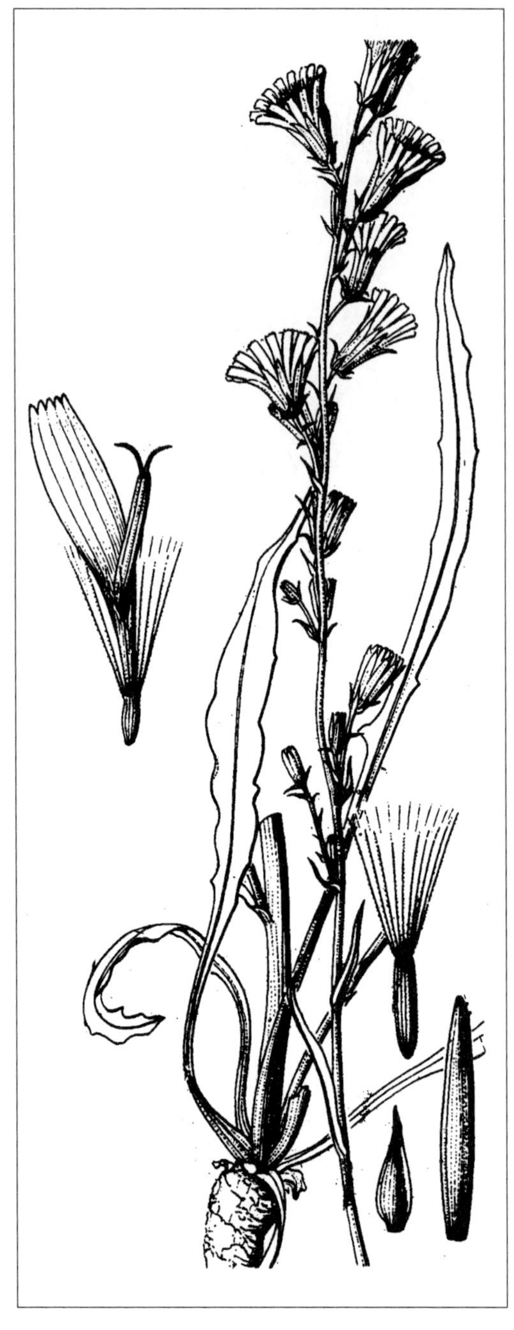

具 11 ～ 14 条不等形的纵肋，沿肋密被小刺毛，向上收缩成喙状；冠毛白色，长 6 ～ 7㎜。花果期 7 ～ 9 月。

耐盐中生草本。生于草原带和荒漠带的盐渍地、草原沙地。产兴安北部（根河市）、呼伦贝尔（陈巴尔虎旗、新巴尔虎左旗、新巴尔虎右旗）、兴安南部及科尔沁（阿鲁科尔沁旗、巴林右旗、克什克腾旗、敖汉旗）、锡林郭勒（东乌珠穆沁旗、苏尼特左旗、正蓝旗）、鄂尔多斯（达拉特旗、伊金霍洛旗、乌审旗、鄂托克旗）、东阿拉善（阿拉善左旗）、额济纳。分布于我国宁夏北部、甘肃（河西走廊）、西藏东南部，蒙古国东部和南部及西部、俄罗斯（东西伯利亚地区南部）。为东古北极分布种。

全草入药，能清热解毒、消肿止痛，主治疮肿疔毒。

87. 黄鹌菜属 Youngia Cass.

一年生或多年生草本。叶基生或互生，常羽状分裂。头状花序较小而狭，具长梗，在茎顶排列成总状、圆锥状或聚伞状，有 4 ～ 16 同型小花，两性，结实；总苞圆柱形或圆柱状钟形；总苞片数层；花序托平，有小窝孔；小花花冠舌状，多黄色，舌片顶端截头，有 5 齿。瘦果纺锤形或圆柱形，腹背稍扁，具 10 ～ 15 条不等形的纵肋，两端渐狭，通常无明显的喙；冠毛 1 层，微粗糙。

内蒙古有 4 种。

分种检索表

1a. 茎多数簇生，由基部多分枝，二叉状；基生叶柄基部无褐色绵毛。

2a. 总苞片背面近顶端有明显的角状凸起；基生叶倒向羽状深裂或全裂，顶端裂片小……………………………………………………………………………………………**1. 细茎黄鹌菜 Y. akagii**

2b. 总苞片背面近顶端无角状附属物；基生叶大头倒向羽状浅裂或全裂，顶端裂片大……………………………………………………………………………………**2. 鄂尔多斯黄鹌菜 Y. ordosica**

1b. 茎少数簇生或单一，不分枝或中上部分枝，不呈二叉状。

3a. 总苞片外面被毛；基生叶顺向羽状全裂或深裂，基生叶柄基部里面密被褐色绵毛……………………………………………………………………………………………**3. 细叶黄鹌菜 Y. tenuifolia**

3b. 总苞片外面无毛；基生叶倒向羽状中裂或深裂，基生叶柄基部里面无毛……………………………………………………………………………………………**4. 南寺黄鹌菜 Y. nansiensis**

1. 细茎黄鹌菜

Youngia akagii (Kitag.) Kitag. in J. Jap. Bot. 16:182. 1940.——*Geblera akagii* Kitag. in J. Jap. Bot. 13:430. 1937.——*Y. tenuicaulis* (Babc. et Stebb.) Czerep. in Fl. U.R.S.S. 29:385. 1964; Fl. Intramongol. ed. 2, 4:835. t.335. f.1-4. 1992.——*Y. tenuifolia* (Willd.) Babc. et Stebb. subsp. *tenuicaulis* Babc. et Stebb. in Publ. Carn. Inst. Wash. 484:52. 1937. ——*Grepidiastrum akagii* (Kitag.) J .W. Zhang ex N. Kilian in Fl. China 20-21:269. 2011.

多年生草本，高 (5 ～)10 ～ 40cm。根粗壮而伸长，木质，暗褐色，根状茎部被覆多数褐色枯叶柄。茎多数，直立，较细，基部直径 0.5 ～ 1.3mm，具纵沟棱，无毛，由基部强烈分枝，二叉状，开展。基生叶多数，长 3 ～ 10cm，宽 0.5 ～ 3cm，倒向羽状全裂或深裂，裂片狭条形，先端渐尖或锐尖，全缘或具 1 ～ 2 小裂片，两面无毛，具长柄，柄基扩大；下部叶及中部叶与基生叶相似；上部叶或有的中部叶不分裂，狭条形或条状丝形，全缘，无柄；最上部叶很小。头状花序具 10 ～ 12 小花，多数在茎枝顶端排列成聚伞圆锥状，梗纤细；总苞圆柱形，长 7 ～ 9mm，宽 2.5 ～ 3mm。总苞片无毛，顶端鸡冠状，背面近顶端有角

状凸起；外层者 5 ～ 10，短小，卵形或矩圆状披针形，先端尖，不等长；内层者 5 ～ 8，较长，矩圆状条形，先端钝，有缘毛，边缘膜质。舌状花花冠长 11 ～ 11.5mm。瘦果纺锤形，长 4 ～ 5.5mm，黑色，具 10 ～ 11 条粗细不等的纵肋，有向上的小刺毛，向上收缩成喙状；冠毛白色，长 4 ～ 6mm。花果期 7 ～ 8 月。

旱中生草本。生于草原带和荒漠带的山坡或山顶的基岩石缝中。产兴安南部（阿鲁科尔沁旗、巴林右旗）、锡林郭勒（西乌珠穆沁旗、锡林浩特市、正蓝旗、镶黄旗）、乌兰察布（达尔罕茂明安联合旗、乌拉特中旗、乌拉特前旗）、阴山（大青山、蛮汗山、乌拉山）、东阿拉善（乌拉特后旗狼山镇、桌子山）、贺兰山、龙首山。分布于我国河北北部、山西北部、宁夏西部、甘肃（天祝藏族自治县）、青海（德令哈市）、新疆西部，蒙古国、俄罗斯（西伯利亚地区）。为华北—蒙古分布种。

2. 鄂尔多斯黄鹌菜

Youngia ordosica Y. Z. Zhao et L. Ma in Bull. Bot. Res. Harbin 23(3):261. f.1. 2003.

多年生草本，高约 8cm。根粗壮，直伸，木质。茎多数，铺散，无毛，自基部二叉状分枝。基生叶多数，长 2 ～ 5cm，宽 1 ～ 2cm，倒向大头羽状浅裂或全裂，裂片三角形或三角状披针形，先端锐尖，全缘，两面无毛，基部渐狭；茎生叶狭条形，全缘，长 2 ～ 5mm。头状花序排列成伞房状；总苞圆筒形，无毛。外层总苞片短小，卵状披针形或披针形，长约 1mm，宽约 0.5mm，顶端急尖；内层总苞片较长，狭披针形，长 5 ～ 6mm，宽约 1mm，边缘膜质，顶端渐尖。舌状花淡黄色，长约8mm。瘦果顶端无喙；冠毛白色，长约4.5mm。花果期8～9月。

中旱生草本。生于草原化荒漠带的干燥石质山坡。产东阿拉善（鄂托克旗棋盘井镇、狼山）、贺兰山。为东阿拉善低山丘陵分布种。

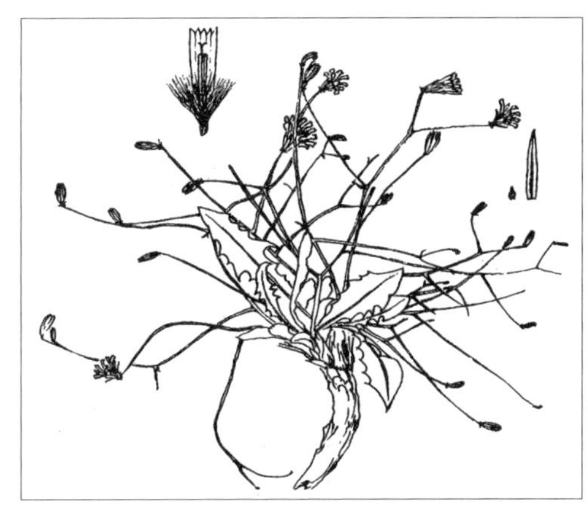

3. 细叶黄鹌菜（蒲公幌）

Youngia tenuifolia (Willd.) Babc. et Stebb. in Publ. Carn. Inst. Wash. 484:46. 1937; Fl. Intramongol. ed. 2, 4:836. t.336. f.6-10. 1992.——*Crepis tenuifolia* Willd. in Sp. Pl. 3:1606. 1803.——*Y. diversifolia* (Ledeb. ex Spreng.) Ledeb. in Fl. Ross. 2:837. 1845-1846. p.p.; Fl. Reip. Pop. Sin. 80(1):136. 1997.——*Prenanthes diversifolia* Ledeb. ex Spreng. in Syst. Veg. 3:657. 1826.——*Grepidiastrum tenuifolium* (Willd.) Sennikov in Fl. China 20-21:268. 2011.

多年生草本，高10～45cm。根粗壮而伸长，木质，黑褐色，根颈部被覆枯叶柄及褐色绵毛。茎数个簇生或单一，直立，坚硬，较粗壮，基部直径1.5～4(～5)mm，具纵沟棱，无毛或被微毛，上部有分枝。基生叶多数，丛生，长5～20cm，宽2～6cm，羽状全裂或羽状深裂；侧裂片6～12对，条状披针形或条形，有时为三角状披针形，稀条状丝形，宽1～5mm；先端渐尖，全缘或具疏锯齿或条状尖裂片，两面无毛或被微毛；具长柄，柄基稍扩大。下部叶及中部叶与基生叶相似，但较小，叶柄较短；上部叶不分裂或羽状分裂，或具不整齐锯齿，裂片条形或条状丝形，有时疏被皱曲柔毛，无柄。头状花序具(5～)8～15小花，多数在茎上排列成聚伞圆锥状，梗细，长0.3～2cm；总苞圆柱形，长8～11mm，宽2.5～3.5mm。总苞片有或密或疏的皱曲柔毛或无毛，顶端鸡冠状，背面近顶端有角状凸起；外层者5～8，短小，卵形或披针形，先端尖；内层者较长，(5～)7～9，矩圆状条形，先端钝，有缘毛，边缘宽膜质。舌状花花冠长10～15mm。瘦果纺锤形，长4～6.5mm，黑色，具10～12条粗细不等的纵肋，有向上的小刺毛，向上收缩成喙状；冠毛白色，长4～6mm。花果期7～9月。

中生草本。生于山地草甸、灌丛。产兴安北部（额尔古纳市、牙克石市、根河市）、岭东（扎

兰屯市）、岭西及呼伦贝尔（陈巴尔虎旗、鄂温克族自治旗、新巴尔虎左旗、新巴尔虎右旗、海拉尔区、满洲里市）、兴安南部及科尔沁（科尔沁右翼中旗、阿鲁科尔沁旗、巴林右旗、克什克腾旗）、锡林郭勒（东乌珠穆沁旗、西乌珠穆沁旗、锡林浩特市、太仆寺旗）、乌兰察布（达尔罕茂明安联合旗南部、固阳县、乌拉特中旗巴音哈太山）、阴山（大青山、蛮汗山）、阴南丘陵（准格尔旗）、贺兰山、龙首山。分布于我国黑龙江、吉林、辽宁、河北西北部、山西北部、宁夏、青海东部、西藏西部、新疆北部和西部，蒙古国、俄罗斯（西伯利亚地区、远东地区）。为东古北极分布种。

《中国植物志》[80(1):135.1997.] 记载异叶黄鹌菜 *Y. diversifolia* (Ledeb. ex Spreng.) Ledeb. 与本种的区别仅仅在于前者头状花序较大（总苞片长 10 ～ 14mm），后者头状花序较小（总苞片长 8 ～ 10mm）。经查阅中国科学院植物所标本馆的标本，发现二者的头状花序并没有明显的间断，同一标本上往往有大也有小，因此将二者合并。

4. 南寺黄鹌菜

Youngia nansiensis Y. Z. Zhao et L. Ma in Bull. Bot. Res. Harbin 24(2):133. 2004.

多年生草本，高约 20cm。根粗壮，直伸。茎直立，单生，无毛，自中上部二叉状分枝。基生叶多数，长 8 ～ 15cm，宽 1 ～ 2.5cm，倒向羽状中裂或深裂，裂片三角状披针形，先端锐尖，边缘全缘或具数个尖齿，两面无毛，叶柄长 2 ～ 3cm；茎生叶长 3 ～ 7cm，宽 2 ～ 10mm，倒向羽状中裂或深裂；花序分枝下部的叶狭条形，长 3 ～ 20mm，宽 0.5 ～ 1mm，全缘。头状花序排列成伞房状；总苞圆筒形，无毛。外层总苞片短小，卵形或卵状披针形，长达 1mm，宽约 0.5mm，顶端急尖；内层总苞片较长，狭披针形，长 7 ～ 8mm，宽约 1.5mm，边缘膜质，近顶端具角状附属物。舌状花黄色，长约 12mm。瘦果长 4 ～ 5mm，顶端无喙；冠毛白色，长约 5mm。花果期 7 ～ 8 月。

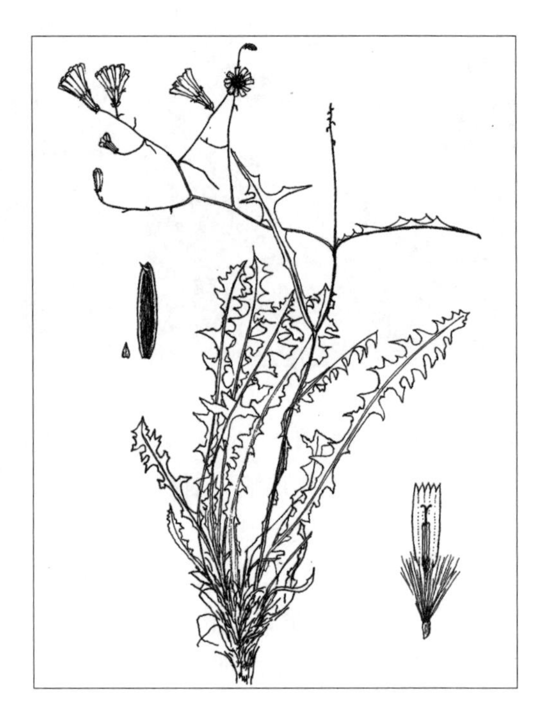

中生草本。生于荒漠带的山地沟谷草甸。产贺兰山（南寺）。为贺兰山分布种。

88. 还阳参属 Crepis L.

多年生或一、二年生草本。叶基生或在茎上互生。头状花序在茎顶排列成伞房状、圆锥状或单生，有多数或少数同型小花，两性，结实；总苞钟状或圆柱状；总苞片2至数层；花序托平或凹，无毛或有毛；小花花冠舌状，舌片顶端截头，具5齿。瘦果圆柱形或纺锤形，有10～20条等形的纵肋，上端狭窄，有长或短喙；冠毛1层，常白色，刚毛状，纤细，不脱落或脱落。

内蒙古有4种。

分种检索表

1a. 植株具粗壮根状茎；叶宽大，矩圆状卵形、卵形或矩圆形，长20～30cm，宽5～10cm………………………………………………………………………………………**1. 西伯利亚还阳参 C. sibirica**

1b. 植株具直根，无根状茎；叶狭窄，长达17cm，宽达2cm。

  2a. 一年生草本；叶条形、披针状条形或条状倒披针形，中部茎生叶无柄，抱茎，基部有1对小尖耳………………………………………………………………………………**2. 屋根草 C. tectorum**

  2b. 多年生草本；叶倒披针形、匙形或倒卵形，茎生叶无柄或具短柄，不抱茎，基部亦无小尖耳。

    3a. 茎直立，疏被腺毛；基生叶具不规则倒向锯齿至羽状分裂；头状花序大，单生于茎枝顶端或少数在茎顶排列成疏伞房状……………………………………………………**3. 还阳参 C. crocea**

    3b. 茎常弯曲，无毛；基生叶羽状分裂，侧裂片稍上倾；头状花序小，多数在茎顶排列成圆锥状………………………………………………………………………………**4. 弯茎还阳参 C. flexuosa**

1. 西伯利亚还阳参

Crepis sibirica L., Sp. Pl. 2:807. 1753; Fl. Intramongol. ed. 2, 4:829. 1992.

多年生草本，高50～100cm。根状茎粗壮，黑褐色，具多数须根。茎直立，具纵沟棱，疏被弯曲的长硬毛，并混生短柔毛，上部有分枝或不分枝。基生叶与茎下部叶矩圆状卵形、卵形或矩圆形，长20～30cm（连叶柄），宽5～10cm，先端锐尖，边缘有糙硬毛，下面沿叶脉被长硬毛，基部渐狭成具宽翅的长柄，柄基扩大而抱茎；中部叶具较短而带宽翅的柄；向上的叶无柄，均抱茎；最上部叶矩圆状披针形或条状披针形，全缘。头状花序较大，少数在茎顶排列成稀疏的伞房状，稀单生；总苞钟状，长13～18mm，宽9～12mm，黑绿色，密被弯曲长硬毛。外层总苞片较短小，12～18，卵状披针形；内层者较长，12～16，矩圆状披针形，先端尖，边缘膜质。舌状花黄色，长20～25mm，舌片宽约2.5mm。瘦果纺锤形，长7～10mm，褐色，直或弯，顶端狭窄，具20余条细纵肋；冠毛白黄色，长8～10mm。花期7～8月。

中生草本。生于森林带和森林草原带的山地林缘、疏林、河谷。产兴安北部（阿尔山市）、兴安南部（巴林右旗、克什克腾旗、东乌珠穆沁旗、西乌珠穆沁旗）。分布于我国新疆北部，蒙古国、俄罗斯（西伯利亚地区、远东地区），中亚，欧洲。为古北极分布种。

2. 屋根草

Crepis tectorum L., Sp. Pl. 2:807. 1753; Fl. Intramongol. ed. 2, 4:831. t.333. f.5-8. 1992.

一年生草本，高 30 ～ 90cm。茎直立，具纵沟棱，基部常带紫红色，被伏柔毛，上部混生腺毛，有时下部无毛或近无毛，不分枝或有分枝。基生叶与茎下部叶条状倒披针形或披针状条形，长

2 ～ 15cm，宽 0.3 ～ 1(～ 2)cm，先端尖，边缘有不规则牙齿，或羽状浅裂，稀羽状全裂，裂片披针形或条形，两面疏被柔毛或无毛，基部渐狭成具窄翅的短柄；中部叶与下部叶相似，但无柄，抱茎，基部有 1 对小尖耳，边缘具小牙齿或全缘；上部叶披针状条形或条形，全缘。头状花序在茎顶排列成伞房圆锥状，梗细长，苞叶丝状；总苞狭钟状，长 7 ～ 9mm，宽 3 ～ 5mm，被蛛丝状毛并混生腺毛。总苞片 2 层：外层者短小，8 ～ 10，条形；内层者较长，12 ～ 16，矩圆状披针形，先端尖，边缘膜质。舌状花黄色，长 10 ～ 13mm，下部狭管疏被短柔毛。瘦果纺锤形，长约 3mm，黑褐色，顶端狭窄，具 10 条纵肋；冠毛白色，长 4 ～ 6mm。花果期 6 ～ 8 月。

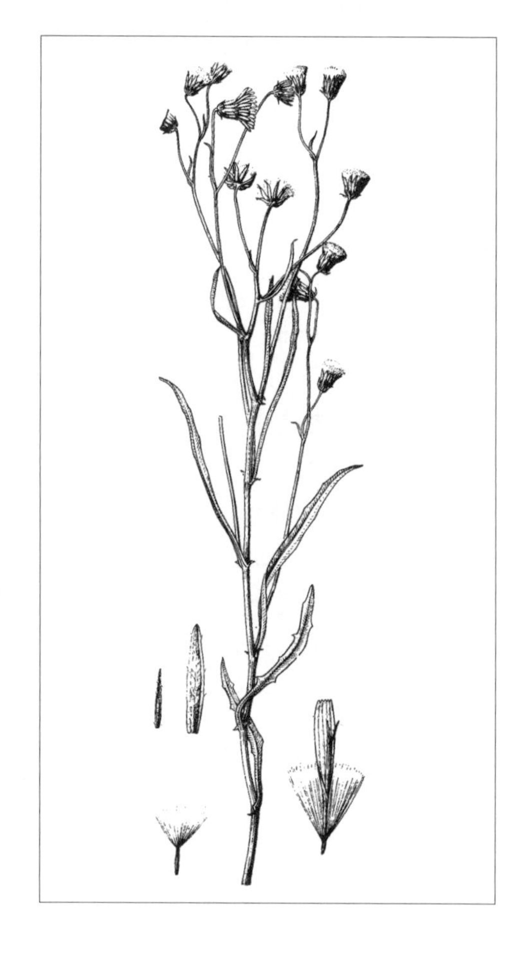

中生杂草。生于森林带和森林草原带的山地草原或农田。产兴安北部及岭西和呼伦贝尔（额尔古纳市、牙克石市、阿尔山市、海拉尔区）、兴安南部（科尔沁右翼前旗、科尔沁右翼中旗）。分布于我国黑龙江西部、新疆北部，蒙古国东北部和西部、俄罗斯（西伯利亚地区、远东地区）、哈萨克斯坦，欧洲。为古北极分布种。

3. 还阳参（北方还阳参、屠还阳参、驴打滚儿、还羊参）

Crepis crocea (Lam.) Babc. in Univ. Calif. Publ. Bot. 19:400. 1941; Fl. Intramongol. ed. 2, 4:831. t.333. f.1-4. 1992.——*Hieracium croceum* Lam. in Encycl. 2:360. 1786.

多年生草本，高 5 ～ 30cm。全体灰绿色。根直伸或倾斜，木质化，深褐色，颈部被覆多数褐色枯叶柄。茎直立，具不明显沟棱，疏被腺毛，混生短柔毛，不分枝或分枝。基生叶丛生，

倒披针形，长 2 ～ 17cm，宽 0.8 ～ 2cm，先端锐尖或尾状渐尖，边缘具波状齿，或倒向锯齿至羽状半裂，裂片条形或三角形，全缘或有小尖齿，两面疏被皱曲柔毛或近无毛，有时边缘疏被硬毛，基部渐狭成具窄翅的长柄或短柄；茎上部叶披针形或条形，全缘或羽状分裂，无柄或具短柄；最上部叶小，苞叶状。头状花序单生于枝端，或 2 ～ 4 个在茎顶排列成疏伞房状；总苞钟状，长 10 ～ 15mm，宽 4 ～ 10mm，混生蛛丝状毛、长硬毛以及腺毛。外层总苞片 6 ～ 8，不等长，条状披针形，先端尖；内层者 13，较长，矩圆状披针形，边缘膜质，先端钝或尖。舌状花黄色，长 12 ～ 18mm。瘦果纺锤形，长 5 ～ 6mm，暗紫色或黑色，直或稍弯，具 10 ～ 12 条纵肋，上部有小刺；冠毛白色，长 7 ～ 8mm。花果期 6 ～ 7 月。

中旱生草本。常生于典型草原和荒漠草原带的丘陵砂砾质坡地、田边、路旁。产呼伦贝尔（鄂温克族自治旗、满洲里市、新巴尔虎右旗）、兴安南部（霍林郭勒市、阿鲁

科尔沁旗、克什克腾旗）、锡林郭勒（阿巴嘎旗、苏尼特左旗、商都县、集宁区）、乌兰察布（四子王旗、达尔罕茂明安联合旗、固阳县、乌拉特中旗）、阴山（大青山、蛮汗山、乌拉山）、阴南丘陵（准格尔旗）、鄂尔多斯（达拉特旗）、东阿拉善（乌拉特后旗、狼山）、贺兰山、西阿拉善（阿拉善右旗）。分布于我国河北西部、河南西部和北部、山西、陕西北部、宁夏、甘肃东部、青海、西藏、新疆中北部，蒙古国北部和西部及南部、俄罗斯（西伯利亚地区、远东地区）。为东古北极分布种。

全草入药，能益气、止嗽平喘、清热降火，主治支气管炎、肺结核。

4. 弯茎还阳参

Crepis flexuosa (Ledeb.) Benth. ex C. B. Clarke in Comp. Ind. 254. 1876; Fl. Intramongol. ed. 2, 4:832. 1992.——*Prenanthes polymorpha* Ledeb. γ. *flexuosa* Ledeb. in Fl. Alt. 4:145. 1833.——*Askellia flexuosa* (Ledeb.) W. A. Weber in Fl. China 20-21:327. 2011.

茎弯曲，多分枝。叶匙形、倒卵形或倒披针形，先端锐尖或钝，具波状齿或羽状分裂，裂片有尖齿，具长柄。头状花序有小花 9 ～ 13，在茎顶排列成圆锥状；总苞圆筒形，长 7 ～ 10mm。外层总苞片 4 ～ 8，小，卵形或卵状披针形；内层者 8 ～ 10，披针形。舌状花黄色。瘦果近圆柱形或纺锤形，长 4.5 ～ 6mm，两端变狭，有 10 条纵肋；冠毛白色，长 4 ～ 5mm。花果期 6 ～ 7 月。

旱中生草本。生于草原带的河滩砾石地。产乌兰察布（达尔罕茂明安联合旗）、阴山（大青山）、龙首山。分布于我国山西东北部、宁夏西北部、甘肃中部和东部、青海、西藏西部和北部、新疆，蒙古国、俄罗斯（西伯利亚地区）、哈萨克斯坦。为东古北极分布种。

89. 苦荬菜属 Ixeris (Cass.) Cass.

一年生、二年生或多年生草本。通常带白粉，无毛。叶基生或茎生。头状花序少数或多数，在茎顶或枝端排列成伞房状或圆锥状，有多数同型小花，两性，结实；总苞圆筒形；总苞片少数，草质，狭窄；花序托平，无毛；小花花冠舌状，舌片截头，有 5 齿；花药顶端具三角形附片，基部箭形；花柱分枝细长。瘦果纺锤形或披针形，背腹稍扁，具 10 条等形的锐纵肋，上端狭窄而成明显的喙；冠毛细而微粗涩，等长。

内蒙古有 4 种。

分种检索表

1a. 茎生叶小，1 ～ 3，无柄，基部稍抱茎且耳不明显；瘦果顶端骤尖成细丝状喙，长 2mm 以上，有 10 条相等的纵肋。

2a. 叶不分裂，丝状条形……………………………………**1b. 丝叶苦荬菜 I. chinensis** subsp. **graminifolia**

2b. 叶羽状分裂或植株至少含有羽状分裂的叶。

3a. 总苞长 6 ～ 8mm；茎生叶通常 1 ～ 3，基部稍抱茎；花冠黄色、白色或变淡紫色………………………………………………………………………………**1a. 中华苦荬菜 I. chinensis** subsp. **chinensis**

3b. 总苞长 8 ～ 9mm；茎生叶通常 1 ～ 2，基部稍抱茎；花冠白色、黄色或淡紫色………………………………………………………………………………**1c. 多色苦荬菜 I. chinensis** subsp. **versicolor**

1b. 茎生叶大，无柄而基部明显扩大成耳状抱茎或基部渐狭成具窄翅的柄；瘦果有 10 ～ 15 条不相等的纵肋，喙长不足 1mm；头状花序较小，总苞长 4.5 ～ 8mm。

4a. 茎生叶无柄，最宽处在叶片基部；总苞长 4.5 ～ 6mm。

5a. 茎生叶羽状浅裂或中裂或具不规则缺刻状牙齿，总苞长 5 ～ 6mm，瘦果具纤细的短喙…………………………………………………………………………………………**2. 抱茎苦荬菜 I. sonchifolia**

5b. 茎生叶羽状中裂或深裂，总苞长 4.5 ～ 5.5mm，瘦果向上渐尖成粗喙…**4. 晚抱茎苦荬菜 I. serotina**

4b. 茎生叶无柄抱茎或基部渐狭成具翅的短柄，最宽处在叶片中上部；总苞长 6 ～ 8mm；瘦果向上渐尖成粗喙……………………………………………………………………**3. 苦荬菜 I. denticulata**

1. 中华苦荬菜（山苦荬、中华小苦荬、苦菜、燕儿尾）

Ixeris chinensis (Thunb.) Kiaga. in Bot. Mag. Tokyo 48:113. 1934; Fl. Intramongol. ed. 2, 4:838. t.337. f.1-4. 1992.——*Ixeridium chinense* (Thunb.) Tzvel. in Fl. U.R.S.S. 29:390. 1964; High. Pl. China 11:754. f.1160. 2005.——*Prenanthes chinensis* Thunb. in Syst. Veg. ed. 14, 714. 1784.

1a. 中华苦荬菜

Ixeris chinensis (Thunb.) Kitag. subsp. **chinensis**

多年生草本，高 10 ～ 30cm。全体无毛。茎少数或多数簇生，直立或斜升，有时斜倚。基生叶莲座状，条状披针形、倒披针形或条形，长 2 ～ 15cm，宽 (0.2 ～)0.5 ～ 1cm，先端尖或钝，全缘或具疏小牙齿或呈不规则羽状浅裂与深裂，两面灰绿色，基部渐狭成柄，柄基扩大；茎生叶 1 ～ 3，与基生叶相似，但无柄，基部稍抱茎。头状花序多数，排列成稀疏的伞房状，梗细；总苞圆筒状或长卵形，长 6 ～ 8mm，宽 2 ～ 3mm。总苞片无毛，先端尖；外层者 6 ～ 8，短小，三角形或宽卵形；内层者 7 ～ 8，较长，条状披针形。舌状花 20 ～ 25，花冠黄色、白色或变淡紫色，长 10 ～ 12mm。瘦果狭披针形，稍扁，长 4 ～ 6mm，红棕色，喙长 2.5 ～ 3mm；冠毛白色，长 4 ～ 5mm。花果期 6 ～ 7 月。

中旱生杂草。生于山野、田间、撂荒地、路边。产内蒙古各地。分布于我国黑龙江南部、河北、河南西北部、山东东北部、山西、陕西南部、安徽东部和东南部、江苏、浙江、福建、台湾、江西东部、湖南西北部、广西北部、贵州、云南西北部、西藏东部、四川南部，青海，日本、朝鲜、俄罗斯（西伯利亚地区、远东地区）。为西伯利亚—东亚分布种。

枝叶可做猪与兔的饲料。

全草入药，能清热解毒、凉血、活血排脓，主治阑尾炎、肠炎、痢疾、疮疖痈肿、吐血、衄血。

1b. 丝叶苦荬菜（丝叶山苦荬、丝叶小苦荬）

Ixeris chinensis (Thunb.) Nakai subsp. **graminifolia** (Ledeb.) Kitam. in Lin. Fl. Mansh. 453. 1939.——*Ixeridium graminifolium* (Ledeb.) Tzvel. in Fl. U.R.S.S. 29:392. t.34. f.1. 1964; High. Pl. China 11:753. f.1158. 2005.——*Crepis graminifolia* Ledeb. in Mem. Acad. Imp. Sci. St.-Petersb. 5:558. 1814.——*I. chinensis* (Thunb.) Nakai var. *graminifolia* (Ledeb.) H. C. Fu in Fl. Intramongol. ed. 2, 4:838. t.337. f.5. 1992.

本亚种与正种的区别是：基生叶很窄，丝状条形，通常全缘，稀具羽裂片。

多年生中旱生草本。生于沙质草原、石质山坡、沙质地、田野、路边。产内蒙古各地。分布于我国吉林西部、辽宁北部、河北西部、山东、山西、陕西西北部，蒙古国东部和北部、俄罗斯（东西伯利亚地区）。为华北—蒙古高原分布亚种。

1c. 多色苦荬菜（狭叶山苦荬、窄叶小苦荬）

Ixeris chinensis (Thunb.) Nakai subsp. **versicolor** (Fisch. ex Link) Kitam. in Bot. Mag. Tokyo 49:283. 1935; Fl. China 20-21:334. 2011.——*Ixeridium gramineum* (Fisch.) Tzvel. in Fl. U.R.S.S. 29:391. 1964; High. Pl. China 11:754. f.1161. 2005.——*Prenanthes graminea* Fisch. in Mem. Soc. Imp.

Nat. Mosc. 3:67. 1812.——*I. chinensis* (Thunb.) Nakai var. *intermedia* (Kitag.) Kitag. in J. Jap. Bot. 36:245. 1961; Fl. Intramongol. ed. 2, 4:840. 1992.——*I. chinensis* (Thunb.) Nakai subsp. *versicolor* (Fisch. ex Link) Kitam. var. *intermedia* Kitag. in Rep. Inst. Sci. Res. Manch. 4:87. 1940.——*Lagoseris versicolor* Fisch. ex Link in Enum. Hort. Berol. Alt. 2:289. 1822.

本亚种与正种的区别是：茎生叶 1 ～ 2 枚，基部稍抱茎；总苞长 8 ～ 9mm，花冠白色、黄色或淡紫色。

中旱生草本。生于森林草原带和草原带的草原、山坡。产岭西及呼伦贝尔（鄂温克族自治旗、陈巴尔虎旗、新巴尔虎左旗）、科尔沁（乌兰浩特市、巴林左旗、翁牛特旗、克什克腾旗）、辽河平原（科尔沁左翼后旗）、赤峰丘陵。分布于我国黑龙江南部、吉林西部、河北西部、山西、河南西部和东南部、山东东部、江苏、浙江西北部、福建西部、江西西部、湖北西南部、湖南、广东、贵州西南部、云南、西藏东部和南部、四川、陕西、甘肃中部和东部、青海、新疆（天山），朝鲜、蒙古国、俄罗斯（西伯利亚地区、远东地区）。为东古北极分布亚种。

2. 抱茎苦荬菜（抱茎小苦荬、苦荬菜、苦碟子）

Ixeris sonchifolia (Maxim.) Hance in J. Linn. Soc. Bot. 13:108. 1873; Fl. Intramongol. ed. 2, 4:840. t.338. f.5-8. 1992.——*Ixeridium sonchifolium* (Maxim.) C. Shih in Act. Phytotax. Sin. 31:543. 1993; High. Pl. China 11:755. f.1162. 2005.——*Youngia sonchifolia* Maxim. in Mem. Acad. Imp. Sci. St.-Petersb. Div. Sav. (Prim. Fl. Amur.) 9:180. 1859. ——*Grepidiastrum sonchifolium* (Maxim.) Pak et Kawano in Fl. China 20-21: 265. 2011.

多年生草本，高 30 ～ 50cm。无毛。根圆锥形，伸长，褐色。茎直立，具纵条纹，上部多少分枝。基生叶多数，铺散，矩圆形，长 3.5 ～ 8cm，宽 1 ～ 2cm，先端锐尖或钝圆，边缘有锯齿或缺刻状牙齿，或为不规则的羽状深裂，上面有微毛，基部渐狭成具窄翅的柄；茎生叶较狭小，卵状矩圆形或矩圆形，长 2 ～ 6cm，宽 0.5 ～ 1.5（～ 3）cm，先端锐尖或渐尖，羽状浅裂或中裂或具不规则缺刻状牙齿，

基部扩大成耳形或戟形而抱茎。头状花序多数，排列成密集或疏散的伞房状，具细梗；总苞圆筒形，长 5 ～ 6mm，宽 2 ～ 2.5mm。总苞片无毛，先端尖；外层者 5，短小，卵形；内层者 8 ～ 9，较长，条状披针形，背部各具中肋 1 条。舌状花黄色，长 7 ～ 8mm。瘦果纺锤形，长 2 ～ 3mm，黑褐色，喙纤细，短，约为果身的 1/4，通常为黄白色；冠毛白色，长 3 ～ 4mm。花果期 6 ～ 7 月。

中生杂类草。常见于森林带和草原带的草甸、山野、路边、撂荒地。产兴安北部及岭西（额尔古纳市、牙克石市、鄂温克族自治旗、新巴尔虎左旗）、兴安南部及科尔沁（科尔沁右翼前旗、阿鲁科尔沁旗、巴林右旗、克什克腾旗）、辽河平原（科尔沁左翼后旗）、赤峰丘陵（红山区、松山区）、燕山北部（喀喇沁旗、敖汉旗）、锡林郭勒（锡林浩特市、苏尼特左旗、正蓝旗、太仆寺旗、兴和县、察哈尔右翼中旗）、阴山（大青山、乌拉山）、阴南平原（土默特右旗）、阴南丘陵（和林格尔县、清水河县、准格尔旗）、鄂尔多斯（达拉特旗）、东阿拉善（狼山）、贺兰山。分布于我国辽宁、河北、河南西部和东南部、山东、山西、陕西、宁夏、甘肃东部、四川中部和东部、安徽东部、江苏、浙江西北部、湖北西部、湖南西北部、贵州北部，日本、朝鲜、俄罗斯（远东地区）。为东亚分布种。

3. 苦荬菜（黄瓜菜、苦菜）

Ixeris denticulata (Houtt.) Stebb. in J. Bot. 75:46. 1937; Fl. Intramongol. ed. 2, 4:840. t.338. f.1-4. 1992.——*Paraixeris denticulata* (Houtt.) Nakai in Bot. Mag. Tokyo 34:156. 1920; Fl. Reip. Pop. Sin. 80(1):262. t.58. f.1-2., t.1. f.3. 1997.——*Prenanthes denticulata* Houtt. in Nat. Hist. 10:385. 1779. ——*Crepidiastrum denticulatum* (Houtt.) Pak et Kawano in Fl. China 20-21:267. 2011.

一、二年生草本，高 30 ～ 80cm。无毛。茎直立，多分枝，常带紫红色。基生叶花期凋萎；下部叶与中部叶质薄，倒长卵形、宽椭圆形、矩圆形或披针形，长 3 ～ 10cm，宽 2 ～ 4cm，先端锐尖或钝，边缘疏具波状浅齿，稀全缘，上面绿色，下面灰绿色，有白粉，基部渐狭成短柄，或无柄而抱茎；最上部叶变小，基部宽具圆耳而抱茎。头状花序多数，在枝端排列成伞房状，具细梗；总苞圆筒形，长 6 ～ 8mm，宽 2 ～ 3mm。总苞片无毛，先端尖或钝；外层者 3 ～ 6，短小，卵形；内层者 7 ～ 9，较长，条状披针形。舌状花黄色，10 ～ 17，长 7 ～ 9mm。瘦果纺锤形，长 2.5 ～ 3mm，黑褐色，喙长 0.2 ～ 0.4mm，通常与果身同色；冠毛白色，长 3 ～ 4mm。花果期 8 ～ 9 月。

中生杂类草。生于阔叶林带的林缘、草甸、沟谷，也见于路边、田野。产辽河平原（大青沟）、燕山北部（喀喇沁旗、宁城县、敖汉旗）。分布于我国黑龙江南部、吉林、辽宁东南部、河北、河南南部、山东、山西、江苏西南部、安徽中西部、浙江北部、江西西北部、湖北西南部、湖南、广东北部、广西东北部、贵州、四川东北部、陕西北部、甘肃东南部、青海，日本、朝鲜、蒙古国、俄罗斯（远东地区）。为东亚分布种。

全草入药，能清热、解毒、消肿，主治肺痈、乳痈、血淋、疖肿、跌打损伤。

4. 晚抱茎苦荬菜（尖裂黄瓜菜）

Ixeris serotina (Maxim.) Kitag. in Rep. Exped. Manch. 4(4):95. 1936.——*Youngia serotina* Maxim. in Prim. Fl. Amur. 180. 1895.——*I. sonchifolia* (Maxim.) Hance var. *serotina* (Maxim.) Kitag. in Lin. Fl. Mansh. 455. 1939; Fl. Intramongol. ed. 2, 4:841. 1992.——*Paraixeris serotina* (Maxim.) Tzvel. in Fl. U.R.S.S. 29:399. 1964; Fl. Reip. Pop. Sin. 80(1):264. 1997.

一年生草本，高约 100cm。茎直立，单生，上部伞房花序状分枝；全部茎、枝无毛。基生叶花期枯萎脱落。中下部茎叶长椭圆状卵形、长卵形或披针形，长 3 ～ 8cm，宽 1.5 ～ 2.5cm，羽状深裂或中裂；侧裂片约 6 对，狭长，长线形或尖齿状，边缘全缘；基部扩大成圆耳状抱茎。上部茎叶及接花序分枝处的叶渐小或更小，卵状心形，向顶端长渐尖，基部扩大成心形，抱茎。全部叶两面无毛。头状花序多数，在茎枝顶端排成伞房状花序，含舌状小花 15 ～ 19；总苞圆柱状，长 4.5 ～ 5.5mm。总苞片 2 ～ 3 层：外层及最外层极短，卵形，长、宽不足 0.5mm，顶端钝或急尖；内层长，长椭圆形或披针状长椭圆形，长 4.5 ～ 5.5mm，宽约 1.2mm，顶端钝或急尖。舌状小花黄色。瘦果长椭圆形，长约 2mm，宽不足 0.5mm，黑色，有 10 条高起的钝肋，上部沿肋有微刺毛，上部渐细成稍粗的喙，喙长约 0.7mm；冠毛白色，长约 4mm，微糙毛状。花果期 5 ～ 9 月。

中生草本。生于草原带的林下、草甸。产辽河平原（科尔沁左翼后旗）、燕山北部（兴和县苏木山）、锡林郭勒（锡林浩特市）。分布于我国黑龙江南部、吉林（长春市）、河北北部、山东（青岛市）、河南（西峡县），朝鲜、俄罗斯（远东地区）。为华北—满洲分布种。

全草入药，功能、主治同山苦荬。

90. 山柳菊属 Hieracium L.

多年生草本。叶全缘或有齿。头状花序在茎顶排列成疏圆锥状或伞房状，稀单生，有多数或少数同型小花，两性，结实；总苞钟形或圆筒形；总苞片 3 ～ 4 层，草质，通常被黑色毛，外层者短小，内层者较长，稍同型；花序托平，无毛或有毛，有小窝孔；小花花冠舌状，舌片顶端截形，具 5 齿；花柱分枝圆柱型。瘦果圆柱形或长椭圆形，顶端截形，无喙，具 4 棱或稍扁，有 10 ～ 15 条纵肋；冠毛 1 ～ 2 层，少数或多数，刚毛状，宿存或脱落。

内蒙古有 3 种。

分种检索表

1a. 花期具基生叶；植株无毛；茎生叶条形或条状披针形，全缘……………… **1. 全缘山柳菊 H. hololeion**

1b. 花期基生叶枯萎；植株被糙硬毛、短硬毛或长刚毛；叶缘疏生锯齿，稀全缘。

  2a. 叶披针形、条状披针形或条形，宽 0.5 ～ 1.5cm，基部楔形至近圆形，不抱茎……………………………………………………………………………………… **2. 山柳菊 H. umbellatum**

  2b. 叶矩圆形、矩圆状披针形或卵形，宽 1.5 ～ 5cm，基部浅心形或圆形，抱茎……………………………………………………………………………………… **3. 粗毛山柳菊 H. virosum**

1. 全缘山柳菊（全光菊）

Hieracium hololeion Maxim. in Prim. Fl. Amur. 182. 1859; Fl. Intramongol. ed. 2, 4:843. t.339. f.1-4. 1992.——*Hololeion maximowiczii* Kitam. in Act. Phytotax. Geobot. 10:303. 1941; Fl. China 20-21:341. 2011.

多年生草本，高 30 ～ 100cm。根状茎匍匐。茎直立，具纵沟棱，无毛，上部有分枝。基生叶条状披针形或长倒披针形，长 15 ～ 30cm，宽 5 ～ 20mm，先端渐尖，基部渐狭成具翅的长柄。头状花序多数，在茎顶排列成疏伞房状，梗长 1 ～ 3.5cm，纤细，无毛；总苞圆筒形，长 10 ～ 14mm，宽约 5mm。总苞片 3 ～ 4 层：外层者较短，卵形至卵状披针形，先端钝，带紫色，被疏缘毛；中层与内层者较长，条状披针形，先端钝或尖，被微毛和缘毛。舌状花淡黄色，长约 20mm，下部狭管长约 4mm。瘦果圆柱形，稍扁，具 4 棱，长 4 ～ 6mm，浅棕色；冠毛棕色，长约 7mm。花果期 7 ～ 9 月。

湿中生草本。生于草甸、沼泽草甸、溪流附近的低湿地。产呼伦贝尔（海拉尔区、新巴尔虎右旗）、辽河平原（科尔沁左翼后旗）、兴安南部及科尔沁（科尔沁右翼前旗、科尔沁右翼中旗、扎鲁特旗、阿鲁科尔沁旗、翁牛特旗）。分布于我国黑龙江、吉林中北部、辽宁北部，日本、朝鲜、俄罗斯（远东地区）。为东亚北部（满洲—日本）分布种。

2. 山柳菊（伞花山柳菊）

Hieracium umbellatum L., Sp. Pl. 2:804. 1753; Fl. Intramongol. ed. 2, 4:843. t.339. f.5-8. 1992.

多年生草本，高 40 ～ 100cm。茎直立，具纵沟棱，基部红紫色，无毛或被短柔毛，不分枝。基生叶花期枯萎；茎生叶披针形、条状披针形或条形，长 3 ～ 11cm，宽 0.5 ～ 1.5cm，先端锐尖或渐尖，基部楔形至近圆形，具疏锯齿，稀全缘，上面绿色，有短糙硬毛，下面淡绿色，沿脉亦被糙硬毛，无柄；上部叶变小，披针形至狭条形，全缘或有齿。头状花序多数，在茎顶排列成伞房状，梗长 1 ～ 6cm，纤细，密被短柔毛，混生短糙硬毛；总苞宽钟状或倒圆锥形，长 8 ～ 11mm；总苞片 3 ～ 4 层，黑绿色，先端钝或稍尖，有微毛，外层者较短，披针形，内层者矩圆状披针形；舌状花黄色，长 15 ～ 20mm，下部有长柔毛。瘦果五棱状圆柱体，长约 3mm，黑紫色，具光泽，有 10 条棱，无毛；冠毛浅棕色，长 6 ～ 7mm。花果期 8 ～ 9 月。

中生草本。生于森林带和草原带的山地草甸、林缘、林下、河边草甸。产兴安北部及岭西和岭东及呼伦贝尔（额尔古纳市、根河市、牙克石市、鄂温克族自治旗、陈巴尔虎旗、新巴尔虎左旗、新巴尔虎右旗、海拉尔区、莫力达瓦达斡尔族自治旗）、辽河平原（科尔左翼后旗）、兴安南部及科尔沁（科尔沁右翼前旗、阿鲁科尔沁旗、巴林右旗、克什克腾旗）、赤峰丘陵（红山区、松山区）、燕山北部（喀喇沁旗、宁城县、敖汉旗、兴和县苏木山）、锡林郭勒（东乌珠穆沁旗、西乌珠穆沁旗）、阴山（大青山、蛮汗山）、鄂尔多斯（达拉特旗）。分布于我国黑龙江、辽宁、河北、河南西部和北部、山东东北部、山西中北部、陕西南部、甘肃东南部、新疆北部、西藏东部、云南西北部、贵州、四川东部、江西西北部、湖北、湖南西部、广西东北部，日本、蒙古国东部和北部及西部、俄罗斯、印度、巴基斯坦、伊朗，中亚，欧洲。为古北极分布种。

3. 粗毛山柳菊

Hieracium virosum Pall. in Reise Russ. Reich. 1:501. 1771; Fl. Intramongol. ed. 2, 4:844. t.339. f.9-11. 1992.

多年生草本，高 30 ～ 100cm。根状茎具多数须根。茎直立，粗壮，上部绿色，无毛或有短硬毛，下部紫红色，有瘤状突起及长刚毛。基生叶与下部叶花期枯萎；茎生叶矩圆状披针形或卵形、矩圆形，长 3 ～ 8cm，宽 15 ～ 50mm，先端锐尖，基部浅心形或圆形，抱茎，具疏尖牙齿或全缘，上面绿色，下面淡绿色，主脉隆起，边缘及两面沿脉疏生长刚毛；上部叶较短小。头状花序在茎顶或枝端排列成伞房状，梗无毛或被短柔毛至短硬毛；总苞宽钟状或倒圆锥形，长 8 ～ 10mm；总苞片 3 ～ 4 层，暗绿色至黑色，先端尖，条状披针形或条形，有微毛；舌状花黄色，长约 13mm，下部有长柔毛。瘦果五棱状圆柱体，长 2.5 ～ 3.5mm，紫褐色，无毛；冠毛浅棕色，长 5 ～ 6mm。花果期 8 ～ 9 月。

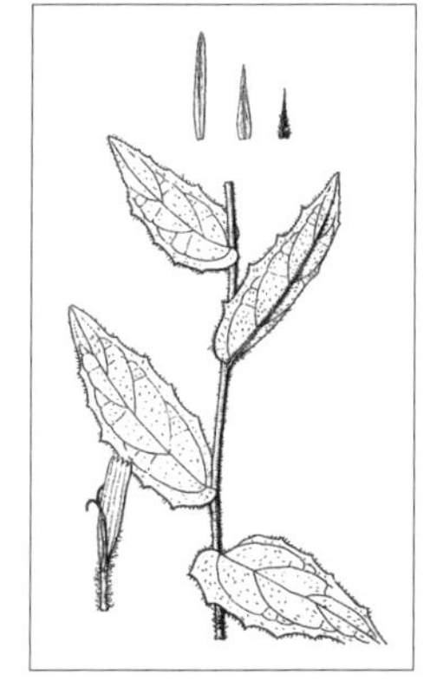

中生草本。生于森林带和森林草原带的山地林缘、草甸。产兴安

北部及岭西（额尔古纳市、牙克石市、海拉尔区）、辽河平原（科尔沁左翼后旗）、兴安南部（阿鲁科尔沁旗、克什克腾旗黄岗梁、西乌珠穆沁旗太本林场）、阴山（大青山）。分布于我国黑龙江（密山市、饶河县）、陕西、新疆，日本、蒙古国东部和北部、俄罗斯、伊朗、印度，克什米尔地区，中亚，欧洲。为古北极分布种。

91. 管花蒲公英属 Neo-taraxacum Y. R. Ling et X. D. Sun

多年生草本。叶基生。头状花序全为两性管状花，小花 30 ～ 50 朵，先端 5 浅裂；雄蕊 5，聚药；花柱分枝线形，先端平截。瘦果倒卵形，上部具小疣，喙长渐尖。

单种属。

1. 管花蒲公英

Neo-taraxacum siphonanthum (X. D. Sun, Xue-Jun Ge, Jirschner et Stipanek.) Y. R. Ling et X. D. Sun in Bull. Bot. Res. Harbin 21(2):176. 2001.——*Taraxacum siphonanthum* X. D. Sun, Xue-Jun Ge, Jirschner et Stipanek. in Folia Geobot. 35. 2000.

多年生草本，高 10 ～ 20cm。叶片深绿色至墨绿色，倒披针形，长 8 ～ 13cm，宽 2.5 ～ 3.5cm，近光滑或疏被蛛丝状柔毛，羽状半裂至羽状全裂；侧裂片 4 ～ 6，三角形或狭三角形，平展，边缘全缘或上部侧裂片近基部具少数细齿；中部裂片短，宽约 5mm，边缘全缘，顶端裂片三角形或三深裂，短，边缘全缘，先端急尖；叶柄绿色或桃红色，具狭翅。花葶褐绿色，长于叶，上部被蛛丝状柔毛，后常脱落而光滑无毛；头状花序直径 2 ～ 3cm；总苞直径 0.9 ～ 1.1cm，基部近圆锥形或狭圆形。外层总苞片 9 ～ 12，绿色，中脉黑绿色或中间部分为黑绿色而不呈伏瓦状排列，卵形或狭卵形；最外层的总苞片长 5 ～ 7.5mm，宽 2.2 ～ 3mm，长为内层总苞片的 2/5 ～ 1/2，通常贴生而不反卷，表面具有明显的脉纹，具有宽 0.4 ～ 0.6mm 的暗的淡绿色的膜质窄边，边缘无毛或稀疏被睫毛，近顶端具角状凸起或具角；内层总苞片长 1.4 ～ 1.7cm，先端具角状凸起或具角。舌状、花黄色，完全管状，外层者无条纹，内层者顶端具黑褐色小齿；花被管被柔毛；花药具花粉，花粉粒不规则；柱头苍棕黄色，不伸出。瘦果浅灰色或灰褐色，长 5.2 ～ 5.7mm，宽约 1mm，下部近光滑，上部具密的小刺，向上渐狭成长约 1mm 的果喙，喙长 8 ～ 10mm；冠毛白色，长 7 ～ 8mm。花期在春季末期。无融合生殖种。

孙秀殿 / 摄

中生草本。生于阔叶林林带沟谷。产岭东（扎兰屯市郑家沟断桥村）。为岭东分布种。

植物蒙古文名、中文名、拉丁文名对照名录

说明：植物名称前的数字，第一个为科名代号，第二个为属名代号，第三个为种名及种下等级名代号。

123. 桔梗科 **Campanulaceae**

123-1 桔梗属 *Platycodon* A. DC.

123-1-1 桔梗 *Platycodon grandiflorus* (Jacq.) A. DC.

123-2 党参属 *Codonopsis* Wall.

123-2-1 党参 *Codonopsis pilosula*

(Franch.) Nannf.

123-2-2 羊乳 *Codonopsis lanceolata* (Sieb. et

Zucc.) Trautv.

123-3 风铃草属 *Campanula* L.

123-3-1 紫斑风铃草 *Campanula punctata* Lam.

123-3-2 聚花风铃草 *Campanula glomerata* L.

123-3-3 兴安风铃草 *Campanula rotundifolia* L.

123-4 沙参属 *Adenophora* Fisch.

123-4-1 二裂沙参 *Adenophora biloba* Y. Z. Zhao

123-4-2 展枝沙参 *Adenophora divaricata* Franch.

123-4-3 长白沙参 *Adenophora pereskiifolia*

(Fisch.ex Schult.) Fisch. ex G. Don

123-4-3a 长白沙参 *Adenophora pereskiifolia*

(Fisch.ex Schult.) Fisch. ex G. Don var. *pereskiifolia*

123-4-3b 兴安沙参 *Adenophora pereskiifolia*

(Fisch.ex Schult.) Fisch. ex G. Don var. *alternifolia* P. Y. Fu

ex Y. Z. Zhao

123-4-3c 狭叶长白沙参 *Adenophora pereskiifolia*

(Fisch. ex Schult.) Fisch. ex G. Don var. *angustifolia* Y. Z. Zhao

123-4-4 北方沙参 *Adenophora borealis* D. Y.

Hong et Y. Z. Zhao

123-4-4a 北方沙参 *Adenophora borealis* D.

Y.Hong et Y. Z. Zhao var. *borealis*

123-4-4b 狭叶北方沙参 *Adenophora borealis*

D. Y. Hong et Y. Z. Zhao var. *linearifolia* Y. Z. Zhao

123-4-4c 山沙参 *Adenophora borealis* D. Y.

Hong et Y. Z. Zhao var. *oreophila* Y. Z. Zhao

123-4-5 大青山沙参 *Adenophora*

Zhao

123-4-10 库伦沙参 *Adenophora kulunensis* Y. Z. Nakai var. *rhombica* Y. Z. Zhao

123-4-9b 菱叶石沙参 *Adenophora polyantha* Nakai var. *polyantha*

123-4-9a 石沙参 *Adenophora polyantha*

123-4-9 石沙参 *Adenophora polyantha* Nakai (Sieb. et Zucc.) Miq.

123-4-8 薄叶荠苨 *Adenophora remotiflora* *Adenophora trachelioides* Maxim.

123-4-7 荠苨 *wulingshanica* D. Y. Hong var. *alterna* Y. Z. Zhao

123-4-6c 互叶雾灵沙参 *Adenophora* *wulingshanica* D. Y. Hong var. *angustifolia* Y. Z. Zhao

123-4-6b 狭叶雾灵沙参 *Adenophora* D. Y. Hong var. *wulingshanica*

123-4-6a 雾灵沙参 *Adenophora wulingshanica* Y. Hong

123-4-6 雾灵沙参 *Adenophora wulingshanica* D. *daqingshanica* Y. Z. Zhao et L. Q. Zhao

Y. Hong ex S. Ge et D. Y. Hong

123-4-15 宁夏沙参 *Adenophora ningxianica* D. Y. Z. Zhao

123-4-14 二型叶沙参 *Adenophora biformifolia* Zahlbr. var. *lanceifolia* Y. Z. Zhao

123-4-13b 阴山沙参 *Adenophora wawreana* Zahlbr. var. *wawreana*

123-4-13a 多歧沙参 *Adenophora wawreana* Zahlbr.

123-4-13 多歧沙参 *Adenophora wawreana* D. Y. Hong

123-4-12 小花沙参 *Adenophora micrantha* (Beihler) Fisch. var. *pachyphylla* (Kitag.) Y. Z. Zhao

123-4-11c 厚叶沙参 *Adenophora gmelinii* (Beihler) Fisch. var. *coronopifolia* (Fisch.) Y. Z. Zhao

123-4-11b 柳叶沙参 *Adenophora gmelinii* (Beihler) Fisch. var. *gmelinii*

123-4-11a 狭叶沙参 *Adenophora gmelinii* (Beihler) Fisch.

123-4-11 狭叶沙参 *Adenophora gmelinii*

stenanthina (Ledeb.) Kitag.

123-4-21 长柱沙参 *Adenophora* Nannf. var. *petiolata* Y. Z. Zhao

123-4-20c 有柄紫沙参 *Adenophorapaniculata* Nannf. var. *dentata* Y. Z. Zhao

123-4-20b 齿叶紫沙参 *Adenophorapaniculata* var. *paniculata*

123-4-20a 紫沙参 *Adenophora paniculata* Nannf.

123-4-20 紫沙参 *Adenophora paniculata* Nannf.

tetraphylla (Thunb.) Fisch. var. *integrifolia* Y. Z. Zhao

123-4-19b 全缘轮叶沙参 *Adenophora* (Thunb.) Fisch. var. *tetraphylla*

123-4-19a 轮叶沙参 *Adenophora tetraphylla* (Thunb.) Fisch.

123-4-19 轮叶沙参 *Adenophora tetraphylla* (Fisch. ex Schult.) A. DC.

123-4-18 锯齿沙参 *Adenophora tricuspidata*

123-4-17 狭长花沙参 *Adenophora elata* Nannf. Hemsl.

123-4-16 扫帚沙参 *Adenophora stenophylla*

Kitag. ex Juz.

124-2-1 兴安一枝黄花 *Solidago dahurica* (Kitag.)

124-2 一枝黄花属 *Solidago* L.

124-1-1 林泽兰 *Eupatorium lindleyanum* DC.

124-1 泽兰属 *Eupatorium* L.

124. 菊科 Compositae

123-5-1 山梗菜 *Lobelia sessilifolia* Lamb.

123-5 半边莲属 *Lobelia* L.

Zhao

123-4-22 草原沙参 *Adenophora pratensis* Y. Z. (Ledeb.) Kitag. var. *angustilanceifolia* Y. Z. Zhao

123-4-21d 锡林沙参 *Adenophora stenanthina* (Ledeb.) Kitag. var. *collina* (Kitag.) Y. Z. Zhao

123-4-21c 丘沙参 *Adenophora stenanthina* (Ledeb.) Kitag. var. *crispata* (Korsh.) Y. Z. Zhao

123-4-21b 皱叶沙参 *Adenophora stenanthina* *stenanthina* (Ledeb.) Kitag. var. *stenanthina*

123-4-21a 长柱沙参 *Adenophora*

124-3 马兰属 *Kalimeris* Cass.

124-3-1 全叶马兰 *Kalimeris integrifolia* Turcz. ex DC.

124-3-2 山马兰 *Kalimeris lautureana* (Debx.) Kitam.

124-3-3 裂叶马兰 *Kalimeris incisa* (Fisch.) DC.

124-3-4 北方马兰 *Kalimeris mongolica* (Franch.) Kitam.

124-4 翠菊属 *Callistephus* Cass.

124-4-1 翠菊 *Callistephus chinensis* (L.) Nees

124-5 狗娃花属 *Heteropappus* Less.

124-5-1 阿尔泰狗娃花 *Heteropappus altaicus* (Willd.) Novopokr.

124-5-2 狗娃花 *Heteropappus hispidus* (Thunb.) Less.

124-5-3 砂狗娃花 *Heteropappus meyendorffii* (Reg. et Maack) Kom. et Klob.-Alis.

124-6 东风菜属 *Doellingeria* Nees

124-6-1 东风菜 *Doellingeria scaber* (Thunb.) Nees

124-7 女菀属 *Turczaninovia* DC.

124-7-1 女菀 *Turczaninovia fastigiata* (Fisch.) DC.

124-8 紫菀属 *Aster* L.

124-8-1 高山紫菀 *Aster alpinus* L.

124-8-2 紫菀 *Aster tataricus* L. f.

124-8-3 西伯利亚紫菀 *Aster sibiricus* L.

124-8-4 圆苞紫菀 *Aster maackii* Regel

124-8-5 三脉紫菀 *Aster ageratoides* Turcz.

124-9 紫菀木属 *Asterothamnus* Novopokr.

124-9-1 紫菀木 *Asterothamnus alyssoides* (Turcz.) Novopokr.

124-9-2 软叶紫菀木 *Asterothamnus molliusculus* Novopokr.

124-9-3 中亚紫菀木 *Asterothamnus centrali-asiaticus* Novopokr.

124-10 乳菀属 *Galatella* Cass.

124-10-1 兴安乳菀 *Galatella dahurica* DC.

124-11 莎菀属 *Arctogeron* DC.

124-11-1 莎菀 *Arctogeron gramineum* (L.) DC.

124-12 碱菀属 *Tripolium* Nees

124-12-1 碱菀 *Tripolium pannonicum* (Jacq.) Dobr.

124-13 短星菊属 *Brachyactis* Ledeb.

124-13-1 短星菊 *Brachyactis ciliata* (Ledeb.) Ledeb.

124-14 飞蓬属 *Erigeron* L.

124-14-1 棉苞飞蓬 *Erigeron eriocalyx* (Ledeb.) Vierh.

124-14-2 长茎飞蓬 *Erigeron politus* Fr.

124-14-3 堪察加飞蓬 *Erigeron kamtschaticus* DC.

124-14-4 飞蓬 *Erigeron acris* L.

124-15 白酒草属 *Conyza* Less.

124-15-1 小蓬草 *Conyza canadensis* (L.) Cronq.

124-16 花花柴属 *Karelinia* Less.

124-16-1 花花柴 *Karelinia caspia* (Pall.) Less.

124-17 蝶须属 *Antennaria* Gaertn.

124-17-1 蝶须 *Antennaria dioica* (L.) Gaertn.

124-18 火绒草属 *Leontopodium* R. Br.

124-18-1 矮火绒草 *Leontopodium nanum* (Hook. et Thoms. ex C. B. Clarke) Hand.-Mazz.

124-18-2 长叶火绒草 *Leontopodium junpeianum* Kitam.

124-18-3 团球火绒草 *Leontopodium conglobatum* (Turcz.) Hand.-Mazz.

124-18-4 绢茸火绒草 *Leontopodium smithianum* Hand.-Mazz.

124-18-5 火绒草 *Leontopodium leontopodioides* (Willd.) Beauv.

124-19 香青属 *Anaphalis* DC.

124-19-1 乳白香青 *Anaphalis lactea* Maxim.

124-19-2 铃铃香青 *Anaphalis hancockii* Maxim.

124-20 鼠麹草属 *Gnaphalium* L.

124-20-1 贝加尔鼠麹草 *Gnaphalium uliginosum* L.

124-21 旋覆花属 *Inula* L.

124-21-1 柳叶旋覆花 *Inula salicina* L.

124-21-2 线叶旋覆花 *Inula linariifolia* Turcz.

124-21-3 欧亚旋覆花 *Inula britannica* L.

124-21-4 旋覆花 *Inula japonica* Thunb.

124-21-4a 旋覆花 *Inula japonica* Thunb. var. *japonica*

124-21-4b 卵叶旋覆花 *Inula japonica* Thunb. var. *ovata* C. Y. Li

124-21-5 蓼子朴 *Inula salsoloides* (Turcz.) Ostenf.

124-22 和尚菜属 *Adenocaulon* Hook.

124-22-1 和尚菜 *Adenocaulon himalaicum* Edgew.

124-23 苍耳属 *Xanthium* L.

124-23-1 苍耳 *Xanthium strumarium* L.

124-23-1a 苍耳 *Xanthium strumarium* L. var. *strumarium*

124-23-1b 近无刺苍耳 *Xanthium strumarium* L. var. *subinerme* Winkl.

124-23-2 蒙古苍耳 *Xanthium mongolicum* Kitag.

124-23-3 刺苍耳 *Xanthium spinosum* L.

124-24 豚草属 *Ambrosia* L.

124-24-1 三裂叶豚草 *Ambrosia trifida* L.

124-25 豨莶属 *Sigesbeckia* L.

124-25-1 腺梗豨莶 *Sigesbeckia pubescens* (Makino) Makino

124-26 假苍耳属 *Iva* L.

124-26-1 假苍耳 *Iva xanthiifolia* Nutt.

124-27 鬼针草属 *Bidens* L.

124-27-1 柳叶鬼针草 *Bidens cernua* L.

124-27-2 矮狼杷草 *Bidens repens* D. Don

124-27-3 兴安鬼针草 *Bidens radiata* Thuill.

124-27-4 锡林鬼针草 *Bidens xilinensis* Y. Z. Zhao et L. Q. Zhao

124-27-5 狼杷草 *Bidens tripartita* L.

124-27-6 羽叶鬼针草 *Bidens maximowicziana* Oett.

124-27-7 小花鬼针草 *Bidens parviflora* Willd.

124-27-8 鬼针草 *Bidens bipinnata* L.

124-28 牛膝菊属 *Galinsoga* Ruiz et Pav.

124-28-1 牛膝菊 *Galinsoga quadriradiata* Ruiz et Pavon

124-29 向日葵属 *Helianthus* L.

124-29-1 向日葵 *Helianthus annuus* L.

124-29-2 菊芋 *Helianthus tuberosus* L.

124-30 春黄菊属 *Anthemis* L.

124-30-1 臭春黄菊 *Anthemis cotula* L.

124-31 蓍属 *Achillea* L.

124-31-1 齿叶蓍 *Achillea acuminata* (Ledeb.) Sch. Bip.

124-31-2 蓍 *Achillea millefolium* L.

124-31-3 亚洲蓍 *Achillea asiatica* Serg.

124-31-4 短瓣蓍 *Achillea ptarmicoides* Maxim.

124-31-5 高山蓍 *Achillea alpina* L.

124-32 茼蒿属 *Glebionis* Cass.

124-32-1 蒿子杆 *Glebionis carinata* (Schousb.) Tzvel.

124-33 小滨菊属 *Leucanthemella* Tzvel.

124-33-1 小滨菊 *Leucanthemella linearis* (Matsum.) Tzvel.

124-34 短舌菊属 *Brachanthemum* DC.

124-34-1 星毛短舌菊 *Brachanthemum pulvinatum* (Hand.-Mazz.) C. Shih

124-34-2 戈壁短舌菊 *Brachanthemum gobicum* Krasch.

124-34-3 蒙古短舌菊 *Brachanthemum mongolicum* Krasch.

124-35 菊属 *Chrysanthemum* L.

124-35-1 野菊 *Chrysanthemum indicum* L.

124-35-2 甘菊 *Chrysanthemum lavandulifolium* (Fisch. ex Trautv.) Makino

124-35-3 小红菊 *Chrysanthemum chanetii* H. Lev.

124-35-4 楔叶菊 *Chrysanthemum naktongense* Nakai

124-35-5 紫花野菊 *Chrysanthemum zawadskii* Herb.

124-35-6 细叶菊 *Chrysanthemum maximowiczii* Kom.

124-35-7 小山菊 *Chrysanthemum oreastrum* Hance

124-35-8 桌子山菊 *Chrysanthemum zhuozishanense* L. Q. Zhao et J. Yang

124-35-9 蒙菊 *Chrysanthemum mongolicum* Y. Ling

124-36 母菊属 *Matricaria* L.

124-36-1 同花母菊 *Matricaria matricarioides* (Less.) Porter ex Britton

124-37 三肋果属 *Tripleurospermum* Sch.-Bip.

124-37-1 三肋果 *Tripleurospermum limosum* (Maxim.) Pobed.

124-38 菊蒿属 *Tanacetum* L.

124-38-1 菊蒿 *Tanacetum vulgare* L.

124-39 女蒿属 *Hippolytia* Poljak.

124-39-1 女蒿 *Hippolytia trifida* (Turcz.) Poljak.

124-39-2 贺兰山女蒿 *Hippolytia alashanensis* (Ling) C. Shih

124-40 百花蒿属 *Stilpnolepis* Krasch.

124-40-1 百花蒿 *Stilpnolepis centiflora* (Maxim.) Krasch.

124-41 紊蒿属 *Elachanthemun* Ling et Y. R. Ling

124-41-1 紊蒿 *Elachanthemun intricatum* (Franch.) Ling et Y. R. Ling

124-41-2 多头紊蒿 *Elachanthemum polycephalum* Zong Y. Zhu et C. Z. Liang

124-42 小甘菊属 *Cancrinia* Kar. et Kir.

124-42-1 小甘菊 *Cancrinia discoidea* (Ledeb.) Poljak. ex Tzvel.

124-42-2 毛果小甘菊 *Cancrinia lasiocarpa* C. Winkl.

124-42-3 灌木小甘菊 *Cancrinia maximowiczii* C. Winkl.

124-43 亚菊属 *Ajania* Poljak.

124-43-1 内蒙亚菊 *Ajania alabasica* H. C. Fu

124-43-2 蓍状亚菊 *Ajania achilleoides* (Turcz.) Poljak. ex Grub.

124-43-3 灌木亚菊 *Ajania fruticulosa* (Ledeb.) Poljak.

124-43-4 丝裂亚菊 *Ajania nematoloba* (Hand.-Mazz.) Y. Ling et C. Shih

124-43-5 细裂亚菊 *Ajania przewalskii* Poljak.

124-43-6 铺散亚菊 *Ajania khartensis* (Dunn) C. Shih

124-44 线叶菊属 *Filifolium* Kitam.

124-44-1 线叶菊 *Filifolium sibiricum* (L.)Kitam.

124-45 蒿属 *Artemisia* L.

124-45-1 大籽蒿 *Artemisia sieversiana* Ehrhart ex Willd.

124-45-2 矮滨蒿 *Artemisia nakai* Pamp.

124-45-3 碱蒿 *Artemisia anethifolia* Web. ex Stechm.

124-45-4 莳萝蒿 *Artemisia anethoides* Mattf.

124-45-5 白山蒿 *Artemisia lagocephala* (Fisch. ex Bess.) DC.

124-45-17 白莲蒿 *Artemisia gmelinii* Web. ex Stechm.

124-45-16 褐苞蒿 *Artemisia phaeolepis* Krasch.

124-45-15 阿克塞蒿 *Artemisia aksaiensis* Y. R. Ling

124-45-14 亚洲大花蒿 *Artemisia macrantha* Ledeb.

124-45-13 栉齿蒿 *Artemisia medioxima* Krasch. ex Poljak.

124-45-12 东亚栉齿蒿 *Artemisia maximowicziana* (F. Schum.) Krasch. ex Poljak.

124-45-11 宽叶蒿 *Artemisia latifolia* Ledeb.

124-45-10 内蒙古旱蒿 *Artemisia xerophytica* Krasch.

124-45-9b 紫花冷蒿 *Artemisia frigida* Willd. var. *atropurpurea* Pamp.

124-45-9a 冷蒿 *Artemisia frigida* Willd. var. *frigida*

124-45-9 冷蒿 *Artemisia frigida* Willd.

124-45-8 阿尔泰香叶蒿 *Artemisia rutifolia* Steph. ex Spreng. var. *altaica* (Kryl.) Krasch.

124-45-7 银叶蒿 *Artemisia argyrophylla* Ledeb.

124-45-6 绢毛蒿 *Artemisia sericea* (Bess.) Web. ex Stechm.

124-45-29 黄金蒿 *Artemisia aurata* Kom.

124-45-28 黑蒿 *Artemisia palustris* L.

124-45-27 银蒿 *Artemisia austriaca* Jacq.

124-45-26 米蒿 *Artemisia dalai-lamae* Krasch.

124-45-25 丝裂蒿 *Artemisia adamsii* Bess.

124-45-24 山蒿 *Artemisia brachyloba* Franch.

124-45-23 黄花蒿 *Artemisia annua* L.

124-45-22 臭蒿 *Artemisia hedinii* Ostenf.

124-45-21 矮丛蒿 *Artemisia caespitosa* Ledeb.

124-45-20 绿栉齿叶蒿 *Artemisia freyniana* (Pamp.) Krasch.

124-45-19 裂叶蒿 *Artemisia tanacetifolia* L.

124-45-18 细裂叶蒿 *Artemisia stechmanniana* Bess.

124-45-17c 灰莲蒿 *Artemisia gmelinii* Web. ex Stechm. var. *incana* (Bess.) H. C. Fu

124-45-17b 密毛白莲蒿 *Artemisia gmelinii* Web. ex Stechm. var. *messerschmidiana* (Bess.) Poljak.

124-45-17a 白莲蒿 *Artemisia gmelinii* Web. ex Stechm. var. *gmelinii*

124-45-42 蒌蒿 *Artemisia selengensis* Turcz. ex Bess.

124-45-41 辽东蒿 *Artemisia verbenacea* (Kom.) Kitag.

Bess.) C. B. Clarke

124-45-40 白叶蒿 *Artemisia leucophylla* (Turcz. ex

mongolica (Fisch. ex Bess.) Nakai

124-45-39 蒙古蒿 *Artemisia*

124-45-38 线叶蒿 *Artemisia subulata* Nakai

124-45-37 柳叶蒿 *Artemisia integrifolia* L.

Zhao

124-45-36 罕乌拉蒿 *Artemisia hanwulaensis* Y. Z.

124-45-35 矮蒿 *Artemisia lancea* Van.

124-45-34 狭裂白蒿 *Artemisia kanashiroi* Kitam.

124-45-33 南艾蒿 *Artemisia verlotorum* Lamotte

124-45-32 野艾蒿 *Artemisia codonocephala* Diels

gracilis Pamp.

124-45-31b 野艾 *Artemisia argyi* H. Lev. et Van. var.

124-45-31a 艾 *Artemisia argyi* H. Lev. et Van. var. *argyi*

124-45-31 艾 *Artemisia argyi* H. Lev. et Van.

Kom.

124-45-30 宽叶山蒿 *Artemisia stolonifera* (Maxim.)

Fisch. et C. A. Mey.

124-45-54 准噶尔蒿 *Artemisia songarica* Schrenk ex

124-45-53 褐沙蒿 *Artemisia intramongolica* H. C. Fu

124-45-52 蒙古沙地蒿 *Artemisia klementzae* Krasch.

sphaerocephala Krasch.

124-45-51 白沙蒿 *Artemisia*

124-45-50 乌丹蒿 *Artemisia wudanica* Liou et W. Wang

Turcz. ex Bess.

124-45-49 差不嘎蒿 *Artemisia halodendron*

dracunculus L.

124-45-48 龙蒿 *Artemisia*

124-45-47 五月艾 *Artemisia indica* Willd.

124-45-46 魁蒿 *Artemisia princeps* Pamp.

124-45-45 阴地蒿 *Artemisia sylvatica* Maxim.

124-45-44 红足蒿 *Artemisia rubripes* Nakai

124-45-43 歧茎蒿 *Artemisia igniaria* Maxim.

Turcz. ex Bess. var. *shansiensis* Y. R. Ling

124-45-42b 无齿蒌蒿 *Artemisia selengensis*

var. *selengensis*

124-45-42a 蒌蒿 *Artemisia selengensis* Turcz. ex Bess.

124-45-66 巴尔古津蒿 *Artemisia bargusinensis*

124-45-65 糜蒿 *Artemisia blepharolepis* Bunge

124-45-64 纤杆蒿 *Artemisia demissa* Krasch.

Waldst. et Kit.

124-45-63 猪毛蒿 *Artemisia scoparia*

Krasch.

124-45-62 细秆沙蒿 *Artemisia macilenta* (Maxim.)

oligantha Y. Ling et Y. R. Ling

124-45-61b 小甘肃蒿 *Artemisia gansuensis* var.

R. Ling var. *gansuensis*

124-45-61a 甘肃蒿 *Artemisia gansuensis* Y. Ling et Y.

Ling

124-45-61 甘肃蒿 *Artemisia gansuensis* Y. Ling et Y. R.

124-45-60 变蒿 *Artemisia commutata* Bess.

124-45-59 柔毛蒿 *Artemisia pubescens* Ledeb.

et Y. R. Ling

124-45-58 假球蒿 *Artemisia globosoides* Y. Ling

124-45-57 黄沙蒿 *Artemisia xanthochroa* Krasch.

124-45-56 黑沙蒿 *Artemisia ordosica* Krasch.

124-45-55 光沙蒿 *Artemisia oxycephala* Kitag.

124-45-73 华北米蒿 *Artemisia giraldii* Pamp.

Wall. ex Bess. var. *subdigitata* (Mattf.) Y. R. Ling

124-45-72b 无毛牛尾蒿 *Artemisia dubia*

Wall. ex Bess. var. *dubia*

124-45-72a 牛尾蒿 *Artemisia dubia*

Wall. ex Bess.

124-45-72 牛尾蒿 *Artemisia dubia*

124-45-71 漠蒿 *Artemisia desertorum* Spreng.

Bunge var. *gansuensis* Y. Ling et Y. R. Ling

124-45-70c 甘肃南牡蒿 *Artemisia eriopoda*

Bunge var. *rotundifolia* (Debeaux) Y. R. Ling

124-45-70b 圆叶南牡蒿 *Artemisia eriopoda*

eriopoda

124-45-70a 南牡蒿 *Artemisia eriopoda* Bunge var.

124-45-70 南牡蒿 *Artemisia eriopoda* Bunge

Kom.

124-45-69 东北牡蒿 *Artemisia manshurica* (Kom.)

124-45-68 滨海牡蒿 *Artemisia littoricola* Kitam.

124-45-67 中亚草原蒿 *Artemisia depauperata* Krasch.

Spreng.

124-45-73a 华北米蒿 *Artemisia giraldii* Pamp. var. *giraldii*

124-45-73b 长梗米蒿 *Artemisia giraldii* Pamp. var. *longipedunculata* Y. R. Ling

124-46 绢蒿属 *Seriphidium* (Bess.ex Less.) Fourr.

124-46-1 东北绢蒿 *Seriphidium finitum* (Kitag.) Y. Ling et Y. R. Ling

124-46-2 蒙青绢蒿 *Seriphidium mongolorum* (Krasch.) Y. Ling et Y. R. Ling

124-46-3 西北绢蒿 *Seriphidium nitrosum* (Web. ex Stechm.) Poljak.

124-46-3a 西北绢蒿 *Seriphidium nitrosum* (Web. ex Stechm.) Poljak. var. *nitrosum*

124-46-3b 戈壁绢蒿 *Seriphidium nitrosum* (Web. ex Stechm.) Poljak. var. *gobicum* (Krasch.) Y. R. Ling

124-46-4 聚头绢蒿 *Seriphidium compactum* (Fisch. ex DC.) Poljak.

124-47 栉叶蒿属 *Neopallasia* Poljak.

124-47-1 栉叶蒿 *Neopallasia pectinata* (Pall.) Poljak.

124-48 款冬属 *Tussilago* L.

124-48-1 款冬 *Tussilago farfara* L.

124-49 多榔菊属 *Doronicum* L.

124-49-1 阿尔泰多榔菊 *Doronicum altaicum* Pall.

124-49-2 中亚多榔菊 *Doronicum turkestanicum* Cavill.

124-50 兔儿伞属 *Syneilesis* Maxim.

124-50-1 兔儿伞 *Syneilesis aconitifolia* (Bunge) Maxim.

124-51 蟹甲草属 *Parasenecio* W. W. Smith et J. Small

124-51-1 山尖子 *Parasenecio hastatus* (L.) H. Koyama

124-51-1a 山尖子 *Parasenecio hastatus* (L.) H. Koyama var. *hastatus*

124-51-1b 无毛山尖子 *Parasenecio hastatus* (L.) H. Koyama var. *glaber* (Ledeb.) Y. L. Chen

124-51-2 耳叶蟹甲草 *Parasenecio auriculatus* (DC.) J. R. Grant.

124-52 狗舌草属 *Tephroseris* (Reichenb.) Reichenb.

124-52-1 [illegible] 狗舌草 *Tephroseris kirilowii* (Turcz. ex DC.) Holub

124-52-2 [illegible] 尖齿狗舌草 *Tephroseris subdentata* (Bunge) Holub

124-52-3 [illegible] 红轮狗舌草 *Tephroseris flammea* (Turcz. ex DC.) Holub

124-52-4 [illegible] 湿生狗舌草 *Tephroseris palustris* (L.) Reich.

124-53 [illegible] 合耳菊属 *Synotis* (C. B.Clarke) C. Jeffrey et Y. L. Chen

124-53-1 [illegible] 术叶合耳菊 *Synotis atractylidifolia* (Y. Ling) C. Jeffrey et Y. L. Chen

124-54 [illegible] 千里光属 *Senecio* L.

124-54-1 [illegible] 北千里光 *Senecio dubitabilis* C. Jeffrey et Y. L. Chen

124-54-2 [illegible] 欧洲千里光 *Senecio vulgaris* L.

124-54-3 [illegible] 林荫千里光 *Senecio nemorensis* L.

124-54-4 [illegible] 天山千里光 *Senecio thianschanicus* Regel et Schmalh.

124-54-5 [illegible] 麻叶千里光 *Senecio cannabifolius* Less.

124-54-6 [illegible] 琥珀千里光 *Senecio ambraceus* Turcz. ex DC.

124-54-7 [illegible] 额河千里光 *Senecio argunensis* Turcz.

124-55 [illegible] 橐吾属 *Ligularia* Cass.

124-55-1 [illegible] 长白山橐吾 *Ligularia jamesii* (Hemsl.) Kom.

124-55-2 [illegible] 掌叶橐吾 *Ligularia przewalskii* (Maxim.) Diels

124-55-3 [illegible] 全缘橐吾 *Ligularia mongolica* (Turcz.) DC.

124-55-4 [illegible] 箭叶橐吾 *Ligularia sagitta* (Maxim.) Mattf. ex Rehder et Kobuski

124-55-5 [illegible] 橐吾 *Ligularia sibirica* (L.) Cass.

124-55-6 [illegible] 蹄叶橐吾 *Ligularia fischeri* (Ledeb.) Turcz.

124-55-7 [illegible] 黑龙江橐吾 *Ligularia sachalinensis* Nakai

124-55-8 [illegible] 狭苞橐吾 *Ligularia intermedia* Nakai

124-56 [illegible] 蓝刺头属 *Echinops* L.

124-56-1 [illegible] 砂蓝刺头 *Echinops gmelinii* Turcz.

124-56-2 丝毛蓝刺头 *Echinops nanus* Bunge

124-56-3 火烙草 *Echinops przewalskyi* Iljin

124-56-4 驴欺口 *Echinops davuricus* Fisch. ex Hornemann

124-56-5 褐毛蓝刺头 *Echinops dissectus* Kitag.

124-56-6 羽裂蓝刺头 *Echinops pseudosetifer* Kitag.

124-57 苍术属 *Atractylodes* DC.

124-57-1 关苍术 *Atractylodes japonica* Koidz. ex Kitam.

124-57-2 苍术 *Atractylodes lancea* (Thunb.) DC.

124-58 革苞菊属 *Tugarinovia* Iljin

124-58-1 革苞菊 *Tugarinovia mongolica* Iljin

124-58-2 卵叶革苞菊 *Tugarinovia ovatifolia* (Ling et Y. C. Ma) Y. Z. Zhao

124-59 苓菊属 *Jurinea* Cass.

124-59-1 蒙新苓菊 *Jurinea mongolica* Maxim.

124-60 风毛菊属 *Saussurea* DC.

124-60-1 紫苞风毛菊 *Saussurea iodostegia* Hance

124-60-2 碱地风毛菊 *Saussurea runcinata* DC.

124-60-3 裂叶风毛菊 *Saussurea laciniata* Ledeb.

124-60-4 翅茎风毛菊 *Saussurea alata* DC.

124-60-5 美花风毛菊 *Saussurea pulchella* (Fisch.) Fisch.

124-60-6 草地风毛菊 *Saussurea amara* (L.) DC.

124-60-7 风毛菊 *Saussurea japonica* (Thunb.) DC.

124-60-7a 风毛菊 *Saussurea japonica* (Thunb.) DC. var. *japonica*

124-60-7b 翼茎风毛菊 *Saussurea japonica* (Thunb.) DC. var. *pteroclada* (Nakai et Kitag.) Raab-Straube

124-60-8 京风毛菊 *Saussurea chinnampoensis* H. Lévl. et Vaniot

124-60-9 羽裂风毛菊 *Saussurea pinnatidentata* Lipsch.

124-60-10 篦苞风毛菊 *Saussurea pectinata* Bunge ex DC.

124-60-11 齿苞风毛菊 *Saussurea odontolepis* Sch.-Bip. ex Maxim.

H. Chen

124-60-24 [illegible] 卷苞风毛菊 *Saussurea tunglingensis* F.

124-60-23 [illegible] 山风毛菊 *Saussurea umbrosa* Kom. (Maxim.) Lipsch.

124-60-22 [illegible] 折苞风毛菊 *Saussurea recurvata* Maxim.

124-60-21 [illegible] 阿拉善风毛菊 *Saussurea alaschanica*

124-60-20 [illegible] 银背风毛菊 *Saussurea nivea* Turcz.

124-60-19 [illegible] 柳叶风毛菊 *Saussurea salicifolia* (L.) DC.

124-60-18 [illegible] 西北风毛菊 *Saussurea petrovii* Lipsch.

124-60-17 [illegible] 灰白风毛菊 *Saussurea pricei* Ledeb.

124-60-16 [illegible] 美丽风毛菊 *Saussurea pulchra* Lipsch. (Hand.-Mazz.) Y. Z. Zhao et L. Q. Zhao

124-60-15 [illegible] 直苞风毛菊 *Saussurea ortholepis* Spreng.

124-60-14 [illegible] 盐地风毛菊 *Saussurea salsa* (Pall.) Adam.

124-60-13 [illegible] 达乌里风毛菊 *Saussurea daurica pseudosalsa* Lipsch.

124-60-12 [illegible] 假盐地风毛菊 *Saussurea*

124-60-35 [illegible] 毓泉风毛菊 *Saussurea mae* H. C. Fu Y. Yao

124-60-34 [illegible] 雅布赖风毛菊 *Saussurea yabulaiensis* Y. 叶风毛菊 *Saussurea maximowiczii* Herd.

124-60-33 [illegible] 羽 Nakai

124-60-32 [illegible] 齿叶风毛菊 *Saussurea neoserrata* (Poir.) DC.

124-60-31 [illegible] 小花风毛菊 *Saussurea parviflora* Hand.-Mazz.

124-60-30 [illegible] 狭翼风毛菊 *Saussurea frondosa* Turcz. ex DC.

124-60-29 [illegible] 龙江风毛菊 *Saussurea amurensis* Turcz. ex Fisch. et C. A. Mey.

124-60-28 [illegible] 密花风毛菊 *Saussurea acuminata* *Saussurea ussuriensis* Maxim.

124-60-27 [illegible] 乌苏里风毛菊

124-60-26 [illegible] 狭头风毛菊 *Saussurea dielsiana* Koidz. Kitam.

124-60-25 [illegible] 硬叶风毛菊 *Saussurea firma* (Kitag.)

124-65-2 鳍蓟 *Olgaea leucophylla* (Turcz.) Iljin

124-65-1 蝟菊 *Olgaea lomonossowii* (Trautv.) Iljin

124-65 蝟菊属 *Olgaea* Iljin

124-64-1 黄缨菊 *Xanthopappus subacaulis* C. Winkl.

124-64 黄缨菊属 *Xanthopappus* C. Winkl.

124-63-1 顶羽菊 *Acroptilon repens* (L.) DC.

124-63 顶羽菊属 *Acroptilon* Cass.

124-62-1 牛蒡 *Arctium lappa* L.

124-62 牛蒡属 *Arctium* L.
Fisch. et C. A. Mey.

124-61-1 泥胡菜 *Hemisteptia lyrata* (Bunge)
ex Fisch. et C. A. Mey.

124-61 泥胡菜属 *Hemisteptia* Bunge
C. Fu

124-60-39 荒漠风毛菊 *Saussurea deserticola* H.

124-60-38 林风毛菊 *Saussurea sinuata* Kom.
(Franch.) Franch.

124-60-37 华北风毛菊 *Saussurea mongolica*
jurineioides H. C. Fu

124-60-36 阿右风毛菊 *Saussurea*

var. *arvense*

124-66-11a 丝路蓟 *Cirsium arvense* (L.) Scop.

124-66-11 丝路蓟 *Cirsium arvense* (L.) Scop.
(Willd.) Besser ex M. Bieb.

124-66-10 大刺儿菜 *Cirsium setosum*
(Wimm. et Grab.) L. Q. Zhao et Y. Z. Zhao

124-66-9 刺儿菜 *Cirsium integrifolium*

124-66-8 牛口刺 *Cirsium shansiense* Petrak

124-66-7 绿蓟 *Cirsium chinense* Gardn. et Champ.
Maxim.

124-66-6 野蓟 *Cirsium maackii*

124-66-5 蓟 *Cirsium japonicum* DC.

124-66-4 绒背蓟 *Cirsium vlassovianum* Fisch. ex DC.
(Hand.-Mazz.) C. Shih

124-66-3 块蓟 *Cirsium viridifolium*

124-66-2 烟管蓟 *Cirsium pendulum* Fisch. ex DC.
(Sievers) C. A. Mey.

124-66-1 莲座蓟 *Cirsium esculentum*

124-66 蓟属 *Cirsium* Mill.

124-65-3 青海鳍蓟 *Olgaea tangutica* Iljin

124-70 山牛蒡属 *Synurus* Iljin

124-69-1 伪泥胡菜 *Serratula coronata* L.

124-69 伪泥胡菜属 *Serratula* L.

124-68-6 缢苞麻花头 *Klasea strangulata* (Iljin) Kitag.

124-68-5 麻花头 *Klasea centauroides* (L.) Cass. ex Kitag.

124-68-4 多头麻花头 *Klasea polycephala* (Iljin) Kitag.

124-68-3 碗苞麻花头 *Klasea chanetii* (H. Lev.) Y. Z. Zhao

124-68-2 分枝麻花头 *Klasea cardunculus* (Pall.) Holub.

124-68-1 球苞麻花头 *Klasea marginata* (Tausch) Kitag.

124-68 麻花头属 *Klasea* Cass.

124-67-1 节毛飞廉 *Carduus acanthoides* L.

124-67 飞廉属 *Carduus* L.

124-66-11b 藏蓟 *Cirsium arvense* (L.) Scop. var. *alpestre* Nägeli

var. *divaricata*

124-78-1a 拐轴鸦葱 *Scorzonera divaricata* Turcz.

124-78-1 拐轴鸦葱 *Scorzonera divaricata* Turcz.

124-78 鸦葱属 *Scorzonera* L.

124-77-1 东方婆罗门参 *Tragopogon orientalis* L.

124-77 婆罗门参属 *Tragopogon* L.

124-76-1 猫儿菊 *Hypochaeris ciliata* (Thunb.) Makino

124-76 猫儿菊属 *Hypochaeris* L.

124-75-1 大丁草 *Leibnitzia anandria* (L.) Turcz.

124-75 大丁草属 *Leibnitzia* Cass.

124-74-1 蚂蚱腿子 *Myripnois dioica* Bunge

124-74 蚂蚱腿子属 *Myripnois* Bunge

124-73-1 糙叶矢车菊 *Centaurea adpressa* Ledeb.

124-73 矢车菊属 *Centaurea* L.

124-72-1 红花 *Carthamus tinctorius* L.

124-72 红花属 *Carthamus* L.

124-71-1 漏芦 *Rhaponticum uniflorum* (L.) DC.

124-71 漏芦属 *Rhaponticum* Ludw.

124-70-1 山牛蒡 *Synurus deltoides* (Ait.) Nakai

124-78-1b 紫花拐轴鸦葱 *Scorzonera divaricata* Turcz. var. *sublilacina* Maxim.

124-78-2 帚状鸦葱 *Scorzonera pseudodivaricata* Lipsch.

124-78-3 笔管草 *Scorzonera albicaulis* Bunge

124-78-4 蒙古鸦葱 *Scorzonera mongolica* Maxim.

124-78-5 毛梗鸦葱 *Scorzonera radiata* Fisch. ex Ledeb.

124-78-6 头序鸦葱 *Scorzonera capito* Maxim.

124-78-7 丝叶鸦葱 *Scorzonera curvata* (Popl.) Lipsch.

124-78-8 桃叶鸦葱 *Scorzonera sinensis* (Lipsch. et Krasch.) Nakai

124-78-9 鸦葱 *Scorzonera austriaca* Wild.

124-79 毛连菜属 *Picris* L.

124-79-1 毛连菜 *Picris japonica* Thunb.

124-80 蒲公英属 *Taraxacum* F. H. Wigg.

124-80-1 红梗蒲公英 *Taraxacum erythropodium* Kitag.

124-80-2 蒲公英 *Taraxacum mongolicum* Hand.-Mazz.

124-80-3 朝鲜蒲公英 *Taraxacum coreanum* Nakai

124-80-4 白花蒲公英 *Taraxacum pseudoalbidum* Kitag.

124-80-5 亚洲蒲公英 *Taraxacum asiaticum* Dahlst.

124-80-6 光苞蒲公英 *Taraxacum lamprolepis* Kitag.

124-80-7 双角蒲公英 *Taraxacum bicorne* Dahlst.

124-80-8 芥叶蒲公英 *Taraxacum brassicifolium* Kitag.

124-80-9 异苞蒲公英 *Taraxacum multisectum* Kitag.

124-80-10 粉绿蒲公英 *Taraxacum dealbatum* Hand.-Mazz.

124-80-11 白缘蒲公英 *Taraxacum platypecidum* Diels

124-80-12 凸尖蒲公英 *Taraxacum sinomongolicum* Kitag.

124-80-13 华蒲公英 *Taraxacum sinicum* Kitag.

124-80-14 兴安蒲公英 *Taraxacum falcilobum* Kitag.

124-80-15 多裂蒲公英 *Taraxacum dissectum* (Ledeb.) Ledeb.

124-80-16 长春蒲公英 *Taraxacum junpeianum* Kitam.

124-80-17 东北蒲公英 *Taraxacum ohwianum* Kitam.

124-81 假小喙菊属 *Paramicrorhynchus* Kirp.

124-81-1 假小喙菊 *Paramicrorhynchus procumbens* (Roxb.) Kirp.

124-82 苦苣菜属 *Sonchus* L.

124-82-1 苣荬菜 *Sonchus brachyotus* DC.

124-82-2 苦苣菜 *Sonchus oleraceus* L.

124-82-3 花叶苣荬菜 *Sonchus asper* (L.) Hill.

124-83 岩参属 *Cicerbita* Wallr.

124-83-1 川甘岩参 *Cicerbita roborowskii* (Maxim.) Beauv.

124-83-2 抱茎岩参 *Cicerbita auriculiformis* (C. Shih) N. Kilian

124-84 福王草属 *Prenanthes* L.

124-84-1 福王草 *Prenanthes tatarinowii* Maxim.

124-84-2 大叶福王草 *Prenanthes macrophylla* Franch.

124-85 莴苣属 *Lactuca* L.

124-85-1 翼柄翅果菊 *Lactuca triangulata* Maxim.

124-85-2 翅果菊 *Lactuca indica* L.

124-85-2a 翅果菊 *Lactuca indica* L. var. *indica*

124-85-2b 多裂翅果菊 *Lactuca laciniata* L. var. *laciniata* (Houtt.) Hara

124-85-3 毛脉翅果菊 *Lactuca raddeana* Maxim.

124-85-4 莴苣 *Lactuca sativa* L.

124-85-4a 莴苣 *Lactuca sativa* L. var. *sativa*

124-85-4b 莴笋 *Lactuca sativa* L. var. *angustata* Irisch ex Bremek

124-85-5 野莴苣 *Lactuca serriola* L.

124-88-4 弯茎还阳参 *Crepis flexuosa* (Ledeb.)

124-88-3 还阳参 *Crepis crocea* (Lam.) Babc.

124-88-2 屋根草 *Crepis tectorum* L.

124-88-1 西伯利亚还阳参 *Crepis sibirica* L.

124-88 还阳参属 *Crepis* L.

Zhao et L. Ma

124-87-4 南寺黄鹌菜 *Youngia nansiensis* Y. Z.

et Stebb.

124-87-3 细叶黄鹌菜 *Youngia tenuifolia* (Willd.) Babc.

Zhao et L. Ma

124-87-2 鄂尔多斯黄鹌菜 *Youngia ordosica* Y. Z.

Youngia akagii (Kitag.) Kitag.

124-87-1 细茎黄鹌菜

124-87 黄鹌菜属 *Youngia* Cass.

stenoma (Turcz. ex DC.) Sennikov

124-86-1 碱小苦苣菜 *Sonchella*

124-86 小苦苣菜属 *Sonchella* Sennikov

124-85-7 乳苣 *Lactuca tatarica* (L.) C. A. Mey.

ex Maxim.

124-85-6 山莴苣 *Lactuca sibirica* (L.) Benth.

124-90-2 山柳菊 *Hieracium umbellatum* L.

124-90-1 全缘山柳菊 *Hieracium hololeion* Maxim.

124-90 山柳菊属 *Hieracium* L.

(Maxim.) Kitag.

124-89-4 晚抱茎苦荬菜 *Ixeris serotina*

(Houtt.) Stebb.

124-89-3 苦荬菜 *Ixeris denticulata*

sonchifolia (Maxim.) Hance

124-89-2 抱茎苦荬菜 *Ixeris*

(Thunb.) Nakai subsp. *versicolor* (Fisch. ex Link) Kitam.

124-89-1c 多色苦荬菜 *Ixeris chinensis*

(Thunb.) Nakai. subsp. *graminifolia* (Ledeb.) Kitam.

124-89-1b 丝叶苦荬菜 *Ixeris chinensis*

(Thunb.) Kitag. subsp. *chinensis*

124-89-1a 中华苦荬菜 *Ixeris chinensis*

(Thunb.) Kitag.

124-89-1 中华苦荬菜 *Ixeris chinensis*

属 *Ixeris* (Cass.) Cass.

124-89 苦荬菜

Benth.ex C. B. Clarke

124-90-3 粗毛山柳菊 *Hieracium virosum* Pall.

124-91 管花蒲公英属 *Neo-taraxacum* Y. R. Ling et X. D. Sun

124-91-1 管花蒲公英 *Neo-taraxacum siphonanthum* (X. D. Sun, Xue-Jun Ge, Jirschner et Stipanek.)Y. R. Ling et X. D. Sun

中文名索引

E

F

G

J

M

N

T

Y

Z

拉丁文名索引